Elektrische und magnetische

Messungen und Messinstrumente.

Von

H. S. Hallo, und **H. W. Land,**

Ingenieur bei Bruce Peebles & Co. Ltd. Edinburgh

Assistent am elektrotechnischen Institut der technischen Hochschule zu Karlsruhe.

Eine freie Bearbeitung und Ergänzung des Holländischen Werkes Magnetische en Elektrische Metingen von G. J. van Swaay, Professor an der technischen Hochschule zu Delft.

Mit 343 in den Text gedruckten Figuren.

Springer-Verlag Berlin Heidelberg GmbH 1906

Additional material to this book can be downloaded from http://extras.springer.com
ISBN 978-3-662-35929-7 ISBN 978-3-662-36759-9 (eBook)
DOI 10.1007/978-3-662-36759-9
Softcover reprint of the hardcover 1st edition 1906

Vorwort.

Völliges Beherrschen der Meßkunde ist die Vorbedingung für selbständiges Arbeiten im elektrotechnischen Laboratorium. Dabei ist weniger das Resultat der Messung von Wichtigkeit, als vielmehr die genaue Kenntnis der Mittel, die zu dem Resultate führen, und die Feststellung der Fehlergrenzen.

Der Studierende muß volles Verständnis für die einfachste und übersichtlichste Anordnung jedes Versuches und für den Gebrauch der dazu gehörigen Instrumente und Apparate besitzen.

Daß für einen Leitfaden ein Bedürfnis vorlag, der dem Studierenden die Erwerbung dieser Kenntnisse erleichterte, wurde uns bei unserer Tätigkeit als Assistenten am elektrotechnischen Institut der technischen Hochschule in Karlsruhe immer klarer. Eine Prüfung der betr. Literatur ergab folgendes:

In den meisten physikalischen Lehrbüchern ist die Beschreibung der einschlägigen Versuche entweder zu ausführlich oder zu kurz und die Zusammenstellung der Apparate weder vollständig noch übersichtlich.

Einzig in dem von Herrn G. J. von Swaay, Professor an der technischen Hochschule zu Delft, im Jahre 1902 herausgegebenen Buche „Magnetische en Elektrische Metingen" fanden wir ein Werk, das nach geeigneter Umarbeitung und Ergänzung unseren Absichten zu entsprechen schien.

Der Herr Verfasser erlaubte uns nicht nur eine deutsche Bearbeitung seines Buches herauszugeben, sondern hat uns auch mit seinen praktischen Ratschlägen wertvolle Unterstützung gewährt, wofür wir ihm auch an dieser Stelle unseren verbindlichsten Dank aussprechen.

Das Buch ist zwar in erster Linie für die Studierenden der technischen Hochschulen und für Ingenieure mit Hochschulbildung geschrieben, wir haben uns aber bemüht, die Darstellung so zu halten, daß es auch in weiteren Kreisen Verwendung finden kann.

Die Beschreibungen der Meßinstrumente und die erläuternden Abbildungen sind teils den betreffenden Veröffentlichungen in Zeit- und Druckschriften entnommen, teils beruhen sie auf den direkten Angaben der elektrotechnischen Firmen, denen wir für ihr bereitwilliges Entgegenkommen unseren besten Dank sagen.

Es war selbstverständlich unmöglich, eine erschöpfende Beschreibung aller Instrumente zu geben, wir haben vielmehr nur Wert darauf gelegt, die verschiedenen angewandten Prinzipien zu erläutern und sind nur auf die wichtigsten Instrumente ganz ausführlich eingegangen.

Das Kapitel über Eichung von Meßinstrumenten hat den Zweck, einerseits einen Einblick in die genauen Meßmethoden zu gewähren und anderseits praktische Anordnungen darzustellen, wie sie öfters in Wirklichkeit getroffen werden; es lag aber keineswegs in unserer Absicht, eine Beschreibung der Einrichtungen und der Vorgänge in den speziell zur Eichung eingerichteten Anstalten zu geben.

Schließlich möchten wir nicht verfehlen, Herrn Geh. Hofrat Prof. E. Arnold, der uns die reichen Hilfsmittel des elektrotechnischen Instituts zu Karlsruhe zur Verfügung stellte, ganz besonders aber dem Herrn Professor A. Schleiermacher, für sein liebenswürdiges Interesse an unserer Arbeit und seine guten Ratschläge unsern wärmsten Dank auszusprechen.

Die Verfasser.

Inhaltsverzeichnis.

Erstes Kapitel.

Galvanometer

Zweites Kapitel.

Widerstandsmessung

Benutzte Literatur.

Dr. F. Kohlrausch, Lehrbuch der praktischen Physik.

Dr. Leo Grünmach, Lehrbuch der magnetischen und elektrischen Maßeinheiten, Meßmethoden und Meßapparate.

H. Armagnat, Instruments et Methodes de Mesures electriques industrielles.

J. C. Maxwell, Treatise on electricity and magnetism.

Des Coudres, Zeitschrift für Elektrochemie, Bd. 3, 1897.

Mascart et Joubert, Leçons sur l'électricité et le magnétisme.

Winkelmann, Handbuch der Physik.

Wiedemanns Annalen der Physik und Chemie.

J. A. Ewing, Magnetic Induction in Iron.

Königswerther, A., Konstruktion und Prüfung der Elektrizitätszähler.

Elektrotechnische Zeitschrift.

Zeitschrift für Instrumentenkunde.

Einleitung.

A. Das absolute Maßsystem.

1. Grundeinheiten. Abgeleitete Einheiten. Dimensionen.

Das Resultat der Messung irgend einer Größe besteht immer aus zwei Faktoren; der eine Faktor stellt eine ähnliche Größe dar, die man als Einheit angenommen hat, der andre ist eine reine Zahl. Die Messung einer Größe besteht also in der Bestimmung dieser Zahl (des sogenannten numerischen Wertes), die angibt, wieviel der gewählten Einheiten die Größe enthält. Die Größen, welche in der Physik vorkommen, sind sehr verschiedenartig: Geschwindigkeiten, Dichtigkeiten, Magnetismusmengen, Stromstärken usw.; um also diese verschiedenen Größen messen zu können, müßte man für jede eine Einheit festsetzen. Nach der jetzigen Auffassung sind alle Naturerscheinungen auf Bewegungen zurückzuführen, und weil für den Begriff Bewegung nötig sind: 1. eine Masse, welche sich bewegt, 2. ein Raum, worin die Bewegung stattfindet und 3. eine Zeit, die für die Bewegung nötig ist, so ist es klar, daß alle Naturerscheinungen nur von Masse, Raum und Zeit abhängig sind, und daß also die Festsetzung von drei Einheiten genügend sein muß zur Messung aller Größen. Ist eine Einheit der Natur entnommen, so heißt sie „natürliche Einheit", ist sie hingegen durch Übereinkunft festgesetzt, so heißt sie „konventionelle Einheit".

Die hauptsächlichsten Anforderungen, welchen eine Einheit zu genügen hat, sind: 1. daß sie unveränderlich sei und 2. daß sie reproduziert werden könne. Die Einheiten von Masse, Raum und Zeit nennt man die Grundeinheiten. Wenn man eine Größe als Funktion dieser Einheiten darstellt, so ist sie im absoluten Maßsystem ausgedrückt.

Bei dem Studium der physikalischen Erscheinungen treten uns zwei Klassen von Größen entgegen: die Skalargrößen und die Vektorgrößen. Die ersteren sind durch eine einfache numerische Angabe der Anzahl Einheiten, welche sie enthalten, vollständig gegeben, während wir bei den zweiten auch noch die Richtung des Vektors, der die Größe darstellt, in Betracht zu ziehen haben. Es ist dann nötig, die drei Komponenten nach drei Koordinatenachsen oder nebst der Länge noch zwei Winkel zu kennen.

In der vorliegenden Arbeit wird es immer darauf ankommen, eine Größe mit einer andern, bzw. mit der Einheit zu vergleichen. Es sollen also zunächst die allgemein angenommenen Einheiten näher besprochen werden.

Die Längeneinheit. Ein Würfel, dessen Kanten gleich der Längeneinheit sind, stellt die Einheit des Raumes dar; diese ist also durch Festsetzung der Längeneinheit bestimmt.

Als Längeneinheit ist von den meisten Kulturvölkern angenommen das Meter (gleich dem zehnmillionsten Teile des Erdquadranten), das dargestellt wird durch den Abstand der Endflächen, bei 0° C, eines Platinstabes, welcher in Paris aufbewahrt wird und den Namen trägt „Mètre des Archives“. Dieses „Mètre des Archives“ ist das Prototyp aller bei den verschiedenen Völkern verwendeten Metermaße.

Um wieviel nun das Meter, so wie es am 22. Juni 1799 nach den Messungen von Méchain und Delambre festgesetzt und am 2. November 1801 für gesetzlich gültig erklärt wurde, von dem zehnmillionsten Teile eines Erdquadranten abweicht, ist schwer zu sagen; sicher ist, daß man bei einer neuen Messung dieselbe Länge nicht wieder erhalten würde. Darauf kommt es aber auch gar nicht an, weil die wirkliche Länge der konventionellen Einheit Meter für immer festgelegt ist an einer unveränderlichen Naturerscheinung, nämlich an der Wellenlänge des Lichtes; und zwar mit solcher Genauigkeit, daß der Fehler wahrscheinlich weniger als $^1/_{10000}$ mm betragen würde, wenn man aus dieser Wellenlänge das Meter konstruieren wollte.

1868 trat in Paris unter dem Vorsitz Vaillants ein Komitee zusammen, um zu entscheiden, wie man am besten den von mehreren Staaten ausgesprochenen Wunsch, neue Meteretalons zu erhalten, die genau mit dem allgemein als Einheit anerkannten „Mètre des Archives" übereinstimmten, erfüllen könnte. Dieses Komitee faßte folgende Beschlüsse:

1. Es soll eine gesetzlich anerkannte Nachbildung des „Mètre des Archives" angefertigt werden, diese soll ein Strichmaß statt eines Endmaßes sein.

2. Diese Nachbildung soll von einem französischen Komitee, dem noch Abgeordnete verschiedener Staaten angehören, gemacht werden.

3. Es soll ein Komitee zusammengestellt werden, um die Arbeit vorzubereiten.

Auf Anregung der Académie des Sciences wurde dann im September 1869 durch einen kaiserlichen Entschluß das internationale Meterkomitee ernannt, zu dem auf Einladung der französischen Regierung von den verschiedenen Regierungen Gelehrte abgeordnet wurden.

Die erste Sitzung dieses aus 45 Mitgliedern bestehenden Komitees sollte am 4. August 1870 stattfinden, konnte aber infolge des Krieges erst am 24. September 1872 abgehalten werden.

Es wurde, außer einigen Bestimmungen über die Verteilung der Arbeiten und die Ausführung der Messungen, folgendes festgesetzt:

1. Bei der Konstruktion des internationalen Meters soll vom „Mètre des Archives" ausgegangen werden.

2. Das internationale Meter soll ein Strichmaß sein, dessen Länge gleich derjenigen des „Mètre des Archives" bei 0^0 C ist.

3. Zur Anfertigung von neuen Metern wird eine Mischung aus 90 Teilen Platin und 10 Teilen Iridium verwendet; die Abweichung darf höchstens $2^0/_0$ betragen.

4. Alle neuen Etalons werden aus einem Guß angefertigt.

5. Die Stäbe sollen 102 cm lang sein und X-förmigen Querschnitt erhalten, wie von Tresca angegeben wurde. Dieser Querschnitt, in Fig. 1 in natürlicher Größe dargestellt, hat folgende Vorteile:

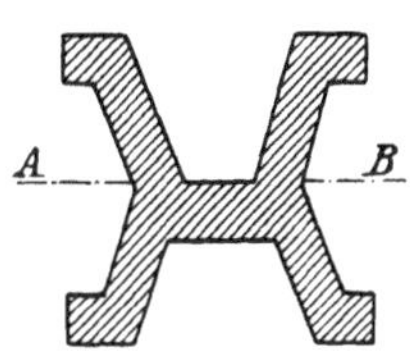

Fig. 1.

1. Ein großes Trägheitsmoment des Querschnittes und eine sehr große Oberfläche bei einer gewissen Materialmenge; dadurch

wird die Durchbiegung auf ein Minimum zurückgeführt, während infolge der großen Berührungsfläche mit der Umgebung keine wesentlichen Temperaturdifferenzen zwischen den einzelnen Teilen desselben Stabes und der Umgebung auftreten werden.

2. Der Schwerpunkt des Querschnittes liegt in der Ebene AB, wo die Einteilung angebracht ist; diese Ebene bildet die neutrale Zone, es kann also bei eventueller Durchbiegung keine Längenänderung der Skala stattfinden.

3. In den Vertiefungen können Thermometer angebracht werden; diese sind dabei an drei Seiten von Metall umgeben, weshalb man mit Sicherheit annehmen kann, daß die abgelesene Temperatur wirklich diejenige des Stabes ist.

Die Anfertigung der neuen Meter und die Vergleichung mit dem „Mètre des Archives" wurde der französischen Abteilung, unter Mitwirkung eines permanenten Komitees, aus zwölf Mitgliedern verschiedener Nationalität bestehend, aufgetragen.

Nach wiederholten Versuchen wurde am 13. Mai 1874, im Beisein von 18 Mitgliedern des internationalen Komitees, eine Masse von 250 kg gegossen, aus der alle neuen Meter hergestellt werden sollten.

Schon im Jahre 1873 hatte das permanente Komitee sich an die französische Regierung gewandt mit der Bitte, eine diplomatische Konferenz zu berufen, bei welcher der Kostenanteil der verschiedenen Staaten und die Art der Aufbewahrung der Meter und Ausführung der Messung festgesetzt werden sollte. Das Komitee erklärte, seine Arbeit nicht fortsetzen zu können, bevor die Regierungen in dieser Hinsicht zur Übereinstimmung gekommen wären. Auf Anregung der französischen Regierung wurde alsdann 1875 in Paris eine solche Konferenz abgehalten, wodurch die Meter-Konvention entstand. Einer der wichtigsten Punkte, die besprochen wurden, war die Errichtung eines „Bureau international de poids et mesure."

England, die Niederlande, Griechenland und Brasilien trugen Bedenken gegen eine solche Einrichtung und enthielten sich der Teilnahme an der übrigen Arbeit; sie wünschten jedoch auch die Etalons zu erhalten.

Neuere chemische Untersuchungen zeigten jedoch, daß der Guß von 1874 fremde Beimengungen enthielt, welche auf die Dauer einen schädlichen Einfluß ausüben könnten. Das internationale Komitee wies deshalb die schon angefertigten Stäbe zurück und bat die Regierung, die weitere Anfertigung zu unterbrechen und neue Stäbe aus einer reinen Mischung, welche in jeder Beziehung den Anforderungen der Meter-Konvention genüge, machen zu lassen. Es haben jedoch nicht alle Staaten Stäbe aus diesem neuen Guß erhalten, weil nicht allgemein die älteren Stäbe das Vertrauen verloren hatten.

Die Masseneinheit. Die Stoffmenge, welche ein Körper enthält, die sogenannte Masse, wird durch das Gewicht gemessen.

Als Gewichtseinheit hat man den Druck, reduziert auf den luftleeren Raum, gewählt, den ein dm^3 reines Wasser bei der maximalen Dichtigkeit, also bei 4^0 C, auf eine horizontale Ebene ausübt; dieser Druck ist die Differenz zwischen der Schwerkraft und der Zentrifugalkraft, also eine variable Größe, deren Wert davon abhängt, an welcher Stelle man sich befindet.

Das Gewicht eines Körpers kann deshalb nur zur Vergleichung von Massen dienen. Das einzige Unveränderliche an einem Körper ist ja die Stoffmenge, die Masse.

Die Gewichtseinheit wird dargestellt durch einen Platinzylinder, welcher in Paris aufbewahrt wird und den Namen „Kilogramme des Archives“ trägt. Eine internationale Konvention hat die Masse des internationalen Kilogrammes als Masseneinheit angenommen.

Die Zeiteinheit. Diese ist aus der täglichen Rotation der Erde um ihre Achse abgeleitet. Nun ist aber die Dauer des wahren Sonnentages, d. h. die Zeit, welche verläuft zwischen zwei aufeinanderfolgenden Durchgängen des Sonnenmittelpunktes durch den Meridian der Beobachtungsstelle, nicht konstant, weil die Erde nicht mit gleichmäßiger Geschwindigkeit um die Sonne herumläuft, und die Erdachse einen Winkel mit der Ebene der Erdbahn bildet.

Die Dauer der wahren Sonnentage ändert sich demzufolge periodisch, deshalb ist für die Zeitmessung ein mittlerer Sonnentag eingeführt worden, der gleich dem arithmetischen Mittelwerte aller wahren Sonnentage eines ganzen Jahres ist.

Als unveränderliche Zeiteinheit ist deshalb der 86400ste Teil eines mittleren Sonnentages, die Sekunde, angenommen.

C.G.S.-System. Bei den absoluten magnetischen und elektrischen Messungen hat man früher nach Gauß und Weber als

Längeneinheit das Millimeter, als Masseneinheit das Milligramm und als Zeiteinheit die Sekunde angenommen. Auf einem Kongreß in Paris im Jahre 1881 sind aber die Einheiten der „British Association": Centimeter, Gramm und Sekunde, übernommen worden. Das absolute Maßsystem, auf diesen drei Grundeinheiten beruhend, wird das Centimeter-Gramm-Sekundensystem oder kurz das C.G.S.-System genannt. Die drei genannten Grundeinheiten werden künftig mit l, m und t bezeichnet.

Abgeleitete Einheiten. Um die verschiedenen physikalischen Größen messen zu können, kann man entweder ähnliche Größen als Einheit einführen, oder Einheiten aus den drei Grundeinheiten ableiten, da man ja weiß, daß schließlich jede Größe in einer mehr oder weniger einfachen Beziehung zu diesen Grundeinheiten steht. In letzterem Falle erhält man sogenannte abgeleitete Einheiten.

Man könnte nun eine solche abgeleitete Einheit noch ganz willkürlich festsetzen; es leuchtet jedoch ein, daß man die Rechnung vereinfacht, wenn man die Beziehung zwischen diesen abgeleiteten und den Grundeinheiten so einfach als möglich wählt. Ein Beispiel möge dies erläutern.

Das Gesetz, nach welchem der zurückgelegte Weg bei gleichförmiger Bewegung proportional der Geschwindigkeit und der Zeit ist, als bekannt voraussetzend, erhält man

$$s = v \times t \times \text{Konstante}.$$

Würde man als Einheit der Geschwindigkeit diejenige annehmen, welche ein frei fallender Körper nach einer Sekunde hat ($= g$), so würde in vorstehender Formel die Konstante gleich g sein, weil dann der in der Zeiteinheit mit der Geschwindigkeitseinheit zurückgelegte Weg gleich g sein muß, also

$$g = 1 \times 1 \times \text{Konstante}.$$

Die Formel lautet alsdann:

$$s = v \times g \times t.$$

Wählt man jedoch als Einheit der Geschwindigkeit diejenige, bei welcher in der Zeit eins, der Weg eins zurückgelegt wird, so ist

$$1 = 1 \times 1 \times \text{Konstante}$$

und demzufolge

$$s = v \times t.$$

Die Formel hat sich jetzt also tatsächlich vereinfacht; die Konstante ist daraus verschwunden, d. h. sie ist gleich der Einheit geworden.

Dimensionen. Jede Größe ist nach den vorhergehenden Betrachtungen schließlich eine Funktion der Länge, Masse und Zeit. Diese Funktion, welche also die Beziehung zwischen der zu messenden Größe einerseits, und Länge, Masse und Zeit andererseits darstellt, wird nach Maxwell durch die Dimensionen dieser Größe angegeben.

2. Mechanische Größen. Einheiten und Dimensionen.

Fläche. Die Einheit der Fläche ist das Quadrat über der Längeneinheit und somit

$$[F] = [l^2].$$

Raum. Die Einheit des Raumes ist der Würfel über der Längeneinheit und somit

$$[V] = [l^3].$$

Winkel. Im absoluten Maßsystem drückt man einen Winkel in Teilen des Radius aus, d. h. ein Winkel ist gleich der Einheit, wenn der Bogen gleich dem Radius ist. Im allgemeinen wird also ein Winkel dargestellt durch eine Bogenlänge dividiert durch den Radius und hat demzufolge keine Dimensionen.

Geschwindigkeit. Unter Geschwindigkeit versteht man den Weg, der bei einer gleichförmigen Bewegung in der Zeiteinheit zurückgelegt wird. Ein sich frei bewegender Körper hat die Geschwindigkeitseinheit, wenn er in der Zeiteinheit einen Weg gleich der Längeneinheit zurücklegt. Die Geschwindigkeitseinheit ist also die Einheit der Länge dividiert durch die Einheit der Zeit, und die Beziehung zwischen der Geschwindigkeit und den Größen Länge, Masse und Zeit, mit anderen Worten die Dimensionen einer Geschwindigkeit v werden dargestellt durch

$$[v] = [l t^{-1}].$$

Beschleunigung. Die Beschleunigung ist die Zunahme der Geschwindigkeit in der Zeiteinheit; ein Körper hat die Beschleunigung eins, wenn seine Geschwindigkeit in der Zeiteinheit um die Geschwindigkeitseinheit zunimmt. Die Einheit der Beschleunigung ist also die Einheit der Geschwindigkeit, dividiert durch die Zeiteinheit, und die Dimensionen einer Beschleunigung j sind:

$$[j] = [lt^{-2}].$$

Winkelgeschwindigkeit. Wenn ein Körper sich um eine Achse dreht, nennt man Winkelgeschwindigkeit den Mittelpunktswinkel, welcher in der Zeiteinheit durchlaufen wird. Ein rotierendes System hat die Einheit der Winkelgeschwindigkeit, wenn jeder Punkt in der Zeiteinheit einen Bogen durchläuft, welcher dem Mittelpunktswinkel eins entspricht.

Aus der Definition geht also hervor, daß die Dimension einer Winkelgeschwindigkeit ω dargestellt wird durch

$$[\omega] = [t^{-1}].$$

Winkelbeschleunigung. Unter Winkelbeschleunigung wird die Zunahme der Winkelgeschwindigkeit in der Zeiteinheit verstanden.

Die Winkelbeschleunigung ist eins, wenn in der Zeiteinheit die Winkelgeschwindigkeit um den Betrag eins wächst. Die Einheit der Winkelbeschleunigung p ist also wieder die Einheit der Winkelgeschwindigkeit, dividiert durch die Zeiteinheit und

$$[p] = [t^{-2}].$$

Dichtigkeit. Die Dichtigkeit eines Körpers ist das Verhältnis zwischen Masse und Volumen; sie wird also dargestellt durch die Masse, dividiert durch das Volumen. Ein Körper hat die Einheit der Dichtigkeit d, wenn die Volumeneinheit die Einheit der Masse enthält (Wasser von $+ 4^0$ C),

$$[d] = [ml^{-3}].$$

Spezifisches Gewicht. Unter dem spezifischen Gewichte eines Stoffes versteht man das Verhältnis seiner Dichte zu der Dichte von reinem Wasser bei $+ 4^0$ C, die als Einheit angenommen worden ist. Das spezifische Gewicht ist also der Quotient zweier ähnlicher Größen und hat deshalb keine Dimensionen.

Bewegungsgröße. Das Produkt aus der Masse und der Geschwindigkeit nennt man die Bewegungsgröße h. Diese ist gleich der Einheit, wenn die Masse eins die Geschwindigkeit eins hat:

$$[h] = [mlt^{-1}].$$

Kraft. Die Ursache einer Bewegung nennt man Kraft. Die Beschleuniguug, welche ein Körper unter dem Einflusse einer Kraft erhält, ist proportional der Größe dieser Kraft und umgekehrt proportional der Masse. Diese Beziehung wird ausgedrückt durch die Formel

$$K = m \times j \times \text{Konstante}.$$

Man wählt nun die Einheit der Kraft so, daß die Formel so einfach als möglich wird, und nennt deshalb diejenige Kraft die Einheit, welche der Einheit der Masse die Einheit der Beschleunigung gibt; dadurch wird die Konstante gleich eins und die Formel

$$K = m \times j.$$

Im C.G.S.-System gibt also die Einheit der Kraft der Masse von 1 Gramm die Beschleunigung von 1 cm. Diese Einheit nennt man dyne.

Die Dimensionen einer Kraft werden nach der Definition:

$$[K] = [m l t^{-2}].$$

Drehmoment. Unter Drehmoment, überhaupt im allgemeinen unter Moment einer Kraft oder eines Kräftepaares, versteht man das Produkt aus Kraft und Hebelarm. Die Momenteinheit wird also von einer Krafteinheit an einem Hebelarme von 1 cm ausgeübt. Für die Dimensionen ergibt sich daher:

$$[D] = [m l^2 t^{-2}].$$

Trägheitsmoment. Wenn ein Körper sich um eine Achse dreht, haben alle Punkte dieselbe Winkelgeschwindigkeit. Betrachtet man eine kleine Masse m_1, deren Abstand von der Achse gleich l_1 ist, so ist die lineare Geschwindigkeit $l_1 \omega$ und die kinetische Energie $\frac{1}{2} m_1 l_1^2 \omega^2$; für eine zweite Masse m_2 im Abstande l_2 erhält man ebenso $l_2 \omega$ und $\frac{1}{2} m_2 l_2^2 \omega^2$ und deshalb für den ganzen Körper die kinetische oder Bewegungsenergie $\frac{1}{2} \omega^2 \Sigma m l^2$.

Der Ausdruck $\Sigma m l^2$ wird als Trägheitsmoment des Körpers in bezug auf diese Achse bezeichnet. Dieses Trägheitsmoment würde gleich der Einheit sein, wenn das drehende System durch die Masseneinheit im Abstande eins von der Achse zu ersetzen wäre.

Die Dimensionen eines Trägheitsmoments K werden nach dem Vorhergehenden:

$$[K] = [ml^2].$$

Arbeit. Arbeit nennt man das Produkt aus dem zurückgelegten Wege und der Projektion der Kraft auf den Weg. Die Arbeitseinheit wird geleistet, wenn die Krafteinheit sich in ihrer eigenen Richtung um die Längeneinheit verschiebt. Im C.G.S.-System müßte also der Angriffspunkt einer Dyne sich um 1 cm in ihrer Richtung bewegen. Diese Arbeitseinheit heißt Erg.

Die Dimensionen einer Arbeit sind

$$[A] = [ml^2t^{-2}].$$

Effekt oder Leistung. Effekt oder Leistung ist die Arbeit, welche in der Zeiteinheit geleistet wird; sie wird deshalb durch eine Arbeitsmenge, dividiert durch eine Zeit, dargestellt.

Die Effekteinheit stimmt also mit der in der Zeiteinheit geleisteten Arbeitseinheit überein. Im C,G.S.-System ist die Effekteinheit also 1 Erg pro Sekunde. Aus der Definition folgt:

$$[W] = [ml^2t^{-3}].$$

Wärmemenge. Bekanntlich ist eine Wärmemenge einer bestimmten Arbeitsmenge äquivalent; die Dimensionen sind deshalb dieselben wie diejenigen einer Arbeitsmenge.

Als Einheit der Wärmemenge ist diejenige Menge angenommen, welche nötig ist, um die Temperatur der Masseneinheit reinen Wassers bei maximaler Dichte, also bei 4^0 C, um einen Grad steigen zu lassen.

Die mit dieser Definition übereinstimmende Wärmemenge heißt Grammkalorie oder kleine Kalorie. Öfter wird auch eine 1000 mal größere Menge, die Kilogrammkalorie oder große Kalorie, verwendet.

Direktionskraft. Die Direktionskraft mißt die Stabilität der Gleichgewichtslage eines um eine Achse drehbaren Körpers. Wird durch die Ablenkung des Körpers um einen kleinen Winkel φ ein mit φ proportionales Drehmoment erzeugt, so nennt man das konstante Verhältnis $\frac{\text{Drehmoment}}{\varphi} = D$ die auf den Körper ausgeübte Direktionskraft, welche somit die Dimensionen eines Drehmomentes hat,

$$[D] = [ml^2t^{-2}].$$

3. Dimensionen der magnetischen und elektrischen Größen.

Die Bestimmung der Dimensionen der mechanischen Größen bietet, wie aus dem Vorhergehenden ersichtlich, gar keine Schwierigkeiten; ganz anders verhalten sich jedoch in dieser Beziehung die magnetischen und elektrischen Größen; obwohl man davon überzeugt ist, daß auch diese Größen schließlich nur von Länge, Masse und Zeit abhängig sind, so ist es doch bis jetzt noch nicht gelungen, ihre richtigen Dimensionen festzusetzen. Zwar gibt man sowohl im elektrostatischen als im elektrodynamischen Systeme Dimensionsformeln an, aber es leuchtet direkt ein, daß diese Formeln in beiden Systemen, oder wenigstens in einem der beiden, falsch sein müssen. Eine bestimmte Größe, z. B. eine Stromstärke, hat nämlich in den beiden Systemen nicht dieselbe Dimensionsformel, während doch offenbar eine Stromstärke nur in einer einzigen Weise von den Grundeinheiten Länge, Masse und Zeit abhängig sein kann. Das Verhältnis zweier Einheiten derselben Größe in den zwei Systemen sollte selbstverständlich eine reine Zahl sein; bei den Dimensionsformeln, welche man gewöhnlich anwendet, ist dieses Verhältnis jedoch eine einfache Funktion einer Geschwindigkeit. Aus dem Folgenden wird hervorgehen, daß die Dimensionsformeln sehr wahrscheinlich in beiden Systemen unrichtig, jedenfalls unvollständig sind.

Wenn man einen Leiter (z. B. eine Metallkugel, die sich in einem Dielektrikum befindet) elektrisch ladet, so erfährt, nach der Maxwellschen Theorie, dieses Dielektrikum eine Zustandsänderung.

Der neue Zustand des Dielektrikums kann am besten verglichen werden mit demjenigen eines elastischen Körpers, der durch äußere Kräfte zusammengedrückt, bzw. auseinandergezogen wird. Unter der Wirkung dieser Kräfte hat der elastische Körper eine gewisse Energie der Lage; in gleicher Weise denkt man sich nun, daß infolge der Ladung im Dielektrikum Energie angehäuft ist. So wie beim elastischen Körper die Ausdehnung proportional der Kraft ist, wird man im Dielektrikum die dielektrische Verschiebung δ proportional der elektrischen Feldstärke F setzen, also

$$\delta = c\,F.$$

worin c eine Konstante ist, abhängig von der Beschaffenheit des Mediums. Diese Gleichung kann auch in der Form

$$\delta = \frac{\varepsilon}{4\pi} F$$

geschrieben werden, worin ε noch immer eine vom Medium abhängige Konstante bedeutet. Dieses ε nennt man Dielektrizitätskonstante oder spezifisches Induktionsvermögen. Die pro Volumeneinheit im Dielektrikum angehäufte Energie wird, wie hier als bekannt vorausgesetzt werden darf, dargestellt durch den Ausdruck

$$U = \frac{2\pi\delta^2}{\varepsilon};$$

pro Volumenelement dv ist also die Energie

$$dA = \frac{2\pi\delta^2}{\varepsilon} dv$$

vorhanden.

Im elektrostatischen Systeme setzt man die Dielektrizitätskonstante im luftleeren Raume gleich der Einheit, versteht also unter dem spezifischen Induktionsvermögen irgend eines Stoffes die unbenannte Zahl, welche angibt, wievielmal die dielektrische Verschiebung bei derselben Kraft in diesem Stoffe größer ist als im luftleeren Raume. In diesem Falle betrachtet man jedoch die Dielektrizitätskonstante als dimensionslos, wofür eigentlich kein Grund vorhanden ist.

Für die Festsetzung der richtigen Dimensionsformeln im elektrostatischen Systeme würde es unbedingt erforderlich sein die Dimensionen der Dielektrizitätskonstante zu kennen; weil diese nun aber bisher nicht bekannt sind, bleibt uns nichts anderes übrig, als bei der Ableitung der Dimensionsformeln das ε als vierte Grundeinheit in den Formeln mitzuschleppen.

Aus der Gleichung

$$dA = \frac{2\pi\delta^2}{\varepsilon} dv$$

geht hervor

$$[\delta] = \left[\frac{\varepsilon^{\frac{1}{2}}(ml^2t^{-2})^{\frac{1}{2}}}{l^{\frac{3}{2}}}\right] = [\varepsilon^{\frac{1}{2}} m^{\frac{1}{2}} l^{-\frac{1}{2}} t^{-1}];$$

weil auch
$$F = \frac{4\pi\delta}{\varepsilon}$$
so ist:
$$[F] = [\varepsilon^{-\frac{1}{2}} m^{\frac{1}{2}} l^{-\frac{1}{2}} t^{-1}].$$

Weil nun die dielektrische Verschiebung im Abstande r einer wahren Ladung q_w dargestellt wird durch
$$\delta = \frac{q_w}{4\pi r^2},$$
so erhalten wir:
$$[q_w] = [\varepsilon^{\frac{1}{2}} m^{\frac{1}{2}} l^{\frac{3}{2}} t^{-1}].$$
Die Dimensionen der räumlichen Dichte ϱ_w einer wahren Ladung sind also:
$$[\varrho_w] = [\varepsilon^{\frac{1}{2}} m^{\frac{1}{2}} l^{-\frac{3}{2}} t^{-1}].$$
Das Wort w a h r e Ladung ist oben deshalb verwendet, weil man zu unterscheiden hat zwischen w a h r e r und f r e i e r Ladung.

Denkt man sich eine geladene Kugel, welche von einer dielektrischen Schicht, deren Dielektrizitätskonstante gleich ε_1, umgeben ist, während sich um diese Schicht eine andere befindet mit einer Dielektrizitätskonstante ε_2, so ist die dielektrische Verschiebung in der unmittelbaren Nähe der Grenzfläche der beiden Dielektrika
$$\delta = \frac{q_w}{4\pi r_2^2}$$
worin r_2 den Radius der Grenzfläche und q_w die auf der Kugel sich befindende wahre Ladung bedeuten. Im allgemeinen ist jedoch:
$$\delta = \frac{\varepsilon}{4\pi} F,$$
also ist ein wenig vor der Grenzschicht
$$F_1 = \frac{q_w}{\varepsilon_1 r_2^2}$$
und ein wenig hinter der Grenzschicht
$$F_2 = \frac{q_w}{\varepsilon_2 r_2^2};$$
die elektrische Feldstärke ist also in der Grenzschicht selber sehr rasch, aber stetig, vom Werte F_1 auf F_2 gewachsen.

Stellt man nun die Verteilung der elektrischen Feldstärke graphisch dar, indem man das Kraftlinienbild aufzeichnet, so wird die Feldstärke gleich der Anzahl der Kraftlinien, die auf die senkrecht zu ihrer Richtung genommene Oberflächeneinheit entfallen, während die Richtung der Feldstärke mit derjenigen der Kraftlinien zusammenfällt.

Aber dann müssen in der Grenzschicht auch Kraftlinien beginnen, bzw. endigen. Weil nun im elektrostatischen Felde nur Kraftlinien bestehen, welche Ladungen gleicher Größe, aber entgegengesetzter Polarität miteinander verbinden, so denken wir uns in der Grenzschicht auch eine elektrische Ladung, welche man zum Unterschied von der wahren Ladung als freie Ladung bezeichnet.

Diese freie Ladung ist jedoch nur eine Folge der wahren Ladung und hat mit der dielektrischen Verschiebung weiter nichts zu tun; die ganze Zustandsänderung der Umgebung wird von der wahren Ladung hervorgerufen; die freie Ladung ist nur Anfangs-, bzw. Endstelle der oben erwähnten Kraftlinien.

Umgibt man das Flächenelement df der Grenzschicht mit einem kleinen geschlossenen Zylinder, dessen Achse in die Richtung von F fällt, so treten $F_1 df$ Kraftlinien in diesen Zylinder ein und $F_2 df$ aus; die Differenz $(F_2 - F_1)\, df$ rührt von der freien Ladung mit der Oberflächendichte σ_2 her, und weil von der Einheit 4π Kraftlinien ausgehen, so ist

$$(F_2 - F_1)\, df = 4\pi\sigma_2\, df$$

$$\frac{q_w}{r_2^2}\left(\frac{1}{\varepsilon_2} - \frac{1}{\varepsilon_1}\right) = 4\pi\sigma_2$$

$$\sigma_2 = \frac{q_w}{4\pi r_2^2}\left(\frac{1}{\varepsilon_2} - \frac{1}{\varepsilon_1}\right).$$

Wendet man diesen Beweis auch an für die Grenzschicht zwischen der geladenen Kugel und dem ersten Dielektrikum, so erhält man:

$$\sigma_1 = \frac{q_w}{4\pi r_1^2}\,\frac{1}{\varepsilon_1};$$

die totale freie Ladung auf der Kugeloberfläche ist also:

$$q_{1f} = 4\pi r_1^2 \sigma_1 = \frac{q_w}{\varepsilon_1};$$

in der Grenzschicht zwischen den beiden Dielektrika hat man eine freie Ladung

$$q_{2f} = 4\pi r_2^2 \sigma_2 = q_w \left(\frac{1}{\varepsilon_2} - \frac{1}{\varepsilon_1}\right);$$

die freie Ladung des ganzen Systemes ist also:

$$q_f = q_{1f} + q_{2f} = \frac{q_w}{\varepsilon_1} + q_w \left(\frac{1}{\varepsilon_2} - \frac{1}{\varepsilon_1}\right) = \frac{q_w}{\varepsilon_2}.$$

Hieraus geht hervor, daß das Verhältnis zwischen wahrer und freier Ladung des ganzen Systemes gleich der Dielektrizitätskonstante des äußersten Mediums ist. Ist nun das äußerste Medium Luft und setzt man dafür ε gleich der Zahl eins, so wird

$$q_f = q_w.$$

Man betrachtet dann aber elektrische Kraft und dielektrische Verschiebung als ähnliche Größen.

Aus der Relation

$$q_f = \frac{q_w}{\varepsilon}$$

folgt

$$[q_f] = [\varepsilon^{-\frac{1}{2}} m^{\frac{1}{2}} l^{\frac{3}{2}} t^{-1}].$$

Bezeichnet man die räumliche Dichte der freien Ladung mit ϱ_f, so wird

$$[\varrho_f] = [\varepsilon^{-\frac{1}{2}} m^{\frac{1}{2}} l^{-\frac{3}{2}} t^{-1}].$$

Weil die Potentialdifferenz zweier Punkte eines Feldes dargestellt wird durch das Linienintegral der elektrischen Feldstärke, erhält man:

$$[V] = [\varepsilon^{-\frac{1}{2}} m^{\frac{1}{2}} l^{\frac{1}{2}} t^{-1}].$$

Definiert man Kapazität als Verhältnis zwischen wahrer Ladung und Potential, so ist:

$$[C] = [\varepsilon l].$$

Man bezeichnet als Stromstärke diejenige Elektrizitätsmenge, welche pro Zeiteinheit durch einen Querschnitt hindurchfließt; sie kann also dargestellt werden durch eine wahre Ladung, dividiert durch eine Zeit; hieraus ergibt sich:

$$[i] = [\varepsilon^{\frac{1}{2}} m^{\frac{1}{2}} l^{\frac{3}{2}} t^{-2}].$$

Es ist ein elektrischer Widerstand gleich einer Potentialdifferenz dividiert durch eine Stromstärke; also:

$$[r] = [\varepsilon^{-1} l^{-1} t].$$

Wenden wir uns jetzt zu den magnetischen Größen, so ist nach dem Gesetze von Biot und Savart bei einem unendlich langen, geradlinigen Stromleiter die magnetische Feldstärke im Abstande a:

$$H = \frac{2i}{a}$$

also

$$[H] = [\varepsilon^{\frac{1}{2}} m^{\frac{1}{2}} l^{\frac{1}{2}} t^{-2}].$$

Man könnte denken, daß in dem obengenannten Gesetze, das ja die Brücke zwischen den elektrischen und magnetischen Größen bildet, eine Konstante eingesetzt werden müßte, also:

$$H = c\frac{2i}{a}.$$

Nun ist aber, nachdem die Begriffe „magnetische Kraft" aus rein magnetischen und „elektrische Kraft" aus rein elektrischen Betrachtungen hervorgegangen sind, durch die Experimente dargetan, daß diese Konstante nur von der Wahl der Einheiten, und nicht von der Beschaffenheit des Mediums abhängt; man kann also bei der Wahl der Einheiten immer dafür sorgen, daß $c = 1$.

Jedenfalls hat c keine Dimensionen und man kann deshalb für die Festsetzung der Dimensionen von H die Relation

$$H = \frac{2i}{a}$$

verwenden.

Weil aber die magnetische Feldstärke auch durch die Kraft, welche auf die Einheit der Menge des wahren Magnetismus ausgeübt wird, gegeben ist, so kann man schreiben:

$$[m_w] = [\varepsilon^{-\frac{1}{2}} m^{\frac{1}{2}} l^{\frac{1}{2}}].$$

Es soll jedoch nicht verschwiegen werden, daß eine Menge von wahrem Magnetismus nur eine gedachte Größe ist, weil eben keine magnetischen Leiter bestehen.

Ähnlich wie bei den elektrischen Erscheinungen kann man sich auch hier vorstellen, daß die magnetische Kraft eine Art Verschiebung, also einen Spannungszustand im Medium, magnetische Induktion genannt, hervorruft. Diese Induktion ist auch wieder der Feldstärke proportional, also

$$B = \mu H,$$

worin μ einen Koeffizienten darstellt, welcher von der Beschaffenheit des Mediums abhängt und Permeabilität genannt wird.

Denkt man sich wieder zwei aneinander grenzende Schichten verschiedener Permeabilität, so wird in der Grenzschicht die Feldstärke wieder sehr rasch anwachsen, z. B. von H_1 auf H_2. In ähnlicher Weise wie vorhin, erhält man:

$$(H_2 - H_1)\, df = 4\pi \varrho_m\, dv,$$

worin ϱ_m die räumliche Dichte des freien Magnetismus in der Grenzschicht bedeutet; aus dieser Relation geht hervor

$$[\varrho_m] = [\varepsilon^{\frac{1}{2}} m^{\frac{1}{2}} l^{-\frac{1}{2}} t^{-2}]$$

und weil eine räumliche Dichte eine Menge pro Volumeneinheit darstellt, werden die Dimensionen einer Menge von freiem Magnetismus gegeben durch:

$$[m_f] = [\varepsilon^{\frac{1}{2}} m^{\frac{1}{2}} l^{\frac{5}{2}} t^{-2}].$$

Es ist das magnetische Potential das Linienintegral der magnetischen Feldstärke, also:

$$[V_m] = [\varepsilon^{\frac{1}{2}} m^{\frac{1}{2}} l^{\frac{3}{2}} t^{-2}].$$

Das magnetische Moment kann dargestellt werden durch das Produkt einer Menge von wahrem Magnetismus und einer Länge, also:

$$[M] = [\varepsilon^{-\frac{1}{2}} m^{\frac{1}{2}} l^{\frac{3}{2}}].$$

Für das magnetische Moment pro Volumeneinheit oder für die Intensität der Magnetisierung, erhält man:

$$[I] = [\varepsilon^{-\frac{1}{2}} m^{\frac{1}{2}} l^{-\frac{3}{2}}].$$

Das Verhältnis zwischen der Intensität der Magnetisierung und der Feldstärke wird als Suszeptibilität $\varkappa$ bezeichnet; demzufolge ist:

$$[\varkappa] = [\varepsilon^{-1} l^{-2} t^{2}].$$

Die Permeabilität ist eine ähnliche Größe wie die Suszeptibilität, deshalb

$$[\mu] = [\varepsilon^{-1} l^{-2} t^2],$$

während schließlich die magnetische Induktion durch das Produkt aus Permeabilität und Feldstärke gegeben wird, also:

$$[B] = [\varepsilon^{-\frac{1}{2}} m^{\frac{1}{2}} l^{-\frac{3}{2}}].$$

Wenn nun die Beziehung zwischen ε und den Grundeinheiten Länge, Masse und Zeit bekannt wäre, so würde man direkt die richtigen Dimensionen dieser magnetischen und elektrischen Größen kennen; man erhält die Dimensionsformeln, so wie diese im elektrostatischen Systeme aufgestellt werden, wenn man in allen diesen Formeln einfach das ε unterdrückt.

Die Energie, welche das Dielektrikum pro Volumeneinheit enthält, ist

$$U = \frac{2\pi\,\delta^2}{\varepsilon}$$

und kann durch Einsetzung der Relation

$$\delta = \frac{\varepsilon}{4\pi} F$$

folgendermaßen geschrieben werden:

$$U = \frac{\delta}{8\pi} F^2.$$

Die Energie pro Volumenelement dv wird also:

$$dW = \frac{\varepsilon}{8\pi} F^2 dv.$$

Bei einer magnetischen Zustandsänderung erhält man in vollkommen ähnlicher Weise:

$$dW = \frac{\mu}{8\pi} H^2 dv.$$

Man kann nun die Dimensionen der magnetischen und elektrischen Größen auch aufstellen, wenn man von dieser letzten Gleichung ausgeht; dann erscheint die Permeabilität als vierte Grundeinheit.

Man erhält alsdann:

$$[H] = [\mu^{-\frac{1}{2}} m^{\frac{1}{2}} l^{-\frac{1}{2}} t^{-1}]$$

und weil

$$B = \mu H$$

$$[B] = [\mu^{\frac{1}{2}} m^{\frac{1}{2}} l^{-\frac{1}{2}} t^{-1}].$$

Aus der bekannten Relation

$$H = \frac{2i}{a}$$

findet man für eine Stromstärke:

$$[i] = [\mu^{-\frac{1}{2}} m^{\frac{1}{2}} l^{\frac{1}{2}} t^{-1}].$$

Auf diese Weise erhält man für die magnetischen und elektrischen Größen ein zweites System von Dimensionsformeln, worin statt ε das μ als vierte Grundeinheit eingeführt ist.

Setzt man nun die Permeabilität des luftleeren Raumes oder der Luft selber gleich der Einheit, betrachtet man also die Permeabilität als dimensionslos, so fällt das μ heraus und man erhält die Dimensionsformeln, so wie diese im elektromagnetischen Systeme aufgestellt werden.

Weil nun aber eine Größe nur in einer einzigen Weise von den Grundeinheiten Länge, Masse und Zeit abhängen kann, so müssen die Dimensionsformeln in den beiden Systemen (mag man nun das ε oder das μ einführen) dieselben Funktionen dieser Grundeinheiten darstellen.

Haben wir z. B. für eine Stromstärke gefunden

$$[i] = [\varepsilon^{\frac{1}{2}} m^{\frac{1}{2}} l^{\frac{3}{2}} t^{-2}]$$

und

$$[i] = [\mu^{-\frac{1}{2}} m^{\frac{1}{2}} l^{\frac{1}{2}} t^{-1}];$$

so ist, weil beide Ausdrücke dieselbe Funktion der Grundeinheiten darstellen, offenbar

$$[\mu\varepsilon] = [l^{-2} t^2],$$

d. h. das Produkt aus der Permeabilität und der Dielektrizitätskonstante eines Mediums wird durch den reziproken Wert des Quadrates einer Geschwindigkeit gegeben; nennt man diese Geschwindigkeit v, so ist

$$\mu \varepsilon v^2 = 1.$$

Es ist v die Geschwindigkeit, mit der sich die elektromagnetischen Wellen im Medium fortpflanzen.

In den vorhergehenden Betrachtungen haben wir bei der Festsetzung der Begriffe Dielektrizitätskonstante und Arbeitsvermögen im Medium bei magnetischen Zustandsänderungen den Faktor 4π eingeführt. Hätten wir in der Formel

$$\delta = c F$$

c die Dielektrizitätskonstante genannt, so würde der Faktor 4π unterdrückt sein. Während O. Heaviside dies tatsächlich durchführt, werden wir immer das 4π in allen unsren Formeln mitschleppen, weil wir sonst von den bisher üblichen Maßsystemen, dem elektrostatischen und elektromagnetischen Systeme zu viel abweichen würden.

Wir werden die beiden Systeme hier ausführlich behandeln, da sie allgemein benutzt werden und außerdem die praktischen Einheiten dem elektromagnetischen Systeme entnommen sind; es soll jedoch nochmals ausdrücklich darauf hingewiesen werden, daß die in diesen Systemen gebräuchlichen Dimensionsformeln nur unvollständig die Relationen angeben, welche zwischen den elektrischen und magnetischen Größen einerseits, und den Grundeinheiten Länge, Masse und Zeit andererseits bestehen.

4. Das elektrostatische System.

Elektrizitätsmenge. Gesetz von Coulomb. Zwei punktförmige Ladungen q und q^1, im Abstande r, üben auf einander in der Richtung ihrer Verbindungslinie eine anziehende oder abstoßende Kraft aus, welche proportional den Elektrizitätsmengen und umgekehrt proportional dem Quadrate des Abstandes ist. Dieses Gesetz wird durch die Formel

$$K = \pm c \frac{q q^1}{r^2}$$

ausgedrückt.

Um diese Formel möglichst einfach zu gestalten, wählt man die Einheit der Elektrizitätsmenge so, daß $c = 1$.

Es ist also die elektrostatische Einheit der Elektrizitätsmenge diejenige in einem Punkte konzentriert gedachte Menge, die auf eine gleiche Menge im Abstande eins, die Krafteinheit ausübt.

Im C.G.S.-System ist als Krafteinheit die Dyne und als Längeneinheit das Centimeter einzusetzen.

Man erhält also:

$$K = \frac{q q^1}{r^2}$$

und für $q = q^1$

$$K = \frac{q^2}{r^2} \quad \text{oder} \quad q = r\sqrt{K}.$$

Eine Elektrizitätsmenge hat also dieselben Dimensionen wie das Produkt aus einer Länge und der Quadratwurzel einer Kraft; also:

$$[q] - [l]\,[l m t^{-2}]^{\frac{1}{2}} = [m^{\frac{1}{2}} l^{\frac{3}{2}} t^{-1}].$$

Stromstärke. Unter Stromstärke versteht man diejenige Elektrizitätsmenge, welche pro Zeiteinheit durch einen Querschnitt hindurchfließt; sie wird also durch eine Elektrizitätsmenge, dividiert durch eine Zeit, dargestellt. Die Stromstärke ist gleich der Einheit, wenn pro Zeiteinheit die Einheit der Elektrizitätsmenge durch einen Querschnitt strömt.

Die Dimensionen einer Stromstärke sind deshalb:

$$[i] = \frac{[q]}{[t]} = [m^{\frac{1}{2}} l^{\frac{3}{2}} t^{-2}].$$

Elektrische Flächendichte. Die Elektrizitätsmenge pro Flächeneinheit heißt Flächendichte. Diese wird also dargestellt durch eine Elektrizitätsmenge, dividiert durch eine Fläche. Sie ist eins, wenn pro Oberflächeneinheit, also im C.G.S.-System pro cm^2, die Einheit der Elektrizitätsmenge vorhanden ist.

$$[\sigma] = \frac{[q]}{[l^2]} = [m^{\frac{1}{2}} l^{-\frac{1}{2}} t^{-1}].$$

Feldstärke. Die Feldstärke in einem Punkte ist die Kraft, welche auf die in diesen Punkt gebrachte Einheit der Elektrizitätsmenge ausgeübt wird; sie ist also eine Kraft dividiert durch eine Elektrizitätsmenge.

Die Feldstärke ist gleich der Einheit, wenn auf die Einheit der Elektrizitätsmenge die Krafteinheit, im C.G.S.-System also die Dyne, ausgeübt wird.

$$[F] = \frac{[K]}{[q]} = [m^{\frac{1}{2}} l^{-\frac{1}{2}} t^{-1}].$$

Kraftfluß. Setzen wir voraus, daß von der Elektrizitätseinheit 4π Kraftlinien ausgehen, so wird die Feldstärke in einem Punkte angegeben durch die Anzahl Kraftlinien, welche im betrachteten Punkte durch die senkrecht zur Kraftlinienrichtung gewählte Flächeneinheit gehen.

Unter Kraftfluß versteht man nun die Anzahl Kraftlinien, welche durch eine bestimmte Fläche hindurchtreten; es ist also ein Kraftfluß gleich einer Feldstärke mal einer Fläche:

$$[\Phi] = [F]\ [l^2] = [m^{\frac{1}{2}}\, l^{\frac{3}{2}}\, t^{-1}].$$

Potential. Befinden sich einige Ladungen q_1, q_2, q_3 usw. in Abständen r_1, r_2, r_3 usw. von einem Punkt P, so ist das Potential in P gleich $\frac{q_1}{r_1} + \frac{q_2}{r_2} + \frac{q_3}{r_3} +$ usw.; im allgemeinen kann das Potential dargestellt werden durch eine Elektrizitätsmenge dividiert durch einen Abstand. Das Potential in P ist gleich der Einheit, wenn die Elektrizitätseinheit sich im Abstande eins, im C.G.S.-Systeme also im Abstande von 1 cm, von P befindet.

$$[V] = \frac{[q]}{[l]} = [m^{\frac{1}{2}}\, l^{\frac{1}{2}}\, t^{-1}].$$

Kapazität. Das Potential eines Leiters, von einer Ladung herrührend, ist proportional der Größe dieser Ladung; das Verhältnis zwischen Ladung und Potential heißt die Kapazität.

Die Kapazität ist also eine Ladung dividiert durch ein Potential. Ein Leiter besitzt die Kapazitätseinheit, wenn sein Potential durch die Ladung eins um die Einheit erhöht wird.

$$[C] = \frac{[q]}{[V]} = [l].$$

Widerstand. Wenn zwischen zwei Leitern eine Potentialdifferenz $V - V_1$ besteht, so wird ein elektrischer Strom fließen, sobald die beiden Leiter durch einen dritten verbunden werden; die Stärke des Stromes ist nach dem Ohmschen Gesetze gleich der Potentialdifferenz, dividiert durch den Widerstand. Der Widerstand ist also das Verhältnis zwischen Potentialdifferenz und Stromstärke. Ein Leiter hat die Widerstandseinheit, wenn die Einheit der Potentialdifferenz durch diesen Leiter die Einheit der Stromstärke fließen läßt.

$$[r] = \frac{[V]}{[i]} = [l^{-1} t].$$

Elektrisches Arbeitsvermögen. Die Energie der Lage, welche ein geladener Leiter besitzt, ist gleich dem halben Produkte aus Ladung und Potential. Das Arbeitsvermögen wird also dargestellt durch das Produkt einer Elektrizitätsmenge und eines Potentials.

Ein Leiter besitzt also die Einheit der Energie der Lage, wenn er durch die Elektrizitätsmenge zwei zum Potentiale eins geladen wird.

$$[A] = [q]\,[V] = [m\,l^2\,t^{-2}].$$

Es ist klar, daß man dafür also dieselbe Dimensionsformel wieder finden muß, die früher schon für eine Arbeitsmenge gefunden ist.

5. Das elektromagnetische System.

Magnetismusmenge. Gesetz von Coulomb. Zwei punktförmige magnetische Massen m_m[1]) und $m^1{}_m$ im Abstande r üben in der Richtung ihrer Verbindungslinie eine Kraft aufeinander aus, die proportional den Massen und umgekehrt proportional dem Quadrate des Abstandes ist.

Nimmt man als Einheit der magnetischen Masse wieder diejenige an, welche auf eine gleiche Masse im Abstande eins die Krafteinheit ausübt, so erhält man:

$$K = \frac{m_m\, m^1{}_m}{r^2}$$

oder wenn diese beiden magnetischen Massen einander gleich sind, so ist

$$m_m = r\sqrt{K},$$

und

$$[m_m] = [l]\,[l\,m\,t^{-2}]^{\frac{1}{2}} = [m^{\frac{1}{2}}\,l^{\frac{3}{2}}\,t^{-1}].$$

Magnetische Dichte. Magnetische Dichte ist die Menge von freiem Magnetismus pro Oberflächeneinheit. Die magnetische

---

[1]) In diesem Abschnitt ist die magnetische Masse mit m_m bezeichnet, zur Unterscheidung von der Masse m eines Körpers.

Dichte ist also eins, wenn die magnetische Einheitsmasse sich auf der Flächeneinheit befindet.

$$[\sigma] = \frac{[m_m]}{[l^2]} = (m^{\frac{1}{2}} l^{-\frac{1}{2}} t^{-1}).$$

Feldstärke. Die magnetische Feldstärke ist wieder die Kraft, welche im betrachteten Punkte auf die magnetische Einheitsmasse ausgeübt wird, und ist also gleich der Einheit, wenn diese Kraft gleich der Einheit ist.

$$[H] = \frac{[K]}{[m_m]} = [m^{\frac{1}{2}} l^{-\frac{1}{2}} t^{-1}].$$

Magnetisches Potential. Dieses wird durch eine magnetische Masse, dividiert durch einen Abstand, dargestellt. Die Einheit der magnetischen Masse verursacht im Abstande eins das Potential eins, also

$$[V] = \frac{[m_m]}{[l]} = [m^{\frac{1}{2}} l^{\frac{1}{2}} t^{-1}].$$

Stärke einer magnetischen Platte. Hierunter versteht man das Produkt aus der Dichte und der Plattendicke. Die Stärke wird also dargestellt durch das Produkt einer Dichte und einer Länge:

$$[P] = [\sigma]\,[l] = [m^{\frac{1}{2}} l^{\frac{1}{2}} t^{-1}].$$

Magnetisches Moment. Das magnetische Moment eines Stabes ist gleich dem Produkte aus Polstärke und Polabstand, und wird deshalb durch das Produkt einer magnetischen Masse und einer Länge dargestellt:

$$[M] = [m_m l] = [m^{\frac{1}{2}} l^{\frac{5}{2}} t^{-1}].$$

Intensität der Magnetisierung. Das magnetische Moment pro Volumeneinheit wird die Intensität der Magnetisierung genannt. Man kann diese Intensität also darstellen durch ein magnetisches Moment, dividiert durch ein Volumen, also:

$$[I] = \frac{[M]}{[l^3]} = [m^{\frac{1}{2}} l^{-\frac{1}{2}} t^{-1}].$$

Spezifischer Magnetismus. Das Verhältnis des magnetischen Momentes zur Masse eines Stabes heißt spezifischer Magnetismus. Ein Magnet hat also die Einheit des spezifischen

Magnetismus, wenn die Masseneinheit die Einheit des magnetischen Moments besitzt. Also:

$$[\zeta] = [m^{-\frac{1}{2}} l^{\frac{5}{2}} t^{-1}].$$

Magnetische Induktion. Befindet sich ein eiserner Stab in einem magnetischen Felde von der Stärke H, so ist die magnetische Induktion oder die Gesamtzahl der Induktionslinien pro Querschnittseinheit im Eisen gegeben durch die Formel

$$B = H + 4\pi I.$$

Die Induktion ist eins, wenn durch die Flächeneinheit nur eine Induktionslinie geht. Die Dimensionen der magnetischen Induktion sind also dieselben wie die einer Feldstärke oder einer Intensität der Magnetisierung.

$$B = [m^{\frac{1}{2}} l^{-\frac{1}{2}} t^{-1}].$$

Permeabilität. Das Verhältnis zwischen Induktion und Feldstärke heißt Permeabilität; weil B und H dieselben Dimensionen haben, hat die Permeabilität die Dimension Null, ist also eine reine Zahl.

Suszeptibilität. Das Verhältnis zwischen der Intensität der Magnetisierung und der Feldstärke wird Suszeptibilität (auch Magnetisierungskoeffizient) $\varkappa$ genannt. Die Suszeptibilität ist also auch eine reine Zahl.

Stromstärke. Wenn durch eine kreisförmige Drahtwindung ein Strom i fließt, so ist die Größe der Kraft, welche durch das Stromelement ds auf einen sich im Mittelpunkte befindenden Magnetpol m ausgeübt wird, nach dem Laplaceschen Gesetze:

$$K = c\int \frac{i m_m ds}{r^2}, \text{ also } i = c\int \frac{K r^2}{m_m ds}.$$

Man hat nun im elektromagnetischen Systeme die Einheit der Stromstärke folgenderweise festgelegt:

Durch eine kreisförmige Drahtwindung vom Radius eins geht der Strom eins, wenn ein 1 cm langes Stromelement auf den in den Mittelpunkt gebrachten magnetischen Einheitspol die Kraft eins ausübt. Infolge dieser Festsetzung wird die Konstante im Laplaceschen Gesetze gleich eins. Für die Dimensionen einer Stromstärke erhält man nun:

$$[i] = \frac{[K l^2]}{[m_m l]} = [m^{\frac{1}{2}} l^{\frac{1}{2}} t^{-1}].$$

Elektrizitätsmenge. Weil eine Elektrizitätsmenge gleich dem Produkte einer Stromstärke und einer Zeit ist, so ist:

$$[q] = [i t] = [m^{\frac{1}{2}} l^{\frac{1}{2}}].$$

Flächendichte. Die Dichte ist die Menge oder Masse pro Flächeneinheit, also:

$$[\sigma] = \frac{[q]}{[l^2]} = [m^{\frac{1}{2}} l^{-\frac{3}{2}}].$$

Feldstärke. Die elektrische Feldstärke ist eine Kraft, dividiert durch eine Elektrizitätsmenge, also:

$$[F] = \frac{[K]}{[q]} = [m^{\frac{1}{2}} l^{\frac{1}{2}} t^{-2}].$$

Widerstand. Nach dem Jouleschen Gesetze ist die Wärmemenge A, die in der Zeit t durch den Strom i im Widerstande r erzeugt wird,

$$A = i^2 r t.$$

Der Widerstand r wird also dargestellt durch eine Arbeitsmenge dividiert durch das Produkt aus dem Quadrate einer Stromstärke und einer Zeit.

Die elektromagnetische Widerstandseinheit ist also der Widerstand eines Leiters, in dem vom Strome eins in der Zeit eins eine Wärmemenge erzeugt wird, die der Arbeitseinheit äquivalent ist.

Es ist also:

$$[r] = \frac{[W]}{[i^2 t]} = [l t^{-1}].$$

Elektromotorische Kraft. Nach dem Ohmschen Gesetze ist die elektromotorische Kraft gleich dem Produkte aus Stromstärke und Widerstand. Die Einheit der elektromotorischen Kraft ist diejenige, welche durch einen Leiter mit dem Widerstande eins die Stromeinheit fließen läßt.

$$[e] = [i r] = [m^{\frac{1}{2}} l^{\frac{3}{2}} t^{-2}].$$

Kapazität. Die Kapazität ist das Verhältnis zwischen Elektrizitätsmenge und Potential. Ein Leiter hat also die

Kapazitätseinheit, wenn er von der Elektrizitätsmenge eins auf das Potential eins geladen wird.

$$[c] = \frac{[q]}{[e]} = [l^{-1}\, t^2].$$

Selbstinduktionskoeffizient. Wenn in einem geschlossenen Stromkreise die Stromstärke i in der Zeit dt um den Betrag di wächst, so ist die elektromotorische Kraft der Selbstinduktion

$$e_s = -L\frac{di}{dt}.$$

L nennt man den Koeffizienten der Selbstinduktion, welcher also nach diesem Gesetze gleich dem Produkte einer elektromotorischen Kraft und einer Zeit, dividiert durch eine Stromstärke, ist.

Der Selbstinduktionskoeffizient eines Leiters ist gleich der Einheit, wenn in diesem Leiter die Einheit der elektromotorischen Kraft induziert wird, sobald die Stromstärke in der Zeiteinheit um die Einheit größer oder kleiner wird.

Es ist also:

$$[L] = \frac{[et]}{[i]} = [l].$$

Der Koeffizient der gegenseitigen Induktion hat naturgemäß dieselben Dimensionen.

Zusammenhang zwischen den beiden Systemen. Wenn eine gewisse Stromstärke im elektrostatischen Systeme durch i und im elektromagnetischen durch J Einheiten dargestellt wird, so erhalten wir: i elektrostatische Einheiten der Stromstärke = J elektromagnetische Einheiten der Stromstärke.

Ist nun die Zahl J z. B. v mal kleiner als i, so ist die Einheit im elektromagnetischen Systeme v mal größer als im elektrostatischen Um die Bedeutung von v zu erkennen, schreiben wir:

$$i\,[m^{\frac{1}{2}}\, l^{\frac{3}{2}}\, t^{-2}] = J\,[m^{\frac{1}{2}}\, l^{\frac{1}{2}}\, t^{-1}];$$

es ist also das Verhältnis der Einheiten in den beiden Systemen $= v\,[l t^{-1}]$; v hat also die Bedeutung einer Geschwindigkeit.

Wird nun dieselbe Energiemenge im elektrostatischen Systeme dargestellt durch

$$A = i^2 r t = e i t = e q = e^2 c,$$

und im elektromagnetischen durch

$$A = J^2Rt = EJt = EQ = E^2C,$$

so ist:

$$\frac{i}{J} = \frac{E}{e} = \frac{q}{Q} = \sqrt{\frac{R}{r}} = \sqrt{\frac{c}{C}}.$$

Weil nun $\frac{i}{J} = v\,[l\,t^{-1}]$, sind auch die anderen Verhältnisse gleich $v\,[l\,t^{-1}]$, also

die elektromagnetische Einheit der Stromstärke ist v mal größer als die elektrostatische,

die elektromagnetische Einheit des Widerstandes ist v^2 mal kleiner als die elektrostatische,

die elektromagnetische Einheit der elektromotorischen Kraft ist v mal kleiner als die elektrostatische;

die elektromagnetische Einheit der Elektrizitätsmenge ist v mal größer als die elektrostatische;

die elektromagnetische Einheit der Kapazität ist v^2 mal größer als die elektrostatische.

Welche entsprechenden Einheiten man auch vergleicht, immer ist das Verhältnis v oder v^2; eine Einheit im elektromagnetischen Systeme ist also immer v mal oder v^2 mal größer oder v mal oder v^2 mal kleiner als die entsprechende Einheit im elektrostatischen Systeme. Mit welchem dieser vier Fälle man zu tun hat, geht direkt aus den Dimensionsformeln hervor. Dividiert man nämlich die Dimensionen im elektrostatischen Systeme durch die im elektromagnetischen, so können sich folgende Fälle ergeben:

$$\frac{\text{elektrostatische Dimensionen}}{\text{elektromagnetische Dimensionen}} = l\,t^{-1} = v,$$

die elektromagnetische Einheit ist v mal größer;

$$\frac{\text{elektrostatische Dimensionen}}{\text{elektromagnetische Dimensionen}} = l^{-1}\,t = \frac{1}{v},$$

die elektromagnetische Einheit ist v mal kleiner;

$$\frac{\text{elektrostatische Dimensionen}}{\text{elektromagnetische Dimensionen}} = l^2\,t^{-2} = v^2,$$

die elektromagnetische Einheit ist v^2 mal größer;

$$\frac{\text{elektrostatische Dimensionen}}{\text{elektromagnetische Dimensionen}} = l^{-2} t^2 = \frac{1}{v^2},$$

die elektromagnetische Einheit ist v^2 mal kleiner.

Um den Wert von v, die sogenannte kritische Geschwindigkeit, zu bestimmen, muß man eine elektrische Größe sowohl elektrostatisch als elektromagnetisch messen.

Nicht jede Größe eignet sich gleich gut dazu; am besten gelingt es bei elektromotorischen Kräften, Elektrizitätsmengen, Kapazitäten und Widerständen. Als Mittelwert der Resultate mehrerer Experimente kann

$$v = 3 \times 10^{10} \, [l \, t^{-1}]$$

angenommen werden.

Für die eigentliche Bedeutung von v verweisen wir auf die früheren Betrachtungen über die Dimensionen der magnetischen und elektrischen Größen.

6. Das praktische Maßsystem.

Weil absolute elektromagnetische Messungen sich viel bequemer ausführen lassen als elektrostatische, so ziehen wir für die Praxis das elektromagnetische System vor.

Die Einheiten im elektromagnetischen C.G.S.-System sind jedoch ihrer Größe nach nicht für die Praxis geeignet. Die elektromagnetische Einheit der elektromotorischen Kraft entspricht z. B. nahezu dem $\frac{1}{10^8}$ ten Teile der EMK eines Daniell-Elementes. Es hat sich also der Bedarf nach einem Maßsysteme herausgestellt, dessen Einheiten durch einfache Relationen mit denjenigen des elektromagnetischen C.G.S.-Systems verbunden sind und zugleich den praktisch zu messenden Größen entsprechen.

Schon im Jahre 1861 ernannte die British Association eine Kommission mit dem Auftrage, ein derartiges praktisches Maßsystem festzusetzen.

Diese Kommission reichte im Jahre 1869 ein vollständig ausgearbeitetes praktisches Maßsystem ein; sie hat sich besonders der Anfertigung eines Normalwiderstandes, des sogen. „British Association Unit“ oder Ohm gewidmet.

Aber erst auf den internationalen elektrischen Kongressen in Paris in den Jahren 1881 und 1884 ist die Frage eines praktischen Maßsystems definitiv erledigt; wir werden die dort gefaßten Beschlüsse betreffs dieser Einheiten in der nun folgenden Besprechung mitteilen.

Praktische Einheit der Stromstärke, das Ampere. Nach den Beschlüssen der elektrischen Kongresse in Paris ist aus der elektromagnetischen C.G.S.-Einheit der Stromstärke eine andere praktische oder sekundäre elektromagnetische Einheit der Stromstärke abgeleitet, die den Namen Ampere trägt und dargestellt wird durch die Gleichung:

$$1 \text{ Ampere} = 10^{-1} \left[m^{\frac{1}{2}} l^{\frac{1}{2}} t^{-1}\right] \text{ absolute Einheiten der Stromstärke.}$$

1 Ampere ist also der zehnte Teil der elektromagnetischen C.G.S.-Einheit der Stromstärke.

Es kann die Stromstärke gemessen werden durch die Menge eines Elektrolyten, welche vom Strome in einer bestimmten Zeit zerlegt wird; weil nun die Menge Silber, welche elektrolytisch durch einen bestimmten Strom in einer bestimmten Zeit niedergeschlagen wird, von mehreren Beobachtern mit größter Genauigkeit festgestellt worden ist, kann diese Silbermenge auch zur Definition des Ampere verwendet werden.

Den letzten genaueren Messungen entsprechend ist im Entwurfe zur gesetzlichen Festsetzung der elektrischen Einheiten vom Kuratorium der physikalisch-technischen Reichsanstalt folgende Definition festgesetzt.

Ein konstanter Strom hat die Stärke eines Ampere, wenn er in einer Sekunde 0,001118 Gramm Silber aus einer wässerigen Lösung salpetersauren Silbers niederschlägt, falls darauf geachtet wird, daß die Zersetzung unter möglichst günstigen Bedingungen vor sich geht.

Nach den Faradayschen Gesetzen sind die Mengen verschiedener Stoffe, welche in derselben Zeit von demselben Strome zersetzt werden, proportional den chemischen Äquivalentgewichten. Das elektrochemische Äquivalent von Silber gleich 0,001118 voraussetzend, erhält man das elektrochemische Äquivalent (in Grammen pro Sekunde) jedes andren einfachen oder zusammengesetzten Stoffes, wenn man 0,001118 multipliziert mit dem Verhältnisse der chemischen Äquivalentgewichte, oder weil das chemische

Äquivalentgewicht von Silber 107,66 beträgt, durch Multiplikation des chemischen Äquivalentgewichtes mit der Zahl

$$\frac{0{,}001118}{107{,}66} = 0{,}00010385.$$

Praktische Einheit der Elektrizitätsmenge, der Coulomb. Als praktische oder sekundäre Einheit der Elektrizitätsmenge ist auf denselben Kongressen festgesetzt der zehnte Teil der theoretischen oder elektromagnetischen C.G.S.-Einheit und ihr der Name Coulomb gegeben, also:

$$1 \text{ Coulomb} = 10^{-1}\,[m^{\frac{1}{2}}\,l^{\frac{1}{2}}] \text{ absolute Einheiten der Elektrizitätsmenge.}$$

Ein Coulomb ist also die Elektrizitätsmenge, die pro Sekunde durch den Querschnitt eines Leiters fließt, wenn der Strom die Stärke eines Ampere hat.

Praktische Einheit des elektrischen Widerstandes, das Ohm. Wilhelm Weber hat zum ersten Male eine absolute Widerstandseinheit festgesetzt. Diese Einheit entspricht der Geschwindigkeit einer gleichförmigen Bewegung, wobei pro Sekunde ein Weg von einem Millimeter zurückgelegt wird. Diese Einheit ist für praktische Zwecke viel zu klein; deshalb ist auf den elektrischen Kongressen in Paris, in Nachfolgung der British Association eine praktische Widerstandseinheit festgesetzt, die einer Geschwindigkeit von 10 Millionen Meter (ein Erdquadrant) entspricht. Diese Einheit, welche von der British Association Ohm genannt wurde, kann durch die Gleichung:

$$1 \text{ Ohm} = 10^{9}\,[l t^{-1}] \text{ absolute Widerstandseinheiten}$$

festgelegt werden.

Für manche elektrischen Größen ist es sehr schwierig Normale anzufertigen, weil man die Größen nicht während längerer Zeit auf einem konstanten Betrage halten kann; eine Ausnahme bildet eben der elektrische Widerstand, weil der Widerstand eines Leiters derselbe bleibt, solange sein Zustand keine Veränderung erleidet. Hat man also den Widerstand eines geeigneten Leiters einmal bestimmt, so kann dieser Widerstand als Prototyp, zur Vergleichung anderer Widerstände, verwendet werden. Diese Vergleichung kann, wie aus den später zu beschreibenden Widerstandsmessungen hervorgeht, mit sehr großer Genauigkeit geschehen.

Auf dem ersten elektrischen Kongresse im Jahre 1881 wurde beschlossen, ein Prototyp des Ohms zu machen mittels einer Quecksilbersäule von 1 mm^2 Querschnitt bei 0^0 C; es sollte die Länge dieser Säule genau bestimmt werden. Mit diesen Ohmbestimmungen haben sich viele bekannte Physiker beschäftigt.

Obwohl sich auf dem zweiten Kongresse im Jahre 1884 herausstellte, daß die Übereinstimmung zwischen den verschiedenen Resultaten nicht sehr groß war (es kamen Abweichungen von $\pm {}^1/_2 {}^0/_0$ des Mittelwertes vor), meinte der Kongreß dennoch aus diesen Beobachtungen die Einheit festsetzen zu müssen und definierte demzufolge als „legales Ohm" den Widerstand einer Quecksilbersäule von 106 cm Länge und 1 mm^2 Querschnitt bei 0^0 C.

Das entspricht 1,06 Siemensscher Einheit, welche ja durch eine ähnliche Säule von nur 1 Meter Länge dargestellt wird. Aus vergleichenden Messungen ging hervor, daß dieses legale Ohm 1,0112 British Association Units entspricht.

Es hat sich jedoch später herausgestellt, daß das legale Ohm ungefähr $0{,}3 {}^0/_0$ zu klein angenommen worden ist, so daß die genauere Länge der Säule 106,28 cm ist.

Der Querschnitt der Quecksilbersäule ist nicht gleich demjenigen des Rohres, weil immer eine dünne Luftschicht an der Wand des Rohres sitzen bleibt und sehr schwierig zu entfernen ist; es kann also dieser Querschnitt nicht direkt gemessen werden; es empfiehlt sich daher ihn aus dem Gewichte des Quecksilbers zu berechnen. Um jedoch jede Unsicherheit im Resultat zu vermeiden, ist es besser, von der Masse des Quecksilbers auszugehen.

Es ist nun, nachdem im Jahre 1892 auf einer Versammlung der „British Association for the advancement of Science" in Edinburgh von Abgeordneten der Reichsanstalt, des Electrical Standards' Komitee der British Association, des Board of Trade, des Bureau international de poids et mesure und einem Abgeordneten aus Amerika nähere Besprechungen abgehalten sind, folgende Definition festgesetzt:

Das Ohm ist der elektrische Widerstand einer Quecksilbersäule bei 0^0 C, deren Länge bei gleichmäßigem Querschnitt 106,3 cm beträgt und deren Masse 14,452 Gramm ist, was nahezu mit einem Querschnitt von 1 mm^2 übereinstimmt.

Diese Definition ist auf dem Kongresse in Chicago im Jahre 1893 allgemein angenommen und zur Unterscheidung vom legalen

Ohm ist dieser Widerstandseinheit der Name internationales Ohm gegeben.

Praktische Einheit der elektromotorischen Kraft, Spannungs- oder Potentialdifferenz, das Volt. Der Kongreß in Paris hat, in Nachfolgung der British Association, als sekundäre oder praktische Einheit der elektromotorischen Kraft das Volt festgesetzt. Es ist:

$$1 \text{ Volt} = 10^8 [m^{\frac{1}{2}} l^{\frac{3}{2}} t^{-2}] \text{ absolute Einheiten der elektromotorischen Kraft.}$$

Das Volt kann auch folgendermaßen definiert werden. Ein Volt ist die Spannungsdifferenz zwischen den Enden eines Leiters, dessen Widerstand 1 Ohm beträgt, und durch den ein Strom von 1 Ampere fließt; oder auch:

Eine Potentialdifferenz von 1 Volt verursacht in einem Leiter mit dem Widerstand 1 Ohm einen Strom von 1 Ampere.

Man spricht von „internationalem Volt" wenn in dieser Definition als Widerstand das internationale Ohm eingesetzt wird.

Praktische Einheit der Kapazität, das Farad. Als praktische oder sekundäre elektromagnetische Einheit der Kapazität ist auf den obenerwähnten Kongressen das Farad festgesetzt.

$$1 \text{ Farad} = 10^{-9} [l^{-1} t^2] \text{ absolute Einheiten der Kapazität.}$$

Durch Vergleich mit den praktischen Einheiten Volt und Coulomb folgt unmittelbar

$$1 \text{ Coulomb} = 1 \text{ Farad} \times 1 \text{ Volt.}$$

Das Farad ist also die Kapazität eines Kondensators, welcher durch einen Coulomb auf 1 Volt geladen wird. Diese Einheit ist jedoch riesig groß.

Die Kapazität der ganzen Erde ist nur 0,000707 Farad, die der Sonne ist noch weniger als ein Zehntel Farad. Es ist deshalb auf dem Pariser Kongress für den praktischen Gebrauch vorgeschlagen worden:

$$\text{das Mikrofarad} = 10^{-6} \text{ Farad} = 10^{-15} [l^{-1} t^2] \text{ absolute Einheiten der Kapazität.}$$

Praktische Einheit der Selbstinduktion, der Quadrant oder das Henry. Als praktische oder sekundäre Einheit der Selbstinduktion ist in Paris festgesetzt:

der Quadrant $= 10^9 [l]$ absolute Einheiten der Selbstinduktion.

Als Definition kann man geben: Ein Quadrant ist der Koeffizient der Selbstinduktion eines Leiters, in dem eine EMK. von 1 Volt induziert wird, wenn die Stromstärke in diesem Leiter in einer Sekunde um den Betrag eines Ampere variiert. Diese Einheit wird auch wohl Sekohm (eine Abkürzung von Sekunde-Ohm) genannt; es kann nämlich der Ausdruck für einen Quadrant geschrieben werden:

$$\text{ein Quadrant} = [t]\, 10^9 [l t^{-1}].$$

Diese Einheit heißt auch Henry, ein Name, der in der Technik am gebräuchlichsten ist.

Praktische Einheit der elektrischen Arbeit, das Joule. Als praktische Einheit elektrischer Arbeit ist das Joule festgesetzt.

Ein Joule ist gleich der Wärmemenge, die von einem Strome von 1 Ampere in einem Widerstande von 1 Ohm pro Sekunde erzeugt wird.

$$1 \text{ Joule} = 10^7 [m l^2 t^{-2}] \text{ absolute Arbeitseinheiten,}$$

also

$$1 \text{ Joule} = 10^7 \text{ Erg.}$$

Praktische Einheit des elektrischen Effekts, das Watt. Als praktische Einheit des elektrischen Effektes hat man das Watt, die Arbeit eines Joule pro Sekunde, festgesetzt, also:

$$1 \text{ Watt} = 10^7 [m l^2 t^{-3}] \text{ absolute Einheiten des elektrischen Effektes.}$$

Nehmen wir die Beschleunigung der Schwere gleich 981 cm an, so ist

$$1 \text{ PS} = 1 \text{ Pferdestärke} = 75 \text{ Sekunde-Meter-Kilogramm}$$
$$= 75 \times 981 \times 10^5 [m l^2 t^{-3}] = 736 \times 10^7 \text{ absolute Einheiten elektrischen Effektes} = 736 \text{ Watt.}$$

Das praktische Maßsystem ist an und für sich auch ein absolutes Maßsystem, wobei als Grundeinheiten einzuführen sind:

Längeneinheit $= 10^9$ cm = ein Erdquadrant,
Masseneinheit $= 10^{-11}$ Gramm,
Zeiteinheit $=$ 1 Sekunde.

B. Spiegelablesung.

Zum genauen Messen kleiner Drehungswinkel wird bei magnetischen und elektrischen Messungen öfters Spiegelablesung angewendet. Man unterscheidet:

1. die subjektive, 2. die objektive Methode.

1. Subjektive Methode.

Hierbei geschieht die Ablesung mit Hilfe von Fernrohr und Skala (Fig. 2). Die Skala ist für gewöhnlich am Stativ des Fernrohres befestigt und kreuzt die Fernrohrachse senkrecht, oder Fernrohrachse und Skala sind gegeneinander verstellbar, so daß die senkrecht aufeinander gestellt werden können. Im allgemeinen wird man, der Symmetrie wegen und zur Vermeidung von komplizierten Korrektionen bei genauen Messungen, Fernrohr und Skala so einstellen, daß das vom Spiegel auf die Skala gefällte Perpendikel diese gerade in der Mitte der Einteilung trifft und daß ihr mittlerer Teilstrich im Nullstand des Spiegels zusammenfällt mit dem Fadenkreuze im Fernrohr. Man sorge dafür, daß die Parallaxe beseitigt werde; dazu verschiebt man das Okularrohr gegenüber dem Diaphragma, welches das Fadenkreuz enthält, solange bis man dieses vollkommen scharf sieht. Stellt man nun auf einen Teilstrich der Skala scharf ein, so liegt das Bild nahezu in der Ebene des Fadenkreuzes und wird sich bei einer kleinen Bewegung des Auges bezüglich des Fadenkreuzes nicht verschieben, was sonst der Fall sein würde.

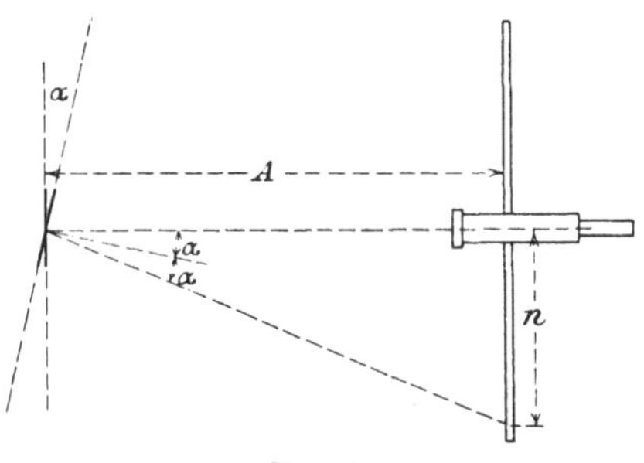

Fig. 2.

Die Aufstellung geschieht am bequemsten, indem man zuerst die Stelle sucht, wo das bloße Auge sein eigenes Spiegelbild wahrnimmt. Die Verbindungslinie bildet dann eine Normale zum Spiegel. Dann stellt man das Fernrohr so auf, daß die Fernrohrachse in die senkrechte Ebene durch die Verbindungslinie Auge—Spiegel zu liegen kommt; diese Verbindungslinie soll dabei die senkrechte Entfernung zwischen Fernrohr und Skala mittendurchteilen. Richtet man nun das Fernrohr auf den Spiegel, so wird bei Einstellung auf doppelte Entfernung die Skala sichtbar. Durch kleine Verschiebungen kann man nun Fadenkreuz und mittleren Teilstrich zusammenfallen lassen. Sind Fernrohr und Skala nicht fest miteinander verbunden, so muß noch kontrolliert werden, ob sie senkrecht zueinander stehen. Dies kann geschehen durch Messung der Entfernungen des Spiegels von den Enden der Skala, welche natürlich gleich sein müssen. Eine noch einfachere Methode ist folgende: Man nehme einen rechten Winkel und halte denselben mit einem Schenkel gegen die Skala (Fig. 3), so daß Punkt B mit dem mittleren Teilstrich zusammenfällt; bei genauer Einstellung werden im Fernrohre die Punkte B und A zusammenfallen, d. h. man wird die Linie AB als einen einzigen Punkt sehen; ist dies nicht der Fall, so versucht man durch Drehung des Fernrohres und der Skala dies zu erreichen.

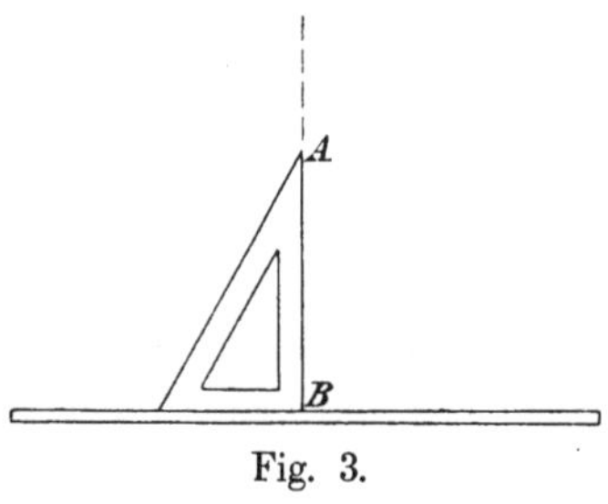

Fig. 3.

Nach der Aufstellung muß die horizontale Entfernung von dem Spiegel bis zur Skala gemessen werden; bei absoluten Messungen sind dazu einige Korrektionen notwendig:

1. Wenn die hintere Fläche des Spiegels die reflektierende Fläche ist, so muß zu der gemessenen Entfernung noch $^2/_3$ der Spiegeldicke addiert werden, wobei der Brechungsindex des Glases zu 1,5 angenommen wird;

2. ist, wie bei den meisten Instrumenten, zwischen Spiegel und Skala eine Verschlußplatte aus Glas vorhanden, so muß von der gemessenen Entfernung $d\frac{n-1}{n}$ subtrahiert werden, wenn d die Dicke, n der Brechungsindex ist, also für Glas $^1/_3\, d$.

2. Die objektive Methode.

Hierbei kommt das Fernrohr in Wegfall und geschieht die Ablesung wie folgt: ein Lichtstrahl, herrührend von irgend einer Lichtquelle, wird durch einen schmalen Spalt oder durch eine kreisförmige Öffnung mit Fadenkreuz auf den Spiegel geworfen und von diesem auf die Skala reflektiert: stellt man zwischen Lichtquelle und Spiegel eine Linse, so kann man ein scharfes Bild auf der Skala herstellen; die Ablenkung wird nun gemessen aus der Verschiebung des Bildes. Bei Verwendung von Glühlampen kann ein geradliniges Stück des Fadens direkt benutzt werden. Am besten eignet sich hierzu der Glühstift von Nernstlampen, außerdem kommt dann die Linse bei Anwendung von Hohlspiegeln in Wegfall.

3. Umrechnung der Skalaablesung in Winkel und deren Funktionen.

Genügt die Aufstellung obigen Bedingungen und ist die Entfernung A in Skalenteilen (Fig. 2) bestimmt, unter Umständen mit Berücksichtigung obiger Korrektionen, so ist, wenn

$n =$ die Ablesung in Skalenteilen,

$\alpha =$ der Drehungswinkel des Spiegels,

$$\operatorname{tg} 2\alpha = \frac{n}{A},$$

bei kleinen Winkeln ist $\operatorname{tg} 2\alpha = 2 \operatorname{tg} \alpha$, so daß in diesem Falle

$$\operatorname{tg} \alpha = \frac{n}{2A}.$$

Will man den Winkel selbst haben, so ist

$$\alpha = {}^1/_2 \operatorname{arctg} \frac{n}{A}.$$

Löst man $f(x) = \operatorname{arctg} x$ nach steigenden Potenzen von x, so ist

$$f(x) = \operatorname{arctg} x = a + a_1 x + a_2 x^2 + a_3 x^3 + \ldots . a_n x^n + R,$$

$$f'(x) = \frac{1}{1 + x^2} = a_1 + 2a_2 x + 3a_3 x^2 + \ldots . n a_n x^{n-1} + \frac{dR}{dx},$$

und weil

$$\frac{1}{1+x^2}=(1+x^2)^{-1}=1-x^2+x^4-x^6+x^8-\text{usw.},$$

folgt

$$a=1 \quad 2\,a_2=0 \quad 3\,a_3=-1 \quad 4\,a_4=0 \quad 5\,a_5=+1 \text{ usw.},$$

also

$$\operatorname{arctg} x=\frac{x}{1}-\frac{x^3}{3}+\frac{x^5}{5}-\frac{x^7}{7}+\ldots.$$

bei einer Ablenkung α ist $\alpha=\frac{1}{2}\operatorname{arctg}\frac{n}{A}$, also

$$\alpha=\frac{1}{2}\left\{\frac{n}{A}-\frac{1}{3}\frac{n^3}{A^3}+\frac{1}{5}\frac{n^5}{A^5}-\text{ usw.}\right\}$$

bei kleinen Ablenkungen ist mit genügender Genauigkeit

$$\alpha=\frac{1}{2}\left\{\frac{n}{A}-\frac{1}{3}\frac{n^3}{A^3}\right\}$$

$$\alpha=\frac{n}{2A}\left\{1-\frac{1}{3}\frac{n^2}{A^2}\right\}$$

oder in Bogengraden (57° 17′44,8″) ausgedrückt

$$\alpha=\frac{28{,}648}{A}\,.\,n\,.\left\{1-\frac{1}{3}\frac{n^2}{A^2}\right\}$$

Außer den Winkeln selbst kommen bei verschiedenen Messungen $\operatorname{tg}\alpha$, $\sin\alpha$ und $\sin {}^1/_2\alpha$ vor. Man kann diese Funktionen auflösen mit Hilfe des gefundenen Wertes für α, oder man kann sie direkt ausdrücken, z. B.

$$\operatorname{tg} 2\alpha=\frac{n}{A}$$

$$\frac{2\operatorname{tg}\alpha}{1-\operatorname{tg}^2\alpha}=\frac{n}{A}$$

$$\operatorname{tg}^2\alpha+\frac{2A}{n}\operatorname{tg}\alpha-1=0$$

$$\operatorname{tg}\alpha=-\frac{A}{n}+\left(\frac{A^2}{n^2}+1\right)^{\frac{1}{2}}$$

$$\operatorname{tg}\alpha = -\frac{A}{n} + \frac{A}{n} + \frac{1}{2}\left(\frac{A^2}{n^2}\right)^{-1/2} - \frac{1}{8}\left(\frac{A^2}{n^2}\right)^{-\frac{3}{2}} + \ldots\ldots$$

$$\operatorname{tg}\alpha = \frac{1}{2}\frac{n}{A} - \frac{1}{8}\frac{n^3}{A^3} + \ldots\ldots$$

Vernachlässigt man die weiteren Glieder, so ist

$$\operatorname{tg}\alpha = \frac{n}{2A}\left\{1 - \frac{1}{4}\frac{n^2}{A^2}\right\}$$

Auf gleiche Weise läßt sich ableiten:

$$\sin\alpha = \frac{n}{2A}\left\{1 - \frac{3}{8}\frac{n^2}{A^2}\right\}$$

$$\sin {}^1/_2\alpha = \frac{n}{4A}\left\{1 - \frac{11}{32}\frac{n^2}{A^2}\right\}$$

schreibt man den Ausdruck

$$\alpha = \frac{n}{2A}\left\{1 - \frac{n^2}{3A^2}\right\}$$

in der Form

$$\alpha = \frac{1}{2A}\left\{n - \frac{n^3}{3A^2}\right\}$$

so könnte man $\frac{n^3}{3A^2}$ auffassen als eine Korrektur, welche man an der Ablesung anbringen muß, um daraus durch Multiplikation mit $\frac{1}{2A}$ direkt den Winkel der Ablenkung zu finden.

Bei einer längeren Versuchsreihe wird es zweckmäßig sein, diese anzubringenden Korrektionen graphisch darzustellen; bei jedem Ausschlag liest man dann direkt die Korrektion ab.

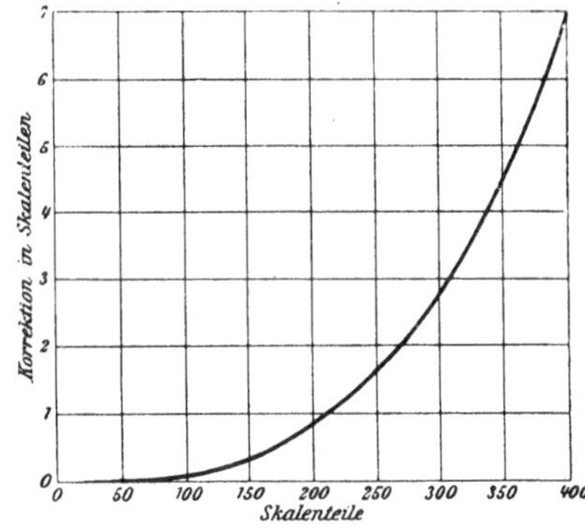

Fig. 4.

Für eine Ablesung von 275 Skalenteilen ist die Korrektion also 2,2 Skalenteile.

Beispiel:

Bei einer bestimmten Aufstellung sei:

$$A = 1{,}752 \text{ m},$$

$n =$	50	100	150	200	250	300	350	400
$\frac{n^3}{3A^2} =$	0,013	0,106	0,358	0,848	1,65	2,86	4,54	6,78.

C. Schwingung und Dämpfung.

1. Allgemeines.

Die meisten Instrumente, welche bei elektrischen Messungen in Betracht kommen, enthalten ein bewegliches System, das unter Einwirkung der zu messenden elektrischen Größen eine Ablenkung aus der Ruhelage erleidet; dieser Kraftwirkung wird nun durch mechanische oder magnetische Kräfte das Gleichgewicht gehalten. Die Trägheit des Systems ist aber Ursache, daß sich die neue Gleichgewichtslage nicht unmittelbar einstellen kann, es entstehen Pendelungen; ebenso wird nach Aufhören der ablenkenden Kraftwirkung das System seine alte Ruhelage erst nach einigen Schwingungen wieder einnehmen.

Wir wollen nun das Verhalten des Systems untersuchen, wenn es, durch irgend eine Ursache aus der Ruhelage gebracht, sich selbst überlassen wird.

Die Kräfte, welche auf ein System einwirken, sind:

a) Ablenkungskräfte, welche von den zu messenden Größen herrühren und bei einem bestimmten Instrument eine bestimmte Funktion dieser Größe sind.

b) Direktionskräfte, mechanische oder magnetische Kräfte, welche der Ablenkung das Gleichgewicht zu halten suchen. Diese bilden ein Kräftepaar, dessen Moment

$$D\alpha \text{ oder } D \sin \alpha,$$

also proportional dem Ablenkungswinkel oder dessen Sinus ist, jenachdem die Kraft mechanisch (z. B. Spiralfeder, Torsion eines Drahtes) oder magnetisch (z. B. Erdmagnetismus) ist; häufig wird der Ablenkungswinkel genügend klein sein, daß man α anstatt $\sin \alpha$ schreiben kann.

c) Dämpfungskräfte, welche von der Geschwindigkeit abhängen; die kinetische Energie des Systems wird verbraucht durch die von diesen Kräften gelieferte Arbeit, dadurch wird das System beruhigt. Das Moment dieser Kräfte ist:

$$A\left(\frac{d\alpha}{dt}\right)^m.$$

Bei den Dämpfungskräften, die von Induktionswirkung herrühren, ist $m = 1$. Auch darf bei Luftdämpfung, solange die Geschwindigkeiten nicht zu groß sind, für m eins angenommen werden, dies bleibt aber immer eine Annäherung.

Wir wollen nun untersuchen, wie das System, wenn es durch irgend eine Ursache eine Ablenkung erfahren hat, unter der Wirkung der unter b und c genannten Kräfte zu Ruhe gelangt. Zur Verdeutlichung wollen wir noch folgende Ausdrücke näher definieren.

Unter Ausschlag wird die auf der Skala abgelesene Entfernung zwischen der zurzeit vom System eingenommenen Lage und der durch $\alpha = 0$ bestimmten Ruhelage verstanden, vielfach wird dieser Wert, in Winkeln ausgedrückt, die Ablenkung genannt.

Die Amplitude soll den jeweiligen Maximalwert des Ausschlages oder der Ablenkung angeben.

Die Schwingungsdauer schließlich ist die Zeit, welche zwischen zwei aufeinander folgenden Durchgängen durch die Ruhelage verläuft.[1])

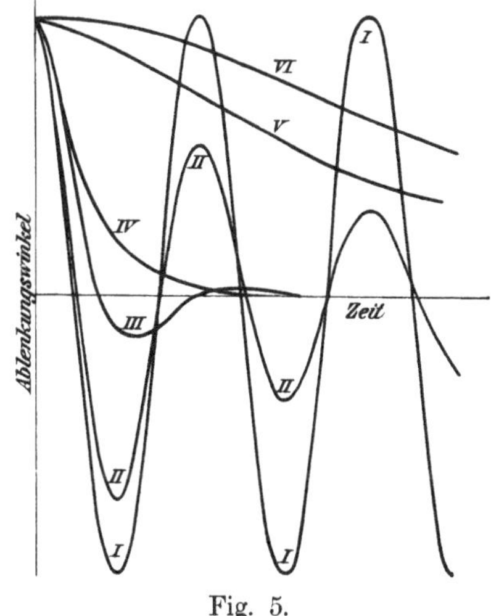

Fig. 5.

Eine Schwingung wird periodisch genannt, wenn das bewegliche System auf dem Rückwege nach der Ruhelage sich durch die Ruhelage hindurch bewegt, sie kann ohne Dämpfung sein wie in Kurve I, Fig. 5, wo das System bei jeder Schwingung

[1]) In der Akustik und Optik heißt der doppelte Wert die Schwingungsdauer.

die gleich große Amplitude erreicht, dies trifft ein, wenn der Koeffizient $A = 0$ ist.

Sobald A größer ist als Null, wird die Schwingung periodisch und gedämpft (Kurve II u. III), die Amplitude wird regelmäßig kleiner. Von einem bestimmten Wert von A ab wird die Bewegung aperiodisch, d. h. das System kommt in seine Ruhelage zurück, ohne sie zu überschreiten, wie groß die Anfangsablenkung auch sei (Kurve IV).

Bei dem aperiodischen Verlauf kann die Dämpfung noch verschieden stark sein (Kurven V u. VI); je größer A, desto länger dauert es, bis das System in Ruhe ist.

Bekanntlich ist in jedem Augenblick die Summe der Momente der Kräfte, welche auf ein bewegliches System einwirken, gleich dem Produkt aus Trägheitsmoment K und Winkelbeschleunigung $\frac{d^2\alpha}{dt^2}$,

$$K\frac{d^2\alpha}{dt^2} + A\frac{d\alpha}{dt} + D\alpha = 0.$$

Die Lösung dieser Gleichung gibt uns $\alpha = f(t)$, also den Verlauf der Ablenkung in Abhängigkeit der Zeit. Diesen Verlauf können wir graphisch auftragen (Fig. 5).

Setzt man in obiger Gleichung

$$\frac{A}{2K} = b \qquad \pi\sqrt{\frac{K}{D}} = T_0,$$

so wird die Gleichung

$$\frac{d^2\alpha}{dt^2} + 2b\frac{d\alpha}{dt} + \frac{\pi^2}{T_0^2}\alpha = 0.$$

Zur Lösung dieser Differentialgleichung setzen wir $\alpha = e^{-mt}$, wodurch

$$m^2\alpha - 2bm\alpha + \frac{\pi^2}{T_0^2}\alpha = 0.$$

Aus dieser quadratischen Gleichung erhalten wir zwei Werte für m

$$\begin{matrix} m_1 \\ m_2 \end{matrix} = b \pm \sqrt{b^2 - \frac{\pi^2}{T_0^2}}$$

und wird

$$\alpha = C_1 e^{-m_1 t} + C_2 e^{-m_2 t}$$

$\alpha = f(t)$ hat nun einen verschiedenen Verlauf, je nachdem

$$b \lesseqgtr \frac{\pi}{T_0}.$$

1. Fall: $b < \frac{\pi}{T_0}$. m_1 und m_2 sind komplexe Größen; setzen wir deswegen:

$$\sqrt{\frac{\pi^2}{T_0^2} - b^2} = \gamma \qquad b = \beta \quad . \quad . \quad . \quad . \quad (1)$$

so werden

$$\begin{matrix} m_1 \\ m_2 \end{matrix} = \beta \mp i\gamma$$

und

$$\alpha = C_1 e^{-(\beta + i\gamma)t} + C_2 e^{-(\beta - i\gamma)t} = e^{-\beta t}\left\{C_1 e^{-i\gamma t} + C_2 e^{+i\gamma t}\right\},$$

man kann aber schreiben:

$$e^{+i\gamma t} = \cos\gamma t + i\sin\gamma t,$$

$$e^{-i\gamma t} = \cos\gamma t - i\sin\gamma t,$$

so daß

$$\alpha = e^{-\beta t}\left\{(C_1 + C_2)\cos\gamma t + i(C_2 - C_1)\sin\gamma t\right\} \quad . \quad (2)$$

Nehmen wir an, daß zur Zeit $t = 0$, $\alpha = \alpha_0$, $\frac{d\alpha}{dt} = 0$, so wird die Gleichung

$$\alpha = \alpha_0 e^{-\beta t}\left[\cos\gamma t + \frac{\beta}{\gamma}\sin\gamma t\right].$$

Ist keine Dämpfung vorhanden ($A = 0$), so ist $b = 0$ und $\gamma = \frac{\pi}{T_0}$ und es wird

$$\alpha = \alpha_0 \cos\gamma t.$$

Die Ablenkung ist Null für $t = \frac{\pi}{2\gamma}, \frac{3\pi}{2\gamma}, \frac{5\pi}{2\gamma} \ldots$ und die Zeit zwischen zwei aufeinanderfolgenden Nullpunktsdurchgängen, auch Schwingungsdauer genannt, ist

$T = \frac{2\pi}{2\gamma}$; hierin $\gamma = \frac{\pi}{T_0}$ eingeführt, ergibt

$$T = T_0.$$

T_o ist also die Schwingungsdauer bei ungedämpfter Schwingung.

Wächst die Dämpfung, so wird die Bewegung gegeben durch

$$\alpha = \alpha_0 e^{-\beta t} [\cos \gamma t + \frac{\beta}{\gamma} \sin \gamma t].$$

Hierin ist $\alpha = 0$ für $\gamma t = \operatorname{arctg} \frac{\gamma}{\beta} + \pi, 2\pi, 3\pi \ldots$ und die Schwingungsdauer ist $\frac{\pi}{\gamma}$, also konstant, die Bewegung isochron

$$T = \frac{\pi}{\gamma} = \frac{\pi}{\sqrt{\frac{\pi^2}{T_o^2} - b^2}} = T_o \frac{1}{\sqrt{1 - \frac{b^2 T_o^2}{\pi^2}}}$$

Die aufeinanderfolgenden Amplituden werden gefunden, indem man für t nacheinander o, $\frac{\pi}{\gamma}$, $\frac{2\pi}{\gamma}$ . . . . , im allgemeinen $t = \frac{p\pi}{\gamma}$ einführt; die Amplituden werden allgemein ausgedrückt durch:

$$\alpha_e = \alpha_o e^{\frac{-\beta p \pi}{\gamma}} \cdot (\pm 1) = \alpha_o e^{-bTp}$$

worin p eine gerade Zahl; die Amplituden nehmen also nach einer geometrischen Reihe ab und das Verhältnis zweier aufeinander folgenden Amplituden wird

$$\frac{\alpha_p}{\alpha_{p+1}} = e^{bT} = k,$$

und heißt Dämpfungsverhältnis. Die Größe $bT = \Lambda$ wird das natürliche logarithmische Dekrement der Schwingung genannt.

$\lambda = \frac{\Lambda}{2{,}3026}$ ist somit das Briggische logarithmische Dekrement der Schwingung.

Man kann nun schreiben:

$$k = e^{bT} = e^{\Lambda} \qquad \Lambda = \frac{A}{2k} T$$

$$T = T_o \frac{1}{\sqrt{1 - \frac{b^2 T_o^2}{\pi^2}}}$$

und da $bT = \Lambda$

$$T = T_o \sqrt{1 + \frac{\Lambda^2}{\pi^2}} \quad . \quad . \quad . \quad . \quad . \quad . \quad (3)$$

2. Fall: $b = \frac{\pi}{T_o}$.

Die Schwingungsgleichung wird

$$\alpha = C_1 e^{-bt} \quad . \quad . \quad . \quad . \quad . \quad . \quad . \quad (4)$$

die Bewegung ist aperiodisch, d. h. das System kommt in die Ruhelage zurück, ohne sie zu passieren.

Die Ablenkung α wird erreicht nach der Zeit $t = \frac{1}{b} \log_{nat} \frac{\alpha_o}{\alpha}$, wenn α_o die Anfangsablenkung war, die Ruhelage wird also theoretisch erst nach unendlich langer Zeit erreicht.

3. Fall: $b > \frac{\pi}{T_o}$.

Wächst b immer mehr, so wird die Gleichung:

$$\alpha = C_1 e^{-m_1 t} + C_2 e^{-m_2 t} \quad . \quad . \quad . \quad . \quad (5)$$

wobei m_1 und m_2 reelle Größen bedeuten. Die Bewegung ist noch mehr verlangsamt, d. h. hyperaperiodisch, kriechend.

Da die aperiodische Schwingung von größter Bedeutung ist, so wollen wir noch untersuchen, wodurch diese bedingt ist und erzielt werden kann; wie wir gesehen haben, tritt sie ein, sobald $b = \frac{\pi}{T_o}$ also $A^2 = 4\,K\,D$. Betrachten wir nun z. B.

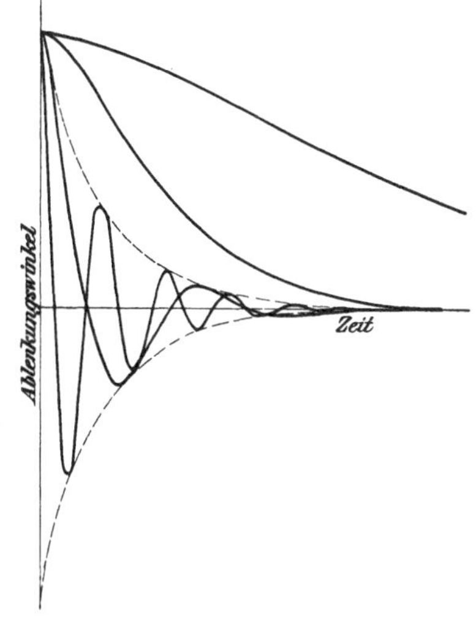

Fig. 6.

Nadelgalvanometer. Bei den gebräuchlichen Typen sind K und D und annähernd auch A bei einer Versuchsreihe konstant, so daß die Schwingungsart dieselbe bleibt. Wird durch Astasierung die Direktionskraft geschwächt, so steigt die Schwingungsdauer, und man ist genötigt, um aperiodische Schwingung beizubehalten, entweder die Dämpfung zu schwächen oder zu einem System mit größerem Trägheitsmoment überzugehen. Fig. 6 gibt uns ein Bild der Schwingungen bei veränderlicher Direktionskraft, wenn A und K konstant sind.

Spulengalvanometer. Bei diesen Galvanometern sind K und D konstant, die Dämpfung hängt sehr stark vom Widerstand im Galvanometerschließungskreis ab. Die Kurven der Fig. 5 sind für diesen Fall gezeichnet; I, II und III stellen periodische Schwingungen dar, Kurve IV ergibt sich bei einem Wert von $A^2 = 4KD$, bei größerer Dämpfung wird die Bewegung kriechend, Kurve V und VI.

Ballistische Messungen. Betrachten wir nun die Schwingungen vom Moment $t = 0$ an, wobei $\alpha = 0$ und $\frac{d\alpha}{dt} = \omega_0$ sind, so wird das System die Nullage mit einer Geschwindigkeit ω_0 verlassen und sich weiter drehen, bis die Dämpfungskräfte und die Direktionskräfte die Bewegung hemmen; von dem Moment an wird die Bewegung wie oben beschrieben.

Von Interesse in bezug auf das ballistische Galvanometer ist der Wert der ersten Amplitude in Abhängigkeit von dieser Anfangsgeschwindigkeit.

Führen wir in Gleichung 2, Seite 42, die Bedingungen ein, daß zurzeit $t = 0$, $\alpha = 0$ und $\frac{d\alpha}{dt} = \omega_0$ sein soll, so erhalten wir für $b < \frac{\pi}{T_0}$ die Bewegungsgleichung:

$$\alpha = e^{-\beta t} \cdot \frac{\omega_0}{\gamma} \sin \gamma t,$$

die erste Amplitude tritt auf, wenn $\frac{d\alpha}{dt} = 0$ ist, also nach der Zeit $t_1 = \frac{1}{\gamma} \operatorname{arc\,tg} \frac{\gamma}{\beta}$ und für die Amplitude selbst erhält man mit Hilfe der Gleichungen 1 und 3:

$$\alpha_e = \omega_0 \frac{T}{\sqrt{\pi^2 + \Lambda^2}} e^{-\frac{\Lambda}{\pi} \operatorname{arc\,tg} \frac{\pi}{\Lambda}} = \omega_0 \frac{T}{\sqrt{\pi^2 + \Lambda^2}} k^{-\frac{1}{\pi} \operatorname{arc\,tg} \frac{\pi}{\Lambda}}$$

$$= \omega_0 \frac{T_0}{\pi} k^{-\frac{1}{\pi} \operatorname{arc\,tg} \frac{\pi}{\Lambda}};$$

wäre keine Dämpfung vorhanden, so wären die Amplituden α_e konstant gleich

$$\alpha^1_e = \frac{\omega_0 T_0}{\pi}.$$

Das Verhältnis zwischen den Amplituden bei ungedämpfter und gedämpfter Schwingung wird Dämpfungsfaktor $\varkappa$ genannt, welcher gleich

$$\varkappa = k^{-\frac{1}{\pi}\operatorname{arc\,tg}\frac{\pi}{\Lambda}}.$$

Bei wachsender Dämpfung wird t_1 kleiner bis zum kritischen Wert, wobei $b = \frac{\pi}{T_0}$ wird; dann ist $t_1 = \frac{T_0}{\pi}$ und $\alpha_e = \omega_0 \frac{T_0}{\pi e}$.

Wir sehen also, daß die erste Amplitude stets proportional ω_0 ist. In Fig. 7 sehen wir die Bewegung bei steigenden Werten der Dämpfung, wenn ω_0, D und K konstant sind.

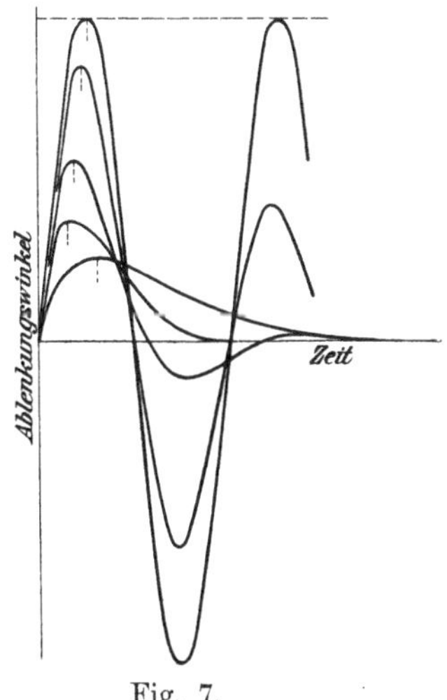

Fig. 7.

2. Messung der Schwingungskonstanten.

a) Messung der Schwingungsdauer.

Solange bei einem schwingenden Systeme die Amplituden klein und die Dämpfung gering ist, wird die Messung der Schwingungsdauer im allgemeinen keine Schwierigkeiten bieten; man wird aus den Halbperioden und der gesamten Zeitdauer die Schwingungsdauer genügend genau bestimmen können.

Werden dagegen Schwingungen und Dämpfungen groß, die Schwingungsdauer selbst aber klein, oder ändert sich die Ruhelage, so sind besondere Vorsichtsmaßregeln zu treffen.

Die Schwingungsdauer ist am schärfsten bestimmbar als Zeitverlauf zwischen zwei aufeinanderfolgenden Durchgängen durch die Nullage, weil da die Geschwindigkeit am größten ist; um nun diesen Moment erkennen zu können, hängt man am besten über der Skala an dem Punkt, welcher mit der Ruhestellung übereinkommt, einen schwarzen Faden und beobachtet den Moment, wo dieser schwarze Strich mit dem Fadenkreuz im Fernrohr zusammenfällt.

Wird aber die Geschwindigkeit, womit die Ruhelage passiert wird, zu groß, so mißt man den Zeitverlauf zwischen einseitigen Umkehrpunkten, welcher also jeweils mit $2T$ übereinkommt. Zu beachten ist hierbei, daß man die Anfangsablenkung nicht zu groß wählt, weil sonst die Dämpfung anderen Gesetzen folgt. Da es für das Auge ziemlich ermüdend ist, die hin und her schwebende Skala im Fernrohr zu beobachten, kann man noch folgende Methode anwenden: Man bedecke die Skala mit einem einfarbigen dunklen Papier außer dem Teil, innerhalb dessen sich die wahrzunehmenden einseitigen Umkehrpunkte befinden. Man zählt, wie oft man im Fernrohr die helle Stelle zu sehen bekommt, was jeweils mit $2T$ übereinstimmt, und braucht nur das Moment der letzten wahrzunehmenden Umkehrung genau zu beobachten. Sind die Schwingungen so schnell, daß das laute Zählen schwierig wird, so hilft man sich mit Strichen oder mit einem Morseapparate.

b) Bestimmung des logarithmischen Dekrements Λ.

$$\frac{\alpha_p}{\alpha_{p+1}} = k = e^{bT} = e^{\Lambda}.$$

Die Bestimmung des logarithmischen Dekrements beruht auf Messung zweier aufeinanderfolgenden Schwingungsamplituden. Ist die Nullage nicht genau bekannt, so wird man das Verhältnis der Schwingungsweiten nehmen.

Solange die Ablenkungswinkel klein bleiben, so daß Proportionalität besteht zwischen Ablenkungswinkeln und Ausschlägen in Skalenteilen, braucht man nur die Umkehrpunkte auf der Skala zu bestimmen und Λ auszurechnen aus

$$\Lambda = \log_{\text{nat}} n_p - \log_{\text{nat}} n_{p+1},$$

wenn n_p und n_{p+1} die Ausschläge in Skalenteilen vom Ruhepunkt aus bedeuten; oder

$$\Lambda = \log_{\text{nat}} a_p - \log_{\text{nat}} a_{p+1},$$

wenn a_p und a_{p+1} die Entfernungen in Skalenteilen vom ersten

Umkehrpunkte bis zum zweiten, resp. vom zweiten bis zum dritten bedeuten.

Bei großer Schwingungsdauer werden die Ablesungen keine Schwierigkeiten bieten, bei kurzer dagegen kann die oben beschriebene Methode mit dem Blatt Papier gute Hilfe leisten.

Ist die Dämpfung abhängig von der Schaltanordnung, wie dies besonders bei Spulengalvanometern der Fall ist, so muß dafür Sorge getragen werden, daß dieselben Verhältnisse vorliegen, daß also der Schließungskreis denselben Widerstand erhält, wie bei der Messung.

Man kann nun mittels eines Stromes eine bestimmte Ablenkung hervorrufen, hierauf wird der Strom unterbrochen, und man beobachtet die ungefähre Lage des ersten Umkehrpunktes; hierauf schließt man wieder den Stromkreis, und wartet bis das System sich in Ruhe befindet und dieselbe Ablenkung hat wie vorher; nun unterbricht man aufs neue, und wird dann den ersten Umkehrpunkt schon genau bestimmen können. Durch Wiederholung kann man so eine Reihe von Umkehrpunkten erhalten.

Werden die Ablenkungen groß, so müssen die Ausschläge in Winkel umgerechnet werden (siehe Seite 37).

Solange die Dämpfung gering ist, kann für den Dämpfungsfaktor $k^{\frac{1}{\pi}\operatorname{arc\,tg}\frac{\pi}{\Lambda}}$ geschrieben werden:

$\sqrt{k}$ für Werte von k bis 1,1 und

$1 + 0{,}5\,\Lambda$ „ „ „ k bis 2.

Für genaue Werte verweisen wir auf die Tabelle 1.

Sind Λ und T bekannt, so wird b berechnet aus:

$$b = \frac{\Lambda}{T}.$$

3. Trägheitsmoment und Direktionskräfte.

Wird am schwingenden Systeme ein Körper befestigt von bekanntem oder berechenbarem Trägheitsmoment, der durch seine Form die Dämpfung nicht wesentlich beeinflußt, z. B. eine runde, horizontal angehängte Scheibe, so werden sich Schwingungsdauer und das logarithmische Dekrement geändert haben; seien diese bei erhöhtem Trägheitsmoment T_1 und Λ_1, so findet man

$$T = T_0 \sqrt{1 + \frac{\Lambda^2}{\pi^2}}, \quad T_0 = \pi \sqrt{\frac{K}{D}}, \quad \text{also } K = \frac{T^2}{\pi^2 + \Lambda^2} D;$$

dieses wird:

$$K + K_1 = \frac{T_1^2}{\pi^2 + \Lambda_1^2} D,$$

wenn K_1 das Trägheitsmoment des angehängten Körpers ist, hieraus:

$$K = K_1 \frac{1}{\frac{T_1^2 (\pi^2 + \Lambda^2)}{T^2 (\pi^2 + \Lambda_1^2)} - 1}.$$

Da π^2 nahezu gleich 10 ist, so kann man bei Werten von $\Lambda < 0{,}3$ schreiben $K = K_1 \frac{T^2}{T_1^2 - T^2}$.

Die Konstante D ergibt sich aus:

$$D = K_1 \frac{(\pi^2 + \Lambda^2)(\pi^2 + \Lambda_1^2)}{T_1^2 (\pi^2 + \Lambda_1^2) - T^2 (\pi^2 + \Lambda^2)},$$

bei ungedämpfter Schwingung aus:

$$D = K_1 \frac{\pi^2}{T_1^2 - T^2}.$$

D. Die Empfindlichkeit bei Messungen.

Es ist nun bei jeder Messung von Wichtigkeit, zu wissen, welchen Einfluß ein notwendig auftretender Beobachtungsfehler auf das Meßresultat hat oder, wie man sagt, die Genauigkeit der Messung zu prüfen.

Hierüber gibt die Empfindlichkeit der Meßanordnung Aufschluß; je empfindlicher die Anordnung getroffen wird, desto größer ist die Genauigkeit der sich ergebenden Resultate. Man unterscheidet nun

1. die relative Empfindlichkeit und
2. die absolute Empfindlichkeit.

Unter relativer Empfindlichkeit G_r versteht man das Verhältnis zwischen einer kleinen Änderung dx der zu beobachtenden Größe zu der relativen Änderung $\frac{dy}{y}$, welche dadurch das Meßresultat erleidet

$$G_r = \frac{dx}{\frac{dy}{y}} = y\frac{dx}{dy} = \frac{f(x)}{f^1(x)}$$

Unter **absoluter Empfindlichkeit** G_a versteht man das Verhältnis zwischen einer kleinen Änderung dx der zu beobachtenden Größe zu der Änderung dy selbst, welche die zu messende Größe dadurch erhält

$$G_a = \frac{dx}{dy} = \frac{1}{f^1(x)}.$$

Es läßt sich nun leicht ableiten, daß der Einfluß der unvermeidlichen Beobachtungsfehler am geringsten ist, wo die relative Empfindlichkeit ein Maximum ist.

Wollen wir eine Größe y messen durch Beobachtung einer Größe x, so wird der Wert von y gefunden aus

$$y = f(x).$$

Hat man nun bei der Beobachtung von x einen Fehler δ gemacht, so daß die wirkliche Ablesung $x + \delta$ ist, so findet man nicht den richtigen Wert von y, sondern $y + \varepsilon$, wobei

$$y + \varepsilon = f(x + \delta).$$

Der relative Fehler in der zu messenden Größe ist also $\frac{\varepsilon}{y}$.

Zerlegt man den Ausdruck $y + \varepsilon = f(x + \delta)$ nach der Reihe von **Taylor**, so findet man

$$y + \varepsilon = f(x) + \delta f'(x) + \delta^2 f''(x) + \text{usw.}$$

die Glieder mit δ^2, δ^3 usw. können vernachlässigt werden, da δ als Beobachtungsfehler nur einen kleinen Wert hat.

$$y + \varepsilon = f(x) + \delta f'(x)$$

oder

$$\varepsilon = \delta f'(x)$$

$$\frac{\varepsilon}{y} = \delta \frac{f'(x)}{f(x)}$$

der relative Fehler in der Messung wird also bei einem Beobachtungsfehler δ ein Minimum sein, sobald $\frac{f'(x)}{f(x)}$ ein Minimum oder

$\frac{f(x)}{f'(x)}$ ein Maximum ist, d. h. wenn die relative Empfindlichkeit ein Maximum ist.

Als Beispiel können wir eine Tangentenbussole nehmen. Die Beziehung zwischen der zu messenden Größe und der zu beobachtenden Größe wird ausgedrückt durch

$$i = C \operatorname{tg} \alpha,$$

hieraus folgt die relative Empfindlichkeit

$$\frac{f(x)}{f'(x)} = \frac{\operatorname{tg} \alpha}{\frac{1}{\cos^2 \alpha}} = \sin \alpha \cos \alpha = \frac{1}{2} \sin 2\alpha,$$

dieser Ausdruck ist ein Maximum für $\sin 2\alpha = 1$ oder $\alpha = 45^0$.

Der Beobachtungsfehler hat also den geringsten Einfluß, solange die beobachtete Ablenkung in der Nähe von 45^0 liegt.

E. Elektrische Normalien.

Zu genauen Messungen von Stromstärken und Spannungen, sowohl für wissenschaftliche wie für technische Zwecke, hat in den letzten Jahren die Kompensationsmethode immer größere Bedeutung erlangt. Für diese Methode sind aber genau bestimmte Widerstände, sowie genau bekannte und bequem anzufertigende Normale für die elektromotorische Kraft notwendig.

Wenn man auch bei der Bestimmung dieser Normalien doch wieder auf Messungen mittels des Silbervoltameters angewiesen ist, weil die Einheit der Stromstärke und also indirekt auch die Einheit der Spannung bestimmt ist durch die Menge des in einer bestimmten Zeit niedergeschlagenen Silbers, so geben doch die Normalelemente und dabei die Normalwiderstände ein bequemes Mittel, um schnell und genau die zu messenden Spannungen und Stromstärken mit den gesetzlichen absoluten Einheiten zu vergleichen.

Um bei Messungen mittels des Silbervoltameters Genauigkeiten von 0,01 % zu erreichen, müssen die ausführlichsten Vorsichtsmaßregeln getroffen werden; solche Messungen bedingen daher einen großen Zeitaufwand.

Bei den Kompensationsmethoden sind derartige Genauigkeiten mit Leichtigkeit zu erreichen. Weil also die Bedeutung der Normal-Widerstände und -Elemente so groß ist, wollen wir etwas näher auf sie eingehen.

1. Normalelemente.

Außer einigen besonderen Formen des Daniellelementes, welche wegen der ziemlich großen Konstanz ihrer elektromotorischen Kraft dann und wann als Normalelemente verwendet werden, wie die Normal-Daniellelemente von Kittler, Fleming und Siemens, werden jetzt mehr als Normalelemente betrachtet:

1. das Clarkelement,
2. das Weston- oder Kadmiumelement.

a) Vorschrift zur Anfertigung von Clark-Normalelementen nach Kahle.

Das Gefäß besteht, wie Fig. 8 zeigt, aus zwei senkrechten Glasröhrchen, welche sich oben zu einem Halse vereinigen, und kann hier mittels eines eingeschliffenen Stöpsels, der zugleich das Thermometer enthält, geschlossen werden. Man könnte auch die bekannte H-Form verwenden, welche unten für Kadmiumelemente angegeben wird.

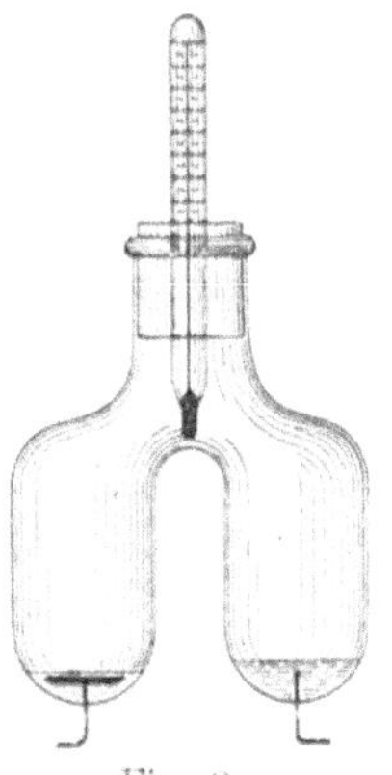

Fig. 8.

Der Durchmesser der Röhrchen ist mindestens 2, höchstens 3 cm, der Hals hat bei einer Höhe von 2 cm einen Durchmesser von mindestens 1,5 cm. In den Boden der Röhrchen sind Platindrähte von ca. 0,4 mm eingeschmolzen. Braucht das Element nicht verschickt zu werden, so wird in eins der Röhrchen reines Quecksilber und in das andere ein in warmem Zustande flüssiges Amalgam aus 90 Teilen Quecksilber und 10 Teilen Zink gebracht. Dieses Amalgam bildet den negativen Pol. In beiden Röhrchen müssen die Platindrähte vollkommen bedeckt werden. Dann wird auf das Quecksilber eine 1 cm dicke Paste gelegt, die man erhält, wenn man Quecksilberoxydsulfat und Quecksilber mit einem Brei aus Zinksulfatkristallen und konzentrierter Zinksulfatlösung zusammenrührt.

Hierauf wird die Paste sowohl wie auch das Zinkamalgam mit einer Schicht von Zinksulfatkristallen belegt, und darauf das ganze Gefäß mit konzentrierter Zinksulfatlösung gefüllt. Beim Schließen des Gefäßes ist darauf zu achten, daß eine kleine Luftblase zurückbleibt, damit bei Temperaturänderungen das Gefäß nicht zerspringt, der Stöpsel wird mittels in Alkohol gelösten Schellacks fest eingesetzt.

Soll das Element versandfähig sein, so wird an Stelle des Quecksilbers ein elektrolytisch amalgamiertes Platinblättchen von ca. 1 cm Durchmesser an den einen Platindraht angenietet. Das Zinkamalgam ist wiederum der negative Pol und wird mit einer Schicht von Zinksulfatkristallen bedeckt. Der übrige Teil des Gefäßes wird mit der beschriebenen Paste gefüllt.

Quecksilber. Das Quecksilber soll mittels Säuren auf bekannte Weise gereinigt, und darauf in der Luftleere destilliert werden.

Zink. Das chemisch reine Zink des Handels ist ohne weiteres zu verwenden. Das Auflösen des Zinkes in Quecksilber kann in einer Porzellanschale bei einer Temperatur von 100° C geschehen.

Zinksulfat. Reine kristallisierte Zinksulfatkristalle werden in einer Wassermenge des halben Gewichtes unter Beifügung von etwas Zinkkarbonat gelöst, hierbei darf man bis höchstens 30° C erwärmen, die Lösung wird dann warm filtriert. Beim Abkühlen müssen sich wieder Kristalle bilden.

Quecksilberoxydulsulfat. Das reine Merkurosulfat des Handels wird mit destilliertem Wasser geschüttelt, das Wasser abgegossen und dies einigemal wiederholt, hierauf wird das Wasser so viel wie möglich entfernt. Das auf diese Weise erhaltene ausgewaschene Merkurosulfat wird mit der Zinksulfatlösung gemischt unter Beifügung der nötigen Zinksulfatkristalle, um der Sättigung sicher zu sein, auch wird noch etwas Quecksilber hinzugefügt. Die Mischung wird gut gerührt zu einer breiartigen Paste und dann während einer Stunde unter mehrmaligem Umrühren auf höchstens 30° erwärmt. Bei der Abkühlung müssen die Zinksulfatkristalle deutlich in der Masse sichtbar sein, auch ist freies Quecksilber notwendig.

Diese Vorschriften sind von dem Electrical Standards Committee von der Board of Trade angegeben.

b) Vorschriften zur Anfertigung von Normal-Kadmiumelementen der Firma Siemens & Halske.

Die einfachste und gebräuchlichste ist die von Lord Raleigh angegebene H-Form. Die Art der Füllung ist aus Fig. 9, welche einen Längsschnitt in natürlicher Größe darstellt, genügend deutlich zu ersehen.

Das nötige Kadmium-Amalgam erhält man durch Erhitzen von 6 Gewichtsteilen Quecksilber und 1 Teil Kadmium in einem Porzellantiegel, bis das Kadmium ganz aufgelöst ist. Das warme Amalgam wird in das eine Rohr gebracht, hierbei ist zu beachten, daß der eingeschmolzene Platindraht ganz bedeckt wird; in das andere Rohr wird eine Paste gebracht, welche man erhält durch Zusammenreiben von fein pulverisiertem Quecksilberoxydulsulfat mit Kadmiumsulfatkristallen, etwas Quecksilber und konzentrierter Kadmiumsulfatlösung; hierauf bringt man in beide Röhrchen noch einige Kadmiumsulfatkristalle und füllt das Ganze nach mit gesättigter Kadmiumsulfatlösung. Das Gefäß selbst soll sorgfältig durch Kochen mit destilliertem Wasser gereinigt sein.

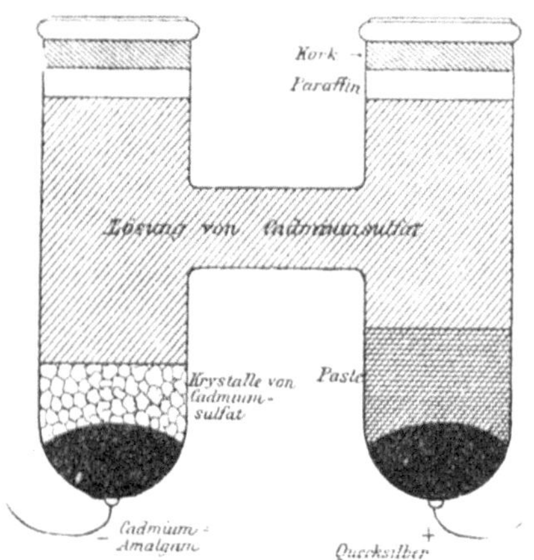

Fig. 9.

Das Amalgamieren der Platindrähte bietet öfters einige Schwierigkeiten; die einfachste Methode ist folgende: Man fülle das Gefäß ganz mit Quecksilbersalzlösung und bringe in eins der Röhrchen etwas Quecksilber, man lege dann die beiden Platindrähte an die Pole einer Batterie; ist der eine Draht auf diese Weise elektrolytisch amalgamiert, so gieße man das Quecksilber in das andere Röhrchen, kommutiere den Strom und amalgamiere darauf den zweiten Draht. Hierauf muß das Gefäß sorgfältig ausgewaschen werden, um jede Spur von Säure zu entfernen. Für technische Zwecke kann das Amalgamieren unterbleiben. Weiter ist genau darauf zu achten, daß das Quecksilber in dem einen Röhrchen nicht durch Kadmium verunreinigt ist. Innerhalb 24 Stunden nach der Zusammenstellung besitzen diese Elemente ihre normale elektromotorische Kraft.

Infolge der Untersuchungen an der P. T. R. wird empfohlen, ein 13 oder 12prozentiges Amalgam (statt wie früher $14{,}3\,^0/_0$) zu verwenden, also 13 oder 12 Teile Kadmium auf 100 Teile Amalgam. In der Nähe von 0^0 entstehen mit einem 14,3prozentigen Amalgam kleine Unregelmäßigkeiten, die bei einem 12prozentigen nicht auftreten.

Als Bedingungen für praktische Brauchbarkeit gelten die Konstanz der Elemente bei gleicher Temperatur, und geringe Abhängigkeit von der Temperatur selbst. Beide beschriebenen Typen leisten diesen Bedingungen hinreichend Genüge.

Schon seit Jahren werden in der P. T. R. Reihen von Messungen gemacht zur Bestimmung des genauen Wertes der EMK. dieser Normalelemente. Diese vergleichenden und direkten Messungen werden noch immer fortgesetzt.

Als Resultat hat sich ergeben:

EMK. des Clark-Elements	bei	$0^0 = 1{,}4492_5$	}	Internat. Volt.
,, ,, ,,	,,	$15^0 = 1{,}4328_5$		
,, ,, Kadmium-Elements	,,	$20^0 = 1{,}0186_3$		

Auch ist für beide der Temperaturkoeffizient bestimmt; in Abhängigkeit der Temperatur wird dann die EMK.:

	0^0	5^0	10^0	15^0	16^0	17^0	18^0	19^0	20^0	25^0
Clark	1,4492	1,4440	1,4386	1,4328	1,4316	1,4304	1,4292	1,4279	1,4267	1,4202
Kad. (gesättigt)	1,0191	1,0190	1,0189	1,0188	1,0187	1,0187	1,0187	1,0186	1,0186	1,0184

Diese Werte der EMK. sind natürlich als Mittelwerte zu betrachten. Selbstverständlich muß bei der Anfertigung neuer Elemente immer die EMK. aufs neue bestimmt werden, entweder durch direkte Messung mittels Silbervoltameter oder durch Vergleich mit anderen Hauptnormalen. Die letzte Methode ist speziell für die Technik angezeigt. Die direkte Bestimmung mittels Silbervoltameter möge hier noch folgen (Fig. 10).

Der Strom aus einer Akkumulatorenbatterie B geht durch einen Normalwiderstand W_n, hierauf mittels eines Umschalters S

entweder durch beide Voltameter V_1 und V_2 oder durch den Widerstand W_2, der ungefähr dem der Voltameter gleich ist. Schließlich kehrt der Strom durch einen Rheostaten, dem zur feineren Regulierung ein zweiter parallel liegt, in die Batterie zurück. Parallel zum Normalwiderstand liegt ein Zweig, der ein empfindliches Galvanometer und das zu untersuchende Element enthält, ferner ein Widerstand von 100000 Ω.

Vor dem Anfang der Messung läßt man den Strom während einiger Zeit durch W_1 und W_2 hindurch gehen, wobei er so reguliert wird, daß das Normalelement an dem Normalwiderstand

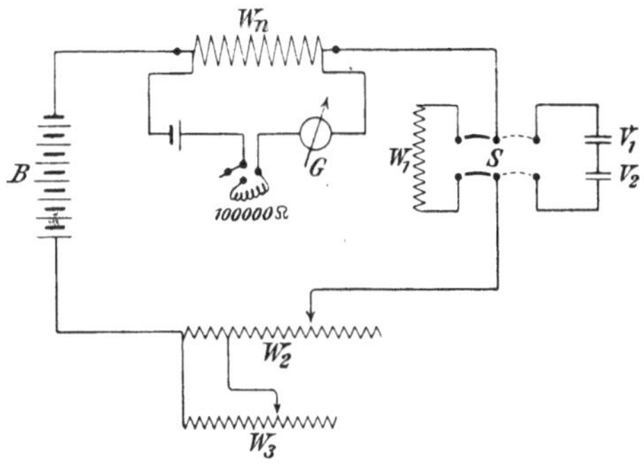

Fig. 10.

kompensiert ist. Sobald der Strom einen konstanten Wert erhalten hat, werden durch Umschalten die beiden Voltameter während einer bestimmten Zeit in den Stromkreis aufgenommen, hierbei wird fortwährend kontrolliert, ob das Normalelement kompensiert bleibt, und eventuell kleine Änderungen in der Stromstärke mittels W_2 und W_3 reguliert.

Messungen, zu denen Normalelemente verwendet werden, müssen immer so eingerichtet sein, daß das Normalelement selbst praktisch keinen Strom zu liefern braucht. Beim Einstellen der Kompensation wird man dies öfters nicht umgehen können; um nun zu verhindern, daß in keinem Fall diese Stromstärke zu groß wird, schaltet man anfänglich einen großen Widerstand vor, z. B. 100000 Ω; für die genaue Einstellung wird dieser Widerstand dann ausgeschaltet.

c) Das Westonelement.

Das Westonelement erhält eine Kadmiumsulfatlösung, welche bei 4° C konzentriert ist, infolgedessen ist die EMK. bei normaler Temperatur $\pm$ 0,0005 Volt höher und nach Angaben der Firma die Konstanz eine noch größere.

d) Vorteile des Kadmiumelementes gegenüber dem Clarkelemente.

Die EMK. des Clarkelementes ist in hohem Maße von der Temperatur abhängig, die Änderung beträgt pro 1° C ca. 0,001 Volt, so daß selbst bei weniger genauen Messungen die Temperatur berücksichtigt werden muß. Die Ursache liegt in der Abhängigkeit der Konzentration der Zinksulfatlösung von der Temperatur. Man braucht also bei sehr genauen Messungen mit Clarkelementen genau geeichte Thermometer, außerdem muß die Temperatur längere Zeit konstant gehalten werden, weil die Konzentration einer Lösung sich nur langsam auf die Temperatur einstellt; bei technischen Messungen ist dies ein Nachteil. Das Kadmiumelement dagegen hat einen sehr geringen Temperaturkoeffizienten; bei verschiedenen Temperaturen differiert der Salzgehalt der Kadmiumsulfatlösung nur sehr wenig, und weil dadurch Temperaturdifferenzen von mehreren Graden erst auf die vierte Dezimale der EMK. Einfluß haben, braucht man bei technischen Messungen die Temperatur gar nicht zu berücksichtigen.

Neue Clarkelemente erhalten erst nach einigen Wochen ihre normale EMK., Kadmiumelemente dagegen schon nach einigen Stunden.

In einem galvanischen Elemente finden, selbst wenn der Stromkreis nicht geschlossen ist, fortwährend chemische Prozesse statt, welche allmählich zu einer Änderung der EMK. führen und schließlich das Element ganz erschöpfen. Einem Normalelement fehlt in dieser Beziehung eine der Haupteigenschaften eines Standard: nicht n. l. dauernde Unveränderlichkeit. Es ist also eigentlich nur zu betrachten als ein Notbehelf, besser wäre eine kleine Stromwage, welche mit äußerster Genauigkeit z. B. 1 Milliamp. angibt, dann würde man kein Normalelement mehr brauchen.

2. Normalwiderstände.

Die elektrische Widerstandseinheit, die jetzt allgemein angenommen und auch in einigen Ländern gesetzlich festgestellt (z. B. siehe Reichsgesetzblatt No. 26 1898), ist das internationale Ohm, welches gleich dem Widerstand einer Quecksilbersäule bei 0^0 C ist, deren Masse 14,4521 Gramm und deren Länge 106,3 cm, so daß der Querschnitt fast 1 mm^2.

Um nach der so definierten Einheit einen genau bekannten Widerstand herzustellen, hat man also nur in einem sorgfältig kalibrierten und ausgemessenen Glasrohre eine Quecksilbersäule einzuschließen.

Derartige Röhren mit Quecksilberfüllung werden Quecksilbernormale genannt. Der Widerstand einer solchen Säule muß von Zeit zu Zeit durch Wiederholung der Messungen kontrolliert werden; außerdem ist es gut, mehrere dieser Normale gleichzeitig anzufertigen, um durch Vergleich auf den genauern Wert zu kommen. Fig. 11 gibt das Bild eines solchen Normales, wie sie bei der P. T. R. in Gebrauch sind.

Die Enden des Glasrohres sind senkrecht abgeschliffen und daran kugelförmige Behälter angebracht, welche mit den nötigen eingeschmolzenen Platindrähten zur Einführung des Stromes und zur Messung des Potentialunterschiedes versehen sind.

Das Rohr ist montiert auf einen Messingstab m und damit in einen Kasten k aus Kupfer gestellt, welcher mit Petroleum gefüllt ist, ein kupferner Deckel schließt das Ganze; weiter steht der Kasten in einem hölzernen, von innen mit Kupfer bekleideten Behälter, der ganz mit Eis gefüllt werden kann; bei x wird das Schmelzwasser abgeführt, damit es nicht in den kupfernen Kasten fließe; auf das Eis wird eine Filzdecke gelegt. Für die Leitungen z und die Thermometer t, sowie die Rühreinrichtung r sind auf den kupfernen Deckel Röhren gelötet, welche bis an das Filz reichen und zur Isolierung mit Glasrohren versehen sind. Die seidenumsponnenen Zuführungsleitungen sind noch mit Schellack bestrichen; die Öffnungen der Röhren sind mit Baumwollpfropfen geschlossen, die mit Petroleum getränkt sind.

Die verschiedenen auf diese Weise montierten Röhren sind vorher auf Länge, Kaliber und Querschnitt genau untersucht und

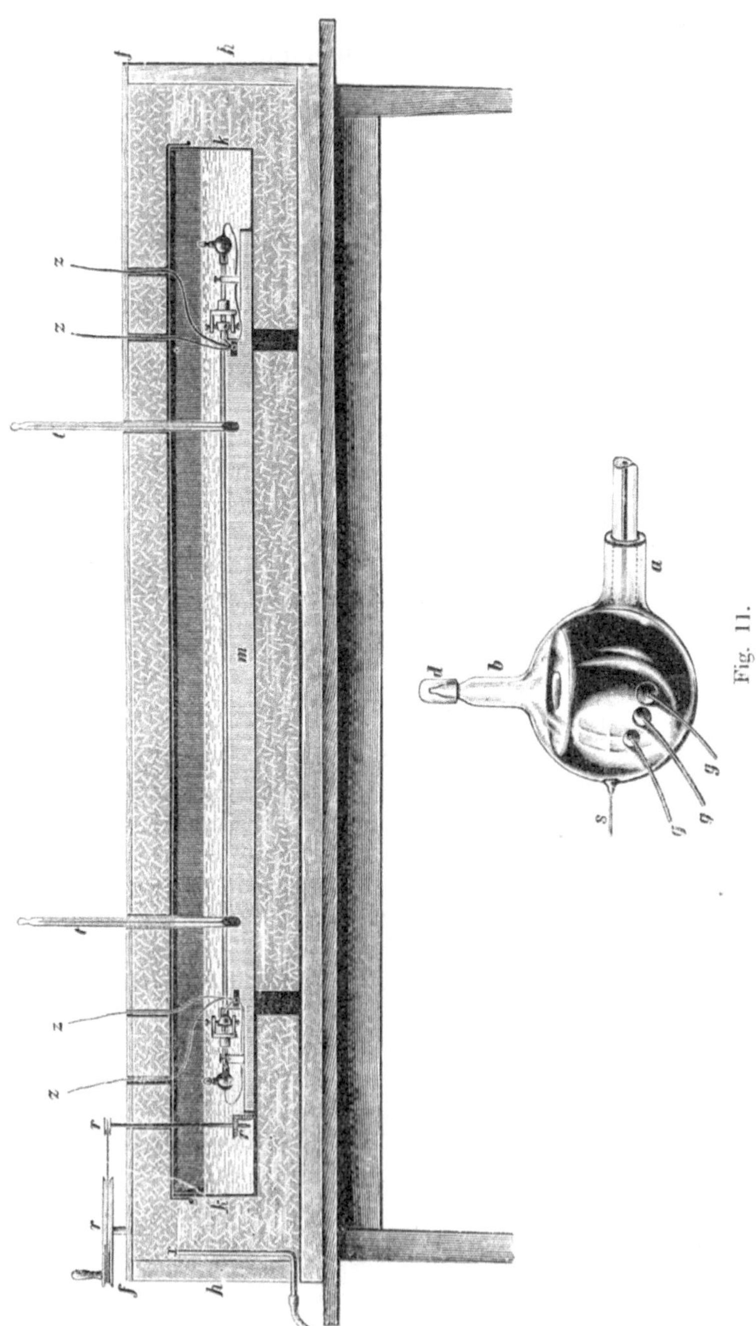

Fig. 11.

werden zeitweise genau verglichen, nicht nur unter sich, sondern auch mit den danach angefertigten sogenannten Quecksilberkopien.

Die Konstruktion der Quecksilberkopien ist aus Fig. 12 zu ersehen.

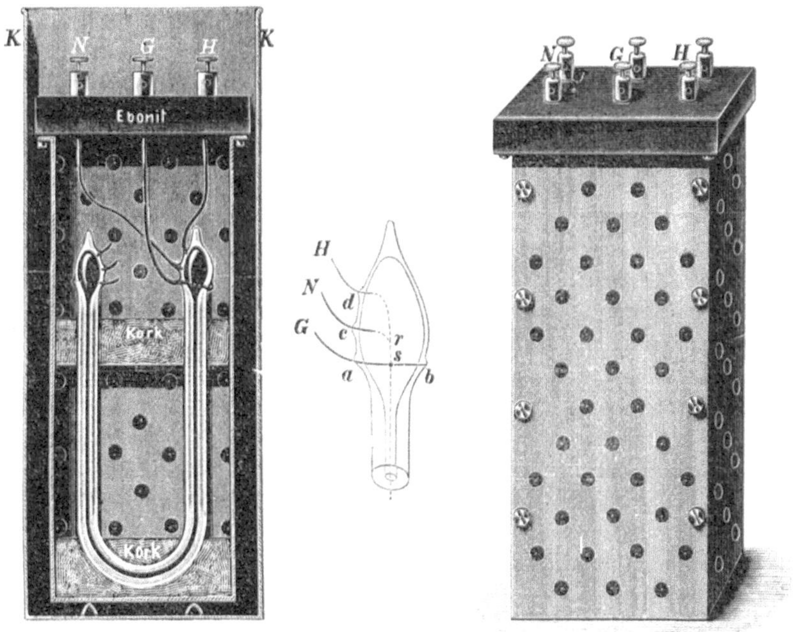

Fig. 12.

Mit solchen Normalien oder Kopien vergleicht die P. T. R. die ihr zur Prüfung eingeschickten Normalwiderstände.

Hierbei werden folgende absolute Genauigkeiten garantiert:

für Normalien von	1 und 10 Ω	0,01 $^0/_0$
,, ,, ,,	100, 1000, 0,1, 0,01 Ω . .	0,015 $^0/_0$
,, ,, ,,	10000 und 0,001 Ω . .	0,02 $^0/_0$
,, ,, ,,	0,0001 Ω	0,03 $^0/_0$.

a) Material für Normalwiderstände.

Der elektrische Widerstand nimmt für fast alle reinen Metalle pro 1^0 C Temperaturerhöhung um $0{,}4\,^0/_0$ zu; bei den Legierungen, welche früher allgemein verwendet wurden, wenigstens um 0,2 %. Alle Messungen, welche mit Hilfe derartiger Rheostaten gemacht wurden, waren also von der Temperatur abhängig. Weil nun gerade in einem Rheostaten elektrische Energie in Wärme umgewandelt wird, müssen immer Temperaturerhöhungen auftreten.

Nun ist zwar bei den Schwachstromrheostaten die Erwärmung nur eine sehr schwache, aber die alten Legierungen haben noch einen unangenehmen Nachteil, der sie für Präzisionsmessung fast untauglich macht, nämlich daß sich der Widerstand selbst bei der sorgsamsten Behandlung immer langsam verändert. Dies ist wohl eine der Hauptursachen, weshalb die Kompensationsmethode bis vor kurzem wenig verwendet wurde, denn gerade dabei ist die Konstanz des Widerstandes ein Haupterfordernis.

Ein Material, welches früher sehr viel für Drahtwiderstände verwendet wurde, ist Neusilber. Der Widerstand eines solchen Rheostaten nimmt aber fortwährend zu; bei sorgsamer Behandlung und schwacher Stromstärke geschieht dies langsam, bei stärkerer Beanspruchung rasch. Merkwürdigerweise erreicht der Widerstand dabei kein Maximum, sondern wächst unaufhörlich. Zu gleicher Zeit ändert sich die Struktur des Materials, es wird bei starker Erwärmung schließlich so spröde, daß man es zwischen den Fingern zerreiben kann. Besser ist schon Patentnickel, der Widerstand nimmt hierbei anfänglich ab, je höher die Temperatur steigt desto schneller. Nach einiger Zeit erreicht der Widerstand ein Minimum. Erhitzt man einen derartigen Rheostat während 24 Stunden auf 120 bis 130° C, so haben spätere Temperaturänderungen infolge des Stromes keinen merklichen Einfluß mehr auf ihn, solange sie 50° bis 60° nicht überschreiten. Hiernach ist also Patentnickel dem Neusilber vorzuziehen. Die Ursache liegt darin, das Neusilber Zink enthält, dagegen besteht Patentnickel aus 76 % Kupfer und 24 % Nickel; Neusilber hat etwas weniger Nickel, dagegen etwas Zink. Die Zink enthaltenden Legierungen haben große Neigung zur Kristallbildung, daher die Struktur- und Widerstandsänderungen.

Beide genannten Materialien haben aber noch den Nachteil eines verhältnismäßig großen Temperaturkoeffizienten.

Die zahlreichen Untersuchungen an verschiedenen Legierungen in der P. T. R. haben zu folgendem Resultat geführt:

Bei einer Kupfer-Nickellegierung nimmt der spezifische Widerstand anfangs nahezu proportional mit dem Nickelgehalt zu, bei ca. 46 % bleibt er konstant bis ca. 62 % und nimmt dann ab bis auf den spezifischen Widerstand von reinem Nickel.

Der Temperaturkoeffizient ist zuerst sehr groß, nimmt bei zunehmendem Nickelgehalt ab, anfangs rasch, dann langsamer und wird bei ca. 38 % Nickel Null, wird dann etwas negativ, darauf etwas positiv und von 55 % an steigt er wieder ziemlich rasch an. Der Temperaturkoeffizient ist also fast Null bei einem Nickelgehalt zwischen 38 und 55 %.

Bei Kupfer-Manganlegierungen zeigt sich ähnliches, nur erreicht man schon bei 8 % Mangan einen Temperaturkoeffizienten von ungefähr Null.

Zur Anfertigung von Drahtnormalen kann also verwendet werden:

1. Konstantan. Eine Legierung von 40 % Nickel und 60 % Kupfer. Dieses Material wird auch wegen seiner großen Festigkeit, Streckbarkeit, Unempfindlichkeit gegen chemische Einflüsse und wegen seines geringen Wärmeleitvermögens auch für verschiedene andere technische Zwecke verwendet.

2. Manganin, eine Legierung bestehend aus 12 % Mangan, 2 % Nickel und 86 % Kupfer.

Beide Materialien besitzen einen äußerst geringen Temperaturkoeffizienten. Mangan hat außerdem eine sehr geringe negative thermo-elektrische Kraft gegenüber Kupfer, im Maximum ungefähr 2,5 Mikrovolt pro 1°C; bei Konstantan beträgt diese ungefähr +40.

Hieraus folgt, daß zur Anfertigung von Drahtnormalen Manganin den Vorzug vor Konstantan verdient. Bei höheren Temperaturen oxydiert das Manganin aber leichter in der Luft, darum wird es mit Firnis oder Schellack überzogen. Weil Konstantan nicht so leicht oxydiert, ist es speziell für technische Meßapparate, wobei die Widerstände oft stark beansprucht werden, besonders brauchbar; außerdem reicht eine Genauigkeit von höchstens 1 ‰ dabei vollkommen aus.

b) Konstruktion der Normalwiderstände.

Die gewöhnliche Konstruktion der Drahtnormalien ist folgende: Der Draht wird bifilar, also nahezu induktionsfrei, auf eine mit gefirnißter Seide beklebte Metallhülse aus dünnem Blech von nicht zu kleinem Querschnitt gewickelt, dann wird der Draht mit Schellack bestrichen und vor dem Abgleichen während ca. 10 Stunden in einem Trockenofen auf 140° C erhitzt. Hierdurch werden elastische Spannungen im Material, die vom Aufwickeln herrühren, ganz aufgehoben, so daß spätere Temperaturerhöhungen keine bleibenden Änderungen des Widerstandes verursachen. Die Dimensionen des Drahtes werden so gewählt, daß jede Hülse nur eine, höchstens zwei Schichten enthält, so daß die in dem Draht

Fig. 13.

entstehende Wärme leicht an die Umgebung abgegeben wird. Außerdem sind die Drahtnormalien so montiert (Fig. 13), daß sie bequem in Petroleumbäder gestellt werden können, wodurch die Wärme noch besser abgeleitet wird und sich außerdem bei feineren Messungen die Temperatur genau bestimmen läßt.

Die Enden des Drahtes werden stets mit Silber an Kupferscheiben gelötet und diese an dicke Kupferbügel fest verschraubt und gelötet. Um den Widerstand genau abgleichen zu können, ist parallel zum Hauptdraht eine Nebenschließung von dünnem Draht gelegt; der Widerstand des Hauptdrahtes wird nun auf ca. 1 % zu hoch abgeglichen, und der Gesamtwiderstand wird mittels des Nebenschlusses justiert; im allgemeinen wird die Drahtdicke des Nebenschlusses so gewählt, daß eine Änderung des Nebenschlußdrahtes um 1 m einer Längenänderung des Hauptdrahtes um 1 mm entspricht.

Normale von kleinerem Widerstande wie 0,01 Ω und weniger werden nicht mehr aus Draht, sondern aus Manganinblech angefertigt. Die Metallstreifen werden auch mit Silber an Kupferstücke gelötet, und diese erst an die Bügel geschraubt und gelötet.

Fig. 14.

Diese kleinen Widerstände enthalten immer zwei besondere Abzweigungsklemmen (Fig. 14), deren Enden direkt an den Enden der Metallstreifen befestigt sind, dadurch werden die Übergangswiderstände der Klemmen, Bügel usw. außerhalb der eigentlichen Normale geschaltet, dies geschieht mit Bezug auf den kleinen Betrag des Widerstandes selbst. Durch diese Konstruktion wird es ermöglicht, sogar Normale von 0,0001 und 0,00001 Ohm mit sehr großer Genauigkeit abzugleichen. Das Abgleichen selbst geschieht durch Bohren von kleinen Löchern in die Streifen.

Soll das Normal kleiner sein als 0,001 Ohm, so werden öfters Gußstücke verwendet. Fig. 15 zeigt ein solches von 0,0001 Ohm.

Der eigentliche Widerstand besteht dabei aus einem gegossenen Ringe, in den die Bügel hart gelötet sind. Die Abzweigungsklemmen reichen bis an die Lötstellen und werden daselbst auch verlötet.

Fig. 16 zeigt teilweise die Gesamtansicht, teilweise den

Durchschnitt einer anderen Konstruktion eines Normalwiderstandes von 0,0001 Ohm. Bei dieser Konstruktion ist wiederum Manganinblech verwendet; die Lötstellen der Verzweigungsklemmen sind dadurch umgangen, daß der Stromzuführungsbügel *s* und der Stift *p*, woran die Klemmschraube *P* befestigt ist, aus einem Kupferstück angefertigt sind. Der Widerstand besteht aus konzentrischen zylindrischen Metallstreifen *W*, welche in Schlitzen in

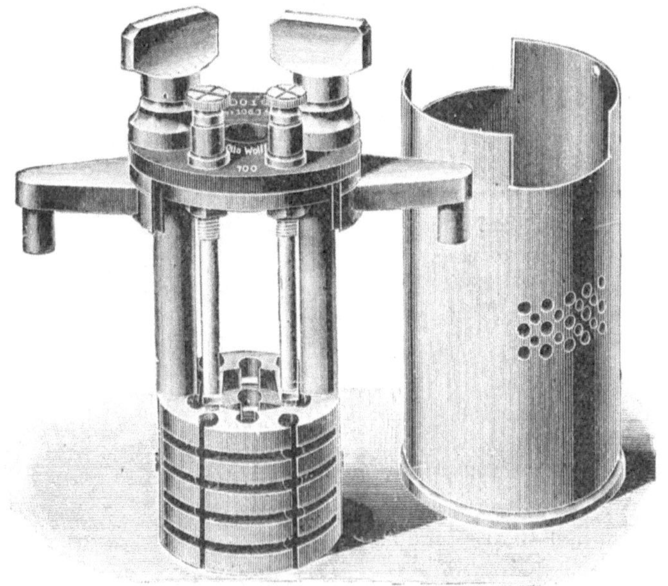

Fig. 15.

den Bügel *s* hartgelötet sind. Zwischen den Bügeln *s* befindet sich an der unteren Seite ein Stück Hartgummi *h*.

Normalwiderstände zur Messung größerer Stromstärken können auch so montiert werden, daß kein besonderes Petroleumbad erforderlich ist.

Fig. 17 gibt die innere Ansicht eines derartigen Widerstandes. Der ganze Apparat ist in einen mit Petroleum gefüllten Zylinder getaucht. Ringsherum liegen Metallschläuche für die Wasserkühlung und in der Mitte ein Zylinder, in dem eine kleine Turbine das Petroleum in Bewegung setzt. Der Widerstand besteht aus breiten Metallstreifen, welche an schweren Klemmstücken befestigt sind, diese gehen isoliert durch den Deckel; ferner hat man wieder besondere Abzweigungsklemmen. Der Widerstand ist 0,0001 Ω und kann mit 3000 Amp. belastet werden; die besonderen Kühlvorrichtungen sind notwendig, weil die in Wärme umgesetzte Energie dann 900 Watt beträgt.

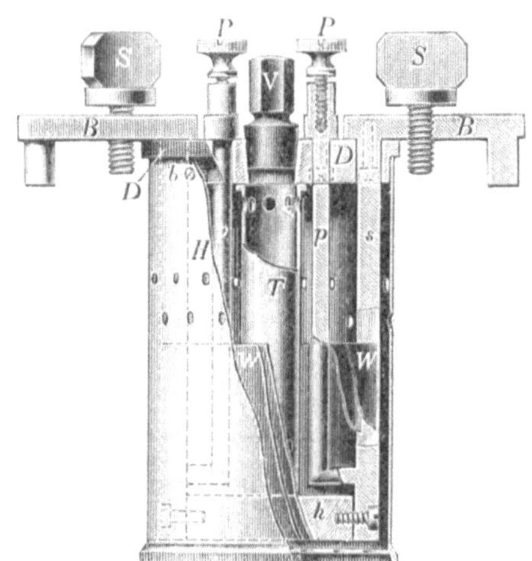

Fig. 16.

Eine weitere bemerkenswerte Form eines Normalwiderstandes zeigt Fig. 18 im Durchschnitt und von oben gesehen; es ist ein sog. Verzweigungsnormale mit Interpolation. Diese Einrichtung wird verwendet bei genauen Widerstandsmessungen nach der Wheatstoneschen oder Thomsonschen Brückenanordnung.

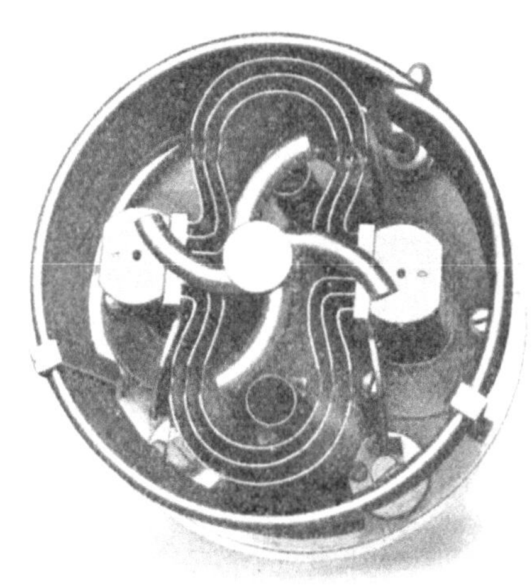

Fig. 17.

Zwei gleiche Widerstände w von je 10, 100 oder 1000 Ohm werden einerseits an die Bügel b_1 und b_2, anderseits an die Kontaktstücke c_1 und c_3 angeschlossen; zwischen c_1 und c_3 liegt der Interpolationswiderstand, welcher $\frac{w}{100}$ oder $\frac{w}{1000}$ beträgt; die Mitte dieses Interpolationswiderstandes ist nach dem Kontakt c_2 geführt.

Fig. 18.

Mittels einer Hartgummischeibe h kann der Gleitkontakt g, welcher mit der Klemmschraube k in Verbindung steht, um eine vertikale Achse gedreht werden, so daß die Schraube k mit c_1, c_2 oder c_3 verbunden wird. Steht g auf c_2, so liegt an beiden Seiten ein gleicher Widerstand; verschiebt man g nach c_1, so ist, für den Fall daß jeder Widerstand 100 Ω beträgt und die Interpolation $\frac{1}{1000}$, der Widerstand rechts $= 100\left(1 + \frac{1}{1000}\right)$ Ω und links $= 100$ Ω, bei Verschiebung auf c_3 dagegen der Widerstand links $= 100\left(1 + \frac{1}{1000}\right)$ Ω und rechts $= 100$ Ω.

Erstes Kapitel.

Galvanometer.

Obwohl die Strommessung, sowie die Instrumente, welche dafür zur Verwendung kommen, erst in einem späteren Kapitel behandelt werden, so wollen wir doch die Besprechung der Galvanometer hier vorwegnehmen. Die Galvanometer werden ja hauptsächlich zur Bestimmung der Abwesenheit eines Stromes, des Verhältnisses von Stromstärken, oder zur Bestimmung kleiner Elektrizitätsmengen verwendet, aber auch dann noch ist diese Messung eine indirekte, wobei es sich meistens nicht um den absoluten Wert dieser Größen handelt.

Die Wirkung der Galvanometer beruht auf der Wirkung, welche ein Magnet im Felde eines stromdurchflossenen Leiters oder ein stromdurchflossener Leiter im Felde eines Magnets erfährt. Die Ablenkung des beweglichen Systems ist ein Maß für die veränderliche Größe, also für die Stärke des Stromes. Jenachdem der Magnet oder der stromführende Leiter beweglich angeordnet ist, hat man ein sog. Nadel- oder Spulen- (auch Drehspulen-) Galvanometer.

A. Nadelgalvanometer.

Denkt man sich eine kreisförmige Windung mit dem Radius r von einem konstanten Strom i durchflossen und in der Mitte auf der Achse einen kleinen Magnet, so hat man die wesentlichen Teile einer Tangentenbussole, welche die einfachste Form eines

Nadelgalvanometers bildet. Die in der Mitte der Windung von diesem Strom i hervorgerufene Feldstärke ist

$$H_S = \int^{2\pi r} \frac{i\,dl}{r^2} = \frac{2\pi i}{r},$$

worin dl ein Element der Windung bedeutet. Die Richtung dieser Feldstärke ist senkrecht zu der Windungsebene; hat man nun diese Ebene in die Richtung des Erdfeldes gestellt, so wird die Richtung des resultierenden Feldes mit der des Erdfeldes einen Winkel α (Fig. 19) bilden, welcher bestimmt ist durch

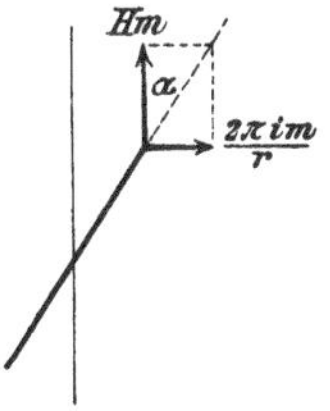

$$\operatorname{tg} \alpha = \frac{H_S}{H_E}.$$

Fig. 19.

H_E bedeutet die horizontale Intensität des Erdmagnetismus.

Die Magnetnadel wird sich in die Richtung der resultierenden Feldstärke stellen, wenigstens solange die Aufhängung der Nadel keine wesentliche Gegenkraft bildet, und somit ist die Tangente des Ablenkungswinkels ein Maß für die veränderliche Größe i, weil

$$\operatorname{tg} \alpha = \frac{H_S}{H_E} = \frac{2\pi}{r H_E} i.$$

Der Ablenkungswinkel ist also unabhängig von der Stärke des Magnets, dagegen umgekehrt proportional der Stärke des Erdfeldes und proportional dem vom Strom i hervorgerufenen Felde, so daß man zur Bestimmung einer kleinen Stromstärke ihr Feld durch Anbringung mehrerer Windungen verstärken wird. Für absolute Strommessung würde dann die Formel lauten:

$$i = \frac{r H_E}{2\pi n} \operatorname{tg} \alpha.$$

Sie würde aber nur dann gelten, wenn alle Windungen erstens dieselbe Ebene und zweitens denselben Radius und Mittelpunkt hätten. Sie gilt also nur für den Fall, daß der Querschnitt der Spule klein ist gegenüber dem Radius und man für den Radius einen Mittelwert einführen kann; außerdem soll die Länge der Nadel klein sein gegenüber diesem Mittelwert, so daß sie sich stets in einem merklich homogenen Teil des Feldes befindet.

Dies trifft nun bei den vorliegenden Konstruktionen der Galvanometer nicht zu, so daß sie sich für Strommessung nicht unmittelbar eignen. Solange der Ablenkungswinkel nur wenige Grade beträgt, ist der Strom proportional der Tangente oder dem Sinus des Ablenkungswinkels oder dem Ablenkungswinkel selber. Der Proportionalitätsfaktor ist aber kaum mehr rechnerisch zu bestimmen.

1. Methoden zur Vergrößerung der Empfindlichkeit der Nadelgalvanometer.

Die Verwendung der Galvanometer zur Andeutung der Abwesenheit eines Stromes resp. eines Potentialunterschiedes zweier Punkte führt nun zu dem Bestreben, die Empfindlichkeit so weit wie möglich zu vergrößern, d. h. die Einrichtung so zu treffen, daß noch ganz minimale Ströme einen merkbaren Ausschlag geben. Dies kann erreicht werden:

a) durch Anwendung von Spulen mit vielen Windungen; sog. Multiplikatoren;

b) durch Anwendung von Spulen mit kleinem inneren Durchmesser, so daß sie das bewegliche System eng umschließen;

c) durch Astasierung, und zwar Innen- oder Außenastasierung;

d) durch bifilare, umgekehrte Aufhängung,

Die beiden erstgenannten Methoden führen zu Spulen kleiner Radien mit vielen Windungen, wobei aber natürlich die Bedingungen für die Gültigkeit der Formel $i = \frac{r H_g}{2 \pi n} \operatorname{tg} \alpha$ nicht mehr zutreffen, da die Pole des Magnets nicht mehr annähernd in den Ebenen der Windungen liegen, und auch der Polabstand nicht mehr klein gegenüber dem mittleren Radius ist.

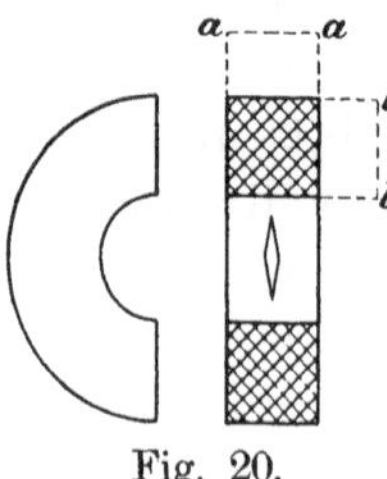

Fig. 20.

Die am äußeren Umfange der Spule angebrachten Windungen (a a, Fig. 20) vergrößern die Feldstärke immer weniger, tragen dagegen immer mehr zu dem Gesamtwiderstand der Spule bei; das Anlegen mehrerer Windungen in der Richtung der Achse hat ebenfalls eine immer geringer werdende Zunahme der Feldstärke zur Folge.

Die günstigste Querschnittsform wäre nun die in Fig. 21 abgebildete, bestimmt durch die Formel $\varrho^2 = \text{konst} \times \sin\delta$, und zwar gewickelt aus einem Draht zunehmender Stärke. In der Praxis verwendet man aus technischen Gründen rechteckige Windungskanäle, gibt ihnen aber Querschnitte, die sich möglichst einer derartigen Kurve anschließen. Außerdem muß um die Nadel ein linsenförmiger Raum ohne Windungen bleiben, größer als für die freie Beweglichkeit der Nadel an und für sich nötig wäre. Ein Blick auf Fig. 22 lehrt, daß wenn die Drahtkreise A und B in demselben Sinne von einem Strom durchflossen werden, die von B auf die Nadel NS ausgeübten Kräfte den von den übrigen Windungen A ausgehenden entgegenwirken.

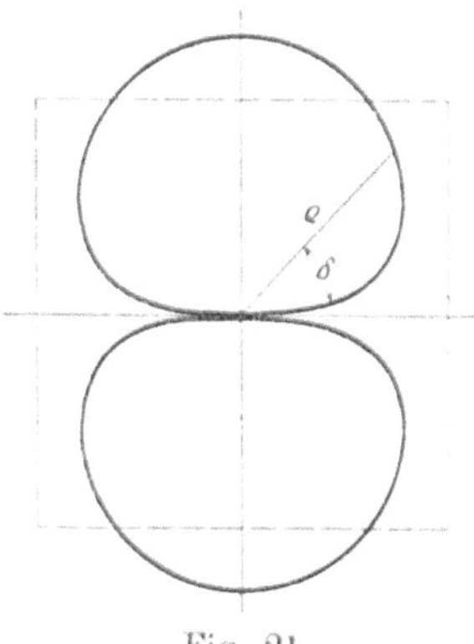

Fig. 21.

Da Windungen mit kleinem Radius relativ ein sehr starkes Feld erzeugen und zu gleicher Zeit einen sehr geringen Widerstand besitzen, haben sie zu einigen speziellen Konstruktionen geführt, wobei die Pole der Nadel in das Innere dieser Spulen in der Richtung ihrer Achsen eingezogen werden, wie z. B. beim Mikrogalvanometer von Rosenthal (Fig. 23), Gray und Kollert.

c. Astasierung. Da die Tangente des Ablenkungswinkels umgekehrt proportional H_E ist, so liegt hierin eine Methode, die bei einem schwachen Strom auftretende Ablenkung zu vergrößern, und zwar kann dies wieder auf zwei verschiedene Arten geschehen: durch sog. Innen- und Außenastasierung.

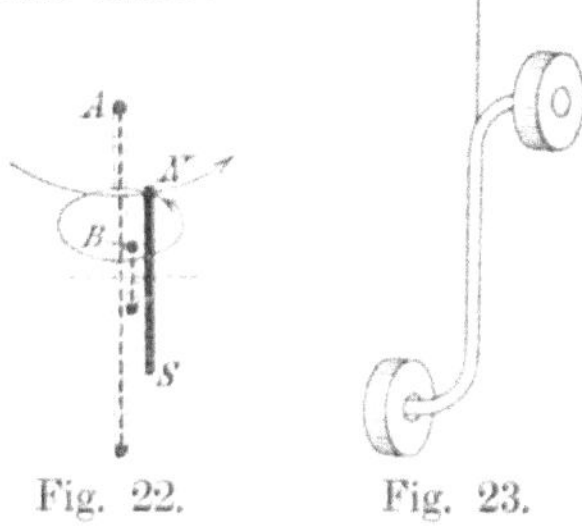

Fig. 22. Fig. 23.

Innenastasierung. Ein astatisches Nadelsystem besteht aus zwei gleichen um 180° gegeneinander gedrehten, fest verbundenen Magnetnadeln. Ein solches Nadelsystem würde in jeder

Lage im Erdfelde im Gleichgewicht sein, wenn es möglich wäre, diese Bedingungen zu erreichen. Nun sind die Achsen der Magnete nicht genau parallel zu stellen und auch die Stärken der Magnete selbst variieren immer um einen kleinen Betrag. Seien die magnetischen Momente M und M_1, und der Winkel zwischen den Achsen projiziert in eine horizontale Ebene Θ, so ist das resultierende Moment (Fig. 24):

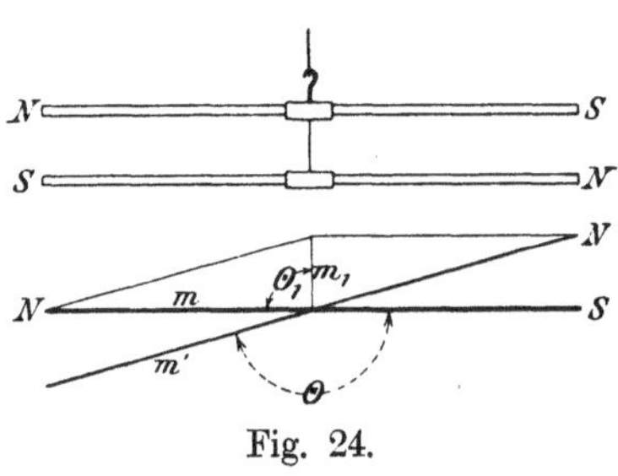

Fig. 24.

$$M_1 = \sqrt{M^2 + M_1{}^2 + 2\,M M_1 \cos\Theta}$$

und es schließt mit M einen Winkel Θ_1

$$\cos\Theta_1 = \frac{M + M_1 \cos\Theta}{M_1}$$

ein.

Es ist leichter Magnete mit gleichen magnetischen Momenten zu erhalten, als die Achsen genau parallel zu stellen; wir schreiben dementsprechend

$$M_1 = M\sqrt{2\,(1 + \cos\Theta)} \quad \text{und} \quad \Theta_1 = \frac{\Theta}{2},$$

es ist somit leicht ersichtlich, daß ein astatisches Nadelsystem sich im allgemeinen in der Richtung Ost—West stellen wird. Da die Nadel in der Ruhelage in der Ebene der Spule liegen soll, so müssen die Spulen also hier um ca. 90^0 gedreht werden.

Man unterscheidet nun wieder zwei Konstruktionen: der Strom wirkt entweder nur auf eine der beiden Nadeln ein (Nobili-Thomson), oder es sind zwei Spulenanordnungen getroffen, wobei jede Nadel separat beeinflußt wird (Thomson-4 Spulen-Galv.).

Bei der ersten Anordnung wirkt der Strom auf die eine Nadel mit einem Drehmoment, welches proportional dem magnetischen Moment dieser Nadel ist, und auf die andere, obwohl in viel schwächerem Maße, doch in demselben Sinne. Das rücktreibende Moment des Erdfeldes wirkt dagegen auf die Differenz der Nadel. Somit wird der Ablenkungswinkel viel größer.

Bei der Anordnung von Thomson wirken besondere Spulen je auf eine Nadel ein; wenn wir nun annehmen, daß in der

Ruhelage die Achse der Nadel mit dem Moment M genau in der Ebene der Spule liegt, die der anderen dagegen den stumpfen Winkel Θ mit ihr einschließt und weiter, daß das System genügend astatisch ist, so daß es die Lage Ost—West einnimmt, so kann, bei einer Ablenkung α, das Gleichgewicht ausgedrückt werden durch

$$J\{M H_S \cos\alpha - M_1 H_{S_1} \cos(\alpha + \Theta)\} = H_E M_1 \sin\alpha,$$

wobei unter H_S eine Konstante verstanden wird, welche die Feldstärke am Orte der Nadel angibt, wenn durch die Spule ein Strom eins fließt, und für $M H_S = M_1 H_{S_1}$, d. h. bei gleichen Magneten und Spulen wäre:

$$\operatorname{tg}\alpha = \frac{2 J H_S (1 - \cos\Theta)}{H_E \sqrt{2(1 + \cos\Theta)} - 2 J H_S \sin\Theta},$$

so daß das magnetische Moment der Nadel selbst keinen Einfluß hat, sondern nur die Vollkommenheit der Astasierung.

Außenastasierung. Hierbei wird durch ein oder zwei Richtmagnete das resultierende Richtfeld geschwächt, wodurch sich das rücktreibende Drehmoment verkleinert und bei einem bestimmten Strom der Ablenkungswinkel vergrößert. Die Magnete werden am besten drehbar über oder unter dem beweglichen Magnetsysteme und verschiebbar in der Verlängerung ihrer Drehungsachse angeordnet. Um das resultierende Feld einigermaßen homogen zu erhalten, wird der Richtmagnet kreisförmig nach unten, resp. nach oben gebogen.

Wie wir in der Einleitung gesehen haben, ist die Schwingungsdauer eines ungedämpften Systemes umgekehrt proportional der Quadratwurzel aus der Direktionskraft; dies gibt uns ein Mittel, die Vollkommenheit der Astasierung zu prüfen, indem man nach Entfernung aller Dämpfungsvorrichtungen die Schwingungsdauer des Systemes im ungeschwächten Erdfelde mit der bei der Astasierung erhaltenen vergleicht.

Ist das resultierende Feld H ein sehr schwaches, so wird hohe Empfindlichkeit auf Kosten einer sehr großen Schwingungsdauer erreicht, so daß diese Methode nur bei kurzen Nadeln mit kleinem Trägheitsmoment Anwendung finden kann.

Ein weiterer Nachteil liegt in der Unbeständigkeit von H_E, zwischen 10 Uhr morgens und 6 Uhr nachmittags ändert sich die Horizontalintensität je nach der Jahreszeit im Mittel um 1—4$^{0}/_{00}$.

Bei starker Astasierung kann es vorkommen, daß der Spiegel über Mittag vollständig um 180^{0} umschlägt. Eine weitere Methode, um das Richtfeld zu schwächen, besteht in der schirmenden Wirkung eines Eisenringes oder Panzers.

d) Bifilare umgekehrte Aufhängung. Hierbei muß die Ebene der Aufhängedrähte senkrecht zum magnetischen Meridian gestellt sein und die Nadel mit dem Nordpol nach Süden zeigen. Der Erdmagnetismus versucht die Nadel zu drehen, dem wird dabei aber durch die Torsion entgegengearbeitet. Das der Stromwirkung entgegenwirkende Moment ist also gleich der Differenz dieser beiden Momente, wobei das Torsionsmoment durch Änderung des Abstandes der Fäden zu regulieren ist.

2. Form der Nadel.

Da die für eine Messung nötige Zeitdauer großen Einfluß auf die Größe der Genauigkeit der Messung haben kann, so ist es zweckmäßig, daß das bewegliche System möglichst rasch seine Ruhelage erreicht oder in einer bestimmten Ablenkung zur Ruhe kommt. Die Verhältnisse müssen also so gewählt sein, daß die Schwingung eine aperiodische ist; gleichzeitig verlangen wir aber bei kleiner Schwingungsdauer eine recht große mechanische Stabilität.

Zu großes Trägheitsmoment des Systems kann kriechende Einstellung zur Folge haben, ebenso wie ein zu schwaches, rücktreibendes Moment.

Da die Schwingungsdauer proportional der Quadratwurzel aus dem Trägheitsmoment und umgekehrt proportional der Quadratwurzel aus dem magnetischen Moment, also proportional $\sqrt{\frac{K}{M}}$, so ist es vorteilhaft, bei gegebener Magnetform den Stahlkörper möglichst stark zu magnetisieren. Da nun das magnetische Moment proportional der Länge und dem Querschnitte ist, das Trägheitsmoment bei genügend gestreckter Stabform (z. B. Länge : Durchmesser 10 : 1) proportional der dritten Potenz der Länge und dem Querschnitt, so sind kurze Nadeln von Vorteil. Die

Schwingungsdauer bleibt vom Querschnitt unabhängig, da $\sqrt{\frac{K}{M}}$ davon unabhängig ist. Bei dieser Betrachtung, wobei Proportionalität angenommen wurde zwischen M und dem Querschnitt der Nadel, wurde keine Rücksicht genommen auf die entmagnetisierende Kraft der Pole, welche bei kurzen, dicken Nadeln auftritt. Um dies zu verhindern, ersetzt Thomson die einzelne Nadel durch ein Magazin von vielen dünnen (Fig. 25); sie werden einander parallel in so kleinen Abständen aufgeklebt, daß die gegenseitige Schwächung der gleichnamigen Pole nicht mehr auftreten kann. Ein System von n solchen Nadeln muß dann trotz der $n$fachen Masse nahezu dieselbe Schwingungsdauer haben wie die einzelne Nadel, und die mechanische Stabilität hat zugenommen.

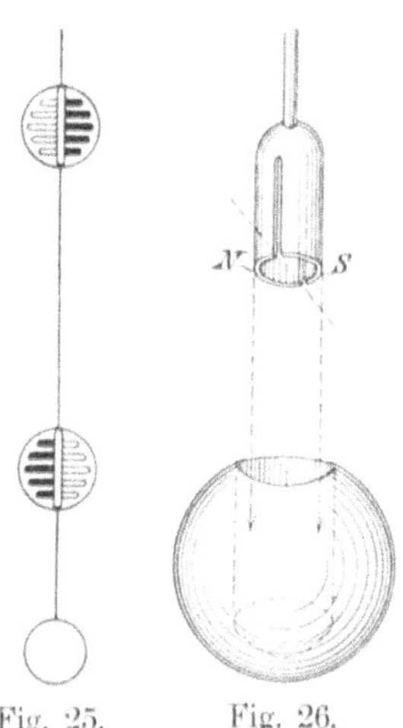

Fig. 25. Fig. 26.

Eine andere Lösung geben die Siemensschen Glockenmagnete (Fig. 26), wobei die Gesamtmasse eine noch viel größere ist. Diese Magnete sind glockenförmig, diametral geschlitzt; durch den guten magnetischen Schluß wird eine besonders starke und unveränderliche spezifische Magnetisierung erreicht.

Diese beiden Konstruktionen werden auch bei astasierten Systemen angewendet; hier bietet die Siemenssche Anordnung noch besondere Bequemlichkeit für die parallele Einstellung der Magnete, da diese auf dem Verbindungsdraht aufgeschraubt, also leicht verstellbar sind. Unter den leichteren Systemen seien hier noch die von Peter Weiß und Broca (Fig. 27) erwähnt. Die vertikalen Magnetstäbchen N_1S_2 und S_1N_2 haben bei den empfindlicheren von zwei ausgeführten Modellen 0,2 mm Durchmesser und stehen um $l = 1$ mm voneinander ab.

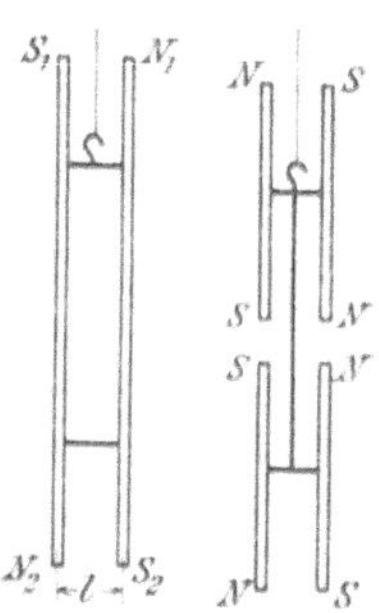

Fig. 27.

Auf die Pole $N_1 S_1$ wirkt das obere, auf $N_2 S_2$ das untere Rollenpaar.

Da die Pole N_1, S_1, N_2 und S_2 einander wechselweise gleich sind, so scheint es, daß vollkommene Astasierung erreicht werde; die Verbindungslinien $N_1 S_1$ und $N_2 S_2$ sind aber schwer genau parallel zu justieren.

Broca benutzt eine ähnliche Anordnung, nur verwendet er statt einfacher Magnetstäbe zwei vertikale, tripolare Magnete.

Bei vielen Anordnungen von Mikrogalvanometern, wo die Pole in die Rollen hineingesaugt werden, haben die Magnetstäbe auch mit Bezug auf das Trägheitsmoment vertikale Anordnung, wobei die Polstücke seitwärts abstehen, die Konstruktionen selbst sind aber für uns von geringerem Interesse.

3. Dämpfung.

Die Dämpfung wird auf verschiedene Arten bewirkt, z. B.

a) durch Luftflügel; auf dem beweglichen Systeme werden Flügel aus leichtem Material, wie z. B. Glimmer, befestigt, deren Abmessungen mit Bezug auf die Schwingungsdauer beschränkt werden müssen (Fig. 25);

b) durch Flüssigkeiten; hierbei hängt an dem beweglichen System ein kleiner Flügel oder eine runde Platte, welche in eine Flüssigkeit (Öl, Glyzerin) eingetaucht ist; diese Methode bietet aber viele Schwierigkeiten und wird daher wenig verwendet;

c) durch Kupfermassen in unmittelbarer Nähe des Magnets; die bei der Bewegung der Nadel entstehenden Induktionsströme bringen die Nadel zur Ruhe. Das Kupfer muß selbstverständlich eisenfrei sein. Diese Anordnung findet bei Anwendung des Siemensschen Glockenmagnets ausschließlich statt, wobei die Kupfermasse kugelförmig ist und den Magnet eng umschließt (Fig. 26). Bei Thomsonschen Nadeln wird das Dämpfungskupfer in dem freigebliebenen mittleren Teil der Spulen untergebracht, es hat aber wenig Wirkung und wirkt mehr als Luftdämpfung;

d) die Spulen selbst wirken dämpfend, welche Wirkung noch verstärkt wird, indem man sie auf Kupferrahmen aufwickelt;

e) wenn die Schwingungsdauer zu klein ist, so kann man sie unter Umständen durch Außenastasierung erhöhen;

f) in einigen Fällen, wo es nur darauf ankommt, die Nadel zur Ruhelage zurückzuführen, kann man sie durch geeignetes Schließen und Öffnen des Galvanometerstromkreises beruhigen.

Obwohl diese Methode mehr die Beruhigung eines Magnets bezweckt, so haben wir sie hier erwähnt, weil sie gewissermaßen auch als Dämpfung aufzufassen ist.

Die Dämpfungskräfte bei den oben angeführten Dämpfungsmethoden (mit Ausnahme der unter e genannten) sind konstant in der Bedeutung von „nicht veränderlich" oder „einstellbar". Das Instrument wird also von vornherein aperiodisch abgeliefert.

4. Nachteile der Nadelgalvanometer.

Obwohl die Nadelgalvanometer im Vergleich mit anderen Arten fast unglaubliche Empfindlichkeiten erreichen können, so daß sogar die Anwesenheit eines Stromes von 10^{-13} Amp. mit Sicherheit konstatiert werden kann, so haben sie doch manche Nachteile, weswegen sie in der Technik weniger gebraucht werden, als die Spulengalvanometer. Als größter Nachteil ist wohl die Empfindlichkeit gegen magnetische Störungen zu nennen; ändern während einer Messung Eisenmassen, die sich in der Nähe befinden, ihre Lage, so hat dies nicht nur eine Änderung der Richtkraft in Größe und Richtung, sondern auch der Nullpunktlage zur Folge. Es müssen also besondere Gegenvorkehrungen getroffen werden, welche aber oft beim Auftreten vagabundierender Ströme fast nutzlos sind. Eine Methode diesen schädlichen Einfluß zu schwächen, besteht darin, das Erdfeld gewissermaßen zu ersetzen durch ein anderes mehr konstantes. Ein sehr stark innen astasiertes Nadelsystem würde durch die sehr verringerte Richtkraft eine kriechende Einstellung erhalten; durch gleichzeitige Anwendung eines starken Richtmagnets kann die Schwingungsdauer wieder verkleinert und der Einfluß der Änderung des Erdfeldes beträchtlich heruntergedrückt werden.

Einfacher ist die Anwendung eines Panzers in Gestalt einer kugelförmigen Umhüllung, oder eines Ringes aus weichem Eisen. Diese Panzer dürfen, um eine merkliche Schirmwirkung auszuüben, nicht zu dünn bemessen sein, da die Permeabilität für geringe magnetische Kräfte stark herabsinkt. Empfehlenswert ist es noch, bei Anwendung von Ringen diese in zwei Teile zu teilen, die gegeneinander verschoben werden können, um den Einfluß von remanentem Magnetismus unschädlich zu machen.

B. Spulengalvanometer.

Hängt man eine Drahtspule in ein homogenes magnetisches Feld, so wird sich die Spule, sobald sie von einem Strom durchflossen wird, in eine derartige Lage zu stellen versuchen, daß der Kraftfluß, der die Fläche durchsetzt, ein Maximum wird; mit anderen Worten, die Spule stellt sich, wenn möglich, mit ihrer Fläche senkrecht zur Richtung des Kraftflusses.

Hängt man nun die Spule an einem Metalldraht derart auf, daß die Ebene der Spule in stromlosem Zustande mit der Richtung des Kraftflusses zusammenfällt, so wird bei Stromdurchgang eine neue Gleichgewichtslage eintreten, wobei das Drehungsmoment dem Torsionsmoment des Drahtes das Gleichgewicht hält.

1. Ableitung der Formel.

Bringt man in ein gleichförmiges Feld eine rechteckige Drahtspule, welche um eine durch die Mitte zweier gegenüberliegenden Seiten gehende Achse drehbar ist, und stellt man die Spule derart auf, daß die Drehachse senkrecht zu der Kraftrichtung steht, so wird, wenn ein Strom i durch die Windungen fließt, auf jedes Stromelement ds eine Kraft ausgeübt werden, welche dargestellt wird durch

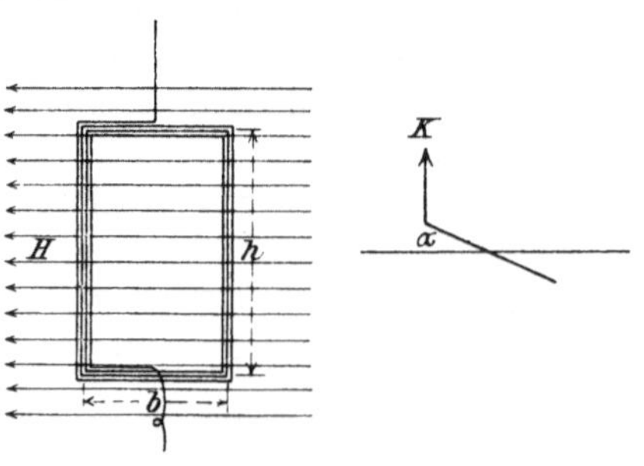

Fig. 28.

$$K = i\,H\,ds \sin\beta,$$

hierin stellt H die Feldstärke und β den Winkel zwischen Feld- und Stromrichtung dar.

Nehmen wir der Einfachheit wegen an, daß die Kraftlinien horizontal (Fig. 28) verlaufen und die Drehungsachse senkrecht ist, so folgt direkt, daß für alle senkrechten Stromelemente $\beta = 90^0$ und damit

$$K = i H ds,$$

diese Kraft ist senkrecht zur Ebene durch Element und Kraftlinienrichtung gerichtet, folglich können die auf die senkrechten Elemente wirkenden Kräfte zu zwei gleichen und entgegengesetzt gerichteten Kräften zusammengesetzt werden, wobei

$$K = n h i H$$

n = Anzahl der Windungen, h = mittlere Höhe der vertikalen Drähte.

Die Kräfte, welche auf die horizontalen Stromelemente einwirken, sind parallel zur Achse und üben somit keinen Einfluß auf die Bewegung der Spule aus.

Ist der Winkel zwischen der Ebene der Spule und der Feldrichtung α, so ist das Drehmoment

$$D = n h i H b \cos\alpha = i H f \cos\alpha$$

b = mittlere Breite der Spule, $f = nhb$ die Windungsfläche.

Ist die Spule in dieser Stellung in Gleichgewicht, und sei P das Torsionsmoment bei der Winkeleinheit, so folgt die Gleichgewichtsgleichung:

$$P\alpha = i H f \cos\alpha$$

$$i = \frac{P}{H f} \frac{\alpha}{\cos\alpha}$$

Die Stromempfindlichkeit steigt mit wachsender Feldstärke und Fläche der Spule.

Der Faktor $\frac{P}{H f}$ ist konstant, somit

$$i = C \frac{\alpha}{\cos\alpha}, \text{ für kleine Winkel } i = C\alpha.$$

Durch eine besondere Anordnung kann man erreichen, daß die Stromstärke einfach proportional dem Ablenkungswinkel α wird.

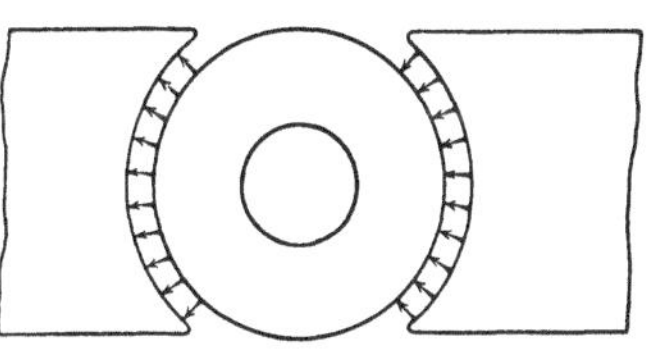
Fig. 29.

Fig. 29 sei ein horizontaler Querschnitt eines Hufeisenmagnets, dessen Pole zylindrisch ausgebohrt sind. In diese Ausbohrung ist konzentrisch ein weicheiserner zylindrischer Kern gesteckt. Ist der Luftspalt eng, so verlaufen die Kraftlinien radial und gleichförmig; hierdurch bleibt das Drehmoment der Spule proportional der Stromstärke, das gegenwirkende Drehmoment ist proportional dem Ablenkungswinkel, so daß zwischen Stromstärke und Ablenkungswinkel auch Proportionalität besteht, und man erhält

$$i = C\alpha.$$

2. Wahl der Abmessungen.

Aus dem Vorhergehenden folgt unmittelbar, daß die Empfindlichkeit des Instrumentes proportional der Feldstärke und der stromumflossenen Fläche der Spule ist und umgekehrt proportional dem Torsionsmoment der Aufhängung für den Winkel eins. Man kann also große Empfindlichkeit erreichen dadurch, daß man

1. starke Magnete verwendet,
2. viele Windungen nimmt,
3. die Oberfläche der Windungen möglichst groß wählt,
4. Aufhängefaden mit geringem Torsionsmoment verwendet.

Indessen hat man bei der Wahl der Abmessungen auch anderen Interessen Rechnung zu tragen.

Um der ersten Bedingung zu genügen, wird man einen Eisenkern verwenden und den Luftspalt möglichst klein wählen; man wird hierbei auf das Rechteck, als auf die konstruktiv bequeme Form der Spule kommen, obwohl theoretisch der Kreis vorteilhafter wäre, da in dem Fall mit einer bestimmten Drahtlänge die stromumflossene Fläche ein Maximum wird.[1]) Bleibt man bei der rechteckigen Form, so wäre das Quadrat die angemessenste, wenn dabei nicht das Trägheitsmoment zu groß würde; darum wählt man lieber ein Rechteck, dessen Höhe größer ist als die Breite; ist die Form zu länglich, so erleidet die Empfindlichkeit zu große Einbuße. Man könnte sie allerdings wieder steigern durch Vermehrung der Anzahl der Windungen; dabei nimmt aber das Trägheitsmoment wieder zu, und man ist außerdem genötigt, einen dickeren Aufhängedraht mit größerem Torsionsmoment zu verwenden, was wiederum die Empfindlichkeit schädigt. Dem könnte nun wieder durch Verwendung eines längeren Fadens abgeholfen werden, aber dann wird das Instrument zu unpraktisch.

---

[1]) Kugelpolinstrumente von Dr. R. Franke.

Vor allem ist der Aufhängedraht möglichst dünn zu wählen; da aber der Draht zur Stromzuführung dient und zugleich die Spule trägt, ist auch hierbei bald eine Grenze erreicht. Das Gewicht der Spule muß selbstverständlich gering sein; einige Fabrikanten wählen als Material für den Rahmen Elfenbein, um die Dämpfung zu verringern, andere ziehen Gerüste aus Metall vor, welche leichter konstruiert werden können, dagegen eine starke Dämpfung verursachen. Sie werden dann aufgeschnitten und durch einen einregulierten Widerstand wieder verbunden.

Aus dieser Besprechung geht genügend deutlich hervor, daß die Konstruktion nicht einfach ist. Eine große Rolle spielt auch noch das Material des beweglichen Systemes, welches absolut eisenfrei sein muß.

Weiter soll noch bei der Wahl der Umspinnung des Spulendrahtes darauf Bedacht genommen werden, daß im Luftspalt keine erhebliche Temperaturerhöhung auftreten kann, weil hierdurch die Intensität des Magnetfeldes sich ändert.

C. Beispiele einiger Spiegelgalvanometer.

Die hier folgenden Beschreibungen von Galvanometern dienen lediglich zur Veranschaulichung des Vorhergesagten.

1. Aperiodisches Wiedemannsches Galvanometer.

Die vorliegende Konstruktion von aperiodischen Spiegelgalvanometern vereinigt in sich die Vorzüge des Siemensschen Glockenmagnets, der nach Wiedemann verschiebbaren Multiplikatoren und der Astasierung durch einen Schutzring aus weichem Eisen nach Braun. Durch erhebliche Verkleinerung des Glockenmagnets, sowie durch Verminderung der Kupfermenge des Dämpfers und geeignete Befestigung des flachen Dämpfers an verhältnismäßig dünnen Stäbchen ist es möglich geworden, die Windungen der Multiplikatoren so nahe an und über die Pole des Magnets zu bringen, daß die Empfindlichkeit wesentlich gesteigert wird. Der bequem abnehmbare Eisenring ist in zwei gleiche umeinander drehbare Teile zerlegt, um etwa auftretende Polarität rasch eliminieren zu können. Die Multiplikatoren sind mit je zwei neben-

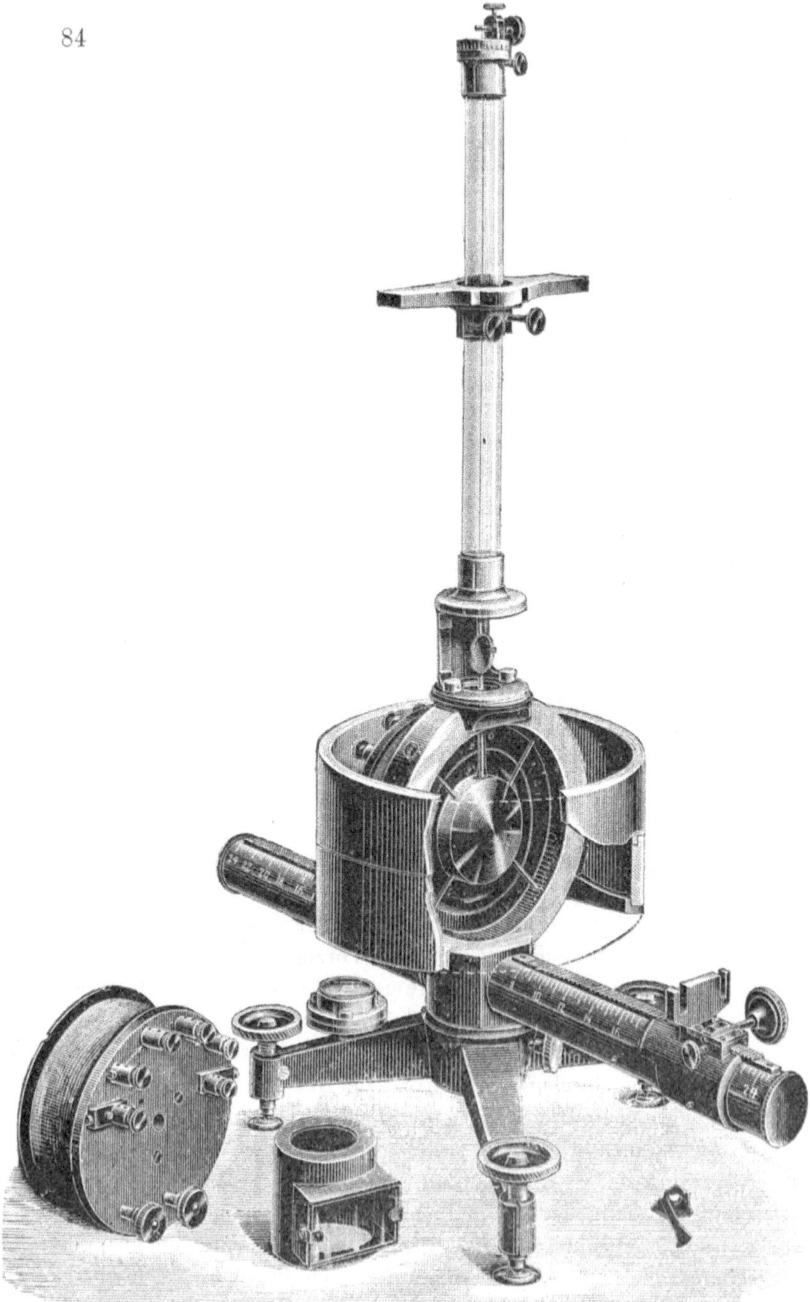

Fig. 30.

einander laufenden, doppelt mit Seide umsponnenen Drähten bewickelt, so daß durch geeignete Schaltung der Widerstand stark variiert werden kann. Das Weitere ist aus der Fig. 30, welche eine Konstruktion der Firma Hartmann und Braun darstellt, deutlich ersichtlich.

2. Vierspuliges astatisches Galvanometer mit Thomsonnadeln.

Das hier abgebildete Instrument (Fig. 31) ist ein vierspuliges astatisches Galvanometer der Firma Keiser und Schmidt, kon-

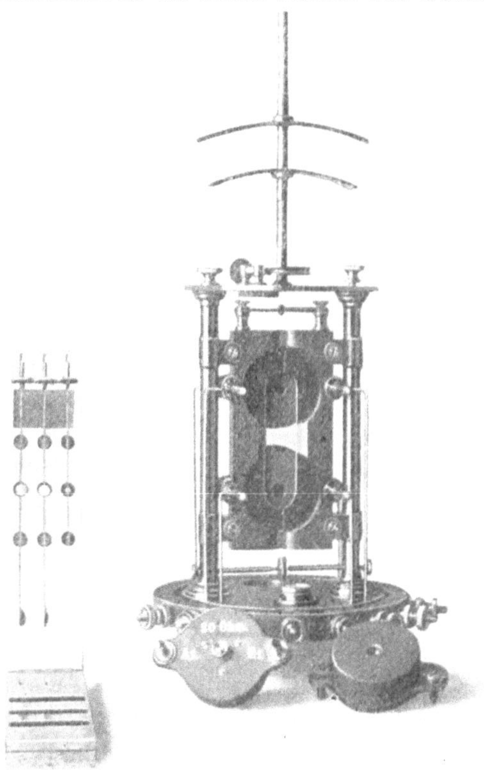

Fig. 31.

struiert von H. du Bois und H. Rubens. Die Basis bildet eine Hartgummiplatte auf drei Stellschrauben und trägt acht

Klemmen, den acht Anfängen und Enden der vier Spulen entsprechend; weiter trägt sie zwei hohe Messingsäulen, auf welchen die Drehplatte mit je einer kurzen, leicht zu entfernenden Kordenschraube befestigt ist.

Auf einen in der Mitte des Deckels emporragenden kurzen Stift läßt sich eine längere vertikale Hülse schieben, auf der sich zwei Richtmagnete, ein größerer und ein kleinerer, drehbar hin und her bewegen lassen. Die feinere Azimutstellung der Magnete wird mittels einer anfedernden Tangentialschraube bewirkt.

Fig. 32.

Zwischen den Tragsäulen befindet sich eine vertikale dicke Hartgummiplatte, welche den Hauptteilen des Instrumentes Halt gewährt. Sie ist in der Mitte von dem vertikalen Schlitze durchbrochen, oben und unten ist das Hartgummi ungefähr bis zur Mitte eingefurcht, so daß die übrigbleibenden Verbindungsstücke dem Ganzen noch genügend Halt geben. Ferner sind zu beiden Seiten der Platte je zwei kreisförmige Einsenkungen offen gelassen, welche den Spulen Raum gewähren.

Auf der Hartgummiplatte befinden sich zwei Ansätze, um den rechten dreht sich eine kleine Querbrücke. In ihrer Mitte läßt sich das Knöpfchen, woran der Aufhängefaden befestigt ist, von der unteren Seite her mit etwas Reibung einstecken. Indem man die linke Schraube löst und die Brücke nach vorne dreht, kommt das ganze System in eine freie, leicht zugängliche Lage.

Endlich trägt die Platte noch acht Gleitkontaktstifte, die mit den erwähnten acht Klemmschrauben verbunden sind; auf sie werden die Spulen geschoben, deren Anfang und Ende in Kontakthülsen enden.

Die Fig. 31 zeigt weiter noch ein Kästchen, welches drei verschiedene astatische Thomsonsche Nadelsysteme enthält; man sieht jeweils oben und unten ein Magnetbündel, in der Mitte den versilberten Planspiegel.

Aus der Fig. 32 ist das aufgehängte System zu ersehen, unten ist noch ein kleiner Flügel befestigt, welcher zur Dämpfung und Arretierung verwendet werden kann.

3. Vierspuliges astatisches Galvanometer mit Glockenmagneten.

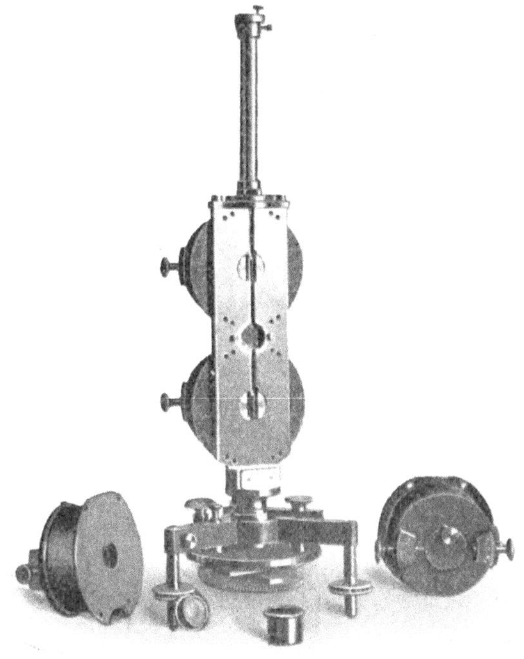

Fig. 33.

Ein weiteres Beispiel eines astatischen Galvanometers sei hier noch nach der Ausführung der Firma Siemens & Halske gegeben (Fig. 33). Hierbei besteht das astatische Nadelsystem aus zwei auf ein Stäbchen aufgeschraubten Glockenmagneten, welche von Kupferdämpfern eingeschlossen sind. Die Magnete sind gegeneinander verstellbar. Das Gestell, woran die vier Spulen geschraubt werden, besteht ganz aus Kupfer. Das im Innern der Spulen befindliche Kupferstück läßt sich entfernen, hierdurch ist die Einstellung wesentlich erleichtert. Als Richtmagnet dient ein System von zwei beinahe gleichen und ganz schwach magnetisierten Magneten, welche unter der aus Ebonit hergestellten Grundplatte des Instruments angebracht sind; dieselben lassen sich mittels eines Zahngetriebes durch Dreh- und Druckbewegung sowohl beliebig gegeneinander kreuzen, als auch bei konstantem Kreuzungswinkel gemeinsam drehen. Die erste Bewegung wird im Wesentlichen benutzt, um die Empfindlichkeit des Instrumentes, die andere, um die Nullage zu verändern.

4. Mikrogalvanometer.

Fig. 34 zeigt das astatische Magnetsystem eines Rosenthalschen astatischen Mikrogalvanometers von Prof. Edelmann.

Fig. 34.

Die Polenden der Nadel sind zu Kreisstücken geformt, deren Mittelpunkt in der Drehachse der Magnetnadel liegen. Diese Polenden werden von Multiplikatoren umgeben, die sie möglichst eng umschließen und die Pole einziehen oder ausstoßen. Dadurch wird die Wirkungsgröße der Windungen auf die Pole auf das höchste Maß gesteigert, der Widerstand der Rollen aber auf das Minimum herabgesetzt. Die erreichte Empfindlichkeit ist nach Angabe der Firma bei sorgfältigster Astasierung auf 1×10^{-13} Amp. gesteigert, bei einem Widerstand der Spulen von etwa 1000 Ω. Das Einstellen dieser Typen bietet etwas Schwierigkeit, da die vier Magnetenden leicht die Rollen berühren, die Spulen werden daher bei diesem Instrument mit nur einer Nadel und zwei Rollen auf Glas montiert, so daß man leichter hineinsehen kann.

5. Spulengalvanometer der Firma Siemens & Halske.

Wie die Figuren 35 a b c erkennen lassen, besteht das Instrument der Hauptsache nach aus zwei Teilen: dem nach Lösen zweier Schrauben herausziehbaren Messingrohr, das den Eisenkern und die bewegliche Spule trägt, und dem Magnetsystem, das von sechs nebeneinander befindlichen Hufeisenmagneten gebildet wird, deren Enden an zwei gemeinschaftliche Polschuhe angeschlossen sind. Der als dickwandiger Hohlzylinder konstruierte Eisenkern, der beim zusammengebauten Instrument sich zwischen den Polschuhen befindet, dient dazu, das Feld möglichst gleichförmig zu gestalten. In dem Raume zwischen Eisenhohlzylinder und Polschuhen ist an einem feinen aus Phosphorbronzedraht gewalzten Bande, das gleichzeitig den Spiegel trägt, ein aus elektrolytischem Kupfer gefertigter, mit Kupferdraht aus demselben Material bewickelter Rahmen (Fig. 36), dessen Breite sich zu

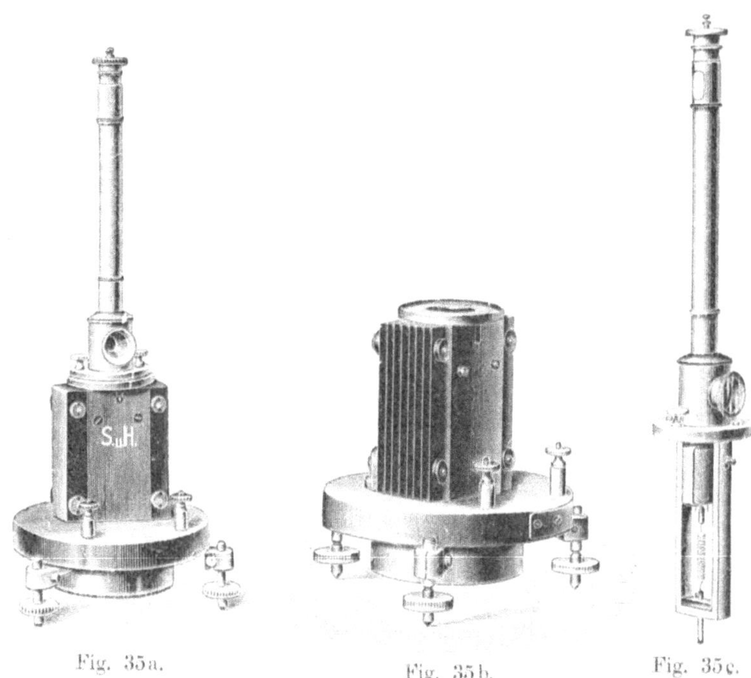

Fig. 35a. Fig. 35b. Fig. 35c.

seiner Länge wie 5:6 verhält, aufgehängt. Der Strom wird seinen Windungen durch dieses Metallband und eine feine Spiralfeder aus Silberdraht, die am unteren Ende der Spule befestigt ist, zu- und abgeführt. Mit Hilfe einer kleinen, an der Vorderseite sichtbaren Arretiervorrichtung läßt sich die bewegliche Spule für den Transport feststellen. Das Ausrichten des Instrumentes, resp. das Freimachen der beweglichen Spule geschieht in bekannter Weise mit Hilfe der Fußschrauben. Die beweglichen Spulen werden mit Kupferdraht von 0,05 mm oder von 0,1 mm Durchmesser bewickelt. Bei den Instrumenten der ersten Kategorie hängt die bewegliche Spule an einem aus 0,05 mm dickem Phosphorbronzedraht gewalzten Bande, während eine Spirale aus dünnem Silberdraht die untere Stromführung bildet.

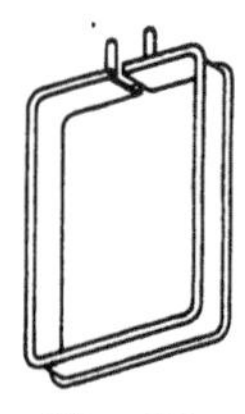

Fig. 36.

Bei diesem Galvanometer haben Spulenwickelung und ihre Zuführungen zusammen ca. 450 Ω Widerstand, von denen etwa 100 Ω auf das Phosphorbronzeband und die Zuleitungsspirale entfallen. Um der Schwingungsdauer des Instruments für Arbeiten mit äußeren Widerständen bis zu Null Ohm herab einen passenden, nicht zu großen Wert zu erteilen, und um ferner die Empfindlichkeit des Instrumentes durch Benutzung von Nebenschlüssen beliebig herabmindern zu können, ohne daß das lästige Kriechen auftritt, wird seinem Gesamtwiderstand durch Anbringung eines Vorschlusses der Wert von 10000 Ω gegeben (Fig. 37). Dieser Vorschaltwiderstand ist zwar fest mit der Spulenwickelung verbunden, kann aber erforderlichenfalls leicht dadurch außer Gebrauch gesetzt werden, daß man die eine Galvanometerzuleitung umlegt und sie an eine Klemme anschließt, die zu dem Vereinigungspunkt von Galvanometerwickelung und Vorschaltwiderstand führt.

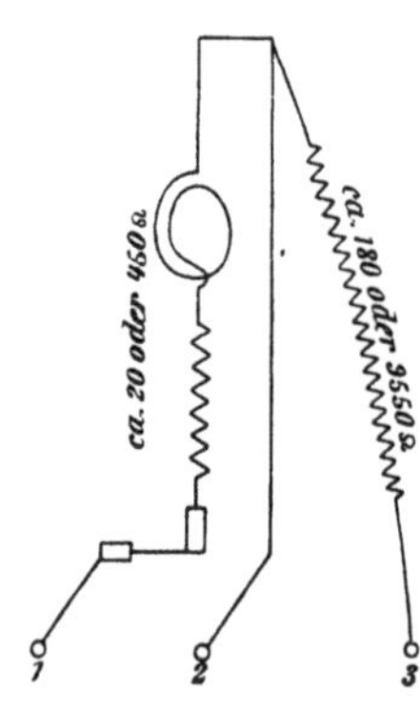

Fig. 37.

6. Spulengalvanometer von Edelmann.

Fig. 38 gibt die Gesamtansicht eines ähnlichen Instrumentes von Prof. Dr. M. Th. Edelmann, Fig. 39 das ausnehmbare System.

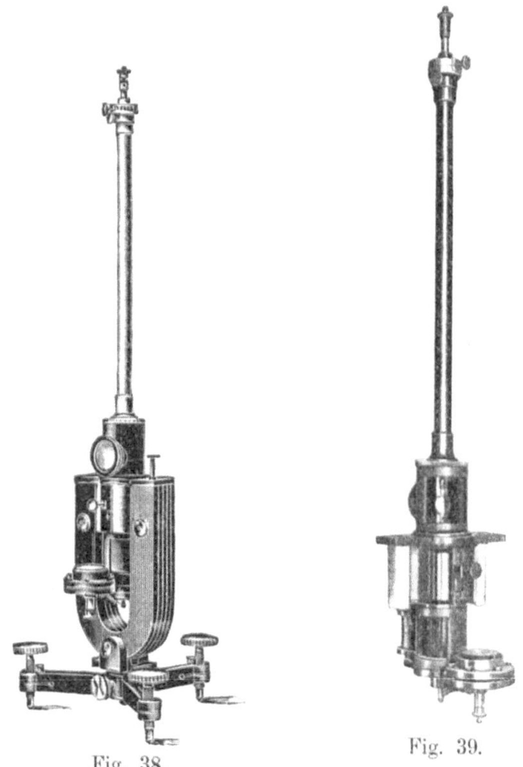

Fig. 38. Fig. 39.

In der Hauptsache ist die Konstruktion der des oben beschriebenen ähnlich; die Polstücke sind hier aber nicht mit den Magneten fest verbunden, wie in Fig. 39 ersichtlich.

7. Spulengalvanometer von Carpentier.

Carpentier baut ein Instrument (Fig. 40), das nur Magnete, Eisenkern und Spule enthält, die Widerstände sind hier außerhalb des Apparates zu schalten. Die Spule hängt hierbei gespannt zwischen zwei Bändern.

Fig. 40.

Fig. 41 stellt dasselbe Instrument dar für ballistische Zwecke umgebaut. Die Spule ist hier breiter als hoch, so daß durch das erhöhte Trägheitsmoment die Schwingungsdauer bis auf ca. 8 Sekunden gesteigert ist. Das Magnetsystem wird durch zwei U-förmige Stahlmagnete gebildet, welche in der Mitte mit den gleichnamigen Polen zusammenstoßen. Der Widerstand der Spule beträgt annähernd 500 Ω. Der Wider-

Fig. 41.

stand des Schließungskreises, wobei die Bewegung eine aperiodische wird, der sog. kritische Widerstand, ist ungefähr 4000 Ω.

Eine Elektrizitätsmenge von 1 Mikrocoulomb erzeugt bei offenem Stromkreis einen Ausschlag von ca. 80—100 mm bei 2 m Skalenentfernung.

D. Aufstellung und Graduierung von Spiegelgalvanometern.

Das Galvanometer wird an einer möglichst erschütterungsfreien Stelle aufgestellt, die Arretierung wird gelöst und das Gestell mittels der Fußschrauben so reguliert, daß das bewegliche System frei schweben kann; bei Nadelgalvanometern muß weiter der Strom in den Multiplikatorrollen ein Feld senkrecht zum Richtfeld erzeugen, es muß also die Spulenebene in die Richtung dieses Feldes gebracht werden. Bei astasierten Nadelsystemen, welche bei vollkommener Astasierung sich in die Ost—West-Richtung stellen, müssen also die Rollen auch in diese Richtung gedreht werden. Bei Spulengalvanometern mit starkem Richtfeld hat die Richtung des Magnetgestelles keinen Einfluß. — Eisenmassen und Magnete, solange sie nicht bei der Messung verwendet werden, hält man fern, damit sie keine Nullpunktsänderung verursachen.

Nachdem Fernrohr und Skala auf die in der Einleitung behandelte Weise aufgestellt sind, prüft man, ob die Rollen ihre richtige Lage gegenüber dem Magnet haben, indem man durch den Strom einen Ausschlag erzeugt und ihn mit dem nach Kommutierung erhaltenen vergleicht; bei richtiger Aufstellung müssen beide Ausschläge selbstverständlich gleich sein. Durch Drehung der Spulen kann diese Bedingung leicht erfüllt werden.

1. Verwendung bei Nullmethoden.

Weil bei den Nullmethoden das Instrument verwendet wird, um die Potentiale zweier Punkte zu vergleichen, so wird man ein Instrument mit größter Spannungsempfindlichkeit wählen, d. h. ein Instrument, wobei das Produkt aus Widerstand und geringster aufzudeckender Stromstärke ein Minimum ist. Um eine kleine Ungleichheit der Potentiale im Moment des Einschaltens deutlich erkennbar zu machen, ist geringe Dämpfung und vor allem ein kleines Trägheitsmoment des beweglichen Systemes von Vorteil; selbst wenn die Nullage nicht ganz konstant ist, wird man durch die plötzliche Ablenkung des Bildes noch genügend genau diese auftretende Ablenkung unterscheiden können. Die Unannehmlichkeit der bei einer derartigen Anordnung auftretenden langsamen Beruhigung des Systemes kann man durch Kurzschließen des Instrumentes im geeigneten Moment beseitigen.

Um im Anfang des Versuches, wo die Potentiale noch nicht ausgeglichen sind, keine allzu starken Ströme im Galvanometer zu erhalten, schaltet man im Galvanometerkreis Widerstand vor. Dieser wird nach und nach ganz ausgeschaltet.

Bei Spulengalvanometern kann man durch Parallelschalten eines anfänglich geringen Widerstandes bequemer arbeiten, weil dadurch zu gleicher Zeit das Instrument etwas besser gedämpft ist.

2. Verwendung bei Ausschlagsmethoden.

Im allgemeinen werden Spiegelgalvanometer in der Praxis wohl wenig Verwendung als Strommesser finden, sie sind aber da, wo die Empfindlichkeit der Zeigerinstrumente nicht ausreicht, unentbehrlich.

Solange der Ablenkungswinkel nicht zu groß ist, wird die Stärke des Stromes proportional mit dem Ablenkungswinkel sein, also

$$i = C\alpha,$$

worin C die Bogenkonstante genannt wird; weil nun bei konstanter Skalenentfernung und kleinem Winkel dieser wiederum proportional dem Ausschlag in Skalenteilen anzunehmen ist, kann man auch schreiben

$$i = C' n,$$

$n =$ Anzahl Skalenteile des Ausschlages.

Diese Konstante C' wird der Reduktionsfaktor genannt, sie ist also nicht direkt eine Konstante des Instrumentes, weil sie abhängig ist von der Skalenentfernung und der Größe der

Skalenteile, auch hat sie nur bei kleinen Ablenkungswinkeln einen konstanten Wert. Der Faktor C in $i = C\alpha$ dagegen stellt eine Konstante des Instrumentes, wenigstens für kleine Ablenkungen, dar, solange die Richtkraft durch Verwendung von Richtmagneten usw. nicht geändert wird und solange der ungeteilte Strom das Instrument durchfließt.

Die Stromempfindlichkeit ist der reziproke Wert des Reduktionsfaktors und wird allgemein definiert als Ausschlag pro Milliontel Ampere in Einheiten von $\frac{1}{2000}$ stel der Skalenentfernung Auch die Empfindlichkeit hat nicht ohne weiteres einen bestimmten Wert für ein bestimmtes Instrument, bei dem die Richtkraft variabel ist. Darum wird sie näher bestimmt durch die Beifügung: „bei der Größe der Richtkraft, wobei die Schwingungsdauer 10 Sekunden ist.“

Um den Reduktionsfaktor zu bestimmen, kann man zwei Wege einschlagen, entweder kann man den das Instrument durchfließenden Strom bestimmen aus elektromotorischer Kraft und Widerstand oder durch Vergleich mit genauen Zeigerinstrumenten, hierbei muß man aber deren Fehler mit in Kauf nehmen.

3. Graduierungsmethode aus EMK. und Widerstand.

Man schaltet das Galvanometer mit einem Normalelement und Rheostaten in Serie. Der Gesamtwiderstand muß so groß bemessen sein, daß der maximale Strom (für den größten Ausschlag) nicht über $\frac{1}{20000}$ Ampere anwächst. Der entstandene Strom ist jeweils gleich dem Quotienten aus der EMK. des Elementes und dem Gesamtwiderstand des Stromkreises, also Galvanometerwiderstand plus Vorschaltwiderstand. Letzterer wird nun aber so groß bemessen, daß der Widerstand des Galvanometers nur annähernd bekannt zu sein braucht. Um ganz kleine Ausschläge zu erhalten, muß der Strom unter Umständen sehr stark herabgedrückt werden, wozu aber wohl vielfach die vorhandenen Rheostate nicht ausreichen.

4. Vergleichungsmethode mit Zeigerinstrumenten.

a) Zeigerinstrument als Strommesser.

Schaltet man nach Fig. 42 das Galvanometer in Serie mit einem Widerstande w_2, parallel zu einem Zweig, welcher den Widerstand w_3 und das Zeigerinstrument enthält, und schaltet man dem Ganzen den Widerstand w_1 vor, so wird man den Strom, welchen das Element e liefert, beliebig regulieren können. Der Gesamtstrom verteilt sich in der Verzweigung umgekehrt proportional mit den Widerständen der Zweige, also wird sich der Strom im Galvanometer (i_g) zu dem im Milliamperemeter (i_a) verhalten wie $\frac{w_3 + w_a}{w_2 + w_g}$. Dieses Verhältnis läßt sich nun durch Regulierung der Widerstände w_2 und w_3 beliebig einstellen. Durch Variierung des Widerstandes w_1 wird dann der Gesamtstrom geändert. Um nun beim Milliamperemeter innerhalb der Skalenteile, wo die größte Genauigkeit auftritt, zu arbeiten, kann das Verhältnis $\frac{w_3 + w_a}{w_2 + w_g}$ nach Bedarf geändert werden. Ein Vorteil dieser Schaltanordnung liegt im bequemen Rechnen mit dem Verhältnis $i_g : i_a$. Da der Strom im Galvanometer vernachlässigbar klein gegenüber i_a ist, so kann man auch das Milliamperemeter außerhalb der parallelen Zweige legen, so daß bei Graduierung von sehr empfindlichen Galvanometern der Nebenschluß am Galvanometer noch bedeutend verringert werden kann.

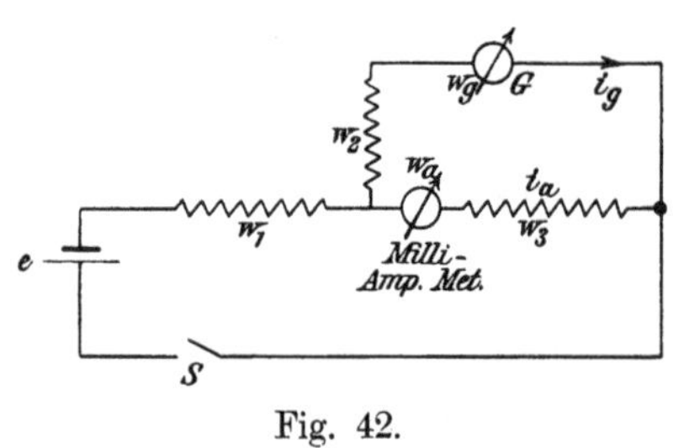

Fig. 42.

b) Zeigerinstrument als Spannungsmesser.

Bei der Schaltung nach Fig. 43 ist die Anordnung ähnlich wie bei der direkten Bestimmung des Reduktionsfaktors mittels einer bekannten

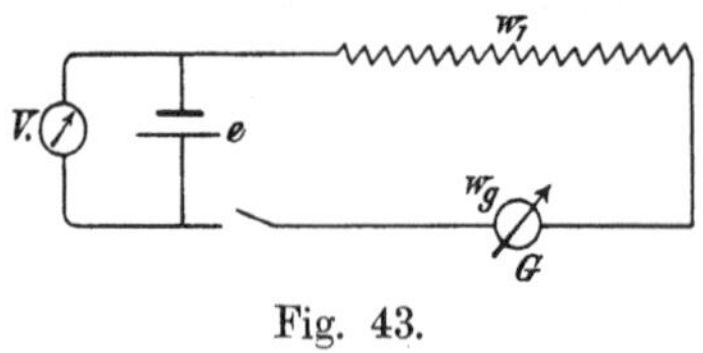

Fig. 43.

EMK., hierbei wird die Spannung an den Klemmen des Elementes mit dem Voltmeter gemessen, wobei die Genauigkeit also direkt von diesem Voltmeter abhängig ist.

Will man zur Eichung ein Millivoltmeter verwenden, so kann man die Schaltanordnung nach Fig. 44 treffen. Die an den Punkten a und b gemessene Potentialdifferenz, dividiert durch den Widerstand $w_2 + w_g$, ergibt den Strom im Galvanometer. Die Spannung an den Klemmen $a\,b$ kann entweder durch Änderung von w_1 oder durch Änderung von w_3 reguliert werden, eine weitere Änderung des Galvanometerstromes kann mittels des Widerstandes w_2 erfolgen.

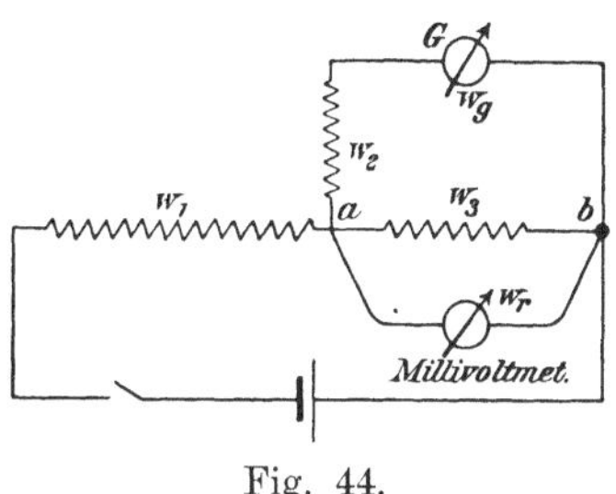

Fig. 44.

Handelt es sich um eine nicht allzu genaue Bestimmung des Reduktionsfaktors eines Galvanometers mit hohem inneren Widerstande, so kann man schließlich einen Rheostaten nach Fig. 45 verwenden. Sobald der Strom im Galvanometer zu vernachlässigen ist gegen denjenigen im Rheostaten, so wird der Ausschlag proportional dem Widerstand sein, zu dem das Galvanometer parallel gelegt ist. Die Spannung an diesen Klemmen, wozu Wanderstöpsel zu verwenden sind, verhält sich dann wieder zur Gesamtspannung wie der Widerstand $a\,b$ zum Gesamtwiderstand.

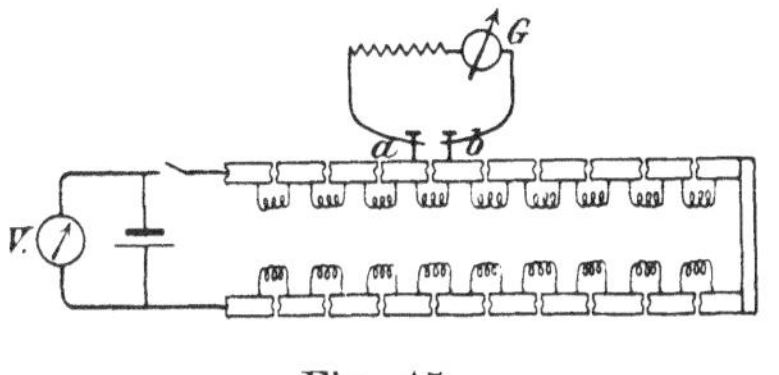

Fig. 45.

Eine auf eine dieser Weisen erhaltene Graduierungstabelle oder -Kurve, welche die Abhängigkeit des Ausschlages in Skalenteilen von der Stromstärke angibt, ist also nur gültig für eine speziell dabei innezuhaltende Skalenentfernung (in Skalenteilen anzugeben). Um diese Tabelle bei anderen Skalenentfernungen, z. B. A^1, verwenden zu können, beachte man, daß derselbe Strom einen um $\frac{A'}{A}$ mal größeren Ausschlag ergibt, der Reduktionsfaktor muß in dem Fall mit $\frac{A}{A'}$ multipliziert werden.

Zur Umrechnung des Ausschlages in Bogengraden gilt

$$\alpha = \frac{28,65}{A} n \left\{1 - \frac{1}{3} \frac{n^2}{A^2}\right\}.$$

5. Änderung der Empfindlichkeit.

Wird der Ausschlag bei irgend einer Schaltanordnung zu groß, so kann man ihn durch Parallelschalten oder durch Vorschalten eines Widerstandes beliebig vermindern. Letztere Methode wird man hauptsächlich da verwenden, wo es sich um einen Vergleich zweier Potentialdifferenzen handelt, erstere dagegen mehr da, wo Stromstärken verglichen werden. Eine große Rolle bei der Wahl der Methoden spielt die Dämpfung; weil speziell bei Spulengalvanometern die Dämpfung stark vom Widerstand des Schließungskreises abhängt, so kann man oft gute Dämpfungsverhältnisse während des ganzen Versuches erreichen bei Verwendung eines speziell eingerichteten Nebenschlußwiderstandes, „Universalshunt" genannt, durch den die Empfindlichkeit für den Gesamtstrom beliebig variiert werden kann, ohne daß der Widerstand des Schließungskreises des Galvanometers sich ändert und damit die Dämpfungsverhältnisse, vorausgesetzt daß die weiteren Widerstände in den Schaltanordnungen genügend groß sind, z. B. bei Kabelmessungen. Die Anordnung ist in Fig. 46 schematisch dargestellt. Steht der Stöpsel z. B. bei a, so ist dem Galvanometer 4995 Ω vorgeschaltet und im Nebenschluß dazu 5 Ω, vom Gesamtstrom wird nun der $\frac{5}{w_g + 5000}$ ste Teil durch das Galvanometer fließen, steckt aber der Stöpsel z. B. bei c, so er-

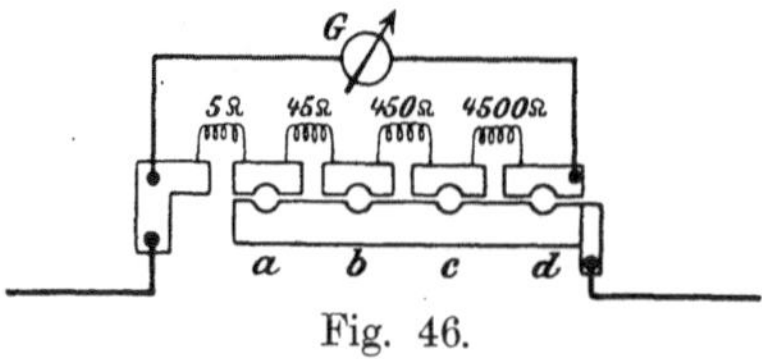

Fig. 46.

hält man den $\frac{500}{w_g + 5000}$ sten Teil, also genau das 100fache, wobei der Widerstand des Galvanometers ohne Einfluß ist. Der Schließungskreis bleibt dabei außerdem konstant.

E. Das ballistische Galvanometer.

1. Theorie.

Das ballistische Galvanometer dient zur Messung von Elektrizitätsmengen und zwar besonders da, wo der Zeitverlauf der Erscheinung sehr kurz ist, z. B. bei Induktions- und Kapazitätswirkungen.

Ein gewöhnliches Galvanometer ist dazu nicht verwendbar, weil vor Eintritt des Gleichgewichts die Stromstärke schon wiederum Null geworden ist, und das vom Strome ausgeübte Drehmoment sich außerdem fortwährend ändert. Man würde also, bei Verwendung eines gewöhnlichen Galvanometers, wohl einen Ausschlag erhalten, dieser aber würde 1. wegen der kurzen Schwingungsdauer schwer wahrnehmbar und 2. von geringer Bedeutung sein, weil die Beziehung zwischen Stromstärke und Ausschlag schwierig zu bestimmen sein würde.

Bei derartigen Messungen wird denn auch nicht Stromstärke und Zeit, sondern die totale Elektrizitätsmenge bestimmt, welche durch die Leitung geflossen ist.

In der Hauptsache besteht der Unterschied zwischen einem gewöhnlichen und einem ballistischen Galvanometer in dem verschiedenen Trägheitsmoment des beweglichen Systems und somit in einer viel längeren Schwingungsdauer bei dem letzteren. Infolgedessen wird der zu messende Strom seinen Nullwert schon wieder erhalten haben, bevor das bewegliche System seine Ruhelage merklich verlassen hat. Der Strom gibt also gewissermaßen einen Stoß, infolgedessen eine Ablenkung erfolgt, welche so langsam vor sich geht, daß der Maximalwert leicht wahrzunehmen ist. Das vom Strome ausgeübte Drehmoment kann proportional dem jeweiligen Strome angenommen werden, weil das System während der Dauer desselben seine Lage nicht nennenswert geändert hat.

Gewöhnlich wird eine Schwingungsdauer von ca. 10 Sekunden ausreichen.

Die zu messende Elektrizitätsmenge ist bei nicht zu großen Ablenkungen proportional der Ablenkung resp. dem Ausschlag

$$Q = C_b \alpha.$$

Das vom Strome i auf das bewegliche System ausgeübte Drehmoment ist, solange es sich in der Ruhelage befindet,

beim Nadelgalvanometer:

$$GMi,$$

wobei unter G die Multiplikatorfunktion, d. h. das Drehmoment vom Strome Eins auf eine Nadel mit dem magnetischen Momente Eins in der Ruhelage verstanden wird;

und beim Spulengalvanometer

$$Hfi,$$

wobei H die Feldstärke und f die Windungsfläche bedeutet.

Dieses Drehmoment verursacht eine Winkelbeschleunigung, welche gleich

$$\frac{MGi}{K} \text{ bzw. } \frac{Hfi}{K} \text{ ist.}$$

Hält diese Beschleunigung während der sehr kurzen Zeit dt an, so wird nach Verlauf dieser Zeit die erlangte Winkelgeschwindigkeit

$$\frac{MGidt}{K} = \frac{MGdq}{K} \text{ bzw. } \frac{Hfidt}{K} = \frac{Hfdq}{K}$$

betragen.

Nach der Zeit t, während welcher der Stromstoß abgelaufen ist, wird die resultierende Geschwindigkeit sein

$$\omega_0 = \frac{MG\int^t dq}{K} = \frac{MGQ}{K} \text{ bzw. } \frac{Hf\int^t dq}{K} = \frac{HfQ}{K}.$$

Wir haben nun in der Einleitung gesehen, daß die erste Amplitude proportional der Anfangsgeschwindigkeit des Systems ist; somit wird der Wert des ersten Maximalausschlages ein Maß für die gesamte Elektrizitätsmenge, die hindurchgeflossen ist. Ändern wir die Formel noch etwas ab und führen dabei die „Gleichstromkonstante" des Galvanometers ein, d. h. das Verhältnis zwischen der Stärke eines konstanten Stromes und der dadurch hervorgerufenen Ablenkung bzw. dem Ausschlage ($i = c_g \alpha$ bzw. $i = c_g' n$), so kann man schreiben, weil

$$\frac{MG}{K} = \frac{1}{c_g}\frac{D}{K} = \frac{1}{c_g}\frac{\pi^2}{T_o^2} \text{ bzw.} = \frac{Hf}{K}$$

$$\omega_o = \frac{1}{c_g}\frac{\pi^2}{T_o^2} Q$$

und

$$\alpha_e = \omega_o \frac{T_o}{\pi} k^{-\frac{1}{\pi}\operatorname{arc\,tg}\frac{\pi}{\Lambda}}$$

$$Q = c_g \frac{T_o}{\pi} k^{\frac{1}{\pi}\operatorname{arc\,tg}\frac{\pi}{\Lambda}} \alpha_e,$$

so daß

$$C_b = c_g \frac{T_o}{\pi} k^{\frac{1}{\pi}\operatorname{arc\,tg}\frac{\pi}{\Lambda}}$$

oder

$$C_b = c_g \frac{T}{\sqrt{\pi^2 + \Lambda^2}} k^{\frac{1}{\pi}\operatorname{arc\,tg}\frac{\pi}{\Lambda}} \text{ zu setzen ist.}$$

2. Bestimmung der ballistischen Konstante.

a) Aus Gleichstromkonstante, Schwingungsdauer und Dämpfungsverhältnis.

Wie wir gesehen haben, besteht die Konstante aus Faktoren, welche einzeln bestimmt werden können. Die Konstante c_g ist die „Gleichstromkonstante“ des Galvanometers, welche bei andauerndem Durchgang des Stromes gilt.

T_o und T bedeuten Schwingungsdauer des ungedämpften bzw. des gedämpften Systems. k ist das Dämpfungsverhältnis und Λ das natürliche logarithmische Dekrement. Über die Bestimmung dieser Größen ist Näheres aus dem Abschnitt „Schwingung und Dämpfung“, Seite 40 u. f., zu entnehmen.

Da die Dämpfung bei beiden Systemen von Galvanometern abhängig ist vom Widerstande des äußeren Schließungskreises des Galvanometers, so ist bei der Bestimmung dieser Größen entweder dafür zu sorgen, daß gleiche Schaltungsverhältnisse vorliegen, oder man kann im voraus die Abhängigkeit zwischen

Dämpfungsverhältnis und äußerem Schließungswiderstand feststellen. Bei Spulengalvanometern, wobei die Luftdämpfung nur sehr wenig Einfluß hat, kann man annähernd das logarithmische Dekrement umgekehrt proportional dem äußeren Widerstand annehmen. Man braucht dann nur bei offenem äußeren Kreis und bei einem Widerstand w_1 die Werte von Λ_∞ und Λ_1 zu bestimmen, woraus für das logarithmische Dekrement bei einem Widerstand w_2 sich Λ_2 wie folgt berechnen läßt

$$\Lambda_2 = \Lambda_\infty + (\Lambda_1 - \Lambda_\infty)\frac{w_1}{w_2}.$$

b) Mittels Normalsolenoid.

Ein Zylinder von der Länge 0,8 bis 1 Meter und von dem Durchmesser von 4 bis 5 cm wird der Länge nach möglichst gleichmäßig mit einem gut isolierten Draht bewickelt. Hierüber wird engschließend in der Mitte eine kleine sekundäre Spule angebracht. Seien nun

n_p, Anzahl Windungen primär,
q_p, mittlerer Querschnitt einer Windung,
r, mittlerer Radius einer Windung,
l, Länge der Primärspule in cm,
i, Strom primär in Ampere,
Φ, Kraftfluß in dem mittleren Querschnitt,
n_s, Anzahl Windungen sekundär,

so ist

$$\Phi = \frac{0{,}4\,\pi\, n_p\, i}{l\sqrt{1+4\frac{r^2}{l^2}}}\, q_p.$$

Wird der primäre Strom kommutiert, so ist die totale Kraftflußänderung für die sekundären Windungen

$$\triangle\Phi = 2\,\frac{0{,}4\,\pi\, n_p\, i\, q_p}{l\sqrt{1+4\frac{r^2}{l^2}}}\, n_s.$$

Ist nun die sekundäre Spule an ein ballistisches Galvanometer angeschlossen, wobei der Gesamtwiderstand in diesem sekundären Stromkreis w_s betragen möge, so gilt

$$2 \frac{0{,}4 \pi i n_p q_p n_s}{w_s l \sqrt{1 + 4 \frac{r^2}{l^2}}} = C_b \alpha,$$

α ist dann, je nachdem C_b die Konstante für Winkel oder Skalenablesung bedeutet, in Bogengraden, Winkel oder Skalenteilen einzusetzen, event. ist auch hierfür der korrigierte Wert einzutragen. Somit wird

$$C_b = \frac{0{,}8 \pi i n_p q_p n_s}{\alpha w_s l \sqrt{1 + 4 \frac{r^2}{l^2}}}.$$

Bei genauern Messungen ist es notwendig, die Konstante des ballistischen Galvanometers öfters zu bestimmen, weil sie sich durch verschiedene Einflüsse leicht ändert.

Hierzu würde aber das Normalsolenoid sich wenig eignen, 1. weil die Messung ziemlich zeitraubend und 2. weil es, für den Fall, daß es als Normal zu betrachten ist, möglichst geschont werden muß.

Zu einer einfachen Kontrolle kann der Webersche Doppelmagnetinduktor verwandt werden. Er besteht aus zwei gleich starken Stahlmagneten gleicher Dimension, welche in einem Rohr aus Kupfer angebracht sind, und deren gleichnamige Pole sich einander gegenüber befinden (Fig. 47). Diese Magnete sind künstlich „gealtert“. Um die Kupferhülse ist eine sekundäre Spule verschiebbar angeordnet und zwar so, daß die Spule nur von Mitte zu Mitte der Magnete beweglich ist. Bringt man die Spule in Verbindung mit einem ballistischen Galvanometer, so bekommt man bei schnellem Verschieben eine bestimmte Kraftflußänderung, und damit eine bestimmte Ablenkung des Galvanometers. Diese Wirkung ist einmal mit der des Normalspulensolenoides zu vergleichen und kann dann stetig als Kontrolle verwendet werden.

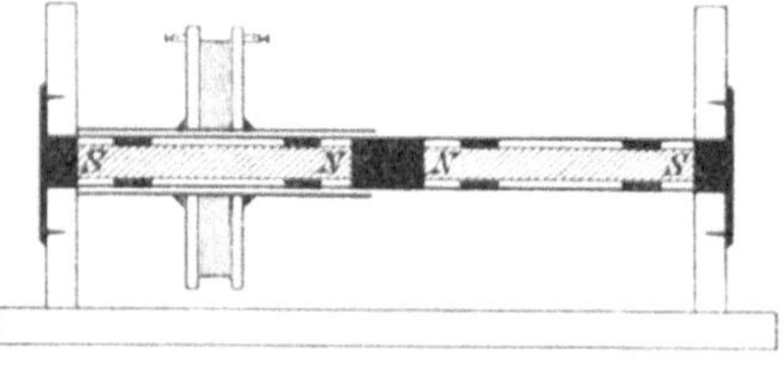

Fig. 47.

c) Durch Kondensatorentladungen.

Eine sehr einfache Methode erhält man, indem man eine bekannte Elektrizitätsmenge durch das Galvanometer fließen läßt und dabei den Ausschlag beobachtet; das Verhältnis beider gibt dann direkt die Konstante. Hierzu wird ein Kondensator von bekannter Kapazität C zu einer bestimmten Spannung E geladen, angelegt (Fig. 48). Die Ladung ist dann $Q = CE$, bei der Entladung durch das Galvanometer ergibt sich

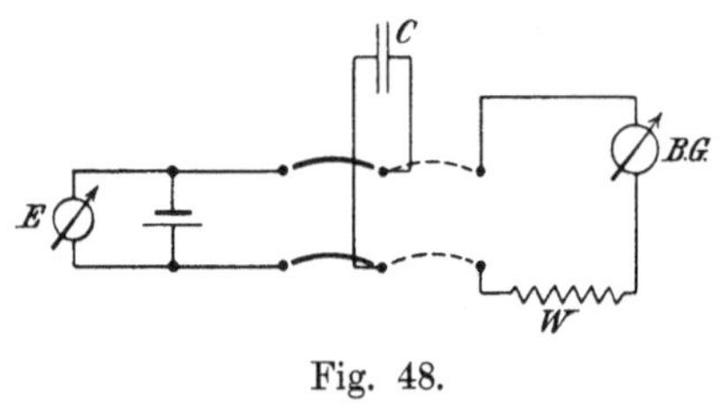

Fig. 48.

$$CE = C_b \alpha \qquad C_b = \frac{\alpha}{CE}.$$

Infolge der Nachwirkung des Kondensators ist die Größe der Entladung nicht genau bestimmbar, so daß diese Methode nur für weniger genaue Messungen Verwendung finden dürfte.

Zweites Kapitel.

Widerstandsmessung.

A. Meßmethoden.

1. Widerstandsmessung durch Messung von Strom und Spannung.

Fließt ein Strom durch einen Widerstand, so ist der Potentialunterschied an den Klemmen nach dem Ohmschen Gesetze

$$e = i w.$$

Der Widerstand ist also bekannt, sobald Stromstärke und Potentialunterschied bekannt sind. Die praktische Ausführung dieser Methode führt auf zwei verschiedene Schaltanordnungen, welche beide nicht direkt zum Ziele führen. Die in Fig. 49 angegebene Anordnung ergibt eine richtige Messung des Potentialunterschiedes, die abgelesene Stromstärke ist dagegen um den Voltmeterstrom zu groß. Dieser ist, wenn W_v der Widerstand

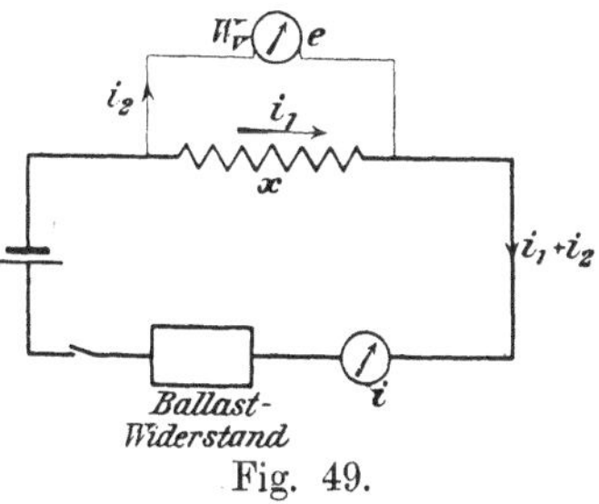

Fig. 49.

des Voltmeters ist, gleich $\frac{e}{W_v}$, so daß der Strom $i_1 = i - \frac{e}{W_v}$ und somit der unbekannte Widerstand

$$x = \frac{e}{i - \frac{e}{W_v}}.$$

Bei der Anordnung in Fig. 50 zeigt das Voltmeter den Gesamtspannungsabfall im unbekannten Widerstand und im Amperemeter an. Sei der Widerstand des Amperemeters W_a, so ist $e_2 = i\,W_a$ und

$$x = \frac{e - i\,W_a}{i}.$$

Die erste Schaltung ergibt also ohne Korrektur einen zu kleinen, die zweite einen zu großen Wert des unbekannten Widerstandes. Bei Anwendung von Millivolt-Amperemetern, wobei der Zweigstrom, resp. der Widerstand im allgemeinen bekannt ist, ist diese Korrektur immer leicht anzubringen. Die Genauigkeit, welche mittels dieser Methode erreicht werden kann, hängt in erster Linie ab von der Genauigkeit, mit welcher Strom und Spannung ermittelt werden, weiter von dem Einfluß, den die Übergangswiderstände an den Verbindungsstellen ausüben.

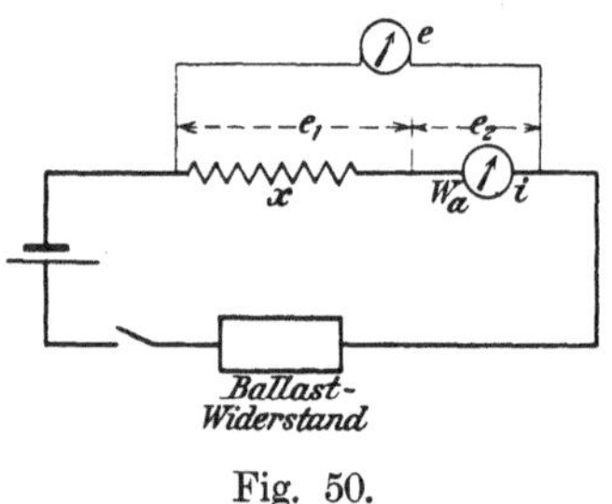

Fig. 50.

Die erste Anordnung wird da angewendet, wo kleine Widerstände mit starkem Strom, die zweite, wo große Widerstände mit schwachem Strom gemessen werden sollen.

2. Widerstandsbestimmung durch Vertauschung.

a) Widerstand und Galvanometer in Hintereinanderschaltung.

Bildet man einen Stromkreis (Fig. 51) aus einem Element mit einer elektromotorischen Kraft e, einem Galvanometer und einem Widerstand x, so wird ein Strom i fließen, so daß

$$i = \frac{e}{W_e + W_g + x},$$

wenn W_e und W_g die Widerstände des Elements resp. Galvanometers bedeuten. Dieser Strom i verursacht im Galvanometer

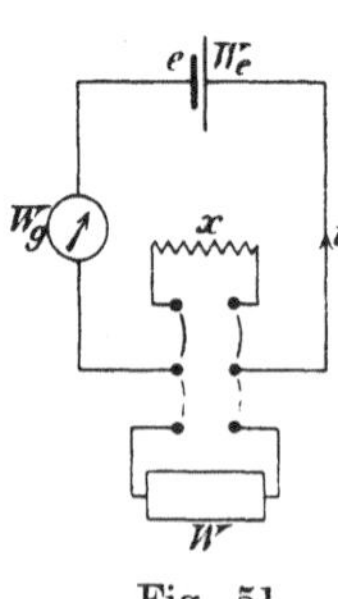

Fig. 51.

eine Ablenkung α. Vertauscht man nun den unbekannten Widerstand x mit einem Rheostat und schaltet so viel Widerstand W des Vergleichsrheostaten ein, bis der Ausschlag im Galvanometer wieder derselbe ist, so ist die Stromstärke ebenfalls die gleiche wie vorher und somit, wenn die EMK. des Elementes konstant geblieben, auch der Gesamtwiderstand $W_e + W_g + W$, also $x = W$.

Läßt sich die Regulierung auf gleichen Ausschlag mittels des Rheostaten nicht genügend ausführen, so helfe man sich durch Parallelschaltung eines zweiten Rheostaten oder durch Interpolation. Dies letztere ist nur dann erlaubt, wenn in der Nähe des Ausschlages Proportionalität zwischen Stromstärke und Ausschlag besteht, und solange der gesuchte Widerstand genügend groß gegenüber $W_e + W_g$ ist. Alsdann wird auf folgende Weise interpoliert.

Es sei der Ausschlag bei $W_1\ \Omega$ $\quad \alpha_1$

„ $x\ \Omega$ $\quad \alpha$ $\quad \alpha_1 > \alpha > \alpha_2$

„ $W_2\ \Omega$ $\quad \alpha_2$

Dann wird $x = W_1 + \frac{\alpha_1 - \alpha}{\alpha_1 - \alpha_2} (W_2 - W_1)$

Fehler in der Bestimmung des Widerstandes entstehen hauptsächlich durch die ungenaue Bestimmung des Ausschlages α selbst; ihr Einfluß ist von der Empfindlichkeit der Gesamtanordnung abhängig und läßt sich aus der Änderung des Ausschlages von α_1 auf α_2 durch die Änderung des Widerstandes von W_1 auf W_2 bestimmen. Ist der Ausschlag α bis auf $\triangle\,\alpha$ genau zu bestimmen, so läßt sich eine Änderung des Widerstandes um weniger als

$$\frac{\triangle\,\alpha}{\alpha_1 - \alpha_2} (W_2 - W_1)$$

nicht mehr erkennen. Bedingungen für eine richtige Messung sind also:

1. Der Strom soll so bemessen sein, daß das Galvanometer bei dem Ausschlage seine größte Empfindlichkeit hat. Dies kann durch passende Wahl der EMK. erreicht werden oder durch Verwendung eines Nebenschlusses am Galvanometer.

2. Der Widerstand des Galvanometers soll klein sein gegen den zu messenden Widerstand. Im allgemeinen eignet sich diese Methode also nur zur Messung größerer Widerstände.

b) Widerstand und Galvanometer in Parallelschaltung.

Bei einer Anordnung wie in nebenstehender Fig. 52, wo x der unbekannte Widerstand, W der Widerstand in einem Rheostaten und G ein Galvanometer bedeutet, welches mit Hilfe einer Wippe entweder an die Klemmen $a\,b$ von x oder an $c\,d$ von W gelegt werden kann, beruht die Bestimmung des Widerstandes x auf einem Vergleich der an dem Punkte $a\,b$ resp. $c\,d$ auftretenden Potentialdifferenzen.

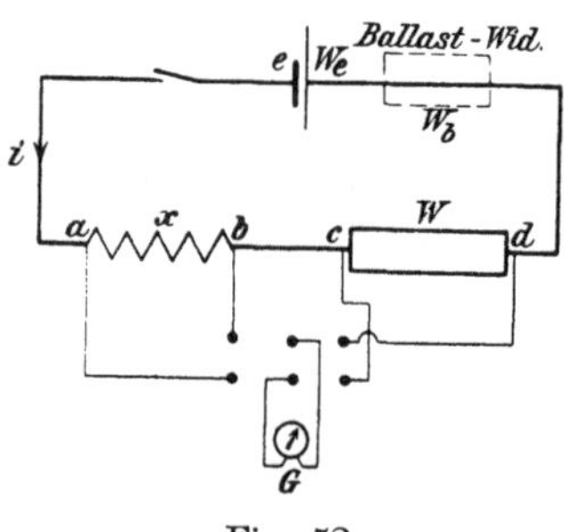

Fig. 52.

Liegt die Wippe nach links, so daß das Galvanometer parallel zum Widerstand x geschaltet ist, so wird der Potentialunterschied $V_a - V_b = e - i\,(W_b + W_e + W)$ gemessen; bei Rechtslage der Wippe hingegen die Spannung an den Klemmen cd:

$$e - i'\{W_b + W_e + x\}.$$

Ist der Widerstand W genau gleich x, so ist in beiden Fällen der Gesamt-Widerstand im Stromkreis gleich, und zwar:

$$W_e + W_b + W + \frac{x \cdot W_g}{x + W_g} \text{ oder } W_e + W_b + x + \frac{W \cdot W_g}{W + W_g},$$

dann aber wird die Stromstärke bei konstanter EMK. des Elementes auch konstant geblieben sein, woraus direkt folgt, daß $V_a - V_b = V_c - V_d$. Das Galvanometer war dann unter dieser Bedingung an gleiche Spannungen gelegt, und somit muß der Strom im Galvanometer, sowie der Ausschlag α in beiden Fällen derselbe sein. Das Verfahren bei dieser Methode ist also folgendes: man ändert den Widerstand W so lange, bis der Ausschlag des an die Klemmen ab oder cd gelegten Galvanometers derselbe bleibt.

Eine Änderung des Widerstands W hat eine Änderung des Gesamtstromes zur Folge, also auch der Klemmenspannung ab, man muß also immer wieder den Ausschlag des an ab angelegten Galvanometers aufs neue bestimmen.

Um möglichst große Genauigkeit zu erreichen, reguliere man den Strom mit Hilfe des Ballastwiderstandes derart, daß die an den Klemmen der Widerstände auftretenden Potentialdifferenzen Ablenkungen im Galvanometer hervorrufen, wobei die relative Empfindlichkeit des Instrumentes am größten ist.

Sobald der Widerstand des Galvanometers im Verhältnis zu dem zu vergleichenden Widerstande genügend groß ist, wird der Strom im Galvanometer annähernd proportional dem parallel gelegten Widerstand sein. Sind also die Ausschläge ungefähr gleich und z. B. bei unbekanntem Widerstand α_1 und beim Widerstande W, α_2, so wird x gefunden aus

$$x = W \frac{\alpha_1}{\alpha_2}$$

unter der weiteren Bedingung, daß in der Nähe dieses Ausschlages Proportionalität zwischen Galvanometerstrom und Ausschlag besteht. Die Ungenauigkeit, welche ein Fehler $\triangle \alpha$ in der Bestimmung des Ausschlages α verursacht, ist

$$\triangle x = \frac{\triangle \alpha}{\alpha} W.$$

Eine etwas andere Methode, welche schneller zum Ziel führt, aber den Nachteil hat, daß sich bei schlechten Kontakten an der verwendeten Wippe ein Fehler in die Messung einschleicht, möge hier noch folgen.

Die in Fig. 53 angegebene Anordnung läßt ersehen, daß x und W nicht mehr hintereinander, sondern abwechselnd in den Stromkreis eingeschaltet werden. Infolgedessen hat man nur einmal den Ausschlag im Galvanometer zu beobachten, wenn die Wippe nach oben liegt, dann diese umzulegen und den Widerstand W so einzuregulieren, bis sich derselbe Ausschlagswinkel ergibt.

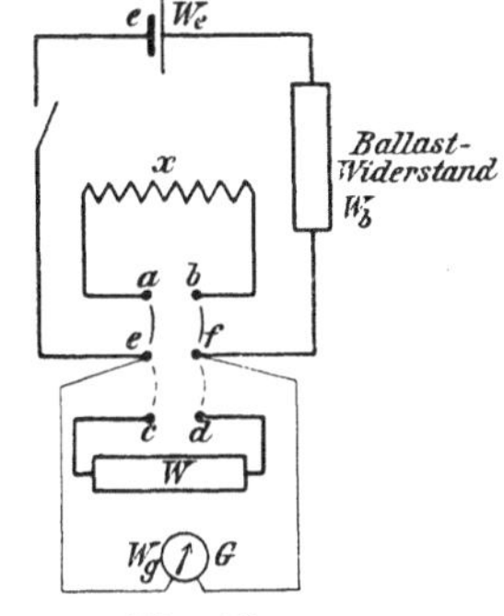

Fig. 53.

Die Methode führt also rascher zum Ziel, aber in der Messung sind einbegriffen die Kontaktwiderstände bei e, a, b und f resp. bei e, c, d und f, sind diese also annähernd gleich, so verschwindet diese Differenz gegen die Größe x selbst und ist $x = W$.

Bei dieser Methode muß im Hauptstromkreis ein Ballastwiderstand eingeschaltet werden, denn eine Änderung des Widerstandes W hat eine Änderung des Gesamtwiderstandes im Stromkreis zur Folge, also auch der Stromstärke; da wir mit dem Galvanometer die Spannung zwischen den Punkten ef beobachten, so würde diese, wenn kein Ballastwiderstand vorhanden wäre, nur um den Betrag $W_e di$ variieren und folglich die Anordnung sehr unempfindlich sein. Bei zu großem Ballastwiderstand wird die relative Änderung des Stromes infolge Vergrößerung von W auf $W + dW$ zu klein werden. Es läßt sich leicht ableiten, daß bei Annahme eines unendlich großen Widerstandes des Galvanometers gegenüber x oder W der günstigste Ballastwiderstand bestimmt wird durch

$$x = W_e + W_b .$$

Damit der Ausschlag im Galvanometer genügend groß sei, kann man mehr oder weniger Elemente einschalten, jedenfalls muß darauf geachtet werden, daß die Stromwärme nicht zu groß wird, wodurch der gesuchte Widerstand sich durch Temperaturerhöhung zu sehr ändern könnte.

Sind die Abstufungen im Vergleichsrheostaten zu groß, so daß nicht auf gleichen Ausschlagswinkel eingestellt werden kann, so kann man sich durch Interpolation helfen, solange die Unterschiede nicht allzu groß sind.

Bei einem Widerstande W_1 resp. W_2 seien die Ausschläge α_1 resp. α_2; es soll eingestellt werden auf α, welcher Wert zwischen α_1 und α_2 liegt, dann wird der gesuchte Widerstand

$$W = W_1 + \frac{\alpha - \alpha_1}{\alpha_2 - \alpha_1} (W_2 - W_1)$$

sein.

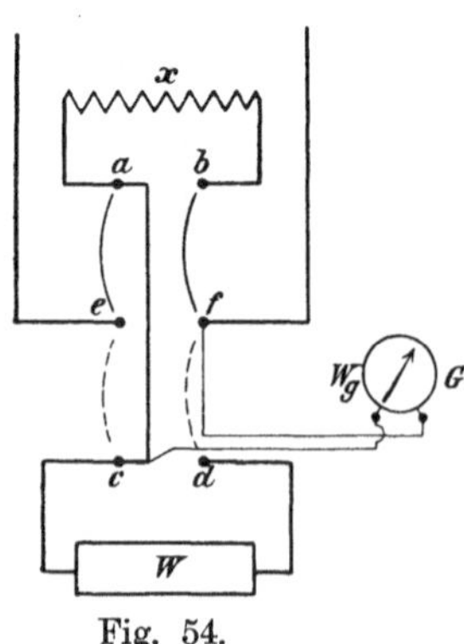

Fig. 54.

Beim Umlegen der Wippe wird die Spannung ef einen Augenblick annähernd gleich der EMK. des Elementes; für den Fall, daß diese Spannung für das verwendete Galvanometer zu groß sein könnte, schalte man wie in Fig. 54.

Ist nach dieser Methode der Widerstand schnell bestimmt, so kann man nach der vorigen Methode die Messung wiederholen, um eventuelle Fehler, die durch Kontaktwiderstände hervorgerufen sind, zu verringern.

3. Direkte Methode nach Ohm.

Schaltung wie in Fig. 55 sei:

die EMK. des Elementes $= e$,
der unbekannte Widerstand $= x$,
der Widerstand des Galvanometers W_g,
der Ballastwiderstand W_b,
der innere Widerstand des Elementes W_e,
der Widerstand im Rheostaten W.

Zuerst wird ein Stromkreis gebildet wie in der Figur, ohne unbekannten Widerstand, dann wird der Strom

$$i = \frac{e}{W_e + W_g + W_b};$$

wird darauf der Widerstand x zugeschaltet, so wird der Strom

$$i' = \frac{e}{W_e + W_g + W_b + x};$$

ersetzt man schließlich den unbekannten Widerstand durch einen Widerstand W, so ändert sich der Strom wieder und wird

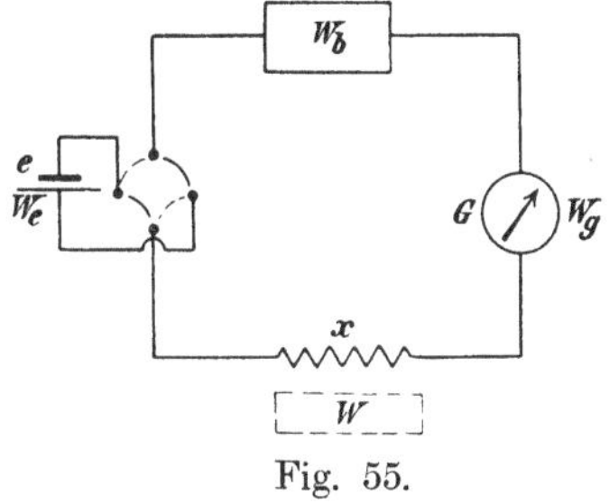

Fig. 55.

$$i'' = \frac{e}{W_e + W_g + W_b + W}.$$

Hieraus läßt sich x berechnen und zwar ist

$$x = W \cdot \frac{(i - i')\, i''}{(i - i'')\, i'}.$$

Am empfindlichsten wird diese Anordnung, wenn

$$W_e + W_g + W_b \simeq x \simeq W$$

ist, und wenn die EMK. der Stromquelle und das Galvanometer derart gewählt sind, daß bei den Strömen i' und i'' das Galvanometer seine größte Empfindlichkeit hat; ein Fehler in der Bestimmung von i hat am wenigsten Einfluß, i' und der ungefähr gleich große Strom i'' müssen am genauesten bestimmt werden.

Ferner hat auch die Veränderlichkeit des Elementes noch einen nachteiligen Einfluß, welcher aber gering ist, sobald es sich um größere Widerstände handelt.

4. Widerstandsmessung mittels des Differentialgalvanometers.

Die Widerstandsmessung durch Vertauschung verlangt eine völlig konstante EMK. und die Genauigkeit ist dadurch beschränkt, daß empfindliche Galvanometer bei der Messung nicht allzu großer Widerstände meist einen viel zu großen Ausschlag geben und ihre Empfindlichkeit durch Nebenschlüsse herabgesetzt werden muß, um den Ausschlag auf der Skala zu erhalten.

Bei der Methode des Differentialgalvanometers wird keine konstante EMK. vorausgesetzt, und die Empfindlichkeit des Galvanometers kann voll ausgenutzt werden. Dies geschieht dadurch, daß eine Nullmethode benutzt wird. Die Spule des Galvanometers wird in zwei Hälften geteilt: durch die eine und den zu messenden Widerstand fließt der Strom einer Stromquelle, durch die andere Spule und einen Vergleichswiderstand ein Strom, der von derselben Quelle ausgeht, aber entgegengesetzt wirkt. Bei einem Nadelgalvanometer wird also der Ausschlag der Nadel Null werden, wenn die beiden Ströme gleich stark auf die Nadel wirken, bei einem Spulengalvanometer, wenn die beiden stromdurchflossenen Hälften der beweglichen Spule gleiche und entgegengesetzt wirkende Drehmomente erfahren. Die Teilung der beweglichen Spule in zwei Hälften stößt in der Ausführung auf größere Schwierigkeiten, indessen führt die Firma Weston electrical instrument Co. in Newark schon seit einigen Jahren ein Spulendifferentialgalvanometer für die Praxis zu Messungen von Schienenstoßwiderständen, Prüfung von Widerstandsmaterial usw. aus. Die Firma Hartmann & Braun ist gleichfalls seit längerer Zeit mit dem Bau derartiger Instrumente beschäftigt.

Bei den mehr gebräuchlichen Nadeldifferentialgalvanometern hat man also zwei gegeneinander isolierte Wicklungen, welche als bifiläre Wicklungen einer Spule oder als zwei besondere, an gegenüberliegenden Seiten der Nadel verschiebbar angebrachte Spulen ausgeführt werden können, oder man hat zwei Doppelspulen bifilär gewickelt.

Die zweite Anordnung ist ungünstig, besser ist es, zwei Wicklungen von verschiedenen Spulen zu einem System hintereinander zu schalten (Fig. 56—57), weil sonst die Nadel bei richtiger Abgleichung der Ströme (wenn also die resultierende Feldstärke zwischen den Spulen gleich Null ist), infolge einer etwas unsymmetrischen Aufhängung doch noch eine Ablenkung erhalten kann.

a) Einstellung des Differentialgalvanometers.

Die zu vergleichenden Ströme werden nun so in die Systeme hineingeführt, daß die Felder gegeneinander gerichtet sind; nennen wir die Reduktionsfaktoren der Systeme c'_1 und c'_2, so würde der Ausschlag infolge des Stromes i_1, n_1 Skalenteile betragen $n_1 = \frac{i_1}{c'_1}$ und der Ausschlag infolge des Stromes i_2, $n_2 = \frac{i_2}{c'_2}$. Der resultierende Ausschlag wird infolgedessen

$$n_1 - n_2 = \frac{i_1}{c'_1} - \frac{i_2}{c'_2}.$$

Sind die Reduktionsfaktoren c'_1 und c'_2 sowie die Ströme i_1 und i_2 gleich, so wird die Nadel in Ruhe bleiben.

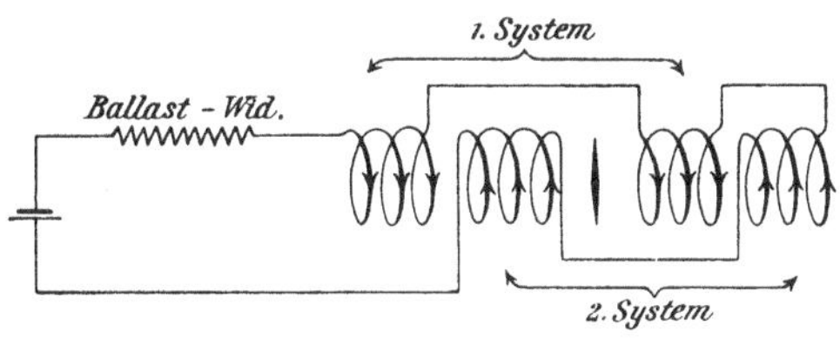

Fig. 56.

Da nun die Reduktionsfaktoren abhängig sind von der Windungszahl jedes Systemes sowie von der Lage der einzelnen Windungen gegenüber der Nadel, so wird man, um Gleichheit zu erreichen, am besten die Spule bifilär, d. h. als Doppeldraht wickeln, wobei darauf zu achten ist, daß die Drähte beim Aufwickeln regelmäßig unter sich vertauscht werden, sonst würde die eine Wicklung um eine Drahtdicke weiter von der Nadel entfernt sein. Sind die Reduktionsfaktoren der fertigen Spulen nicht gleich, so kann noch eine Wicklung weniger Windungen, separat oder auf eine der beiden Doppelspulen angebracht, mit dem System in

Serie geschaltet werden, dessen Wirkung auf die Nadel zu schwach ist. Durch Verschieben in einer Richtung, senkrecht zu der Spule, kann dann genaue Abgleichung erfolgen, oder man kann durch Anlegen eines Nebenschlusses die Wirkung der Wicklung regulieren.

Die Anordnung wird hierauf geprüft, indem man durch beide Systeme in entgegengesetzter Richtung ein und denselben Strom führt, es darf dann kein Ausschlag erfolgen (Fig. 56).

Weiter ist für die Verwendung der Differentialgalvanometer notwendig, daß die Widerstände beider Systeme abgeglichen sind.

Man schaltet dazu beide Systeme parallel, wieder mit Inachtnahme, daß der Strom im zweiten System dem im ersten entgegenwirkt. Die parallelen Zweige werden dann unter Vorschalten eines Ballastwiderstandes R (Fig. 57) an die Klemmen eines Elementes gelegt. Sind die Widerstände der beiden Systeme ungleich, so wird der Strom sich ungleich auf die beiden Zweige verteilen, so daß ein Ausschlag im Galvanometer erfolgt. Unter Beischalten eines Rheostaten W in einen der Zweige können die Widerstände der Systeme abgeglichen werden, was aus dem Verschwinden des Ausschlages zu ersehen ist.

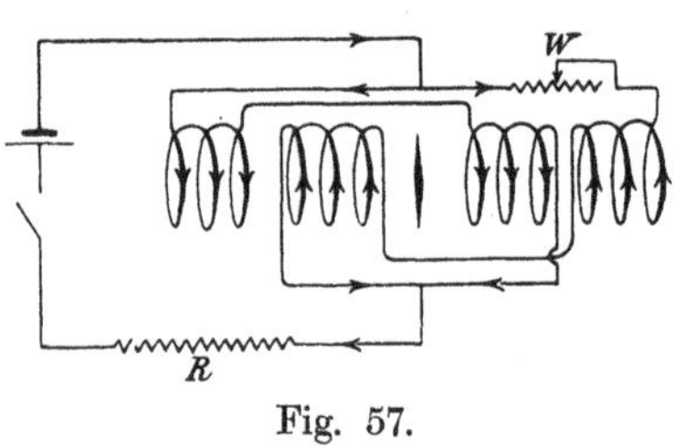

Fig. 57.

Das Galvanometer kann also nun zum Vergleich zweier Potentialdifferenzen benutzt werden, indem man je eines der Systeme parallel daran legt. Sind die Potentialdifferenzen gleich, so werden infolge der Gleichheit der Systemwiderstände gleiche Ströme entstehen und das Galvanometer bleibt in Ruhe.

Je nachdem größere oder kleinere Widerstände zu bestimmen und obige Bedingungen mehr oder weniger erfüllt sind, gibt es verschiedene Meßmethoden.

b) Methoden für größere Widerstände.

1. Methode. Ist es gelungen die Reduktionsfaktoren $c'_1 = c'_2$ sowie die Widerstände der Systeme gleich zu machen, so braucht man nur in den einen Zweig der Fig. 58 den unbekannten Widerstand und in den zweiten Zweig einen Rheostaten einzuschalten,

und den Widerstand des letzteren so lange zu ändern, bis kein Ausschlag auftritt, dann ist direkt $x = W_2$.

Sind die Abstufungen des Rheostaten zu groß, so daß keine genaue Abgleichung erfolgen kann, so ist der richtige Wert wieder durch Interpolation oder durch Parallelschaltung eines zweiten Rheostaten zu ermitteln.

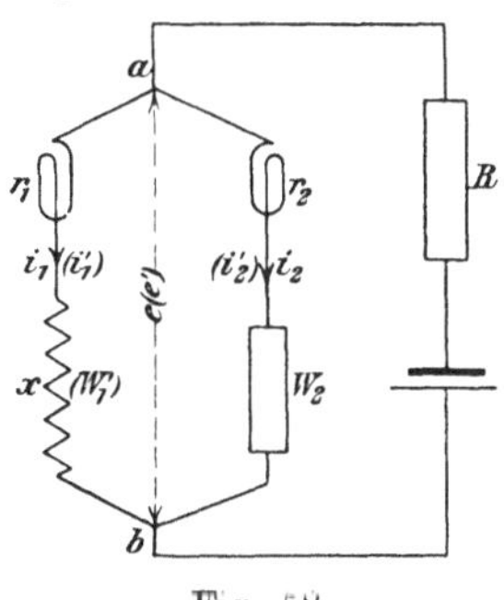

Fig. 58.

2. Methode. Sind die Reduktionsfaktoren nicht genau gleich zu erhalten, und nehmen wir an, daß die Ausschläge für die beiden Spulensysteme pro Einheit der Stromstärke c_1 resp. c_2 seien, so kann man wie folgt verfahren:

Im Schaltungsschema bedeutet R einen Widerstand, der verhindern soll, daß der Ausschlag im Anfang zu groß werde;
r_1 und r_2 die Widerstände der Spulensysteme;
x den unbekannten Widerstand;
W'_1 resp. W_2 die Widerstände aus Rheostaten;
e resp. e' die Spannung an den Klemmen a, b.

Anfangs haben wir in dem einen Zweig die Widerstände r_1 und x und in dem anderen r_2 und W_2. Die Ströme, welche auftreten, sind also $\frac{e}{r_1 + x}$ und $\frac{e}{r_2 + W_2}$. Ist W_2 so einreguliert, daß kein Ausschlag erfolgt, so gilt also

$$\frac{i_1}{c'_1} + \frac{i_2}{c'_2} = 0$$

oder

$$\frac{e}{(r_1 + x)c'_1} + \frac{e}{(r_2 + W_2)c'_2} = 0 \quad . \quad . \quad . \quad \text{(a)}$$

Vertauscht man hierauf x gegen den bekannten Widerstand W'_1, welcher so einreguliert wird, daß wieder kein Ausschlag erfolgt, so wird, wenn die Ströme jetzt i'_1 und i'_2 und die Spannung e'

$$\frac{e'}{(r_1 + W'_1)c'_1} + \frac{e'}{(r_2 + W_2)c'_2} = 0 \quad . \quad . \quad . \quad \text{(b)}$$

Aus den Gleichungen a und b folgt nun direkt $x = W'_1$; bei dieser Methode ist man also vollkommen unabhängig von der EMK. des Elementes sowie vom Widerstand R.

Je größer die Ströme i_1 und i_2, desto empfindlicher ist die Anordnung; ist die Einstellung also annähernd erfolgt, so kann man dies durch allmähliches Ausschalten von R genauer prüfen, weil dadurch die Spannung e sowie die Ströme i_1 und i_2 wachsen.

3. Methode. Sind die Reduktionsfaktoren wohl auf Gleichheit, die Widerstände aber nicht genau einreguliert, so kann man folgenden Weg einschlagen.

Der Widerstand W_2 wird so einreguliert, daß kein Ausschlag erfolgt; dies sei bei $W_2'\Omega$ der Fall, hierauf werden W'_2 und x vertauscht und wieder soll bei $W_2''\Omega$ keine Ablenkung der Nadel erfolgen; der unbekannte Widerstand x wird dann bei $c'_1 = c'_2$ gleich $\frac{W_2' + W_2''}{2}$ sein. Denn es gelten

$$c'_1 (r_2 + W_2') + c'_2 (r_1 + x) = 0,$$

$$e'_1 (r_2 + x) + c'_2 (r_2 + W_2'') = 0,$$

hieraus

$$x = \frac{c'_1 W_2' + c'_2 W_2''}{c'_1 + c'_2}$$

und bei $c'_1 = c'_2$

$$x = \frac{W_2' + W_2''}{2}.$$

Durch Anwendung des Differentialgalvanometers nach diesen Methoden vergleichen wir die in den Zweigen des Stromkreises auftretenden Stromstärken; da nun bei dieser Anordnung dieselben umgekehrt proportional dem Gesamtwiderstande dieser beiden Zweige sind, so wird eine Änderung des Vergleichswiderstandes eine relativ kleinere Änderung des Gesamtwiderstandes und somit auch eine relativ kleinere Änderung in der Stromverteilung hervorrufen.

Diese Verminderung der Empfindlichkeit wird um so geringer, je weniger der Vergleichswiderstand von dem Gesamtwiderstand verschieden ist, je kleiner also der Widerstand der Spule gegenüber dem des Vergleichswiderstandes resp. des unbekannten Widerstandes ist. Da nun immerhin die Spulenwiderstände bei empfindlichen Galvanometern ziemlich beträchtlich sind, so eignet sich diese Anordnung nur zur Messung größerer Widerstände.

Um mit Hilfe des Differentialgalvanometers auch kleinere Widerstände messen zu können, legen wir nach Kirchhoff, ähnlich wie bei der Methode der Vertauschung, die Spulen jetzt, anstatt in Serie, parallel zu den zu vergleichenden Widerständen.

c) Methode für kleinere Widerstände.

1. Methode zur Vergleichung ungleicher Widerstände.

Nehmen wir wiederum an, daß die Reduktionsfaktoren der beiden Systeme gleich gemacht sind, die Widerstände brauchen dagegen nicht genau abgeglichen zu sein.

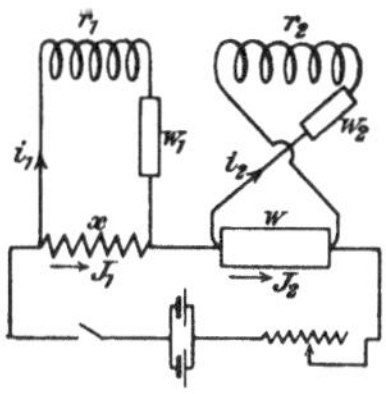

Legt man nun in die Spulensysteme, die an den zu vergleichenden Widerständen W und x (s. Fig. 59) parallel geschaltet sind, je einen Rheostaten, aus dem die Widerstände W_1 und W_2 zu entnehmen sind, so wird, sobald der Ausschlag verschwunden ist, $i_1 = i_2$, folglich auch $J_1 = J_2$ sein.

Fig. 59.

Da aber

$$J_1 x = i_1 (r_1 + W_1) \qquad J_2 W = i_2 (r_2 + W_2),$$

so folgt

$$\frac{r_1 + W_1}{x} = \frac{r_2 + W_2}{W}$$

$$\frac{x}{W} = \frac{r_1 + W_1}{r_2 + W_2} \quad . \quad . \quad . \quad . \quad . \quad . \quad \text{(a)}$$

Sind r_1 und r_2 unbekannt, so ändert man W_1 auf W_1', W_2 auf W_2', so daß wiederum kein Ausschlag entsteht, dann hat man

$$\frac{x}{W} = \frac{r_1 + W_1'}{r_2 + W_2'} \quad . \quad . \quad . \quad . \quad . \quad . \quad . \quad \text{(b)}$$

Aus a und b

$$x = W \frac{W_1' - W_1}{W_2' - W_2}$$

Sind die Widerstände r_1 und r_2 dagegen genau abgeglichen, und läßt sich der Vergleichswiderstand genau regulieren, so wird, wie z. B. bei Verwendung eines Meßdrahtes, bei verschwindendem Ausschlag der Nadel, $x = W$ sein.

Die Hauptquelle von Ungenauigkeiten bei dieser Meßanordnung liegt wohl in den Übergangswiderständen, welche aber wieder verschiedene Einflüsse ausüben können. Liegt ein Kontaktfehler zwischen dem unbekannten Widerstand und dem Verbindungspunkt von Galvanometerdraht und Stromzuführungsleiter vor, so wird dieser Widerstand bei dem Widerstande x mitgemessen, und wird größere Ungenauigkeit zur Folge haben. Dies ist nur dadurch zu umgehen, daß die Galvanometerdrähte möglichst guten Kontakt direkt mit dem unbekannten resp. Vergleichswiderstand haben.

Anders ist es, wenn die Kontaktfehler den Widerstand des Galvanometerstromkreises beeinflussen, in diesem Falle gibt ein Verfahren nach F. Kohlrausch Abhilfe durch Anwendung des „übergreifenden Nebenschlusses".

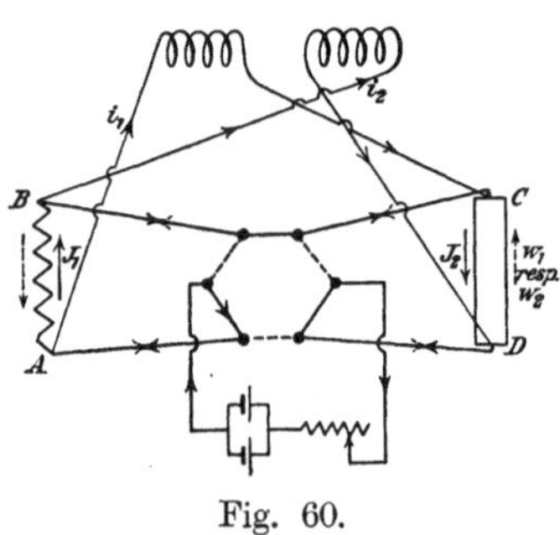

Fig. 60.

Die Schaltung wird nach Fig. 60 ausgeführt. Der hier angegebene Kommutator enthält sechs Quecksilbernäpfe, von denen man je drei Paare gleichzeitig überbrücken kann.

Legt man den Kommutator um, so hat dies zur Folge, daß 1. die Stromrichtung in den zu vergleichenden Widerständen geändert wird, 2. daß die Widerstände x und W gegen die beiden Galvanometersysteme ausgewechselt werden.

Es läßt sich nun nachweisen, daß, wenn die Widerstände zwischen B und C resp. A und D annähernd gleich, sowie die Widerstände der Spulensysteme und die Reduktionsfaktoren nur wenig verschieden sind, dann der unbekannte Widerstand praktisch gleich dem arithmetischen Mittel aus zwei Widerständen W_1 und W_2 ist, welche bei den beiden Stellungen des Kommutators gefunden werden.[1]

---

[1]) Jäger, Zeitschrift für Instrumentenkunde. 1904. Heft 10. Seite 288.

5. Die Wheatstonesche Brücke.

Schaltet man vier Widerstände derart in Serie, daß sie ein Viereck $ABCD$ bilden, schaltet man ferner zwischen die Punkte A und C eine Stromquelle und zwischen B und D ein Galvanometer, so lassen sich die Widerstände r_1, r_2, r_3 (Fig. 61) so regulieren, daß das Galvanometer stromlos wird.

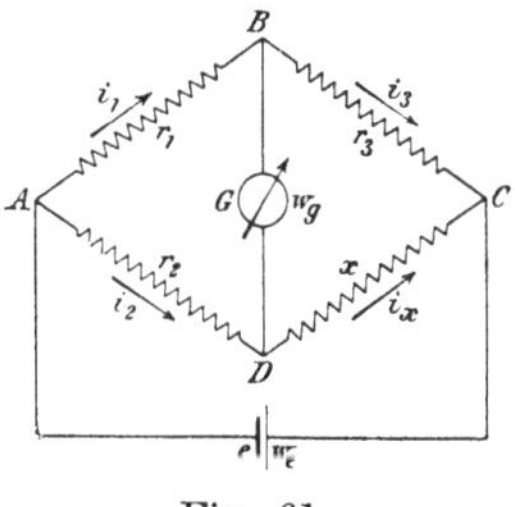

Fig. 61.

In diesem Falle sind also die Potentiale in B und D gleich, folglich auch die Potentialdifferenzen zwischen A und B resp. A und D einander gleich, dasselbe gilt für B und D in bezug auf C; ferner fließt, da das Galvanometer stromlos ist, derselbe Strom in AB wie in BC und in AD wie in DC.

Hieraus folgt

$$V_A - V_B = i_1 r_1 = V_A - V_D = i_2 r_2$$

$$V_B - V_C = i_1 r_3 = V_D - V_C = i_2 x.$$

Dividiert man diese Gleichungen, so erhalten wir

$$\frac{r_1}{r_3} = \frac{r_2}{x} \qquad x = r_3 \frac{r_2}{r_1} = r_2 \frac{r_3}{r_1}.$$

Aus dieser Formel läßt sich ersehen, daß man entweder zwei Widerständen bestimmte Werte geben und den dritten regulieren, oder dem einen einen bestimmten Wert geben kann, während man das Verhältnis der beiden anderen einzustellen hat.

Prinzipiell sind beide Arbeitsweisen gleichwertig, sie führen nur zu verschiedenen praktischen Versuchsanordnungen, nämlich zu sog. Stöpselmeßbrücken oder zu Drahtbrücken.

Obwohl die Widerstände der einzelnen Zweige nur durch die Beziehung $r_1 : r_3 = r_2 : x$ bedingt sind, und die Widerstände des Galvanometers resp. der Stromquelle selbst gar nicht darin vorkommen, so ist man doch nicht ganz frei in der Wahl dieser Größen, wenn es sich darum handelt, die größte Genauigkeit zu erreichen oder die Brücke möglichst empfindlich anzuordnen.

Die erste Frage, die sich hierbei erhebt, ist die: wo soll das Galvanometer, wo das Element eingeschaltet werden, denn offenbar kann man die beiden vertauschen, ohne den Grundgedanken der Methode zu zerstören.

Eine Antwort hierauf erhält man durch die Untersuchung, bei welcher Anordnung das Galvanometer bei nicht genau abgestimmten, aber unverändert gelassenen Widerständen den größten Strom führt. Rechnet man diesen Strom aus, so findet man

$$i_g = \frac{e}{M}(r_2 r_3 - r_1 x)$$

wo

$$M = r_1 r_3 w_e + r_1 r_3 (r_2 + x) + r_1 w_e (x + w_g) + w_e r_3 (w_g + r_2) \\ + (w_e + r_1 + r_3)(r_2 x + w_g x + w_g r_2).$$

Vertauscht man nun das Galvanometer mit dem Element, so wird der Strom, der jetzt durch das Galvanometer fließt, durch einen ähnlichen Ausdruck dargestellt, in dem, abgesehen vom Vorzeichen, der Zähler der gleiche bleibt; wir suchen also nur, welcher Nenner M resp. M' der kleinste, oder ob $M - M'$ positiv resp. negativ ist.

Für $M - M'$ erhalten wir

$$M - M' = (w_g - w_e)\{(r_1 + r_3)(r_2 + x) - (r_1 + r_2)(r_3 + x)\} \\ = (w_g - w_e)(r_1 - x)(r_3 - r_2).$$

Nehmen wir an $w_g > w_e$, r_1 und $r_3 \gtrless r_2$ und x, so haben $(r_1 - x)$ und $(r_3 - r_2)$ gleiches Vorzeichen, und das Vorzeichen von $M - M'$ hängt nur ab von $w_g - w_e$.

„Ist das Galvanometer zwischen zwei Punkte geschaltet, wo die beiden größten resp. die beiden kleinsten Widerstände der Brücke zusammenkommen, so führt das Galvanometer den größten Strom, die Anordnung ist also am empfindlichsten, vorausgesetzt, daß der Widerstand des Galvanometers größer als derjenige der Stromquelle ist.“

Von großer Wichtigkeit ist ferner das Galvanometer selbst. Da man bei vielen Galvanometern die Stromempfindlichkeit durch Verwendung verschiedener Spulen mit verschiedenem Drahtquerschnitt ändern kann, so fragt es sich, welche Spulen zu verwenden sind. Größere Stromempfindlichkeit wird auf Kosten des Widerstandes der Spulen erhalten; da es sich hier darum handelt, möglichst kleine Potentialdifferenzen noch bemerkbar zu machen, so nehme man ein Instrument, bei dem das Produkt aus Widerstand und minimal nachweisbarem Strom ein Minimum ist.

Bei gleicher Stromempfindlichkeit wähle man das Instrument mit dem kleinsten Spulenwiderstand. Hat man ein Instrument mit Doppelspulen, so schalte man diese parallel, die Windungszahl geht dabei auf die Hälfte, der Widerstand aber auf ein Viertel des sonstigen Wertes zurück.

Die Theorie ergibt als günstigstes Verhältnis

$$w_g \simeq \frac{(r_1 + r_2)(r_3 + x)}{r_1 + r_2 + r_3 + x} = r.$$

Bei Verwendung von Drahtbrücken, wobei man also r_2 einen bestimmten Wert gibt und den Wert von x durch Einstellen des Verhältnisses $r_1 : r_3$ sucht, erhebt sich wieder die Frage, ob die Empfindlichkeit von der Größe des gewählten Vergleichswiderstandes abhängig sei. Nun läßt sich ableiten, daß bei einer bestimmten Änderung des Verhältnisses $r_1 : r_3$ der entstandene Strom im Galvanometer am größten ist, wenn dieses Verhältnis gleich 1, also r_2 gleich x ist. Dieses wird man immer anstreben, weil dadurch außerdem der Einfluß ungenauer Ablesung auf die Bestimmung dieses Verhältnisses resp. der beiden Teillängen des Drahtes auf das geringste Maß herabgedrückt wird.

Bei Meßbrücken, wobei $\frac{r_1}{r_2}$ einen bestimmten Wert erhält, und r_3 so reguliert wird, bis der Strom im Galvanometer Null ist, wird wiederum die Anordnung die günstigste sein, bei der alle vier Widerstände möglichst gleich genommen werden; läßt sich dies nicht erreichen, so ist jedenfalls nach dem oben über Galvanometerschaltung Gesagten dafür Sorge zu tragen, daß das Galvanometer zwischen den beiden größten und den beiden kleinsten eingeschaltet wird.

Sind die Abstufungen des Widerstandes r_3 nicht fein genug, so helfe man sich

a) durch Interpolation; man bestimme also die beiden nächstliegenden Werte r_3' und r_3'' von r_3, wobei das Galvanometer nach verschiedenen Seiten ausschlägt, und beobachte die Größe dieser Ausschläge $-\alpha'$ und $+\alpha''$, so wird

$$r_3 = r_3' + \frac{\alpha'}{\alpha' + \alpha''}(r_3'' - r_3').$$

b) Man lege parallel zu r_3 oder zu einem Teil dieses Widerstandes einen zweiten Rheostaten, stelle den Wert von r_3 etwas zu groß ein und ändere diesen weiter durch Anlegen eines anfänglich großen Widerstandes, den man allmählich verkleinert, bis die Brücke abgestimmt ist.

Sind die Widerstände r_1 und r_2 nicht genau abgestimmt, so kann man den Fehler, welcher hierdurch entsteht, folgendermaßen leicht eliminieren. Man vertausche die beiden Widerstände r_1 und r_2 und wiederhole die Messung; sei nun $r_2 = n r_1 + \delta$, so ist bei stromlosem Galvanometer

$$x = r_3 \frac{n r_1 + \delta}{r_1}.$$

Nach der Vertauschung hat r_3 einen anderen Wert r_3' und

$$x = r_3' \frac{r_1}{n r_1 + \delta},$$

hieraus folgt

$$x^2 = r_3 \cdot r_3',$$

wofür man bei ungefähr gleichem Widerstand (wenn also $n \simeq 1$) setzen kann:

$$x = \frac{r_3 + r_3'}{2},$$

denn sei z. B. $r_3' = r_3 + \gamma$, wo γ eine kleine Größe ist, so wird

$$x = \sqrt{r_3 (r_3 + \gamma)},$$

$$x = (r_3^2 + r_3 \gamma)^{1/2},$$

$$x = r_3 + \frac{1}{2} \gamma + \cdots\cdots;$$

vernachlässigt man die Größen γ^2 und höhere Potenzen, so ist

$$x = r_3 + \frac{r_3' - r_3}{2} = \frac{r_3 + r_3'}{2}.$$

6. Die Drahtbrücke nach Kirchhoff.

Anstatt den Widerständen r_1 und r_3 ein bestimmtes Verhältnis zu geben und den Widerstand r_2 zu ändern, bis die Brücke im Gleichgewicht ist, hat zuerst Kirchhoff r_2 konstant gelassen und das Verhältnis zwischen r_1 und r_3 reguliert, wobei die Summe $r_1 + r_3$ konstant blieb. Dies wurde erreicht durch Anwendung eines ausgespannten Meßdrahtes AC (Fig. 62), auf dem ein Gleitkontakt verschiebbar angeordnet ist.

Hat der Meßdraht überall gleichen Querschnitt und besteht er aus homogenem Material, so kann an Stelle des Verhältnisses der Widerstände r_1 und r_3 das Verhältnis der Längen eingesetzt werden; hierzu wird der Meßdraht über einer Millimeterskala ausgespannt und die Länge mit Hilfe eines Nonius, der am Gleitkontakt angebracht ist, bestimmt.

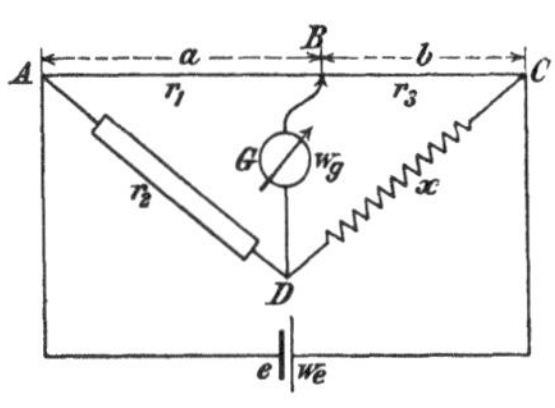

Fig. 62.

Der Widerstand des Drahtes selbst braucht also nicht bekannt zu sein, nur hat die Gleichförmigkeit des Drahtes großen Einfluß, so daß bei feineren Messungen der Draht kalibriert sein muß.

Hierbei könnte des sicheren Kontaktes wegen eine Vertauschung von Galvanometer und Säule empfehlenswert erscheinen, jedoch greift der Strom den Draht beim Durchgang durch die Kontaktstelle B leicht an, so daß dann die erste Bedingung der Querschnittgleichheit nicht mehr erfüllt wäre.

Da der absolute Fehler in der Bestimmung der Lage des Gleitkontaktes unabhängig von dieser Lage selbst ist, so wird der relative Fehler in der Bestimmung des Verhältnisses am kleinsten, wenn dieses annähernd eins ist, und wenn die Gesamtlänge des Drahtes möglichst groß gewählt wird.

Um dies zu erreichen, kann man an beiden Seiten des Drahtes, also bei A und C, einen bestimmten Widerstand vorschalten, hierdurch kommen wir auf folgende Anordnung.

7. Die Drahtbrücke der British Association. Methode von Carey Forster.

Der unbekannte und der Vergleichswiderstand werden zwischen AB und BC (Fig. 63) geschaltet, der Meßdraht aber erst unter Zwischenschaltung der Widerstände r_1 und r_2, welche ungefähr ein gleiches Verhältnis haben wie x und w, mit den Enden A und C verbunden.

Durch Anbringung der Widerstände r_1 und r_2 wird der Gesamtwiderstand vergrößert; dies hat dieselbe Wirkung, als wenn der Draht ebensovielmal verlängert würde. Durch diese Verlängerung hat nun ein Fehler in der Bestimmung des Punktes F offenbar weniger Einfluß.

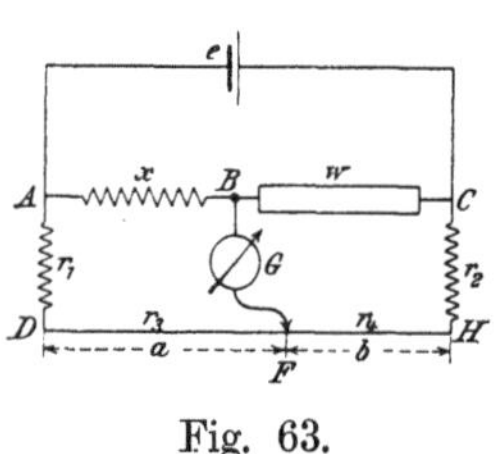

Fig. 63.

Ein Nachteil dieser Methode ist, daß der Widerstand des Drahtes pro Längeneinheit bekannt sein muß. Sei dieser Widerstand pro Längeneinheit w_0 Ohm, so wird der unbekannte Widerstand gefunden aus

$$x = w \frac{r_1 + a w_0}{r_2 + b w_0},$$

wenn a und b die Längen der Stücke DF und FH bedeuten.

Dieses Prinzip wurde von Carey Forster verwendet beim Vergleich annähernd gleicher Widerstände, eine Methode, wobei außerdem die Übergangswiderstände eliminiert werden. Seien x und w (Fig. 64) die zu vergleichenden Widerstände, p und q zwei Widerstände von annähernd gleicher Größe und nehmen wir an, daß die Widerstände der Kontaktstücke sowie Übergangswiderstände der Kontaktstellen u resp. u' sind, so gilt

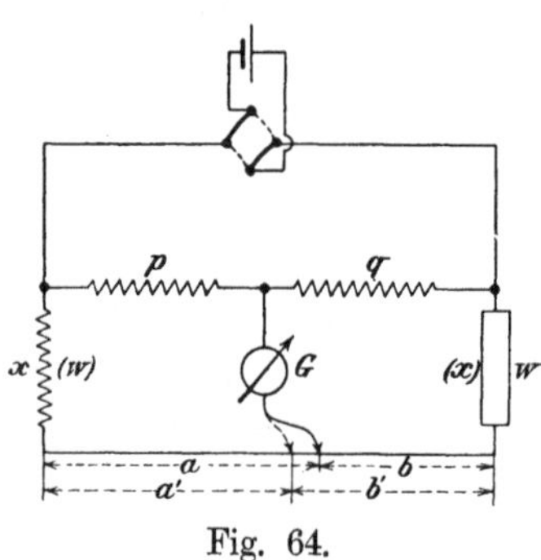

Fig. 64.

$$\frac{p}{q} = \frac{x + a w_0 + u}{w + b w_0 + u'}.$$

Vertauscht man x und w, so erhält man

$$\frac{p}{q} = \frac{w + a' w_0 + u}{x + b' w_0 + u'},$$

hieraus folgt, daß, wenn man zu den beiden Gliedern dieser Gleichungen je 1 addiert,

$$\frac{p+q}{p} = \frac{x + a w_0 + u + w + b w_0 + u'}{w + b w_0 + u'}$$

$$= \frac{w + a' w_0 + u + x + b' w_0 + u'}{x + b' w_0 + u'}$$

Hierin sind die Zähler gleich, weil $a+b=a'+b'$, folglich müssen auch die Nenner gleich sein, so daß

$$x-w=(b-b')\,w_0=(a'-a)\,w_0\,.$$

Um weiter den Einfluß der Thermoströme möglichst zu eliminieren, kann man im Zweige der Batterie einen Kommutator einschalten, wodurch, nach Kommutation des Stromes, jede Messung wiederholt werden kann, es ist dann jeweils der Mittelwert aus zwei Ablesungen zu nehmen.

Bei größeren Genauigkeiten sollen weiter die zu vergleichenden Widerstände durch Petroleumbäder auf konstanter Temperatur gehalten werden.

8. Die Doppelbrücke von W. Thomson.

In vielen Fällen, z. B. bei der Bestimmung des spezifischen Widerstandes von Leitungsmaterial, stehen nur relativ dicke Leiter, also im allgemeinen Gegenstände von geringem Widerstand, zur Verfügung. Würde man zu dieser Untersuchung eine Wheatstonesche Brückenanordnung verwenden, so würden erstens die Kontaktwiderstände und zweitens die ungleichförmige Verteilung des Stromes an den Ein- bzw. Austrittsstellen erhebliche Fehler verursachen können.

Um diese Fehlerquelle zu beseitigen, macht Thomson die Schaltung nach Fig. 65. Die Stromzufuhr und die Abzweigung zum Galvanometer sind getrennt. Durch Stifte oder Schneiden, welche nahe an den Einklemmungsstellen direkt an dem Stab anliegen (a, b), erhält man die Abzweigungen zum Galvanometer. Auf diese Weise sind obengenannte Schwierigkeiten vermieden.

Die Kontaktstellen B und C sind überbrückt von den Widerständen r_1 und r_2, so daß nur ein geringer Strom durch die Schneiden b und c hindurchfließt.

Als Vergleichswiderstand nahm Thomson einen kalibrierten Draht von geringem, pro Längeneinheit genau bekanntem Widerstand.

Die Punkte c und d sind Schleifkontakte, deren Entfernung genau bestimmt werden kann.

Die Widerstände zwischen a und e resp. b und f werden gleichgemacht (r_1), ebenso die zwischen e und d resp. f und c (r_2).

Ist nun durch richtiges Einstellen der Strecke cd und des Verhältnisses $r_1 : r_2$ das Galvanometer stromlos, so wird die Stromverteilung wie in der Figur eingezeichnet und es gelten folgende Gleichungen:

V_a, V_b, V_c usw. seien die Potentiale der Punkte a, b, c usw.

$$V_a - V_e = (V_a - V_b) + (V_b - V_f) = i_1 r_1 = J x + i_2 r_1$$

oder

$$J x = r_1 (i_1 - i_2) \, .$$

$$V_e - V_d = (V_f - V_c) + (V_c - V_d) = i_1 r_2 = i_2 r_2 + J R_1$$

oder

$$J R_1 = r_2 (i_1 - i_2) \, .$$

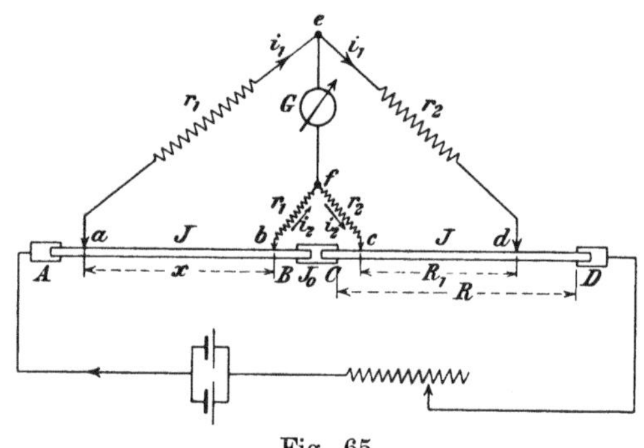

Fig. 65.

Dividiert man diese beiden Gleichungen durch einander, so erhält man

$$x = \frac{r_1}{r_2} R_1 \, .$$

Die Länge $\overline{cd}$ multipliziert mit dem Widerstand des Vergleichsdrahtes pro Längeneinheit ergibt R_1. Diese Länge muß also möglichst groß genommen werden, damit der Einfluß eines Fehlers in ihrer Bestimmung möglichst klein sei; dies kann erreicht werden durch passende Wahl des Verhältnisses $\frac{r_1}{r_2}$.

Aus dem gefundenen Wert des Widerstandes x und der Länge $\overline{ab} = L$ sowie des mittleren Querschnittes Q berechnet sich der spezifische Widerstand ϱ aus

$$\varrho = \frac{x \cdot Q}{L} \, .$$

Zur Kontrolle des Meßdrahtes kann man umgekehrt verfahren, indem man zwischen die Punkte A und B einen Normalwiderstand schaltet.

9. Methode zur Messung kleiner Widerstände von H. Hausrath.

Neuerdings ist von H. Hausrath eine Differentialmethode zur Messung kleiner Widerstände angegeben worden, welche eine Modifikation der zum Vergleich nahezu gleichgroßer Widerstände verwendbaren Methode des übergreifenden Nebenschlusses von F. Kohlrausch darstellt. Dieselbe erlaubt als Vergleichswiderstand einen beliebigen Starkstromwiderstand zu benutzen und nimmt anderseits an dem Vorzug der Kohlrauschschen Methode teil, daß die konstanten Fehler durch Thermoeffekte, Kontaktpotentiale usw., ferner die Übergangswiderstände an den Abzweigungspunkten vom unbekannten Widerstand zum Differentialgalvanometer und kleine Ungleichheiten in der Abgleichung der beiden Hälften des Differentialgalvanometers auf gleiche Stromwirkung und gleichen Widerstand eliminiert werden.

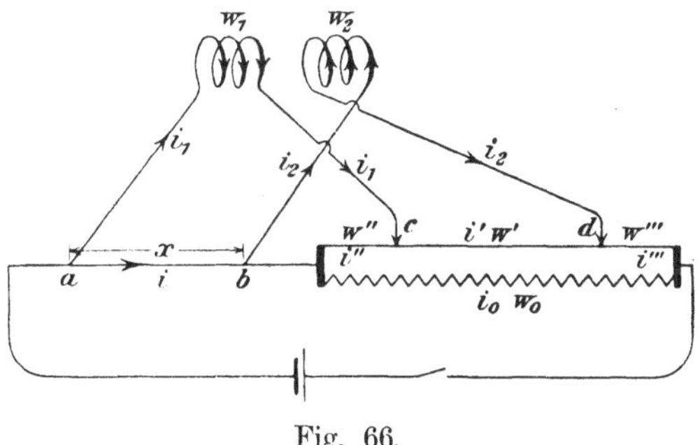

Fig. 66.

Im Schaltungsschema Fig. 66 ist x der zu messende Widerstand, w_0 ein Starkstromwiderstand (z. B. aus einem Satz von Nebenschlüssen zum einohmigen Milliamperemeter, derjenige Widerstand, der den zu messenden eben übersteigt), $w' + w'' + w''' = W$ ein aus zwei parallelen am Ende kurzgeschlossenen Drähten bestehender Meßdraht (praktisch durch einen besonderen Nebenschluß auf $1\,\Omega$ abgeglichen).

Die Stromquelle wird nach dem Schema der Fig. 67 kommutiert. Dies geschieht durch einen sechsnäpfigen Kommutator. Die Abgleichung erfolgt durch gleichseitiges Verschieben der beiden mechanisch verbundenen Schleifkontakte auf dem Doppelmeßdraht, da hierbei die Bedingung $w'' = w'''$ eingehalten werden muß. Der Widerstand ergibt sich aus

$$x = w' \frac{w_0}{W + w_0}$$

W Gesamtwiderstand des Doppeldrahtes.

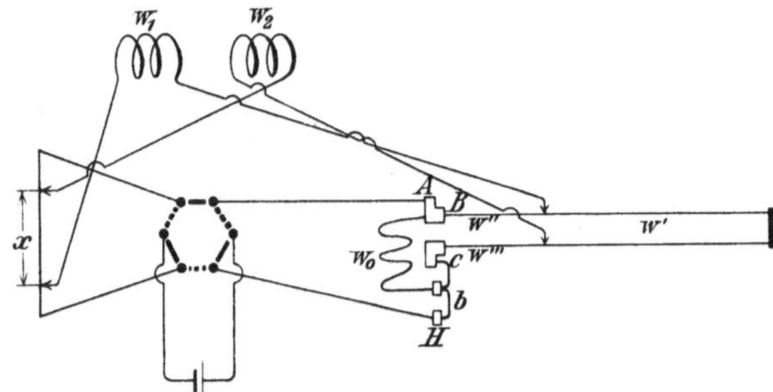

Fig. 67.

Für w' wird der Mittelwert der Einstellungen in beiden Lagen des Kommutators eingesetzt, für welche der Ausschlag des Differentialgalvanometers verschwindet. Bei Verwendung eines von vornherein auf nahezu gleiche Stromwirkung gebrachten Spulengalvanometers erfordert die vollkommene Fehlerelimination nur eine feine Einregulierung des Vorschaltwiderstandes zu einem der beiden Differentialsysteme, bis die Einstellungen w' zu beiden Lagen fast genau zusammenfallen.

Beweis der Formel:

Da die Widerstände w'' und w''' stets gleichen Wert haben sollen, ist

$$w'' = w''' = \frac{W - w'}{2},$$

weiter

$$(V_a - V_c) - (V_a - V_b) = (V_b - V_d) - (V_c - V_d).$$

$$i_1 w_1 - i x = i_2 w_2 - i' w' \quad . \quad . \quad . \quad . \quad . \quad (1)$$

$$i' w' + (i'' + i''') \frac{W - w'}{2} = i_0 w_0 \quad . \quad . \quad . \quad (2)$$

Dabei gilt

$$i'' = i' - i_1 \quad i''' = i' + i_2 \quad i_0 = i - i_2 - i' + i_1 .$$

Dies in 2 eingesetzt gibt

$$i' w' + (2 i' - i_1 + i_2) \frac{W - w'}{2} = (i_1 + i - i' - i_2) w_0$$

und da bei Ausgleich $i_1 = i_2$

$$i' W = (i - i') w_0 \quad \text{oder} \quad \frac{i'}{i} = \frac{w_0}{W + w_0} .$$

Das Verhältnis der Stromstärken in der Vergleichstrecke zu der Stromstärke im gesuchten Widerstand ist also für einen bestimmten Meßdraht- und Nebenschlußwiderstand konstant, und es folgt für verschwindenden Ausschlag wegen $w_1 = w_2$ aus 1 die Beziehung

$$x = \frac{i'}{i} w' = \frac{1}{\frac{W}{w_0} + 1} w' = \text{Konstante} \times w' .$$

B. Einige Apparate zur Widerstandsmessung.

1. Meßbrücke von Hartmann und Braun.

Fig. 68 gibt die äußere Ansicht und Fig. 69 das Schaltungsschema einer Meßbrücke von Hartmann und Braun. Wie aus letzterer ersichtlich, enthält der Apparat zwei Sätze Widerstände von 1, 10, 100 und 1000 Ω, mit a und b bezeichnet. Diese Widerstände dienen offenbar zur Einstellung eines bestimmten Verhältnisses. Zwischen die Klemmen x x wird der unbekannte Widerstand geschaltet, so daß als vierter in der Reihe der Vergleichswiderstand r r r dient. Je nach den gewählten Größen der verschiedenen Widerstände können Galvanometer und Batterie angeschlossen werden; für die günstigste Schaltung verweisen wir auf Seite 120. Die Taster T_1 und T_2 dienen zum Einschalten von Batterie und Galvanometer, wobei noch erwähnt werden möge, daß die Batterie immer zuerst einzuschalten ist; ist nämlich der unbekannte Widerstand nicht induktionsfrei, so könnte der dann auftretende scheinbare Widerstand momentan das Gleichgewicht stören und würde das Galvanometer anfänglich eine Ablenkung aufweisen.

1:3

Fig. 68.

Wie früher schon erwähnt, kann man, um eventuelle kleine Fehler in den Widerständen *a* und *b* zu umgehen, so verfahren, daß man die Messung nach Vertauschung von a mit b wiederholt.

Bei dieser Konstruktion sind die Stöpsel S_1 S_1, voneinander isoliert, verbunden und brauchen wir dieselben nur nach S_2 S_2 um-

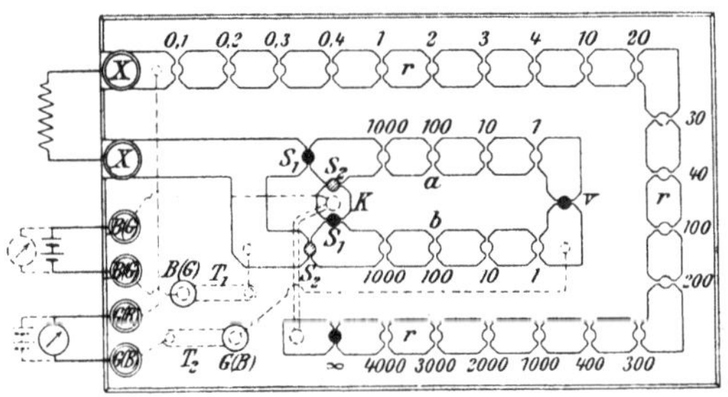

Fig. 69.

zustöpseln. Der Mittelwert aus beiden Messungen gibt dann das richtige Resultat.

Sind die Abstufungen des Widerstandes r zum genauen Einstellen zu grob, so helfe man sich entweder durch Interpolation oder man kann mit Hilfe der Wanderstöpsel einen Rheostaten parallel an einen Teil des Widerstandes r legen.

2. Drahtbrücke von Edelmann.

Ein sehr handlicher Apparat nach diesem Prinzip ist das sog. Ohmmeter oder die transportable Drahtbrücke von Edelmann. Die äußeren Abmessungen sind $60 \times 10 \times 10$ cm (Fig. 70).

Der Meßdraht ist nur zur einen Hälfte ausgespannt, die andere Hälfte ist im Apparat aufgewickelt untergebracht, der Widerstand des ganzen Drahtes durch einen Nebenschluß auf 1 Ω abgeglichen.

Das Schaltungsschema (Fig. 71) ist leicht zu übersehen; hierin bedeutet A die ausgespannte Hälfte des Meßdrahtes, W den Vergleichswiderstand, f_2 einen Widerstand von 9 Ω, durch den der Gesamtwiderstand des Meßdrahtzweiges auf 10 Ω erhöht werden kann. Der unbekannte Widerstand kann entweder bei x_1 oder bei x_2, das Galvanometer entweder zwischen d und g_1 oder g_2 geschaltet werden, die Zelle Z schließlich kann entweder zwischen

h und f_1 mit Hilfe des Tasters t_1 oder zwischen h und e durch Taster t_2 angebracht werden.

Durch diese Anordnung ist der Meßbereich dieses Apparates bei möglichst handlicher Form sehr groß. Die Schaltung ist verschieden, je nach der Größe des unbekannten Widerstandes.

Fig. 70.

Wenn der unbekannte Widerstand kleiner als 100 Ω ist, wird er bei x_1 geschaltet, das Galvanometer an g_1 gelegt, Taster t_1 verwendet und der Bügel l eingelegt. Der Schieber S wird nun so lange auf dem ausgespannten Teil des Meßdrahtes einzustellen sein, als der unbekannte Widerstand kleiner

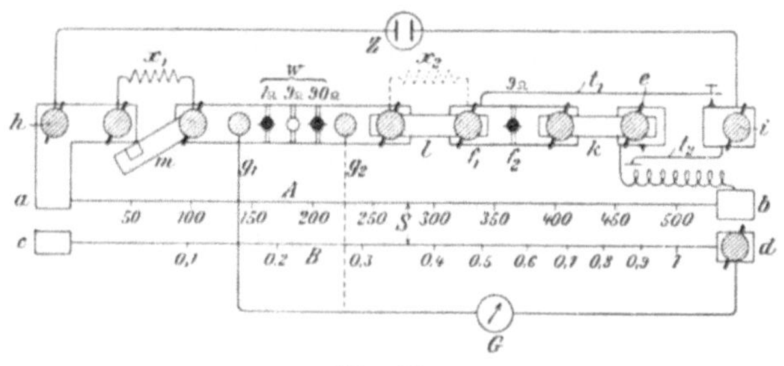

Fig. 71.

als der maximale Vergleichswiderstand, d. h. kleiner als 100 Ω ist; sobald der unbekannte Widerstand größer als 100 Ω ist, müßte der Schieber über die Hälfte hinaus nach rechts eingestellt werden, um Gleichgewicht zu erzielen; daher wird bei Widerständen von mehr als 100 Ω Bügel m eingelegt und der Widerstand nach x_2 geschaltet, das Galvanometer wird dabei nach g_2 umgelegt. Nun ist der maximale Vergleichswiderstand kleiner als der unbekannte Widerstand, folglich kommt auch der Schieber auf den ausgespannten Teil des Meßdrahtes zurück, da der unbekannte Widerstand und der Vergleichswiderstand durch die Umschaltung unter sich vertauscht worden sind.

Obwohl also der ausgespannte Draht nur 500 mm lang ist, kann man die gleiche Genauigkeit erreichen, als wäre er 1000 mm lang.

Ist der Widerstand x sehr klein im Verhältnis zum kleinsten Vergleichswiderstand (1 Ω), resp. sehr groß im Verhältnis zum größten Vergleichswiderstand (100 Ω), so kommt der Schieber sehr weit nach links, mit anderen Worten, der Teil a wird sehr klein, so daß eine ungenaue Bestimmung dieses Stückes relativ großen Einfluß auf das Resultat hat; um dies zu verbessern, kann noch durch Herausziehen des Stöpsels f_2, 9 Ω vorgeschaltet werden, das Stück a wird nun 10 mal größer, so daß derselbe absolute Fehler in der Bestimmung dieser Länge a relativ geringen Einfluß hat.

Schließlich sei noch eine einfache Anordnung zur Prüfung, ob der Draht noch intakt ist, erwähnt. Hierzu wird eine Wheatstonesche Anordnung folgendermaßen hergestellt: Aus W wird der Stöpsel von 9 Ω gezogen, dieser Widerstand bildet mit dem Widerstand f_2 (9 Ω) und dem Draht den geschlossenen Kreis; das Galvanometer wird an d und g_2 geschaltet, und der Strom mittels Taster t_2 hineingeleitet. Gleichgewicht soll man erhalten, wenn der Schieber bei 500 steht, solange der ausgespannte Draht unbeschädigt ist.

Um keinen Schaltungsdraht am Schieber zu haben, ist ein zweiter Draht B ausgespannt, der die Verbindung zum Galvanometer vermittelt; der Widerstand, welcher gering ist, hat wenig Einfluß, da er gegen den des Galvanometers selbst zu vernachlässigen sein wird; außerdem ist an diesem Draht eine Skala angebracht, welche direkt das Verhältnis $\frac{a}{b}$ angibt.

3. Thomsonsche Doppelbrücken.

a) Zur Messung sehr kleiner Widerstände, speziell zur Bestimmung spezifischer Widerstände, baut die Firma Hartmann & Braun folgenden Apparat (Fig. 72), der sich den Besonderheiten dieser Schaltanordnung genau anpaßt, z. B. der Trennung

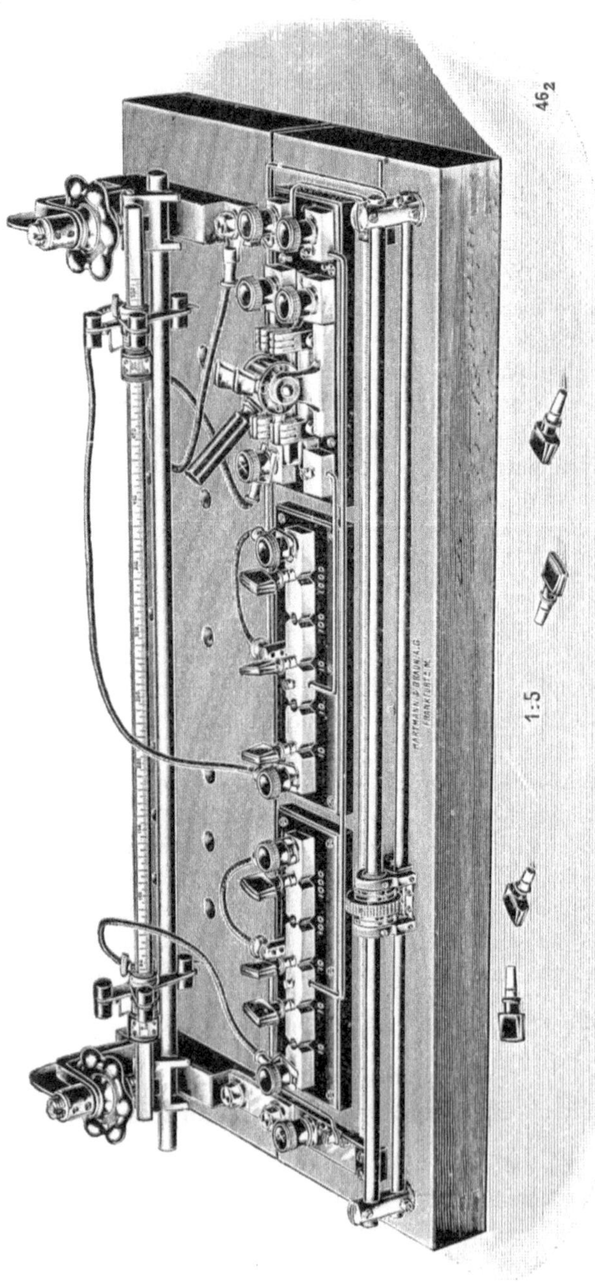

Fig. 72.

der Hauptstromführungsstellen von den Abzweigungen zum Galvanometer.

Die Einspannvorrichtung ist in Fig. 74 besonders ersichtlich, sie enthält jeweils eine Universalklemme, welche die Einschaltung eckiger sowie runder Drähte oder Stäbe gestattet. Die Abzweigungen zum Galvanometer geschehen durch scherenartige Schneiden, welche gegeneinander auf einem mit Skala versehenen Stab verschiebbar angeordnet sind; die Entfernung kann mittels Nonius genau bestimmt werden. Als Vergleichswiderstand dient ein ausgespannter Draht, dessen Widerstand pro Längeneinheit genau bekannt ist; die Abzweigungen zum Galvanometer auf diesem Draht werden einerseits durch eine feststehende Schneide, andrerseits durch einen Gleitkontakt S_3 bewirkt.

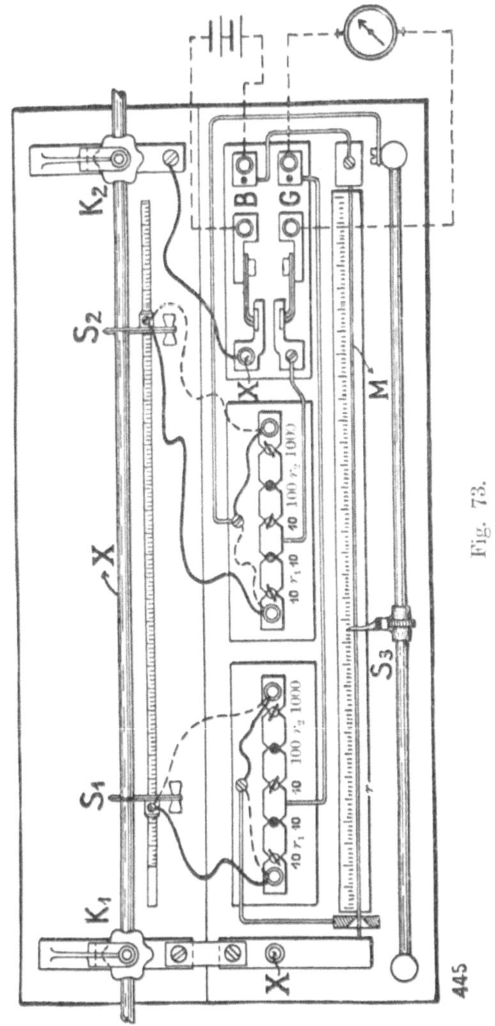

Fig. 73.

Nachdem der zu messende Widerstand in die Klemmen K_1 und K_2 (Fig. 73) geschraubt, ein empfindliches Galvanometer von niederem Widerstand an GG und eine Stromquelle an BB angelegt sind, wählt man in den Vergleichsrheostaten passende, jedoch unter sich gleiche Verhältnisse. Alsdann verschiebe man den

Schieber S_3 auf dem in Tausendstel Ohm geeichten Meßdraht, bis bei wiederholtem Schließen und Öffnen des Doppelschlüssels das Galvanometer keinen Ausschlag mehr zeigt.

Ist der zu messende Widerstand größer als 0,1 Ω, so vertausche man die an 10 und 1000 liegenden Kabel und dividiere alsdann durch das Verhältnis $\frac{r_1}{r_2}$, also $x = r\frac{r_2}{r_1}$.

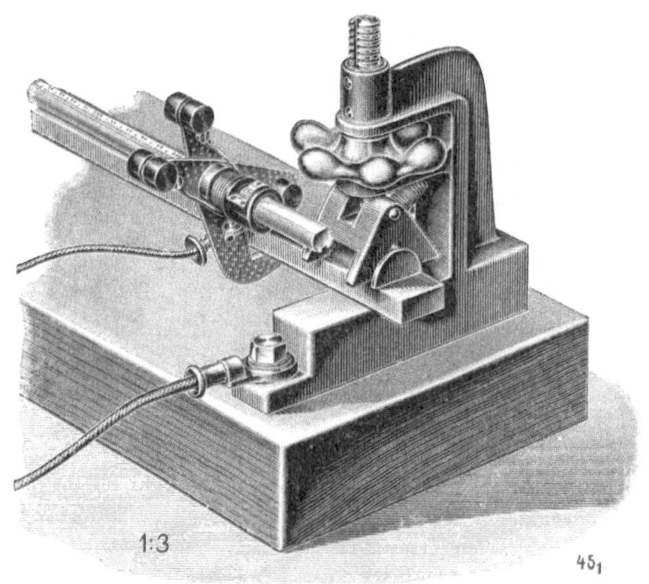

Fig. 74.

b) Eine andere Konstruktion für denselben Zweck von der Firma Siemens & Halske sei hier noch erwähnt. Die Einrichtung ist schematisch aus den Figuren 75 und 75a ersichtlich, die äußere Ansicht ist in Fig. 76 wiedergegeben.

Die Einspannung des zu untersuchenden Drahtes oder Kabels geschieht außerhalb des Apparates und besteht einfach aus einem Brette, worauf zwei Klemmeinrichtungen angebracht sind.

Ein zweites mit Scharnieren darauf befestigtes Brett besitzt zwei 0,5 m voneinander entfernte Schneiden und ist mit einem Gewicht beschwert; die Schneiden ruhen auf dem Draht, sie dienen wieder als Kontaktstellen für die Galvanometerabzweigungen.

Der Apparat selbst enthält außer den Widerständen m, n, o und p nur noch den Vergleichsdraht, welcher ringsherum geführt und mit einer Skala versehen ist, diese gibt direkt den Widerstand an vom festen Abzweigungspunkt aus bis zur Gleitrolle, welche als zweite Abzweigung zum Galvanometer dient.

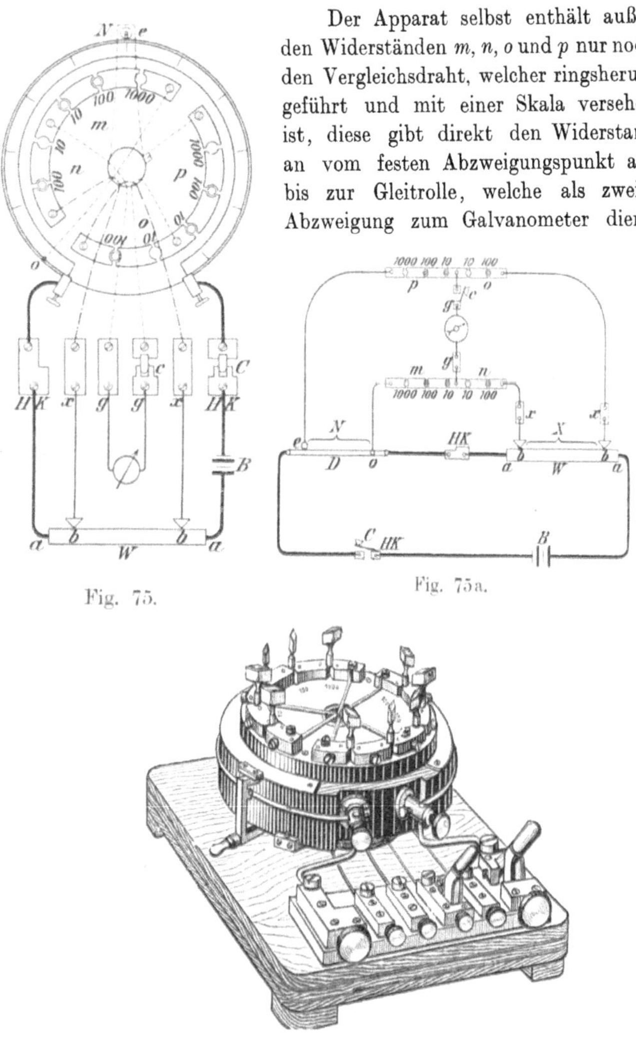

Fig. 75.

Fig. 75a.

Fig. 76.

An der vorderen Seite stehen sechs Anschlußklemmen hervor; zwei von diesen sind mit HK (Hauptkreis) bezeichnet, hieran wird der zu untersuchende Stab mit einer Batterie von geringer Spannung, einem Regulierwiderstande und einem Amperemeter in Serie angeschlossen.

Die Klemmen xx werden mit den Schneiden verbunden, welche auf dem Draht aufliegen, gg kommen in Verbindung mit dem Galvanometer. Durch zwei Schalter kann man nun, nachdem in p und m sowie in o und n jeweils gleiche Widerstände geschaltet sind, erst den Hauptstrom einschalten und nachher

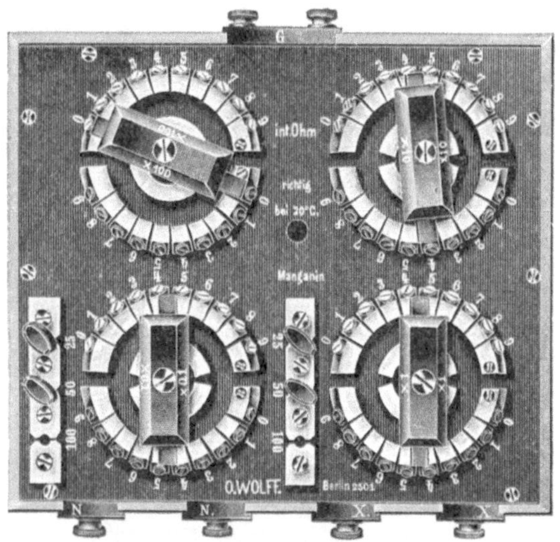

Fig. 77.

mit dem kleinen Schalter den Galvanometerzweig schließen. Die Kontaktrolle wird nun soweit verschoben, bis kein Ausschlag mehr erfolgt. Ist das der Fall, so läßt sich der unbekannte Widerstand x berechnen aus dem Produkt des Vergleichswiderstandes (o bis e) und des Verhältnisses $\frac{n}{m} = \frac{o}{p} = a$, also

$$x = aN .$$

Da $\frac{n}{m} = \frac{o}{p} = a$ stets eine Potenz von 10 ist und der Widerstand N in int. Ω abgelesen wird, so braucht nur das Dezimalzeichen richtig eingesetzt zu werden.

Die Widerstände n, m, p und o sind so zu wählen, daß der Teil des Meßdrahtes zwischen o und e möglichst groß wird, damit ein Fehler in der Ablesung bzw. in der Bestimmung des Kontaktpunktes möglichst wenig Einfluß hat.

c) Bei einer dritten Anordnung von Otto Wolf (Fig. 77) ist der Meßdraht in Wegfall gekommen und an seiner Stelle ein Normalwiderstand eingeschaltet. Die Regulierung erfolgt, indem

Fig. 78.

man in obigem Schema für die Widerstände m und p bestimmte Widerstände von 100, 50 oder 25 Ω einsetzt, dagegen q und n gleichzeitig einreguliert, und zwar sind diese Widerstände von 0,1 bis 999,9 Ω regulierbar. Auf diese Weise ist der Apparat besser gegen Abnützung und Beschädigung geschützt.

Die Firma baut außerdem ein Petroleumbad (Fig. 78) für die zu untersuchenden Stäbe; dieses Bad kann durch Strom erwärmt werden und leistet daher bei der Bestimmung von Temperaturkoeffizienten gute Dienste. Eine Turbine rührt das Petroleum, so daß überall die gleiche Temperatur herrscht.

4. Das Universalgalvanometer von Siemens & Halske.

Auch bei dem Universalgalvanometer von Siemens & Halske (Fig. 79), einem Instrument zur Messung von Widerständen, Spannungen und Stromstärken, beruht die Widerstandsmessung auf dem

Prinzip einer Drahtbrücke. Der Apparat enthält einen Satz Vergleichswiderstände von 1, 9, 90 und 900 Ω, wozu noch ein Stöpsel gehört, welcher, in das Loch des einohmigen Widerstandes eingesetzt, diesen Widerstand auf 0,1 Ω reduziert, so daß man nach Belieben als Vergleichswiderstände 0,1, 1, 10, 100 oder 1000 Ω schalten kann. Weiter enthält der Apparat einen Meßdraht, welcher rings um eine mit einer Skala versehene Schieferplatte geführt ist, über der ein verschiebbarer Kontakt in Form einer kleinen Platinrolle bewegt werden kann. Die Skala gibt direkt das Verhältnis der Teilstücke des Meßdrahtes an.

Fig. 79.

Das Galvanometer ist genau so wie die Präzisions-Milli-Volt- und Amperemeter dieser Firma konstruiert. Näheres ist dem Kapitel VI, „Einige Strom-, Spannungs- und Leistungsmesser", zu entnehmen. Der Widerstand dieses Instrumentes ist in Kombination mit einem Nebenschluß, welcher durch Ausziehen des Stöpsels y unterbrochen werden kann, genau 1 int. Ω.

In Verbindung mit diesem Nebenschluß kann das Instrument als Spannungs- und Strommesser verwendet werden. Da es bei Widerstandsmessung nur als Galvanoskop dient, so wird man zur Erreichung größerer Empfindlichkeit den Nebenschluß unterbrechen, nachdem die ungefähre Abgleichung erfolgt ist.

Widerstandsmessung. Will man den Apparat zur Messung von Widerständen verwenden, so hat man den unbekannten Widerstand an die Klemmen *II* und *III*, eine Zelle oder Batterie an *I* und *V* zu legen, während die Kontaktstücke *III* und *IV* durch einen gewöhnlichen Stöpsel miteinander verbunden werden. Bewegt man den Taster T nach unten, wodurch zwischen *II* und *V* Kontakt hergestellt wird, so wird das Galvanometer im allgemeinen einen Ausschlag erhalten, diesen bringt man durch Verschiebung des Laufkontakts g zum Verschwinden. Aus Fig. 80, welche das Schaltungsschema angibt, ist deutlich ersichtlich, daß die Schaltung die einer Drahtbrücke ist.

Bei stromlosem Galvanometer gibt also das Verhältnis der Teile des Meßdrahtes das Verhältnis des unbekannten zum Vergleichswiderstand an. Da nun die Skala dieses Verhältnis direkt angibt, braucht man den Wert des Vergleichswiderstandes (0,1, 1, 10, 100, 1000 Ω) nur mit der am Laufkontakt abgelesenen Zahl zu multiplizieren, um den Wert des unbekannten Widerstandes zu erhalten.

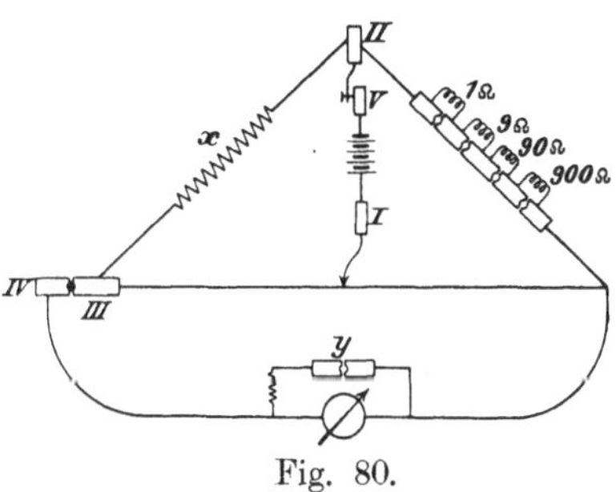

Fig. 80.

Die Genauigkeit, die mit diesem Apparat zu erreichen ist, hängt von der EMK. der Batterie ab; man wird deshalb gut tun, diese so groß zu nehmen, daß eine kleine Verschiebung des Laufkontaktes einen merklichen Ausschlag des Galvanometers hervorruft; dabei muß jedoch dafür gesorgt werden, daß die im Instrument auftretenden Ströme Meßdraht und Vergleichswiderstände nicht schädigen.

Da die Stromzuführung bei dieser Schaltung durch den Laufkontakt bewirkt wird, muß besonders darauf geachtet werden, daß der Meßdraht rein gehalten wird, weil sonst durch Unterbrechung des Stromes Fünkchen auftreten, welche den Draht beschädigen.

Widerstände von 0,002 bis 30000 Ω lassen sich auf die beschriebene Weise genügend genau messen.

Spannungsmessung. Beim Gebrauch als Spannungsmesser wird das Galvanometer direkt als Meßinstrument verwendet, deshalb wird der Stöpsel y eingesteckt, so daß der Nebenschlußzweig geschlossen ist, ferner werden die Vergleichswiderstände jetzt als Vorschaltwiderstände verwendet.

Der Stöpsel zwischen *III* und *IV* wird herausgezogen, so daß der Meßdraht außerhalb der Schaltung liegt.

Die zu messende Spannung wird an *II* und *IV* oder besser an *V* und *IV* angelegt, in diesem Fall kann durch den Taster T die Spannung abgeschaltet werden, was bei Änderung des Meßbereiches Vorteil bietet.

Wie aus dem Schema Fig. 81 hervorgeht, erhält man so ein gewöhnliches Milli-Voltmeter mit einem inneren Widerstande von 1 Ω und einem variabeln Vorschaltwiderstand, welcher nach Belieben auf 999, 99, 9 oder 0 Ω gebracht werden kann, so daß

bei 999 Ω Vorschaltwiderstand der Gesamtwiderstand 1000 Ω beträgt und 1 Skalenteil = 1 Volt,
„ 99 Ω Vorschaltwiderstand der Gesamtwiderstand 100 Ω beträgt und 1 Skalenteil = 0,1 Volt,
„ 9 Ω Vorschaltwiderstand der Gesamtwiderstand 10 Ω beträgt und 1 Skalenteil = 0,01 Volt,
„ 0 Ω Vorschaltwiderstand der Gesamtwiderstand 1 Ω beträgt und 1 Skalenteil = 0,001 Volt.

Der Meßbereich ist also von 0,001 bis 150 Volt.

Messung von Stromstärken. Das Schema bleibt wie in Fig. 81; nur werden die Vorschaltwiderstände alle kurz geschlossen. Schaltet man nun das Instrument mit den Klemmen *II* und *IV* als gewöhnliches Amperemeter in den Stromkreis, so hat man ein Milli-Amperemeter mit 1 Ω inneren Widerstandes; bei maximalem Ausschlag von 150 Skalenteilen ist die Stromintensität 0,15 Ampere. Um den Meßbereich zu erhöhen, wird ein Satz Nebenschlüsse mitgeliefert, welche mittels eines Bügels an die Klemmen *II* und *IV* angelegt werden.

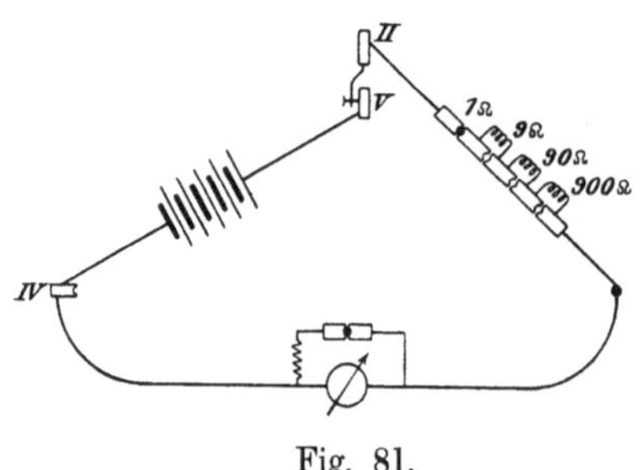

Fig. 81.

C. Das Kalibrieren von Meßdrähten.

1. Methode von Strouhal und Barus.

Um einen Meßdraht in n Teile von gleichem Widerstand zu kalibrieren, schaltet man parallel zu diesem Draht n gleiche Drahtwiderstände mittels Quecksilbernäpfe hintereinander. Die beiden Enden dieser parallelen Zweige werden mit einer Batterie und eventuell einem Ballastwiderstand verbunden (Fig. 82). Das

Galvanometer wird nun einerseits verbunden mit dem Punkte 1 und anderseits mit einem Gleitkontakt, der auf dem Draht solange hin und her geschoben wird, bis der Ausschlag im Galvanometer verschwunden ist. Der Schieber befinde sich dann beim Punkt a_1. Hierauf wird die Verbindung nach 1 gelöst und nach 2 umgelegt, der Ausschlag wird wiederum Null sein, wenn der Schieber bei a_2 steht. Der Widerstand des Stückes $a_1 - a_2$ von der Länge p_1 ist also w_1 äquivalent. Man vertausche nun w_2 mit w_1 und lege das Galvanometer der Reihe nach an 2 und 3; sind die Ablesungen auf dem Draht dabei b_1 und b_2, so ist wiederum der Widerstand des Stückes $b_1 - b_2$, von der Länge p_2, w_1 äquivalent; der Widerstand w_1 wird nun mit w_3 ausgetauscht, und man suche auf gleiche Weise die Punkte c_1 und c_2. Man bekommt nun n Gleichungen

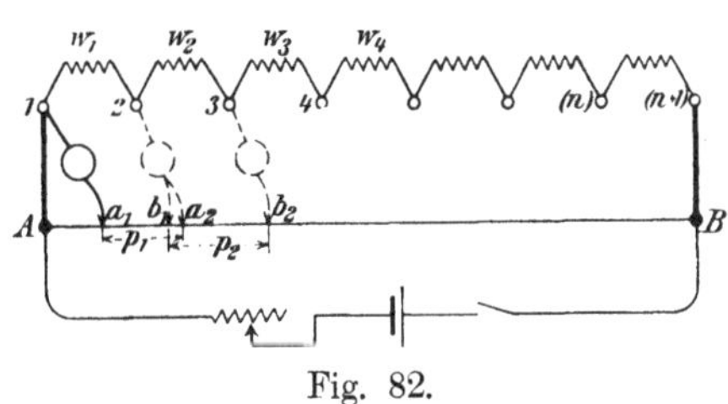

Fig. 82.

$$
\begin{aligned}
p_1 &= a_2 - a_1 \quad \text{äquiv.} \quad w_1, \\
p_2 &= b_2 - b_1 \quad \text{,,} \quad w_1, \\
p_3 &= c_2 - c_1 \quad \text{,,} \quad w_1, \\
&\ldots\ldots\ldots\ldots \\
p_n &= n_2 - n_1 \quad \text{äquiv.} \quad w_1,
\end{aligned}
$$

hieraus folgt, daß die mittlere mit w_1 äquivalente Drahtlänge gleich

$$p' = \frac{\Sigma p}{n}$$

und daß der Kaliberfehler

$$\text{von } 0 \text{ bis } \frac{1}{n} l \text{ gleich } p' - p_1,$$

$$\text{von } \frac{1}{n} l \text{ bis } \frac{2}{n} l \text{ gleich } p' - p_2 \text{ ist,}$$

usw.

Man erhält nun:

$$\text{bei } \frac{1}{n} l \text{ eine Korrektion } p' - p_1,$$

$$\text{bei } \frac{2}{n} l \text{ eine Korrektion } 2p' - p_1 - p_2,$$

$$\text{„ } \frac{3}{n} l \text{ „ „ } 3p' - p_1 - p_2 - p_3,$$

usw.

Um genügende Genauigkeit zu erhalten, muß die Kalibrierung mindestens $\frac{n}{2}$ mal wiederholt werden.

Die Hilfswiderstände w_2, w_3 usw. werden aus nicht zu dünnem Draht angefertigt, bifilär gewickelt und mit dicken kupfernen Bügeln, welche in die Quecksilbernäpfe tauchen, versehen; für w_1 verwende man einen Normalwiderstand.

2. Methode von Heerwagen.

Diese Methode ist nur eine Abänderung der vorstehend besprochenen, man erreicht aber dabei größere Genauigkeit. Die Verbindungsstücke $A - 1$ und $B - (n + 1)$ sollen widerstandsfrei sein.

Das Galvanometer wird wiederum mit 2 verbunden und die Einstellung a_1 abgelesen, hierauf wird w_1 mit w_2 vertauscht und nun a_2 abgelesen, hierauf wird w_2 mit w_3 vertauscht und a_3 abgelesen usw.

Auf diese Weise weiter verfahrend, bekommt man n Ablesungen nach folgendem Schema:

Rechts vom Galvanometer	Links	Ablesung
$w_2 + w_3 + w_4 + w_5 + \cdots\cdots w_n$	w_1	a_1
$w_1 + w_3 + w_4 + w_5 + \cdots\cdots w_n$	w_2	a_2
$w_1 + w_2 + w_4 + w_5 + \cdots\cdots w_n$	w_3	a_3
. . . .	. .	. .
$w_1 + w_2 + w_3 + w_4 + \cdots\cdots w_{n-1}$	w_n	a_n.

Der $\frac{1}{n}$ Teil des Drahtwiderstandes stimmt überein mit einer Ablesung $\frac{\Sigma a}{n}$.

Hierauf wird das Galvanometer ein Quecksilbernäpfchen weiter angelegt, und man verfährt auf folgende Weise:

Rechts vom Galvanometer	Links	Ablesung
$w_2 + w_3 + w_4 + w_5 + w_6 + \cdots w_{n-1}$	$w_n + w_1$	b_1
$w_n + w_3 + w_4 + w_5 + w_6 + \cdots w_{n-1}$	$w_2 + w_1$	b_2
$w_n + w_1 + w_4 + w_5 + w_6 + \cdots w_{n-1}$	$w_2 + w_3$	b_3
$w_n + w_1 + w_2 + w_5 + w_6 + \cdots w_{n-1}$	$w_4 + w_3$	b_4
. . . .	. . . .	. .
$w_n + w_1 + w_2 + w_3 + w_4 + \cdots w_{n-3}$	$w_{n-2} + w_{n-1}$	b_{n-1}
$w_{n-2} + w_1 + w_2 + w_3 + w_4 + \cdots w_{n-3}$	$w_n + w_{n-1}$	b_n.

Der $\frac{2}{n}$ Teil des Drahtwiderstandes stimmt somit überein mit einer Ablesung $\frac{\Sigma b}{n}$.

Auf ähnliche Weise erhält man die Punkte des Drahtes, wo die Widerstände den $\frac{1}{n}$, $\frac{2}{n}$, $\frac{3}{n}$ usw. Teil des Gesamtwiderstandes betragen.

3. Methode von v. Helmholtz.

Hat man zwei voneinander unabhängige Stromkreise mit den EMKen E und e (Fig. 83), und verbindet man die Punkte A und B des einen mit den Punkten a und b des anderen Stromkreises, so wird im allgemeinen durch Bb ein Strom fließen. Nach Verschiebung der Kontakte A und B nach A' und B' wird für den Fall, daß der Strom derselbe geblieben ist, der Widerstand AB gleich dem zwischen $A'B'$ sein. Fallen A' und B zusammen, so teilt dieser Punkt den Widerstand AB' genau in zwei gleiche Teile. Auf diesem Prinzip beruht die Methode von Helmholtz, um einen beliebigen Draht in Teile gleichen Widerstandes zu unterteilen.

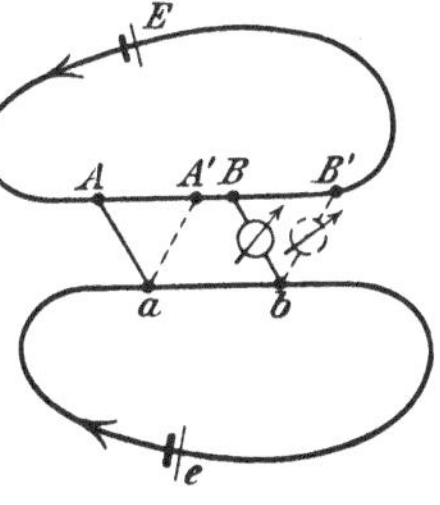

Fig. 83.

Der zu kalibrierende Draht wird zwischen P und Q ausgespannt (Fig. 84). AB' soll kalibriert werden, ac sei ein beliebiger Hilfsdraht.

Das Ende a und der Gleitkontakt b werden an die Quecksilbernäpfchen 1 und 2 einer Wippe gelegt, A und B' an 3 und 6; 4 und 5 werden unter sich verbunden und mit dem Kontakt M

an ein Galvanometer gelegt. Die Wippe wird erst nach links gelegt, M annähernd in die Mitte zwischen A und B' und b so lange verschoben, bis im Galvanometer genügend Ausschlag vorhanden ist. Legt man die Wippe um, so muß der Ausschlag derselbe bleiben; M wird nun so lange verschoben, bis dies eintrifft, bis also der Ausschlag in beiden Stellungen der Wippe der gleiche ist; in diesem Fall teilt M den Widerstand der Strecke AB' in zwei gleiche Teile unter der Einschränkung, daß die Widerstände $(a - 1 - 3 - A) + (M - 4 - 2 - b)$ und $(a - 1 - 5 - M) + (B' - 6 - 2 - b)$ wenig verschieden sind.

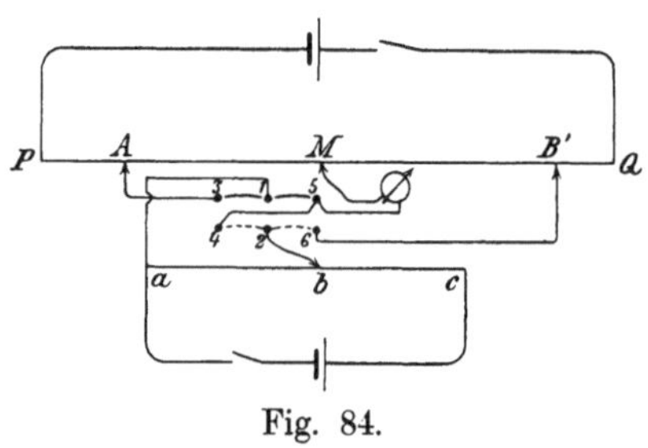

Fig. 84.

Bei schwachem Strom und großem Galvanometerwiderstand haben kleine Differenzen wenig Einfluß.

Auf gleiche Weise können die Teile AM und MB' weiter unterteilt werden. Die EMKe E und e müssen möglichst konstant sein, gute Daniell-Elemente genügen.

4. Methode von Braun.

Zwei Schneiden, welche einen konstanten Abstand voneinander haben, werden an dem Draht, durch den ein konstanter Strom geschickt wird, entlang bewegt.

An die Schneiden wird ein Galvanometer mit hohem Widerstand angelegt.

Der Ausschlag des Galvanometers wird nun proportional dem Widerstand des Drahtstückes sein, welches sich zwischen den Schneiden befindet.

Zur Bestimmung des Teiles zwischen dem Endpunkte des kalibrierten Teiles und dem Einklemmstücke wird das Galvanometer auch daran parallel gelegt und so der Übergangswiderstand in Millimetern des Drahtes ausgedrückt.

5. Mittels Differentialgalvanometers.

Parallel zum Meßdraht wird ein Rheostat W und ein Widerstand W_n geschaltet, wozu z. B. ein Normalwiderstand verwendet werden kann. Parallel zu W_n ist eine der Spulen des Differentialgalvanometers geschaltet, die andere wird mittels zweier Gleitkontakte an den Draht angelegt (Fig. 85). Der Ausschlag im Galvanometer wird durch Verschieben eines der Kontakte zum Verschwinden gebracht, somit hat der Widerstand zwischen diesen Punkten a_1 und a_2 ein bestimmtes Verhältnis zu dem Widerstand W_n. Hierauf wird der Kontakt von a_1 nach a_2 gebracht und der zweite Schieber weiter geschoben bis zu einem Punkte a_3, wobei das Galvanometer wieder seine Ruhelage angenommen hat. Der Widerstand $a_2 - a_3$ ist wiederum im gleichen Verhältnis W_n proportional. Auf diese Weise läßt sich der Draht in beliebig viele Teile gleichen Widerstandes teilen.

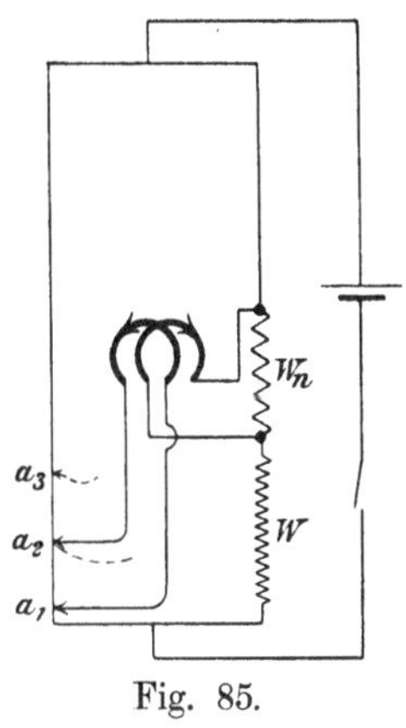

Fig. 85.

Zur Kontrolle setzt man für W_n einen Normalwiderstand von doppelten Werten ein und kalibriert aufs neue a_1 auf a_3, a_3 auf a_5 usw., die entstandenen Fehler werden somit leicht entdeckt.

Ein Vorteil dieser Methode ist die Unabhängigkeit vom Widerstand der Verbindungsdrähte und die einfache Handhabung, weil das Galvanometer nicht streng als Differentialgalvanometer eingestellt zu werden braucht.

D. Kalibrierung eines Rheostaten.

Um einen Rheostaten einigermaßen genau kalibrieren zu können, ist es notwendig, daß an den Klötzen, zwischen welche die Stöpsel gesteckt werden, irgend eine Vorrichtung getroffen ist zum Befestigen eines Zuführungsdrahtes, also entweder blanke Schräubchen oder Löcher zum Einstecken von sog. Wanderstöpseln. Weiter soll die Widerstandseinteilung derart sein, daß ein größerer

Widerstand auch durch die Summe von kleineren Widerständen zusammengestellt werden kann, wie dies im allgemeinen der Fall sein wird.

Je nach dem vorhandenen Material wird nun die Kalibrierung vorgenommen

1. Durch Vergleich mit einem Normalrheostaten.

a) Mittels Differentialgalvanometers.

Die Schaltweise der Spulen hängt hierbei von der Größe der zu vergleichenden Widerstände ab. Durch Interpolation oder durch Parallelschaltung eines dritten Rheostaten an dem relativ größeren der beiden Widerstände wird der richtige Wert der ungenauen Abstufung bestimmt. Bei letzterer Methode sei noch bemerkt, daß, weil die Differenzen gering sein werden, der Widerstand dieses Hilfsrheostaten groß ausfallen wird und somit nicht genau kalibriert zu sein braucht.

b) In der Wheatstoneschen Brücke.

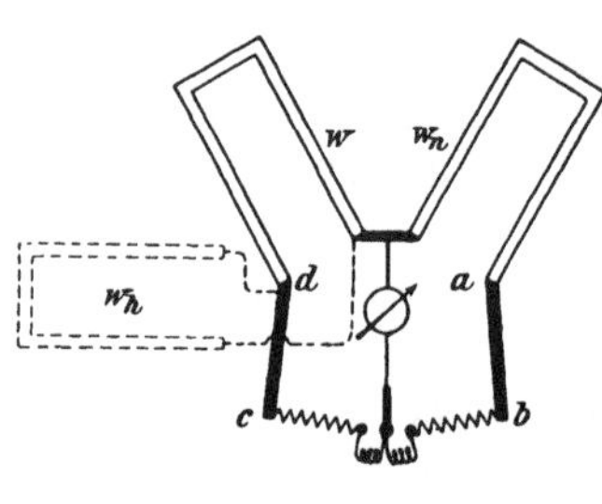

Fig. 86.

Das Viereck wird aus den beiden Rheostaten und einem Verzweigungswiderstand gebildet, wobei Sorge zu tragen ist für kurze, widerstandsgleiche Verbindungsdrähte zwischen $\overline{ab}$ und $\overline{cd}$. Auch hierbei kann man wieder durch Interpolation oder durch Parallelschalten eines dritten Rheostaten (w_h) den richtigen Wert der Widerstände bestimmen (Fig. 86).

2. Durch Vergleich der verschiedenen Teile untereinander.

Diesen Weg schlägt man ein, wenn kein Normalrheostat vorhanden ist. Die Schaltung ist ähnlich wie bei dem Vergleich mit einem Normalrheostaten, es lassen sich wiederum beide Methoden anwenden.

Bei der Brückenmethode gestaltet sich das Schaltungsschema wie in Fig. 87 angedeutet. R und R sind zwei gleiche Widerstände; die Verbindungsdrähte ab und cd sollen möglichst widerstandsfrei, wenigstens von gleichem Widerstand sein. Für w_1 und w_2 werden immer Widerstände von gleichem Gesamtbetrag gewählt, z. B.:

$$\Sigma(0{,}1 + 0{,}2 + 0{,}2' + 0{,}5)\ \Omega \text{ und } 1\ \Omega$$
$$2\ \Omega \text{ und } 2'\ \Omega$$
$$\Sigma(0{,}1 + 0{,}2 + 0{,}2' + 0{,}5) + 1\ \Omega \text{ und } 2\ \Omega \text{ etc.}$$

Wiederum findet man durch Interpolation oder durch Parallelschalten eines dritten Rheostaten jeweils

$$w_1 = w_2 + \triangle w.$$

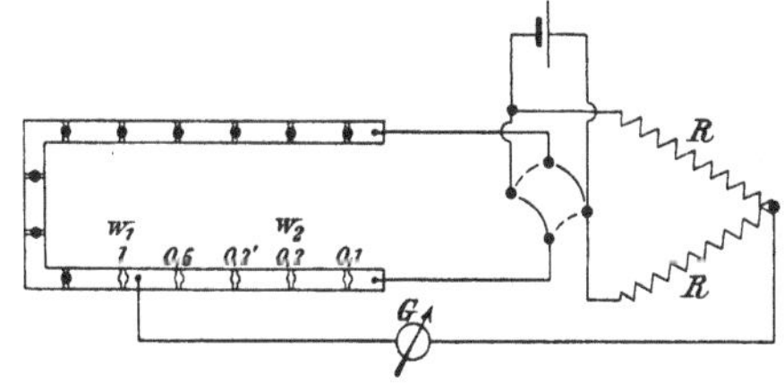

Fig. 87.

Um nun aus diesen Messungen die Korrektionen zu berechnen, verfährt man folgendermaßen. Seien die Abstufungen z. B.

$$0{,}1 - 0{,}2 - 0{,}2' - 0{,}5 - 1 - 2 - 2' - 5 - 10\ \Omega.$$

Man vergleiche den Widerstand von 10 Ω mit einem Normalwiderstand, dessen Wert A sei, und führe nun folgende Vergleiche durch:

$$\begin{aligned}
5 + 2 + 2' + 1 &= A + \varrho \\
5 &= 2' + 2 + 1 + \alpha \\
2' &= 2 \qquad\qquad + \beta \\
2 &= 1 + \Sigma(0{,}5 + 0{,}2' + 0{,}2 + 0{,}1) + \gamma \\
1 &= \Sigma(0{,}5 + 0{,}2' + 0{,}2 + 0{,}1) + \delta.
\end{aligned}$$

Aus diesen Gleichungen folgt:

$$5 + 2' + 2 + 1 = 10\,\Sigma(0{,}5 + 0{,}2' + 0{,}2 + 0{,}1) + 6\delta + 4\gamma + 2\beta + \alpha = A + \varrho$$

$$\Sigma(0{,}5 + 0{,}2' + 0{,}2 + 0{,}1) = \frac{1}{10}A + \frac{\varrho - 6\delta - 4\gamma - 2\beta - \alpha}{10}.$$

Schreiben wir für

$$\frac{\varrho - 6\delta - 4\gamma - 2\beta - \alpha}{10} = \frac{\sigma}{10},$$

so wird die Korrektionstabelle

$$\Sigma(0{,}5 + 0{,}2' + 0{,}2 + 0{,}1) = \frac{1}{10}(A + \sigma)$$

$$1 = \frac{1}{10}(A + \sigma) + \delta$$

$$2 = \frac{2}{10}(A + \sigma) + \delta + \gamma$$

$$2' = \frac{2}{10}(A + \sigma) + \delta + \gamma + \beta$$

$$5 = \frac{5}{10}(A + \sigma) + 3\delta + 2\gamma + \beta + \alpha.$$

Auf ähnliche Weise wird mit den Zehnteln, Zehnern, Hunderten usw. verfahren.

Um den Einfluß von Thermoströmen in dem Rheostaten zu beseitigen, wird mittels eines Kommutators die Stromrichtung bei jeder Messung umgekehrt und ein Mittelwert aus dem so gefundenen Werte genommen; zu gleicher Zeit werden dabei die Vergleichswiderstände vertauscht, so daß eine Ungleichheit derselben ausgeglichen wird.

Bei älteren Rheostattypen, wobei der Widerstand durchgewickelt ist (Fig. 88) und jedesmal eine Abzweigung nach einem Klotz hat, wird die Summe einiger Widerstände w_1, w_2 usw. nur gleich der Summe der angeschriebenen Widerstände w_1', w_2' usw. sein, wenn die Verbindungsdrähte k_1 k_2 k_3 widerstandsfrei sind. Ist dies nicht der Fall, so wird, wenn auch w_1' Ω zwischen a — b gemessen wird, sowie w_2' Ω zwischen b — c, der Widerstand zwischen a und c nicht $(w_1' + w_2')$ Ω betragen, und läßt sich der Rheostat auf oben angegebene Weise nicht kalibrieren. In dem Fall kann man nur durch Vergleich den Wert jeder Abstufung, und darauf die Abweichungen von der Summe bei bestimmten Kombinationen finden.

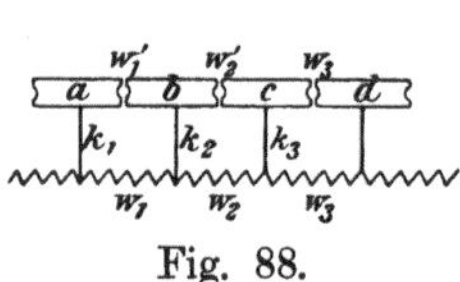

Fig. 88.

E. Die genaue Vergleichung nahezu gleicher Widerstände.

Solche Widerstandsvergleichungen kommen öfters vor, z. B. beim Vergleich von Normalwiderständen, beim Prüfen von Rheostaten, beim Bestimmen des spezifischen Widerstandes von Metalldrähten usw.

Hierbei wird meistens die Brückenmethode, und zwar bei sehr geringen Widerständen die Thomsonsche Doppelbrückenmethode angewandt, wobei die früher beschriebene Verzweigungsnormale (Interpolationswiderstände) Verwendung findet.

Um ein Beispiel durchzuführen, wollen wir einen neuen Normalwiderstand von 100 Ω mit einer Hauptnormale vergleichen. Hierzu stellen wir beide zu vergleichenden Widerstände W und X in dasselbe Petroleumbad A (Fig. 89) und zwar mit einem der Bügel in denselben Quecksilbernapf d; die beiden Näpfe d_1 und d_2, in welche die anderen Bügel eingehängt werden, werden durch kurze, dicke Kupferbügel von gleichen Längen mit den Näpfen d_3 und d_4 des Bades A_1 verbunden, wo die Verzweigungsnormale N von 100 Ω mit $\frac{1}{1000}$ Interpolation eingehängt ist.

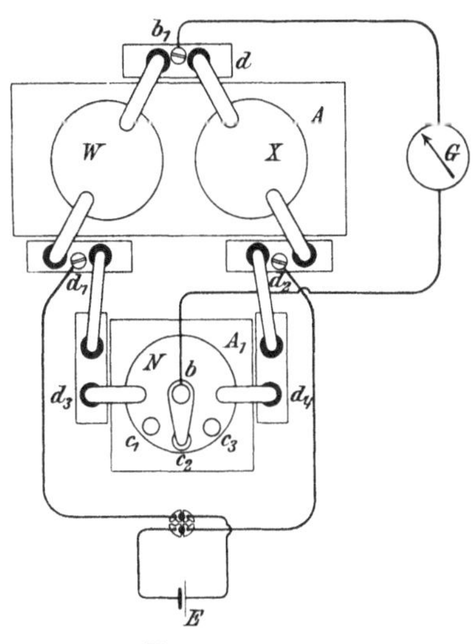

Fig. 89.

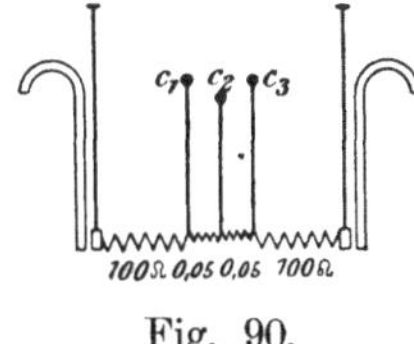

Fig. 90.

Die Bäder werden durch kleine Turbinen gerührt, um gleichmäßige Temperatur zu erzielen. Mittels eines Normalthermometers wird die Temperatur des Bades A genau bestimmt. Die Punkte b und b_1 werden mit einem empfindlichen Galvanometer verbunden, d_1 und d_2 mit einem Kommutator und der Stromquelle.

Die Widerstände der Bügel $d_1 d_3$ und $d_2 d_4$ werden zu dem Widerstande der Verzweigungsnormale addiert; sie sind aber so gering, daß sie gegenüber dem Widerstand 100 Ω vernachlässigt werden können. Steht der verschiebbare Kontakt der Verzweigungsnormale in der Mitte (c_2), so sind beide Hälften nahezu genau einander gleich; schließt man also den Strom, so bekommt man einen Ausschlag des Galvanometers, welcher von der Ungleichheit der Widerstände W und X herrührt; kommutiert man darauf die Stromrichtung und bestimmt die Differenz der Ablesungen, so erhält man den Wert des doppelten Ausschlages.

Um den Fehler, infolge der Ungleichheit der beiden Hälften der Verzweigungsnormale, auszugleichen, hängt man diese um und wiederholt die Messung. Hierauf wird die Empfindlichkeit bestimmt, d. h. man verschiebt den Kontakt b einmal nach links auf c_1 und einmal nach rechts auf c_3 und beobachtet in beiden Stellungen die Ablenkung des Galvanometers. Die Differenz der abgelesenen Werte ergibt den doppelten Ausschlag für $\frac{1}{1000}$ oder $\frac{1}{10}\,\%$ Differenz der beiden Zweige. Auch hierbei kann man noch die Normale umhängen und die Ablesung wiederholen. Dividiert man nun die Anzahl Skalenteile, welche den doppelten Ausschlag infolge der Ungleichheit des Widerstandes X und W angibt, durch die Zahl, welche den doppelten Ausschlag für $\frac{1}{10}\,\%$ Differenz angibt, so bedeutet der Quotient in Zehntelprozenten die Differenz zwischen W und X.

Beispiel:

Vergleich der Normale 100_A und 100_B.

Beobachtungen

	Gleichgewichtslage d. Galv.	Ablesung rechts	Ablesung links	Doppelter Ausschlag	Im Mittel
I	367,5	387,7	347,3	40,4	39,2
	nach Umhängen der Verzweigungsnormale				
II	367,1	386,1	348,1	38,0	
	Kontakt verschoben nach	links	rechts		
III	367,5	446,0	248,0	198,0	198,05
	nach Umhängen der Normale				
IV	367,1	447,0	248,9	198,1	

Ein doppelter Ausschlag von 198,05 stimmt überein mit $\frac{1}{10}\,\%$ Differenz, bei 39,2 Skalenteilen hat man also eine Differenz von

$$\frac{1}{10} \times \frac{39,2}{198,05} = 0,0198\,\%$$

und deshalb

$$100_A = 1,0002 \times 100_B.$$

Nun ist zwar aus dem Schema der Beobachtungen ohne weiteres nicht zu ersehen, welcher der beiden Widerstände der größere ist, bezeichnet man aber die Stellungen des Kommutators mit I und II, und fängt man die Messung bei Stellung I an, so läßt sich mit Hilfe der Verzweigungsnormale leicht bestimmen, nach welcher Seite der Ausschlag erfolgen muß, wenn W größer oder kleiner als X ist. In dem gegebenen Beispiel zeigt sich auf diese Weise, daß $100_A > 100_B$.

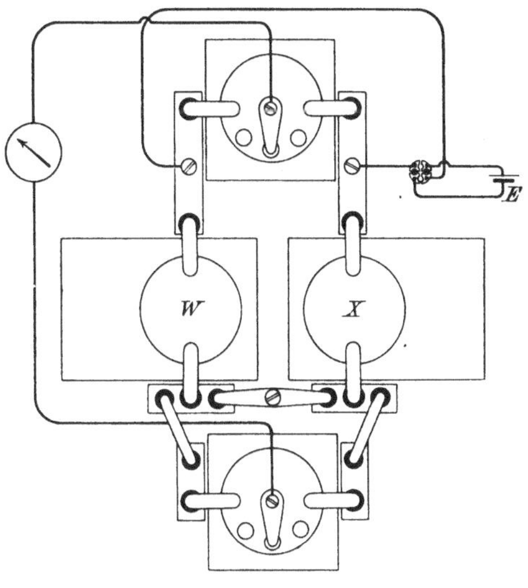

Fig. 91.

Weil bei diesen Messungen alle Widerstände in Petroleumbäder eingesetzt sind, können Thermoströme nicht auftreten.

Will man außerdem den Temperaturkoeffizienten des unbekannten Widerstandes bestimmen, so müssen zwei getrennte Bäder verwendet werden; man legt in das Bad des unbekannten Widerstandes einen elektrischen Heizapparat, welcher aus einem langen auf Preßspan aufgewickelten Widerstandsdraht bestehen kann; durch Regulierung des durchgeschickten Stromes läßt sich die Temperatur bis auf $\frac{1}{100}$ Grad konstant einstellen.

Der zu messende Widerstand wird alsdann bei verschiedenen

Temperaturen mit der Hauptnormale verglichen und daraus der Temperaturkoeffizient bestimmt.

Haben die zu messenden Widerstände nur einen sehr geringen Wert, so wird der Quecksilbernapf *d* durch zwei mittels eines Bügels verbundene Näpfe ersetzt und dazwischen eine weitere Verzweigungsnormale gehängt. Das Galvanometer wird dann an Stelle von *d* mit dem Mittelkontakt dieser zweiten Normale verbunden. Die ganze Einrichtung (Fig. 91) ist eine Thomsonsche Brücke. Vergleicht man nun nach dieser Methode zwei sehr kleine Widerstände, so muß man darauf achten, daß man beide Kontakte der Verzweigungsnormale immer im gleichen Sinne verschiebe.

F. Bestimmung des spezifischen Widerstandes und des Temperaturkoeffizienten von Metalldrähten.

Zur genauen Bestimmung des spezifischen Widerstandes und des Temperaturkoeffizienten von Drähten kann man wie folgt verfahren. Man schneide zwei oder mehrere Stücke derart, daß ihr Widerstand etwas größer ist, als der einer vorhandenen Drahtnormale; hat also der ganze Draht z. B. zirka 2,5 Ω, so schneide man zwei Stücke von etwas mehr als 1 Ω und verwende eine 1 Ω Normale als Vergleichswiderstand. Diese beiden Stücke werden jedes für sich mit der Normale verglichen und der Durchschnitt der Resultate genommen.

An das senkrecht abgeschnittene Ende eines solchen Drahtes wird ein aus dickem Kupfer geschnittener Ring mit Silber gelötet. Hierauf nimmt man die Bügel einer gewöhnlichen Normale (also nur den Hartgummideckel und die Bügel) und befestigt das eine Ende des Drahtes mittels des Ringes und einer Mutter an den einen Bügel, während das andere Ende zwischen zwei Scheibchen an den zweiten Bügel eingeklemmt wird; hierdurch kann man also den eingeklemmten Teil variieren. Der Draht wird nun isoliert ausgespannt (man achte darauf, daß der Draht nicht knickt) und der Bügel in eine Wheatstonesche oder Thomsonsche Brücke gehängt. Durch Verschieben des Drahtes zwischen den Scheibchen läßt sich der Widerstand bis auf $^1/_{10}\,^0/_0$ genau einstellen. Ist dies erreicht, so wird das Ende an der Einklemmstelle abgeschnitten und ebenfalls an einen Ring gelötet, so daß der Draht jetzt genau wie ein Normalwiderstand montiert werden kann. Nachdem dann an einer Skala möglichst genau die Länge bestimmt und auf jeder Seite in einer Entfernung von z. B. 1 cm von den Lötstellen eine Marke gemacht ist, wird der Draht bifilär auf eine Trommel gewickelt. Die Länge des markierten Teiles ist also vor dem Wickeln zu messen, da sie sich nachträglich infolge der Biegungen nicht mehr bestimmen läßt.

Als Normale montiert und in ein Petroleumbad gestellt, wird nun der Widerstand nach der oben angegebenen Methode bestimmt, und zwar bei verschiedenen Temperaturen, woraus sich dann der Temperaturkoeffizient berechnen läßt.

Nach der Widerstandsmessung wird der Draht an den Marken abgeschnitten und sein Volumen durch Wägung in der Luft und in destilliertem Wasser bestimmt; hierbei muß die Temperatur des Wassers in Rechnung gesetzt werden. Aus dieser Volumenbestimmung und der gemessenen Länge findet man den mittleren Querschnitt.

G. Widerstandsmessung dicker Kabel und Stäbe.

Um bei dicken Drähten und Stäben den Widerstand mit genügender Genauigkeit zu bestimmen, kann man die Thomsonbrücke verwenden, wobei man durch größere Stromstärken auch bei kleinen Widerständen eine genügend empfindliche Anordnung erhält.[1]) Enthält die verwendete Brücke einen Meßdraht als Vergleichswiderstand, so ist dieser natürlich vorher zu kontrollieren, z. B. durch umgekehrtes Verfahren, indem man einen Normalwiderstand als unbekannten Widerstand einschaltet. In dieser Beziehung hat der Apparat von Wolff den Vorzug, als Vergleichswiderstand direkt einen Normalwiderstand zu enthalten.

Bei Kabeln, welche aus verschiedenen verseilten Drähten bestehen, ist diese Methode nicht verwendbar, weil die Schneiden nur ein paar, und dabei noch verschiedene Drähte berühren; man verfährt dann besser wie folgt:

Die beiden Enden des Kabelstückes werden senkrecht abgefeilt und an eine ziemlich dicke Kupferscheibe gelötet, so daß alle Drähte berührt werden; durch diese Scheibe wird das Kabel-

[1]) Die Methode von H. Hausrath kann auch hierfür verwendet werden.

stück in einen Stromkreis geschaltet, welcher noch eine Starkstromnormale enthält. In bestimmten Abständen werden um das Kabel herum dünne Kupferdrähte gelötet, wobei Sorge zu tragen ist, daß möglichst viele Einzeldrähte berührt werden. Außerdem sollen die herumgelegten Drähte wenigstens 10 cm von den Enden entfernt bleiben, denn nur so hat man die Gewähr, daß die Stromverteilung dort schon regelmäßig ist.

Schickt man nun durch Normale und Kabel einen starken Strom, und mißt man mit Hilfe des Kompensationsapparates die Potentialdifferenz an den Enden der Normale und zwischen den zwei Prüfdrähtchen, so lassen sich die Widerstände aus dem Verhältnis zwischen den Potentialdifferenzen und dem Widerstand der Normale bestimmen, und die Stärke des Stromes selbst aus der Potentialdifferenz an den Klemmen des Normalwiderstandes und an dessen Widerstand.

H. Widerstand eines Galvanometers.

Die beste Methode zur Bestimmung des Widerstandes eines Galvanometers ist wohl die Brückenmethode, wobei das Galvanometer als unbekannter Widerstand in das Viereck eingeschaltet wird; man braucht hierbei aber ein zweites Galvanometer. Ist dieses nicht vorhanden, so gibt es einige Methoden, wobei die Angabe des Galvanometers selbst zur Messung verwendet wird.

1. Durch Strommessung.

a) Man schalte das Galvanometer in einen Stromkreis mit einem Rheostaten und einer konstanten Säule, wozu man ein Daniell-Element oder einen Akkumulator verwenden kann; nun wird soviel Widerstand eingeschaltet, daß der Ausschlag hinreichend groß ist. Nennen wir

w_e den inneren Widerstand des Elementes,
w_g den unbekannten Widerstand des Galvanometers,
r den übrigen Widerstand im Stromkreis, so ist

$$i_1 = \frac{e}{w_e + r + w_g}.$$

Ist das Galvanometer graduiert, so kennt man aus dem Ausschlage die Stromstärke i_1. Vermehrt man den Widerstand im Stromkreis um r_1, so ändert sich der Strom

$$i_2 = \frac{e}{w_e + r + r_1 + w_g}$$

und hieraus berechnet sich

$$w_g = \frac{i_2}{i_1 - i_2} r_1 - (w_e + r).$$

Bei Vernachlässigung des Widerstandes der Batterie und bei Einstellung des Stromes auf die Hälfte des ursprünglichen Betrages wird

$$w_g = r_1 - r.$$

b) Die Schaltung ist der vorigen ähnlich, nur wird an das Galvanometer ein Nebenschluß gelegt (Fig. 92). Sei w_n dessen Widerstand und i_g der Strom im Galvanometer, so wird

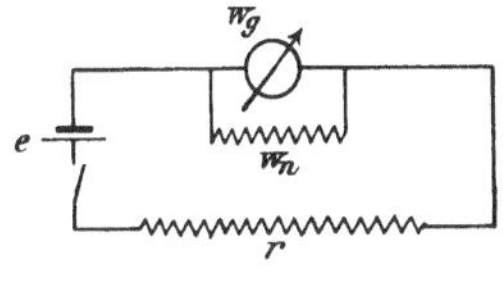

Fig. 92.

$$i_g = \frac{e\,w_n}{w_g\,w_n + r\,(w_g + w_n)}.$$

Aus einer zweiten Messung, wobei entweder w_g oder w_n um einen bestimmten Betrag vermehrt oder vermindert wird, erhält man eine zweite Gleichung, wodurch e eliminiert werden kann.

Wird bei der zweiten Messung die Nebenschließung weggelassen, also $w_n' = \infty$ gewählt, so wird

$$i_g' = \frac{e}{r + w_g}$$

und

$$w_g = \frac{i' - i}{\frac{i}{w_n} + \frac{i}{r} - \frac{i'}{r}}.$$

Ist außerdem der Wert von r sehr groß gewählt, so kann man schreiben

$$w_g = \frac{i' - i}{i} w_n.$$

Man hätte auch r um r' vergrößern können, so daß der Ausschlag derselbe bliebe, dann wird die zweite Gleichung

$$i' = i = \frac{e}{r + r_1 + w_g}$$

und

$$w_g = w_n \frac{r_1}{r}.$$

2. In der Wheatstoneschen Brücke nach Thomson.

Durch Thomson ist eine Methode angegeben, wobei der Widerstand in einer Wheatstoneschen Brücke bestimmt wird, ohne daß man eines zweiten Galvanometers bedarf. Das Schema ist in der Fig. 93 angegeben; werden dabei die Widerstände r_1, r_2 und r_3 derart gewählt, daß die Potentiale in den Punkten C und D gleich sind, so wird beim Schließen des Schlüssels S kein Strom in dieser Verbindung fließen, also wird die Stromverteilung dieselbe bleiben wie vorher, so daß der Ausschlag sich im Galvanometer nicht ändern wird.

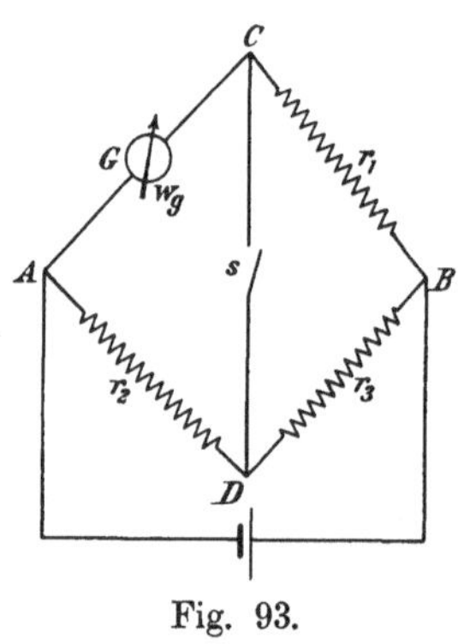

Fig. 93.

Diese Bedingung trifft zu, sobald

$$w_g : r_1 = r_2 : r_3.$$

Man reguliere also z. B. r_1 so lange, bis der Ausschlag sich beim Schließen und Öffnen des Schlüssels nicht mehr ändert.

J. Bestimmung des Widerstandes eines galvanischen Elementes.

Bei der Bestimmung des Widerstandes galvanischer Elemente treten infolge der Polarisation Schwierigkeiten auf, so daß die meisten Methoden nicht mehr zu einwandfreien Resultaten führen, denn diese Polarisation ist abhängig von der abgegebenen Stromstärke; weil es sich jedoch öfters nur darum handelt, den Spannungsabfall im Element zu kennen, gleichgültig wo dieser herrührt, so genügen die Methoden in vielen Fällen.

1. Methode von Ohm.

Hierbei werden dem Element nur sehr kleine Ströme entnommen; das Element wird mit einem Widerstande und Galvanometer in Serie geschlossen. Sei w_e der gesuchte Widerstand des Elementes, r der Widerstand des übrigen Teiles des Stromkreises, so wird der Strom

$$i_1 = \frac{e}{w_e + r}.$$

Vermehrt man r um den Betrag r', so wird

$$i_2 = \frac{e}{w_e + r + r'}$$

und hieraus folgt

$$w_e = \frac{i}{i_1 - i_2} r' - r.$$

Wählt man r' derart, daß $i_2 = \frac{1}{2} i_1$ wird, so ist

$$x = r' - r.$$

Genaue Resultate wird man nach dieser Methode nicht erhalten, denn da die abgegebene Stromstärke gering sein muß, um die Wirkung der Polarisation zu verringern, muß man ziemlich große Widerstände vorschalten und findet den gesuchten Widerstand als Differenz dieser Werte.

2. Methode von Mance.

Diese Methode hat Ähnlichkeit mit der Methode von Thomson zur Bestimmung des Galvanometerwiderstandes, nur sind Element und Galvanometer gegenseitig vertauscht. Solange Polarisationsspannungen außer Betracht gelassen werden, läßt sich die Methode in folgender Weise erklären.

Aus dem Schaltungsschema in Fig. 94a ist die Anordnung zu ersehen. Die drei Widerstände r_1, r_2 und r_3 sollen so einreguliert sein, daß der Strom im Galvanometer beim Schließen und Öffnen konstant bleibt, dann gilt

$$w_e : r_1 = r_3 : r_2.$$

Solange der Schlüssel s geöffnet bleibt, wird zwischen den Punkten B und D eine Potentialdifferenz auftreten, welche nach Schließen von s fast verschwindet; die dann auftretende Stromverteilung läßt sich durch Superposition der alten Stromverteilung und einer anderen (Fig. 94 b) bestimmen, wobei man sich eine EMK von der Größe $V_B - V_D$ an Stelle des Schlüssels denkt und an Stelle des Elementes einen Widerstand von gleichem Betrag. In dieser Stromverteilung darf das Galvanometer keinen Strom führen, weil vor und nach dem Schließen von s das Galvanometer gleichen Strom führen sollte. Dies ist nur möglich, wenn

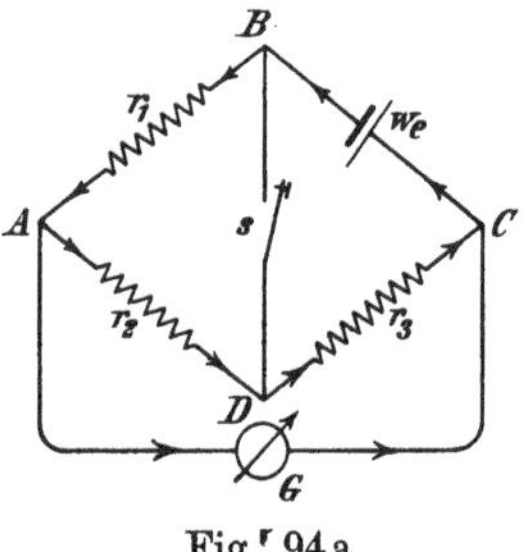

Fig. 94 a.

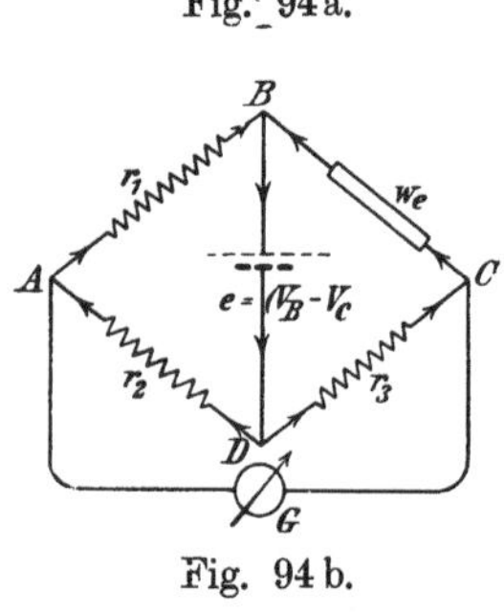

Fig. 94 b.

$$w_e : r_1 = r_3 : r_2 .$$

Der unbekannte Widerstand des Elementes ist somit

$$w_e = r_1 \frac{r_3}{r_2} .$$

Um aus dieser Methode eine richtige Nullmethode zu erhalten, braucht man nur im Galvanometerzweig einen Kondensator einzuschalten (Lodge). Ändert sich der Potentialunterschied in den Punkten A und C vor und nach dem Schließen der Brücke, so wird ein Ladungs- bzw. Entladungsstrom des Kondensators einen Ausschlag im Galvanometer hervorrufen.

3. Methode von Kohlrausch.

Um den Einfluß der Polarisation möglichst zu beseitigen, kann man das Verfahren von Kohlrausch anwenden, wobei das Element in eine Brückenanordnung geschaltet wird, welche als Stromquelle einen Wechselstrom hoher Periodenzahl enthält. Dieser Wechselstrom wird am einfachsten mittels eines kleinen Induktoriums erzeugt. An Stelle des Galvanometers kommt ein Telephon, welches nur auf den Wechselstrom reagiert (Fig. 95). Stehen mehrere Elemente zur Verfügung, so werden sie paarweise gegeneinandergeschaltet, so daß sie möglichst stromlos, d. h. ohne Gleichstrombelastung, untersucht werden können. Da Polarisation bei Wechselstrom hoher Periodenzahl nicht merkbar auftritt, ist diese Methode weit besser zur Bestimmung des Widerstandes selbst. Der Widerstand des Elementes ist bei Tonminimum

$$w_e = \frac{a}{b} r .$$

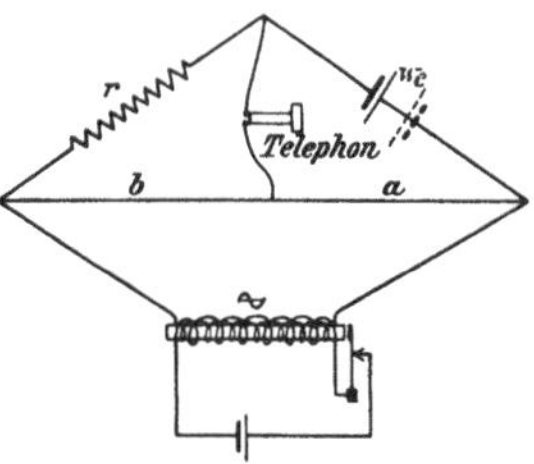

Fig. 95.

Als Widerstände verwendet man einen Draht und einen induktionsfreien Widerstand.

4. Methode von Nernst.

Eine Methode, wobei das Element gänzlich verhindert wird einen Dauerstrom abzugeben, rührt von Nernst und Haagn her. Zwei Kondensatoren können unter sich verglichen werden in einer Brückenanordnung Fig. 96, es gilt dann, daß bei einem Minimum der Tonstärke des Telephons das Verhältnis der Kapazität gleich dem umgekehrten Verhältnis der Widerstände ist (vgl. Kapitel XII). Bei unserem Versuch geht man von der bekannten Kapazität aus und reguliert den Widerstand r, bis der Ton im Telephon ein Minimum aufweist, dann gilt

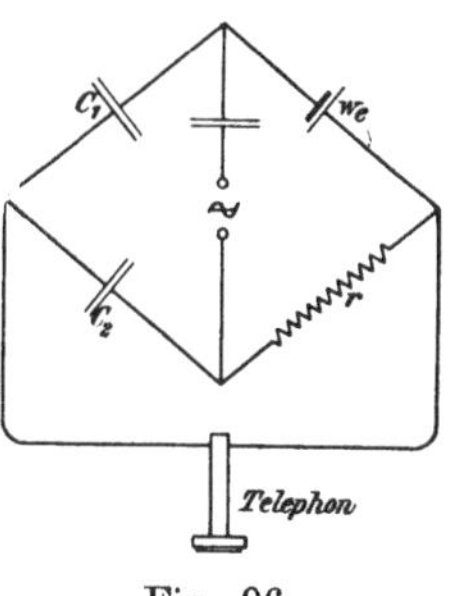

Fig. 96.

$$w_e : r = C_2 : C_1 ,$$

$$w_e = r \frac{C_2}{C_1} .$$

Vor das Induktorium wird noch ein Kondensator von etwas größerer Kapazität geschaltet, welcher wohl einen Wechselstrom in der Brückenanordnung zustande kommen läßt, das Entstehen eines Gleichstromes aus dem Element aber verhindert.

K. Bestimmung des Leitvermögens von Elektrolyten.

Unter spezifischem Leitvermögen versteht man den reziproken Wert des spezifischen Widerstandes; also ist die Einheit das Leitvermögen eines Würfels mit der Kantenlänge 1 cm, wenn dessen Widerstand 1 Ω ist.

Um nun das spezifische Leitvermögen $\varkappa$ eines Elektrolyten zu bestimmen, mißt man den Widerstand und die Dimensionen einer Flüssigkeitssäule und berechnet daraus die gesuchte Größe.

Der Widerstand w eines Zylinders von der Länge l und dem Querschnitt q ist somit

$$w = \frac{1}{\varkappa}\frac{l}{q},$$

umgekehrt findet man das spezifische Leitvermögen aus gemessenem Widerstand, Länge und Querschnitt

$$\varkappa = \frac{l}{q}\frac{1}{w},$$

$\frac{l}{q}$ ist für ein bestimmtes Gefäß bei konstanter Anordnung der Elektroden eine Konstante, welche nach Kohlrausch „Widerstandskapazität dieses Raumes" genannt wird. Bezeichnen wir diese Konstante mit C_w, so erhält man

$$w = C_w : \varkappa \qquad C_w = w\varkappa \quad \text{oder} \quad \varkappa = C_w : w .$$

Das Leitvermögen einer Flüssigkeit wird nun bestimmt, indem man den Widerstand der Flüssigkeit zwischen zwei Elektroden in einem Gefäß mißt, dessen Widerstandskapazität bekannt ist.

Um aber zuerst diese Konstante C_w zu bestimmen, verwendet man am einfachsten eine Flüssigkeit, deren Leitvermögen bei der während der Messung auftretenden Temperatur bekannt ist und mißt den Widerstand zwischen den Elektroden, C_w berechnet sich dann aus der Formel

$$C_w = w\varkappa .$$

Messung des Widerstandes mit Wechselstrom und Telephon nach Kohlrausch.

Das Schaltungsschema (Fig. 97) zeigt eine Wheatstone-Kirchhofsche Drahtbrücke.

Das Viereck wird aus dem Elektrodengefäß, einem Rheostaten (induktionsfrei) und dem Meßdraht gebildet. Die Sekundärklemmen eines Induktoriums werden einerseits zwischen Gefäß und Rheostat, andrerseits mit dem Schleifkontakt verbunden; das Telephon wird an die Enden des Drahtes angelegt. Durch Verschieben des Gleitkontaktes wird auf das Verschwinden des Tones im Telephon eingestellt. Alsdann gilt

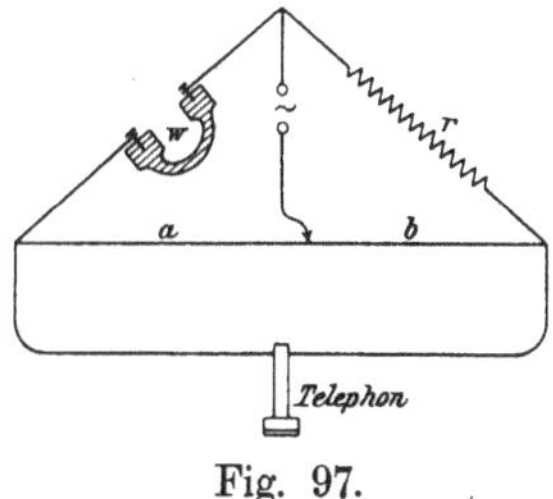

Fig. 97.

$$w : r = a : b \, .$$

Das Gefäß wird nun zuerst z. B. mit gesättigter Kochsalzlösung gefüllt und w_0 gemessen.

Aus der Tabelle

Temperatur	$\varkappa_0$ für gesätt. N_aCl
15	0,2015
16	0,2063
17	0,2112
18	0,2161
19	0,2210
20	0,2260
21	0,2310

ist $\varkappa_0$ bekannt, daher berechnet sich

$$C_w = w_0 \varkappa_0 \, .$$

Hierauf wird das Gefäß geleert, gut ausgespült und mit der zu untersuchenden Flüssigkeit gefüllt. Wird wiederum der Widerstand bestimmt, so ergibt sich das gesuchte Leitvermögen zu

$$\varkappa = C_w : w = \varkappa_0 \frac{w_0}{w} \, .$$

Die Elektroden müssen selbstverständlich genau ebenso weit von einander entfernt sein, wie bei der ersten Messung, sie werden daher meistens in den Deckel fest eingeklemmt.

L. Bestimmung sehr großer Widerstände.

Zum Vergleichen und Messen sehr großer Widerstände bestehen verschiedene Methoden, welche man in zwei Gruppen teilen kann, und zwar in die sog. direkten Methoden, wobei ausschließlich Stromstärke und Spannung gemessen wird, und die Kondensatormethoden, wobei der zu messende Widerstand mit Hilfe von Kondensatorladungen oder -entladungen bestimmt wird.

1. Direkte Methoden.

Die Schaltung wird nach Fig. 98a oder b ausgeführt. Eine Batterie von nicht zu geringer Spannung, z. B. 100 bis 200 Volt, wird mit dem großen Widerstand und einem Galvanometer mit Nebenschluß in Serie geschaltet. Nach der Methode in Fig. 98a findet man aus der an den Klemmen der Batterie gemessenen Spannung und dem im Galvanometer gemessenen Strom, unter Berücksichtigung des Nebenschlusses, die Summe des unbekannten Widerstandes und des Galvanometers mit Nebenschluß. Ist der Widerstand des Galvanometers gegenüber dem großen Widerstand W zu vernachlässigen, so wird also

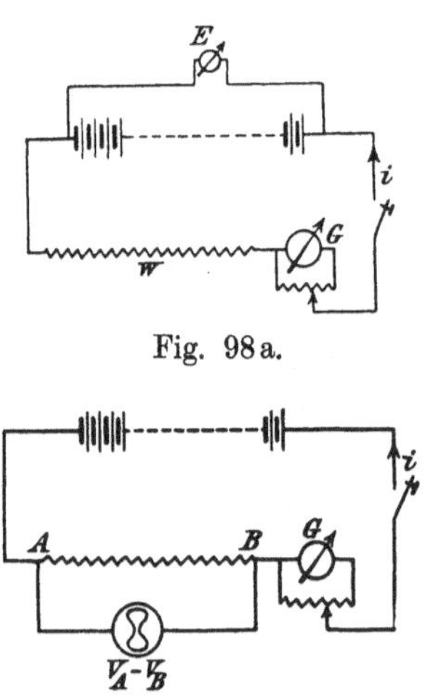

Fig. 98a.

Fig. 98b.

$$W = \frac{e}{i};$$

jedenfalls braucht für eine Korrektur der Widerstand des Galvanometers mit Nebenschluß nicht genau bekannt zu sein, und läßt sich diese genügend genau nach der auf Seite 156 angegebenen Methode bestimmen.

Nach der in Fig. 98b angegebenen Methode wird die an den Klemmen des großen Widerstandes auftretende Potentialdifferenz mittels eines empfindlichen Quadrantenelektrometers bestimmt; es berechnet sich dann

$$W = \frac{V_A - V_B}{i}.$$

Auch kann man bei genügender Batteriespannung bzw. genügend empfindlichem Elektrometer die Messung durch Vergleich ausführen. Man mißt dann abwechselnd mit dem Elektrometer die Potentialdifferenz an den Klemmen des Widerstandes W und eines damit in Serie geschalteten großen bekannten Widerstandes. Das Verhältnis der gemessenen Potentialunterschiede gibt, bei konstant gebliebener Spannung der Batterie, das Verhältnis der Widerstände.

2. Methode von Siemens.

Die Belegungen eines Kondensators werden mit den Enden des großen unbekannten Widerstandes und einem empfindlichen Elektrometer parallel in einen Stromkreis mit einer Batterie und Ausschalter geschaltet (Fig. 99); der Kondensator wird sich auf das Potential der Batterie laden. Wird hierauf der Ausschalter s geöffnet, so verliert der Kondensator seine Ladung einerseits durch die unvollkommene Isolation seines eigenen Dielektrikums, andrerseits durch den parallel geschalteten unbekannten Widerstand W. Sei der Widerstand dieser beiden parallelen Entladungswege R, so wird dieser Widerstand bestimmt durch Beobachtung des Potentials am Anfang der Entladung und nach Verlauf einer bestimmten Zeit.

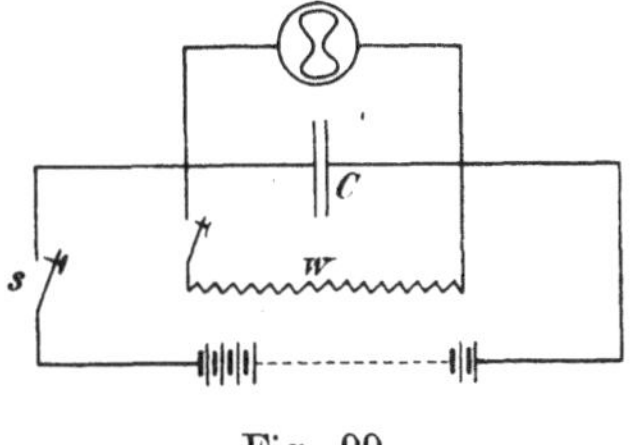

Fig. 99.

Ist in einem bestimmten Moment das Potential des Kondensators V, so ist der Entladestrom

$$i = \frac{V}{R}.$$

War die Ladung $Q = CV$, so ist

$$i = -\frac{dQ}{dt} = -C\frac{dV}{dt},$$

also ist

$$-C\frac{dV}{dt} = \frac{V}{R},$$

$$-CR\frac{dV}{V} = dt.$$

Ist am Anfang der Beobachtung das Potential V_0 und nach Verlauf von t Sekunden V_1, so ist

$$\int_{V_0}^{V_1} -CR\frac{dV}{V} = \int_0^t dt,$$

$$V = V_0 e^{-\frac{t}{CR}},$$

$$\log V = \log V_0 - \frac{t}{CR}\log e,$$

$$R = \frac{t}{C}\cdot 0{,}434\,\frac{1}{\log V_0 - \log V}.$$

Wird hierin C in Mikrofarad eingesetzt, so findet man R in Megohm. Das Maß des Potentials ist gleichgültig.

Verfährt man hiernach auf eben dieselbe Weise mit dem Kondensator allein, so findet man den Isolationswiderstand des Kondensators für sich; sei dieser W_C, so berechnet sich der unbekannte Widerstand W aus

$$W = \frac{R W_C}{W_C - R}.$$

An Stelle des Elektrometers kann man auch ein ballistisches Galvanometer verwenden, indem man die Anfangsladungen mit der Restladung nach einem bestimmten Zeitverlauf vergleicht; es gilt dann

$$Q = Q_0 e^{-\frac{t}{CR}} \quad \text{oder} \quad \alpha_e = \alpha_{e0} e^{-\frac{t}{CR}}$$

und

$$R = \frac{t}{C}\,0{,}434\,\frac{1}{\log \alpha_{e0} - \log \alpha_e}$$

3. Methode von Bright und Clark.

Diese Methode beruht auf Kondensatorladung. Die Pole einer Spannungsbatterie werden unter Zwischenschaltung des Widerstandes mit der Belegung eines Kondensators verbunden (Fig. 100). Der Kondensator wird nun allmählich geladen und nach einer bestimmten Zeit durch Umlegen des Umschalters durch ein ballistisches Galvanometer entladen, woraus die Ladung bestimmt und der unbekannte Widerstand berechnet werden kann.

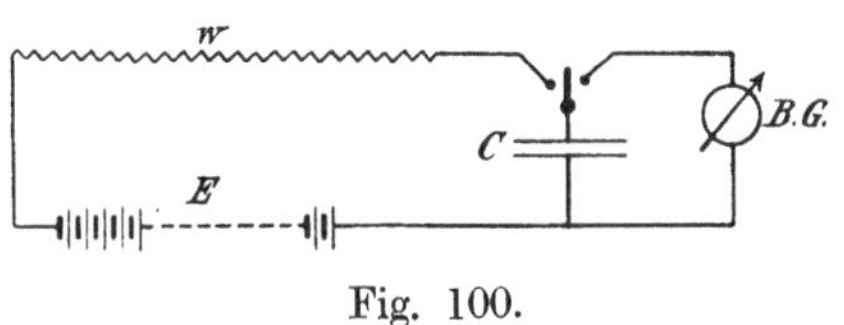

Fig. 100.

Sei E die EMK. der Batterie, V die Potentialdifferenz zwischen der Belegung des Kondensators in einem bestimmten Moment, so ist der augenblickliche Ladungsstrom

$$i = \frac{E - V}{W},$$

wobei der innere Widerstand der Batterie zu vernachlässigen ist.

In dem Zeitdifferential dt ist dann die Zunahme der Ladung des Kondensators

$$dQ = \frac{E - V}{W} dt$$

und da

$$Q = CV,$$

wobei C die Kapazität des Kondensators bedeutet,

$$C dV = \frac{E - V}{W} dt,$$

$$\frac{CW}{E - V} dV = dt.$$

Ist nach Verlauf von t_1 Sekunden der Potentialunterschied am Kondensator von 0 bis auf V_1 angewachsen, so ist

$$\int_0^{V_1} \frac{CW}{E - V} dV = \int_0^{t_1} dt,$$

also

$$t_1 = CW \cdot \log_{nat} \frac{E}{E - V_1}$$

Wird hierauf der Kondensator entladen, und sei der Ausschlag im ballistischen Galvanometer α_{e1}, so kann man, um unabhängig von der Konstante des Galvanometers zu sein, den Kondensator zum zweitenmal laden und zwar ohne Widerstand, so daß der Potentialunterschied gleich der bekannten Spannung E der Batterie ist; dann erhält man einen Ausschlag α_e und es gilt

$$\frac{V_1}{E} = \frac{\alpha_{e1}}{\alpha_e},$$

$$\frac{E}{E - V_1} = \frac{\alpha_e}{\alpha_e - \alpha_{e1}},$$

also

$$t_1 = CW \log_{nat} \frac{\alpha_e}{\alpha_e - \alpha_{e1}},$$

$$W = \frac{t_1 \log_{Brigg} e}{C \log_{Brigg} \frac{\alpha_e}{\alpha_e - \alpha_{e1}}}.$$

M. Isolationsmessung.

Um bei Kabeln Isolationsmessungen vorzunehmen, tut man am besten, sie unter Wasser zu legen, hierbei werden kleine Risse in der Isolationshülle am sichersten entdeckt.

Die Enden des Kabels werden von der Isolation befreit, so daß die Adern bloßliegen, und angewärmt, um Leitung der feuchten Oberfläche auszuschließen. Da das im Wasser liegende Kabel mit der Isolationsschicht als Dielektrikum einen Kondensator darstellt, so kann man einerseits von dieser Eigenschaft Gebrauch machen, anderseits könnte sie störend auf die Messung einwirken.

Bei der Messung soll besonders darauf geachtet werden, daß alle Teile der Schaltung möglichst gut gegeneinander bzw. gegen Erde isoliert sind; die Drähte sind also frei durch die Luft zu führen und gut isolierte Schalter, Schlüssel und Kommutatoren zu verwenden.

1. Methode des direkten Ausschlages.

Eine konstante Batterie wird in Serie mit einem empfindlichen Galvanometer mit Nebenschluß (z. B. Universalshunt) einerseits an die Seele des Kabels, anderseits an eine Elektrode, z. B. ein Stück Kupferblech, im Wasser angeschlossen. Es wird dann anfänglich ein verhältnismäßig starker Strom fließen, welcher sich zusammensetzt aus dem Ladestrom des Kabels, als Kondensator betrachtet, und aus dem eigentlichen Isolationsstrom, herrührend von der Unvollkommenheit der Isolation.

Dieser Strom nimmt rasch ab, je nach der Beschaffenheit des Isolationsmaterials als Dielektrikum, und durch eventuell auftretende Polarisation. Bei gut isolierten Kabeln wird der Strom aber nach 1 Minute schon annähernd konstant sein; man beobachtet jedoch den Vorgang noch während einer zweiten Minute. Bevor der Strom hierauf kommutiert wird, müssen Kabelseele und Elektrode längere Zeit kurzgeschlossen werden, um jede statische Ladung zu entfernen; hierauf wird der Strom kommutiert und wiederum nach 1 Minute seine Stärke bestimmt und der Verlauf der Stromabnahme während der zweiten Minute verfolgt. Dieser soll dem vorigen ähnlich sein, Unregelmäßigkeiten in demselben können als Anzeichen für bald eintretende Isolationsfehler gelten.

Wegen der anfänglich großen Stromstärke wird das Galvanometer beim Einschalten möglichst unempfindlich geschaltet, wenn möglich kurzgeschlossen.

Zur Berechnung des Isolationswiderstandes wird jetzt an Stelle des Kabels ein bekannter Widerstand von großem Betrag eingeschaltet. Bei konstanter EMK. der Batterie werden die Widerstände unter Vernachlässigung des Galvanometerwiderstandes umgekehrt proportional den Stromstärken sein. Hierbei ist noch zu beachten, daß wegen der Ungleichheit der zu vergleichenden Widerstände für das Galvanometer verschiedene Empfindlichkeiten verwendet werden. Nun wird bei Verwendung eines Universalshuntes (Fig. 101) durch Stöpselung bei a die größte Empfindlichkeit erreicht, die als $\frac{1}{1}$

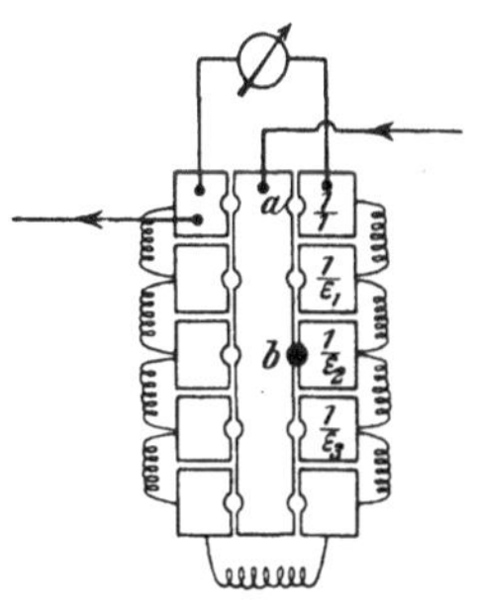

Fig. 101.

bezeichnet wird; bei dieser Schaltung ist der Gesamtwiderstand des Nebenschlusses parallel zum Galvanometer geschaltet, und es fließt somit prozentual der stärkste Strom durch das Galvanometer. Bei Stöpselung nach *b* ist ein Teil des Widerstandes vorgeschaltet und der Nebenschlußwiderstand um denselben Betrag verringert, der Teilstrom wird somit auf $\frac{1}{\varepsilon_2}$ des vorigen Betrages gebracht, d. h. der Ausschlag würde bei der vorigen Schaltung ε_2 mal so groß sein. Ergibt die Messung des Stromes bei dem Isolationswiderstand x und der Empfindlichkeit $\frac{1}{\varepsilon_x}$ einen Ausschlag α_x, dagegen beim Vergleichswiderstand W resp. $\frac{1}{\varepsilon_w}$ und α_w, so gilt

$$x : W = \varepsilon_w \alpha_w : \varepsilon_x \alpha_x .$$

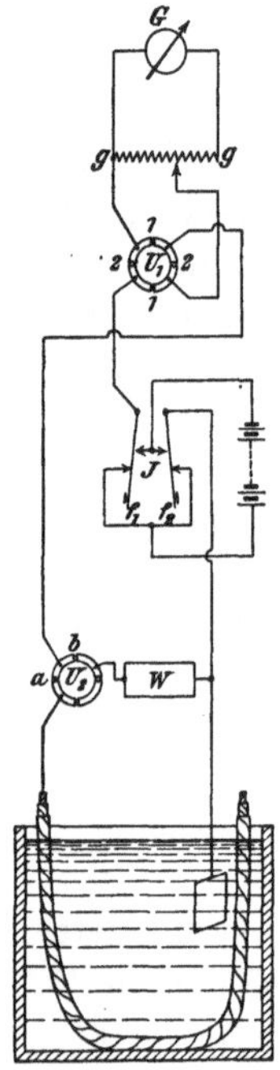

Dieser Isolationswiderstand, gemessen an einem Kabel von L Meter Länge, wird umgerechnet auf ein Kabel von 1 Kilometer Länge, so daß der Isolationswiderstand pro Kilometer ausgedrückt in Megohm

$$\frac{L}{1000} x 10^{-6} \text{ ist.}$$

Fig. 102.

Das Schaltungsschema ist aus der Fig. 102 ersichtlich; hierin bedeutet U_1 einen Kommutator, um den Ausschlag im Galvanometer nach beiden Seiten beobachten zu können, hierzu wird entweder bei 1—1 oder bei 2—2 gestöpselt; vor dem Umstöpseln werden erst alle vier Stöpsel gesteckt, um Stromunterbrechung zu vermeiden. U_2 ist ein Umschalter, durch den das Kabel gegen den bekannten Vergleichswiderstand vertauscht werden kann (Stöpselung *a* oder *b*). Der Stromschlüssel J ermöglicht den Strom zu wenden und, wenn beide Federn f_1 f_2 hoch stehen, das Kabel zu entladen. Durch Herunterdrücken der Feder f_1 oder f_2 erfolgt Stromschluß in verschiedener Richtung.

2. Kondensatormethode.

Methode der Beobachtung des Ladungsverlustes.

Wird durch Herunterdrücken des Hebels in Fig. 103 die Batterie an die Seele des Kabels und an eine Elektrode im Kabeltrog gelegt, so wird das Kabel als Kondensator eine Ladung erhalten, welche aber, nachdem die Verbindung mit der Batterie unterbrochen ist, allmählich infolge der Unvollkommenheit der Isolation verschwindet. Aus der Abnahme dieser Ladung in einer bestimmten Zeit läßt sich der Isolationswert des Kabels auf Grund folgender Überlegung bestimmen.

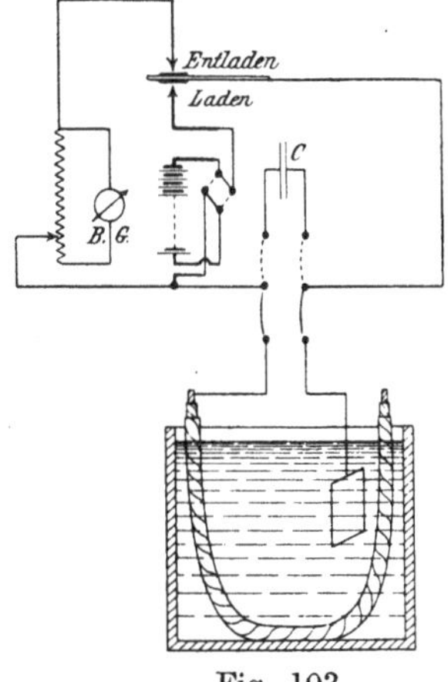

Fig. 103.

Sei in irgend einem Moment das Potential des Kabels V, so wird durch die Isolation, deren Widerstand x sei, ein Strom $i_v = \frac{V}{x}$ fließen und im Zeitelement dt die Elektrizitätsmenge $i_v dt$. Die Ladung des Kabels, welche $Q_v = C_k V$ war, nimmt also um den Betrag $dQ_v = C_k dV = idt$ ab. C_k soll die Kapazität des Kabels angeben. Entladet man nun erst das Kabel sofort, nachdem die Verbindung mit der Batterie unterbrochen ist, so war die Ladung des Kabels $C_k\ V_0$ und der Ausschlag im ball. Galv. α_0, wenn V_0 die Spannung der Batterie

$$C_k V_0 = C_b \alpha_0,$$

wobei C_b die ballistische Konstante des Galvanometers angibt.

Wird das Kabel nun aufs neue aufgeladen, dann sich selbst überlassen und erst nach t Sekunden entladen, so erhält man einen Ausschlag im Galvanometer $\alpha_t < \alpha_0$.

Die Abnahme der Ladung ist gleich dem Verlust, also

$$-dQ = -C_k dV = idt = \frac{V}{x} dt$$

$$-C_k x \frac{dV}{V} = dt$$

$$-C_k x \int_{V_0}^{V_t} \frac{dV}{V} = t$$

$$C_k x \log \text{nat} \frac{V_0}{V_t} = t \qquad x = \frac{t}{C_k \log \text{nat} \frac{V_0}{V_t}}.$$

Da weiter $Q = C_k V = C_b \alpha$, erhält man

$$x = \frac{1}{C_k} \frac{t}{\log \text{nat} \frac{\alpha_0}{\alpha_t}}.$$

Führt man für C_k Mikrofarad und für t Minuten ein, ferner Briggische Logarithmen, so wird x ausgedrückt in Megohm

$$x = 26{,}06 \frac{1}{C_k} \frac{t}{\log \frac{\alpha_0}{\alpha_t}}.$$

In dieser Formel ist C_k, die Kapazität des Kabels, noch unbekannt, sie wird durch Vergleich mit einem Normalkondensator gefunden. Erhält man bei Entladung des Kabels den Ausschlag α_1, bei Entladung des Kondensators von der Kapazität C bei gleichem Potential und Schaltung des ballistischen Galvanometer α_2, so ist

$$C_k = C \frac{\alpha_1}{\alpha_2}.$$

N. Messung der Isolation von Anlagen.

1. Voltmetermethode.

Ein Voltmeter mit bekanntem inneren Widerstand kann unter gewissen Bedingungen als Isolationsmesser verwendet werden. Bei der jetzt zu behandelnden Methode muß die Anlage stromlos sein, d. h. die Stromquelle muß außer Betrieb gesetzt werden.

Für die richtige Beurteilung des Zustandes, in dem sich eine Anlage befindet, ist es notwendig, zu wissen, wie eventuelle Stromverluste auftreten können, und ob die Isolation jede Gefahr der Beschädigung ausschließt. Es genügt dann nicht, den Gesamtwiderstand des Netzes gegen Erde zu bestimmen, sondern man muß die Isolationswiderstände der beiden Leitungen untereinander, und von jeder einzelnen gegen Erde kennen. Eine Anlage, welche einpolig vollkommen Erdschluß hat, würde als Gesamtwiderstand gegen Erde einen Isolationswert Null besitzen, trotzdem aber noch ohne unmittelbare Gefahr betriebsfähig bleiben.

Es werden also alle leitenden Verbindungen der beiden Leiter, wie Glühlampen, Voltmeter usw., aus- bzw. abgeschaltet.

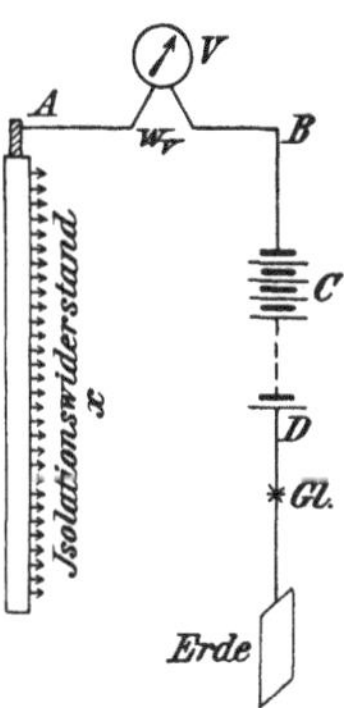

Fig. 104.

Legt man nach der Schaltung in Fig. 104 zwischen A und B ein Voltmeter mit $w_v\,\Omega$ inneren Widerstandes, und verbindet man einen Pol der Batterie unter Zwischenschaltung einer Glühlampe (*Gl*), damit bei eventuellem Erdschluß in der Batterie kein Kurzschluß entstehe, an Erde, so wird man auf dem Voltmeter z. B. a Volt ablesen. Es fließt also durch das Voltmeter und die Isolation des Kabels ein Strom

$$i = \frac{a}{w_v}.$$

Mißt man nun das Potential des Punktes C der Batterie gegen Erde, d. h. legt man die Klemme A des Voltmeters direkt an Erde, und zeigt der Ausschlag E Volt, so war

$$i = \frac{a}{w_v} = \frac{E}{w_v + x_+},$$

hieraus folgt

$$x_+ = w_v \left(\frac{E}{a} - 1\right).$$

Auf ähnliche Weise wird mit dem negativen Leiter des Netzes verfahren und der Widerstand x_- gemessen.

Unter „Isolationswiderstand des Netzes gegen Erde“ wird dann $x = \frac{x_+ \cdot x_-}{x_+ + x_-}$ verstanden.

Unter Isolationswiderstand der „Anlage“ gegen Erde versteht man den Widerstand der Gesamtanlage gegen Erde, wobei Lampen, Motoren usw. alle eingeschaltet sind.

Von größerer Bedeutung ist aber der Widerstand der beiden Leiter gegeneinander. Es wird hierbei die Klemme A des Voltmeters an den einen Leiter und die Erdverbindung an den zweiten Leiter verlegt, weiter aber auf dieselbe Weise verfahren.

Die Bestimmung des Potentiales des Punktes C der Batterie gegen Erde durch direkte Messung der Batteriespannung, d. h. durch Anlegen des Isolationsmessers an die Pole der Batterie, kann zu falschen Resultaten führen, sobald irgend eine der mittleren Zellen Erdschluß hat, darum ist die oben angegebene Methode zu verwenden; meistens wird aber eine kleine Hilfsbatterie aus Trockenelementen zu diesen Messungen verwendet.

Der Isolationsmesser der Firma Siemens & Halske ist ein Präzisionsvoltmeter mit einem inneren Widerstande von 30000 Ω. Die Skaleneinteilung hat 150 gleiche Teile und zeigt direkt Volt an. Es ist weiter noch eine Einteilung nach Isolationswiderständen gemäß obiger Formel angebracht, welche bei Verwendung einer Batterie von 110 Volt direkt den Isolationswiderstand in Ω angibt.

Nehmen wir an, daß ein Ausschlag von 0,2 Skalenteil gut wahrnehmbar ist, so wird bei Verwendung einer Batterie von 110 Volt das Maximum des zu messenden Isolationswiderstandes

$$x = 30000\left(\frac{110}{0,2} - 1\right) = \pm 16,5 \text{ Megohm sein.}$$

2. Die Nebenschlußmethode.

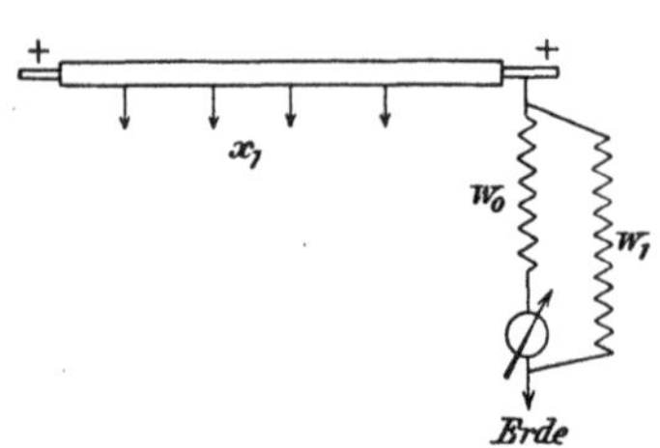

Fig. 105.

Nach dieser Methode kann der Isolationswiderstand einer Anlage bestimmt werden, während das Netz unter Spannung steht, eine besondere Batterie ist dabei nicht nötig.

Verbindet man eine der Hauptleitungen unter Zwischenschaltung eines Vorschaltwiderstandes und eines Galvanometers, oder Milliamperemeters mit der Erde, so wird im allgemeinen durch diese Verbindung ein Strom fließen (Fig. 105). Sei die Netzspannung V und die Widerstände der Plus- und Minusleitung gegen Erde x_1 und x_2, so ist dieser Strom

$$i = \frac{V}{x_2 + \frac{w_0 x_1}{w_0 + x_1}}$$

und durch das Galvanometer geht der Strom

$$i_0 = \frac{V}{x_2 + \frac{w_0 x_1}{w_0 + x_1}} \cdot \frac{x_1}{x_1 + w_0} = \frac{V x_1}{w_0 x_1 + x_1 x_2 + w_0 x_2}.$$

Das Potential dieses Leiters gegen Erde wird somit

$$i_0 w_0 = C\alpha = \frac{V x_1 w_0}{w_0 x_1 + x_1 x_2 + w_0 x_2} = V \frac{\frac{1}{x_2}}{\frac{1}{x_2} + \frac{1}{x_1} + \frac{1}{w_0}}.$$

Legt man nun noch eine Verbindung nach der Erde mit dem Widerstand w_1 nach Art der Fig. 105, so vermehrt man dadurch die Leitfähigkeit $\frac{1}{x_1}$ dieses Leiters gegen Erde um den Betrag $\frac{1}{w_1}$ und das Potential gegen Erde verkleinert sich, somit auch der Ausschlag im Galvanometer.

$$C\alpha_1 = V \frac{\frac{1}{x_2}}{\frac{1}{x_2} + \frac{1}{x_1} + \frac{1}{w_0} + \frac{1}{w_1}},$$

hieraus folgt

$$\frac{\alpha}{\alpha_1} = \frac{\frac{1}{x_1} + \frac{1}{x_2} + \frac{1}{w_0} + \frac{1}{w_1}}{\frac{1}{x_1} + \frac{1}{x_2} + \frac{1}{w_0}}.$$

Der Isolationswiderstand der Anlage gegen Erde ist

$$x = \frac{x_1 x_2}{x_1 + x_2} \text{ oder } \frac{1}{x} = \frac{1}{x_1} + \frac{1}{x_2},$$

dies eingeführt ergibt

$$\frac{\alpha}{\alpha_1}=\frac{\frac{1}{x}+\frac{1}{w_0}+\frac{1}{w_1}}{\frac{1}{x}+\frac{1}{w_0}}$$

$$\frac{1}{x}=-\frac{1}{w_0}+\frac{\alpha_1}{\alpha-\alpha_1}\cdot\frac{1}{w_1}.$$

Reguliert man w_1 so, daß $\alpha_1=\frac{1}{2}\alpha$ oder $\frac{2}{3}\alpha$, so wird

$$\frac{1}{x}=-\frac{1}{w_0}+\begin{matrix}1\\ \text{oder}\\ 2\end{matrix}\,\frac{1}{w_1}.$$

3. Die Brückenmethode.

Der allgemeinste Fall einer Brückenanordnung ist der, daß nicht allein in der einen Diagonalverbindung eine EMK. herrscht, sondern auch in allen anderen Zweigen EMKe auftreten. Es läßt sich aber beweisen, daß, sobald die Widerstände des Viereckes derart abgestimmt sind, daß $w_1:w_2=w_3:w_4$, eine Änderung der EMK. oder des Widerstandes in dem einen Diagonalzweig keine Änderung des Ausschlags im Galvanometer hervorrufen wird.

Verwendung zur Isolationsmessung.

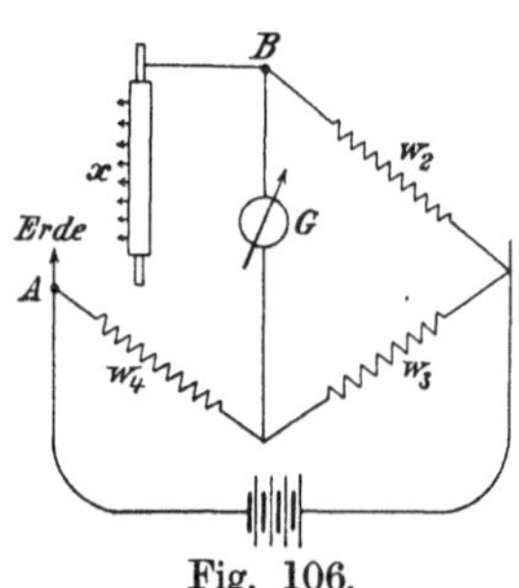

Fig. 106.

Die Brückenmethode kann nun zur Messung des Isolationswiderstandes eines Leiters gegen Erde verwendet werden, gleichgültig ob das Netz unter Spannung steht oder nicht.

Verbindet man den Punkt B mit dem Leiter und A mit der Erde (Fig. 106) und reguliert die Widerstände w_2, w_3 und w_4 derart, daß beim Öffnen oder Schließen des Batteriezweiges der Ausschlag im Galvanometer konstant bleibt, so ist

$$x=w_4\frac{w_2}{w_3}.$$

Diese Methode läßt sich auch bei Wechselstromnetzen anwenden, weil das Galvanometer durch einen Wechselstrom keine Ablenkung erleidet.

O. Untersuchung von Erdleitungen.

Brücke nach Nippoldt.

Für die Prüfung und Überwachung von Erdleitungen, speziell von Blitzableitern, ist es notwendig, den Ausbreitungswiderstand nach der Erde auf einfache Weise bestimmen zu können. Die Firma Hartmann & Braun hat dazu eine Telephonbrücke nach Nippoldt konstruiert, mit Hilfe deren dieser Widerstand nach der Nippoldtschen oder Wiechertschen Methode auf einfache Weise zu bestimmen ist.

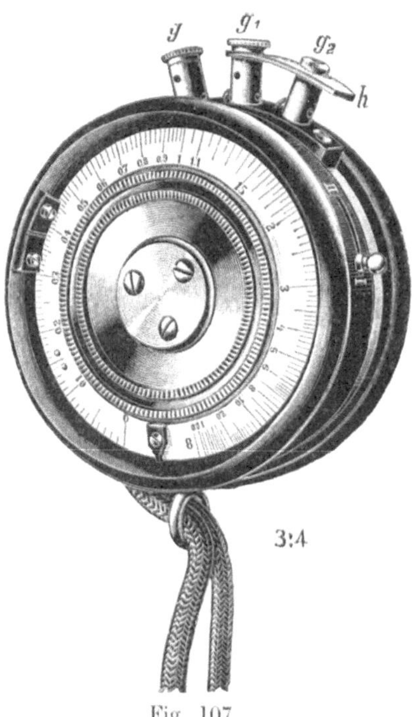

Fig. 107.

Die äußere Form ist in Fig. 107 angegeben. Mit einem dosenförmigen Telephon ist eine in runder Form angeordnete Meßbrücke verbunden, deren Meßdraht durch das Gehäuse geschützt ist. Der Schleifkontakt ist an der drehbaren Rückwand befestigt, an welcher die Widerstände direkt in Ohm abgelesen werden können. Zwei Vergleichswiderstände und die nötigen Umschalter liegen ebenfalls im Gehäuse, in das ein grünes Doppelkabel zum Anschluß der Stromquelle, ein schwarzgrünes zum Anschluß des zu messenden Widerstandes, sowie ein braunes Kabel für den Erdkontakt (Wiechertsche

Methode) eingeführt sind. Als Stromquelle zur Prüfung von Blitzableitern, wie zur Widerstandsmessung von Elektrolyten überhaupt, ist ein kleiner Induktionsapparat mit großer Unterbrechungszahl nötig, der, durch 1 oder 2 Elemente gespeist, Wechselstrom liefert.

Um die vorstehende Meßbrücke auch zur Bestimmung von festen Widerständen verwenden zu können, sind am Rande der Dose Klemmen g und g_1 zur Anlegung eines Galvanometers angebracht, in diesem Falle wird der Hebel h zum Ausschalten des Telephons zurückgeschlagen.

Aus Fig. 108a und b ersieht man zwei Schaltanordnungen, bei der ersten wird die braune Zuleitung nicht verwendet, sie bildet eine gewöhnliche Drahtbrücke, die Summe der Ausbreitungswiderstände R_1 und R_2 der beiden angelegten Erdplatten wird mit dem Vergleichswiderstand w verglichen. Man erhält also beim Tonminimum

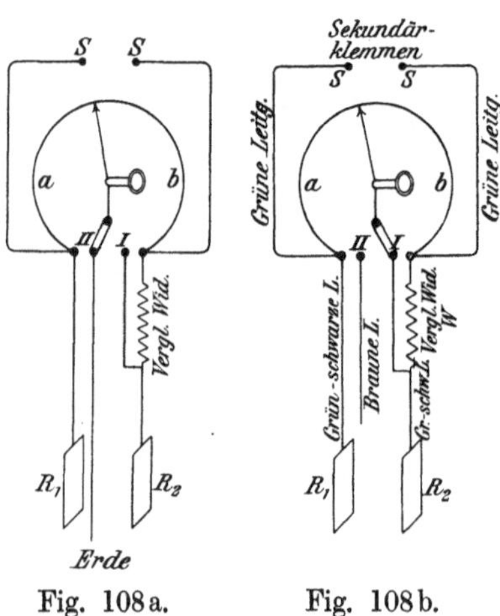

Fig. 108a. Fig. 108b.

$$(R_1 + R_2) = \frac{a}{b} w .$$

Verlegt man hierauf den Anschluß an der zweiten Erdplatte nach einer dritten Platte, so findet man die Summe

$$R_1 + R_3 = \frac{a'}{b'} w$$

und nach Verlegung des Anschlusses 1 nach Anschluß 2

$$R_2 + R_3 = \frac{a''}{b''} w .$$

Aus diesen drei Meßresultaten können die einzelnen Ausbreitungswiderstände berechnet werden.

Bei den älteren Ausführungen dieses Apparates war nur ein Vergleichswiderstand zu 6 Ω vorhanden, bei den neueren, wobei zwei Vergleichswiderstände angeordnet sind, muß auf die Stellung des weißen Hebels geachtet werden.

Die zweite Methode, in Fig. 108b angegeben, wird dann verwendet, wenn nur zwei Erdleitungen vorhanden sind, z. B. eine Erdplatte und Gas- oder Wasserleitung, es wird dann ein einfacher Erdkontakt gemacht, z. B. dadurch, daß eine Eisenstange in die Erde gesteckt wird, und hiermit die braune Leitung verbunden.

Der schwarze Hebel wird nach Stellung *II* geschoben, wodurch das Telephon an diesen provisorischen Erdkontakt gelegt wird.

Beim Tonminimum gilt

$$R_1 : (R_2 + w) = a : b ,$$

vertauscht man hierauf die grün - schwarzen Leitungen, so wird man nach abermaligem Einstellen des Minimums erhalten

$$R_2 : (R_1 + w) = a' : b' ,$$

so daß aus beiden Gleichungen R_1 und R_2 einzeln berechnet werden können.

(Bei der älteren Ausführung ist zu beachten, daß das Verhältnis $\frac{a}{b}$ resp. $\frac{a'}{b'}$ aus den am Zeiger abgelesenen Zahlen, dividiert durch 6, erhalten wird.)

P. Fehlerortsbestimmung.

Sobald das Vorhandensein von Fehlern in einer Anlage durch Isolationsmessung aufgedeckt ist, handelt es sich darum, die Stellen dieser Fehler selbst zu finden; jede Meßmethode, durch welche ungefähr die Stelle gefunden werden kann, erleichtert das meistens schwierige Aufsuchen. Die dafür in Betracht kommenden Methoden geben aber leider nur in einzelnen Fällen brauchbare Resultate; sobald mehrere Erdschlüsse gleichzeitig auftreten, das Kabel auf eine längere Strecke schlecht isoliert, oder der Erdschluß nur wenig ausgeprägt ist, läßt sich kein brauchbares Resultat erreichen. Jedenfalls wird man am besten zum Ziel kommen, wenn man einen Punkt der stromlosen Anlage durch ein Galvanometer mit kleiner Meßbatterie und Vorschaltwiderstand an Erde legt; infolge des Isolationsfehlers erhält das Galvanometer einen Ausschlag; nun werden allmählich verschiedene Zweige der Anlage abgetrennt und zwar zweipolig, z. B. durch Herausnehmen von Sicherungen, Ausschalter usw. Sobald nun der Ausschlag im Galvanometer sich plötzlich ändert, deutet dies auf einen Fehler in dem eben abgetrennten Teil. Die so aufgefundenen fehlerhaften Teile werden dann einzeln nach irgend einer der folgenden Methoden untersucht. Die Wahrscheinlichkeit, daß in dem zu untersuchenden Teil nur ein Fehler besteht, ist nun größer.

Ist die fehlerhafte Stelle von der Prüfstelle aus nach beiden Enden zugänglich, steht mit anderen Worten eine geschlossene Leitung von der Prüfstelle aus nach dem Kabel und vom anderen Ende wieder zurück zur Verfügung, so kann man eine der sogenannten Schleifenmethoden anwenden.

1. Schleifenmethode nach Murray.

Da diese Methode eine Brückenmethode ist, wobei die Schleife zwei Seiten des Vierecks bildet, so findet man als Resultat das Verhältnis der Widerstände der durch die Fehlerstelle geteilten Hälften der Schleife.

Besteht nun die Schleife aus Teilen von verschiedenem Querschnitt, so gilt diese Verhältniszahl nicht mehr für die Längen der Strecken bis zum gesuchten Punkte. In dem Falle reduziert man die Länge der Schleife auf die Länge einer bezüglich des Leitungswiderstandes äquivalenten Schleife von konstantem Querschnitt.

Sind $q_1, q_2 \cdots q_n$ die Querschnitte von Kabelstücken, deren Längen $l_1, l_2 \cdot\cdot l_n$ betragen, so ergeben sich als die Längen der äquivalenten Stücke des Querschnittes q_a

$$l_1' = \frac{q_a}{q_1} l_1; \quad l_2' = \frac{q_a}{q_2} l_2; \quad \cdots l_n' = \frac{q_a}{q_n} l_n.$$

Wird nun die Brückenschaltung nach Fig. 109 aufgebaut, worin ACB die reduzierte Schleife angeben soll, DA und EB die Zuführungsdrähte von der Prüfstelle nach den Kabelenden, a und b zwei regulierbare Widerstände, G ein Galvanometer und M eine Batterie, so sind die Zuführungsdrähte mit zur Schleife zu rechnen und ihre Längen ebenfalls auf den Querschnitt q_a umzurechnen.

Die Schleife hat dann die Länge $DACBE$ und, reduziert, die Länge L'; sind nun die Widerstände a, b so einreguliert, daß das Galvanometer in Ruhe ist, so verhalten sich die reduzierten Längen x' und $(L' - x')$ wie $a:b$, also:

$$x' = L' \frac{a}{a+b}.$$

Aus der Länge x' wird nun durch Zurückrechnen auf die wirklichen Querschnitte der Sitz C des Fehlers gefunden.

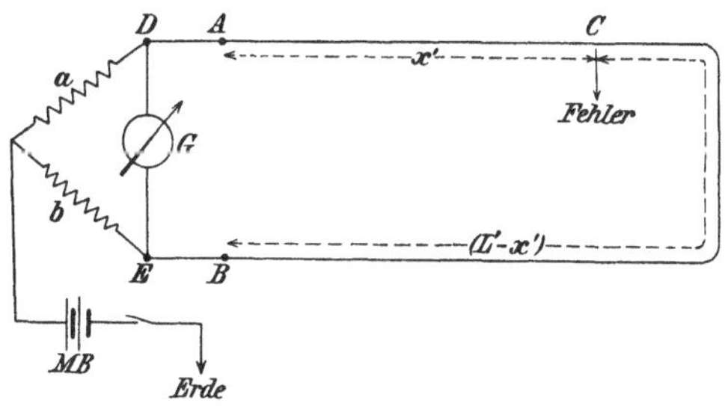

Fig. 109.

Eine bessere Schaltung mit Bezug auf die Schwierigkeiten, welche von den Zuführungsdrähten herrühren (z. B. durch Temperaturunterschiede usw.), erhält man, indem man das Galvanometer direkt an die Enden des Kabels anlegt. In dem Falle werden die Widerstände dieser Zuführungsdrähte zu a und b gezählt. Sie können besonders in der Brücke gemessen werden und haben bei Verwendung verhältnismäßig größerer Vergleichswiderstände weniger Einfluß auf das Resultat der Messung.

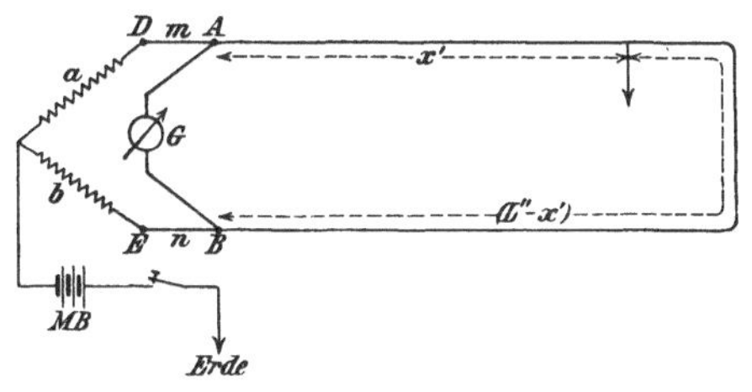

Fig. 110.

Das Schaltungsschema in diesem Falle gibt Fig. 110 an, der Sitz des Fehlers wird aus der reduzierten Länge x' gefunden

$$x' = L'' \frac{a+m}{a+m+b+n}$$

L'' bedeutet dann die reduzierte Länge der Kabelschleife ohne Zuführungsdrähte.

2. Schleifenmethode nach Varley.

Ein Vorteil dieser Methode gegen die vorige liegt darin, daß man eine Kontrollmessung machen kann.

Seien die reduzierte Länge der Schleife L' und der Widerstand w, die Widerstände der Zuleitungsdrähte von der Prüfstelle bis an die Kabelenden m und n; weiter mögen a, b und c bekannte Widerstände vorstellen, und der Widerstand des Kabelstückes von M bis F $x\Omega$ betragen. In der in Fig. 111 angegebenen Schaltung wird für $a+m$ und b ein bestimmtes Verhältnis gewählt, z. B. 10 : 100 oder 10 : 1000, und der Widerstand c so lange reguliert, bis der Ausschlag im Galvanometer verschwindet, dann gilt

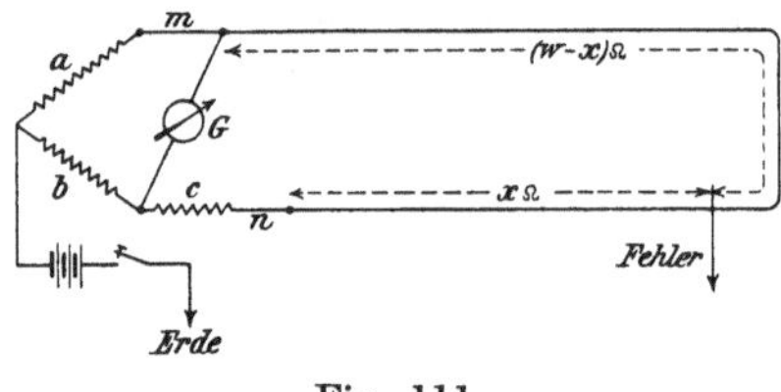

Fig. 111.

$$\frac{a+m}{b}=\frac{w-x}{c+n+x}.$$

Hierauf wird derjenige Pol der Batterie, der bis jetzt an Erde gelegt war, mit dem Punkte verbunden, wo das Kabel an n angeschlossen ist, und auf gleiche Weise der Widerstand der Schleife, also w, bestimmt, so daß

$$\frac{a+m}{b}=\frac{w}{c'+n}.$$

Aus beiden Gleichungen läßt sich das Verhältnis der Widerstände x und w berechnen als

$$\frac{x}{w}=\frac{(c'-c)\,b}{(c'+n)(a+b+m)}.$$

Der Fehler wird sich somit auf $\frac{x}{w}L'$ Meter in reduzierter Länge von dem an m angeschlossenen Ende des Kabels befinden, hieraus kann dann die wirkliche Entfernung des Punktes zurückgerechnet werden.

Die Kontrolle besteht darin, daß man die Enden des Kabels vertauscht und dann auf gleiche Weise die Länge des anderen Kabelstückes bestimmt.

3. Methode des Spannungsabfalles.

Stellt in der Fig. 112 AFB das fehlerhafte Kabel dar, so läßt sich der Fehlerort F wiederum durch Messung des Widerstandes BF bestimmen, sobald dabei der Querschnitt des Kabels bekannt ist. Schaltet man nämlich vor das Kabel ein ähnliches Stück oder einen Widerstand von bekanntem Werte, welcher voll-

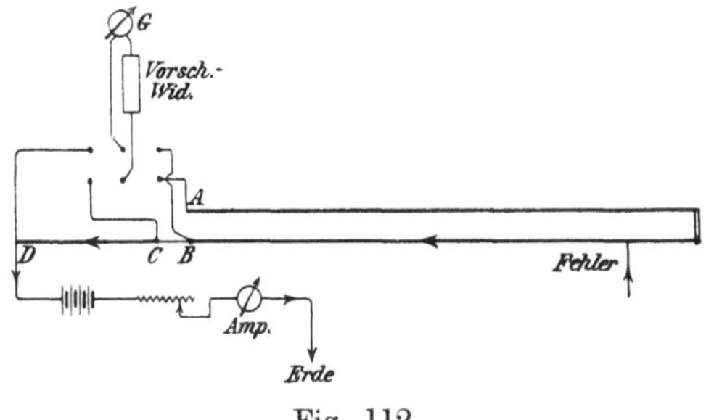

Fig. 112.

kommen isoliert sein muß, und weiter eine Batterie, Regulierwiderstand und Amperemeter, welches mit dem anderen Pol an Erde gelegt wird, so bildet sich durch die Erde und die Fehler stelle ein geschlossener Stromkreis. In diesem Stromkreis werden sich die Potentialdifferenzen $V_F - V_B$ und $V_C - V_D$ wie die Widerstände FB und CD verhalten.

Legt man nun ein Galvanometer mit hohem Widerstand abwechselnd an die Punkte $B - F$ und $D - C$, so läßt sich bei konstantem Strom J dieses Verhältnis bestimmen.

Da nun der Teil FA des Kabels außerhalb des Hauptstromkreises liegt, wird das Potential V_A gleich dem von Punkt F sein, man kann also anstatt an den unbekannten Punkt F an den Punkt A anschließen.

Bei Verwendung eines Vergleichskabels von gleichem Querschnitt verhalten sich dann die Potentialdifferenzen wie die Längen BF und DC, sonst muß man aus dem gefundenen Wert des Widerstandes die Länge BF ausrechnen.

4. Fehlerortsbestimmung ohne Rückleitung.

Das Ende des Kabels bleibt zunächst frei, der Strom wird vermittelst des Widerstandes w (Fig. 113) konstant gehalten,

Galvanometer in Stellung I.

$AB = R$ sei der Widerstand eines intakten Kabelstückes oder Rheostaten.

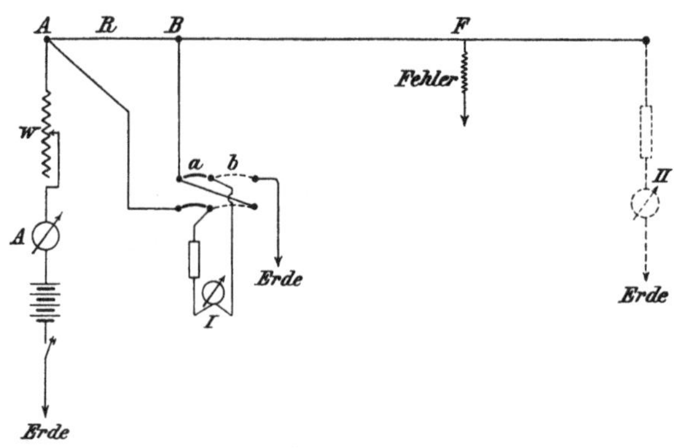

Fig. 113.

Stellung a der Wippe.

Ablenkung im Galvanometer α_1 entsprechend dem Spannungsabfall in R.

Stellung b der Wippe.

Ablenkung α_2 entsprechend dem Spannungsabfall in $BF = x$, vermehrt um den Spannungsabfall in dem Fehlerwiderstand.

Das Instrument wird nun nach dem Endpunkt des Kabels gebracht, Stellung II.

Ablenkung bei Stellung II: α_3 entspricht dem Spannungsabfall im Fehlerwiderstand.

Der Ort des Fehlers berechnet sich

$$x = \frac{\alpha_2 - \alpha_3}{\alpha_1} R,$$

wobei aus dem Widerstande x die Länge des Stückes BF zu berechnen ist.

Q. Ohmmeter.

Die angeführten Methoden zur Bestimmung von Widerständen sind alle mehr oder weniger zeitraubend und kompliziert, die Frage nach Instrumenten, welche ohne weitere Manipulationen direkt den Widerstand zwischen zwei Punkten in Ohm anzeigen, liegt also sehr nahe.

1. Schaltet man eine Stromquelle mit einem Galvanometer und dem unbekannten Widerstand in Serie, so wird das Galvano-

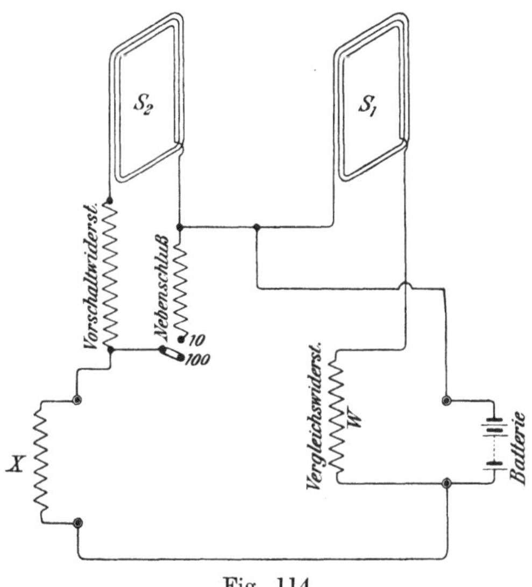

Fig. 114.

meter eine Ablenkung erhalten, welche sich bei konstanter Klemmenspannung der Stromquelle nur mit der Größe des unbekannten Widerstandes ändert.

Nach diesem Prinzip sind Instrumente für Isolationsprüfungen angefertigt, welche aus einigen Trockenelementen und einem empfindlichen Zeigergalvanometer unter Umständen noch unter Vorschalten eines Ballastwiderstandes bestehen; die Skala ist empirisch geeicht. Die Meßresultate sind im allgemeinen wenig genau, die Batterie läßt bei eventueller Überlastung bald nach; enthält außerdem das Galvanometer eine drehbare Nadel, so wirken magnetische

Störungen so stark ein, daß dabei von Genauigkeit kaum mehr die Rede sein kann; praktisch finden diese Apparate denn auch meistens Anwendung beim Aufsuchen von direkten Kurzschlüssen, und z. B. von zusammengehörenden Drahtenden bei Wicklungen u. dgl.

1:3

Fig. 115.

2. Zur Bestimmung sehr großer Isolationswerte, wobei direkt die Netzspannung angewandt wird, finden speziell dazu graduierte Voltmeter Verwendung, wie in dem betreffenden Kapitel erläutert.

3. Ohmmeter, welche für bestimmte Meßbereiche direkt anzeigende Widerstandsmesser sind, werden in letzteren Jahren von verschiedenen Firmen gebaut; das Prinzip, worauf sie beruhen, läuft mehr oder weniger auf das Folgende hinaus (Fig. 114).

Zwei Spulen sind senkrecht zueinander in dem Felde eines permanenten Magnets oder getrennt in zwei solchen Feldern, drehbar um eine gemeinschaftliche Achse, angeordnet. Die Spule S_1 wird von einem Strom durchflossen, welcher proportional der Batteriespannung und umgekehrt proportional dem konstanten Vergleichswiderstand ist; der Strom in der Spule S_2 ist ebenfalls der Batteriespannung proportional, aber abhängig von dem zu messenden Widerstand.

Weil nun keine Richtkräfte, wie die Schwere oder Torsionsfeder, vorhanden sind, so wird das bewegliche System eine Lage annehmen, wobei die von diesen Strömen auf die Spule ausgeübten Drehmomente einander das Gleichgewicht halten. Für jede Spule ist nun das darauf ausgeübte Drehmoment proportional dem durchfließenden Strom und der da herrschenden Feldstärke. Hieraus sieht man schon, daß die verwendete Batteriespannung keinen Einfluß auf die Einstellung hat, weil mit ihr beide Stromstärken in gleichem Verhältnis zu- bzw. abnehmen.

Der eingeschaltete Widerstand x dagegen ändert das Verhältnis der beiden Stromstärken, und andererseits wird sich das Verhältnis der Feldstärken an den Stellen der Spule mit der Lage des Systemes ändern; hieraus entsteht der Zusammenhang zwischen Widerstand und Zeigereinstellung.

Durch Parallelschalten eines Nebenschlußwiderstandes zur Spule S_2 kann der sie durchfließende Strom auf einen bestimmten Bruchteil vermindert werden, so daß damit bei kleineren Werten des unbekannten Widerstandes der Meßbereich vergrößert werden kann.

Die Unabhängigkeit von der Batteriespannung wird durch praktische Einflüsse, wie unsichere Zeigereinstellung und zu große Erwärmung begrenzt.

Fig. 115 zeigt eine Ausführung der Firma Hartmann & Braun.

Drittes Kapitel.

Strommessung.

A. Elektromagnetische Strommessung.

Bei der elektromagnetischen Strommessung haben wir drei Fälle zu unterscheiden:

1. Eine feste Stromspule wirkt auf einen beweglichen Magnet (vergleiche Seite 70 u. f., Nadelgalvanometer).

2. Ein fester Magnet wirkt auf eine bewegliche Spule (vergleiche Seite 80 u. f., Spulengalvanometer).

3. Eine feste Stromspule wirkt auf einen beweglichen Weicheisenkörper.

Außer den früher behandelten Galvanometern gehören zu Gruppe 1 die Tangentenbussole und das Torsionsgalvanometer, und zu Gruppe 2 die Präzisionsinstrumente für Gleichstrom nach dem Prinzip von Deprez und d'Arsonval, denen Abschnitt A, Kapitel VI gewidmet ist, während schließlich die Gruppe 3 sich aus einer Reihe technischer Meßinstrumente zusammensetzt, von denen einige im Abschnitt M, Kapitel VI gebracht sind.

Da bei den Galvanometern schon die Theorien, worauf ihre Wirkungsweise, also die elektromagnetische Strommessung beruht, entwickelt sind, brauchen wir hier nur noch einiges von der Tangentenbussole und vom Torsionsgalvanometer zu sagen.

1. Tangentenbussole.

Die einfachste Form einer Tangentenbussole besteht aus einer einzelnen kreisförmigen Drahtwindung, deren Fläche senkrecht steht und im magnetischen Meridian aufgestellt ist, während sich im Mittelpunkt der Windung eine kleine, um eine vertikale Achse drehbare Magnetnadel befindet.

Bei der Behandlung des Nadelgalvanometers ist, für $n = 1$, folgende Formel (vergleiche Fig. 19) abgeleitet:

$$i = \frac{rH}{2\pi} \operatorname{tg} \alpha.$$

Aus dieser Gleichung geht hervor, daß die Stromstärke auf diese Weise absolut gemessen werden kann, wenn die horizontale Intensität H des erdmagnetischen Feldes an der Beobachtungsstelle bekannt ist; r muß in Zentimetern ausgedrückt werden.

Den Faktor $\frac{rH}{2\pi}$ nennt man den Reduktionsfaktor der Bussole; dieser Faktor ändert sich mit H. Die Stromstärke wird aus der Formel in CGS-Einheiten erhalten; da nun

$$1 \text{ Ampere} = 10^{-1} \text{ CGS-Einheiten},$$

so ist der in Ampere ausgedrückte Strom

$$i_A = 10 \frac{rH}{2\pi} \operatorname{tg} \alpha = 1{,}592\, rH \operatorname{tg} \alpha.$$

Hat die Bussole mehrere Windungen, so ist annähernd:

$$i = \frac{rH}{2\pi n} \operatorname{tg} \alpha,$$

wo r einen mittleren Wert des Radius bedeutet. Wegen der geringen Bedeutung, die jetzt die Tangentenbussole für die Technik hat, wollen wir nicht auf die Behandlung eventueller Korrektionen eingehen, wir begnügen uns damit, auf das Seite 71 Gesagte zu verweisen.

Bestimmung der Konstante. Die Bestimmung der Konstante auf rechnerischem Wege ist sehr schwierig (außer bei der einfachsten Form); man wird sie daher gewöhnlich so vornehmen, daß man einen Strom von bestimmter Stärke durch die Bussole schickt. Dieser Strom kann z. B. durch eine voltametrische Messung bestimmt werden; man wird dabei den Strom so einregulieren, daß ein Ausschlag von etwa 45^0 erfolgt, da nach Seite 52 für $\alpha = 45^0$ die größte Empfindlichkeit auftritt; übrigens verweisen wir für diese und andere Methoden zur genauen Messung von Strömen auf die spezielle Behandlung der verschiedenen Methoden.

2. Sinusbussole.

Wenn die Windungsfläche einer Tangentenbussole um einen vertikalen Durchmesser drehbar angeordnet ist, kann das Instrument noch in anderer Weise verwendet werden. Beim Stromdurchgang dreht man nämlich die Windungsfläche so lange, bis der Magnet wieder in dieser Fläche liegt.

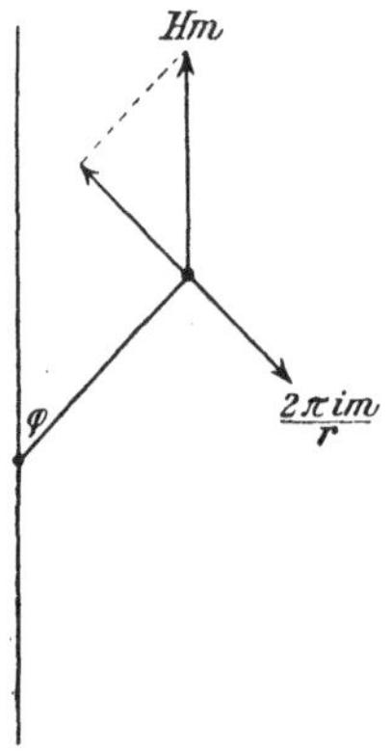

Fig. 116.

Aus Fig. 116 geht hervor, daß in dem Falle die Gleichgewichtsbedingung lautet:

$$H m \sin \varphi = \frac{2 \pi i m}{r}$$

$$i = \frac{r H}{2 \pi} \sin \varphi,$$

wobei die Anordnung mehrerer Windungen dieselben Komplikationen mit sich bringt wie bei der Tangentenbussole.

Die Stromstärke ist somit proportional $\sin \varphi$; da der Maximalwert von $\sin \varphi$ eins ist, können keine größeren Ströme als $i = C$ gemessen werden, während bei der Tangentenbussole theoretisch Ströme beliebiger Stärke gemessen werden können, da die Tangente eines Winkels alle Werte zwischen 0 und ∞ haben kann.

3. Torsionsgalvanometer.

Das Torsionsgalvanometer, das in Fig. 117 in der Ausführung von Siemens & Halske dargestellt ist, ist ein einfaches Galvanometer mit einem Glockenmagnet, der an einem Coconfaden aufgehängt und an einer Spiralfeder befestigt ist. Die drehende Wirkung, welche der Strom auf den Magnet ausübt, wird dadurch kompensiert, daß man die Spiralfeder im entgegengesetzten Sinne dreht; dazu dient ein Torsionskopf, an dem ein Zeiger befestigt ist, der den Torsionswinkel auf einer Skaleneinteilung anzeigt. Es ist eine Luftdämpfung angebracht, vermöge deren die Nadel nach einigen Schwingungen zur Ruhe kommt.

Das Torsionsgalvanometer wird nun zunächst so aufgestellt,

daß der mit N bezeichnete Pol des Magnets ungefähr nach Norden liegt. Dann löst man die ins Holz führende Schraube und stellt mit den drei Stellschrauben das Instrument so ein, daß die am unteren Ende des Magnets befestigte Spitze über dem Schnittpunkt des darunter angebrachten Kreuzes hängt. Darauf stellt man den Torsionszeiger mittels der Rändelschraube, über der Glasplatte, den sogenannten Torsionskopf, auf Null, löst die Schraube am messingenen Fußgestell und dreht die Holzplatte so lange, bis der am beweglichen System befestigte dünne Aluminiumzeiger mit der horizontal umgebogenen Spitze, die sich an der obenerwähnten Skaleneinteilung entlang bewegt, ebenfalls auf Null zeigt.

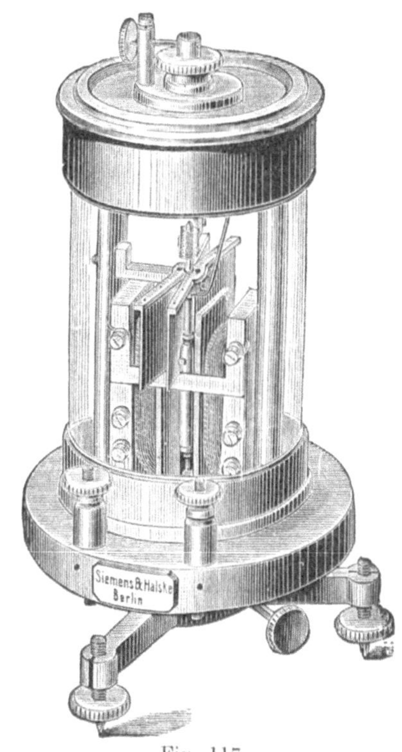

Fig. 117.

Schickt man nun Strom durch die feststehenden Spulen, so schlägt der Magnet aus; er wird aber durch Tordierung der Spiralfeder wieder in seine frühere Lage zurückgeführt, dazu tordiert man so lange, bis der Aluminiumzeiger wieder auf Null steht. Der am Torsionskopf befestigte Zeiger gibt alsdann den Torsionswinkel an. Dieser ist proportional der zu messenden Stromstärke und dem magnetischen Momente des Glockenmagnets. Offenbar ist aber die Angabe des Instrumentes von der Stärke des resultierenden äußeren Feldes vollkommen unabhängig, da bei jeder Ablesung der Magnet sich in derselben Lage befindet. Man könnte mit einer gewissen Berechtigung die Torsionsgalvanometer zu einer Gruppe rechnen, bei der sowohl Stromspulen als Magnete feststehen.

Die Torsionsgalvanometer werden in zwei Ausführungen von der Firma Siemens & Halske geliefert:

a) Die einohmigen Instrumente. Die Skala ist in 170 Teile eingeteilt. Die Instrumente sind derart justiert, daß ein Skalenteil = 0,001 Ampere;

der Strommeßbereich ist somit . = 0,17 Ampere
der Spannungsmeßbereich . . . = 0,17 Volt.

b) Die hundertohmigen Instrumente. Die Skala ist wieder in 170 Teile eingeteilt; jeder Skalenteil entspricht aber 0,0001 Ampere;

der Strommeßbereich ist somit . = 0,017 Ampere;
der Spannungsmeßbereich . . . = 1,7 Volt.

Durch passende Nebenschlüsse und Vorschaltwiderstände lassen sich die Meßbereiche beliebig erweitern (siehe Abschnitt G Kapitel III und Abschnitt B Kapitel IV).

B. Elektrodynamische Strommessung.

Der messende Teil der auf dem elektrodynamischen Prinzip beruhenden Instrumente besteht im wesentlichen aus zwei Drahtspulen, deren Ebenen in der Regel (eine Ausnahme bilden die sogenannten Waagen, vgl. Kapitel VI) vertikal und in der Nulllage senkrecht zueinander stehen; die eine Spule ist drehbar angeordnet. Wird nun jede der beiden Spulen von einem elektrischen Strom durchflossen, so versucht die bewegliche Spule sich so zu drehen, daß sie möglichst viel vom Kraftflusse der festen Spule umfaßt. Indem der Bewegung durch die Torsion einer Feder entgegengewirkt wird, stellt sich die Spule in eine solche Lage ein, daß das auf sie ausgeübte Drehmoment dem Torsionsmoment das Gleichgewicht hält.

Die Theorie dieser Instrumente schließt sich also direkt an diejenige des Galvanometers von Deprez und d'Arsonval an; nur wird hier das magnetische Feld, worin sich die bewegliche Spule befindet, nicht von permanenten Magneten, sondern von einer vom Strome durchflossenen Spule erzeugt. Das auf die bewegliche Spule ausgeübte Drehmoment D wird also wieder dem Strome i' in dieser Spule und der Feldstärke proportional sein.

Da letztere proportional der Stromstärke i in der festen Spule ist, so kann man allgemein schreiben

$$D = C i i' .$$

Es sind hier aber, damit diese Formel wirklich Gültigkeit habe, mehrere Dinge zu berücksichtigen. Erstens verläuft das von der festen Spule erzeugte Feld nicht radial, wie bei den auf dem Deprezschen Prinzip beruhenden Zeigerinstrumenten; es würde sich also der von der beweglichen Spule umfaßte Kraftfluß mit dem Ausschlag ändern. Deshalb wird bei den eigentlichen Dynamometern die bewegliche Spule immer durch die Torsion einer Feder in die zu der festen Spule senkrechte Lage zurückgeführt. Und zweitens wird sich der Einfluß des erdmagnetischen Feldes geltend machen, weil im allgemeinen das erzeugte Feld im Verhältnis zum erdmagnetischen nicht stark genug ist, so daß die Wirkung des letzteren vernachlässigt werden könnte. Stellt man aber das Dynamometer so auf, daß die Ebene der festen Spule im magnetischen Meridian liegt, so wird offenbar das vom Erdfelde auf die bewegliche Spule ausgeübte Drehmoment Null sein, sobald diese Spule sich in der zur festen Spule senkrechten Lage befindet. Natürlich kann die Wirkung des erdmagnetischen Feldes auch durch Verwendung eines astatischen Spulensystems (siehe Seite 72) aufgehoben werden.

Es ist hier absichtlich von eigentlichen Elektrodynamometern gesprochen, weil es auch viele auf dem elektrodynamischen Prinzip beruhenden, direkt zeigenden Instrumente gibt. Für diese bleibt die Lage der beweglichen Spule nicht dieselbe, und ist also das Gesetz $D = C i i'$ nicht ohne weiteres anwendbar. Da die Ableitung der für den allgemeinen Fall gültigen Formel, unter Berücksichtigung des Einflusses des erdmagnetischen Feldes, für Elektrotechniker weniger Interesse hat, verzichten wir auf ihre Behandlung, besonders da die Skalen der obenerwähnten, direkt zeigenden Instrumente niemals nach dieser komplizierten Formel sondern immer empirisch geeicht werden.

Schließlich gehören zu dieser Gruppe noch die sogenannten Waagen, bei denen die anziehende bzw. abstoßende Wirkung zweier Spulensysteme durch Wägung bestimmt wird. Auch bei diesen Instrumenten werden die beweglichen Spulen durch die Wirkung von Gewichten immer wieder in dieselbe Lage zurückgeführt.

Die Formel $D = Cii'$ können wir umformen in

$$\alpha = Cii',$$

wenn wir bedenken, daß das dem Torsionswinkel α proportionale Torsionsmoment dem Drehmomente D das Gleichgewicht hält.

Zur Strommessung lassen wir nun entweder beide Spulen von demselben Strome durchfließen, oder die bewegliche von einem kleineren, dem Hauptstrome proportionalen Strom,[1]) so daß sich

$$\alpha = Ci^2$$

ergibt.

Bei Gleichstrom ist nun i konstant und α also ohne weiteres proportional dem Quadrate des Stromes.

Bei Wechselströmen, oder allgemein bei Strömen wechselnder Intensität, gilt obenstehende Formel zunächst nur für Momentanwerte. Das auf die bewegliche Spule ausgeübte Drehmoment ändert sich mit der Variation des Stromes. Da aber diese Variationen gewöhnlich sehr rasch vor sich gehen, wird die Spule eine Gleichgewichtslage einnehmen, welche einem mittleren Drehmoment entspricht.

Handelt es sich um die Messung eines periodischen Stromes, mit der Zeitdauer T einer Periode, so wird daher:

$$\alpha = C \frac{1}{T} \int_0^T i^2 dt .$$

Bekanntlich ist aber der sogenannte Effektivwert J des Wechselstromes gleich

$$\sqrt{\frac{1}{T} \int_0^T i^2 dt},$$

so daß

$$\alpha = CJ^2,$$

d. h. der Ausschlag ist proportional dem Quadrat des Effektivwertes des Wechselstromes.

Für die Beschreibung der nach diesem Prinzip gebauten Strommesser verweisen wir auf Kapitel VI.

---

[1]) Dabei ist für Wechselstrom auch auf Phasengleichheit zu achten; siehe Kapitel VI.

C. Messung eines Stromes durch die Stromwärme.

1. Elektrokalorische Strommessung.

Nach dem Jouleschen Gesetze ist die Wärmemenge A, die vom Strome J in der Zeit t in einem Widerstande R erzeugt wird:

$$A = J^2 R t.$$

Bei der elektrokalorischen Strommessung mißt man die von dem Strome während einer gewissen Zeit in einem bekannten Widerstand erzeugte Wärme mittels eines Kalorimeters. Dieser Methode haften also die mit genauen kalorimetrischen Messungen verbundenen Schwierigkeiten an; sie hat daher keine praktische Bedeutung.

2. Prinzip der Hitzdrahtinstrumente.

Statt, wie bei der elektrokalorischen Methode, direkt die erzeugte Wärmemenge zu messen, kann man auch eine Erscheinung betrachten, die eine Folge der Wärmeentwicklung ist, beispielsweise die Längenänderung eines Drahtes. Auf diesem Prinzip beruhen die Meßinstrumente, die unter dem Namen Hitzdrahtinstrumente hergestellt werden.

Die Temperatur eines vom Strome durchflossenen Arbeitsdrahts steigt, bis ein Gleichgewichtszustand eingetreten ist, bei dem die erzeugte Wärmemenge gleich der in derselben Zeit durch Strahlung und Konvektion abgeführten Menge ist.

Die Länge des Arbeitsdrahts bei einer Temperatur t_0 sei l_0, der Widerstand R_0, der lineare Ausdehnungskoeffizient α und der Temperaturkoeffizient β.

Ist nach einer Temperaturerhöhung bis t die Länge l und der Widerstand R, so ist

$$l = l_0 \{1 + \alpha (t - t_0)\} \quad . \quad . \quad . \quad . \quad . \quad (1)$$

und

$$R = R_0 \{1 + \beta (t - t_0)\}.$$

Setzen wir die durch Strahlung und Konvektion abgegebene Wärmemenge proportional der Temperaturdifferenz, so ist sie, pro Zeiteinheit betrachtet, darzustellen durch $A (t - t_0)$. Diese ist gleich der pro Zeiteinheit im Drahte erzeugten Wärme $i^2 R$, so daß

$$i^2 R = A(t - t_0).$$

Dabei ist die Vergrößerung der Drahtoberfläche durch die Temperaturerhöhung vernachlässigt.

Es ist also

$$i^2 R_0 \{1 + \beta (t - t_0)\} = A(t - t_0).$$

Aus Formel 1 geht hervor:

$$t - t_0 = \frac{l - l_0}{l_0 \alpha};$$

setzt man die Längenänderung $l - l_0 = \delta$, so ergibt sich.

$$i^2 R_0 \left(1 + \frac{\beta \delta}{l_0 \alpha}\right) = A \frac{\delta}{l_0 \alpha},$$

$$i^2 = \frac{A \frac{\delta}{l_0 \alpha}}{R_0 \left(1 + \frac{\beta \delta}{l_0 \alpha}\right)} = \frac{A \delta}{R_0 (l_0 \alpha + \beta \delta)}.$$

Vernachlässigt man das Produkt $\beta \delta$ in bezug auf $l_0 \alpha$, so wird

$$i^2 = \frac{A}{R_0 l_0 \alpha} \delta,$$

also ist die Verlängerung des Arbeitsdrahtes proportional dem Quadrat der Stromstärke. Die Methode ist daher sowohl für Gleich- als für Wechselstrom verwendbar.

Für die praktische Ausführung der auf diesem Prinzip beruhenden Meßinstrumente verweisen wir auf Kapitel VI.

D. Elektrochemische Strommessung.

Die Menge Q eines bestimmten Stoffes, die aus einem Elektrolyt niedergeschlagen wird, ist der durch den Elektrolyt hindurchgeschickten Elektrizitätsmenge q direkt proportional und somit darzustellen durch:

$$Q = A q.$$

Hierin bedeutet A das elektrochemische Äquivalent eines Stoffes, d. h. diejenige Masse des Stoffes in Grammen, die durch den konstanten Strom eines Amperes in der Zeiteinheit ausgeschieden wird.

Da $q = \int i dt$, so läßt sich aus vorstehender Formel der Strom ableiten, wenn dieser konstant ist, oder während der Messung als konstant angesehen werden kann, so daß $\int i dt = it$ und $Q = Ait$, indem man noch die in der Zeit t niedergeschlagene Menge Q wägt und voraussetzt, daß das elektrochemische Äquivalent bekannt ist.

Bei nicht konstantem Strome erhält man natürlich eine mittlere Stromstärke. Apparate, die auf elektrolytischem Wege Stromstärken zu messen gestatten, werden Voltameter genannt. Man unterscheidet zwischen Gewichtsvoltametern und Volumenvoltametern.

Als Elektrolyt wird meistens eine Lösung salpetersauren Silbers (Silbervoltameter), eine Lösung von reinem Kupfersulfat (Kupfervoltameter) oder 10 bis 20prozentige Schwefelsäure (Wasservoltameter) verwendet.

Selbstverständlich ist die elektrochemische Methode zur Strommessung nur für Gleichstrom geeignet.

1. Das Silbervoltameter.

Fig. 118 stellt die Einrichtung eines Silbervoltameters dar. Als Kathode dient ein Platintiegel, als Anode ein Stab oder eine horizontale Spirale oder Platte aus chemisch reinem Silber, während der Elektrolyt aus einer Lösung von 15 bis 30 Gewichtsteilen reinen Silbernitrats in 85 bis 70 Gewichtsteilen destillierten Wassers besteht; das spezifische Gewicht ist dabei 1,15 bis 1,35.

Der Tiegel ist vermittels einer metallenen Grundplatte mit einer Klemmschraube, die an den negativen Pol der Batterie angeschlossen wird, in metallischer Verbindung. Die Anode, die mit dem positiven Pol verbunden ist, kann in vertikaler Richtung verschoben werden.

Zur Aufnahme herabfallender Anodenteilchen kann entweder die Anode mit einer Hülle von Musselin oder Löschpapier umgeben werden, oder in den Becher ein Glasschälchen oder eine Tonzelle eingesetzt werden. Aus der Figur sind beide Anordnungen zu erkennen.

Die tätige Kathodenoberfläche soll 1 cm^2 für jede 0,02 Ampere nicht unterschreiten, damit der Niederschlag fest haftet. Vor der eigentlichen Messung läßt man zunächst eine neue Schicht sich auf die Kathode niederschlagen; danach wird letztere zuerst

Fig. 118.

mit kaltem, dann mit warmem destillierten Wasser gespült, bis das letzte Waschwasser, erkaltet, durch Salzsäure nicht mehr getrübt wird. Schließlich wird sie, nach Trocknung und Abkühlung, gewogen.

Da die Genauigkeit der Strommessung direkt von der Genauigkeit der Wägung abhängt, muß diese mit äußerster Sorgfalt vorgenommen werden, ja bei sehr genauen Messungen muß sogar das Gewicht auf den luftleeren Raum reduziert werden, wobei als Gewicht von 1 cm^3 Luft 0,0012 Gramm angenommen werden kann. Nachdem der Strom während einer genau beobachteten Zeit hindurchgegangen ist, wird die Kathode wieder in genau derselben Weise behandelt; die Zunahme des Gewichtes gibt direkt die Menge niedergeschlagenen Silbers an. Setzt man das elektrochemische Äquivalent von Silber gleich 0,001118, so wird, wenn i den Mittelwert der Stromstärke in Ampere, t die Zeit in Sekunden, p die Gewichtszunahme der Kathode in Grammen darstellt,

$$i = \frac{p}{0{,}001118\,t}.$$

Als hauptsächlichste Fehlerquelle ist die Bildung von Silbersuperoxyd anzusehen. Sie verhindert nämlich den freien Zutritt zu dem Elektrolyten und gibt während der Elektrolyse zu anderen Fehlern Veranlassung:

1. Verminderung des Silbergehalts,
2. Bildung freier Säure,
3. Bildung von Reduktionsmitteln, insbesondere von salpetriger Säure.

Das Silbervoltameter ist das genaueste der verschiedenen Voltameter und wird eigentlich ausschließlich für die genaue Reproduktion des Amperes benutzt.

Der Reichsanzeiger vom 9. Mai 1901 Nr. 110 enthält folgende Bedingungen, unter welchen die Silberabscheidung bei der Festsetzung des Amperes stattfinden soll:

Die Flüssigkeit soll eine Lösung von 20 bis 40 Gewichtsteilen reinen Silbernitrats in 100 Teilen chlorfreien destillierten Wassers sein; sie soll nur so lange benutzt werden, bis im ganzen 3 Gramm Silber auf 100 cm^3 Lösung abgeschieden sind. Der in die Flüssigkeit tauchende Teil der Anode soll aus reinem Silber, die Kathode aus Platin sein.

Sobald der Silberniederschlag 0,1 Gramm pro cm^2 überschreitet, muß das Silber entfernt werden. Die Stromdichte darf höchstens $\frac{1}{5}$ Ampere pro cm^2 der Anode und $\frac{1}{10}$ Ampere pro cm^2 der Kathode betragen.

Vor der Wägung muß die Kathode mit chlorfreiem, destilliertem Wasser gespült werden, bis das Waschwasser sich bei dem

Zusatz einiger Tropfen Salzsäure nicht mehr trübt, dann während 10 Minuten mit destilliertem Wasser von 70 bis 80° ausgelaugt und schließlich mit destilliertem Wasser gespült werden.

Die Kathode wird warm getrocknet, bis zur Wägung im Trockengefäß aufbewahrt und nicht früher als 10 Minuten nach dem Erkalten gewogen.

2. Das Kupfervoltameter.

Kathode und Anode bestehen in der Regel aus Kupferplatten, obwohl für die Kathode auch Platin benutzt wird. Der Elektrolyt besteht aus einer fast gesättigten Lösung von reinem Kupfersulfat in destilliertem Wasser (etwa 1 g kristallisiertes Salz in 3 cm^3 gelöst). Das spezifische Gewicht der Lösung ist ungefähr 1,15. Vor dem Versuch müssen die Platten zuerst gründlich mit Salpetersäure und dann mit heißem destillierten Wasser gereinigt und schließlich getrocknet werden.

Fig. 119.

Wie beim Silbervoltameter ist es empfehlenswert, sich vor dem eigentlichen Versuch eine Schicht Kupfer niederschlagen zu lassen. Beim Trocknen soll der Niederschlag keine dunklen Flecken zeigen, da das auf Oxydbildung hinweist. Zur Erzielung eines festhaftenden Niederschlages darf die Stromstärke 1 Ampere pro 25 cm^2 nicht überschreiten. Nach der Stromunterbrechung ist die Platte aus dem Bade zu nehmen, da sich sonst wieder ein Teil des Kupfers löst; aus demselben Grunde entstehen bei schwachen, langandauernden Strömen Fehler.

Das elektrochemische Äquivalent des Kupfers beträgt 0,000328; genauer ist es bisher nicht bekannt, so daß das Resultat der Messung höchstens bis $^1/_3\,^0/_0$ genau sein kann. Fig. 119 zeigt das Bild eines Kupfervoltameters.

3. Das Wasservoltameter.

Als Elektrolyt wird eine 10- bis 20proz. Schwefelsäurelösung mit einem spezifischen Gewicht von 1,05 bis 1,15 verwendet; die Elektroden sind Platinplatten.

Man mißt entweder die entwickelte Knallgasmenge (Knallgasvoltameter), oder das Wasserstoffvolumen oder schließlich durch Wägung die zersetzte Wassermenge. Bei der Bestimmung des Volumens des entwickelten Knall- oder Wasserstoffgases hat man den Korrekturen für Temperatur, Druck und Spannkraft des Dampfes Rechnung zu tragen.

Wenn

v = beobachtetes Volumen,
t = Temperatur in ^{0} C,
h = Barometerstand in Zentimetern,
h_1 = Niveaudifferenz zwischen der Flüssigkeit innerhalb und außerhalb des Meßrohres, in Zentimetern,
s = spezifisches Gewicht der Flüssigkeit,
e = Spannkraft des Flüssigkeitsdampfes in Zentimetern bei t^0 C,

so ist das Volumen auf 0^0 und 76 cm reduziert

$$V = v \frac{h - \frac{h_1 s}{13 \cdot 6} - e}{76\left(1 + \frac{t}{273}\right)}.$$

1 Ampere zersetzt pro Sekunde 0,0000933 Gramm Wasser, was übereinstimmt mit einem Knallgasvolumen (bei 0^0 und 76 cm) von 0,1740 cm^3. Beim Knallgasvoltameter hat man daher das nach obenstehender Formel berechnete Volumen nur durch 0,1740 mal der Zeit in Sekunden zu dividieren, um die Stromstärke in Ampere zu erhalten.

Es empfiehlt sich, die Schwefelsäurelösung öfters zu benutzen, da eine frische Lösung den Sauerstoff stark absorbiert; daher wird bei schwachen Strömen nur das entwickelte Wasserstoffgas aufgefangen; multipliziert man das aufgefangene Volumen mit $\frac{3}{2}$, so erhält man das entsprechende Knallgasvolumen. Auch die Ozonbildung veranlaßt öfters Fehler in der Messung; durch Verwendung einer Lösung von Phosphorpentoxyd kann man diese aber beseitigen. Die elektromotorische Gegenkraft der Polarisation beträgt bei dem Wasservoltameter mehr als 2 Volt. An Spannung muß daher mehr aufgewendet werden, als bei den beiden vorigen Voltametern.

Die Strommessung mittels Voltameters ist sehr umständlich und zeitraubend und wird daher in der elektrotechnischen Praxis so gut wie nicht verwendet.

E. Strommessung durch Spannungsmessung.

Wird der zu messende Strom durch einen bekannten Widerstand geschickt und die Spannungsdifferenz an den Klemmen dieses Widerstandes gemessen, so ergibt sich die Stromstärke direkt aus dem Ohmschen Gesetze.

Da sich nun sowohl Widerstände als Spannungsdifferenzen mit größter Genauigkeit bestimmen lassen, so ist diese Methode zur Messung von Stromstärken die genaueste. Die genaue Bestimmung von Spannungsdifferenzen wird durch sogenannte Kompensation erreicht, wir verweisen daher auf die Behandlung der Kompensationsmethoden (Abschnitt F Kapitel IV).

Diese Methode wird nur zur Messung von Gleichströmen verwendet, da die Kompensationsmethoden sich nur zur Messung von Gleichspannungen eignen.

F. Messung eines Stromes durch die induktive Wirkung.

Für die auf Induktionswirkungen beruhenden Strommeßmethoden, welche naturgemäß nur für Wechselstrom verwendbar sind, verweisen wir auf die Behandlung der „Induktionsinstrumente der A. E. G.“ und der „Drehfeldmeßgeräte von Siemens & Halske“ (Kapitel VI, Abschnitt K und L).

G. Vergrößerung des Meßbereiches von Strommessern.

Reicht der Meßbereich eines Amperemeters mit dem Widerstande r $\left(\text{Leitfähigkeit } \frac{1}{r}\right)$ bis i Ampere, so ist die maximale Spannung e an den Klemmen des Instrumentes:

$$e = i\,r\,, \quad \text{also} \quad i = e\frac{1}{r}\,.$$

Wenn wir nun vermittelst eines Nebenschlusses mit dem Widerstand r_N $\left(\text{Leitfähigkeit } \frac{1}{r_N}\right)$ den Meßbereich eines Amperemeters vergrößern (Fig. 120), so bleibt natürlich der beim maximalen Ausschlag durch das Instrument selbst fließende Strom, und daher auch der Spannungsabfall, derselbe; da die Gesamtleitfähigkeit $\frac{1}{r} + \frac{1}{r_N}$ ist, so ist der Totalstrom:

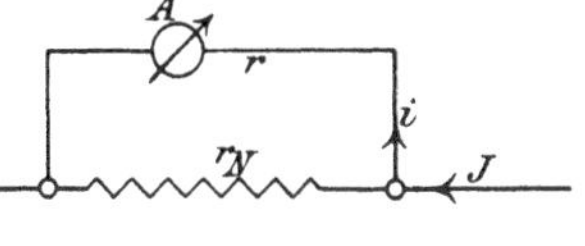

Fig. 120.

$$J = e\left(\frac{1}{r} + \frac{1}{r_N}\right).$$

Ist nun der Meßbereich um das $p$fache zu vergrößern, d. h. $J = p\,i$, so muß

$$\frac{1}{r} + \frac{1}{r_N} = p\,\frac{1}{r}$$

oder

$$r_N = \frac{1}{p-1}\,r$$

sein.

Soll beispielsweise p gleich 10 sein, so ist zum Instrumente ein Nebenschluß zu legen, dessen Widerstand $\frac{1}{9}$ desjenigen des Instrumentes beträgt.

Damit Temperaturänderungen die Stromverteilung nicht ändern, müssen die Temperaturkoeffizienten von Instrument und Nebenschluß vernachlässigbar klein sein; denn, sogar wenn die beiden

Temperaturkoeffizienten gleich sind, würden Temperaturdifferenzen zwischen Instrument und Nebenschluß, die ja besonders bei separaten Nebenschlüssen leicht eintreten können, noch eine andere Stromverteilung bewirken.

Obenstehende Betrachtung ist ohne weiteres nur für Gleichstrom richtig; bei Wechselstrom wären statt Widerstände Impedanzen einzusetzen und würde Abhängigkeit von der Periodenzahl entstehen; daher ist die Verwendung von Nebenschlüssen zu Wechselstromamperemetern nur bei den Hitzdrahtinstrumenten üblich.

Außerdem kann der Meßbereich von Wechselstromamperemetern noch geändert werden mittels sogenannter Stromwandler, die in Kapitel VI, Abschnitt N, beschrieben sind.

Viertes Kapitel.

Spannungsmessung.

A. Prinzip der stromverbrauchenden Spannungsmesser.

Sind die Klemmen einer Batterie oder Dynamomaschine durch einen Widerstand oder eine sonstige Belastung geschlossen, so fließt ein Strom, der zwischen den Punkten A und B (Fig. 121) die Potentialdifferenz $V_A - V_B$ hervorruft. Wenn nun diese Potentialdifferenz (Spannung) gemessen werden soll, so legt man an die Punkte A und B einen Nebenschluß an. Ist nämlich der Widerstand dieses Nebenschlusses gleich r, so ist $V_A - V_B = ir$, worin mit i der Nebenschlußstrom bezeichnet ist, der mittels eines Strommessers gemessen werden kann. Ist also der Widerstand r, der sich aus dem Widerstande des Strommessers und den sonstigen im Nebenschlußstromkreis eingeschalteten Widerständen zusammensetzt, bekannt, so ist der Nebenschlußstrom ein Maß für die Spannung, und der Strommesser kann direkt nach Volt geeicht werden, indem die Stromstärke direkt mit dem konstanten Widerstande r multipliziert wird.

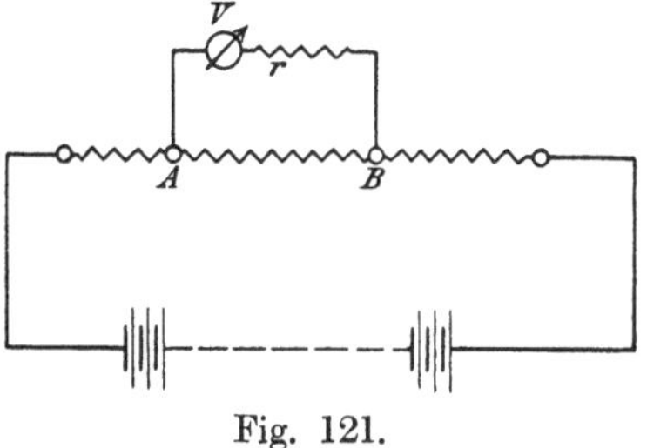

Fig. 121.

Damit keine zu große Leistung im Nebenschlußkreise verloren geht, wird der Totalwiderstand r immer groß gewählt, so daß i

klein wird, während eben der Widerstand eines Amperemeters aus demselben Grunde möglichst klein gehalten wird. Übrigens sind Ampere- und Voltmeter vollkommen ähnliche Instrumente.

Daraus ergibt sich nun, daß jeder Strommesser, sofern er kleine Ströme zu messen imstande ist, als Spannungsmesser verwendet werden kann. Daher werden Spannungsmesser sowohl nach dem elektromagnetischen als nach dem elektrodynamischen Prinzip gebaut; auch die Hitzdrahtvoltmeter haben eine sehr große Verbreitung gefunden; schließlich werden auch Voltmeter nach dem Induktionsprinzip gebaut.

Für die Behandlung der stromverbrauchenden Spannungsmesser, die sich also sehr nahe an die der Strommesser anschließt, verweisen wir auf Kapitel VI.

Es soll hier noch kurz darauf aufmerksam gemacht werden, daß der Totalwiderstand zwischen A und B (Fig. 121) sich durch den Nebenschluß verkleinert, und daher der Totalstrom sich vergrößert. Es wird also nach Anlegung des Nebenschlusses zwar die alsdann zwischen A und B herrschende Spannung richtig gemessen; diese ist aber eine andere, als vor der Anlegung des Spannungsmessers. Die Abweichung ist um so größer, je kleiner der Widerstand des Nebenschlusses ist; daher empfiehlt sich wieder die Verwendung von Spannungsmessern mit hohem Widerstande. Bei der Behandlung der Bestimmung eines Widerstandes aus Strom und Spannung ist auf die anzubringende Korrektion näher eingegangen (siehe Seite 105 u. 106).

Das bisher Gesagte ist ohne weiteres nur für Gleichstrom absolut richtig. Bei Wechselstrom muß ja anstatt des Widerstandes r die Impedanz des Nebenschlußkreises in Betracht gezogen werden. Die Vorschaltwiderstände, auch wenn sie im Instrumente selbst enthalten sind, werden wohl immer induktionsfrei (bifilar) gewickelt werden, aber der messende Teil des Voltmeters hat öfters Reaktanz. Nur bei den Hitzdrahtvoltmetern kann man diese gleich Null setzen. Die Ablenkung der beweglichen Spule elektrodynamischer Voltmeter beruht aber eben auf der induktiven Wirkung, so daß bei diesen Instrumenten immer Reaktanz vorhanden ist. Schaltet man die beiden Spulen eines Elektrodynamometers, eventuell mit einem Vorschaltwiderstande, an die Klemmen der zu messenden Spannung an, so ist nach dem früher Gesagten $\alpha = Ci^2$ oder $i = C\sqrt{\alpha}$, wo i den sogenannten Spannungsstrom darstellt.

Es ist nun:

$$z = \sqrt{r^2 + x^2} = \sqrt{r^2 + 4\pi^2 c^2 L^2},$$

wo:

$z =$ Impedanz $\qquad c =$ Periodenzahl

$r =$ Resistanz $\qquad L =$ Selbstinduktionskoeffizient

$x =$ Reaktanz

also:

$$E = i\sqrt{r^2 + 4\pi^2 c^2 L^2} = C\sqrt{\alpha}\sqrt{r^2 + 4\pi^2 c^2 L^2}$$

$$= C'\sqrt{\alpha}\sqrt{1 + \frac{4\pi^2 c^2 L^2}{r^2}}.$$

Weil nun $\frac{4\pi^2 c^2 L^2}{r^2}$ sich mit der Periodenzahl c ändert, würden die Angaben eines solchen Voltmeters von der Periodenzahl abhängig sein. Bei der praktischen Ausführung solcher Instrumente macht man aber das L so klein wie möglich und r sehr groß, so daß die Korrektion $\sqrt{1 + \frac{4\pi^2 c^2 L^2}{r^2}}$ sehr annähernd gleich eins gesetzt werden kann.

Tatsächlich sind die Fehler, die infolge der Abweichung dieses Korrektionsgliedes von der Einheit entstehen, in der Regel kleiner als sonstige Meßfehler und brauchen deshalb fast niemals in Betracht gezogen zu werden. Weil unter dieser Voraussetzung die Angaben des Instrumentes für Gleich- und Wechselstrom dieselben sind, so kann es, nachdem es mit Gleichstrom geeicht ist, ohne weiteres für Wechselstrom verwendet werden, was eben ein großer Vorteil dieser Instrumente ist.

B. Vergrößerung des Meßbereiches von Spannungsmessern.

Da das Voltmeter nur mit einem bestimmten Strom i belastet werden darf, so müssen wir, wenn wir den Meßbereich vergrößern wollen, Widerstand vorschalten. Der Widerstand des Voltmeters sei r, der des Vorschaltwiderstandes r_V. Die Spannung an den Klemmen des Voltmeters ist ir, die zwischen A und B (Fig. 122) $i(r + r_V)$. Soll nun der Meßbereich um das p-fache vergrößert werden, so ist

$$r + r_V = p\,r$$

oder

$$r^V = (p - 1)\,r.$$

So ist z. B. für $p = 10$, $r_V = 9r$.

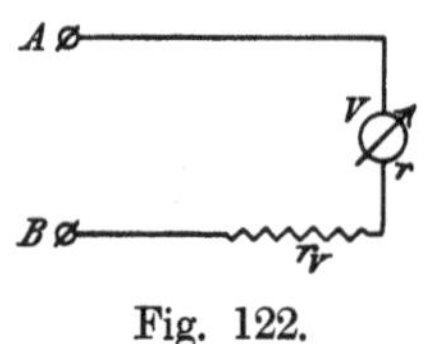

Fig. 122.

Diese Methode ist ohne weiteres für Gleich- und Wechselstrom verwendbar, da der Widerstand eines Voltmeters als induktionsfrei betrachtet werden kann. Zur Messung sehr hoher Spannungen sind aber sehr teuere Vorschaltwiderstände nötig, daher empfiehlt sich für Wechselstrom in dem Falle die Verwendung von Meßtransformatoren, deren Beschreibung im Abschnitt N, Kapitel VI zu finden ist.

Da der Widerstand von der Temperatur abhängt und nach dem Vorhergehenden Widerstandsänderungen die Angaben eines Voltmeters beeinflussen, so hat man bei dessen Konstruktion auf geeignete Wahl des Materials zu achten. Ganz anders verhalten sich in dieser Beziehung die Amperemeter, solange sie ohne Nebenschluß (Kapitel III, Abschnitt G) benutzt werden. Zwar ändert sich auch der Widerstand dieser Instrumente mit der Temperatur und daher die Gesamtstromstärke, wenn auch in verhältnismäßig sehr geringem Maße; dabei stimmen aber die Angaben des Instrumentes mit der wirklich vorhandenen Stromstärke nach wie vor überein.

Da elektrostatische Instrumente keinen Strom verbrauchen, ist die oben angegebene Methode zur Vergrößerung des Meßbereiches auf sie nicht anwendbar. Man schaltet in dem Falle vielmehr einen großen Widerstand zwischen die Klemmen der zu messenden Spannung, und mißt nun nur den Spannungsabfall über einen bekannten Teil dieses Widerstandes.

Man kann auch Vorschaltkondensatoren verwenden (siehe Kapitel VI, Abschnitt D4).

C. Elektrostatische Spannungsmessung.

1. Das absolute Elektrometer.

Wenn der Abstand zwischen zwei parallelen Metallplatten von gleicher Oberfläche S klein ist, kann das elektrische Feld zwischen den beiden Platten als homogen betrachtet werden. Die Feldstärke F hat dann in jedem Punkt denselben Wert und kann, wenn die Potentiale der Platten mit V_1 und V_2 bezeichnet werden, durch

$$F = \frac{V_1 - V_2}{d}$$

ausgedrückt werden.

Zwischen der Feldstärke und der Ladungsdichte σ besteht die Relation:

$$F = 4\pi\sigma;$$

die Dichte der Ladung ist daher:

$$\sigma = \frac{V_1 - V_2}{4\pi d}.$$

Die Größe der Kraft, die durch die eine Platte auf die Oberflächeneinheit der anderen ausgeübt wird, oder der sogenannte elektrostatische Druck wird durch $2\pi\sigma^2$ dargestellt. Die totale Kraft K, die eine Platte auf die andere ausübt, ist daher:

$$K = 2\pi\sigma^2 S = \frac{S}{8\pi}\frac{(V_1 - V_2)^2}{d^2}$$

und somit

$$V_1 - V_2 = d\sqrt{\frac{8\pi K}{S}}.$$

Nach Messung der Kraft K, welche nötig ist, um die eine bewegliche Platte in die ursprüngliche Lage (Abstand von der anderen Platte $= d$) zurückzuführen, kann also die Potentialdifferenz berechnet werden.

Damit das Feld zwischen den Platten möglichst homogen verläuft, wird die bewegliche Platte von einem sogenannten Schutzringe, der in derselben Ebene liegt und mit ihr leitend verbunden ist, umgeben.

Auf diesem Prinzip beruht das absolute Elektrometer von Thomson, das hauptsächlich zur Eichung anderer Hochspannungselektrometer benutzt wird.

2. Das Quadrantenelektrometer.

Dieses von Lord Kelvin angegebene Instrument besteht aus einer zylindrischen, kupfernen Büchse, welche durch zwei zu einander senkrechte diametrale Schnitte in vier Quadranten (Fig. 123) geteilt ist, welche durch Glasfüße isoliert aufgestellt sind. Von diesen Quadranten sind je zwei durch Drähte kreuzweise verbunden, so daß man zwei Quadrantenpaare erhält.

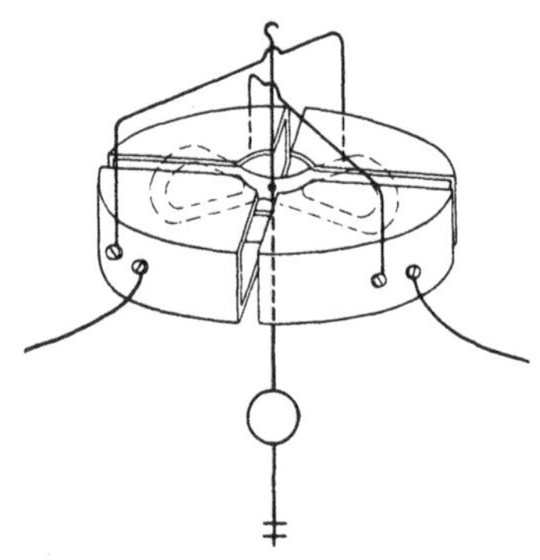

Fig. 123.

Innerhalb dieser Quadranten schwingt eine lemniskatenförmige Nadel aus Aluminium, auch Biskuit genannt.

Unterhalb der Nadel ist in ihrer Mitte ein Platindraht befestigt, welcher den Spiegel trägt und dessen unteres Ende, von mehreren horizontal liegenden Platinstiften durchsetzt, in ein mit konzentrierter Schwefelsäure gefülltes Glasgefäß eintaucht. Dieses Glasgefäß hat außen eine Stanniolbekleidung und bildet somit mit der Schwefelsäure eine Leydener Flasche. Durch diese Einrichtung werden folgende Vorteile erreicht:

1. Die Schwefelsäure hält das Instrument von innen trocken.
2. Die horizontalen, sich in der Schwefelsäure bewegenden, Platinstifte besorgen eine gute Dämpfung.
3. Zur Ladung der Nadel braucht man nur die Schwefelsäure in Verbindung mit der Elektrizitätsquelle zu bringen.
4. Die Nadel verliert ihre Ladung weniger rasch, da sie mit einem Kondensator in Verbindung steht.

Ableitung der Formel: Die Oberfläche der Nadel für den Mittelpunktswinkel eins, und genommen für die beiden Sektoren zusammen, sei mit S und der Abstand zwischen der Nadel und der oberen bzw. unteren Fläche der Quadranten mit d bezeichnet.

Ferner sei

Potential der Nadel . . . . $= V$
,, des einen Quadrantenpaares . $= V_1$
,, des anderen ,, . $= V_2$

und wird

$$V > V_1 > V_2$$

vorausgesetzt.

Die Nadel bildet nun mit jedem der Quadrantenpaare einen Kondensator. Das Arbeitsvermögen pro Volumeneinheit im Dielektrikum, das im allgemeinen durch $2\pi\sigma^2$ dargestellt wird, ist nun für den Kondensator: Nadel — erstes Quadrantenpaar

$$W_1 = 2\pi \left(\frac{V - V_1}{4\pi d}\right)^2$$

und für den Kondensator: Nadel — zweites Quadrantenpaar

$$W_2 = 2\pi \left(\frac{V - V_2}{4\pi d}\right)^2.$$

Die Nadel bewegt sich nun nach dem Quadrantenpaar hin, dessen Potential am niedrigsten ist, da dort die Potentialdifferenz und somit die elektrischen Kräfte am größten sind; die Torsion des Aufhängefadens wirkt jedoch der Drehung entgegen; es tritt somit eine neue Gleichgewichtslage ein; die Nadel sei dann um einen Winkel Θ gedreht. Infolge dieser Drehung ist das Volumen des Dielektrikums des ersten Kondensators verringert um $2S\Theta d$, also die totale im Dielektrikum angehäufte Energie um

$$\triangle W_1 = 2S\Theta d 2\pi \left(\frac{V - V_1}{4\pi d}\right)^2;$$

beim zweiten Kondensator ist jedoch das Volumen um denselben Betrag $2S\Theta d$ gewachsen und das totale Arbeitsvermögen im Dielektrikum somit um

$$\triangle W_2 = 2S\Theta d 2\pi \left(\frac{V - V_2}{4\pi d}\right)^2.$$

Die Energie hat demnach zugenommen um

$$\triangle W = \frac{S\Theta}{4\pi d}\left\{(V - V_2)^2 - (V - V_1)^2\right\}.$$

Setzt man das Torsionsmoment für den Winkel eins gleich D, so ist die Torsionsarbeit für den Winkel Θ gleich $\frac{1}{2}D\Theta^2$, und somit die totale, von außen zugeführte Energie gleich

$$\frac{1}{2}D\Theta^2 + \frac{S\Theta}{4\pi d}\left\{(V-V_2)^2-(V-V_1)^2\right\}.$$

Die Kapazitätsänderung der beiden Kondensatoren ist $\frac{2S\Theta}{4\pi d}$; da die Potentiale konstant gehalten werden, so ist die vom ersten Kondensator abgeführte Ladung

$$\frac{S\Theta}{2\pi d}(V-V_1),$$

also die freigewordene Energie

$$\frac{S\Theta}{2\pi d}(V-V_1)^2;$$

dem zweiten Kondensator ist die Ladung

$$\frac{S\Theta}{2\pi d}(V-V_2)$$

zugeführt, dazu ist eine Arbeit

$$\frac{S\Theta}{2\pi d}(V-V_2)^2$$

geleistet.

Als zweiten Ausdruck für die von außen zugeführte Energie erhalten wir somit

$$\frac{S\Theta}{2\pi d}\left\{(V-V_2)^2-(V-V_1)^2\right\}.$$

Daher ist

$$\frac{1}{2}D\Theta^2 + \frac{S\Theta}{4\pi d}\left\{(V-V_2)^2-(V-V_1)^2\right\}$$

$$=\frac{S\Theta}{2\pi d}\left\{(V-V_2)^2-(V-V_1)^2\right\}$$

oder

$$\frac{1}{2}D\Theta^2 = \frac{S\Theta}{4\pi d}\left\{(V-V_2)^2-(V-V_1)^2\right\}$$

$$=\frac{S\Theta}{4\pi d}\left\{(2V(V_1-V_2)-(V_1^2-V_2^2)\right\}$$

$$= \frac{S\Theta}{4\pi d}(V_1 - V_2)\left\{V - \frac{V_1 + V_2}{2}\right\}$$

oder

$$\Theta = C(V_1 - V_2)\left\{V - \frac{V_1 + V_2}{2}\right\},$$

worin C eine Konstante des Instrumentes bedeutet.

Hängt die Nadel nicht genau in der Mitte zwischen den Quadranten, so daß die Abstände der Nadel von der oberen bzw. unteren Begrenzungsfläche der Büchse d_1 bzw. d_2 betragen, so werden die Ladungsdichten auf der oberen Seite der Nadel durch

$$\frac{V - V_1}{4\pi d_1} \quad \text{und} \quad \frac{V - V_2}{4\pi d_1}$$

und auf der unteren Seite durch

$$\frac{V - V_1}{4\pi d_2} \quad \text{und} \quad \frac{V - V_2}{4\pi d_2}$$

dargestellt; demzufolge ist in der abgeleiteten Formel $\frac{2}{d}$ durch $\frac{1}{d_1} + \frac{1}{d_2}$ zu ersetzen. Da $d_1 + d_2 =$ konstant, wird $\frac{1}{d_1} + \frac{1}{d_2}$ ein Minimum für $d_1 = d_2$, woraus hervorgeht, daß die Empfindlichkeit des Instrumentes am kleinsten ist, d. h. Änderungen am wenigsten Einfluß haben, wenn die Nadel sich genau in der Mitte befindet.

Meßmethoden: a) Schaltung nach Fig. 124a. Die zu messende Spannung E wird zwischen die beiden Quadrantenpaare geschaltet; die Nadel wird auf ein höheres Potential gebracht; es ist $V_1 = V_2 + E$ und $V = V_2 + P$; also

$$\Theta = CE\left(P - \frac{E}{2}\right).$$

Der Ausschlag ist somit nicht proportional der zu messenden Potentialdifferenz, oder es müßte P so groß gemacht werden, daß $\frac{1}{2}E$ gegen P zu vernachlässigen wäre.

In der Figur ist ein Quadrantenpaar mit der Erde verbunden ($V_2 = 0$).

b) Schaltung nach Fig. 124b. Die zu messende Spannung E liegt jetzt an der Nadel und an der Mitte einer Batterie.

Es ist

$$V_1 = V_2 + P$$

$$V = V_2 + \frac{P}{2} + E$$

und somit

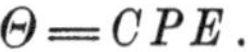

$$\Theta = CPE.$$

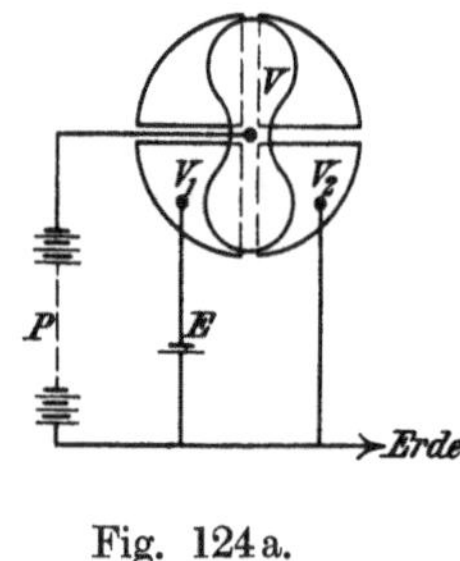

Fig. 124a.

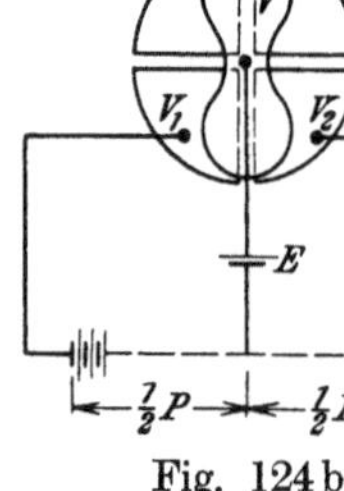

Fig. 124b.

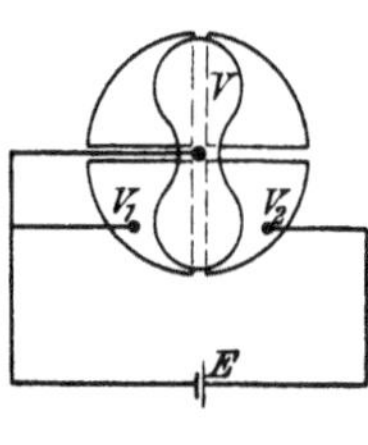

Fig. 124c.

c) Schaltung nach Fig. 124c. Die Pole der zu messenden Spannung E werden an die beiden Quadrantenpaare gelegt; die Nadel wird mit einem Quadrantenpaare verbunden.

$$V_1 = V_2 + E$$

$$V = V_1 = V_2 + E.$$

$$\Theta = \frac{1}{2} C E^2.$$

Der Ausschlag ist jetzt proportional dem Quadrate von E. Diese sogenannte Doppelschaltung mißt daher auch effektive Wechselspannungen jeglicher Kurvenform und Periodenzahl richtig.

Die Schaltungen, bei denen außer der zu messenden noch eine fremde Spannung verwendet wird, heißen heterostatisch; werden keine fremden Spannungen benutzt, so heißt die Schaltung idiostatisch oder homostatisch.

Bisweilen ist es nötig der Kapazität der Quadranten Rechnung zu tragen; beispielsweise bei der Bestimmung des Potentiales eines isolierten geladenen Leiters, dessen Kapazität klein ist.

Ist das Potential des Leiters bei einer Ladung Q gleich V_1, die Kapazität C_1, das Potential des einen Quadrantenpaares V_0, die Kapazität C_2, so wird nach Verbindung das gemeinschaftliche Potential

$$V_2 = \frac{C_1 V_1 + C_2 V_0}{C_1 + C_2}.$$

Ist das Quadrantenpaar zunächst ungeladen ($V_2 = 0$), so wird

$$V_2 = \frac{C_1 V_1}{C_1 + C_2}.$$

Man mißt nun V_2 statt des ursprünglichen Potentials des Leiters.

Die Konstante des Elektrometers kann bestimmt werden aus den Beobachtungen von Ausschlägen infolge bekannter Potentialdifferenzen. Man kann diese entweder mit einem absoluten Elektrometer messen oder Normalelemente verwenden.

Aufstellung: Die Nadel soll in der Mitte der Büchse hängen; ihre Ebene soll senkrecht stehen zu der vertikalen Drehungsachse; sie soll symmetrisch in Bezug auf die Quadrantenpaare gestellt werden durch Verdrehung des vertikalen Rohres, in dem sich der Aufhängedraht befindet; die grobe Einstellung geschieht aus der Hand, für die feinere dient in der Regel eine Schraube. Die richtige Lage kann genau nur experimentell bestimmt werden. Dazu werden die beiden Quadrantenpaare miteinander verbunden. Durch Umlegen der Wippe (Fig. 125) kann nun die Nadel N entweder auf das gleiche Potential oder auf ein anderes als die Quadrantenpaare Q_1 und Q_2 gebracht werden. Da aber $V_1 = V_2$, darf nach der allgemeinen Formel kein Ausschlag stattfinden. Es müßte nun die obenerwähnte Schraube so lange gedreht werden, bis tatsächlich der Ausschlag verschwindet; in der Regel wird das aber nicht gelingen, infolge der Kontaktelektrizität. Der Einfluß der Kontaktpotentiale kann durch zweckentsprechende Kommutationen eliminiert werden; dies ist jedoch umständlich und es genügt meistens, den Mittelwert zu nehmen von den Resultaten, die man durch Vertauschung der Verbindungen zu den Quadranten erhält.

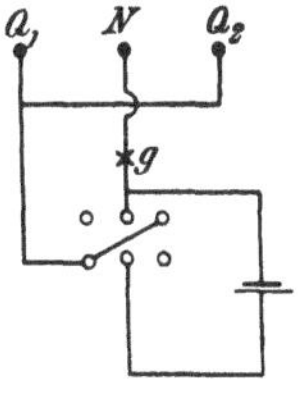

Fig. 125.

Damit bei eventueller Berührung von Nadel und Quadranten kein Kurzschluß entstehen kann, empfiehlt es sich, immer einen hohen Widerstand (in Fig. 125 beispielsweise eine Glühlampe g) vorzuschalten.

Zur Untersuchung der Isolation kann man in folgender Weise vorgehen.

Man verbindet das eine Quadrantenpaar mit einem Pole der Batterie; das andere Paar, die Nadel und den zweiten Pol mit

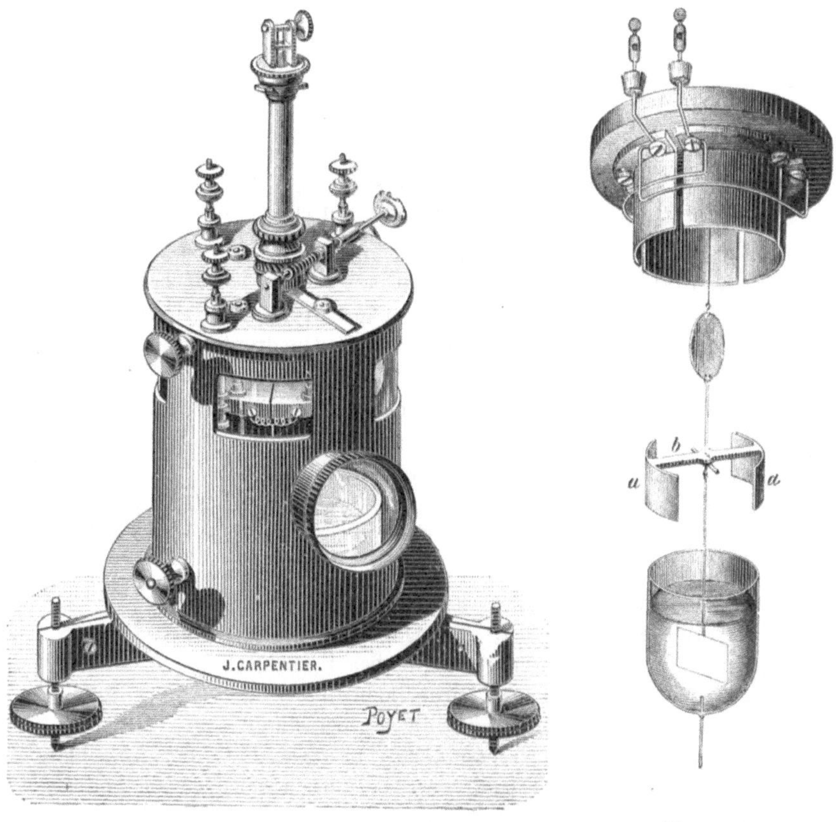

Fig. 126. Fig. 127.

der Erde; die Nadel wird alsdann ausschlagen; nun unterbricht man die Verbindung mit der Batterie, ohne das erste Quadrantenpaar zu entladen; je besser dasselbe isoliert ist, desto langsamer geht die Nadel auf Null zurück; in ähnlicher Weise untersucht man die Isolation des zweiten Quadrantenpaares und der Nadel. Besonders wenn das Elektrometer für Isolationsmessungen verwendet werden soll, müssen hohe Anforderungen an seine Isolation gestellt werden.

Zur Erreichung einer großen Empfindlichkeit empfiehlt es sich, die Nadel leicht zu machen; bei bifilärer Aufhängung kann durch Änderung des Abstandes der Drähte die Empfindlichkeit reguliert werden.

Außer dem Quadrantenelektrometer von Thomson gibt es noch viele andere, die aber alle auf demselben Prinzip beruhen.

Fig. 126 stellt das Elektrometer von Mascart, von J. Carpentier-Paris gebaut, dar. Bei der Edelmannschen Ausführung sind Nadel und Quadranten zylindrisch. Fig. 127 zeigt die wichtigsten Teile des Instrumentes auseinandergeschoben, damit dieselben deutlicher zu erkennen sind.

Das Prinzip der elektrostatischen Spannungsmessung wird auch auf technische Voltmeter angewandt, weil es mehrere Vorteile mit sich bringt. Erstens sind die Angaben der auf diesem Prinzip beruhenden Instrumente für Gleich- und für Wechselstrom beliebiger Kurvenform und Frequenz dieselben, außerdem aber verbrauchen die Instrumente keine Energie, haben keine Selbstinduktion und werden von äußeren magnetischen Feldern nicht beeinflußt. Für die Beschreibung solcher technischen Instrumente verweisen wir auf Kapitel VI.

D. Vergleichung elektromotorischer Kräfte durch Kondensatorentladung.

Schaltet man die unbekannte EMK. E_1 auf einen Kondensator, dessen Kapazität C sein möge, so ist die Ladung des Kondensators

$$Q_1 = C E_1.$$

Entladet man nun den Kondensator durch ein ballistisches Galvanometer, so ist beim Ausschlag α_1

$$Q_1 = C_b \alpha_1,$$

also

$$C_b \alpha_1 = C E_1.$$

Wiederholt man die Messung mit einem Normalelemente (E_2), so ist

$$Q_2 = C E_2 = C_b \alpha_2$$

und somit

$$E_1 = E_2 \frac{\alpha_1}{\alpha_2}.$$

E. Vergleichung elektromotorischer Kräfte nach Ohm (durch Galvanoskop und Rheostat).

Diese Methode kann angewandt werden beim Vergleich der elektromotorischen Kräfte zweier Elemente. Man schaltet dazu die Elemente, deren elektromotorische Kräfte mit E_1 und E_2 bezeichnet werden sollen, nacheinander in einen Stromkreis, der einen Rheostaten R und ein Galvanometer G enthält, ein (Fig. 128).

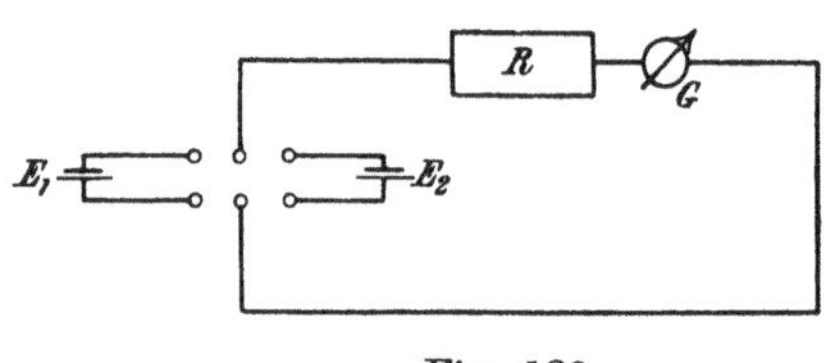

Fig. 128.

Ist bei Einschaltung des Elementes E_1 der Widerstand des Kreises w_1 und die Stromstärke J_1, so ist

$$E_1 = J_1 w_1$$

ebenso

$$E_2 = J_2 w_2$$

und somit

$$\frac{E_1}{E_2} = \frac{J_1 w_1}{J_2 w_2}.$$

Ist die Stromstärke proportional der auf der Skala abgelesenen Ablenkung a, so ist

$$\frac{E_1}{E_2} = \frac{w_1 a_1}{w_2 a_2}.$$

Verwendet man ein empfindliches Galvanometer, so daß aus dem Rheostaten sehr viel Widerstand gezogen werden muß, so können die Widerstände der Zuleitungsdrähte und die inneren Widerstände der Elemente vernachlässigt werden; alsdann bedeuten w_1 und w_2 einfach die aus den Rheostaten gezogenen Widerstände, vermehrt um den Galvanometerwiderstand.

Wählt man die Widerstände so, daß $\alpha_2 = \alpha_1$ wird, so ist

$$\frac{E_1}{E_2} = \frac{w_1}{w_2} \text{ (Methode von Ohm).}$$

Diese Methode hat den großen Vorteil, daß man nicht zu

wissen braucht, nach welchem Gesetz der Ausschlag am Galvanometer mit der Stromstärke variiert.

Für $w_1 = w_2$ erhält man:

$$\frac{E_1}{E_2} = \frac{a_1}{a_2}.$$

Man kann die Messung auch so ausführen, daß die Widerstände (einschließlich der inneren Widerstände der Elemente) eliminiert werden können; dazu beobachtet man bei jedem der Elemente noch einen zweiten Ausschlag, nachdem der Widerstand um den Betrag a bzw. b vermehrt ist; man erhält dann vier Gleichungen, aus denen sich nach einer einfachen Rechnung das Verhältnis der EMKe als Funktion des Ausschlages ergibt.

Ein Nachteil dieser Methoden ist, daß die Elemente, deren EMKe verglichen werden sollen, Strom liefern; die Polarisation beeinträchtigt die Genauigkeit der Messung.

F. Kompensationsmethoden.

Zur Erhaltung genauerer Resultate bei der Messung von EMKen von Elementen bzw. Spannungen verwendet man die sogenannten Kompensationsmethoden, bei denen die zu messende EMK. bzw. Spannung selbst keinen Strom zu liefern braucht.

Da man als Vergleichselemente sogenannte Normalelemente, deren EMKe ja mit größter Genauigkeit bekannt sind, verwenden kann, gestatten diese Kompensationsverfahren eine sehr genaue Bestimmung von EMKen und Spannungen.

1. Methode nach Poggendorff.

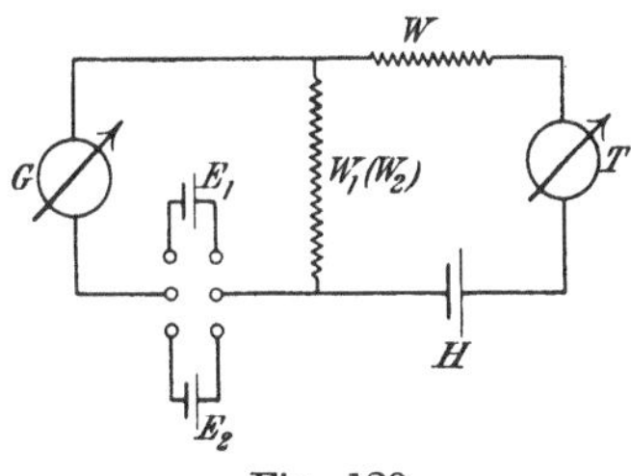

Fig. 129.

Das Schaltungsschema ist in Fig. 129 angegeben. H ist ein Element, dessen elektromotorische Kraft konstant ist und größer, als jede der zu vergleichenden elektromotorischen Kräfte E_1 und E_2; man kann dafür z. B. einen Akkumulator verwenden. Nach

Einschaltung des Elementes E_1 wird der Widerstand so einreguliert, daß das Galvanometer G keinen Ausschlag gibt; der Strom J_1, der dann den Widerstand W_1 durchfließt, wird am Strommesser T abgelesen; die Potentialdifferenz $J_1 W_1$ an den Klemmen des Widerstandes W_1 ist dann offenbar gleich der elektromotorischen Kraft E_1 des Elementes, also

$$E_1 = J_1 W_1.$$

Nach Einschaltung von E_2 wird die Messung wiederholt, und man erhält:

$$E_2 = J_2 W_2$$

und somit

$$\frac{E_1}{E_2} = \frac{J_1 W_1}{J_2 W_2}.$$

Ein Nachteil dieser Methode ist, daß der Strom gemessen werden soll, und die mit einer Strommessung unvermeidlich verbundenen Fehler die Genauigkeit des Resultates beeinträchtigen. Zur Verringerung dieses Fehlers wäre $J_1 = J_2$ zu wählen, vergleiche Abschnitt E, Seite 218 u. 219.

2. Methode nach Bosscha.

Zwei Schleifkontakte B und C können an einem ausgespannten Meßdrahte AD entlang (Fig. 130) verschoben werden. Der untere Zweig enthält ein konstantes Element mit größerer elektromotorischer Kraft E (beispielsweise einen Akkumulator), dessen innerer Widerstand, vermehrt um den der Zuleitungsdrähte, gleich W gesetzt wird.

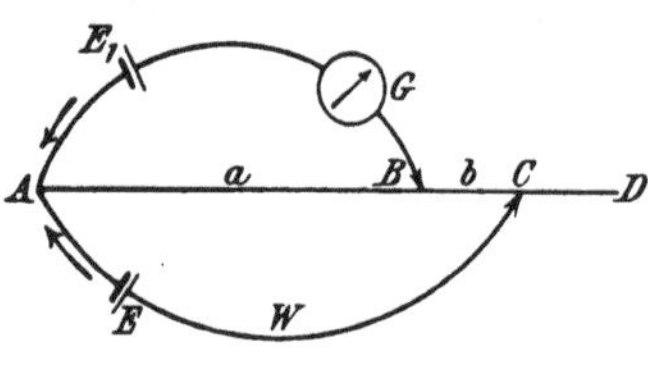

Fig. 130.

Im oberen Zweige ist das zu messende Element E_1 mit einem Galvanometer G in Serie geschaltet. Ist z. B. der Widerstand von AB gleich a, so kann der Kontakt C so lange verschoben werden, bis das Galvanometer stromlos wird, also keinen Ausschlag mehr gibt. Ist alsdann der Widerstand BC gleich b, so ist

$$\frac{E}{E_1} = \frac{W + a + b}{a}.$$

Verschiebt man den Kontakt B, so muß auch C verschoben werden, damit das Galvanometer wieder stromlos wird, so daß man durch eine zweite Messung z. B. findet

$$\frac{E}{E_1} = \frac{W + a' + b'}{a'},$$

also:

$$1 + \frac{W + b}{a} = 1 + \frac{W + b'}{a'}$$

$$W = \frac{ab' - a'b}{a' - a}.$$

Indem man diesen Wert in eine der beiden Hauptgleichungen einsetzt, erhält man:

$$\frac{E}{E_1} = 1 + \frac{b' - b}{a' - a}.$$

Ist der Meßdraht von gleichmäßiger Dicke, so kann statt des Verhältnisses der Widerstände einfach das Verhältnis der Längen genommen werden. Selbstverständlich könnte die Messung auch mit Stöpsel- oder Kurbelrheostaten durchgeführt werden.

3. Methode nach du Bois-Reymond.

AB (Fig. 131) sei ein Meßdraht von großem Widerstande, der entweder in hin- und hergehender Richtung ausgespannt oder als Walzenrheostat ausgebildet sein kann.

A und B werden mit einem konstanten Elemente von großer elektromotorischer Kraft E verbunden. Die beiden zu vergleichenden Elemente werden in der angegebenen Weise mit dem Punkte A und einem Umschalter S verbunden; von letzterem führt eine Leitung durch das Galvanometer zu einem Schleifkontakte. Bestimmt man wieder zwei Punkte P_1 und P_2, so daß das Galvanometer stromlos bleibt bei Einschaltung von E_1 und E_2, so ist

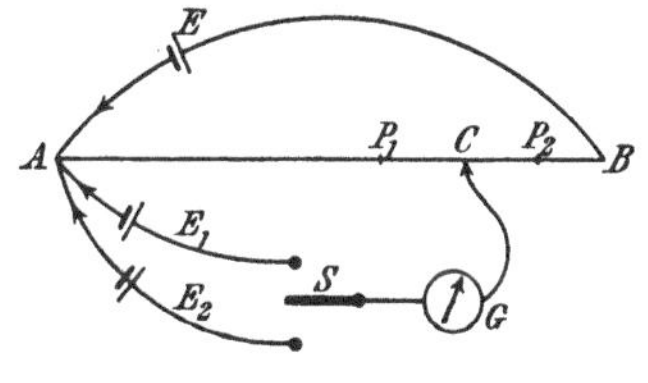

Fig. 131.

$$\frac{E_1}{E_2} = \frac{\text{Widerstand von } AP_1}{\text{Widerstand von } AP_2}.$$

Ist der Meßdraht von gleichmäßiger Dicke, so ist

$$\frac{E_1}{E_2} = \frac{A P_1}{A P_2}.$$

4. Die Kompensationsapparate.

Zur Vergleichung zweier EMKe oder Spannungsdifferenzen nach dem zuletzt angegebenen Kompensationsverfahren könnte man statt des Meßdrahtes auch einen Rheostaten verwenden; man müßte dann aber statt eines Schleifkontaktes einen Wanderkontakt anwenden, und es würde öfters unmöglich sein, den Gesamtwiderstand AB auf demselben Betrag zu halten. Ersetzt man aber AB durch zwei gleiche, in Serie geschaltete Widerstandskasten, und nimmt man für C einen festen Punkt, beispielsweise den Punkt, wo die beiden Rheostaten miteinander verbunden sind, so kann man AC bequem auf den erforderlichen Betrag bringen, ohne den Widerstand AB zu ändern, indem man aus dem einen Rheostaten genau so viel Widerstand zieht, als man im anderen stöpselt; außerdem hat man noch den Vorteil erreicht, den Schleifkontakt durch eine feste Verbindung ersetzt zu haben.

Das Auswechseln der Widerstände der beiden Rheostaten gibt aber leicht zu Irrtümern Veranlassung, und man hat deshalb versucht Apparate zu konstruieren, wobei das einfacher oder sogar automatisch geschieht; solche Apparate werden Kompensationsapparate genannt.

Wenn man in Betracht zieht:

1. daß die Widerstände eines solchen Kompensators als Präzisionswiderstände abgeglichen und ebenso wie die Normalwiderstände aus Manganin hergestellt werden, so daß Temperaturänderungen keinen Einfluß haben;
2. daß man bei der Messung nur mit dem Verhältnis zweier genau bekannten Präzisionswiderstände zu tun hat;
3. daß die Meßmethode eine Nullmethode ist, so daß mittels sehr empfindlicher Spiegelgalvanometer die Stromlosigkeit des Nebenschlusses mit größter Genauigkeit konstatiert werden kann, und
4. daß man die zu messende Spannung direkt mit derjenigen eines Normalelementes vergleicht,

so ist es klar, daß die in dieser Weise durchgeführten Messungen sehr genaue Resultate ergeben müssen. Messungen mit Kompensationsapparaten gehören denn auch zu den allergenauesten.

Nicht nur für Spannungs-, sondern auch für Strommessungen ist ein solcher Apparat durchaus geeignet und bildet daher mit einem empfindlichen Galvanometer, einem Normalelemente und Normalwiderständen einen Universal-Meßapparat, mit dem fast alle Spannungs- und Strommessungen mit sehr großer Genauigkeit durchgeführt werden können. Bei der Untersuchung und Eichung der elektrischen Meßapparate spielt der Kompensator daher eine sehr große Rolle.

Es sollen nun einige Ausführungen solcher Apparate näher besprochen werden.

a) Kompensationsapparat von Otto Wolff.

Die neuere Form der Kompensationsapparate von Otto Wolff ist in Fig. 132 bildlich dargestellt. Das Schaltungsschema ist prinzipiell demjenigen der Fig. 133 gleich.

Verfolgt man den Stromlauf, so leuchtet direkt ein, daß durch Verstellung der Kurbel der Widerstand zwischen + und — B nicht geändert wird; dieser ist vielmehr immer gleich 14999,9 Ω; dagegen kann zwischen + und — D jeder Widerstand von 0,1 bis 14999,9 Ω geschaltet werden; die Zahlen bei den Kurbeln geben direkt den Betrag dieses letzten Widerstandes an. Verbindet man nun die Klemmen + und — B mit den entsprechenden Polen einer Akkumulatorenbatterie, + und — E mit denen eines Normalelementes, + und — X mit denen der zu messenden Spannung und schließlich GG mit einem Galvanometer, so entspricht dieses Schema vollständig demjenigen der Fig. 131.

Mittels des doppelpoligen Umschalters L kann also entweder das Normalelement oder die zu messende Spannung an dem Widerstand zwischen den Kurbeln (d. h. zwischen + und — D) kompensiert werden; das Verhältnis der beiden Ablesungen ist dann ohne weiteres gleich dem gesuchten Spannungsverhältnisse.

Da einem Normalelement kein oder jedenfalls nur ein minimal kleiner Strom (etwa 0,0002 A.) zugeführt oder entnommen werden darf, ist im Apparat noch ein Widerstand von 100000 Ω untergebracht, der in den Nebenschlußkreis aufgenommen ist, wenn N auf dem mittleren Kontakt steht. Erst nachdem die Kurbeln so eingestellt sind, daß das Galvanometer keinen merklichen Ausschlag mehr gibt, die Kompensation also eine nahezu

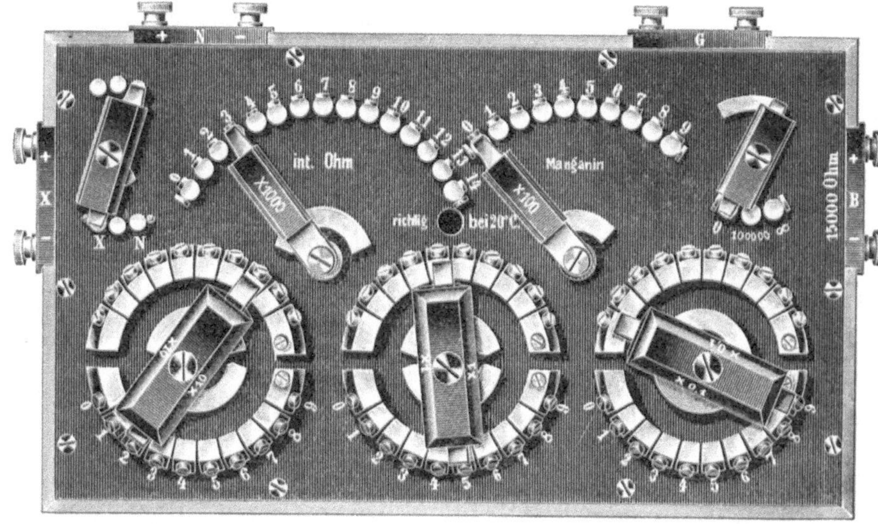

Fig. 132.

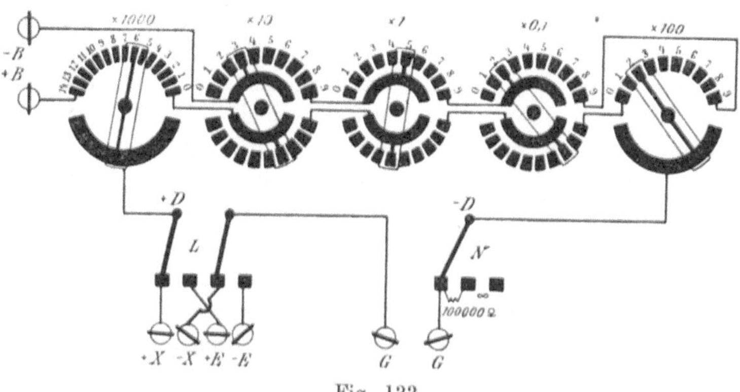

Fig. 133.

vollständige ist, darf dieser Vorschaltwiderstand ausgeschaltet und kann die Einstellung mit größerer Genauigkeit vorgenommen werden.

Besonders sei noch darauf aufmerksam gemacht, daß man nicht, nachdem z. B. am Schluß einer Messung zur Kontrolle das Normalelement noch einmal am entsprechenden Widerstand kompensiert ist, aus Versehen erst den Hilfsstrom unterbricht. Da der die EMK. des Normalelementes kompensierende Spannungsabfall alsdann plötzlich verschwindet, würde das Normalelement Strom geben und vollständig verderben.

Die Messung von niederen Spannungen. Verbindet man die Klemmen + und — B mit den entsprechenden Polen einer Akkumulatorenbatterie, so wird der Hauptkreis von einem konstanten Strome (oben Hilfstrom genannt) durchflossen, dessen Stärke man auf einen gewünschten Betrag einstellen kann, wenn man in den Stromkreis noch einen Regulierungswiderstand aufnimmt, zu dem man eventuell zur feineren Regulierung noch einen variablen hohen Widerstand parallel schalten kann.

An die Klemmen + und — E wird ein Normalelement, beispielsweise ein Kadmiumelement, mit einer elektromotorischen Kraft von 1,0185 Volt und an + und — X die zu messende Spannung angeschlossen. Stellt man nun die Kurbel derart ein, daß die Ablesung 1018,5 ist, und ändert man dann mit dem Regulierungswiderstande den Hilfsstrom so lange, bis der Galvanometerzweig stromlos bleibt, daß also das Normalelement mit 1,0185 Volt an einem Widerstande von 1018,5 Ohm kompensiert ist, so wird der Hauptkreis offenbar von einem Strom von genau 1 Milliampere durchflossen. Durch Umschaltung von L wird dann statt des Normalelementes die unbekannte Spannung angeschlossen und die Kurbel so lange verstellt, bis der Galvanometerzweig wieder stromlos wird; ist alsdann die Ablesung beispielsweise 6235,2, so ist die zu messende Spannung einfach $6235{,}2 \times 0{,}001 = 6{,}2352$ Volt.

Erhält man bei Verwendung eines sehr empfindlichen Galvanometers bei der Einstellung auf 6235,2 noch einen Ausschlag nach der einen und auf 6235,3 nach der anderen Seite, so kann noch eine weitere Dezimalstelle durch Interpolation bestimmt werden. Da der kleinste Widerstand zwischen + und — D gleich 0,1 Ω und der größte gleich 14999,9 Ω ist, so ist die kleinste zu messende Spannung 0,0001, die größte $14{,}9999 \simeq 15$ Volt. Man könnte aber das Kadmiumelement auch an 10185,0 Ω kompensieren, der Hilfsstrom würde dann 0,0001 Ampere und der Meßbereich 0,00001 bis 1,5 Volt sein. Der Gesamtwiderstand ist gleich 15000 Ω genommen, damit auch das Clarke Normalelement mit einer EMK. von 1,4328 Volt bei 15° C verwendet werden kann.

Die auftretenden Übergangswiderstände beeinträchtigen aber die Genauigkeit der Messungen kleinerer Spannungen; zwar sind sie im Vergleich zum Widerstande des Hauptkreises immer zu vernachlässigen, aber bei der Messung sehr kleiner Spannungen wird der Widerstand zwischen $+$ und $-D$ so klein, daß sie auf diesen einen wesentlichen Einfluß ausüben können; außerdem kann man, da der Kompensator keine Widerstände, kleiner als 0,1 Ω, enthält, alsdann nicht genügend viele Dezimalen ermitteln. Es ist daher wünschenswert, daß zwischen $+$ und $-D$ wenigstens 100 Ω liege, dann können aber keine kleineren Spannungen als 0,01 Volt gemessen werden.

Durch eine doppelte Kompensation kann man aber diese Unannehmlichkeit beseitigen; um nicht in Wiederholungen zu verfallen, verweisen wir dafür auf Kapitel IX, Abschnitt B 3, wo die Eichung der Präzisions-Millivoltmeter und der sehr empfindlichen Instrumente für pyrometrische Zwecke nach dieser Methode behandelt ist.

Die Messung hoher Spannungen. Hierbei fällt die Hilfsbatterie weg und wird die zu messende Spannung selbst an die Klemmen $+$ und $-B$ angeschlossen, während man mit dem 15000 Ω des Apparates noch einen Präzisionsrheostaten von beispielsweise 150000 Ω in Serie schaltet. Man stellt die Kurbel wieder auf 1018,5 ein und reguliert den Widerstand des Präzisionsrheostaten so lange, bis das Normalelement kompensiert ist. Beträgt der Widerstand im Präzisionsrheostaten z. B. 81562,4, so ist der Totalwiderstand zwischen $+$ und $-B$ 81562,4 + 14999,9 = 96562,3 und die zu messende Spannung gleich 96,5623 Volt.

Für Spannungen über 150 Volt muß man entweder einen Rheostaten mit noch größerem Widerstand vorschalten, oder man kompensiert das Normalelement an 101,8 Ω, so daß der Hilfsstrom 0,01 Ampere (dieser Strom ist nur während weniger Minuten zulässig) wird und der Meßbereich also zehnmal größer, nämlich bis 1500 Volt. Man erhält dann allerdings eine Dezimalstelle weniger; der Fehler wird aber $^1/_2$ $^0/_{00}$ nicht überschreiten;

eine solche Genauigkeit genügt bei der Messung hoher Spannungen in der Regel vollständig.

Bei der Messung von Spannungen über 15 Volt liefert also die zu messende Spannung Strom, sei er auch noch so klein.

Die Messung von Stromstärken. Wenn man in die von dem zu messenden Strome durchflossene Leitung einen Normalwiderstand einschaltet und die Spannungsdifferenz an dessen Klemmen mit dem Kompensator mißt, so kann man die Stromstärke dem Ohmschen Gesetze direkt entnehmen. Man wird nun immer die Größe des Normalwiderstandes derart wählen, daß die zu messende Spannung unter 15 Volt bleibt, so daß die für die Messung niederer Spannungen angegebene Methode benutzt werden kann, und daher die zu messende Stromstärke vom Kompensator nicht beeinflußt wird. Die Zuleitungsdrähte zum Kompensator können in diesem Falle willkürlich lang und dünn sein; die Messung kann in willkürlicher Entfernung von dem zu messenden Strome durchgeführt werden.

Da der Wert der Normalwiderstände bis auf ein Zehntausendstel bekannt ist, ist diese Art der Strommessung eine sehr genaue.

Die Einstellung der Stromstärke auf einen bestimmten Wert. Es kommt öfters vor, daß man eine Stromstärke auf einen bestimmten Wert einstellen will. Soll z. B. der Hilfsstrom i im Koepselschen Apparat (Kapitel X, Abschnitt K) 0,03632 Ampere sein, so schaltet man in den Stromkreis außer der Stromquelle und einem Regulierungswiderstand noch einen Normalwiderstand (Fig. 134) ein, dessen Klemmen mit den Klemmen + und $-X$ eines normal geschalteten Kompensators verbunden werden.

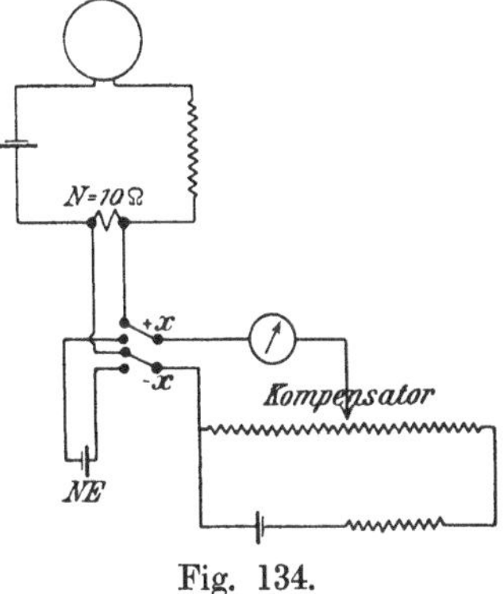

Fig. 134.

Wenn nun das Kadmium-Normalelement an 10185,0 Ω kompensiert ist, und der Strom im Kompensator also 0,0001 Ampere beträgt, wird die Kurbel auf 3632 Ω eingestellt und der Regulierwiderstand so lange geändert, bis die Spannung an den Klemmen des 10ohmigen Normalwiderstandes kompensiert ist; alsdann ist diese Spannung 0,3632 Volt und die Stärke des Hilfsstromes somit 0,03632 Ampere.

Wolff baut gegenwärtig auch Kompensationsapparate, die gleichzeitig als Wheatstonesche Brücke benutzt werden können. Die Schaltung ist in Fig. 135 dargestellt. Der Umschalter für das Galvanometer hat noch einen Kontakt mehr erhalten, der mit W bezeichnet ist; es ist außerdem eine Zwischenstufe von 10000 Ω für den Ballastwiderstand des Galvanometers eingefügt, weil öfters der Sprung von 100000 auf 0 zu groß ist. Diese zweite Widerstandsstufe wird übrigens in neuerer Zeit auch bei den Instrumenten angebracht, die nicht für die Benutzung als Wheatstonesche Brücke eingerichtet sind.

Das Schließen des Galvanometerkreises geschieht durch den unten rechts, bequem zur Hand befindlichen, mit G bezeichneten Schlüssel, der für momentanen und dauernden Schluß eingerichtet ist.

Die Lage der Verzweigungswiderstände, für die der Einfachheit und Raumersparnis wegen Stöpselschaltung gewählt ist, ist aus der Figur ersichtlich; es ist noch die Einrichtung getroffen, diese beiden Zweige der Brücke miteinander vertauschen zu können, was in bekannter Weise durch Umstecken der beiden Stöpsel in den diagonal gegenüberliegenden Ecken geschieht. X_w ist der zu messende unbekannte Widerstand, während mittels der 5 Widerstandsdekaden jeder beliebige Vergleichswiderstand zwischen 0,1 und 14999,9 Ω eingestellt werden kann. Die Austauschwiderstände kommen natürlich nicht in Gebrauch.

Der Batterieschlüssel tritt nur bei der Widerstandsmessung in Funktion; beim Kompensieren ist er unnötig und liegt außerhalb des Stromkreises, so daß auch ein zufälliges Schließen desselben keinen Schaden anrichten kann; der Galvanometerschlüssel ist in beiden Fällen zu verwenden. Will man also von einer Spannungsmessung zu einer Widerstandsmessung übergehen, so hat man nur den Batterieumschalter von E auf W zu stellen und das gewünschte Verzweigungsverhältnis zu stöpseln; dann kann man ohne weiteres Widerstände X_w messen durch Einstellen der 5 Kurbeln; das Normalelement und eine etwa an X_E liegende

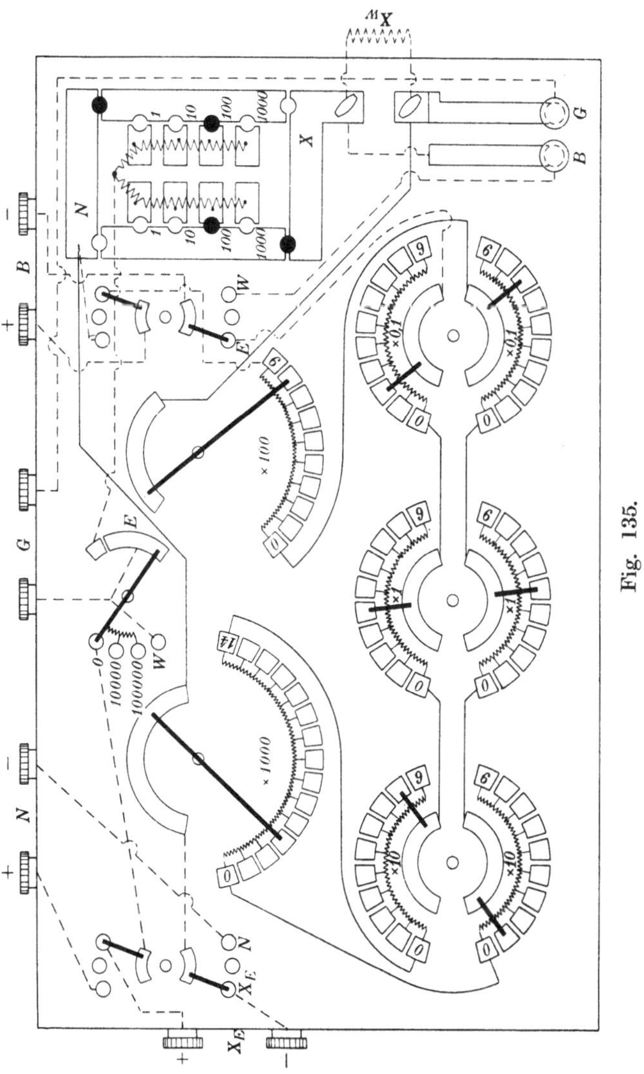

Fig. 135.

Spannung brauchen nicht abgenommen zu werden, da ihre Verbindung zum Galvanometer unterbrochen ist; zur größeren Sicherheit kann man den Umschalter oben links auf den mittleren (Ruhe-) Kontakt stellen.

Im übrigen dürfte die Einrichtung nach dem über Kompensationsapparate und früher über Wheatstonesche Brücken Gesagten ohne weiteres verständlich sein.

b) Der Rapssche Kompensationsapparat (Siemens & Halske).

Das Schaltungsschema dieses Kompensationsapparates, mit dem eine Genauigkeit von 0,02 % erreicht werden kann, ist in Fig. 136 dargestellt. Es sind hierbei zwei Stromwege getrennt zu betrachten, welche sich durch starke und schwache Linien unterscheiden (bei denjenigen Strecken, wo die beiden Stromwege gemeinsame Leitungen benutzen, mußte die Unterscheidung durch verschiedene Strichstärken unterbleiben).

Als Normalelement dient ein Kadmiumelement, dessen elektromotorische Kraft auf 1,019 Volt[1]) angenommen wird. Diese elektromotorische Kraft wird nun an einem festen Widerstand von 101,9, 1019 oder 10190 Ω kompensiert, je nachdem man durch den Apparat einen Strom von 0,01, 0,001 oder 0,0001 Ampere fließen lassen will (im allgemeinen dürfen die Widerstände nur während weniger Minuten mit einem Strome von 0,01 Ampere belastet werden). Bei A kann ein Rheostat, z. B. der Präzisionskurbelwiderstand derselben Firma mit einem Gesamtwiderstande von 160000 Ω eingeschaltet werden; alsdann können Spannungen bis zu 1600 Volt gemessen werden.

Bei der Messung hoher Spannungen befindet sich der dreipolige Umschalter L in der gezeichneten Stellung; die zu messende Spannung wird an $+$ und $-X$ angelegt. Der Stromweg beginnt bei $+X$, führt von dort über den mittleren Arm des Umschalters L, durch die Stöpselwiderstände 10190, 1019 und 101,9 Ω, durch den bei A angeschlossenen Widerstandskasten nach dem oberen Arm des Umschalters L und über diesen zur Klemme $-X$.

Parallel zu einem der durch Stöpsel auszuwählenden Kompensationswiderstände von 10190, 1019 und 101,9 Ω liegt ein Kreis, welcher das Kadmiumelement N, das Galvanometer G und einen Taster T zum Schließen dieses Kreises enthält. Der rechts-

[1]) Genauer 1,0185 Volt.

seitige doppelpolige Umschalter zeigt dabei mit seinem Index auf *N*. Ist das Normalelement an einem der drei Kompensationswiderstände durch Änderung des Widerstandes zwischen *A* und *A'* kompensiert,

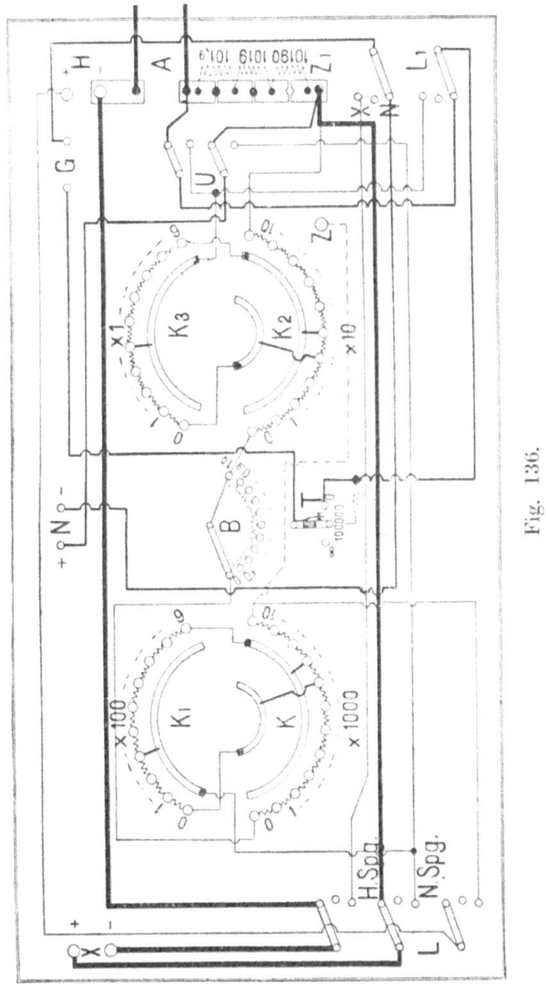

Fig. 136.

so ist offenbar die zu messende Spannung gleich dem Gesamtwiderstande, multipliziert mit der herrschenden Stromstärke (0,0001, 0,001 bzw. 0,01 Ampere). Zu beachten ist, daß der Gesamtwiderstand sich aus den zwischen *A* und *A'* eingeschalteten Widerstandsbeträgen und den jeweilig gezogenen Kompensationswiderständen zusammensetzt.

Zur Messung niederer Spannungen wird der dreipolige Umschalter L auf niedere Spannung umgelegt, und bei H wird die zu dieser Meßschaltung erforderliche Hilfsbatterie angeschlossen. Von dem Pole der Hilfsbatterie $+H$ geht der Strom durch den unteren Hebel des Umschalters L durch die 1000 Ω Widerstände bei K, dann durch die 0,2 Ω Widerstände bei B und durch die 10 Ω Widerstände bei K_2. Er passiert weiter die Kompensationswiderstände 10190, 1019 bzw. 101,9 Ω, den zwischen A und A' liegenden Regulierwiderstand und gelangt zum $-$Pole der Hilfsbatterie H.

Ganz wie vorher kann nun die Stromstärke durch Kompensation des Normalelementes an den betreffenden Kompensationswiderständen auf 0,0001 bzw. 0,001 bzw. 0,01 Ampere gebracht werden. Der Hebel L_1 steht dabei auf N.

An einen Teil dieses Stromkreises wird nun die über die Klemmen X zugeführte, zu messende Spannung durch Umstellen des doppelpoligen Schalters L_1 auf X gelegt. Dabei wird gleichzeitig das an den Klemmen bei G angeschlossene Galvanometer mit eingeschaltet, um die Stromlosigkeit in diesen Leitungen bestimmen zu können. Das Stromlosmachen dieses Nebenschlusses geschieht nun durch Einstellen der Kurbeln K, K_1, K_2, K_3 und B, wodurch der zwischen den Anlegepunkten liegende Widerstand und somit auch das Spannungsgefälle beliebig verändert wird, ohne den Gesamtwiderstand des Hauptkreises zu stören.

Die Schaltung der Kurbeln und der zugehörigen Widerstände ist nun folgende:

Die Kurbel K besitzt zwei voneinander isolierte Schleiffedern, zwischen deren Enden einerseits 1000 Ω aus der K-Reihe, andererseits die ganze K_1-Reihe oder $9 \times 1000 = 9000\,\Omega$ liegt. Wie nun auch die Kurbeln eingestellt sein mögen, immer liegt zu 1000 Ω der K-Reihe 9000 Ω der K_1-Reihe parallel, d. h. ein zehnter Teil des Stromes fließt durch die K_1-Reihe.

Ist beispielsweise das Normalelement an 1019 Ω kompensiert, so daß der Strom 0,001 Ampere ist, so fließt durch die K_1-Reihe 0,0001 Ampere. Die Kurbeln K_2 bzw. K_3 sind ebenso eingerichtet; hier liegt zu 10 Ω der K_2-Reihe immer die ganze K_3-Reihe, die

9 Widerstände von 10 Ω enthält, welche ebenfalls von 0,0001 Ampere durchflossen werden, parallel.

Wie groß ist nun die Spannungsdifferenz zwischen den Kurbeln K_1 und K_3 in der in der Figur eingezeichneten Stellung?

Von K_1 ausgehend, hat man erst 3 Widerstände von 1000 Ω, von 0,0001 Ampere durchflossen, dann 7 Widerstände von 1000 Ω, aus der K_2-Reihe von 0,001 Ampere durchflossen; die B-Reihe ist jetzt vollständig ausgeschaltet; dann kommen 4 Widerstände von 10 Ω aus der K-Reihe, von 0,001 Ampere durchflossen und schließlich 4 Widerstände der K_3-Reihe, von 0,0001 Ampere durchflossen.

Die Spannungsdifferenz zwischen K_1 und K_3 ist somit:

$$\begin{array}{l} 3 \times 1000 \times 0{,}0001 = 0{,}3 \\ 7 \times 1000 \times 0{,}001 \;\; = 7{,}0 \\ 0 \times 0{,}1 \;\; \times 0{,}001 \;\; = 0{,}0000 \\ 4 \times 10 \;\;\; \times 0{,}001 \;\; = 0{,}04 \\ 4 \times 10 \;\;\; \times 0{,}0001 = 0{,}004 \\ \hline \qquad\qquad 7{,}3440 = 7344{,}0 \times 0{,}001, \end{array}$$

also genau gleich der Kurbelablesung, multipliziert mit dem Hilfsstrome. Da die Kurbeln K_1 bzw. K_3 direkt mit + bzw. — X verbunden sind, so gibt die Ablesung uns die zu messende Spannung an.

Mit der Bewegung der Kurbel B wird allerdings der Gesamtwiderstand um einen Höchstbetrag von 1 Ω geändert, und somit verändert sich auch die Kompensationsstromstärke. Diese Änderung wird aber, wenn man beachtet, daß der Gesamtwiderstand mindestens 11000 Ω beträgt, höchstens einen Fehler von 0,01 $^0/_0$ hervorbringen können, der wohl nur in seltenen Fällen in Betracht kommt; außerdem kann man bei Änderung des Widerstandes B immer den Regulierungswiderstand noch um denselben Betrag ändern, wodurch der Fehler vollständig beseitigt ist.

Der bisher nicht erwähnte doppelpolige Umschalter U dient dazu, den Apparat auch in Verbindung mit Normalelementen, welche eine andere EMK. als das Kadmiumelement besitzen, zu benutzen. Man verzichtet alsdann auf die Benutzung der für die EMK. des Kadmiumelementes abgeglichenen Stöpselwiderstände und verbindet die Leitungen des Stromkreises, welcher das Normalelement und Galvanometer enthält, durch Umlegen der beiden Laschen bei U mit den Kurbeln K_1 und K_3. Die Kompensation wird dann genau so wie bei anderen Apparaten vorgenommen.

c) Kompensator von Dr. R. Franke.

Bei den Frankeschen Kompensatoren ist zur Messung kleinerer Spannungen eine neue Einrichtung getroffen, die hier noch behandelt werden soll.

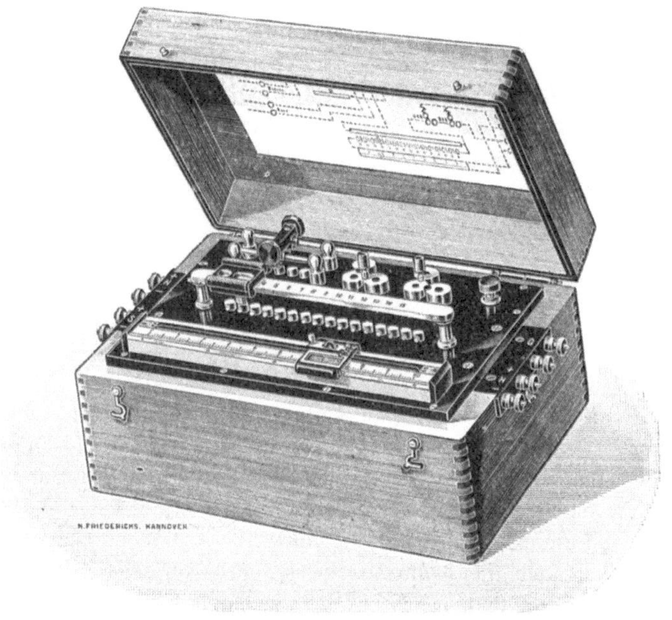

Fig. 137.

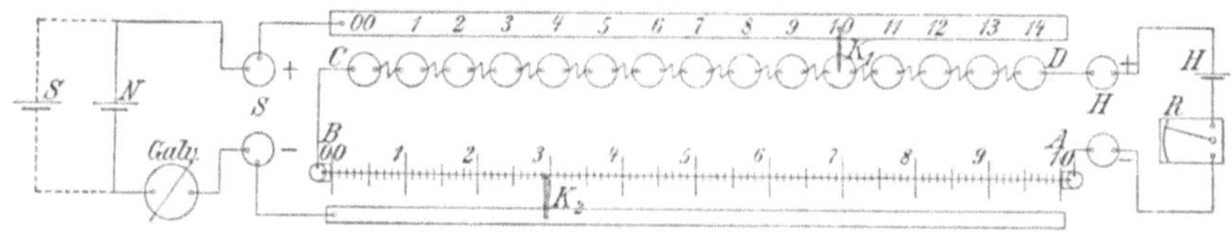

Fig. 138.

Bei dem einfachen Apparat, der in Fig. 137 in der Ansicht und in Fig. 138 schematisch dargestellt ist, ist ein über einer hundertteiligen Skala angebrachter Meßdraht *AB*, mit einem Schieberrheostaten *CD* verbunden, welcher 14mal den Widerstand *AB* enthält. Beide sind nebst einem Regulierwiderstande *R* in den Stromkreis eines Hilfsakkumulators H von etwa 2 Volt Spannung eingeschaltet.

Ein Normalelement N (bzw. die zu messende Spannung S) nebst Galvanometer kann mit Hilfe beweglicher Schieberkontakte K_1 und K_2 an beliebige Punkte des Rheostaten CD und des Meßdrahtes AB angelegt und die Kompensation in üblicher Weise vorgenommen werden.

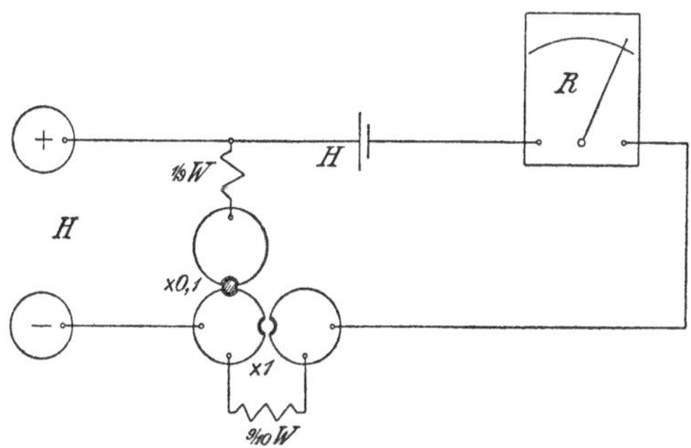

Fig. 139.

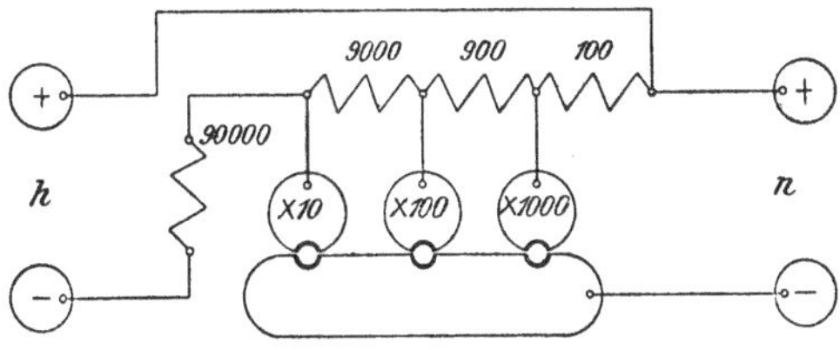

Fig. 140.

Um nun auch kleinere Spannungen messen zu können, sind zu den Kompensationswiderständen vom Gesamtwerte W geeignete Nebenschlußwiderstände ($^1/_9\, W$ bzw. $^1/_{99}\, W$) und Zusatzwiderstände ($^9/_{10}\, W$ bzw. $^{99}/_{100}\, W$) angeordnet (Fig. 139), welche die Stromstärke im Kompensator dekadisch verkleinern und dadurch das gesamte Spannungsgefälle auf $^1/_{10}$ bzw. $^1/_{100}$ des früheren Wertes herabsetzen. Die am Kompensator abgelesenen Zahlen sind dann mit 0,1 bzw. 0,01 zu multiplizieren.

Die Bestimmung höherer Spannungen geschieht mit Hilfe eines einfachen Spannungsteilers (Fig. 140).

Zur Kalibrierung des Meßdrahtes wird der Kompensator in eine Wheatstone-Brücke umgewandelt nach Fig. 141. Das Galvanometer wird der Reihe nach an die Kontakte des Schieberrheostaten — zu diesem Zwecke sind kleine Schräubchen angebracht — und den Meßdraht gelegt und die Punkte gleichen Potentials auf dem Meßdraht aufgesucht.

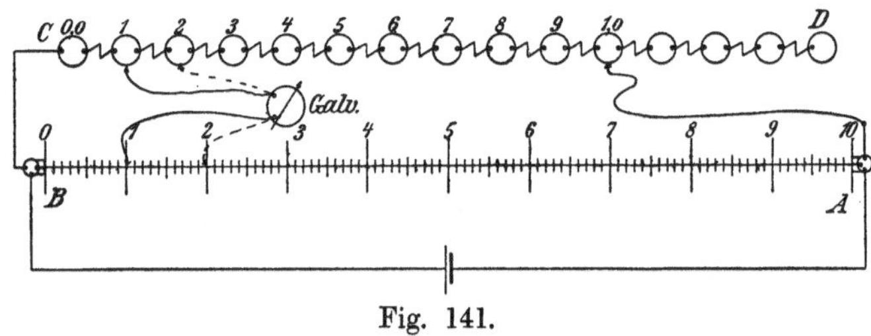

Fig. 141.

Da die P.T.R. Widerstände mit Meßdrähten wegen der Verletzbarkeit letzterer nicht beglaubigt, wird bei den Apparaten mit 1500 Ω Gesamtwiderstand der Meßdraht durch feste Widerstände ersetzt; das Spannungsgefälle wird in ähnlicher Weise unterteilt wie beim Rapsschen Kompensator.

Fünftes Kapitel.

Leistungsmessung.

Die bisher in der Technik gebräuchlichen Leistungsmesser oder Wattmeter beruhen alle auf dem elektrodynamischen Prinzip. Von den beiden aufeinander wirkenden Spulen des Wattmeters ist die eine, die feste, in Serie mit dem Stromkreis geschaltet und wird somit vom Nutzstrome durchflossen, während die zweite, die bewegliche Spule im Nebenschluß zu dem Stromkreise liegt, dessen Leistung man zu messen hat. Fig. 142 zeigt eine solche Wattmeterschaltung.

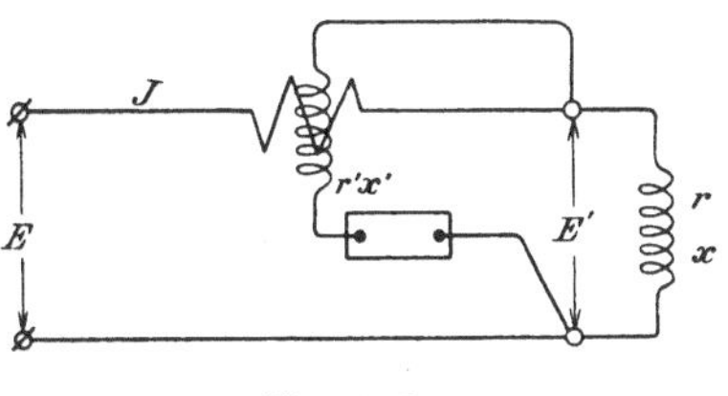

Fig. 142.

Nehmen wir vorläufig an, daß die Klemmenspannung[1]) nach einer Sinuskurve variiert, also

$$e = E \sin \omega t \text{ und } \mathcal{E} = \frac{E}{\sqrt{2}},$$

so wird der Hauptstrom, welcher um einen Winkel φ gegen die Spannung E nacheilen möge,

$$i = J \sin (\omega t - \varphi),$$

[1]) In den Rechnungen Seite 237—244 sind Momentanwerte mit kleinen Buchstaben, Maximalwerte mit großen Buchstaben in Druckschrift und Effektivwerte mit großen Buchstaben in Kursivschrift bezeichnet.

wo

$$J = \frac{E}{\sqrt{r^2 + x^2}} \quad \text{und} \quad \operatorname{tg} \varphi = \frac{x}{r}.$$

In dieser Formel bedeutet r den Widerstand und x die Reaktanz des Stromkreises, dessen Leistung man zu messen hat.

Der Strom i' in der Spannungsspule wird wegen der Selbstinduktion dieser Spule auch gegen die Spannung verschoben sein, so daß

$$i' = J' \sin(\omega t - \varphi'),$$

wo

$$J' = \frac{E}{\sqrt{r'^2 + x'^2}} \quad \text{und} \quad \operatorname{tg} \varphi' = \frac{x'}{r'}.$$

Es bedeutet r' den Widerstand und x' die Reaktanz der Spannungsspule mit Vorschaltwiderstand zusammen.

Das auf die bewegliche Spule einwirkende Drehmoment ist, wie früher gesagt, proportional dem Produkte der zwei Stromstärken i und i', vorausgesetzt, daß die Spule immer mittels einer Torsionsfeder in derselben Lage gehalten wird. Die Ablesung α ist, nach dem früher Gesagten, proportional dem mittleren Drehmoment, also:

$$\begin{aligned} \alpha &= C \frac{1}{T} \int_0^T i i' \, dt \\ &= C \frac{1}{T} \int_0^T J J' \sin(\omega t - \varphi) \sin(\omega t - \varphi') \, dt \\ &= C \mathcal{J} \mathcal{J}' \cos(\varphi - \varphi') = \\ &= C \mathcal{J} \frac{\mathcal{E}}{\sqrt{r'^2 + x'^2}} \cos(\varphi - \varphi') \\ &= C \mathcal{J} \frac{\mathcal{E}}{r'} \cos(\varphi - \varphi') \cos \varphi'. \end{aligned}$$

Die zu messende Leistung ist aber

$$W = \frac{1}{T} \int_0^T e i \, dt = \mathcal{E} \mathcal{J} \cos \varphi.$$

Setzt man $\mathfrak{E}\mathfrak{J}$ aus der ersten Gleichung in die zweite ein, so wird

$$W = \frac{\alpha}{C} r' \frac{\cos\varphi}{\cos(\varphi - \varphi')\cos\varphi'}$$

$$= \frac{\alpha}{C} r' \frac{1 + \operatorname{tg}^2\varphi'}{1 + \operatorname{tg}\varphi \operatorname{tg}\varphi'}.$$

Man sorgt nun immer dafür, daß $\operatorname{tg}\varphi' = \frac{x'}{r'}$ verschwindend klein wird, damit

$$W = \frac{r'}{C}\alpha = \text{Konstante mal Ablesung sei.}$$

Ist die Klemmenspannung nicht von Sinusform, sondern

$$e = E_1 \sin(wt + \psi_1) + E_3 \sin(3wt + \psi_3) + \ldots,$$

so wird man finden, wie Professor H. F. Weber angegeben hat, daß

$$W = \frac{\alpha}{C} r' \frac{1 + \operatorname{tg}^2\varphi'}{1 + \operatorname{tg}\varphi \operatorname{tg}\varphi'} \cdot \frac{1 + \dfrac{\mathfrak{E}_3 \mathfrak{J}_3 \cos\varphi_3}{\mathfrak{E}_1 \mathfrak{J}_1 \cos\varphi_1} + \dfrac{\mathfrak{E}_5 \mathfrak{J}_5 \cos\varphi_5}{\mathfrak{E}_1 \mathfrak{J}_1 \cos\varphi_1} + \ldots}{1 + \dfrac{\mathfrak{E}_3 \mathfrak{J}_3 \cos\varphi_3 \cos^2\varphi_3'}{\mathfrak{E}_1 \mathfrak{J}_1 \cos\varphi_1 \cos^2\varphi_1'} \cdot \dfrac{1 + \operatorname{tg}\varphi_3 \operatorname{tg}\varphi_3'}{1 + \operatorname{tg}\varphi_1 \operatorname{tg}\varphi_1'} + \ldots}$$

Die Phasenverschiebungen φ bzw. φ' beziehen sich auf die Ströme in dem zu messenden Stromkreise bzw. auf die Ströme im Spannungsstromkreise.

Der erste Korrektionsfaktor ist:

$$\frac{1 + \operatorname{tg}^2\varphi'}{1 + \operatorname{tg}\varphi \operatorname{tg}\varphi'} \cong \frac{1}{1 - \operatorname{tg}\varphi \operatorname{tg}\varphi'} \begin{matrix} > \\ = \\ < \end{matrix} 1 \begin{cases} \text{für } \operatorname{tg}\varphi > 0 \\ \text{,, } \operatorname{tg}\varphi = 0 \\ \text{,, } \operatorname{tg}\varphi < 0. \end{cases}$$

Der zweite Korrektionsfaktor ist dagegen immer größer als 1, aber selbst bei sehr komplizierten Kurvenformen nur um einige Zehntausendstel, und deswegen immer gleich 1 zu setzen. Also gilt für alle Formen von Wechselströmen

$$W = \frac{\alpha}{C} r' \frac{1}{1 - \operatorname{tg}\varphi \operatorname{tg}\varphi'}.$$

Die gemessene Leistung W ist aber niemals genau gleich der in den Belastungsstromkreis hineingeleiteten Leistung, sondern immer etwas größer. Nach der Schaltung Fig. 142 wird der Effektverlust in der Spannungsspule des Wattmeters $\frac{\mathfrak{E}'^2}{r'}$ mitgemessen. Also ist die wahre Leistung $W - \frac{\mathfrak{E}'^2}{r'}$, wenn r' den Widerstand der Spannungsspule bedeutet. Nach der Schaltung Fig. 143 mißt man hingegen den Effektverlust in der Stromspule $\mathfrak{J}^2 r''$ mit.

Ist der betrachtete Stromkreis in den beiden vorhergehenden Schaltungen kein Stromverbraucher, sondern ein Stromerzeuger, so sind die Effektverluste $\mathfrak{J}^2 r''$ resp. $\frac{\mathfrak{E}'^2}{r'}$ dem gemessenen Effekte W hinzuzuzählen, um den erzeugten Effekt zu erhalten. Der Fehler wird am kleinsten, wenn man die erste Schaltung bei kleinen Spannungen und großen Stromstärken und die zweite Schaltung bei hohen Spannungen und kleinen Stromstärken verwendet.

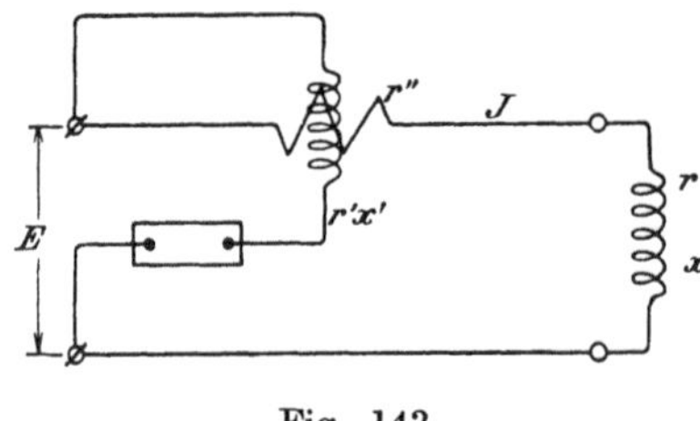

Fig. 143.

Wie man vermittelst einer Kompensationswicklung diesen Fehler ausgleichen kann, wird bei der Behandlung der Westonwattmeter (Kapitel VI, Abschnitt G) angegeben werden. Bei der Messung der Leistungen hoher Spannungen muß bei der Einschaltung des Widerstandskastens im Nebenschlußstromkreise darauf gesehen werden, daß die Spannungsdifferenz der zwei Wattmeterspulen möglichst klein wird, wie in Fig. 142 und 143.

Bei den direkt zeigenden Wattmetern, deren bewegliche Spule ihre Lage der festen Spule gegenüber mit dem Ausschlage ändert, ist selbstverständlich wieder eine empirische Graduierung der Skala erforderlich.

Bei Messung von Gleichstromleistungen soll, damit der Einfluß des erdmagnetischen Feldes eliminiert werde, bei genauen Messungen die Ablesung wiederholt werden, nachdem die Stromrichtung in beiden Spulen umgekehrt ist, und dann der Mittelwert aus beiden Ablesungen genommen werden.

Wenden wir uns jetzt zu der Leistungsmessung bei Mehrphasensystemen. Handelt es sich um ein symmetrisches und symmetrisch belastetes Mehrphasensystem, so sind die Leistungen aller Phasen unter sich gleich, und genügt die Verwendung eines

Additional material from *Elektrische und Magnetische Messungen und Messinstrumente*,

ISBN 978-3-662-35929-7, is available at http://extras.springer.com

Wattmeters zur Messung der Leistung einer Phase. Diese Messung läßt sich aber nur dann einfach ausführen, wenn der neutrale Punkt einer Sternschaltung für die Anbringung eines Spannungsdrahtes zugänglich ist.

Bei einer Ringschaltung müßte man den Ring an einer Stelle öffnen, um die Stromspule in die eine Phase einschalten zu können; die Spannungsspule wird dann zwischen die Enden dieser Phase eingeschaltet.

Sind nur die n-Klemmen des n-Phasensystems und nicht der Nullpunkt zugänglich, so kann man diese Meßmethode doch verwenden, indem man sich künstlich einen Nullpunkt schafft, wie beispielsweise für eine Dreiphasen-Dreileiteranlage in Fig. 144 angegeben worden ist.

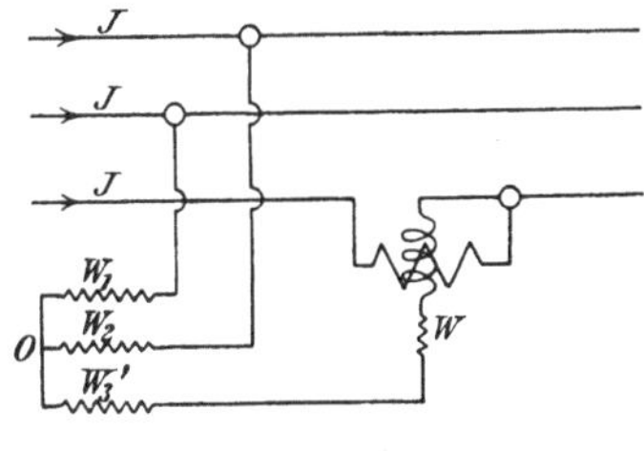

Fig. 144.

Die drei Widerstände W_1, W_2 und $W_3 = W_3' + W$ sind unter sich gleich und in Stern geschaltet; daher hat der Nullpunkt O dasselbe Potential wie der Sternpunkt der Maschine, und ist also der Spannungsstrom i sowohl der Phase als der Größe nach derselbe, als wenn die Spannungsspule mit ihrem Vorschaltwiderstande W_3 an den Sternpunkt der Maschine angelegt wäre, woraus die Richtigkeit der Messung hervorgeht.

Die Leistung unsymmetrischer oder unsymmetrisch belasteter Mehrphasensysteme kann in verschiedener Weise bestimmt werden. Von den vielen Methoden, die angegeben worden sind, werden wir nur ein paar erwähnen und ihre Richtigkeit nachweisen. Für andere Schaltungen kann dann der Beweis unschwer in ähnlicher Weise durchgeführt werden.

Eine erste Methode der Leistungsmessung eines beliebigen n-Phasensystems besteht in der Benutzung von n-Wattmetern, wovon jedes in eine Leitung gelegt ist; werden die Spannungsspulen zwischen die betreffende Leitung und den neutralen Leiter oder den Nullpunkt geschaltet, so mißt jedes Wattmeter die Leistung der betreffenden Phase. Werden dagegen die Enden aller Spannungsspulen zu einem neutralen Punkt verbunden, so ist die Summe der gemessenen Leistungen zwar gleich der totalen

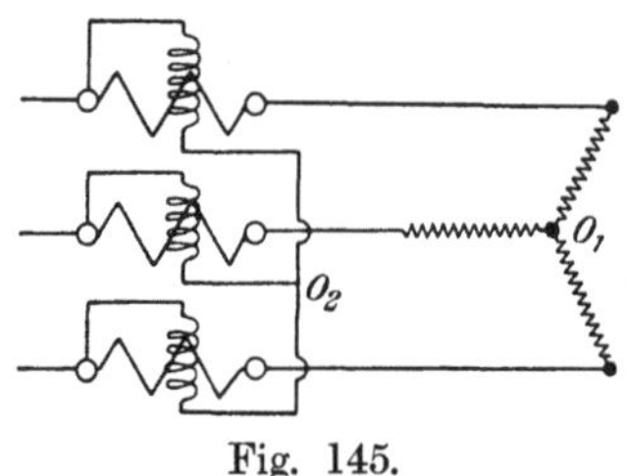

Fig. 145.

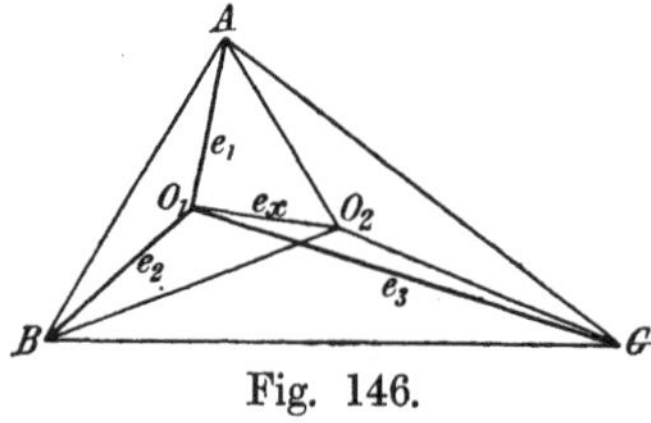

Fig. 146.

Leistung, aber die gemessenen Einzelleistungen sind im allgemeinen von den Leistungen der einzelnen Phasen verschieden.

Fig. 145 zeigt eine solche Schaltung für ein Dreiphasensystem ohne neutralen Leiter und Fig. 146 das Spannungsdreieck ABC desselben mit dem Spannungsmittelpunkte der unsymmetrischen Belastung in O_1; e_1, e_2 und e_3 seien Momentanwerte der EMK. der drei Belastungen und e der Momentanwert der Spannungsdifferenz zwischen den Punkten O_1 und O_2. Der Punkt O_2 stellt dabei den Spannungsmittelpunkt der Spannungsspulen mit ihrem Widerstandskasten dar.

Die drei momentanen Leistungen sind alsdann:

$$w_1 = (e_1 - e_x)\, i_1$$
$$w_2 = (e_2 - e_x)\, i_2$$
$$w_3 = (e_3 - e_x)\, i_3 ,$$

also

$$w_1 + w_2 + w_3 = e_1 i_1 + e_2 i_2 + e_3 i_3 ,$$

woraus die Richtigkeit der Messung hervorgeht.

Eine zweite Methode der Leistungsmessung eines Mehrphasensystems beruht darauf, daß ein Leiter immer als Rückleitung für sämtliche Ströme der anderen Leitungen angesehen werden kann. Deshalb braucht man beispielsweise für ein n-Phasensystem mit n-Leitungen nur $n - 1$ Wattmeter.

Wir wollen hier nun den praktisch wichtigsten Fall der Leistungsmessung eines Dreiphasensystems ohne Nullleiter mittels zweier Wattmeter etwas näher betrachten.

Die Belastung kann in Dreieck oder in Stern geschaltet sein. Für beide Schaltungssysteme gilt nun (Fig. 147)

$$w = e_{23}\, i_2 - e_{31}\, i_1 ,$$

wie aus folgender Rechnung hervorgeht.

a) Die Belastung sei in Dreieck geschaltet (Fig. 148).

Es gelten folgende Gleichungen:

$$e_{12} + e_{23} + e_{31} = 0$$
$$i_1 = i_{12} - i_{31}$$
$$i_2 = i_{23} - i_{12}$$
$$i_3 = i_{31} - i_{23}.$$

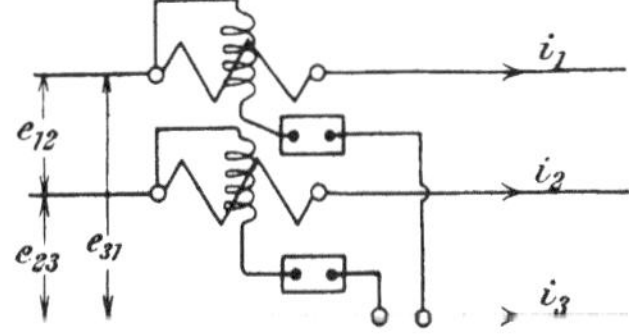

Fig. 147.

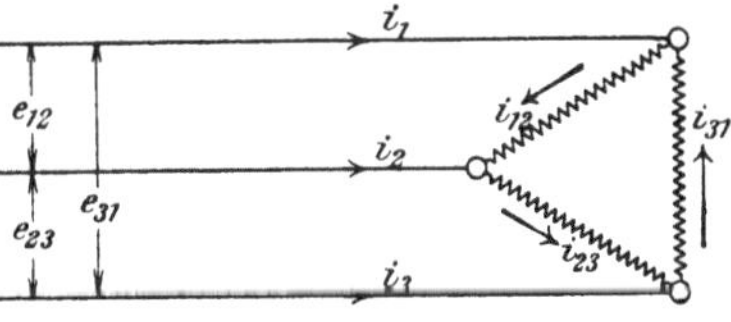

Fig. 148.

Es ist die momentane Leistung

$$w = e_{12} i_{12} + e_{23} i_{23} + e_{31} i_{31},$$

also

$$w = e_{12}(i_1 + i_{31}) + e_{23}(i_2 + i_{12}) - (e_{12} + e_{23}) i_{31}$$
$$= e_{12} i_1 + e_{23} i_2 + e_{23} i_1 = e_{23} i_2 - e_{31} i_1.$$

b) Die Belastung sei in Stern geschaltet (Fig. 149).

Es gelten jetzt folgende Relationen:

$$i_1 + i_2 + i_3 = 0$$
$$e_{12} = e_1 - e_2$$
$$e_{23} = e_2 - e_3$$
$$e_{31} = e_3 - e_1.$$

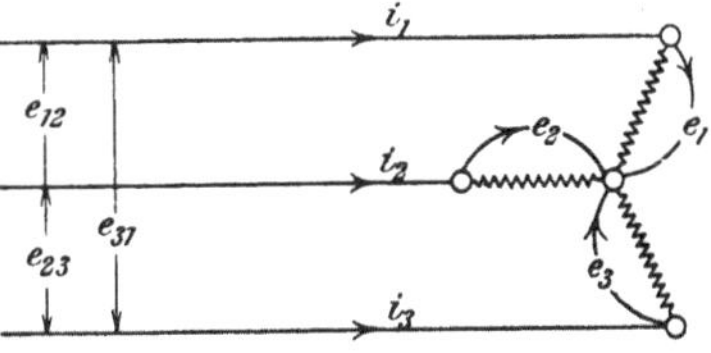

Fig. 149.

Es ist die Leistung

$$w = e_1 i_1 + e_2 i_2 + e_3 i_3$$

also

$$w = e_1 i_1 + (e_{23} + e_3) i_2 - e_3(i_1 + i_2)$$
$$= e_1 i_1 + e_{23} i_2 - e_3 i_1 = e_{23} i_2 - e_{31} i_1.$$

Aus der allgemeinen Gültigkeit der Gleichung

$$w = e_{23} i_2 - e_{31} i_1$$

für die momentanen Leistungen folgt nun direkt, daß die Leistung des Drehstromnetzes sich aus zwei einfachen Wechselstromleistungen zusammensetzt, die einzeln durch die Wattmeter in der Schaltung der Fig. 147 gemessen werden; und zwar muß dann die Summe der beiden Ablesungen genommen werden; wird ja die eine Spannungsspule von einem Strom der Spannung e_{23} durchflossen, so wird die andere, in demselben Sinne betrachtet, von einem Strom der Spannung $e_{13} = -e_{31}$ durchflossen. Der Ausschlag eines der beiden Wattmeter kann aber, wenn große Phasenverschiebungen auftreten, negativ werden; alsdann muß das eine Wattmeter umgeschaltet und die abgelesene Leistung natürlich mit negativem Vorzeichen genommen werden. Das tritt in einem symmetrischen und symmetrisch belasteten Mehrphasensystem ein, sobald die Phasenverschiebung 60^0 überschreitet, wie aus folgender Betrachtung ersichtlich ist.

Die Potentiale der drei Leitungen seien gegeben durch

$$e_1 = \mathfrak{E}\sqrt{2}\sin\omega t$$
$$e_2 = \mathfrak{E}\sqrt{2}\sin(\omega t - 120^0)$$
$$e_3 = \mathfrak{E}\sqrt{2}\sin(\omega t - 240^0).$$

Es ist dann

$$e_{12} = e_1 - e_2$$
$$e_{23} = e_2 - e_3$$
$$e_{31} = e_3 - e_1$$

und

$$i_1 = \mathfrak{J}\sqrt{2}\sin(\omega t - \varphi)$$
$$i_2 = \mathfrak{J}\sqrt{2}\sin(\omega t - \varphi - 120).$$

Die totale momentane Leistung war

$$w = w_1 + w_2 = e_{23}\,i_2 - e_{31}\,i_1.$$

Führen wir in diese Gleichung die Werte für e_{23}, e_{31}, i_1 und i_2 ein, und integrieren über eine Periode, so erhalten wir für die von den Wattmetern angezeigten Leistungen

$$W_1 = \sqrt{3}\,\mathfrak{E}\mathfrak{J}\cos(\varphi + 30^0)$$
$$W_2 = \sqrt{3}\,\mathfrak{E}\mathfrak{J}\cos(\varphi - 30^0).$$

Offenbar wird somit W_1 negativ, wenn $\varphi > 60^0$.

Ferner ist

$$\operatorname{tg}\varphi = \frac{W_1 - W_2}{W_1 + W_2}\sqrt{3}$$

und somit die Phasenverschiebung leicht auszurechnen.

In der letzten Zeit sind auch Versuche angestellt zur Konstruktion elektrostatischer Wattmeter, die auf dem Prinzip des Quadrantenelektrometers beruhen, sich aber besser für die Praxis eignen, als diese. Nach dem Seite 213 Gesagten gilt für einen solchen Apparat:

$$\Theta = C\,(V_1 - V_2)\left(V - \frac{V_1 + V_2}{2}\right).$$

Machen wir nun die Verbindungen nach Fig. 150, so ist die Potentialdifferenz zwischen dem einen Quadrantenpaar und der Nadel gleich der Spannung E am Motor (allgemein an den Klemmen des Belastungsstromkreises), während die Potentialdifferenz zwischen dem anderen Quadrantenpaar und der Nadel gleich $E + e$ ist, wenn $e = JR$ den Ohmschen Spannungsabfall im vorgeschalteten induktionsfreien Widerstand bedeutet.

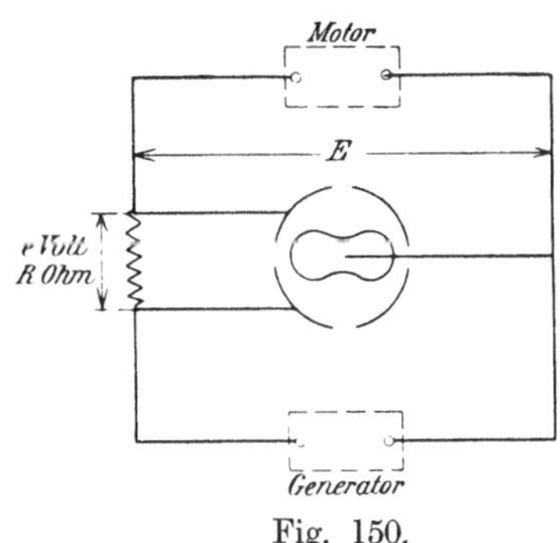

Fig. 150.

Setzen wir diese Werte in obenstehende Formel ein, so erhalten wir:

$$\Theta = Ce\left\{\frac{E + E + e}{2}\right\} = \frac{1}{2}\,Ce\,(2E + e)$$

$$= \frac{1}{2}\,C\,(2Ee + e^2).$$

Bei Wechselstrom brauchen wir nur statt E und e die Ausdrücke $\mathfrak{E}\sqrt{2}\sin 2\pi ct$ und $e\sqrt{2}\sin(2\pi ct + \varphi)$ einzuführen und über die Zeitdauer einer Periode zu integrieren; φ stellt dabei den Phasenverschiebungswinkel zwischen Strom und Spannung dar.

In diesem Falle erhalten wir:

$$\Theta = C'\,(2\mathfrak{E}e\cos\varphi + e_2)$$

und da $e = JR$

$$\Theta = C\left(\mathfrak{E}\mathfrak{J}\cos\varphi + \frac{e^2}{2R}\right).$$

Vernachlässigen wir den Betrag $\frac{e^2}{2R}$ gegenüber $\mathfrak{E}\mathfrak{J}\cos\varphi$, so ist der Ausschlag dem Effekte $\mathfrak{E}\mathfrak{J}\cos\varphi$ proportional. Dies ist aber besonders bei großen Phasenverschiebungswinkeln nicht mehr gestattet. Von den verschiedenen Schaltungen, nach welchen man diesen Fehler umgehen kann, soll die von der „Westinghouse Electric and Manufacturing Company Ltd.“ zur Messung von Effektverlusten in Kondensatoren und Kabeln verwendete Schaltung (Fig. 151) angegeben werden. Es wird zur Leistungsmessung nur eine Teilspannung $\left(\text{z. B. } \frac{1}{n}\right)$ verwendet, die hier direkt vom stromgebenden Transformator abgenommen wird; ist das nicht möglich, so sind besondere Meßtransformatoren (siehe Kapitel VI) einzuschalten.

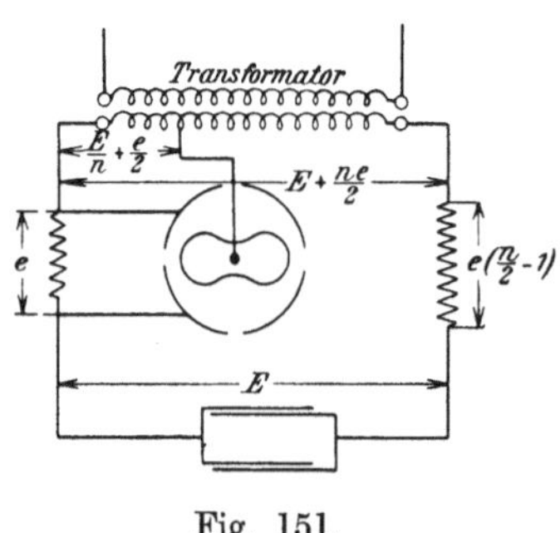

Fig. 151.

Außer dem in der vorigen Schaltung (Fig. 150) vorgeschalteten Widerstand, in dem der Spannungsabfall e auftritt, ist noch ein zweiter Widerstand vorgesehen, der so bemessen ist, daß darin der Spannungsverlust $e\left(\frac{n}{2}-1\right)$ ist.

Führen wir die sich auf diese Weise ergebenden und in der Figur eingeschriebenen Potentialdifferenzen ein, so erhalten wir:

$$\begin{aligned}\Theta &= C\,(V_1 - V_2)\left(V - \frac{V_1 + V_2}{2}\right)\\ &= \frac{1}{2}\,C\,(V_1 - V_2)\,(V - V_1 + V - V_2)\\ &= \frac{1}{2}\,Ce\left(\frac{E}{n} + \frac{e}{2} + \frac{E}{n} - \frac{e}{2}\right)\\ &= Ce\,\frac{E}{n}.\end{aligned}$$

Daraus geht hervor, daß das gesteckte Ziel durch diese Schaltung erreicht ist. Der Beweis, daß sie auch für Wechselstrom richtige Leistungsangaben ermöglicht, ist in derselben Weise wie vorhin durchzuführen.

Hitzdrahtwattmeter haben bis jetzt noch keine große Bedeutung erhalten. Sie beruhen auf der Formel

$$(i + i')^2 - (i - i')^2 = 4ii'.$$

Bringt man zwei Hitzdrähte im Apparat unter, deren einer von der Summe eines dem Nutzstrome und eines der Netzspannung proportionalen Stromes durchflossen wird, während in dem anderen die Differenz eben derselben Ströme auftritt, so ist in jedem Augenblick die in dem einen Hitzdraht entwickelte Stromwärme proportional $(i + i')^2$ und die im anderen entwickelte proportional $(i - i')^2$.

Der Übertragungsmechanismus ist nun derart, daß die Differenz in dem Apparat selbst gebildet wird, so daß der Ausschlag des Zeigers proportional $i i'$, also auch proportional der Momentanleistung ie ist. Nach dem früher Gesagten zeigt also ein solches Wattmeter den Effektverbrauch $\mathcal{E}\mathcal{J}\cos\varphi$ richtig an.

Sechstes Kapitel.

Einige Strom-, Spannungs- und Leistungsmesser.

Ein Gesichtspunkt, auf den die Physik viel Gewicht legte, war der: das Meßinstrument soll so konstruiert sein, daß seine Angaben möglichst theoretisch auswertbar und kontrollierbar sind, wenn dabei auch durch Vornahme von Hilfsmessungen eine längere Zeit erforderlich wird. Ein Beispiel dafür liefert die Tangentenbussole. Die Elektrotechnik nimmt aber einen ganz anderen Standpunkt ein und legt das Hauptgewicht auf einfache Handhabung des Instrumentes, sowie besonders darauf, daß das Resultat schnell und direkt ohne Rechnungen oder umständliche Manipulationen erhalten werden kann. Man verwendet entweder Elektrodynamometer, die ja bei relativ einfacher Handhabung durch das ihnen zugrunde liegende Meßprinzip eine Reihe von Fehlerquellen ausschließen, oder besonders auch ganz direkt zeigende Meßinstrumente. Die Verwendung direkt zeigender Instrumente spart uns nicht nur Arbeitszeit, sondern gestattet auch bei schwankenden Meßgrößen eine genauere Messung durchzuführen, zumal wenn eine ausreichende Dämpfung eine sofortige Einstellung des Zeigers in die den neuen Verhältnissen entsprechende Lage ermöglicht.

Es wird deshalb im vorliegenden Kapitel, außer einer Behandlung der Elektrodynameter eine besonders ausführliche Beschreibung der direkt zeigenden Meßinstrumente gebracht werden.

A. Präzisionsinstrumente für Gleichstrom.

Das Prinzip von Deprez und d'Arsonval (siehe Kapitel II), ein bewegliches Drahtsystem in einem radialen Felde, ist bei einer Reihe von Meßinstrumenten, die neben einfacher Handhabung eine Genauigkeit aufweisen, die bei den meisten technischen Messungen durchaus genügt, und der diese Instrumente den Namen von Präzisionsinstrumenten verdanken, durchgeführt.

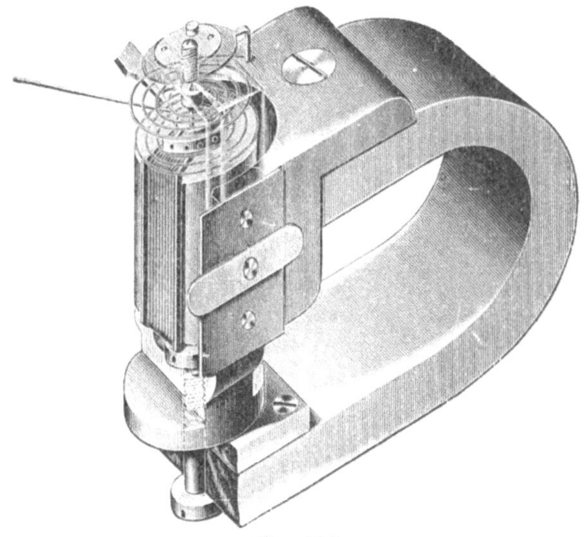

Fig. 152.

Eine sehr schöne Durchbildung haben diese Instrumente durch den Amerikaner Weston erfahren, sowohl in bezug auf die Konstruktion als auf die Anwendung einer sehr guten Lagerung der beweglichen Spule und von Federn mit geringer Nachwirkung.

Die von den verschiedenen Firmen gebauten Instrumente weichen zwar in der Ausführung etwas voneinander ab, sind aber der Hauptsache nach ähnlich konstruiert. Fig. 152 stellt z. B. das von Siemens & Halske verwendete Normalsystem dar; die Hälfte des Stahlmagnets ist weggelassen. Die Instrumente werden nach Lehren hergestellt, so daß ihre einzelnen Teile ohne weiteres ineinander passen und gegeneinander auswechselbar sind. Die Proportionalität zwischen Ausschlag und Stromstärke ist durch dreierlei erreicht.

Zunächst ist die Form der Magnete und der Polschuhe so gewählt, daß der ganze Weg des Kraftflusses zu der Lage des zentrischen Eisenkernes symmetrisch ist.

Zweitens ist für eine genaue Zentrierung gesorgt, so daß sowohl die Umdrehungsachse des beweglichen Rahmens, als auch die Achse der Zylinderfläche des Weicheisenkerns dieselben sind.

Fig. 153.

Schließlich wird noch durch eine besondere Art der Magnetisierung eine gleichförmige Verteilung des Magnetismus in dem Magnete erreicht, und werden nur jahrelang gelagerte Magnete verwendet.

Die Konstante des Instrumentes kann durch Änderung der Feldstärke etwas reguliert werden; dazu dient der magnetische Nebenschluß, der z. B., wie in Fig. 153, aus einem kleinen, rechteckigen, drehbar angeordneten Eisenstück bestehen kann.

Diese Figur stellt das Innere eines von Siemens & Halske gebauten Instrumentes, auf eine Holzplatte montiert, dar.

Von den beiden Spiralfedern, welche sowohl das Geschäft der Stromzu- bzw. abfuhr besorgen, als auch die Richtkraft hervorrufen, ist die eine mit der Achse leitend verbunden, während die andere isoliert ist.

Die elastischen Eigenschaften der Feder sind derart, daß selbst bei mehrstündiger Einschaltung der Instrumente keine merkliche Veränderung des Ausschlages eintritt.

Obwohl das bewegliche System ausbalanziert ist, empfiehlt es sich doch, die Instrumente in derselben Lage, worin sie geeicht sind, zu verwenden; da das Magnetfeld wegen des kleinen Luftzwischenraumes sehr stark ist, braucht man nur bei sehr genauen Messungen den Einfluß des erdmagnetischen Feldes zu berücksichtigen; man nimmt alsdann die Ablesung vor in zwei Lagen des Instrumentes, welche um 180° verschieden sind, und nimmt das arithmetische Mittel beider Ablesungen.

Fig. 154.

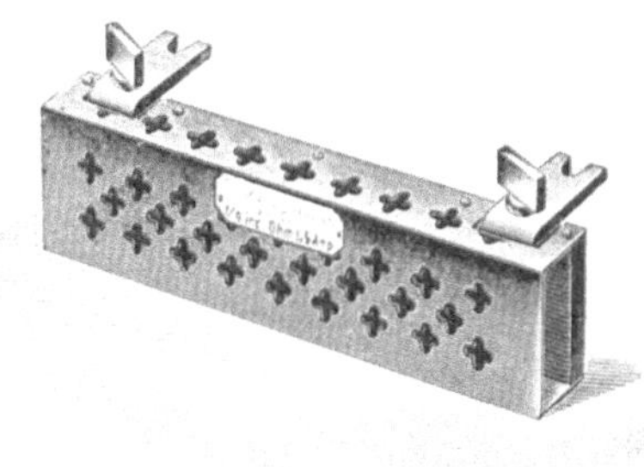

Fig. 156.

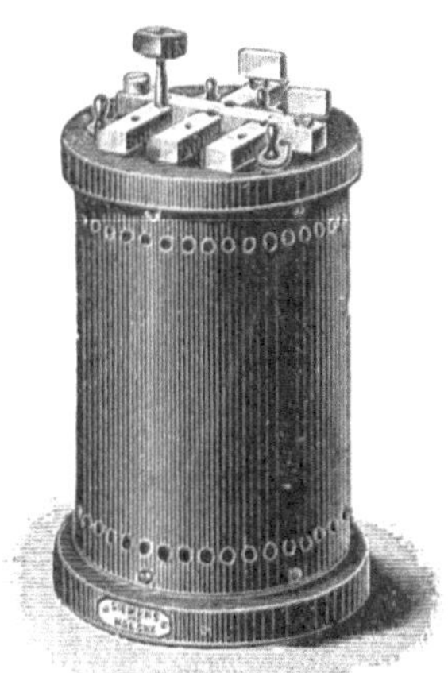

Fig. 155.

Der Widerstand der Spule ist nicht bei allen Instrumenten gleich groß, auch sind alle Magnetsysteme nicht gleich magnetisiert; die Feldstärke ist also bei einem Instrument etwas größer oder kleiner als bei einem anderen. Durch geeignete im Instrument angebrachte Widerstände wird der Gesamtwiderstand auf den gewünschten Wert gebracht.

Da der Grundkörper der Spule aus einem geschlossenen Kupfer- (bzw. Aluminium-) rahmen besteht, so werden durch seine Bewegung in dem starken magnetischen Felde Induktionsströme erzeugt, welche die Bewegung bald zur Ruhe bringen und also eine vorzügliche Dämpfung zu Stande bringen.

Damit Ströme und Spannungen von sehr verschiedenen Größen gemessen werden können, bauen Siemens & Halske Millivoltmeter (Fig. 154) mit 1 Ω und mit 100 Ω Widerstand. Beide haben 150 Skalenteile. Beim einohmigen Instrument entspricht einem Skalenteil 1 Milliampere, also auch 1 Millivolt; beim hundertohmigen Instrument ein Zehntel Milliampere bzw. zehn Millivolt. Durch geeignete Nebenschlüsse (Fig. 155) und Vorschaltwiderstände (Fig. 156) aus Manganin kann der Meßbereich beliebig erweitert werden.

Folgende Tabellen[1]) geben davon eine Übersicht.

1 Ω Instrument			
Strommesser		Spannungsmesser	
Nebenschluß in Ω	Meßbereich in Ampere	Vorschaltwiderstand in Ω	Meßbereich in Volt
∞	0,001 — 0,15	0	0,001 — 0,15
$\frac{1}{9}$	0,01 — 1,5	9	0,01 — 1,5
$\frac{1}{19}$	0,02 — 3,0		
$\frac{1}{49}$	0,05 — 7,5		
$\frac{1}{99}$	0,1 — 15	99	0,1 — 15
$\frac{1}{199}$	0,2 — 30		
$\frac{1}{499}$	0,5 — 75		
$\frac{1}{999}$	1 — 150	999	1 — 150
$\frac{1}{9999}$	10 — 1500		

[1]) Es soll mit diesen Tabellen nicht gesagt werden, daß es keine anderen als die angeführten Nebenschlüsse und Vorschaltwiderstände gäbe.

100 Ω Instrument			
Strommesser		Spannungsmesser	
Nebenschluß in Ω	Meßbereich in Ampere	Vorschaltwiderstand in Ω	Meßbereich in Volt
∞	0,0001 — 0,015	0	0,01 — 1,5
$\frac{100}{9}$	0,001 — 0,15	900	0,1 — 15
$\frac{100}{99}$	0,01 — 1,5	9900	1 — 150
$\frac{100}{999}$	0,1 — 15	19900	2 — 300
		49900	5 — 750
$\frac{100}{9999}$	0,2 — 30	99900	10 — 1500

Für andere, später zu behandelnde Instrumente können leicht ähnliche Tabellen aufgestellt werden.

Obwohl die Temperaturkoeffizienten dieser Instrumente 5- bis 6mal so klein sind als die der Torsionsgalvanometer, so werden für besonders genaue Messungen noch andere Typen gebaut mit kleinerem Temperaturkoeffizienten. Das Instrument mit 2 Ω Widerstand hat praktisch einen Temperaturkoeffizienten Null, während das Instrument mit sechs Meßbereichen (0 — 0,15; 0 — 1,5; 0 — 15 Ampere und 0 — 3; 0 — 15; 0 — 150 Volt) den verschwindend kleinen Temperaturkoeffizienten von 0,00016 hat, so daß der Fehler bei 10^0 Temperaturdifferenz nur 1,5 $^0/_{00}$ beträgt. Die letzteren Instrumente sind besonders bequem, da sie die erforderlichen Nebenschluß- und Vorschaltwiderstände selbst enthalten.

Schließlich wird noch ein kombiniertes Präzisions-Volt- und Amperemeter geliefert für gleichzeitige Messungen von Strom und Spannung, auch ohne Temperaturkoeffizienten.

Nach demselben Prinzip werden auch Schalttafelinstrumente gebaut, als Volt- und als Amperemeter; mit einem Eisengehäuse umgeben, sind sie auch gegen sehr große, in unmittelbarer Nähe vorbeigeführte Ströme unempfindlich.

Da der Schwerpunkt des beweglichen Systems mit seiner Umdrehungsachse zusammenfällt, ist die Aufhängung des Instrumentes gleichgültig, daher können dieselben auch auf Schiffen gute Verwendung finden.

Man kann auch den Nullpunkt unterdrücken, was besonders bei Voltmetern den Vorteil hat, daß die Skalenteilung im Gebrauchsbereiche des Instrumentes größer ausfällt. Als Nachteil dürfte jedoch angesehen werden, daß der Nullpunkt dann auch nicht mehr kontrolliert werden kann.

Während man die Änderung des Spannungsmeßbereiches der Millivoltmeter durch einfache Umstöpselung erreichen kann, bedingt die Änderung der Stromempfindlichkeit eine Stromunterbrechung, damit der Nebenschluß vertauscht werden kann. Um diese Unannehmlichkeit zu umgehen, bauen Siemens & Halske neuer-

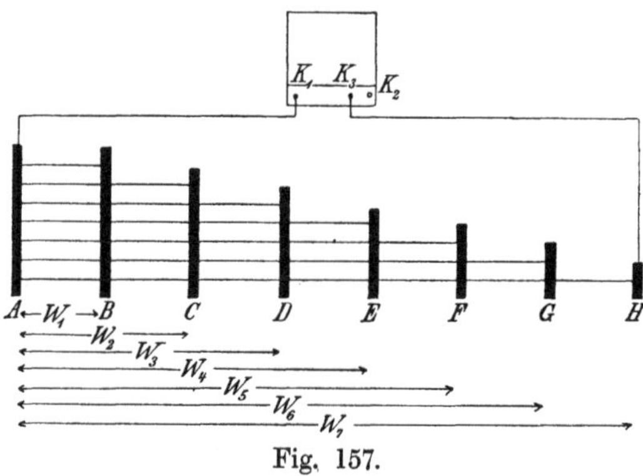

Fig. 157.

dings auf Vorschlag von K. Feußner die sogenannten vielstufigen Strommesser, die auf dem bekannten Prinzip des Universalshunts beruhen.

Die Schaltung ist schematisch in Fig. 157 dargestellt. Der Hauptstrom durchfließt je nach Bedarf die Widerstände W_1 bis W_7. Der von dem Hauptstrom nicht durchflossene Teil des ganzen Widerstandes tritt als Vorschaltwiderstand für das Millivoltmeter auf. Dieser Umstand wird nun dazu benutzt, W unabhängig von dem Widerstande des Voltmeters zu machen, wie aus folgender Betrachtung hervorgeht.

Schaltet man in eine Leitung mit dem Strome J den Widerstand W ein und legt einen Spannungsmesser von dem Widerstande w als Nebenschluß an denselben an, so ist der Spannungsabfall zwischen den Verzweigungspunkten

$$V = J W \frac{w}{w + W} = a y ,$$

wenn a den Ausschlag des Spannungsmessers in Skalenteilen und y den Wert eines Skalenteiles in Volt bedeutet. Soll ferner in der angegebenen Schaltung 1 Skalenteil des Spannungsmessers auch z Ampere des ungeteilten Hauptstromes entsprechen, so ist ferner

$$J = az.$$

Daraus folgt

$$W = \frac{y}{z}\left(1 + \frac{W}{w}\right) \quad . \quad . \quad . \quad . \quad . \quad (1)$$

Den Faktor in der Klammer kann man vernachlässigen, wenn bei einer Ablesegenauigkeit des Spannungsmessers von 1000. das Verhältnis

$$\frac{W}{w} < 0{,}001$$

ist; ist es kleiner als

$$\sqrt{0{,}001} \cong 0{,}03,$$

so können die Quadrate von $\frac{W}{w}$ noch unberücksichtigt bleiben. In dem ersteren Falle, also bei kleinem Abzweigwiderstande und großen Stromstärken, hat man unmittelbar $W = \frac{y}{z}$. In dem letzteren Falle kann man entweder dem Widerstand W den durch Gleichung (1) ausgedrückten Wert geben — wobei man auf der rechten Seite für W seinen Näherungswert $\frac{y}{z}$ einsetzt — oder man kann unter Beibehaltung von $W = \frac{y}{z}$ den Reduktionsfaktor y des Spannungsmessers so in y' ändern, daß der Gleichung (1) genügt wird. Aus dieser Gleichung wird dadurch

$$y' = zW\left(1 - \frac{W}{w}\right) = y\left(1 - \frac{W}{w}\right).$$

Die Änderung des Reduktionsfaktors wird dadurch bewirkt, daß man den Widerstand des Millivoltmeters w zu w' macht. Hieraus folgt

$$\frac{y'}{y} = \frac{w'}{w}$$

und somit

$$w' = w - W.$$

Schaltet man nun von dem in dem Millivoltmeter befindlichen Vorschaltwiderstande durch eine dritte Klemme K_3 (Fig. 157) einen kleinen Teil ab, welcher numerisch gleich dem ganzen Abzweigwiderstande zwischen A und H ist, so erhält man für das Millivoltmeter einen geschlossenen Stromkreis $A K_1 K_3 H A$ vom Widerstande w. Leitet man nun durch einen Teil W dieses Kreises den Hauptstrom, so ist der Widerstand w' des Millivoltmeterkreises von der einen bis zur anderen Eintrittsstelle des Hauptstromes immer gleich $w - W$, und unter dieser Bedingung ist nach der eben gemachten Ableitung für

$$W = \frac{y}{z} = \frac{1}{1000} z$$

der Ausschlag

$$a = \frac{J}{z} = \frac{J}{1000\,W}.$$

Infolge der Unabhängigkeit des Abzweigwiderstandes von dem Millivoltmeterwiderstande können die gleichen Abzweigwiderstände für alle verschiedenen Millivoltmetertypen verwendet werden.

Man braucht nur eine dritte Klemme anzubringen, was auch nachträglich ohne besondere Schwierigkeit vorgenommen werden kann.

Siemens & Halske schalten nun 0,1 Ω ab; bei der Empfindlichkeitsstufe 1 Skalenteil = 0,01 Ampere ist die Bedingung, daß $\left(\frac{W}{w}\right)^2$ gegen die Einheit vernachlässigt werden könne, nur noch so eben erfüllt. Dadurch ist also die obere Empfindlichkeitsstufe bestimmt, oder man müßte größere Abzweigwiderstände verwenden. Nach der Seite der großen Stromstärken hin wird man im allgemeinen soweit gehen, als dem speziellen Bedarf entspricht. Fig. 158 zeigt die Konstruktion eines solchen Apparates, der bis zu 150 Ampere zu messen gestattet, während Fig. 159 die Ansicht darstellt.

Wie aus letzterer Figur ersichtlich, sind dem Meßgerät zwei bewegliche Anschlußkabel mit außen isolierten Anschlußklemmen beigegeben. Die Öffnungen in der Vorderwand des Gehäuses, welche zur Einführung der Anschlußklemmen dienen, werden durch eine Scheibe, die sich an dem Griff des Momentschalters A (Fig. 158) befindet, zum Teil verdeckt und nur freigegeben, wenn dieser

Schalter geöffnet ist. Die Klemmen haben hinten eine Einschnürung; infolgedessen kann man den Ausschalter nach Einstecken der Klemmen wohl ungehindert drehen, aber die Klemmen nur abziehen, wenn der Ausschalter geöffnet ist.

Ferner befindet sich zwischen dem Ausschalter und dem Umschalter ein Riegel *R* (Fig. 158), der eine Bewegung des Umschalters nur erlaubt, wenn der Momentschalter geschlossen ist,

Fig. 159.

und eine Bewegung des letzteren nur dann, wenn der Umschalter in seiner äußersten Lage links steht. Infolge dieser Einrichtung steht nach dem Einschalten der Umschalter immer in seiner Anfangslage und die Widerstände sind kurzgeschlossen.

Dreht man nun den Umschalter um einen Schritt nach rechts, so wird die erste Widerstandsabteilung vom Strome durchflossen und die geringste Empfindlichkeit des Strommessers hergestellt, bei der 1 Skalenteil einem Ampere entspricht.

Dreht man den Umschalter weiter, so kommt man immer zu höheren Empfindlichkeitsstufen, bis zuletzt in der achten Stellung

1 Skalenteil 0,01 Ampere entspricht. Die Umschaltung erfolgt vollständig funkenlos, so daß man jederzeit während der Messung durch Drehen des Umschalters zu einer höheren oder niederen Empfindlichkeit übergehen kann, ohne den Strom unterbrechen oder Leitungen umlegen zu müssen.

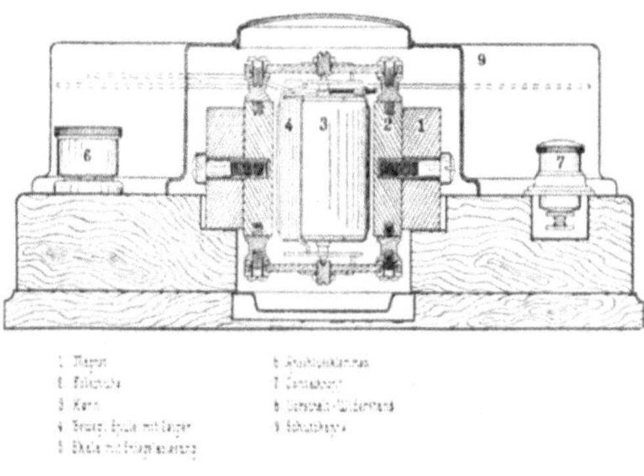

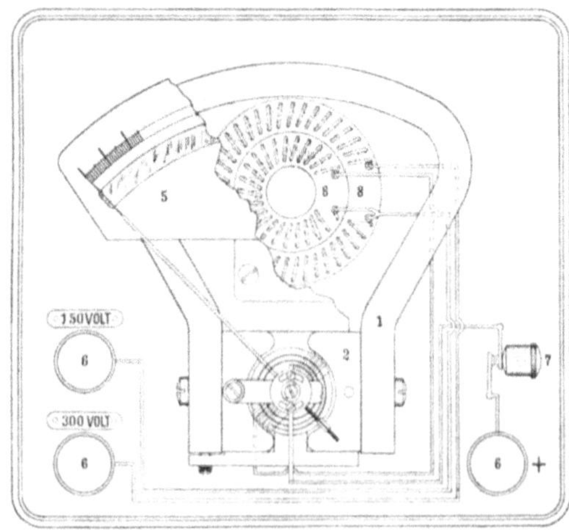

Fig. 160.

Die Umrechnungsfaktoren sind auf einer mit der Umschalterachse U (Fig. 158) verbundenen Scheibe Z verzeichnet, welche dicht unter dem Gehäusedeckel des Abzweigwiderstandes liegt. In einem Ausschnitt des Gehäuses bietet sich die bei jeder Umschalterstellung anzuwendende Umrechnungszahl dem Auge des

Beobachters gut sichtbar dar, während die übrigen Zahlen verdeckt sind.

Die Anschlußklemmen der Zuleitungsschnüre sind so eingerichtet, daß ein geschlitztes Kupferrohr, welches mit den Zuleitungskabeln verlötet ist, durch Zurückschrauben der außen isolierten Überfangsmuffe mit vorne verengter Bohrung auf den kupfernen Anschlußstift im Innern des Apparates fest aufgezogen wird.

Fig. 160 stellt ein Millivoltmeter von Weston schematisch dar, während Fig. 161 die äußere Ansicht zeigt. Statt eines zerbrechlichen Glasspiegels ist zur Vermeidung von Parallaxefehlern ein vernickeltes, hochglanzpoliertes Skalenblech unter dem Zeiger angeordnet. Das ganze bewegliche System wiegt nur etwa 1,5 Gramm; der Luftzwischenraum ist bis auf 1,1 mm heruntergedrückt. Während Siemens & Halske vorgedruckte Skalen verwenden und Korrektionstabellen beigeben, werden die Skalen der Westoninstrumente von 10 zu 10 Skalenteilen empirisch geeicht und vermittelst besonderer Teilmaschinen unterteilt und ausgezogen.

Fig. 161.

Die Millivoltmeter verbrauchen maximal 30 Milliampere; die Spannung an den Klemmen ist somit bei den einohmigen Instrumenten 30 Millivolt und bei den zweiohmigen 60 Millivolt.

Für die Abgleichung ist zur Spule ein Nebenschluß gelegt. Wenn man diesen Nebenschluß aus Kupfer, bzw. aus einem Material mit hohem Temperaturkoeffizienten nimmt und diese parallelgeschalteten Widerstände mit einem Vorschaltwiderstand versieht, der aus einem Material mit verschwindend kleinem Temperaturkoeffizienten hergestellt ist, so kann man eine genaue Kompensation dieser Schaltungsweise gegen Temperaturänderungen, sofern das Instrument als Millivoltmeter geeicht ist, erreichen.

Aus Fig. 162 geht nämlich folgendes hervor:

Bei der Temperatur $t = 0$

$$e = (i + i_1)\, w_2 + iw = \left(i + \frac{iw}{w_1}\right) w_2 + iw = i\,\frac{w_1 w_2 + w w_2 + w w_1}{w_1}.$$

Bei $t = t$

$$e = (i' + i_1')\, w_2 + i'w\,(1 + \alpha t) = \left(i' + \frac{i'w}{w_1}\,\frac{1 + \alpha t}{1 + \beta t}\right) w_2 + \\ + i'w\,(1 + \alpha t).$$

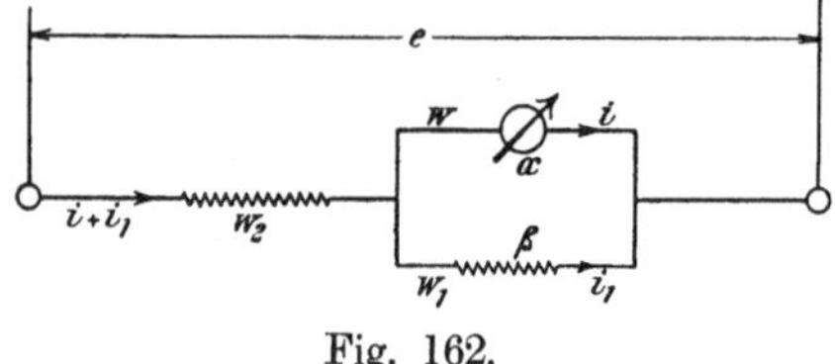

Fig. 162.

Soll nun bei derselben Spannung e derselbe Ausschlag erfolgen (also $i = i'$), so muß der Bedingung

$$\frac{w_1 w_2 + w w_2 + w w_1}{w_1} = w_2 + \frac{w w_2}{w_1}\,\frac{1 + \alpha t}{1 + \beta t} + w\,(1 + \alpha t).$$

Genüge geleistet werden.

Durch Vernachlässigung unwesentlicher Größen (nämlich $w w_1 \alpha \beta t^2$) kommt man zu der sehr einfachen Beziehung

$$w_2 = w_1\,\frac{\alpha}{\beta - \alpha}.$$

Bei Strommessungen bleibt allerdings noch ein kleiner Fehler bestehen, da der Gesamtstrom $i + i_1$ bei einem bestimmten Ausschlag sich mit der Temperatur etwas ändert. Die Verwendung von Nebenschlüssen ist aber ohne weiteres zulässig, da der Ausschlag genau mit der Spannung an den Klemmen des Instrumentes übereinstimmt. Der absolute Fehler ist bei bestimmter Temperatur und bestimmtem Ausschlag eine Konstante; der prozentuale Fehler geht also bei Vergrößerung des Meßbereiches durch Nebenschlüsse rasch herunter und kann daher meistens vernachlässigt werden.

Volt- und Amperemeter nach diesem Prinzip werden mit den verschiedensten Meßbereichen ausgeführt.

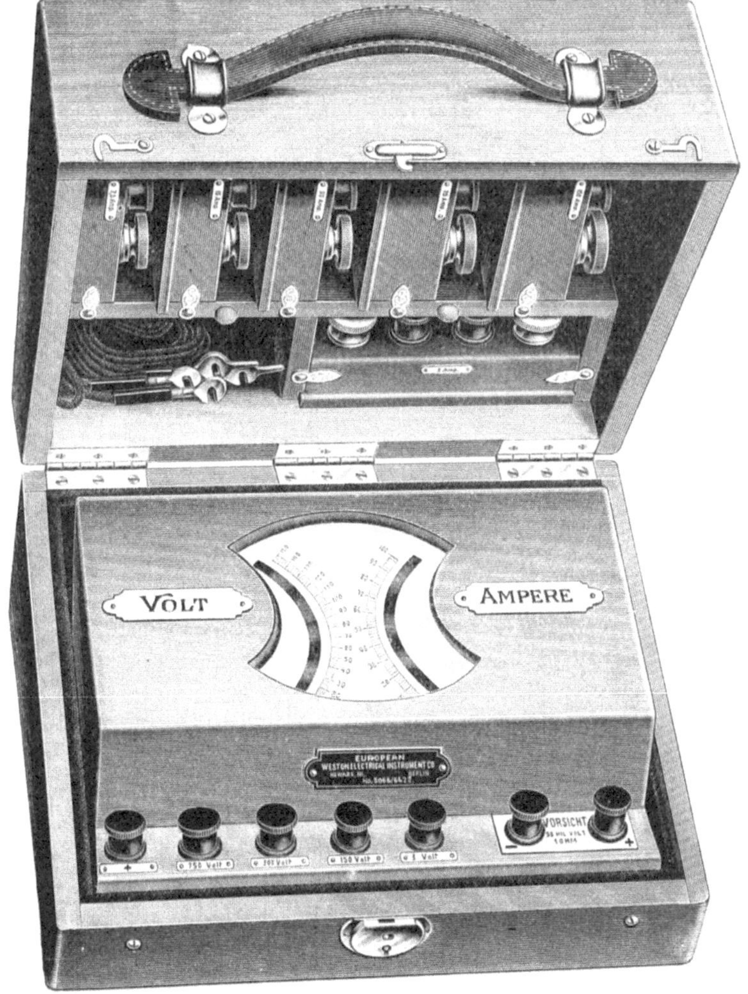

Fig. 163.

Fig. 163 zeigt ein Universal-Volt- und Amperemeter, dessen Meßbereiche ebenso wie bei den Millivoltmetern durch Nebenschlüsse und Vorschaltwiderstände beliebig erweitert werden können.

Schließlich soll noch die Verwendung des Normalinstrumentes als kombinierten Strom- und Spannungsmessers in Verbindung mit Normalwiderständen, einem Dekadenwiderstand, Galvanometer und Weston-Normalelement, als Ersatz für einen Kompensationsapparat, behandelt werden.

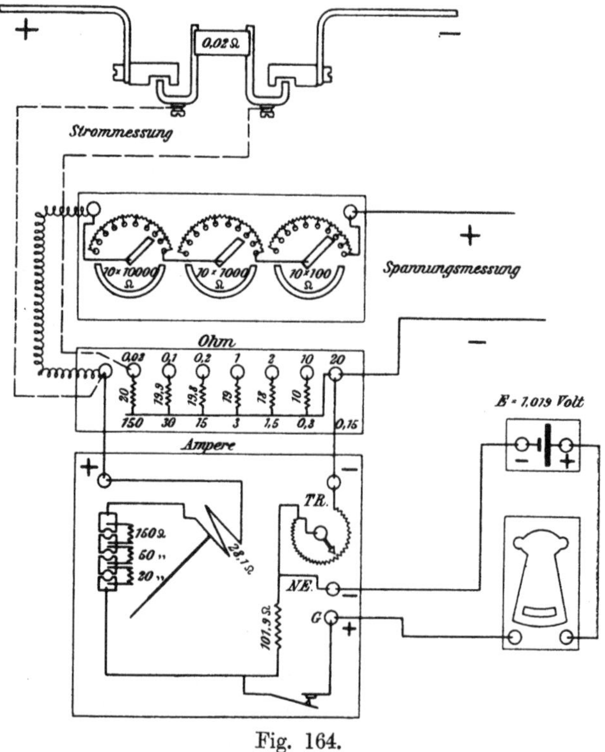

Fig. 164.

Fig. 164 zeigt die Schaltungsanordnung. Für die Spannungsmessung gelten die ausgezogenen Verbindungen. Das Voltmeter besitzt eine Empfindlichkeit von 0,01 Ampere für vollen Skalenausschlag; letzterer ist demnach einer Klemmenspannung am Instrument von 1,5, 2 oder 3 Volt äquivalent, je nach dem gestöpselten Vorschaltwiderstand.

Zu der Abzweigung von 101,9 Ω liegt im Nebenschluß ein Normalelement und ein Galvanometer. Bei vollem Skalenausschlag des Instrumentes ist der Spannungsabfall über diesen Widerstand

101,9 × 0,01 = 1,019 Volt, der Durchschnittswert der EMK. eines Weston-Normalelementes. Die Empfindlichkeit des Galvanometers ist eine solche, daß eine Veränderung von 0,1 eines Intervalles der Voltmeterskala einen Ausschlag von wenigstens 1 Millimeter am Galvanometer hervorruft. In diesem Falle beträgt der durch

Fig. 165.

das Normalelement fließende Strom etwa 0,000002 Ampere, es ist also eine gefahrbringende Inanspruchnahme des Elementes ausgeschlossen.

Der im Diagramm angedeutete Dekadenwiderstand enthält 10 × 100, 10 × 1000 und 10 × 10000 Ω; man kann demnach den Widerstand desselben von 0 bis 111000 Ω in Abstufungen von 100 zu 100 Ω verändern und dadurch den Widerstand des Instrumentes als Voltmeter so verändern, daß man einen vollen Skalenausschlag, von Volt zu Volt ansteigend, für alle vollen Werte von 2 bis 1112 Volt erhält. Die jeweilig im Dekadenwiderstand eingeschalteten Werte erscheinen durch springende Zahlen auf der mit „Ohm" bezeichneten Seite in Ohm ausgedrückt und auf der mit „Volt" bezeichneten in Volt auf der Basis $100\,\Omega = 1$ Volt (wie aus Fig. 165, die eine ähnliche, aber nur für Spannungsmessung eingerichtete Vorrichtung zeigt, ersichtlich ist).

Die mit Volt bezeichnete Seite beginnt jedoch nicht mit 0 in der Hunderterdekade, sondern mit 2, da bereits im Instrument $200\,\Omega$ vorhanden sind.

Man kann also mit Hilfe dieser Dekadenwiderstände den Spannungsmeßbereich beliebig wählen, während man zur Einstellung einer bestimmten ganzen Voltzahl für Eichzwecke immer den Dekadenwiderstand so einstellen kann, daß man für die betreffende Voltzahl einen vollen Skalenausschlag erhält und auf diese Weise stets die Kontrolle durch das Normalelement besitzt und durch Benutzung ein und desselben Skalenpunktes Skalenfehler und kleine Variationen des Instrumentes eliminiert.

Da das Instrument für einen vollen Skalenausschlag eine Stromstärke von 10 Milliampere gebraucht, so muß bei Strommessungen vermittelst eines Nebenschlusses dieser Betrag in Rechnung gezogen werden. Um für den Instrumentenstrom zu korrigieren, stehen zwei Möglichkeiten offen: entweder kann man den Widerstand des Nebenschlusses, statt eine runde Zahl für ihn zu nehmen, so abgleichen, daß der im Hauptstromkreis befindliche Strom direkt an der Skala des Instrumentes abgelesen werden kann. Bei diesem Verfahren würden sich jedoch sehr unbequeme Werte für den Widerstand des Nebenschlusses ergeben, und da man allgemein runde Werte für alle möglichen anderen Meßzwecke braucht, so ist es vorzuziehen, dem Nebenschlußwiderstande einen runden Wert zu geben und jeweilige Korrekturen durch einen Vorschaltwiderstand zu bewirken.

Wie aus dem Schaltungsschema ersichtlich, ist das Instrument, entsprechend den zu benutzenden Nebenschlußwiderständen von 20, 10, 2, 1, 0,2, 0,1 und $0{,}02\,\Omega$, mit einem Vorschaltwiderstand versehen, der 6 Widerstände erhält, die an besondere Klemmen angeschlossen sind, so daß die gestrichelt gezeichnete Zuleitung vom Nebenschluß an diejenige Klemme zu legen ist, welche mit dem Werte in Ohm des jeweilig benutzten Nebenschlusses bezeichnet ist.

Der auf der linken Seite des Instrumentes ersichtliche Rheostat dient dazu, dem Instrumente verschiedene Meßbereiche geben zu können.

Fig. 166.

Die Verwendung obenerwähnter Nebenschlüsse und geeigneter Vorschaltwiderstände ermöglicht eine Variation der dem vollen Skalenausschlag entsprechenden Stromstärke von 0,075 bis zu 150 Ampere.

Im Schaltungsschema ist ferner noch der Temperaturregler eingezeichnet, der gestattet, den inneren Widerstand des Instrumentes bei Änderung der an einem im Apparate befindlichen Thermometer abzulesenden Temperatur auf denselben Betrag einzustellen.

Die Weston-Schalttafelinstrumente haben eine mattschwarze Farbe zur Vermeidung von Lichtreflexen.

Fig. 166 zeigt die Ausführung der Millivoltmeter von Hartmann & Braun.

Ebenso wie Weston verwendet diese Firma bei den Vorschaltwiderständen Klemmen, im Gegensatz zu der Stöpselschaltung, von Siemens & Halske.

Für die Korrektion etwaiger Nullpunktsabweichungen des Zeigers befindet sich an jedem Instrument eine „Indexkorrektion", [1])

Fig. 167.

die von außen mit Hilfe eines Schraubenziehers betätigt werden kann. Es werden keine vorgedruckten Skalen verwendet.

Die aperiodischen Präzisions-, Meß- und Kontrollinstrumente haben dieselbe Ausstattung.

Die Schalttafelinstrumente werden durch Fig. 167, die ein Amperemeter mit Nullpunkt in der Mitte (Ausschlag nach beiden Seiten) darstellt, veranschaulicht; das Innere ist in Fig. 168 bildlich dargestellt.

---

[1]) Neuerdings sind diese auch an den Weston-Instrumenten angebracht.

Schließlich sei noch erwähnt, daß Dr. R. Franke außer den Normalinstrumenten nach obiger Konstruktion noch sogenannte

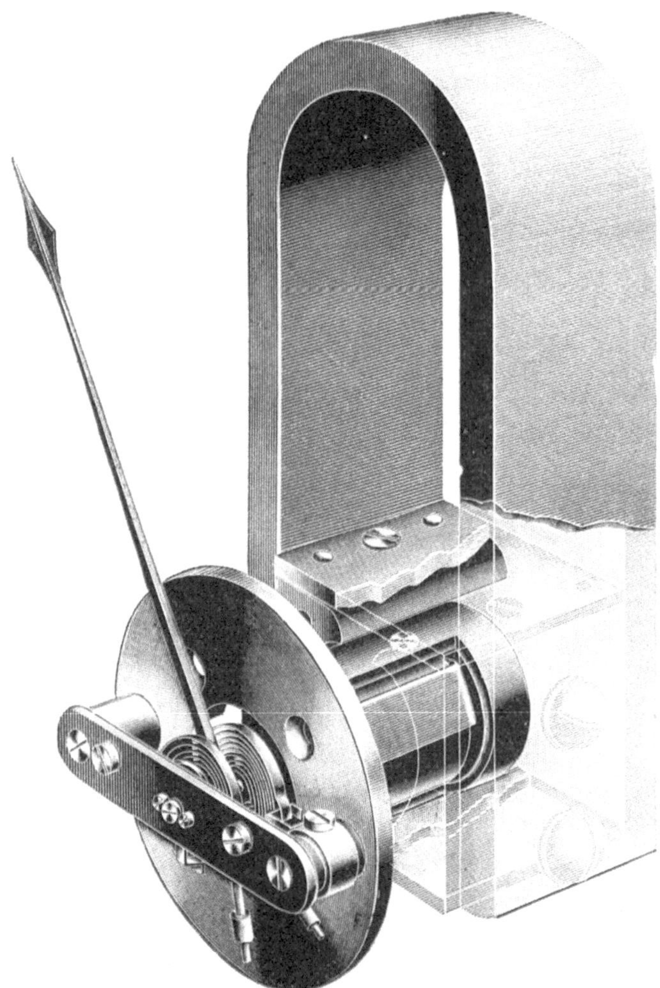

Fig. 168.

Kugelpolinstrumente baut, die zu Messungen, an die weniger hohe Anforderungen bezüglich der Genauigkeit gestellt werden, dienen, wegen ihrer überaus einfachen Konstruktion aber wesentlich billiger sind. Wie aus Fig. 169 ersichtlich, dreht sich die kreisförmige Spule innerhalb hohlkugelförmiger Pole.

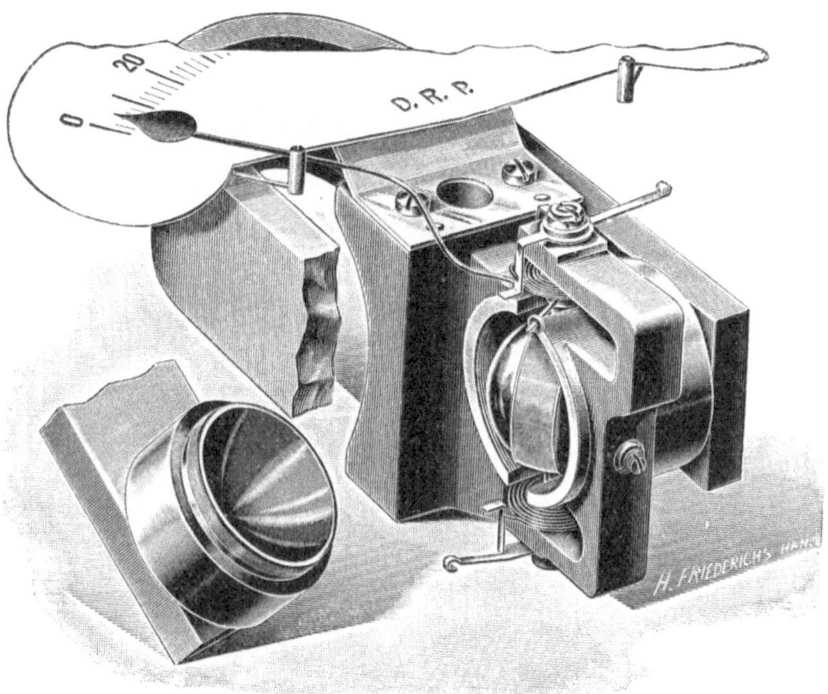

Fig. 169.

Die Deprez-Instrumente zeichnen sich vor allen anderen Zeigerinstrumenten durch ihren geringen Stromverbrauch aus.

B. Torsionselektrodynamometer und Wagen.

Die Elektrodynamometer finden bei Gleichstrommessungen wenig Verwendung, weil man dafür über viele andere, ebenfalls sehr genaue, aber handlichere Instrumente verfügt; der Vorteil, daß sie für Gleichstrom geeignet sind, ist aber der, daß sie mit Gleichstrom geeicht werden können. Benutzt man das Instrument als Wechselstromamperemeter, so ist es nicht gleichgültig, ob die beiden

Spulen in Serie oder parallel geschaltet sind. Im ersteren Falle werden die Spulen von demselben Strome durchflossen, so daß keine Phasenverschiebung auftreten kann; die Angaben sind daher von der Frequenz des Stromes unabhängig. Im zweiten Falle dagegen tritt eine Phasenverschiebung auf, wenn die Zeitkonstanten (Verhältnis zwischen L und r) für beide Spulen ungleich sind, und wir haben im Kapitel V über Leistungsmessung gesehen, daß, wenn Phasenverschiebung vorliegt, die Angaben verkleinert werden

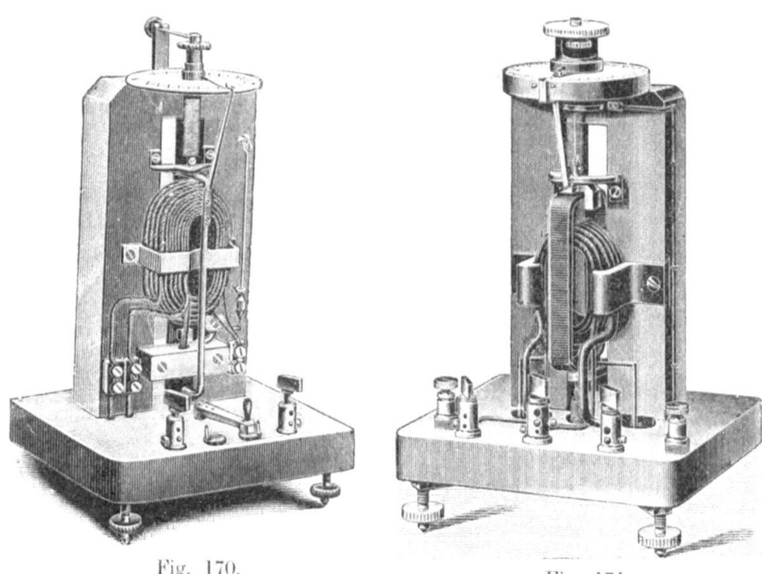

Fig. 170. Fig. 171.

und zwar proportional dem cosinus des Phasenverschiebungswinkels. Man muß also in dem Falle dafür sorgen, daß entweder die Zeitkonstanten genau gleich sind oder daß ihr Einfluß zu vernachlässigen ist. Die Parallelschaltung der Spulen wird nämlich öfters vorgenommen, da die Zuführung größerer Ströme zu der beweglichen Spule, ohne ihre Beweglichkeit zu stören, Schwierigkeiten mit sich bringt. Die Konstruktion dieser Instrumente dürfte aus den gegebenen Figuren genügend deutlich hervorgehen.

Fig. 170 stellt ein Stromdynamometer von Siemens & Halske mit zwei Meßbereichen dar; die feste Spule ist dazu mit zwei Wicklungen versehen; die Umschaltung auf den anderen

Meßbereich geschieht vermittelst der in der Figur sichtbaren Kurbel. Die bewegliche Spule besteht in diesem speziellen Falle aus einer einzigen Windung; dadurch wird der Einfluß des erdmagnetischen Feldes bedeutend verringert. Während nämlich die elektrodynamische Wirkung von dem Produkte der Amperewindungszahlen der beiden Spulen abhängt, ist der Einfluß des Erdfeldes nur der Amperewindungszahl der beweglichen Spule proportional. Indem wir also die Amperewindungszahl der festen Spule groß und die der beweglichen Spule klein machen, verringert sich der durch das Erdfeld verursachte Fehler.

Fig. 172.

Fig. 171 stellt einen Leistungsmesser nach diesem Prinzip mit zwei Strommeßbereichen dar. Die Spannungsmeßbereiche können durch entsprechende Vorschaltwiderstände beliebig erweitert werden. Die neueren Instrumente selbst enthalten 1000 Ω, der zulässige Strom ist 0,03 Ampere, also braucht bis 30 Volt kein besonderer Widerstand vorgeschaltet zu werden. Für jede 30 Volt Überspannung kommt noch 1000 Ω Vorschaltwiderstand hinzu. Bei den später zu beschreibenden Präzisionswattmetern von Siemens & Halske trifft dasselbe zu, so daß die Vorschaltwiderstände für beide Typen verwendet werden können.

Für die Leistungsmessung von Dreiphasensystemen sei auf das unter Leistungsmessung, Kapitel V, Gesagte verwiesen. Die Vorschaltwiderstände mit künstlichem Nullpunkt sind wieder für beide Typen verwendbar.

Zur Beseitigung des Einflusses äußerer magnetischer Felder, besonders des Erdfeldes, werden auch astatische Instrumente gebaut. Fig. 172 zeigt ein astatisches Voltmeter von Siemens & Halske. Alle Spulen sind hintereinander geschaltet; der Strom im oberen Spulenpaar ist aber dem im unteren entgegengerichtet, so daß die beiden beweglichen Spulen durch die elektrodynamische Wirkung zwar einen Ausschlag nach derselben Richtung erfahren, der Einfluß äußerer magnetischer Felder sich aber hebt, vorausgesetzt daß diese homogen sind.

Die Volt- und Amperemeterskalen sind sowohl bei diesen Torsionselektrodynamometern, als bei den jetzt zu beschreibenden Wagen, quadratischer Natur, während die Leistungsmesser eine proportionale Skala besitzen.

Da die Spulenschaltung der Strom-, Volt- und Wattwagen mit derjenigen der Strom-, Spannungs- und Leistungsdynamometer übereinstimmt, dürfte die Besprechung der konstruktiven Ausführung und Handhabung einer Stromwage genügen. Fig. 173 stellt eine solche von Lord Kelvin dar. Das elektrodynamometrische Moment wird durch Normalgewichte, die auf dem mit einer Skala versehenen Wagebalken verschoben werden können, abgeglichen. Die beiden beweglichen Spulen, die sich zwischen je zwei festen Spulen befinden, werden in derselben Richtung vom Strome durchflossen, so daß die Kräfte, die durch das Erdfeld auf die beiden Spulen ausgeübt werden, sich heben; das Instrument ist also astatisch. Die Stromzuführung zu den beweglichen Spulen wird durch eine große Zahl dünner Drähte bewerkstelligt. Damit der Glasdeckel bei Benutzung des Apparates nicht abgenommen zu werden braucht, ist der verschiebbare Schlitten, mit dessen Hilfe die Normalgewichte in die gewünschte Lage gebracht werden können, mit (in der Figur sichtbaren) seidenen Schnüren versehen; die Skala am Wagebalken ist gleichmäßig verteilt, während außerdem eine feste quadratische Skala angebracht worden ist, worauf $2\sqrt{l}$ abgelesen wird, wenn l die Anzahl Skalenteile der beweglichen Skala darstellt. In der Nullage befindet sich das Laufgewicht an der linken Seite. Durch Einlegung kleinerer Gewichte in ein dafür bestimmtes Näpfchen wird das Gleichgewicht hergestellt; dazu ist außerdem noch an der Mitte des Joches eine vertikale Achse angebracht, die einen horizontalen Stift trägt. Mit Hilfe einer in der Figur sichtbaren Kurbel kann nun der Stift ein wenig nach links oder nach rechts gedreht werden; dadurch verschiebt sich der Schwerpunkt des Joches ein wenig und kann eine genaue Einstellung auf den Nullpunkt erreicht werden. Der Meßbereich kann um das 2-, 4- oder 8fache vergrößert werden,

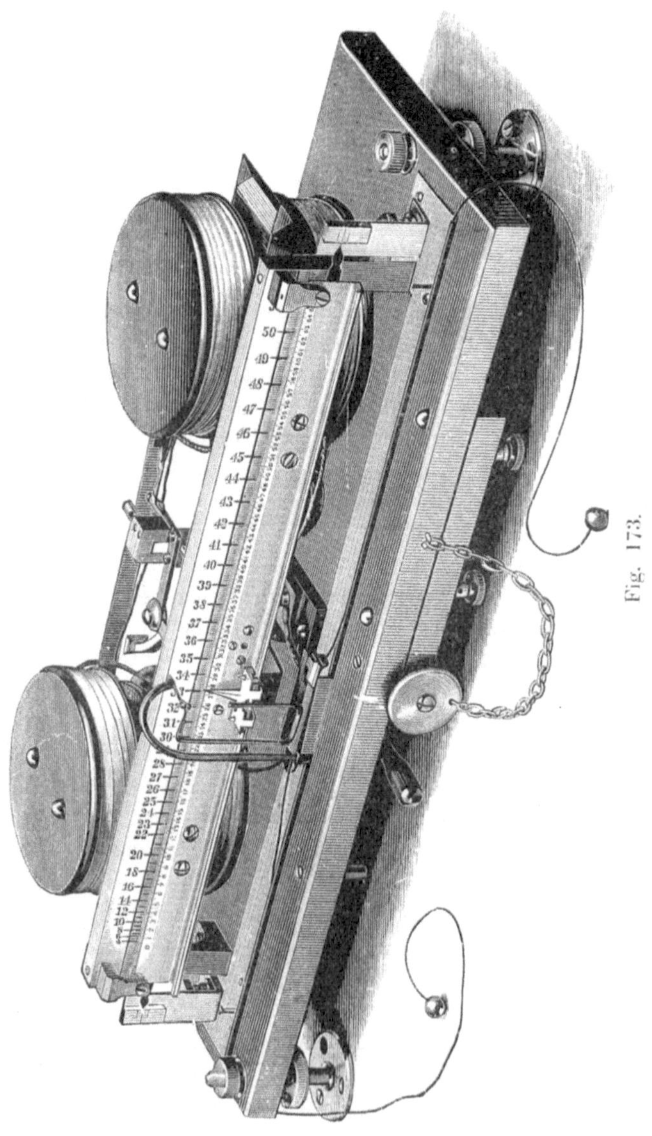

Fig. 173.

indem man zum kleinsten Gewichte ein 3-, 15- oder 63mal größeres hinzufügt.

Die Ablesung an der festen Skala gibt, multipliziert mit der auf dem benutzten Laufgewicht angegebenen Konstante, direkt die Stromstärke an; man erhält aber genauere Resultate, wenn man die Ablesung an der beweglichen Skala vornimmt und sich den Strom aus der Formel

$$J = 2k\sqrt{l}$$

berechnet, oder einer Tabelle entnimmt.

Da die Stromstärke proportional $\sqrt{l}$ ist, hängt die Genauigkeit der Messung sehr von der Größe von l ab; je größer l ist, um so kleiner sind die Fehler, die sich infolge einer genauen Ablesung ergeben.

Wird nämlich der Zusammenhang zwischen der zu messenden und der beobachteten Größe dargestellt durch

$$y = f(x),$$

so wird ein Beobachtungsfehler $\triangle x$ einen Resultatsfehler $\triangle y$ nach sich ziehen, so daß

$$y + \triangle y = f(x + \triangle x).$$

Es ist nun

$$\triangle y = f(x + \triangle x) - f(x)$$

der absolute Fehler und

$$\frac{\triangle y}{y} = \frac{f(x + \triangle x) - f(x)}{f(x)}$$

der relative Fehler, oder an der Grenze:

$$\frac{dy}{y} = \frac{f'(x)\,dx}{f(x)}$$

Es ist hier

$$J = Cl^{\frac{1}{2}} \quad \text{also} \quad f'(x) = \frac{1}{2}l^{-\frac{1}{2}}.$$

Ist der Beobachtungsfehler $\frac{1}{4}$ Teilstrich, so ist der relative Fehler

$$\frac{\frac{1}{2}l^{-\frac{1}{2}} \times \frac{1}{4}}{l^{\frac{1}{2}}} = \frac{1}{8 \times l}.$$

Soll der Fehler $1\,^0/_0$ bzw. $1\,^0/_{00}$ nicht überschreiten, so muß l wenigstens 12,5 bzw. 125 sein, während der Fehler am Ende einer 660 Teilstriche langen Skala nur

$$\frac{1}{8 \times 660} = \frac{1}{5280}$$

beträgt.

In der Regel wird man das untere Viertel der Skala nicht benutzen, also eine Genauigkeit von $\pm 1^0/_{00}$ erreichen. Größere Genauigkeit kann mit dem Instrumente sowieso praktisch nicht erreicht werden, da die genaue Nullpunktseinstellung ziemlich schwer ist und dabei in der Regel schon Fehler von dieser Größenordnung vorkommen.

Der Vollständigkeit halber ist noch in Fig. 174 die Schaltung einer Wage gezeigt, die sich sowohl für Spannungs- als Leistungsmessungen eignet und auch als Strommesser verwendet werden kann.

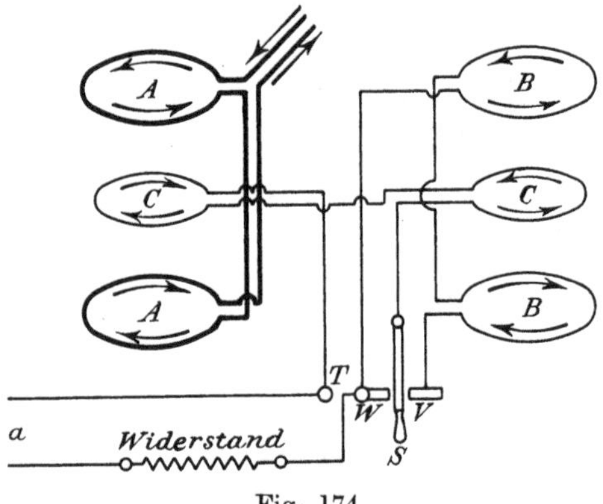

Fig. 174.

Wird sie als Wattmeter benutzt, so fließt der Hauptstrom durch die dicken Spulen A und der Spannungsstrom durch die beweglichen Spulen C. Der Schalter S liegt nach links, an a wird die Spannung angelegt und der Vorschaltwiderstand r ist, wie bei allen Wattmetern, der Spannung entsprechend zu wählen. Natürlich erfährt nur die linke Spule C die dynamometrische Wirkung. Zur Strommessung ist es nur nötig, den Spannungsstrom auf einem konstanten Betrag zu halten.

Zur Spannungsmessung wird der Schalter S nach rechts gelegt; es werden jetzt die beweglichen Spulen C und die festen Spulen B von dem Spannungsstrom durchflossen. Die rechte Hälfte der Wage ist jetzt der dynamometrischen Anziehung bzw.

Abstoßung unterworfen. Mittels desselben Vorschaltwiderstandes r kann man nun verschiedene Spannungsmeßbereiche erhalten.

Infolge der erforderlichen sorgfältigen Aufstellung und der umständlichen Einstellung ist das Instrument nur als Eichinstrument zu betrachten. Da es nämlich für Gleich- und Wechselstrom richtig anzeigt, leistet es, nachdem es selbst erst mit Gleichstrom geeicht ist, bei der Eichung anderer Wechselstrommeßinstrumente gute Dienste.

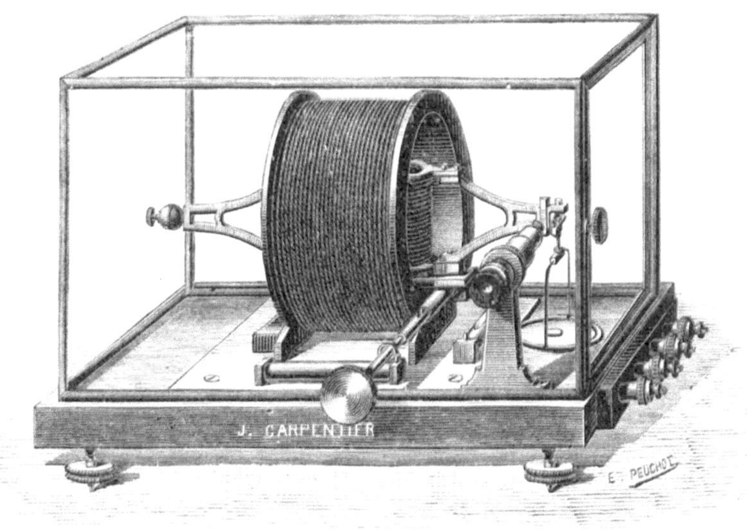

Fig. 175.

Die Stromnormalen von Pellat, die von Carpentier-Paris zur direkten Messung von Strömen zwischen 0,1—0,5 Ampere gebaut werden, besitzen (wie aus Fig. 175 ersichtlich) eine von oben beschriebenen Wagen etwas abweichende Konstruktion. In Verbindung mit Normalelementen können mit Hilfe solcher Instrumente, die eine Genauigkeit von 0,01 $^0/_0$ zulassen sollen, auch elektromotorische Kräfte sehr genau gemessen werden.

C. Hitzdrahtinstrumente.

Von den Firmen, die Hitzdrahtinstrumente in den Handel bringen, ist Hartmann & Braun die bekannteste. Es soll deshalb nur von den von dieser Firma gebauten Instrumenten eine Beschreibung gebracht werden.

Die Einrichtung dieser Apparate ist folgende (Fig. 176):

Der Arbeitsdraht, aus einer Platinsilberlegierung hergestellt, ist zwischen den Punkten A und B ausgespannt und wird von dem zu messenden Strom durchflossen. Ungefähr in der Mitte dieses etwa 16 cm langen Arbeitsdrahtes greift ein vertikal angeordneter Draht von $\pm$ 10 cm Länge an; dieser hat aber mit dem Strom nichts zu tun, dient vielmehr nur für die Übertragung. Die Mitte dieses letzten Drahtes ist vermittelst eines Kokonfadens, der ein paarmal um ein auf die Zeigerachse montiertes Röllchen gewunden ist, mit einer Feder verbunden, die also das ganze Drahtsystem spannt.

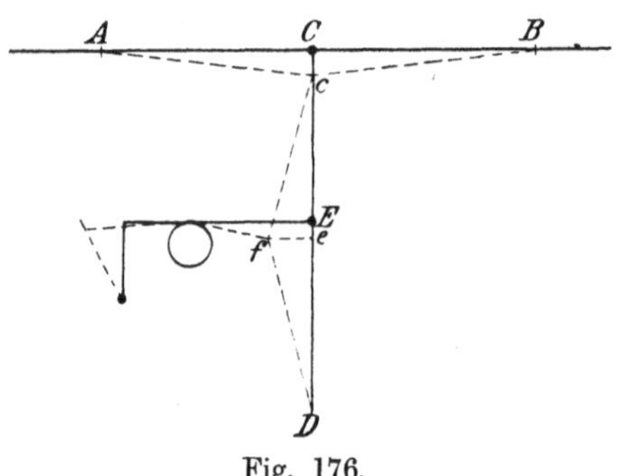

Fig. 176.

Der vertikale Draht CD dient hauptsächlich zur Vergrößerung des Ausschlages. Dehnt sich der Arbeitsdraht infolge der Stromwärme soviel aus, daß der Punkt C sich nach c verschiebt, und bezeichnet man diese Verschiebung Cc mit a, so wird der Punkt E sich nach f verschieben und die horizontale Verschiebung von E gleich ef sein. Setzt man nun ferner

$$CD = 2b,$$

so wird

$$cf = b, \quad ce = b - \frac{1}{2}a$$

$$ef = \sqrt{b^2 - \left(b - \frac{1}{2}a\right)^2}$$

$$= \sqrt{ba - \frac{1}{4} a^2}$$

$$= a \sqrt{\frac{b}{a} - \frac{1}{4}}.$$

Ist also $\frac{b}{a} > \frac{5}{4}$, so ist auch die Verschiebung $ef > a$.

Eine auf der Zeigerachse angeordnete Aluminiumscheibe, die sich in dem starken, durch einen permanenten Magnet hervorgerufenen Felde bewegt, erfährt eine wirksame Dämpfung, so daß die Zeigereinstellung aperiodisch erfolgt. Die Angaben sind von Temperaturänderungen der Umgebung möglichst unabhängig gemacht, indem die Grundplatte, worauf das Drahtsystem montiert ist, derart aus Messing und Eisen hergestellt ist, daß sie denselben Temperaturkoeffizienten wie der Draht hat; sie ist außerdem sehr leicht konstruiert, um die Wärmekapazität so gering wie möglich zu machen, so daß das System Temperaturänderungen schnell folgt.

Um Änderungen des Ausschlages infolge von Luftströmungen im Instrument vorzubeugen, ist der Arbeitsdraht durch ein Blech geschützt. Zur Beseitigung von Nullpunktsänderungen, wie sie auf dem Transport oder durch Überlastung eintreten können, ist linksseitig eine durch einen Schieber (siehe Fig. 177) verdeckte Regulierschraube angebracht, die durch Drehen in entsprechender Richtung den Zeiger in seine Nullage zurückzuführen gestattet. Diese Regulierung wird zweckmäßig erst vorgenommen, nachdem das Instrument sich einige Zeit an der Beobachtungsstelle befindet, um sicher zu sein, daß die Grundplatte und das Drahtsystem dieselbe Temperatur angenommen haben.

Die Instrumente werden als Volt- und als Amperemeter gebaut. Der Voltmeterstrom erleidet im Arbeitsdraht einen Spannungsabfall von ungefähr 3 Volt; das ist für Strommesser zu viel, deshalb werden dafür dickere Drähte verwendet; dadurch daß diese noch in zwei oder vier Teilen parallel geschaltet werden, erhält man die Hälfte bzw. den vierten Teil des Spannungsabfalles beim doppelten bzw. vierfachen Strom.

Die transportabeln Hitzdrahtinstrumente entsprechen in Form und Ausführung den transportabeln Präzisions-Drehspulinstrumenten, die früher behandelt sind (Fig. 166). Die Strommesser verbrauchen zirka 0,25 Volt, die Spannungsmesser zirka 0,2 Ampere für den vollen Zeigerausschlag. Bei den Strommessern für einen Meßbereich werden die Shunts bis maximal 200 Ampere, bei den Spannungsmessern die Vorschaltwiderstände bis maximal 260 Volt im Instrumentgehäuse untergebracht. Für höhere Stromstärken und Spannungen werden separate Shunts bzw. Vorschaltwiderstände, in ventilierte, perforierte Kasten eingebaut, beigegeben. Auf Wunsch werden die Shunts auf ein Brett montiert, was für Stromstärken über 1000 Ampere immer geschieht.

Fig. 177.

Fig. 177 stellt ein Kontrollamperemeter dar, das für zwei Strommeßbereiche (3 und 15 Ampere) gebaut ist. Auf der inneren Seite des aufklappbaren Deckels ist unter einer Glasplatte das Schaltungsschema verzeichnet.

Die Voltmeter für Spannungen über 10 Volt können durch im Instrument angebrachte Abschmelzsicherungen mit von außen auswechselbaren Patronen geschützt werden; für niedrigere Spannungen ist die Sicherung ihres hohen Widerstandes wegen nicht anwendbar.

Als Beispiel der Schaltbrettinstrumente dieses Typs diene Fig. 178.

Der Stromverbrauch der Voltmeter beträgt zirka 0,22 Ampere, der Spannungsabfall der Amperemeter zirka 0,26 Volt.

Die Shunts werden bis 100 Ampere einschließlich, die Vorschaltwiderstände bis 400 Volt (bei den größeren Typen bis 200 Volt) in das Instrument eingebaut.

Fig. 178.

Obwohl die Hitzdrahtinstrumente nicht als Präzisionsinstrumente betrachtet werden können und den Nachteil eines großen Effektverbrauches haben, so haben sie andererseits sehr große Vorzüge. Ein Instrument, dessen Angaben von der Periodenzahl und also auch von der Kurvenform vollständig unabhängig sind, das daher für Wechselstrom verwendet werden kann, nachdem es mit Gleichstrom geeicht ist, und das absolut unempfindlich ist gegen äußere magnetische Einflüsse, ist ja für die Praxis zweifellos sehr wertvoll. Da nach lang andauerndem Stromdurchgang die Nullpunktseinstellung sich öfters wesentlich ändert, ist es nötig, das

Amperemeter kurzzuschließen.[1]) Der Kurzschluß muß vor jeder Ablesung zeitig unterbrochen werden, damit der Zeiger sich der herrschenden Stromstärke entsprechend einstelle.

Die Hitzdrahtwattmeter sind bis jetzt nicht in die Praxis eingeführt.

D. Elektrostatische Instrumente.

1. Das elektrostatische Thomson-Voltmeter.

Das Instrument, das in Fig. 179 in der Ausführung von Siemens & Halske dargestellt ist, besteht aus zwei diametral gestellten Doppelquadranten, zwischen denen sich ein Doppelflügel um eine horizontale Achse drehen kann. Die Quadranten, die mittels Ebonits gut isoliert am Metallkasten befestigt sind, werden mit einer Klemme, und die Nadel, die zwischen den Quadranten eingesaugt wird, mit der anderen Klemme der zu messenden Spannung verbunden; die Nadel trägt oben einen Zeiger, der auf der empirisch geeichten Skala direkt die Spannung anzeigt, und unten einen kleinen Haken, woran kleine Gewichte gehängt werden können, um den Meßbereich des Instrumentes zu ändern.

Fig. 179.

Ein Stift aus Messing, der mittels eines Handgriffes aus Ebonit gedreht werden kann, ist mit zwei Querstiften versehen, an deren Enden vermittelst ein paar seidener Drähte ein dünnes

[1]) Das Anbringen eines Kurzschlusses ist im allgemeinen sehr empfehlenswert, da die Instrumente dann nur während kurzer Zeit (nämlich während der Ablesung selber) einer Überlastung infolge etwaiger Kurzschlüsse, ungeschickter Handgriffe oder sonstiger Zufälle ausgesetzt sind.

Aluminiumrohr hängt. Durch Verdrehung des Stiftes kann dieses Rohr mehr oder weniger gegen den Zeiger gedrückt werden, es wird also eine mehr oder weniger wirksame Dämpfung erreicht. Zur Arretierung dient eine kleine Schraube, durch welche die Nadel an einen Stift befestigt werden kann.

Vor dem Gebrauch wird der Apparat mittels einer Libelle horizontal gestellt, das für die vorliegende Messung nötige Gewicht an die Flügel gehängt, die Arretierung gelöst und wenn nötig der Zeiger vermittelst einer Regulierungsschraube in die Nullage gebracht.

Da die Nadel nicht vom Kasten isoliert ist, darf man letzteren während der Messung nicht berühren; darauf ist bei Betätigung der Dämpfungsvorrichtung besonders zu achten.

2. Das elektrostatische Voltmeter von Hartmann & Braun.

Dieser Apparat wird in seiner äußeren Form durch Fig. 180 veranschaulicht. Um die relativ kleinen statischen Kräfte möglichst ganz zur Wirkung zu bringen, sind die aus drei Platten bestehenden wirksamen Teile nach Art der Blätter eines Buches und zwar derart angeordnet, daß die Bewegungsrichtung der mittleren losen Platte in die Richtung der auf sie ausgeübten Kräfte fällt. Von diesen Platten sind *a* und *c* fest, während *b* an biegsamen Bändern *e* zwischen denselben aufgehängt ist, wie aus Fig. 181, die die innere Einrichtung dieser Instrumente schematisch darstellt, ersichtlich ist.

Durch die Verbindung mit dem gleichen Pol der Elektrizitätsquelle stoßen sich die Platten *a* und *b* gegenseitig ab, während die entgegengesetzt geladene Platte *c* anziehend auf *b* einwirkt. Die Bewegung von *b* erfolgt daher in der Richtung des eingezeichneten Pfeiles.

Damit die Platte *b* mit Rücksicht auf äußere Einwirkungen von den festen Teilen *a* und *c* für alle Lagen möglichst eng von diesen umschlossen ist, ist die Bewegung von *b* so weit wie möglich verkleinert, was durch eine besondere in der Figur angegebene Übertragung von hoher Empfindlichkeit auf die Zeigerachse ermöglicht ist.

Durch die Aufhängung der beweglichen Platte an verhältnismäßig starken Metallbändern ist eine vollständig sichere und unveränderliche elektrische Verbindung hergestellt und sogar die Möglichkeit geboten, das Meßgerät durch Abschmelzstreifen zu

1:3

Fig. 180.

schützen, indem der Platte *b* die hierzu erforderliche Stromstärke ohne Schaden zugeführt werden kann.

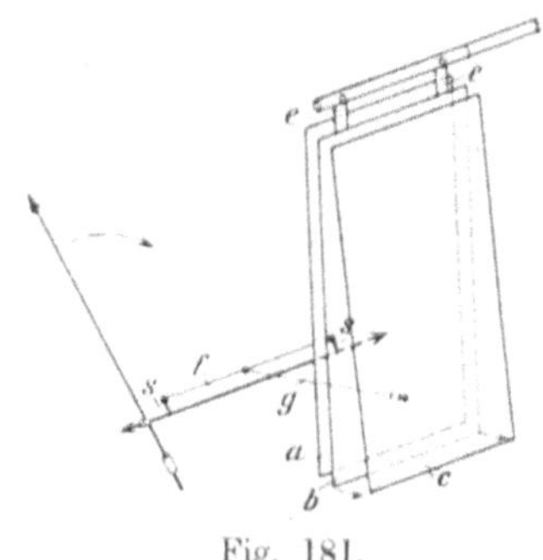

Fig. 181.

Für Spannungen von 8000 Volt ab kommen Hartgummiisolierungen zur Verwendung, derart, daß der anziehende, entgegengesetzt geladene Pol vollständig mit dieser Masse umkleidet ist, um die Gefahr des Überschlagens zu beseitigen.

3. Die Multicellularvoltmeter.

Für die Verwendung des elektrostatischen Prinzips zur Messung niedrigerer Spannungen ist es notwendig, eine Reihe einzelner Systeme zusammen arbeiten zu lassen. Auf diese Weise entstand das Multicellularvoltmeter von Lord Kelvin.

Fig. 182 zeigt die Ausführung der Firma Hartmann & Braun.

Fig. 182.

In diesem Instrument wirken zwei einander senkrecht gegenüber angeordnete Reihen von Metallzellen drehend auf ein System, welches aus einer entsprechenden Zahl übereinanderliegender leichter Aluminiumflügel besteht und an einem dünnen Metallband aufgehängt ist. Ein Paar diametral fest angebrachter und von den festen Zellen isolierter Metallplatten dient als Schirm für das in der Ruhelage befindliche bewegliche System, mit dem sie leitend verbunden sind, und erhöht so gleichzeitig die Anfangsempfindlichkeit.

Diese Instrumente sind auch besonders geeignet für Fernspannungsmessung, da sie keinen Strom verbrauchen und somit kein Spannungsverlust in den Zuleitungsdrähten auftritt.

4. Verwendung von Kondensatoren.

Zur Erweiterung des Meßbereiches elektrostatischer Voltmeter können natürlich Vorschaltkondensatoren verwendet werden; die Angaben sind alsdann bei Wechselstrom nahezu unabhängig von der Frequenz; bei Gleichstrom bzw. statischen Ladungsmessungen sind aber die Vorschaltkondensatoren wegen ihres festen Dielektrikums nicht gut verwendbar.

Es werden auch statische Voltmeter mit verschiedenen Meßbereichen, unter Zuhilfenahme von mehreren in Serie geschalteten gleichen Kondensatoren gebaut; im Nebenschluß zu einem von diesen wird dann das Voltmeter gelegt, wenn der größere Meßbereich ausgenutzt werden soll.

Der abgelesene Wert würde einfach mit der Anzahl der Kondensatoren zu multiplizieren sein. Die Abstimmung der Kondensatoren ist jedoch so umständlich, daß man sich meistens mit zwei Meßbereichen begnügt und für jeden eine besonders geeichte Skala anbringt.

E. Präzisionsinstrumente für Gleich- und Wechselstrom von Siemens & Halske.

Bei der Behandlung der Torsionselektrodynamometer haben wir gesehen, daß die Leistungsmesser eine gleichmäßige Skala haben. Bei den direkt zeigenden auf dem dynamometrischen Prinzip beruhenden Wattmetern würde aber diese Gleichmäßigkeit gestört werden, da der Kraftfluß, der die bewegliche Spule durchsetzt, sich im allgemeinen mit der Lage der Spule ändert. Es ist aber der Firma Siemens & Halske gelungen, diese Gleichmäßigkeit der Skala bei ihrem direkt zeigenden Präzisions-Wattmeter beizubehalten. Der Grundgedanke ist dabei der, die bewegliche Spule des Spannungskreises in einem derartigen Felde der Stromspule sich bewegen zu lassen, daß die Einwirkung derselben unabhängig von der Stellung der Spannungsspule ist, nach Analogie der Gleichstrom-Meßinstrumente nach dem Prinzip von Deprez-d'Arsonval.

Man denke sich zwei kreisförmige Leiter in der in Fig. 183 angegebenen Weise in den Stromkreis eingeschaltet, so daß der Wechselstrom im betrachteten Momente das System beispielsweise in der Pfeilrichtung durchfließt. Zwischen diesen beiden Leitern befindet sich eine drehbar angeordnete rechteckige Drahtspule. Wenn nun der Radius der kreisförmigen Windungen gleich dem Abstande der vertikalen Drähte dieser Spule von der Drehungsachse ist, so ist es klar, daß die vertikalen Drähte von Kraftlinien geschnitten werden, welche an der Stelle der Scheidung genau radial gerichtet sind. Dreht sich daher die Spule um ihre Achse, so schneiden die vertikalen Drähte radial gerichtete Kraftlinien und zwar bei gleichem Drehungswinkel immer eine gleiche Anzahl; die Spule wird immer von derselben Anzahl Kraftlinien getroffen, ebenso wie bei den Torsionselektrodynamometern; die Skala der nach diesem Prinzip gebauten Leistungsmesser wird daher auch eine gleichmäßige sein.

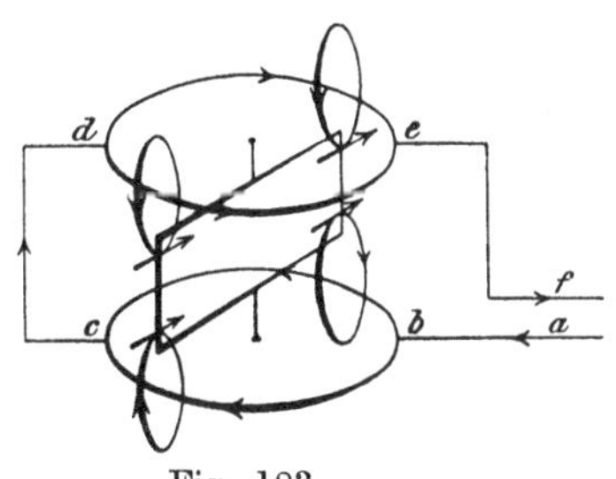

Fig. 183.

Fig. 184 stellt das Innere dieser Wattmeter dar. Die feste Spule (*a b c d e f* aus Fig. 183) ist aus 2×32 Streifen Kupferblech von 0,3 mm Dicke und 14 mm Breite zusammengesetzt. Diese Kupferstreifen sind mit passenden Einschnitten versehen, um das Zustandekommen von Wirbelströmen im Kupferkörper auf ein Mindestmaß herabzudrücken. Bei dem kleinsten Typ (mit einem Strommeßbereich von 12,5 Ampere) werden sämtliche 64 Streifen hintereinander geschaltet, so daß der Körper 32 Gesamtwindungen erhält; die einzelnen übereinander liegenden Kupferstreifen werden durch dünne Streifen aus Japanpapier, das mit einem besonderen Lack getränkt ist, voneinander isoliert.

Um den Meßbereich auf 25 Ampere zu erhöhen, werden je zwei übereinander gelegte Kupferblechstreifen durch Zusammenlöten an ihren Enden parallel geschaltet, so daß alsdann 16 Gesamtwindungen vorhanden sind.

In derselben Weise fortschreitend erhalten wir für einen Meßbereich von:

Fig. 184.

50	Ampere	8	Gesamtwindungen	aus	je	4	parallelen	Streifen
100	„	4	„	„	„	8	„	„
200	„	2	„	„	„	16	„	„
400	„	1	„		aus	32	„	„ .

Ein Instrument kann auch für zwei Meßbereiche eingerichtet werden, indem die Windungen in zwei Teile geteilt werden, die durch Stöpsel entweder hintereinander oder parallel geschaltet werden können. Diese Schaltung ist in Fig. 185 wiedergegeben. Wird nur Stöpsel 2 eingesteckt, so sind die beiden Teile hintereinander geschaltet, werden 1 und 3 gesteckt, so liegen sie parallel, während bei Stöpselung aller drei die Stromspulen kurz geschlossen sind.

Durch diese Schaltung ist es ermöglicht, ohne Gefahr für das Instrument, während des Stromdurchganges von einem Meßbereich zum anderen überzugehen.

Um das Instrument möglichst zu schützen, empfiehlt es sich, durch den Apparat nur während der Dauer der Messung selbst den Strom zu schicken und ihn für die Zeit, in der keine Ablesungen vorgenommen werden, kurz zu schließen. Beim Anlassen von Motoren, Parallelschaltung von Generatoren und in anderen Fällen, wo größere Stromstöße auftreten können, ist dies sogar öfters erforderlich. Niemals dürfen die drei Stöpsel zu gleicher Zeit gezogen sein, da das eine Stromunterbrechung bedeutet und alsdann die volle Betriebsspannung zwischen die beiden Abteilungen der Starkstromspule zu liegen kommt, welche hierfür gegeneinander nicht isoliert sind.

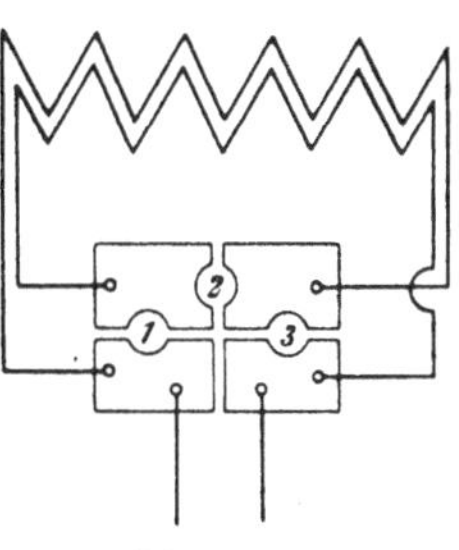

Fig. 185.

Für die Wattmeter, die für maximal weniger als 12,5 Ampere bestimmt sind, haben Siemens & Halske die Verwendung von Wickelungen aus Kupferdraht von 1 bzw. 1,5 mm Durchmesser vorgezogen, weil sonst eine ungebührlich große Zahl Kupferbleche verwendet werden müssen. Zwei solche Spulen werden nach Art der Fig. 186 zu einem Starkstromkörper vereinigt.

Ist der Durchmesser des Kupferdrahtes 1 mm, so ist bei Hintereinanderschaltung dieser beiden Spulen der maximal zulässige Strom 2,5 Ampere und bei Parallelschaltung 5 Ampere; ist der Durchmesser 1,5 mm, so sind die maximal zulässigen Ströme 5 bzw. 10 Ampere. Die maximal auftretenden Wattverluste in allen diesen Starkstromspulen liegen zwischen 5 und 6 Watt.

Die bewegliche Spule wird frei auf einen Messingkörper gewickelt, der nach Beendigung der Wickelung aus der Spule herausgezogen wird, die dann aus weiter nichts besteht, als dem isolierten Kupferdrahte. Die Wickelung selbst besteht aus seidenumsponnenem Kupferdraht von 0,1 mm Durchmesser in acht Lagen gleich 400 Gesamtwindungen mit 100 Ω Widerstand; durch einen großen Vorschaltwiderstand und einen Nebenschluß, beide aus Manganin, wird der Widerstand auf 1000 Ω abgeglichen, in welchem Falle die maximal zulässige Spannung 30 Volt beträgt; durch passende Wahl dieses Nebenschlusses und Vorschaltwiderstandes wird zu gleicher Zeit die Konstante auf eine rechnerisch bequeme Zahl gebracht. Für je 1000 Ω bifilar gewickelten Manganindrahtes, die vor die Spannungsspule geschaltet und entweder im Instrument selbst oder in einem besonderen Kasten untergebracht werden, wird der Spannnngsmeßbereich offenbar um 30 Volt erhöht. Der weitaus größte Teil des Spannungskreises besteht aus Manganin; der Temperaturkoeffizient ist daher zu vernachlässigen.

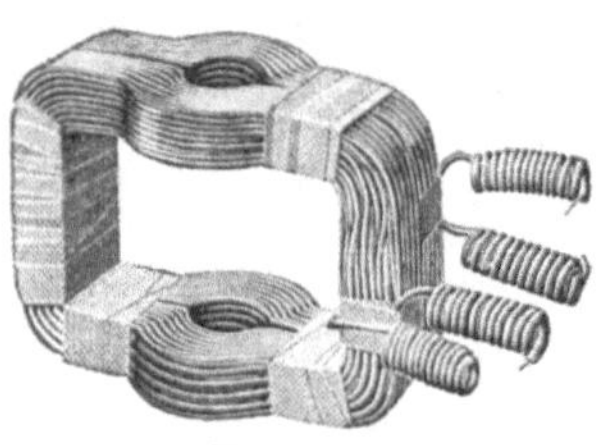

Fig. 186.

Da bei diesen Instrumenten die Stellung der Spulen sich bei verschiedenen Ausschlägen gegeneinander ändert, so übt die gegenseitige Induktion einen Einfluß auf die Angaben des Instrumentes aus; da der Maximalwert des Koeffizienten der gegenseitigen Induktion aber weniger als 0,0002 beträgt, so braucht dieser Einfluß nicht in Betracht gezogen zu werden.

Die Instrumente sind mit einer vorzüglichen Luftdämpfung versehen; eine vermittelst des Armes b mit der Zeigerachse verbundene Dämpferscheibe p (Fig. 187) bewegt sich in einem kreisförmig gebogenen Rohr, das an einer Seite geschlossen ist.

Zur Vermeidung von Foucaultströmen, die besonders bei Phasenverschiebung zwischen den Strömen in den beiden Spulen einen großen Einfluß auf die Angaben des Instrumentes ausüben können, werden Metallteile im Instrumente möglichst vermieden.

Die Firma baut auch Schaltbrettinstrumente nach demselben Prinzip.

Bei den Volt- und Amperemetern dieses Typs ist es eine große Erleichterung, daß man nicht nötig hat, mit der Ängstlichkeit wie bei den Wattmetern alle größeren Metallteile in der Nähe des Feldes zu vermeiden. Bei den Voltmetern werden beide Spulen von demselben Strome durchflossen, es tritt also keine Phasenverschiebung ein, daher ist der Einfluß der Foucaultströme, die ja immer sehr stark in der Phase gegen die Spannungsströme

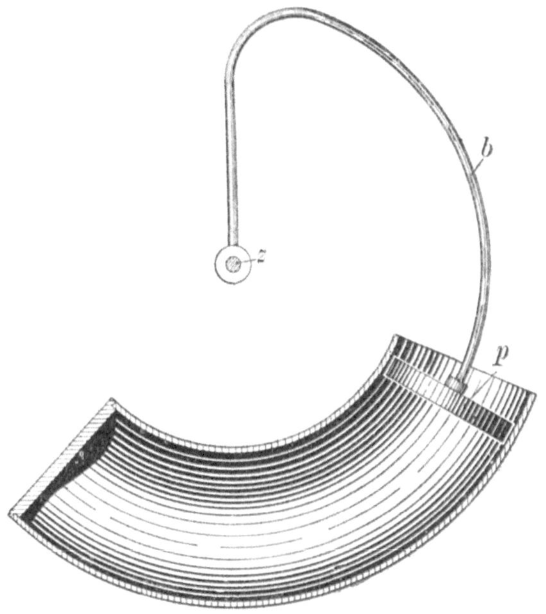

Fig. 187.

verschoben sind, sehr gering. Bei den Amperemetern kann man jedoch die Spulen nicht in Serie schalten, weil die dünnen Torsionsfedern auch für die Stromzuführung dienen und selbstverständlich nicht mit größeren Strömen belastet werden können. Damit nun bei der Parallelschaltung keine Phasenverschiebung eintrete, müssen wieder die beiden Zeitkonstanten entweder einander gleich oder ihr Einfluß muß zu vernachlässigen sein.

Auch kann bei den Volt- und Amperemetern keine gleichmäßige Skala erhalten werden; bei Verwendung eines radialen

Feldes würde die Skala quadratischer Natur sein, da in dem Falle

$$J^2 = C\alpha .$$

Ist das Feld nicht radial gerichtet, so kann man allgemein das Drehmoment, das bei einem Ausschlage α ausgeübt wird, darstellen durch

$$D = J^2 f(\alpha) ,$$

so daß die Gleichgewichtsbedingung lautet

$$J^2 f(\alpha) = C\alpha .$$

Sollte nun die Skaleneinteilung gleichmäßig sein, so müßte

$$J = K\alpha \text{ sein, also}$$

$$f(\alpha) = \frac{C}{K^2\alpha}$$

oder $f(\alpha) = \infty$ für den Wert $\alpha = 0$.

Dies läßt sich natürlich nicht machen; indessen weichen die Skalen dieser Instrumente, infolge der besonderen Form der Windungen, stark und zu ihren Gunsten von der quadratischen ab und lassen von $^1/_4$ bis $^1/_5$ der maximalen Belastung des Instrumentes an schon gute Ablesungen zu.

Damit die Angaben der Instrumente wieder von Temperaturänderungen unabhängig seien, muß ein Teil des totalen Widerstandes aus Manganin bestehen.

Bei den Voltmetern bietet das natürlich keine Schwierigkeiten, bei den Amperemetern hingegen entspricht ein größerer Vorschaltwiderstand auch einem größeren Effektverluste. Da aber die beiden Spulen parallel geschaltet sind, brauchen wir nur dafür zu sorgen, daß ihre beiden Temperaturkoeffizienten gleich sind, und das ist mit kleinen Vorschaltwiderständen schon zu erreichen.

Der Wattverbrauch dieser Instrumente ist aber immer noch sehr groß; bei maximalem Ausschlag bedürfen sie etwa 40 Watt. Für ein Laboratoriuminstrument, das nur während der Ablesung vom Strome durchflossen wird, kann man sich das gefallen lassen; für Schalttafelinstrumente dürfte es aber als unzulässig anzusehen sein.

Um einen Strommesser für 2 Meßbereiche einzurichten, bringt man im Starkstromkreise noch einen zweiten Vorschaltwiderstand an (Fig. 188) und zweigt nun den beweglichen Spulenkreis entweder von den festen Spulen und einem Vorschaltwiderstand oder von den festen Spulen und zwei Vorschaltwiderständen ab. Die beiden Hauptstromleitungen werden an die Klemmen *XX* ange-

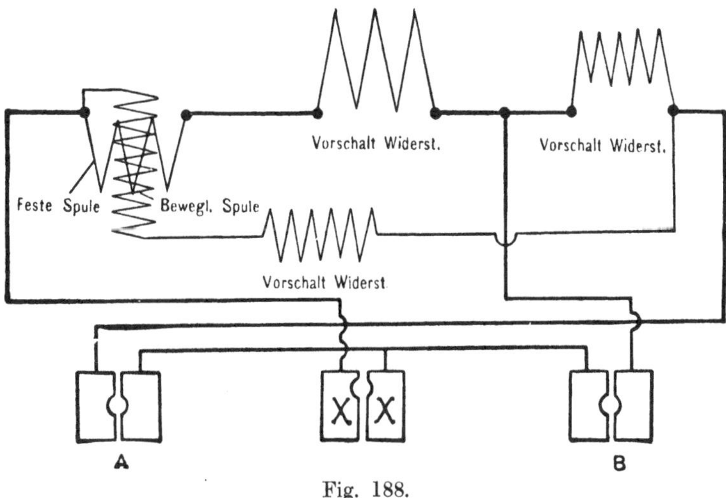

Fig. 188.

schlossen; ein zwischen diesen Klemmen eingesteckter Stöpsel schließt die Spulen kurz. Da die Stöpsel *A* und *B* sich außerhalb der verzweigten Schaltung befinden, können etwa vorhandene Übergangswiderstände die Angaben des Apparates nicht beeinflussen.

F. Präzisionsinstrumente für Wechselstrom der A. E.-G.

Das Wesentliche der inneren Beschaffenheit dieser Instrumente ist aus den Figuren 189a und 189b zu erkennen.

In einen aus Eisenblech zusammengesetzten Körper *EE*, welcher eine von Kreisbögen begrenzte Bohrung besitzt, ist die aus zwei Teilen bestehende feste Spule *EF* eingesetzt. Innerhalb dieser befindet sich an der Achse *A* die bewegliche Spule *B*, welcher der Strom durch die Spiralfedern *S*, die gleichzeitig als Gegenkraft dienen, zugeführt wird. Auf der Achse *A* sitzt auch der Zeiger Z, welcher auf einer empirisch geeichten Skala spielt, und der Aluminiumdoppelflügel R, dessen äußerer Rand sich zwischen den Polen der beiden Dämpfmagnete D bewegt und in bekannter Weise dazu dient, die Schwingungen des drehbaren Systems zu dämpfen. Die gestrichelten Linien in der Fig. 189b stellen den Verlauf der von der festen Spule erzeugten Kraftlinien dar.

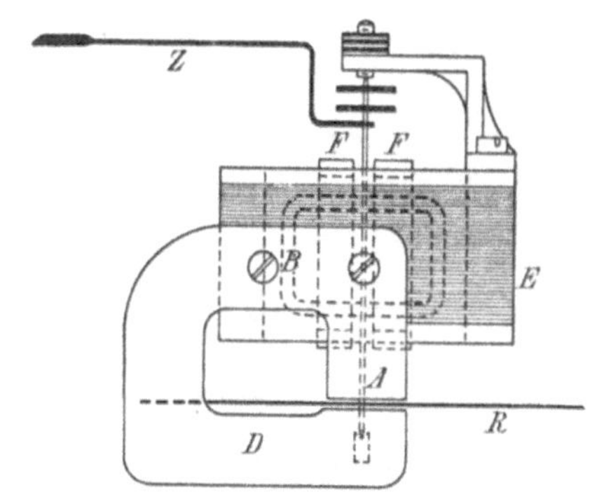

Fig. 189a.

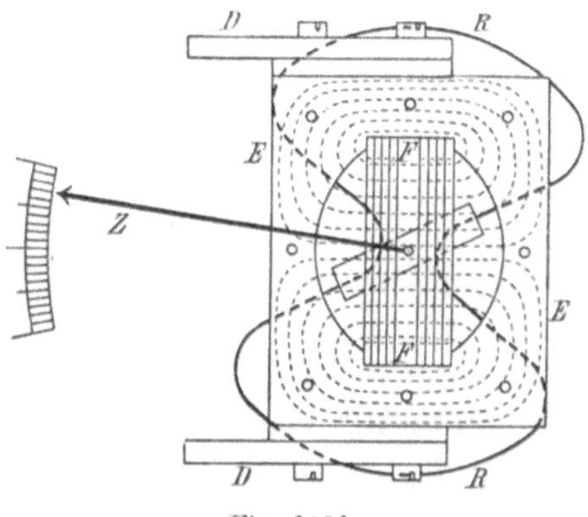

Fig. 189b.

Wie man daraus ersieht, ist der Eisenkörper E in bezug auf die festen Spulen so gestaltet, daß er die Kraftlinien in sich aufnimmt und ihren Verlauf so bestimmt, daß die Dämpfmagnete D von ihnen nicht getroffen werden und infolgedessen ihren Dauermagnetismus nicht verlieren. Dadurch ist also die Einführung der magnetischen Dämpfung bei dynamometrischen Wechselstrominstrumenten ermöglicht.

Der innere Teil des Instrumentes, in welchem sich die drehbare Spule bewegt, ist frei von Eisen. Es ist also gewissermaßen nur der Rückweg der Kraftlinien durch Eisen geschlossen, was für die elektrischen Eigenschaften dieser Instrumente von Wichtigkeit ist.

Fig. 190 zeigt ein nach diesem Prinzip gebautes Voltmeter mit zwei Meßbereichen (125 und 250 Volt).

Die feste und die bewegliche Spule bestehen aus entsprechend dünnem Kupferdraht und sind hintereinandergeschaltet, es kommt natürlich noch ein Vorschaltwiderstand hinzu.

Was die elektrischen Eigenschaften anbelangt, so ergeben sich für ein Instrument, dessen Meßbereich bis 125 Volt reicht, folgende Verhältnisse: Der innere Widerstand der Wicklung, also der feststehenden und beweglichen Spule zusammengenommen, be-

Fig. 190.

trägt ungefähr 130 Ω, der Vorschaltwiderstand ungefähr 2000 Ω, so daß der Gesamtwiderstand 2130 Ω beträgt; daraus ergibt sich ein Stromverbrauch von nicht ganz 0,06 Ampere und ein Wattverbrauch von nicht ganz 7,5 Watt.

Da der Vorschaltwiderstand aus einem Material besteht, das von der Temperatur nahezu unabhängig ist, so ergibt sich für den Temperaturkoeffizienten des ganzen Instrumentes, wenn der

der Kupferdrahtwickelung zu 0,04 angenommen wird, 0,0024; er ist also so klein, daß er weiter nicht in Betracht kommt.

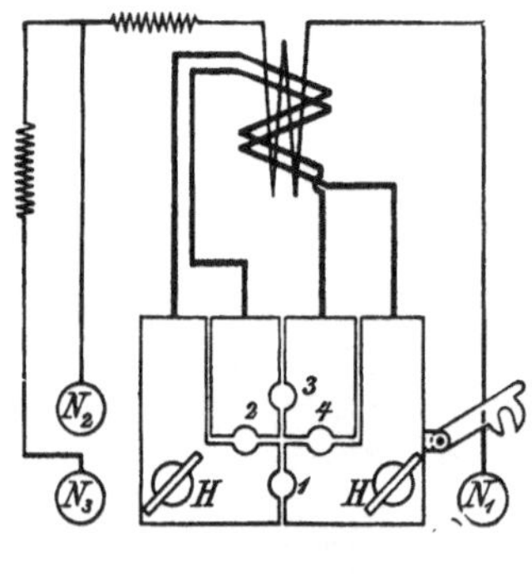

Fig. 191.

Nach der ausführlichen Behandlung der Wattmeter von Siemens & Halske dürfte die Fig. 191, die die Schaltung der A. E.-G.-Wattmeter darstellt, ohne weiteres verständlich sein. Die Kurzschließung der festen Spulen kann hier noch durch einen besonderen Stöpsel 1 vorgenommen werden. Bei N_1 befindet sich ein beweglicher Haken, mittels dessen diese Klemme unmittelbar mit der Hauptschlußklemme verbunden werden kann. Dieser Anschluß muß, wie früher erläutert, gewählt werden, wenn es sich um Messungen in einem Hochspannungsstromkreise handelt.

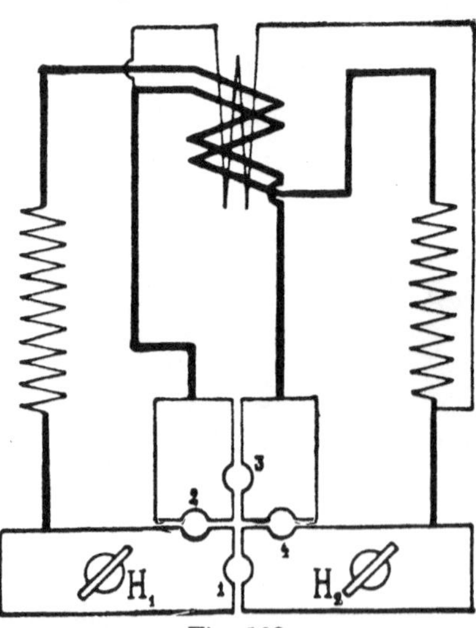

Fig. 192.

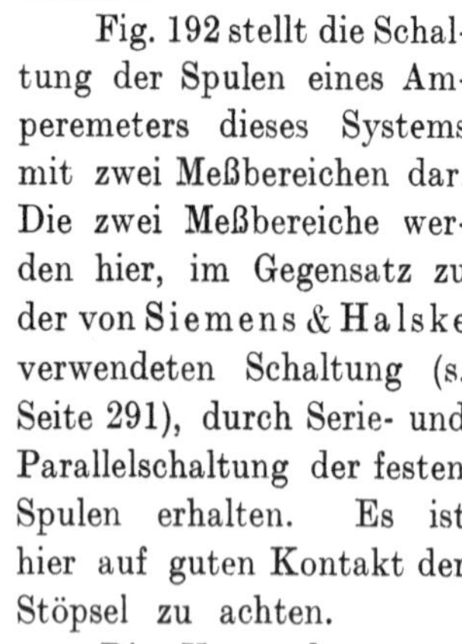

Fig. 192 stellt die Schaltung der Spulen eines Amperemeters dieses Systems mit zwei Meßbereichen dar. Die zwei Meßbereiche werden hier, im Gegensatz zu der von Siemens & Halske verwendeten Schaltung (s. Seite 291), durch Serie- und Parallelschaltung der festen Spulen erhalten. Es ist hier auf guten Kontakt der Stöpsel zu achten.

Die Verwendung von weichem Eisen in den Meßinstrumenten hat den großen Vorteil, den magnetischen Widerstand erheblich zu verringern, so daß unter sonst gleichen Umständen viel größere Richtkräfte erzielt werden, als bei Instrumenten ohne Eisen; dagegen haben letztere den Vorteil, daß sie für Gleich- und Wechselstrom verwendbar sind.

Durch Hysteresis und Wirbelströme sind die Angaben der eisenhaltigen Instrumente bei Wechselstrom kleiner als bei Gleichstrom. Da dieser Einfluß wächst mit der Phasenverschiebung zwischen den Strömen in den beiden Spulen, gibt er besonders bei Leistungsmessungen eines gegen seine Spannung stark in der Phase verschobenen Stromes zu größeren Fehlern Veranlassung. Es war daher anfangs für diese Instrumente eine Eichung mittels Wechselstromes beabsichtigt. Indessen ging aus Untersuchungen hervor, daß der obenerwähnte Einfluß, besonders bei den Volt- und Amperemetern, nur sehr geringfügig ist, so daß die Abweichung zwischen den Angaben dieser Instrumente bei Wechselstrom von 50 Perioden und bei Gleichstrom so gering ist, daß dieselbe Skala für Gleich- und Wechselstrom verwendet werden kann; der Unterschied ist nämlich kleiner als der bei der empirischen Eichung unvermeidliche mittlere Eichfehler.

G. Weston-Normalvoltmeter und -Wattmeter für Gleich- und Wechselstrom.

Diese Instrumente beruhen auch wieder auf dem elektrodynamischen Prinzip.

Fig. 193a und b stellen das Weston-Voltmeter schematisch und Fig. 194 in der Ansicht dar.

Rechts oben auf der Glasplatte befindet sich der Temperaturregler. Da die feststehende Feldspule aus Kupfer und die bewegliche Spule aus Aluminium besteht (zusammen etwa 100 Ω), so würden besonders für die niederen Meßbereiche die Temperatureinflüsse bemerkbar werden. Zur Ausgleichung dient nun dieser Temperaturregler, der aus einem kleinen,

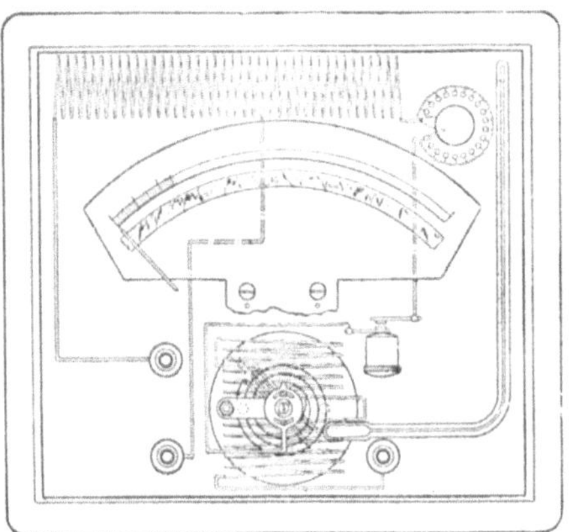

Fig. 193a.

regulierbaren Vorschaltwiderstand besteht. Die Abteilungen dieses Widerstandes sind mit den entsprechenden Graden des im Innern des Instrumentes befindlichen Thermometers bezeichnet und die Regulierung geschieht, indem man den Index des Temperaturreglers auf diejenige Zahl einstellt, die der Quecksilberfaden des Thermometers anzeigt.

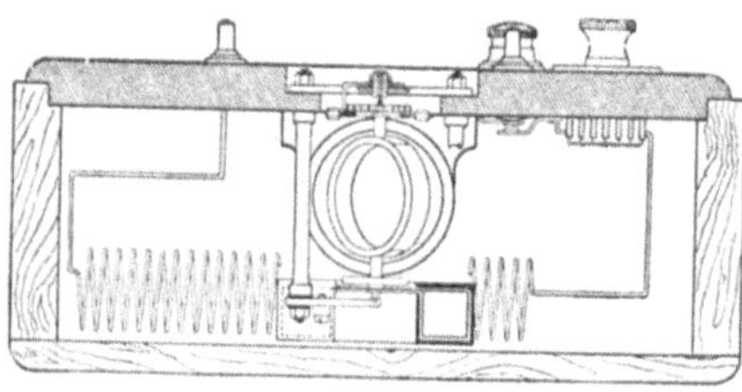

Fig. 193b.

Selbstinduktionsfehler kommen nur bei den Voltmetern für die niedrigsten Meßbereiche (7,5 bis 20 Volt) zur Geltung. Dieser Fehler beträgt bei einem Voltmeter bis maximal 120 Volt nur etwa 0,05 $^0/_0$ für 150 Perioden in der Sekunde. Für höhere Meßbereiche wird er verschwindend klein.

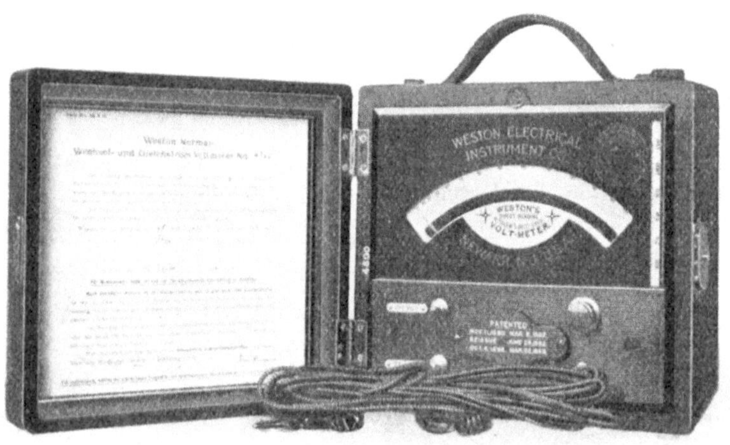

Fig. 194.

Die Wattmeter werden mit einem, zwei und drei Strommeßbereichen gebaut. Fig. 195 stellt z. B. ein solches mit drei Meßbereichen, die im Verhältnis von 1 zu 2 zu 4 stehen, schematisch dar, während Fig. 196 die äußere Ansicht zeigt. Der dazu dienende

Umschalter hat vor der sonst üblichen Stöpselvorrichtung wichtige Vorteile.

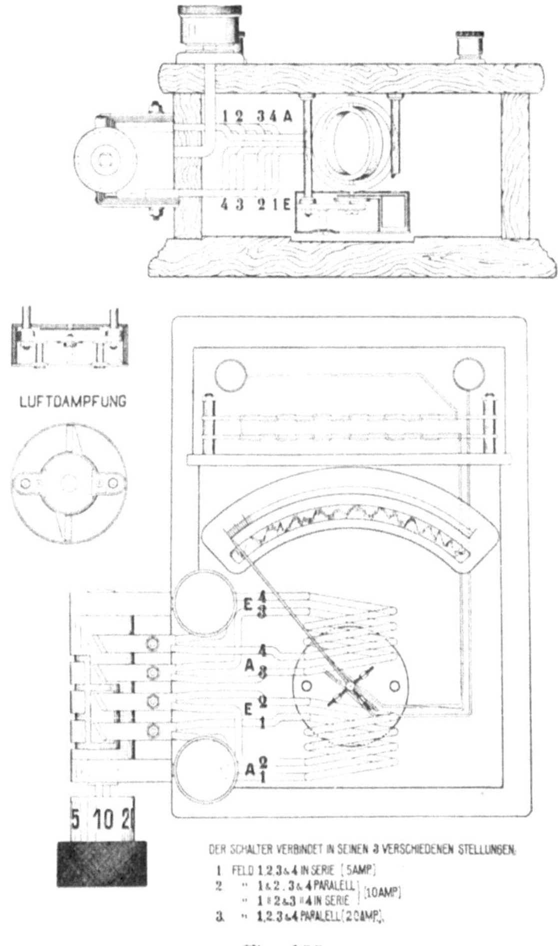

Fig. 195.

Durch die besondere Konstruktion und zwangsläufige Schaltung des Umschalters, infolge deren beim Übergang von einer Schaltung zur anderen keine Stromunterbrechung stattfindet, werden Beschädigungen der Kontaktflächen vollständig vermieden. Die Kontaktflächen sind durch die sie bedeckende durchsichtige Zelluloidkappe staubdicht abgeschlossen und trotzdem einer stetigen Inspektion ohne Entfernung dieser Kappe zugängig.

Die Spannungsspule besteht aus 280 Windungen Aluminiumdraht mit einem Widerstand von 45 Ω und wiegt mit Zeiger, Zuleitungsfedern und Luftdämpfungsvorrichtung 3 Gramm. Der Spannungsmeßbereich ist durch Vorschaltwiderstände, die im Instrument selbst oder in einem besonderen Kasten enthalten sind, beliebig zu erhöhen.

Sämtliche Wattmeter besitzen neuerdings einen einheitlichen Widerstand von 20 Ω pro Volt, ebenso wie die Voltmeter, so daß die Vorschaltwiderstände für Wattmeter und Voltmeter gleicher Spannungsmeßbereiche austauschbar sind.

Fig. 196.

Alle Instrumente sind mit einer wirksamen Luftdämpfung versehen.

Sowohl die Strom- als die Spannungsspulen der Wattmeter dürfen momentan bis zu etwa 50 % überlastet werden.

Die Skalen der Wattmeter werden durch empirische Eichung hergestellt und mit einer besonderen Teilmaschine ausgezogen. Bei der Konstruktion der Wattmeter hat man darauf verzichtet eine gleichförmig geteilte Skala zu erhalten; die Firma geht vielmehr von dem Gedanken aus, es sei eine Skala, die nach dem Maximalausschlag zu in engere Teilung verläuft, für die prozentuale Genauigkeit der Ablesung günstiger, als eine gleichförmig geteilte.

Stellt sich der Zeiger dieser Volt- und Wattmeter im stromlosen Zustande nicht auf Null ein, und rührt diese Abweichung nicht von einer elektrostatischen Ladung her, welche beispielsweise durch Reibung beim Reinigen des Deckglases auftreten kann, sich aber durch wiederholtes Hauchen auf das Glas leicht entfernen läßt, so ist eine Indexkorrektion vorzunehmen. Das kann nun sehr einfach geschehen, nachdem man die zwei Schrauben, mit denen eine kleine Scheibe auf die Hartgummiplatte befestigt ist, gelöst hat; man kann dann nämlich leicht die Torsion der Spiralfeder etwas ändern.

Wie schon im Kapitel V über Leistungsmessung (Seite 239) bemerkt worden ist, zeigt ein Wattmeter immer eine größere Leistung an, als in den Verbrauchsstromkreis hineingeleitet wird. Um nun rechnerische Korrektionen zu vermeiden, sind die Weston-Wattmeter bis zu dem Meßbereich von 3000 Watt mit einer Kompensationswicklung versehen. Diese ist, wie aus dem Diagramm Fig. 197 ersichtlich, in folgender Weise angeordnet:

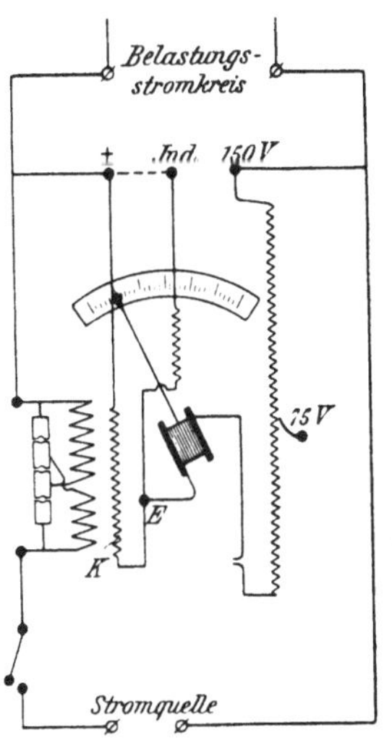

Fig. 197.

Eine bestimmte Anzahl Windungen des Spannungsstromkreises ist so auf die Stromspule gewickelt, daß der Strom in ihr und in der Kompensationswicklung K in entgegengesetzter Richtung fließt. Es wird nun dadurch der Ausschlag des Instrumentes um einen Betrag vermindert, der proportional der in der Spannungsspule verbrauchten Energie ist. Daraus folgt, daß bei Benutzung der Kompensationswicklung die Verbindungen der Spannungsspule so gemacht werden müssen, daß dieselben einen Nebenschluß zum Prüfungsobjekt allein, unter Ausschluß der Stromspule bilden.

Ist nun die Windungszahl der Kompensationswicklung derart abgeglichen, daß das Wattmeter bei der Serienschaltung der Stromspulen die im Verbrauchsstromkreise hineingeleitete Leistung richtig anzeigt, so trifft dies selbstverständlich bei der Parallelschaltung der Feldspulen nicht mehr zu. Da ja in dem Falle die Windungszahl der festen Spule halbiert ist, so sollte auch die der Kompensationswicklung halbiert sein, oder, was auf dasselbe hinauskommt, der Spannungsstrom soll nur noch zur Hälfte durch die Kompensationswicklung fließen. Deshalb ist eine dritte Klemme auf den Instrumenten mit zwei Strommeßbereichen angebracht; an diese Klemme ist ein Widerstand angeschlossen, der, nachdem vermittelst eines Messingstückes ein Kurzschluß zwischen den mit + und „Ind." bezeichneten Klemmen hergestellt ist, parallel zur Kompensationswicklung liegt und so bemessen ist, daß der Spannungsstrom sich in zwei gleiche Teile teilt.

Will man die Kompensationswicklung nicht benutzen, so ist an die mittlere Klemme anzuschließen, ohne Verwendung des Kurzschlusses. Besonders bei großen Phasenverschiebungen empfiehlt es sich, die Kompensationswicklung nicht zu benutzen und statt dessen rechnerisch für die im Apparat verbrauchte Energie zu korrigieren. In dem Falle macht nämlich die Selbstinduktion der Kompensationsspule und die gegenseitige Induktion dieser Spule zur festen Spule die Kompensation unrichtig.

Selbstverständlich ist die Kompensationswicklung nicht zu benutzen bei der Eichung des Wattmeters mit unabhängigen Strom- und Spannungsquellen und auch nicht bei Leistungsmessungen von Stromerzeugern, da, wie Seite 240 erwähnt, in diesem Falle schon sowieso eine zu kleine Leistung vom Instrumente angegeben wird, der Fehler also durch die Verwendung der Kompensationsspule verdoppelt, statt beseitigt werden würde.

Die Wattmeter mit drei Strommeßbereichen haben keine Kompensationswicklung.

H. Aperiodisches Präzisions-Wattmeter von Hartmann & Braun.

Obwohl bei der Beschreibung der vorhergehenden Typen schon alle Besonderheiten erwähnt worden sind, so wollen wir hier doch die Präzisions-Wattmeter von Hartmann & Braun noch folgen lassen, da auch die von dieser Firma gebauten Instrumente sich durch ihre Zuverlässigkeit auszeichnen.

Diese Wattmeter beruhen wieder auf dem elektro-dynamometrischen Prinzip.

Die Starkstromspule für starke Ströme besteht aus einer großen Anzahl dünner Kupferstreifen, wodurch die Bildung von Wirbelströmen beseitigt wird.

Die bewegliche Spule hat etwa 70 Ω Widerstand und darf normal mit 0,03 Ampere belastet werden. Da der Widerstand des Spannungsstromkreises bei 30 Volt auf 1000 Ω abgeglichen wird, und bei höheren Spannungen für je 30 Volt 1000 Ω zugeschaltet werden, sind Temperaturkorrektionen nur bei Spannungen unter 30 Volt erforderlich.

Der Selbstinduktions-Koeffizient der beweglichen Spule beträgt ca. 0,0045 Henry, so daß der wirkliche Wattwert von dem durch das Instrument angezeigten für die hohe Phasenverschiebung von 80^0 zwischen Strom und Spannung nur um ca. $0{,}5\,^0/_0$ ab-

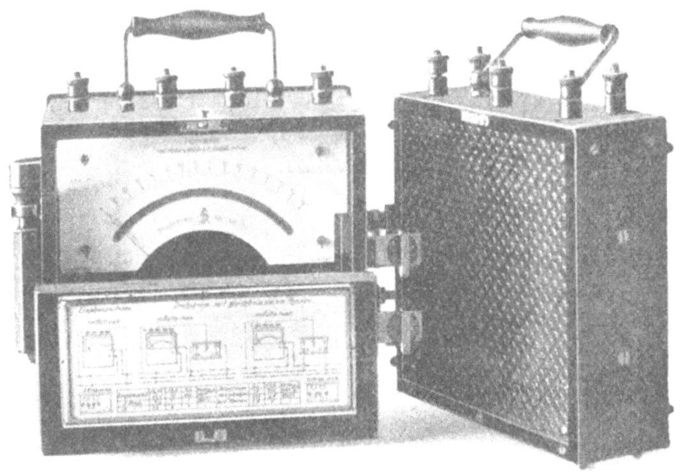

Fig. 198.

weicht, bei 50^0 Phasendifferenz nur um ca. $0{,}1\,^0/_0$ und bei 20^0 nur um ca. $0{,}03\,^0/_0$.

Die von dieser Firma benutzte Anordnung mit Klemmschrauben und Kupferschienen zur Parallel- bzw. Serienschaltung der Spulenhälften, statt der sonst üblichen durch Stöpselkontakte hat den Vorzug eines sicheren Kontaktes.

In den Klappdeckeln der Instrumentkasten sind unter Glas und Rahmen die Schaltungsschemata mit Angabe der entsprechenden Konstanten angebracht, wie aus Fig. 198, die ein Wattmeter mit 2 Strom- und mit 3 Spannungsmeßbereichen darstellt, ersichtlich ist.

Nebst dem Wattmeter ist in der Figur der Widerstandskasten mit künstlichem Nullpunkt für Leistungsmessungen an symmetrischen und symmetrisch belasteten Dreiphasensystemen dargestellt.

Fig. 199.

Aus der Fig. 199, die das Innere eines solchen Wattmeters übersichtlich darstellt, ist die Lage der einzelnen Teile gegeneinander deutlich zu erkennen. Die Skala, sowie der Deckel des Luftdämpferkastens sind abgenommen, damit die Vorschaltwiderstände und der Dämpferflügel sichtbar seien.

Diese Apparate werden auch als Schalttafelinstrumente in Dosenform gebaut.

J. Die astatischen Instrumente von Hartmann & Braun.

Bei diesen Apparaten ist besonderes Gewicht auf Vermeidung der bei Wechselstrommessungen leicht auftretenden Störungen durch Induktion und auf ihre Unabhängigkeit von in der Nähe befindlichen Fremdfeldern gelegt; außerdem ist auch darauf gesehen, daß bei hoher Empfindlichkeit eine möglichst gleichförmige

Skala erzielt werde. Zur Erreichung dieser letzten Bedingung kann man bei den Leistungsmessern entweder dem festen oder dem beweglichen Felde eine ähnliche Konstruktion geben, wie sie das feste permanente Feld eines Drehspulengalvanometers aufweist (siehe auch Präzisions-Wattmeter von Siemens & Halske).

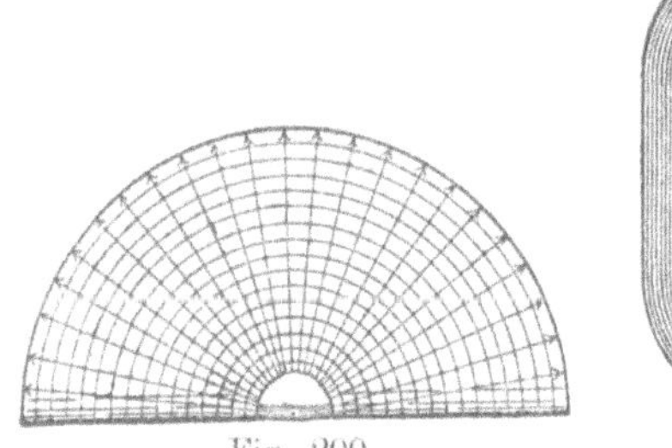

Fig. 200.

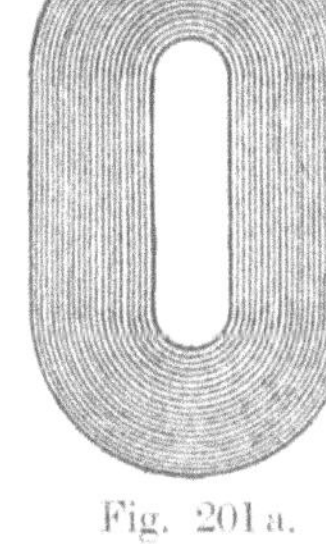

Fig. 201 a.

Fig. 201 b.

Bei den vorliegenden Wattmetern bildet eine flache, scheibenförmige Spule, auf deren Oberfläche die Kraftlinien alle vom Zentrum zur Peripherie verlaufen, den Ausgangspunkt. Trifft man nun Vorkehrungen, durch welche die eine Hälfte dieser Kraftlinienschar entweder unwirksam gemacht, oder besser durch eine gleiche Schar in entgegengesetzter Richtung verlaufender ersetzt wird, damit diese die andere Hälfte zu diametralen Linien ergänzen, so ist die gestellte Forderung vollkommen erfüllt.

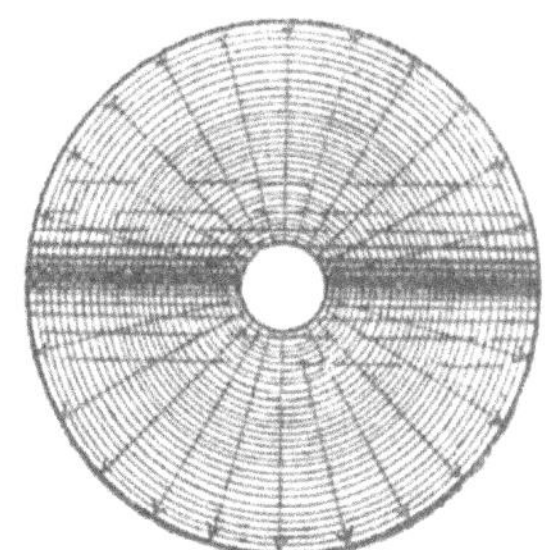

Fig. 202.

Fig. 200 zeigt den Verlauf der Kraftlinien für eine solche flache scheibenförmige Spule, die in der Richtung eines Durchmessers um 90^0 gebogen worden ist, während Fig. 201 und 202 erkennen lassen, wie man es durch zweimaliges Biegen einer ovalen Flachspule um 90^0 aus ihrer Ebene erreicht, daß die auf der oberen Seite der einen (unteren) Scheibenhälfte verlaufenden Kraftlinien sich mit den unter der anderen (oberen) Scheibenhälfte verlaufenden Kraftlinien zu einem, eine Kreisfläche erfüllenden Felde zusammensetzen, dessen Linien lauter Durchmesser dieser Kreisfläche bilden.

Zwei solcher ⅂-förmig gebogenen, an gemeinsamer Achse drehbar angeordneten Spannungsspulen, die so geschaltet sind, daß sie ein astatisches System bilden, unterliegen nun der Wirkung einer rahmenförmigen Hauptstromspule.

Es ist natürlich theoretisch gleichgültig, ob das Feld mit diametral verlaufenden Kraftlinien als bewegliches oder als festes System für das Instrument ausgenutzt wird; aus praktischen Gründen ist jedoch die angegebene Konstruktion vorgezogen, da sich die dünndrähtigen Spannungsspulen sehr bequem in die verlangte Form biegen lassen, und es wegen ihrer geringen Ausdehnung in vertikaler Richtung gut möglich ist, das Instrument mit zwei übereinander angeordneten beweglichen Spulen (die eine befindet sich innerhalb, die andere über der festen Spule), die ein astatisches System von sehr geringem Gewichte bilden, auszurüsten und so von Beeinflussung durch Fremdfelder unabhängig zu machen.

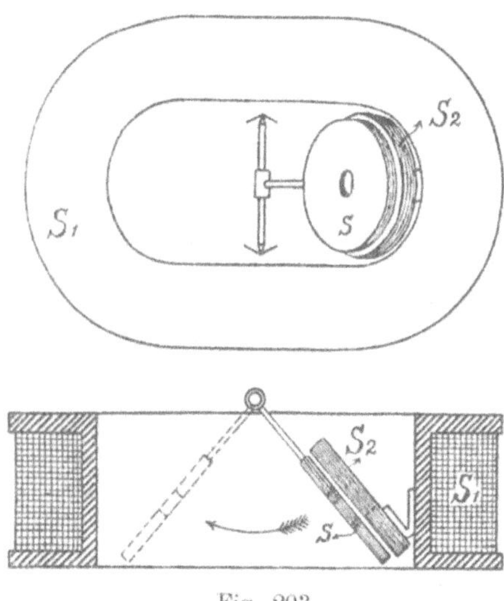

Fig. 203.

Bei den Volt- und Amperemetern ist die gleichmäßige Skalenteilung dadurch erreicht, daß die bewegliche Flachspule S (Fig. 203) nicht nur von der festen Spule S_2 abgestoßen wird, sondern sich auch noch in dem Felde einer ovalen mit S_1 bezeichneten Zusatzspule befindet.[1]) Die sonstige Einrichtung des fertigen Elektrodynamometers ist aus Fig. 204 ersichtlich; das Flachspulensystem ist doppelt vorhanden und zwar in der Weise angeordnet, daß sich das eine System wie in Fig. 203 innerhalb der großen festen Spule, das

[1]) Näheres findet sich in dem Aufsatze von Th. Bruger in der Physikalischen Zeitschrift, 4. Jahrgang Nr. 30.

andere aber, diesem diametral gegenübergestellt, hinter derselben befindet, so daß es auf dem Bilde nur wenig sichtbar ist. Man erhält damit einmal ein ausbalanciertes bewegliches System und

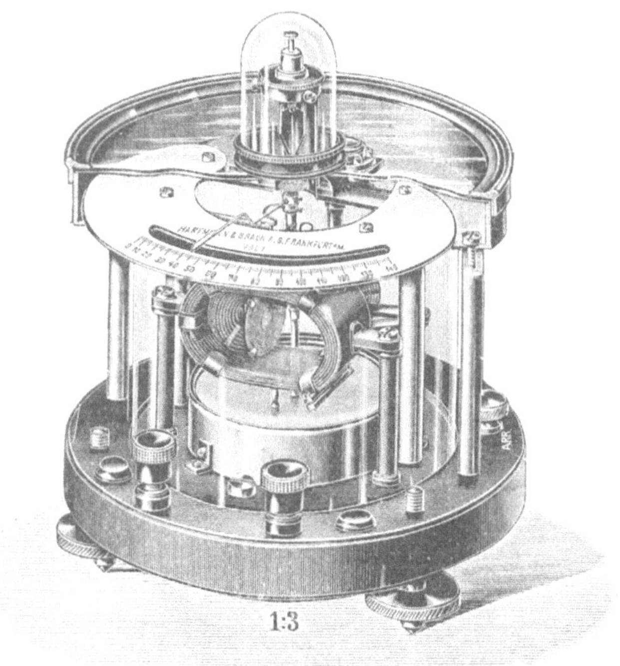

Fig. 204.

kann außerdem die Schaltung so treffen, daß beide beweglichen Spulen sich zu einem astatischen Paare ergänzen, das von Fremdfeldern nicht beinflußt wird.

K. Die Induktions-Instrumente der A. E.-G.

Den Induktions-Instrumenten der A. E.-G. liegt folgende Anordnung zugrunde (Fig. 205):

Zu beiden Seiten einer um die Achse A drehbaren Metallscheibe befinden sich die Wechselstrommagnetpole M einander gegenüber. Vor diesen befindet sich die metallische Platte T, welche die Polflächen teilweise bedecken. Das Drehmoment kommt nun in folgender Weise zustande:

Die Kraftlinien, die von dem einen Magnetpol zu dem anderen übergehen, treffen zum Teil die feststehenden Schirme, zum Teil die drehbaren Scheiben und induzieren in ihnen in sich geschlossene Ströme. Da diese Ströme von demselben magnetischen Felde erzeugt werden, haben sie dieselbe Richtung und ziehen sich somit an. Die Folge davon ist, daß die Scheibe ein Drehmoment im Sinne des Pfeiles erhält. Die Scheibe dreht sich also so lange, bis diesem Drehmoment durch das der Bewegung

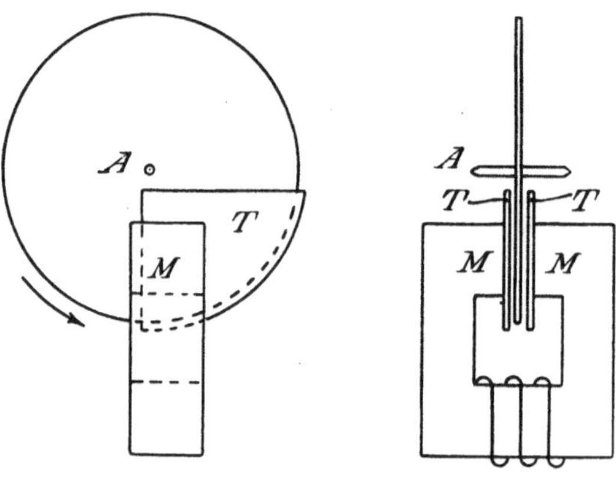

Fig. 205.

entgegenwirkende Torsionsmoment das Gleichgewicht gehalten wird. Ein permanenter Magnet, zwischen dessen Polflächen sich die Scheibe ebenfalls dreht, besorgt die für eine aperiodische Einstellung nötige Dämpfung.

Fig. 206 stellt die innere Einrichtung der Volt- und Amperemeter nach diesem System bildlich dar. Bis zu Spannungen von 550 Volt werden die Voltmeter in kupfernen Dosen montiert, während bei höheren Spannungen die Dosen aus Isoliermaterial mit Anschlüssen an der hinteren Seite gemacht werden; als Vorschaltwiderstand wird alsdann eine Drosselspule verwendet.

Die Amperemeter für Ströme von 30 bis 600 Ampere haben auf der hinteren Seite kupferne Bolzen zum Anschluß an die Leitung.

Die Wattmeter hingegen besitzen außer dem Dämpfungsmagnete noch drei Elektromagnete, von denen der mittlere im Hauptstrom, die beiden äußeren im Nebenschluß liegen; nur die letzteren besitzen Schirme vor den Polflächen. Es sind hier zwei Spannungsmagnete angeordnet, um durch Astasie äußere Einflüsse zu kompensieren.

Fig. 206.

Die Angaben der Induktions-Instrumente sind unabhängig von der Kurvenform. Das Drehmoment ist in jedem Augenblicke proportional dem Produkte der Ströme, die in Scheibe und Schirmen induziert werden; da nun zwischen dem induzierenden und dem induzierten Strom eine Phasendifferenz von nahezu 180^0 herrscht, können in dem Augenblicke, da der induzierende Strom i ist, die induzierten Ströme i_1 und i_2 durch $C_1 i$ und $C_2 i$ dargestellt werden, also ist das Drehmoment proportional i^2; daher kann das mittlere Drehmoment während einer Periode durch $\frac{1}{T}\int_0^T i_2\,dt$ dargestellt werden, ist also proportional der effektiven Stromstärke und somit unabhängig von der Kurvenform.

In welchem Maße die Angaben der Volt- und Amperemeter sich mit der Frequenz ändern, hängt von den Selbstinduktionskoeffizienten und den Ohmschen Widerständen ab. Indem die Scheibe und die Schirme aus bestimmten Materialien gemacht und die Abmessungen (besonders die Dicke) richtig gewählt werden, kann der Widerstand geändert werden, während die Selbstinduktion nicht nur von der Form der Schirme, sondern auch, und zwar hauptsächlich, von der Größe der durch die Schirme bedeckten Poloberfläche abhängt. Bei den Voltmetern ist es nun möglich, die Widerstände und Selbstinduktionskoeffizienten derart zu regulieren, daß die Angaben innerhalb weiter Grenzen, bis auf einige Prozente unabhängig von der Periodenzahl sind.

Bei den Amperemetern kann man nicht so weit gehen, da in dem Falle die Platten zu dick und das ganze System zu schwer werden müßte. Indessen sind sie für Zentralen, wo ja die Periodenzahl sehr annähernd konstant bleibt, gut verwendbar, nachdem sie für die betreffende Periodenzahl geeicht sind.

Bei den Wattmetern fragt es sich, ob bei Phasenverschiebung zwischen Strom und Spannnung die Angaben des Instrumentes richtig bleiben. Die Leistung eines Wechselstromes ist bekanntlich

$$W = E J \cos \varphi ,$$

worin E und J die effektive Spannung und Stromstärke sind und φ der Phasenverschiebungswinkel zwischen beiden. Die Momentanwerte der Spannung und der Stromstärke sind bei c Perioden in der Sekunde:

$$e = E_{max} \sin 2\pi c t$$
$$i = J_{max} \sin (2\pi c t - \varphi) .$$

Bezeichnet man den durch den Hauptstrom induzierten Strom mit J_1 und den durch den Spannungsstrom mit J_2, so ist

$$i_1 = C_1 J_{max} \sin (2\pi c t - \varphi - \alpha) ,$$

worin α den Phasenwinkel zwischen J und J_1 darstellt;

$$i_2 = C_2 E_{max} \sin (2\pi c t - \beta) ,$$

worin β den Phasenwinkel zwischen E und J_2 darstellt.

Das mittlere Drehmoment ist somit:

$$D = \frac{C}{T} \int_0^T i_1 i_2 \, dt , \text{ worin } T = \frac{1}{c} ,$$

also

$$D = \frac{C}{T} \int_0^T J_{max} E_{max} \sin (2\pi n t - \beta) \sin (2\pi n t - \varphi - \alpha) \, dt .$$

Setzen wir $E_{max} = E\sqrt{2}$ und $J_{max} = J\sqrt{2}$ ein, und ersetzen wir das Produkt der Sinus durch die Differenz von zwei Cosinus, so ergibt sich:

$$D = \frac{C}{T} J E \int_0^T \left\{ \cos(\varphi + \alpha - \beta) - \cos(4\pi c t - \varphi - \alpha - \beta) \right\} dt$$

$$D = \frac{C}{T} J E \left\{ \int_0^T \cos(\varphi + \alpha - \beta) dt - \int_0^T \cos(4\pi c t - \varphi - \alpha - \beta) dt \right\}$$

$$D = \frac{C}{T} J E \cos(\varphi + \alpha - \beta) dt = C E J \cos(\varphi + \alpha - \beta) .$$

Ist somit $\alpha = \beta$, so sind die Angaben des Instrumentes proportional der tatsächlichen Leistung $W = E J \cos\varphi$.

Durch Regulierung der Widerstände und Selbstinduktionskoeffizienten kann man erreichen, daß diese Winkel α und β einander gleich werden, und das Instrument daher richtig anzeigt.

L. Die Drehfeldmeßgeräte von Siemens & Halske.

Die Firma Siemens & Halske baut auch auf dem Ferrarisschen Prinzip beruhende Drehfeldmeßgeräte, die somit nur für Wechselstrom geeignet sind.

Da dieses Prinzip hauptsächlich bei den Induktionszählern Verwendung findet, wird es erst bei dieser Gelegenheit (Abschnitt C, Kapitel VIII) ausführlich erläutert werden.

Es sei hier nur kurz erwähnt, daß die Wirkungsweise dieser Instrumente darauf hinauskommt, daß zwei sich kreuzende Wechselfelder durch Induktion auf eine Scheibe ein Drehmoment ausüben. Dieses Drehmoment ist proportional den Strömen, die diese Felder erzeugen und dem Sinus des Phasenverschiebungswinkels zwischen beiden. Bei den Volt- und den Amperemetern, wobei die beiden Felder von Strömen, die der Spannung bzw. dem Hauptstrome proportional sind, erzeugt werden, würde sich somit eine quadratische Skala ergeben.

Die Firma Siemens & Halske hat diese quadratische Gesetzmäßigkeit der Skala geändert, indem sie außer der konstanten Kraft der Feder noch die Schwerkraft auf das bewegliche System wirken läßt. Dadurch erhält die Feder eine gewisse Vorspannung und es ergeben sich sehr brauchbare Skalen, eventuell auch mit unterdrücktem Nullpunkt. Allerdings müssen die Instrumente einigermaßen senkrecht aufgehängt werden, was aber für Schalttafelinstrumente (und nur dazu sollen sie dienen) immer möglich ist.

Bei den Leistungsmessern wird das eine Feld vom Hauptstrom, das andere vom Spannungsstrom erzeugt. Da die Leistung proportional dem Cosinus des Phasenverschiebungswinkels zwischen Strom und Spannung ist, und das Drehmoment, wie oben erwähnt, proportional dem Sinus des Phasenwinkels zwischen den die beiden Felder erzeugenden Strömen, so muß von vornherein das Feld der Spannungsspule um 90° gegen die Spannung verschoben werden. Wie diese erforderliche Phasenverschiebung erreicht werden kann, wird bei der Behandlung der Induktionszähler im Kapitel VIII ausführlich erörtert werden.

Die innere Einrichtung dieser Instrumente weicht nur in konstruktiven Einzelheiten von derjenigen der Ferrariszähler von Siemens & Halske ab.

M. Weicheisenhaltige Instrumente.

Außer den teueren Präzisionsinstrumenten für Laboratorien und den besseren Schalttafelinstrumenten, die im vorhergehenden

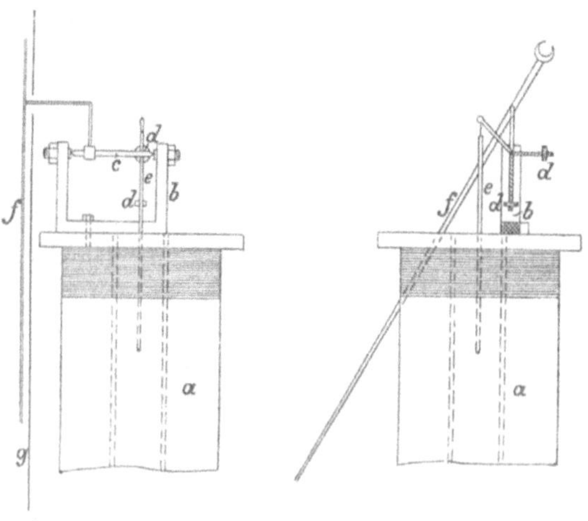

Fig. 207.

behandelt sind, werden noch billigere, aber auch weniger zuverlässige Instrumente gebaut, die auf der Anziehung eines Weicheisenkerns von einer vom Strom durchflossenen Spule beruhen.

Diese Instrumente werden gewöhnlich als „elektromagnetische" bezeichnet, obwohl beispielsweise auch die Präzisionsinstrumente für Gleichstrom nach Deprez und d'Arsonval auf dem elektromagnetischen Prinzip beruhen.

Instrumente (Fig. 207), bei denen gegen die Wirkung der Schwerkraft (oder einer Feder) ein Weicheisenzylinder in ein vom Verbrauchs- oder vom Spannungsstrom durchflossenes Solenoid gezogen wird, werden von mehreren Firmen gebaut.

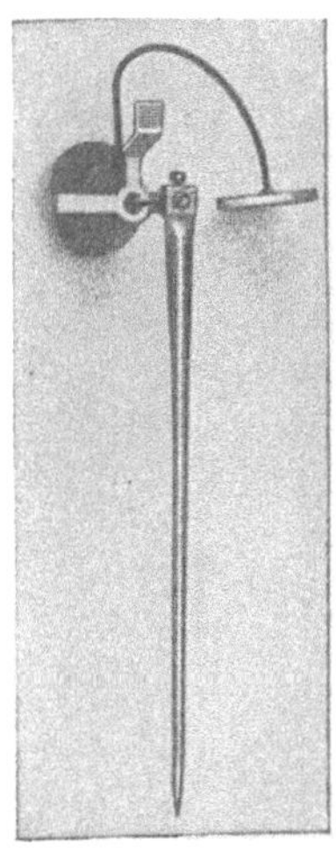

Fig. 208.

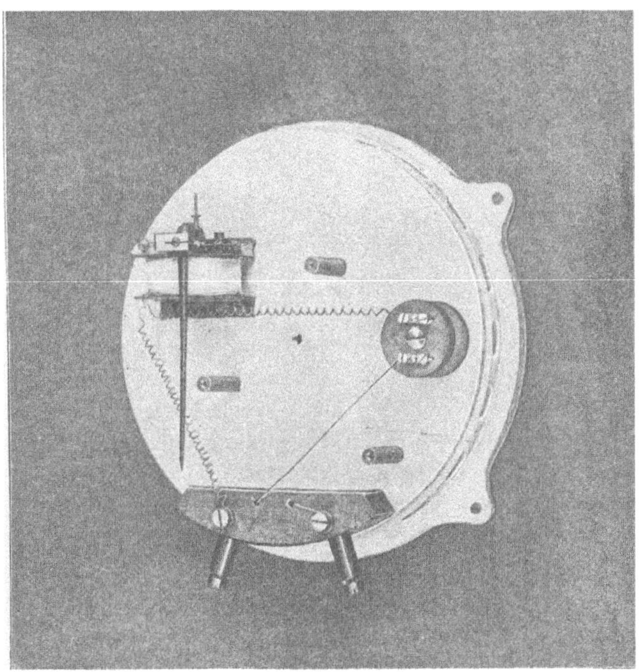

Fig. 209.

In der letzten Zeit verwenden Siemens & Halske einen eigentümlich geformten Eisenkern, welcher in Fig. 208 dargestellt ist. Fig. 209 zeigt das Innere eines solchen Voltmeters. Dieses

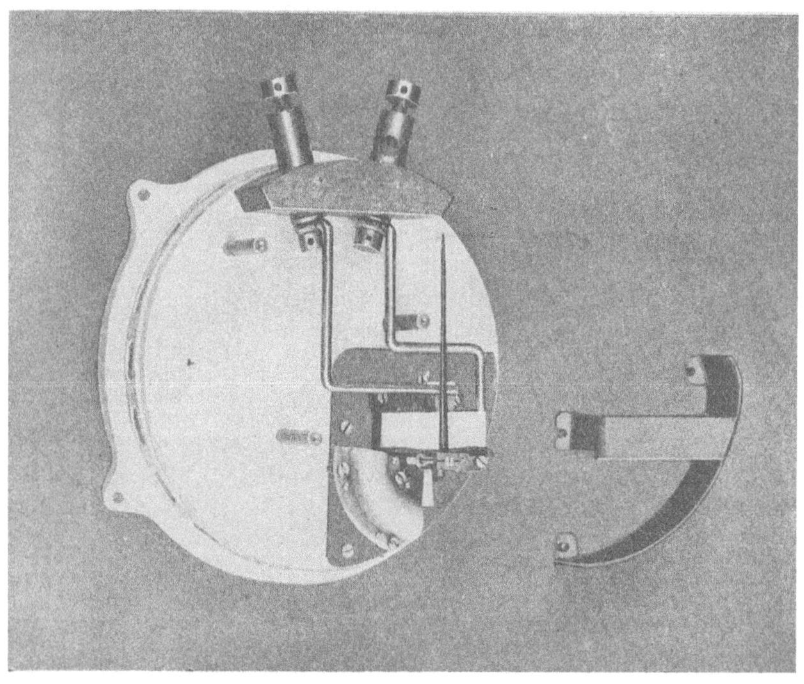

Fig. 210.

Instrument ist mit einer Luftdämpfung, ähnlich derjenigen der Präzisionswattmeter versehen und außerdem mit einem Schutzkörper aus Eisenblech, der das Instrument vor der Einwirkung äußerer Felder praktisch vollkommen schützt. In Fig. 210, die einen Strommesser ähnlicher Konstruktion darstellt, ist die Schutzkappe entfernt. Die Instrumente werden auch ohne Dämpfungsvorrichtung und ohne Schutzkappe geliefert.

Fig. 211.

Die Wechselstrom- und Gleichstromeichung weichen nur relativ wenig voneinander ab, so daß auch eine kleine Variation in der

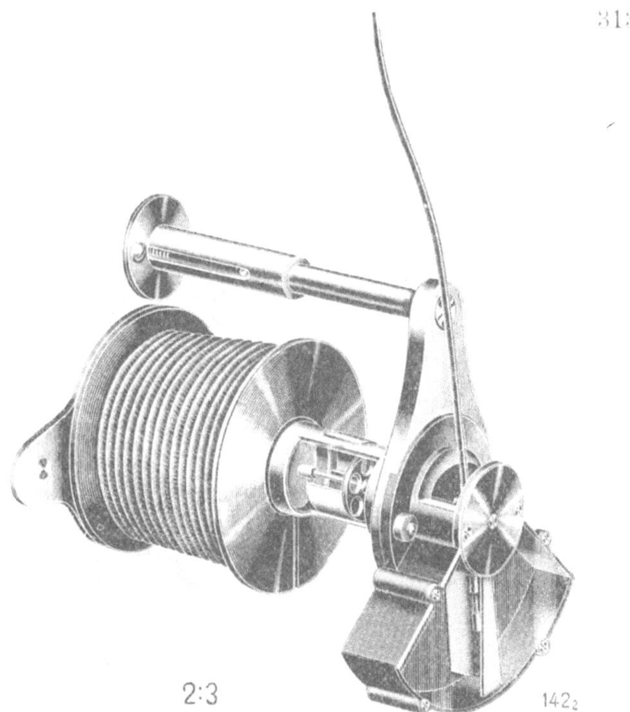

Fig. 212.

Fig. 213.

Periodenzahl des Wechselstromes die Angaben des Instrumentes nur unbedeutend beeinflußt.

Die Konstruktion der elektromagnetischen Instrumente von Hartmann & Braun besteht in einer fest angeordneten Spule mit vertikaler Windungsebene, in deren Hohlraum ein konzentrisches Zylindermantelsegment aus weichem Eisen mit einer in Steinen gelagerten Achse drehbar angeordnet ist. Mit diesem beweglichen Eisenkern deckt sich nahezu ein mit geringem Spielraum fest angeordneter ähnlicher Weicheisenkern (Fig. 211). Vom stromdurchflossenen Solenoïd im gleichen Sinne polarisiert, wirkt der letztere abstoßend auf den ersteren und erteilt diesem unter dem Einfluß der Schwere stehenden Eisensegment ein von der Stromstärke abhängiges Drehmoment.

Die Konstruktion ist sehr gut aus der Fig. 212 zu erkennen, wo die Weicheisenteile aus dem Solenoïd herausgezogen sind.

Die wirksame Luftdämpfung bewirkt eine fast aperiodische Einstellung. Fig. 213 stellt die Ansicht eines solchen Instrumentes dar.

Es gibt auch elektromagnetische Instrumente (Schuckert), wobei Eisenteile, die um eine zur Solenoïdachse exzentrische Achse drehbar sind, sich beim Stromdurchgang in die Richtung der Kraftlinien zu stellen versuchen.

Wir wollen aber auf die konstruktiven Einzelheiten nicht weiter eingehen, sondern nur noch bemerken, daß bei allen diesen weicheisenhaltigen Instrumenten der Einfluß der Hysteresis im Eisen möglichst klein gehalten werden muß; dazu läßt man die Kraftlinien zum größten Teil durch Luft verlaufen. Als Nachteil dürfte die Abhängigkeit der Angaben von Periodenzahl und Kurvenform erwähnt werden. Da die aus Kupferdraht gewickelten Spulen jedoch eine sehr große Überlastung zulassen, ohne daß das Instrument Schaden nimmt, haben einige der besseren Ausführungen dieser weicheisenhaltigen Instrumente sich einen großen Platz als Schalttafelinstrumente erobert.

N. Meßtransformatoren.

Es sei jetzt der Vollständigkeit halber noch kurz auf die Meßtransformatoren hingewiesen. Man bedient sich solcher Meßtransformatoren erstens zur Messung hoher Spannungen. Die zu messende Spannung wird auf einen niederen Betrag heruntertransformiert, dann zur Schalttafel geführt und schließlich mit einem Voltmeter gemessen, das direkt nach der Primärspannung (Hochspannung) geeicht werden kann.

Dieses Prinzip wird auch auf Strommessungen angewandt; in Fig. 214 ist ein sogenannter Stromwandler der A. E.-G. schematisch und in Fig. 215 bildlich dargestellt. Der Primärstrom durchfließt eine oder jedenfalls nur wenige Windungen; an die Sekundärklemmen ist dann der Strommesser angeschlossen.

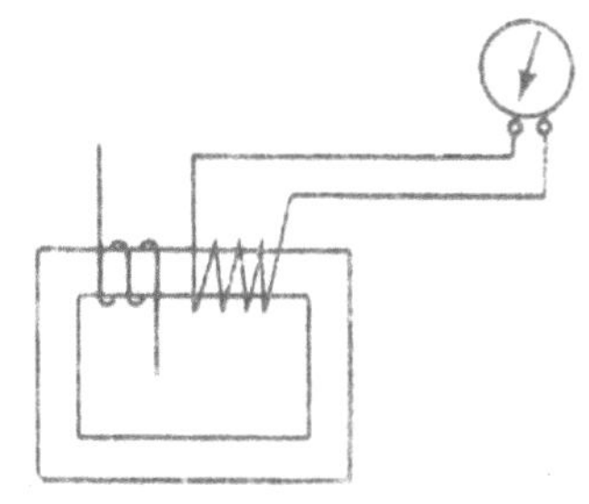

Fig. 214.

Bei Verwendung solcher Stromwandler wird das Amperemeter, wie sonst, durch Kurzschließung ausgeschaltet. Damit wird zugleich der Vorteil erreicht, daß der Meßtransformator dem Hauptstrom weniger Selbstinduktion bietet, als bei geöffnetem Sekundärkreis.

Fig. 215.

Ebenso wie bei der direkten Strommessung mit einem Instrument und einer Kurzschluß- und Umschaltvorrichtung Ströme in verschiedenen Leitungen gemessen werden können, kann das auch vermittelst solcher Stromwandler geschehen.

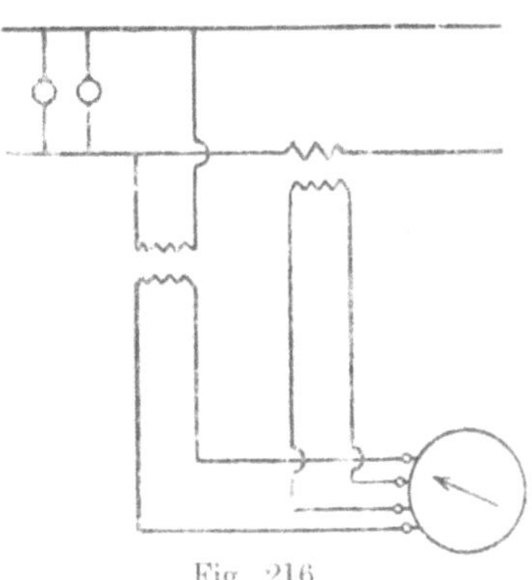

Fig. 216.

Die Verwendung solcher Meßtransformatoren hat außer dem Vorteil, keine Hochspannung am Schaltbrett zu haben, auch noch den, die teueren Strom- und Spannungsmesser für größere Ströme bzw. höhere Spannungen unnötig zu machen.

Um nun aber die Hochspannung vollständig von der Schalttafel fern zu halten, müssen auch die Wattmeter mit Spannungstransformatoren und Stromwandlern nach Fig. 216 versehen werden. Dies kann bei den Induktionswattmetern leicht durchgeführt werden, da die durch die Meßtransformatoren eintretenden Phasenverschiebungen sich leicht kompensieren lassen. Die Transformatoren beeinflussen bei-

Fig. 217.

spielsweise bei dem Induktionsinstrument der A. E.-G. nur die Werte von α und β in den Gleichungen Seite 309, und wir haben dort schon gesehen, daß es nicht auf die absoluten Werte dieser Winkel ankommt, sondern nur auf ihre Gleichheit.

Fig. 217 zeigt die Anordnung eines Amperemeters und eines Wattmeters mit Stromwandler für 8000 Ampere der A. E.-G.; zum Vergleich ist in Fig. 218 die Verwendung eines Amperemeters mit Nebenschluß bildlich dargestellt.

Die Verwendung von Meßtransformatoren und besonders von Stromwandlern bringt im allgemeinen eine größere Abhängigkeit von der Periodenzahl und gerade bei hohen Stromstärken eine empfindliche Beeinflussung durch in der Nähe vorbeifließende Starkströme mit sich.

Die Abhängigkeit von der Periodenzahl kann nun durch passende Verwendung von Eisen erheblich verringert werden, auch ist die Änderung der Proportionalität zwischen Primär- und Sekundärstrom fast verschwindend.

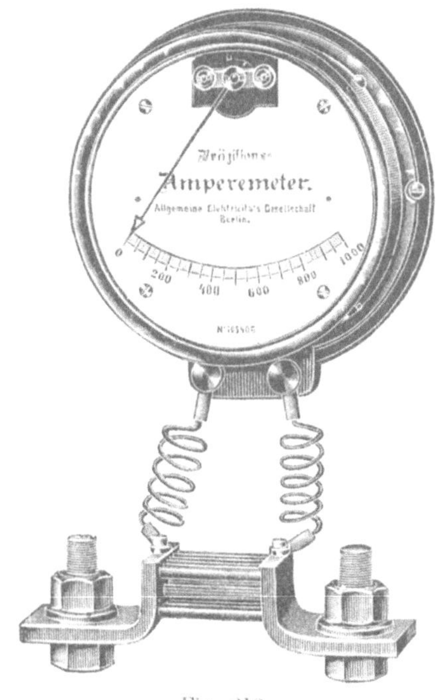

Fig. 218.

Die äußere Beeinflussung ist bei dem von Siemens & Halske konstruierten Stromwandler, der konstruktiv in Fig. 219 dargestellt ist, durch folgende Anordnung beseitigt.

Die Windungsebene der Sekundärspule *b* ist zu der primären Stromschleife *a* senkrecht. Die Vermittlung zwischen beiden wird durch einen vollkommen geschlossenen Eisenkörper gebildet. Dieser Eisenkörper besteht aus zwei *E*-förmigen Teilen *c*, deren mittlere Stege *ee* die runde Sekundärspule tragen, während sie das Material der primären Stromschleife parallel zu der Windungsebene scheinbar gleichmäßig durchsetzen. Der Strom wird also gleichmäßig an den beiden Seiten des Eisenkernes vorüberfließen, ohne diesen zu magnetisieren.

Drängt man jedoch durch passende Einschnitte *dd* den Strom von der einen Seite immer mehr auf die andere, so wird eine Magnetisierung hervorgerufen, die der Differenzwirkung beider Stromteile proportional ist.

Diese Wirkung kann man durch Vertiefung der Einschnitte

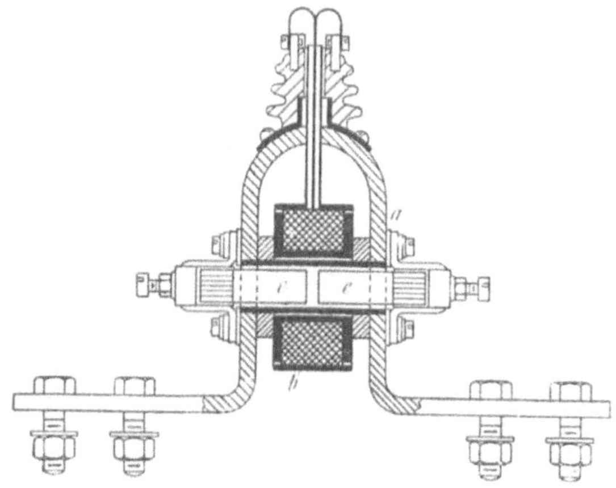

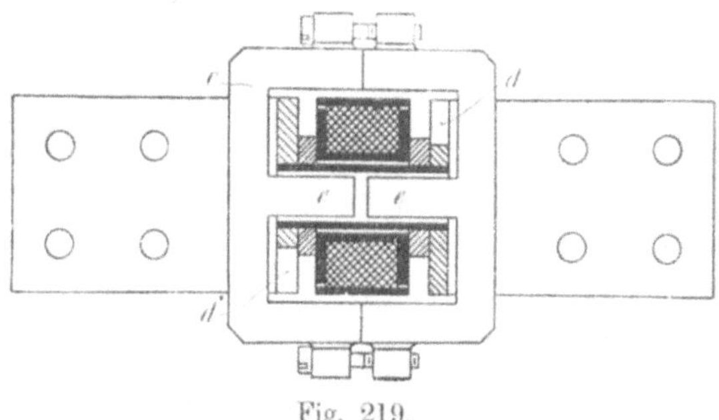

Fig. 219.

Fig. 220.

beliebig verstärken, bis man für einen bis in die Mitte gehenden Einschnitt das Maximum erhält. Da nun auf die Sekundärspule nur Kraftlinien wirken können, die durch die mittleren Stege *ee* gehen, so unterliegt dieser Transformator keiner Beeinflussung von außen. Fig. 220 zeigt das Bild eines solchen Transformators für 3000 Ampere.

Diese Einrichtung ist bei Transformatoren für kleine Stromstärken nicht nötig, da diese kaum eine Beeinflussung zeigen, wenn man geschlossenes Eisen wählt.

Es muß bei den Meßtransformatoren auf eine besonders gute Isolierung (Porzellan, Öl) geachtet werden.

Siebentes Kapitel.

Phasometer.

Wenn wir die Phasenverschiebung bzw. den wattlosen Strom in irgend einem Stromkreise bestimmen wollen, können wir aus Spannungs-, Strom- und Leistungsmessung $\cos\varphi = \frac{W}{EJ}$ berechnen und daraus φ und $\sin\varphi$ bzw. den wattlosen Strom ableiten. Eine solche Messung gibt aber bei kleinen Phasenverschiebungen niemals genaue Resultate, wie aus Fig. 221 hervorgeht, wo $\sin\varphi$ und $\cos\varphi$ als Funktion von $1 - \cos\varphi$, d. h. der auf die Einheit von scheinbarer Leistung bezogenen Differenz zwischen scheinbarer und wirklicher Leistung abgetragen sind.

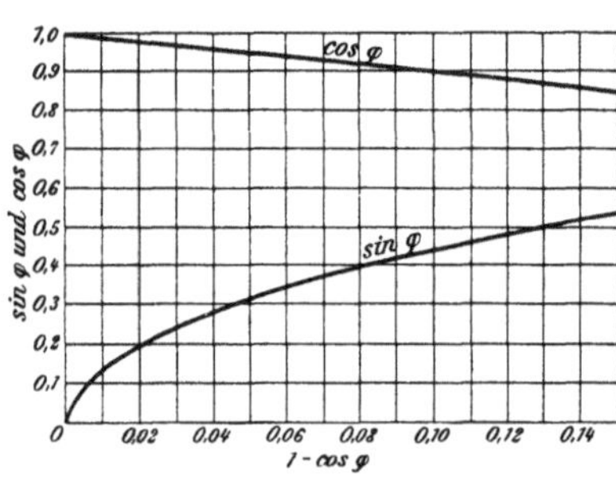

Fig. 221.

Ein kleiner Fehler in der Anzeigung oder Ablesung der Instrumente, also in $\cos\varphi$, zieht nämlich einen großen Fehler in bezug auf $\sin\varphi$ nach sich.

Ist z. B. $\cos\varphi = 0{,}99$, während der Messung der Wert eins entnommen wird, der Fehler also nur $1\,^0/_0$ beträgt, so würde ein wattloser Strom von $14\,^0/_0$ unberücksichtigt bleiben. Bei der Herstellung von Phasengleichheit zwischen Strom und Spannung, beispielsweise mit Hilfe übererregter Synchronmotoren, wie es in der Starkstromtechnik öfters vorkommt, empfiehlt sich daher die Verwendung von Instrumenten, welche eine genauere Bestimmung der wattlosen Stromkomponente vorzunehmen gestatten, indem nicht $\cos\varphi$, sondern φ selbst oder $\sin\varphi$ oder $\operatorname{tang}\varphi$ bestimmt wird, welche letztere Funktionen ja in der Nähe der Phasengleichheit fast ebenso empfindlich sind gegen Änderungen von φ als φ selbst.

Zunächst soll, der Deutlichkeit wegen, die Wirkungsweise des sogenannten Doppelwattmeters mit zwei gegeneinander verdrehten beweglichen Spulen klargelegt werden.

Beträgt der Winkel zwischen den Ebenen dieser beiden Spulen 90°, und sind dieselben in einem festen homogenen Felde (Fig. 222) drehbar, so folgt zunächst, daß auf die eine ein Drehmoment proportional $\sin\alpha$ und auf die andere ein solches proportional $\cos\alpha$ ausgeübt wird, wenn α den Winkel bezeichnet, den das Feld der einen beweglichen Spule mit dem festen Felde bildet. Legt man beide beweglichen Spulen an die nämliche Spannung, nachdem der einen ein großer induktionsfreier und der anderen ein stark induktiver Widerstand vorgeschaltet worden ist, so erhält man, wenn die erste Spule in Phase mit der Spannung, die zweite aber um 90° gegen diese verschoben ist, als Drehmomente:

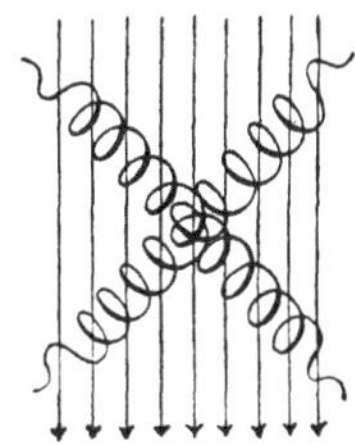

Fig. 222.

$$H h_1 \cos\varphi \sin\alpha \quad \text{und} \quad H h_2 \sin\varphi \cos\alpha ,$$

wo H, h_1, h_2 das feste und die beiden beweglichen Felder bezeichnen und φ der Phasenverschiebungswinkel ist zwischen dem festen Felde und der Spannung, an die das bewegliche System angeschlossen ist. Schaltet man ferner so, daß die beiden Drehmomente einander entgegengesetzt gerichtet sind, und ordnet das drehbare Spulenpaar derart in dem festen Felde an, daß außer den elektrodynamischen keine weiteren Richtkräfte vorhanden sind, so erhält man als Gleichgewichtsbedingung:

$$H h_1 \cos\varphi \sin\alpha = H h_2 \sin\varphi \cos\alpha ,$$

woraus

$$\operatorname{tg}\varphi = \frac{h_1}{h_2} \operatorname{tg}\alpha = c \operatorname{tg}\alpha$$

folgt, da sich die Felder h_1 und h_2 als von Strömen herrührend, die einander parallel geschaltet sind und durch die gleiche Spannungsdifferenz erzeugt werden, bei gegebenem konstanten Widerstand der beiden Parallelzweige nur durch einen konstanten Faktor unterscheiden. Macht man durch geeignete Wahl der Verhältnisse die Konstante $c = 1$ und verbindet mit dem drehbaren System einen vor einer Skala spielenden Zeiger, so wird der letztere direkt in Bogengraden die Phasenverschiebung zwischen dem das feste Feld erzeugenden Strom und der Spannung, an welche die gekreuzten Drehspulen gelegt sind, anzeigen, sobald man α von der Richtung an zählt, für welche das gegen die Spannung unverschobene, bewegliche Feld mit dem festen Felde zusammenfällt. Die Angaben des Instrumentes sind dabei nach obenstehender Gleichung von der Größe des Meßstromes und der Meßspannung unabhängig.

Ein unter Zugrundelegung der vorstehend entwickelten Beziehungen konstruierter, direkt zeigender Phasenmesser erfordert die Verschiebung des einen Zweigstromes um genau 90^0 gegen die Spannung, und wenngleich es verschiedene Möglichkeiten gibt, eine Kunstphase von 90^0 herzustellen (siehe unter Induktionszählern), so würde es doch eine Vereinfachung in der Konstruktion und Justierung des Apparates bedeuten, wenn er sich auch ohne genau 90^0 betragende Kunstphase herstellen ließe. Bei den neueren Phasometern der Firma Hartmann & Braun ist dies der Fall.

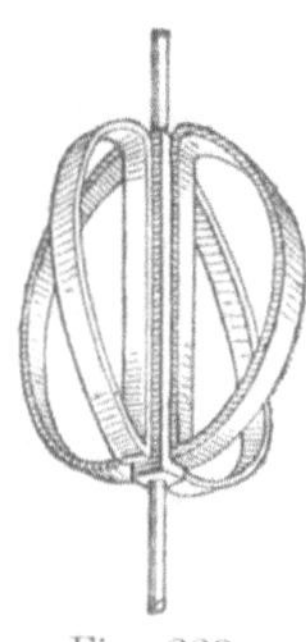
Fig. 223.

Es sind zunächst an Stelle der beiden sich kreuzenden Spulen des drehbaren Systems vier solcher verwendet, die auf beiden Seiten der Achse in zwei aufeinander senkrechten Ebenen liegen (Fig. 223), so daß sie einzeln um je 90^0 gegeneinander versetzt erscheinen. Die Spulen haben Halbkreisform und werden mit ihrer geraden Seite an der Achse befestigt. Sie sind gemäß Schema Fig. 224 in zwei Gruppen einander parallel geschaltet, so daß je zwei um 90^0 gegeneinander versetzte Spulen zu einer Gruppe gehören, und daß in jedem der Parallelzweige sich noch ein Widerstand befindet, der in einem Falle induktionsfrei und im anderen Falle stark induktiv sein soll. Es ist also der eine

Strom i_2 gegen den anderen i_1 um einen gewissen Winkel in der Phase verschoben, oder man kann auch sagen, i_1 ist gegen den unverzweigten Strom i um einen Winkel γ_1 nach vorwärts, i_2 aber gegen i um einen anderen Winkel γ_2 nach rückwärts verschoben. Die Stromrichtung wird für die einzelnen Spulen so gewählt, daß bei erregtem Hauptstromfeld drei derselben ein Drehmoment in gleichem, die vierte aber ein solches in entgegengesetz-

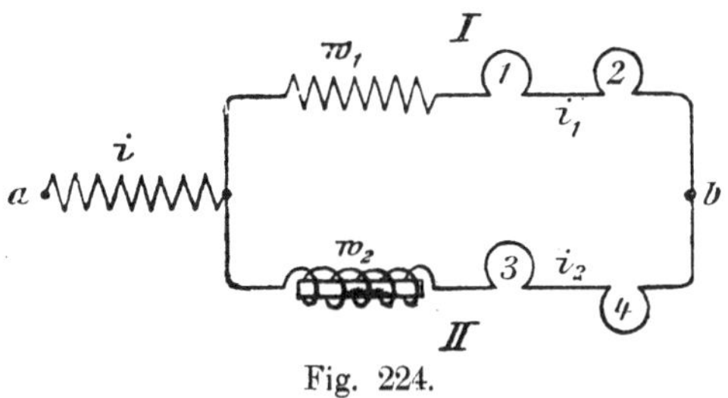

Fig. 224.

tem Sinne liefert, wie ebenfalls in Fig. 224 schematisch angedeutet ist. Wird nun noch der ganzen Verzweigung ein so hoher, induktionsfreier Widerstand vorgeschaltet, daß man den unverzweigten Strom i als in Phase mit der Spannung $a - b$ voraussetzen darf, so erhält man, wenn, wie oben, φ den gesuchten Winkel der Rückwärtsverschiebung des festen Hauptstromfeldes gegen die Spannung $a - b$ und α den Winkel bezeichnet, um welchen das Feld der Spule 1 gegen dieses Feld geneigt ist, und wenn n_1 die Windungszahl der Spulen 1 und 3, n_2 diejenige der Spulen 2 und 4 ist, für die vier beweglichen Spulen folgende Drehmomente:

$$\begin{aligned} D_1 &= - n_1 J i_1 \cos(\varphi + \gamma_1) \sin\alpha \\ D_2 &= - n_2 J i_1 \cos(\varphi + \gamma_1) \cos\alpha \\ D_3 &= - n_1 J i_2 \cos(\varphi - \gamma_2) \sin\alpha \\ D_4 &= + n_2 J i_2 \cos(\varphi - \gamma_2) \cos\alpha\,. \end{aligned}$$

Wirken keine weiteren elektrodynamischen Richtkräfte als diese auf das drehbare System, und wählt man den Widerstand und die Selbstinduktion beider Zweige so, daß der scheinbare Widerstand

$$w_2 = w_1, \quad \text{oder} \quad i_2 = i_1$$

wird, daß also beide Ströme um den Winkel γ, der eine rückwärts, der andere nach vorwärts gegen i verschoben sind, erhält man als Gleichgewichtsbedingung

$$n J i_1 \sin\alpha \left\{ \cos(\varphi+\gamma) + \cos(\varphi-\gamma) \right\}$$
$$+ n_2 J i_1 \cos\alpha \left\{ \cos(\varphi+\gamma) - \cos(\varphi-\gamma) \right\} = 0$$

oder

$$2 J i_1 \left\{ n_1 \sin\alpha \cos\varphi \cos\gamma - n_2 \cos\alpha \sin\varphi \sin\gamma \right\} = 0.$$

woraus

$$\operatorname{tg}\varphi = \frac{n_1}{n_2} \operatorname{cotg}\gamma \operatorname{tg}\alpha$$

folgt, oder bei konstantem γ

$$\operatorname{tg}\varphi = \text{const. tg.}\, \alpha\,.$$

Man hat also auch hier Unabhängigkeit von Meßstrom und Meßspannung.

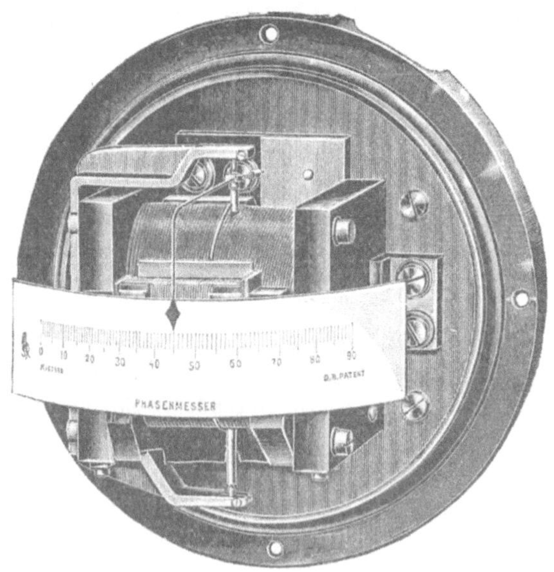

Fig. 225.

Unter Zugrundelegung dieser Bedingungsgleichung wird die Konstruktion des Phasometers, von dem Fig. 225 die Form für Schalttafeln zeigt, wie folgt ausgeführt:

Zwei kreisförmige, feste freigewickelte Spulen, welche durch Platten aus isolierendem Material gehalten werden, liefern zusammen das Hauptstromfeld mit horizontal verlaufenden Kraftlinien. Diese Spulen sind unmittelbar aneinandergesetzt, aber oben und unten mit Einbiegungen versehen, so daß hier Platz für die hindurchtretende vertikale Drehachse gegeben ist. Letztere trägt die oben beschriebenen vier Halbspulen, die sich zu zwei Kreisen ergänzen und wesentlich kleiner dimensioniert sind, als der Durchmesser des festen Feldes gestatten würde; kleiner deshalb, um einmal nur den mittleren, fast homogenen Teil dieses Feldes für die Wechselwirkung zu benutzen und dann auch, um einen möglichst großen Abstand von den Metallmassen der festen Spulen zu haben und gegen Störungen durch Wirbelströme gesichert zu sein.

Die drei Stromzuleitungen, welche für die drehbaren Spulen erforderlich sind, werden durch sehr dünne Blattgoldstreifen vermittelt, die keine irgendwie in Betracht kommenden Richtkräfte ausüben.

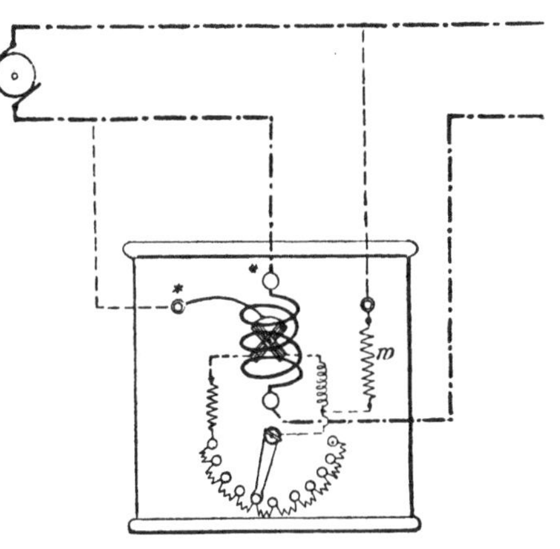

Fig. 226.

Natürlich können die Angaben des Instrumentes nur für eine bestimmte Periodenzahl genau richtig sein. Für Laboratorien werden noch Apparate gebaut, die durch eine besondere Einrichtung für verschiedene Periodenzahlen benutzt werden können.

Mit der Periodenzahl ändert sich γ_1 und γ_2; durch gleichzeitige Änderung der Ohmschen Widerstände in den Zweigen I und II (Fig. 224) kann die einfache Beziehung $\operatorname{tg}\varphi = C \operatorname{tg}\alpha$ wieder hergestellt werden; für die Praxis genügt es, lediglich w_1 zu verändern. Zu diesem Zwecke ist in den Zweig I ein kleiner durch Kurbeldrehung regulierbarer Widerstand eingeschaltet (Fig. 226), dessen 10 Stufen einer Änderung um je 2 Perioden entsprechen, da unterhalb dieses Intervalls Abweichungen in der Anzeigung des Instruments kaum merklich sind, und der gemäß der gerade vorliegenden Periodenzahl eingestellt werden muß.

Bei Mehrphasensystemen ohne zugänglichen Nullpunkt kommen die früher behandelten sogenannten Nullpunktwiderstände zur Verwendung.

Anstatt der direkten Messung von φ, oder einer seiner trigonometrischen Funktionen, kann auch die wattlose Leistung $EJ \sin \varphi$ gemessen werden.

Wir brauchen dazu bei den gewöhnlichen Wattmetern nur das vom Spannungsstrome erzeugte Feld um 90^0 gegen die Spannung zu verschieben, indem wir einen Kondensator vorschalten oder eine der Methoden anwenden, die in dem über Induktionszähler handelnden Kapitel VIII Abschnitt C II beschrieben sind.

Bei den Induktionswattmetern liegen die Verhältnisse noch einfacher, da hier eben diese künstliche Verschiebung unterbleiben muß, damit der Wert $EJ \sin \varphi$ angezeigt werde. Bleibt die Spannung konstant, was in vielen Fällen zutrifft, so kann die Skala eines solchen Instrumentes direkt nach Ampere geeicht und somit der wattlose Strom abgelesen werden.

Die Einrichtung der Phasometer der A. E.-G. ist derjenigen ihrer Induktionswattmeter (S. 305) vollkommen gleich; es brauchen nur die Widerstände und Selbstinduktionen derart abgeglichen zu werden, daß statt $EJ \cos \varphi$ der Wert $EJ \sin \varphi$ angegeben wird.

Mißt man die Leistung eines symmetrischen Dreiphasensystems mit zwei Wattmetern (Fig. 147), so kann man die Phasenverschiebung aus den Ablesungen der Wattmeter bestimmen. Es wurde nämlich Seite 244 gefunden, daß

$$\operatorname{tg} \varphi = \frac{W_1 - W_2}{W_1 + W_2} \sqrt{3}.$$

Handelt es sich nur um die Bestimmung der Phasenverschiebung, so kann man bei nicht schwankendem Betriebe die beiden Leistungen W_1 und W_2 mit einem Wattmeter messen, dessen Stromspule in einer Leitung liegt, und dessen Spannungsspule mit einem Ende auch an diese Leitung angeschlossen ist; das andere Ende wird dann das eine Mal mit der zweiten, das andere Mal mit der dritten Leitung verbunden.

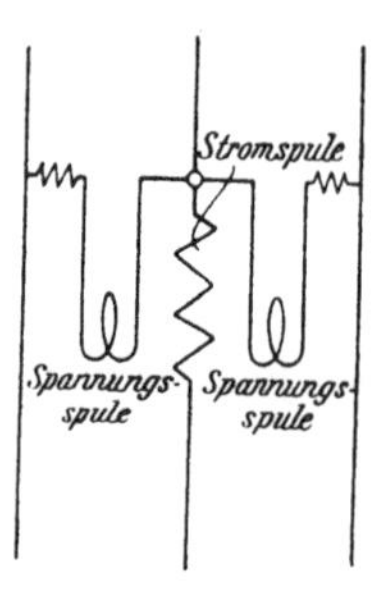

Fig. 227.

Die „General Electric Company" ordnet nun zwei Spannungsspulen im Instrumente an, die wie oben beschrieben geschaltet werden (Fig. 227). Dieses Instrument wird empirisch geeicht.

Hartmann & Braun rüsten ihre Präzisions-Wattmeter mit besonderen Widerständen aus, so daß aus zwei kurz nacheinander ausgeführten Messungen die Phasenverschiebung erhalten werden kann, wenigstens solange der Betrieb nicht schwankt. Die Schaltung wird durch Fig. 228 veranschaulicht.

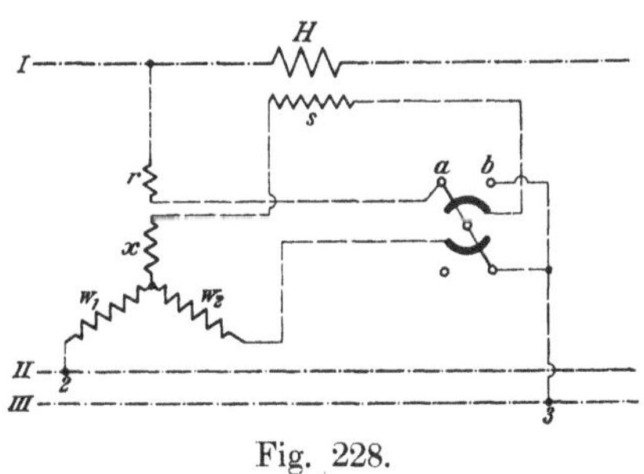

Fig. 228.

Befindet sich der Umschalter für den Nebenschlußstromkreis in der Stellung a, so stellen die 3 Widerstände $(r + s + x)$, w_1 und w_2 einen künstlichen Nullpunkt her. Das Wattmeter wird von der Phasenspannung (vom Strome $i_1 = \frac{e}{w}$) beeinflußt. Das Drehmoment ist daher

$$D_1 = c\, i_1 J \cos \varphi\,.$$

Befindet sich hingegen der Umschalter in der Stellung b, so wird das Wattmeter von der Spannung E_{23} beeinflußt, welche einen Strom $i_2 = \frac{E_{23}}{W}$ in der Spannungsspule hervorruft; W entspricht einem anderen Widerstand, welcher durch die Umschaltung in den Spannungskreis gelegt wird. Da diese Spannung um 90^0 gegen e_1 verschoben ist, wird jetzt das Drehmoment

$$D_2 = c\, i_1 J \cos (90 - \varphi)\,.$$

Sind die Widerstände W und w derartig abgeglichen, daß $i_2 = i_1$ wird, so erhält man:

$$\frac{D_2}{D_1} = \frac{c\, i_2 J \sin \varphi}{c\, i_1 J \cos \varphi} = \operatorname{tg} \varphi\,.$$

Handelt es sich um Herstellung von Phasengleichheit, so braucht man nur die zweite Ablesung auf den Wert Null einzuregulieren.

Obige Ableitungen sind aber nur für Sinusform richtig; die erhaltenen Resultate können daher bei stark verzerrten Kurvenformen wesentlich von den richtigen Werten abweichen.

Es kommt öfters vor, daß man zwischen Strom und Spannung eine Phasenverschiebung von 90^0 herstellen will. Der Augenblick, in dem auf diese Phasenverschiebung einreguliert ist, wird von einem Phasenindikator angegeben. Dazu kann ohne weiteres ein dynamometrischer Leistungsmesser verwendet werden, dessen Ausschlag ja proportional $EJ\cos\varphi$ ist, also bei $\varphi = 90^0$ verschwinden muß. Handelt es sich darum, zwischen zwei Strömen oder zwei Spannungen eine Phasenverschiebung $\varphi = 90^0$ herzustellen, so müssen die beiden Spulen aus praktischen Rücksichten passend dimensioniert werden.

Achtes Kapitel.

Die Elektrizitätszähler.

Es kann die Energie, welche in einem Stromkreise verbraucht wird, ganz allgemein durch folgende Formel ausgedrückt werden:

$$A = \int e i \, dt,$$

worin e und i Momentanwerte darstellen.

Führen wir statt dieser die Effektivwerte ein, so kommt der Leistungsfaktor hinzu, und wir erhalten demzufolge

$$A = \int E J \cos\varphi \, dt, \quad \ldots \ldots \quad (1)$$

worin jetzt E und J Effektivwerte darstellen.

Diese Gleichungen haben sowohl für Gleich- als für Wechselstrom Gültigkeit. Für erstere Stromart wird $\cos\varphi$ gleich eins und kann in diesem speziellen Falle weggelassen werden.

Apparate, welche die Energiemenge, die ja in Wattstunden ausgedrückt werden kann, messen, bezeichnet man als Wattstundenzähler.

Bleibt die effektive Spannung und $\cos\varphi$ fortwährend konstant, so ist

$$A = E \cos\varphi \int J \, dt \quad \ldots \ldots \quad (2)$$

Es genügt jetzt also, den Integralwert $\int J \, dt$ zu kennen. Apparate, welche diesen Wert anzeigen, heißen Amperestundenzähler.

Bleibt hingegen die effektive Stromstärke und $\cos\varphi$ fortwährend konstant, so ist

$$A = J\cos\varphi\int E\,dt \quad . \quad . \quad . \quad . \quad . \quad (3)$$

Apparate, welche nach dieser Gleichung arbeiten, heißen Voltstundenzähler.

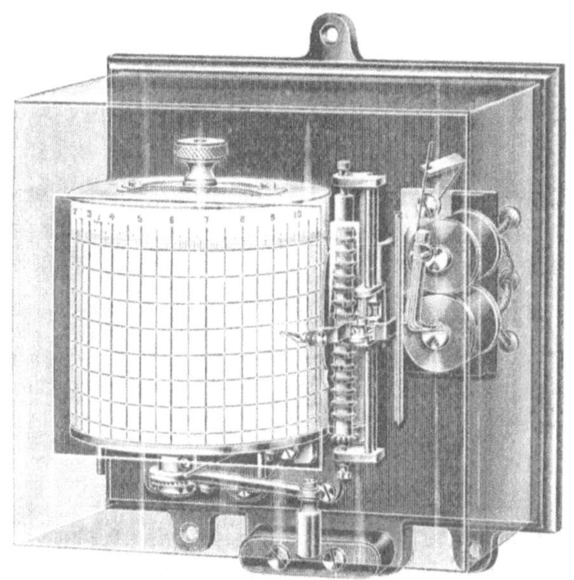

1:3

Fig. 229.

Kann man schließlich an einer Verbrauchsstelle stets denselben Effektverbrauch voraussetzen, so vereinfacht sich die Gleichung zu

$$A = E J\cos\varphi\int dt\,.$$

Es genügt nun, die Zeit zu kennen, während welcher dem Netze Energie entnommen wird, und wir brauchen nur eine Uhr, welche durch eine elastische Vorrichtung automatisch mit den Verbrauchsapparaten eingeschaltet wird. Diese Instrumente werden, als weniger wichtig, nicht weiter behandelt werden.

Um die Gleichungen 2 und 3 zu erhalten, haben wir konstante Phasenverschiebung vorausgesetzt. Trifft dies nicht zu, so würden die Gleichungen folgende Form annehmen:

$$A = E \int J \cos \varphi \, dt$$

und

$$A = J \int E \cos \varphi \, dt .$$

Weil es aber natürlich nicht möglich ist, ohne eine sogenannte Spannungs- bzw. Stromspule Apparate zu bauen, die bei phasenverschobenem Wechselstrome nur auf die Wattkomponente des Stromes bzw. der Spannung reagieren, so kommen die Ampere- bzw. Voltstundenzähler hauptsächlich nur für Gleichstrom in Betracht. Bisweilen werden sie jedoch auch da verwendet, wo es sich um eine reine Glühlampenbeleuchtung durch Wechselstrom handelt, weil auch in diesem Falle $\cos \varphi = 1$ ist.

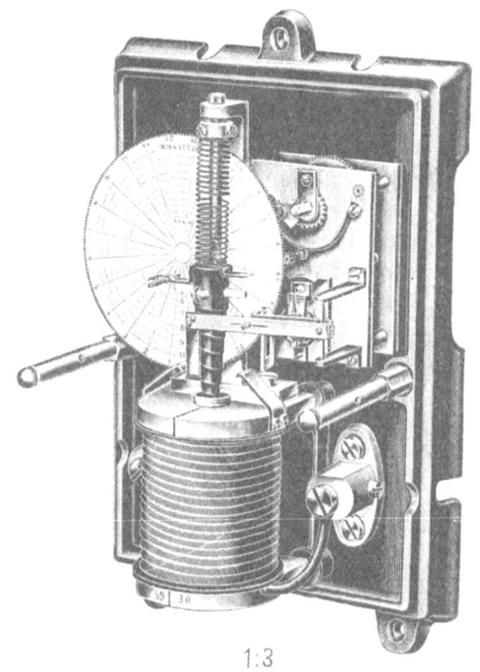

1:3

Fig. 230.

Die Elektrizitätszähler dienen hauptsächlich zwei Zwecken und können dementsprechend in zwei Klassen eingeteilt werden.

In die erste Klasse gehören die registrierenden Instrumente, welche den Verlauf des Effekt-, Strom- oder Spannungsverbrauches als Funktion der Zeit graphisch darstellen.

Dies kommt z. B. vor, wenn wir die jeweilige Belastung

einer Zentrale ermitteln wollen, oder auch bei elektrischen Bahnen zur Aufzeichnung der Stromverhältnisse während der Fahrt und besonders beim Anlassen.

Wir brauchen in dem Falle den Zeiger des Watt-, Ampere- oder Voltmeters nur mit einem Schreibstift zu versehen, welcher auf einem durch eine Uhr mit konstanter Geschwindigkeit fortbewegten Blatt Papier die gewünschte Kurve kontinuierlich oder punktweise aufzeichnet. Es kann berußtes Papier verwendet werden, so daß sich der Zeiger ohne wesentliche Reibung, welche die richtige Anzeigung des Instrumentes beeinträchtigen würde, einstellen kann, oder es können besondere Farbbänder angeordnet werden.

Fig. 229 und 230 geben uns innere Ansichten registrierender Instrumente von Hartmann & Braun. Es bewegt sich hier der Schreibstift geradlinig; die gewünschte Kurve wird bei dem Apparat der Fig. 229 in rechtwinkeligen und bei dem der Fig. 230 in Polarkoordinaten aufgezeichnet, indem bei ersterem die Trommel, bei letzterem die Scheibe mit konstanter Winkelgeschwindigkeit um ihre Achse durch eine Uhr fortbewegt wird.

Wir werden uns im vorliegenden Kapitel jedoch nur mit der zweiten Klasse der Elektrizitätszähler befassen, welche zur Verrechnung gewerbsmäßig abgegebener elektrischer Energie zwischen Produzent und Konsument dienen.

Obwohl eine sehr große Zahl solcher Elektrizitätszähler auf den Markt gebracht worden sind, so lassen sie sich doch prinzipiell in folgende fünf Gruppen einteilen:

1. Elektrochemische Zähler.
2. Pendelzähler.
3. Integrierende Zähler.
4. Motorzähler.
5. Oszillierende Zähler.

Die elektrochemischen Zähler, welche zu den ältesten Konstruktionen der Verbrauchsmesser gehören, sind selbstverständlich nur für Gleichstrom verwendbar. Sie sind Amperestundenzähler, weil die Menge des zersetzten Stoffes der Stromstärke und der Zeit proportional ist. Obwohl diese Zähler im Laufe der Zeit große Verbesserungen erfahren haben, genügen sie den praktischen Anforderungen nicht so gut als die mechanischen Zähler. Wir werden uns deshalb auf die Beschreibung dieser letzteren beschränken, von jedem dieser Typen ein oder mehrere Beispiele anführen und das Prinzip, worauf sie beruhen, erläutern.

A. Pendelzähler.

Zum richtigen Verständnis dieser von Dr. H. Aron angegebenen Zähler werden wir zunächst den älteren Typ (Fig. 231), der noch viel im Gebrauch ist, beschreiben.

Zwei gleiche durch Federn angetriebene Uhrwerke besitzen zwei Pendel von gleicher Schwingungsdauer; diese arbeiten beide auf einem Differentialzählwerk, das also nur die Gangdifferenz zwischen beiden anzeigt und demzufolge bei vollkommenem Synchronismus immer auf Null stehen bleibt. Das untere Ende eines dieser Pendel (in der Fig. 231 des rechten) ist mit einer Spule versehen, welche von einem der Spannung proportionalen Strom, dem sogenannten Spannungsstrom, durchflossen wird. Hängt das Pendel in seiner Gleichgewichtslage, so befindet sich die Spannungsspule genau oberhalb einer anderen, vom Hauptstrom durchflossenen Spule. Sobald durch beide Spulen Strom geht, wird sich die Schwingungsdauer ändern, indem das Pendel alsdann nicht mehr allein dem Einfluß der Schwere, sondern auch dem der gegenseitigen Anziehung bzw. Abstoßung der Spulen unterliegt.

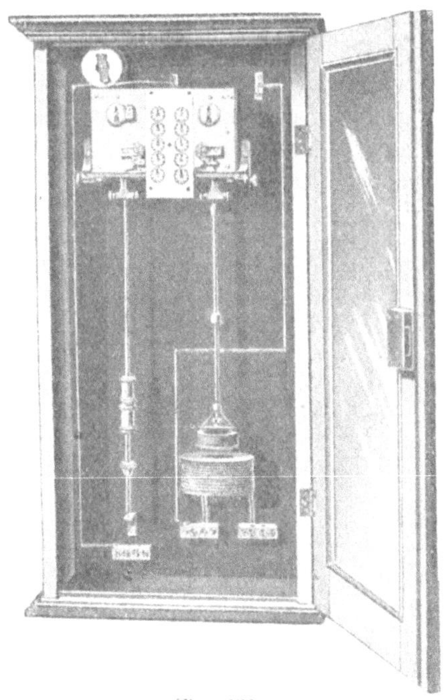

Fig. 231.

Ist die Schwingungsdauer des Pendels in unbelastetem Zustande

$$T = \pi \sqrt{\frac{l}{g}},$$

worin l die Pendellänge darstellt, so kann dieselbe in belastetem Zustande durch

$$t = \pi \sqrt{\frac{l}{g + g_1}}$$

dargestellt werden.

Wir werden uns vorläufig auf den Fall einer Gleichstrombelastung beschränken.

Weil nun die dynamische Wirkung zweier stromdurchflossenen Spulen dem Produkte der Ströme, und der Strom in der Spannungsspule der Spannung E proportional ist, so wird das g_1 dem Produkte von E und J, d. h. der Leistung W, proportional sein. Wir schreiben deshalb

$$g_1 = c\,W.$$

Es sei z die Anzahl Schwingungen pro Sekunde bei normalem Gange und z_1 diese Anzahl bei einer bestimmten Belastung des Zählers. Es ist dann

$$z = \frac{1}{\pi} \sqrt{\frac{g}{l}}$$

$$z_1 = \frac{1}{\pi} \sqrt{\frac{g + g_1}{l}} = \frac{1}{\pi} \sqrt{\frac{g}{l}} \left(1 + \frac{g_1}{g}\right)^{\frac{1}{2}}$$

$$= z \left(1 + \frac{g_1}{2g} - \frac{g_1^{\,2}}{8g^2} + \cdots\right).$$

Vernachlässigen wir jetzt die Glieder höherer Ordnung, was gestattet ist, sobald g_1 klein ist im Vergleich zu g, so erhalten wir

$$z_1 - z = z \frac{g_1}{2g} = \frac{z}{2g} c\,W$$

oder

$$W = C_0 (z_1 - z) \quad . \quad . \quad . \quad . \quad . \quad . \quad . \quad (1)$$

wenn wir die konstante Größe $\frac{2g}{zc}$ durch C_0 ersetzen.

Hieraus geht hervor, daß die Leistung proportional der Differenz der sekundlichen Schwingungszahlen ist; aber dann ist auch der Energieverbrauch in einer bestimmten Zeit proportional der während dieser Zeit entstandenen totalen Differenz in den Schwingungszahlen; diese Eigenschaft macht die Pendelzähler praktisch verwendbar.

Betrachten wir jetzt den Einfluß des Gliedes zweiter Ordnung $\frac{g_1^2}{8g^2}$ etwas näher.

Wir haben gefunden

$$z_1 = z\left(1 + \frac{g_1}{2g} - \frac{g_1^2}{8g^2}\right),$$

$$g_1 = cW$$

und

$$\frac{2g}{zc} = C_0 .$$

Setzen wir jetzt $W = C_1 (z_1 - z)$, so erhalten wir:

$$z_1 - z = z\frac{g_1}{2g}\left(1 - \frac{1}{4}\frac{g_1}{g}\right) = \frac{W}{C_0}\left(1 - \frac{1}{4}\frac{g_1}{g}\right),$$

also

$$C_1 = \frac{W}{z_1 - z} = \frac{C_0}{1 - \frac{1}{4}\frac{g_1}{g}} \cong C_0\left(1 + \frac{1}{4}\frac{g_1}{g}\right). \quad . \quad (2)$$

Weil nun die Vernachlässigung von $\frac{g_1^2}{8g^2}$ um so mehr gerechtfertigt ist, je kleiner die Belastung ist, so entspricht C_0 dem Wert der Konstante des Zählers für eine sehr kleine (eigentlich Null) Belastung. Deshalb können wir der Formel 2 entnehmen, daß die Konstante mit der Belastung etwas wächst.

Dr. H. Aron hat nun bei seinen neueren Instrumenten (Fig. 232) diese Änderung der Konstante dadurch beseitigt, daß er beide Pendel im entgegengesetzten Sinne beeinflußt. Es sind also zwei Strom- und zwei Spannungsspulen angeordnet. Das eine Pendel wird bei Belastung beschleunigt, das andere verzögert.

Sind t und t' die Schwingungsdauer, z_1 und z_1' die sekundlichen Schwingungszahlen der Pendel bei Belastung, so erhalten wir, analog der früheren Betrachtung

$$t = \pi \sqrt{\frac{l}{g + g_1}} \qquad t' = \pi \sqrt{\frac{l}{g - g_1}},$$

$$z_1 = z\left(1 + \frac{g_1}{2g} - \frac{g_1^2}{8g^2}\right) \quad \text{und} \quad z_1' = z\left(1 - \frac{g_1}{2g} - \frac{g_1^2}{8g^2}\right),$$

also

$$z_1 - z_1' = z\frac{g_1}{g} = CW.$$

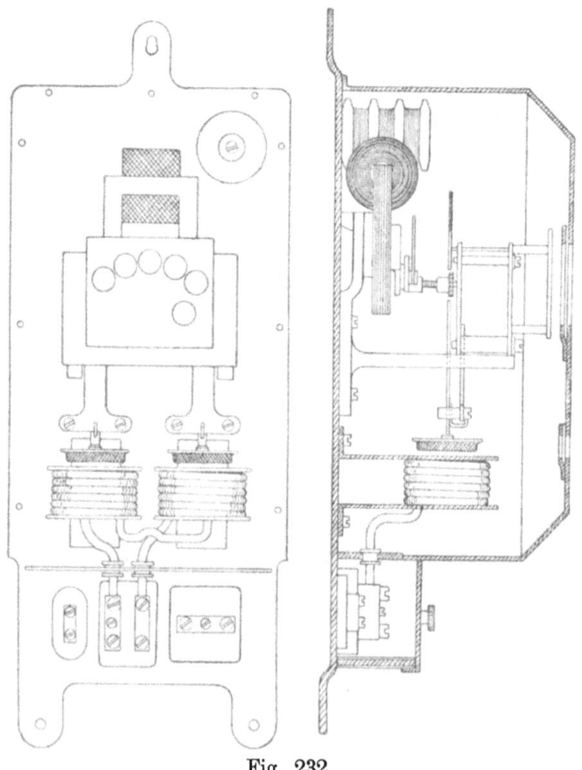

Fig. 232.

Die Eichung ergibt tatsächlich, daß bei dieser Konstruktion nur sehr geringfügige Änderungen der Konstante auftreten und daß diese nicht einmal ein bestimmtes Gesetz befolgen, so daß sie hauptsächlich mechanischen Fehlern, Reibung usw. zugeschrieben werden müssen.

Die ähnliche Konstruktion der beiden Pendel erleichtert auch die Einstellung des synchronen Ganges.

Bei diesen neueren Zählern ist aber eine vernünftige Vorrichtung angebracht, wodurch Fehler, welche daher rühren, daß die Pendel verreguliert sind, d. h. bei Leerlauf nicht synchron schwingen, vollständig aufgehoben werden.

Periodisch, ungefähr alle 20 Minuten, wird nämlich automatisch die Drehrichtung des Zählwerkes und die Stromrichtung in den Spannungsspulen umgekehrt. Das Pendel, das erst voreilte, eilt jetzt nach und umgekehrt; da aber das Zählwerk auch umgekehrt ist, zeigt der Zähler den Energieverbrauch in demselben Sinne an; es ist jedoch der Fehler im Gang eliminiert; man mißt, wenn die leerlaufenden Pendel nicht synchron schwingen, in der einen Periode zu viel, was man in der anderen zu wenig gemessen hat.

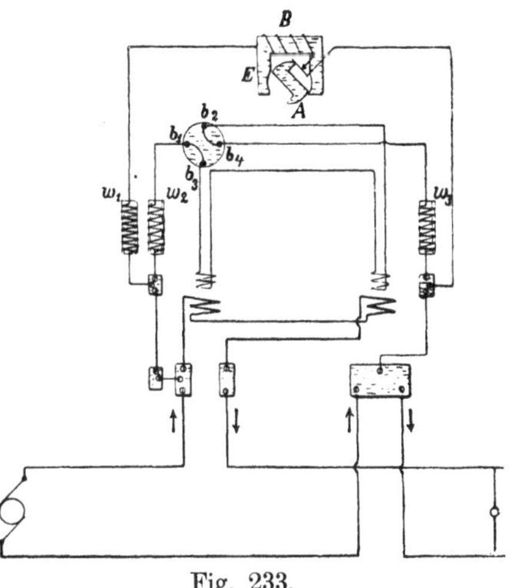

Fig. 233.

Schließlich haben diese Zähler noch eine selbsttätige Vorrichtung zum Aufziehen der Uhr.

Fig. 233 gibt das Schaltungsschema eines solchen Zählers. *B* stellt den Elektromagnet, welcher zum Aufziehen dient, mit dem Anker *A* dar; der Widerstand w_1 liegt vorgeschaltet.

w_2 und w_3 sind Vorschaltwiderstände für die Spannungsspulen; durch Änderung dieses Widerstandes kann der Konstante des Zählers ein bestimmter, runder Wert gegeben werden; jedenfalls wird dieser Widerstand so groß gewählt, daß der Effektverbrauch nur 1 bis 2 Watt beträgt.

Wir können diese Instrumente auch als Amperestundenzähler bauen, indem wir die Pendel statt mit Spannungsspulen mit permanenten Magneten versehen.

Wir haben bis jetzt nur die Verwendbarkeit der Zähler für

Gleichstrom nachgewiesen. Es leuchtet aber direkt ein, daß sie ohne weiteres auch für Wechselstrom richtig anzeigen, wenn wir bedenken, daß die ganze Rechnung auch für unendlich kleine Zeitabschnitte durchgeführt werden kann, während welcher die Momentanwerte von Strom und Spannung als konstant angesehen werden dürfen. Eine einfache Integration führt uns dann zum gewünschten Ergebnisse.

Daß auch bei phasenverschobenem Strom richtige Anzeigungen erfolgen, kann man der Tatsache entnehmen, daß die Kraftwirkung zwischen Strom und Spannungsspule nur von der Wattkomponente des Stromes abhängt.

Während das für Gleichstromzweileitersysteme angegebene Schaltungsschema (Fig. 233) ohne weiteres für einphasigen Wechselstrom zu verwenden ist, müssen wir für Gleichstrommehrleitersysteme und für mehrphasigen Wechselstrom die Schaltung entsprechend ändern.

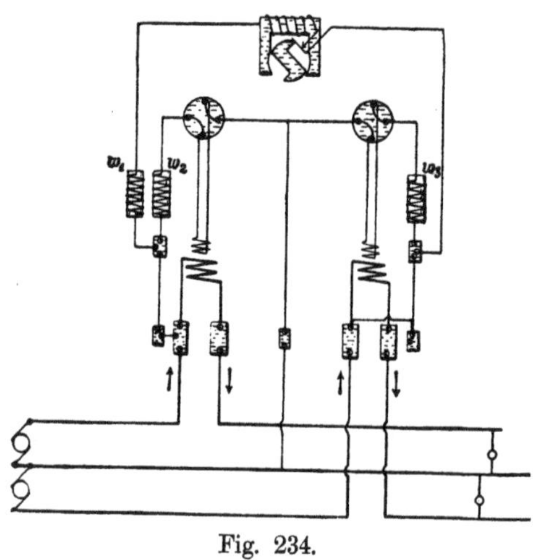

Fig. 234.

Es leuchtet direkt ein, daß bei Gleichstrommehrleiteranlagen, die sich prinzipiell in eine Anzahl Zweileitersysteme zerlegen lassen, durch Verwendung mehrerer Spulen sich eine additive Wirkung leicht erreichen läßt. Bei Dreileitersystemen wird je eine Stromspule vom Strom im Außenleiter durchflossen, während die Spannungsspulen in der Regel zwischen die betreffenden Leitungen und den Nulleiter geschaltet werden (Fig. 234). Bei Fünfleitersystemen würden unter jedem Pendel zwei Stromspulen anzubringen sein, welche von den Strömen der vier Außenleiter durchflossen werden usw.

Bei symmetrischen und symmetrisch belasteten n-Phasensystemen kommt man mit einem gewöhnlichen Zähler aus, der den Energieverbrauch einer Phase mißt. Die Konstante muß dann einfach mit n multipliziert werden.

Die große Anzahl Schaltungen, die zur Leistungsmessung unsymmetrischer oder unsymmetrisch belasteter n-Phasensysteme angegeben worden sind, sind natürlich ohne weiteres auf Zähler übertragbar. Aron verwendet bei seinen Zählern für Dreiphasenstrom ohne Nulleiter (Fig. 235) die „Zweiwattmeterschaltung", welche in Kapitel V ausführlich behandelt worden ist.

Fig. 235.

Es wurde damals die Richtigkeit der Leistungsmessung mittels dieser Schaltung nachgewiesen, sowohl für Stern- als für Dreieckschaltung der Belastung, aber unter der Voraussetzung, daß

$$i_1 + i_2 + i_3 = 0 .$$

Sie gilt also nicht mehr für Dreiphasensysteme mit Nulleiter.

Es läßt sich aber leicht nachweisen, daß dann die Formel

$$W = (i_1 - i_3)\, e_1 + (i_2 - i_3)\, e_2$$

Gültigkeit hat. Dementsprechend kann die in Fig. 236 angegebene Schaltung verwendet werden. In Fig. 237 ist ein solcher Zähler bildlich dargestellt.

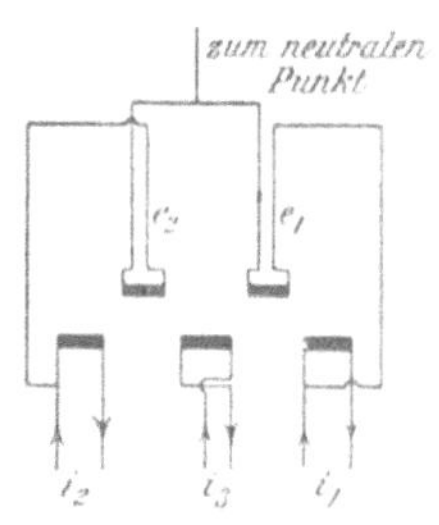

Fig. 236.

Fig. 237.

Obwohl den Aron-Zählern der Nachteil vieler beweglichen Teile anhaftet, ein Einwand, der gegen die später zu beschreibenden Motorzähler nicht erhoben werden kann, so haben sie zweifellos große Vorzüge. Sie sind für Gleich- und Wechselstrom verwendbar und unabhängig von Frequenz und Kurvenform des Wechselstromes, während auch bei großen Phasenverschiebungen richtige Anzeigungen erfolgen; sie sind sehr empfindlich, so daß auch kleine Energiemengen genau gemessen werden; sie enthalten keine permanenten Magnete, deren Magnetismus sich auf die Dauer ändern kann; schließlich sind sie unabhängig von der Reibung und auch fast von der Temperatur.

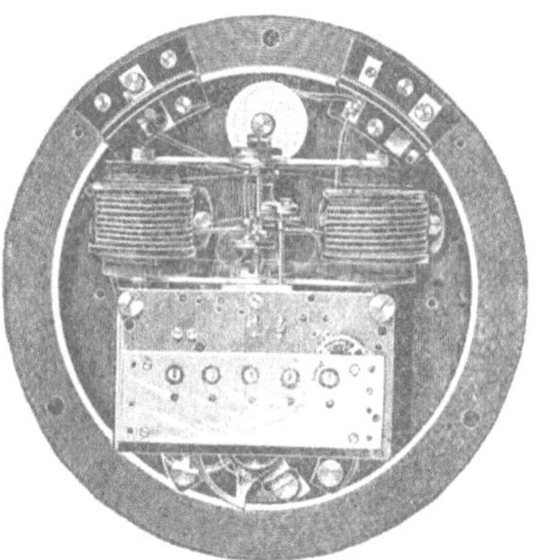

Fig. 238.

Die Aronschen Umschaltzähler, sowohl für Gleichstrom als für ein- und mehrphasigen Wechselstrom, sind durch die elektrischen Prüfämter im Deutschen Reiche zur Beglaubigung zugelassen. Für Eichungen durch Vergleich sind sie also besonders geeignet.

Statt der vertikalen, dem Einfluß der Schwere unterliegenden Pendel der Aron-Zähler können auch völlig ausbalancierte Horizontalpendel verwendet werden; Spiralfedern oder permanente Magnete ersetzen dann die Wirkung der Schwere. Fig. 238 zeigt das Innere eines solchen Zählers mit Horizontal-Balancier-System der Deutsch-Russischen Elektrizitätszähler-Gesellschaft.

B. Integrierende Zähler.

Der bekannteste Zähler dieser Gruppe ist der Präzisionselektrizitätszähler von Dr. Raps, welcher von der Firma Siemens & Halske auf den Markt gebracht wird und auf folgendem Prinzip beruht.

Der durch einen Stromkreis fließende Strom kann als Funktion der Zeit durch eine Kurve (Fig. 239) dargestellt werden. Die Elektrizitätsmenge, die während der Zeit $t_2 - t_1$ durch einen Querschnitt strömt, wird dargestellt durch

$$Q = \int_{t_1}^{t_2} i\,dt$$

und deshalb gemessen durch den schraffierten Teil der Fig. 239.

Für die Bestimmung von Q müßte also die Kurve bekannt sein; ist das nicht der Fall, so kann man annähernd diese Elektrizitätsmenge finden, indem man periodisch die Stromstärke mißt, die beobachteten Werte der Stromstärke mit der Zeit, welche zwischen zwei aufeinanderfolgenden Beobachtungen verläuft, multipliziert und diese Produkte addiert; man erhält alsdann die Summe der in der Figur angegebenen Rechtecke statt des Inhaltes des ganzen schraffierten Teiles; die Messung wird um so genauer, je kleiner die Zeitabschnitte gewählt werden.

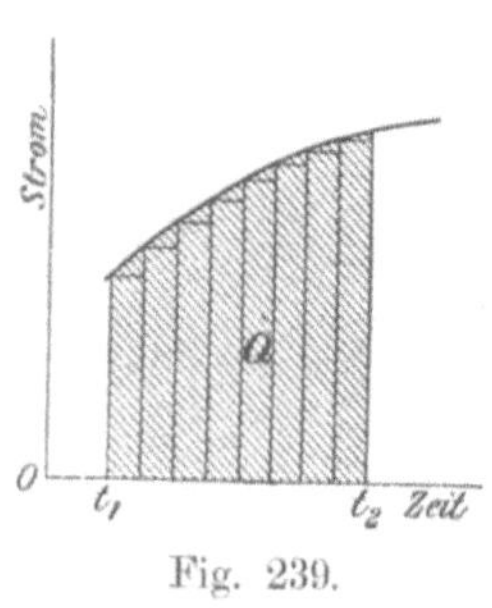

Fig. 239.

Ist nun das Amperemeter derart eingerichtet, daß der Zeiger nach jedem Ausschlag beim Rückgang in die Nullage ein Zahnrad mitnimmt, das sich mit dem Zeiger um dieselbe Achse dreht, so wird der Drehungswinkel dieses Zahnrades dem Ausschlage des Instrumentes entsprechen, also bei gleichmäßiger Skalenteilung des Amperemeters proportional der Stromstärke sein; nach einer gewissen Zeit ist also das Zahnrad gedreht um einen Winkel

$$\alpha = C i_1 + C i_2 + C i_3 + \cdots\cdots + C i_n ;$$

bezeichnen wir die Anzahl Umdrehungen des Rades mit N, so ist auch

$$\alpha = 2\pi N ,$$

also

$$C i_1 + C i_2 + C i_3 + \cdots\cdot + C i_n = 2\pi N .$$

Multipliziert man beide Glieder dieser Gleichung mit der Zeit t, welche zwischen zwei aufeinanderfolgenden Beobachtungen verläuft, und dividiert man durch C, so erhält man

$$i_1 t + i_2 t + i_3 t + \cdots\cdots i_n t = \frac{2\pi t}{C} N .$$

Das erste Glied ist sehr annähernd gleich dem Integralwerte $\int_{t_1}^{t_2} i\,dt$; die Anzahl Umdrehungen N des Zahnrades und die Elektrizitätsmenge Q sind also sehr annähernd einander proportional, und zwar um so genauer, je kleiner t ist.

In diesem Falle, wo als Meßinstrument ein Amperemeter verwendet wird, mißt man also die Anzahl Amperestunden und das Instrument ist ein Coulombmesser; bei Verwendung eines Voltmeters als Meßinstrument erhält man ebenso einen Voltstundenzähler und bei Verwendung eines Wattmeters einen Wattstundenzähler.

Dieses Prinzip ist nun auf den Elektrizitätszähler von Dr. Raps angewandt; das eigentliche Meßinstrument, das, wie oben bemerkt, eine gleichmäßige Skalenteilung haben muß, und das am besten stark gedämpft sei, ist von derselben Konstruktion wie die früher beschriebenen Präzisionsinstrumente für Gleichstrom; es braucht also nur noch die Weise, wie die Ausschläge registriert werden, etwas näher erläutert zu werden.

Fig. 240 stellt das Instrument von vorne gesehen dar; das Zählwerk ist teilweise weggenommen, während vom Meßinstrument nur Zeiger und Skala zu erkennen sind. Das ziemlich schwere Rad R mit der Spiralfeder O kann mit der Unruhe einer Uhr verglichen werden; es schwingt hin und her, und sobald die Amplitude zu klein wird, wird ein Kontakt unterbrochen, wodurch ein Elektromagnet erregt wird, der die Unruhe in dem Augenblicke, in welchem sie ihre Gleichgewichtslage passiert, antreibt; die Amplitude stellt sich also selbsttätig ein. Demzufolge schwingt die Unruhe gleichmäßig um ihre Achse hin und her.

Lose auf derselben Achse ist der Mitnehmer AB montiert, der durch die Spiralfeder F gegen den Vorsprung V gedrückt wird; dieser schwingt also zugleich mit der Unruhe. An diesem Mitnehmer befindet sich eine dünne Blattfeder f, welche im allgemeinen etwas von dem fein gerauhten Zählrade Z absteht. Da die Feder ziemlich breit ist, stößt sie bei der Bewegung nach links gegen den Zeiger des Instrumentes, und da der Zeiger ein ziemlich großes Trägheitsmoment besitzt, wird die sehr dünne Feder direkt etwas umgebogen, so daß sie das fein gerauhte Zählrad Z mitnimmt, bis der Zeiger auf Null zurückgeführt ist; in diesem Augenbliche stößt nämlich der Mitnehmer gegen die Schraube S und hört also die Bewegung von Zeiger, Mitnehmer und Zahnrad auf; indem sich die Spiralfeder F ausdehnt, kann das Rad R weiter schwingen.

Das Zahnrad ist also um einen Winkel gedreht, welcher genau dem Ausschlage des Meßinstrumentes entspricht; beim Rückgang der Unruhe stellt der Zeiger sich wieder vollständig frei

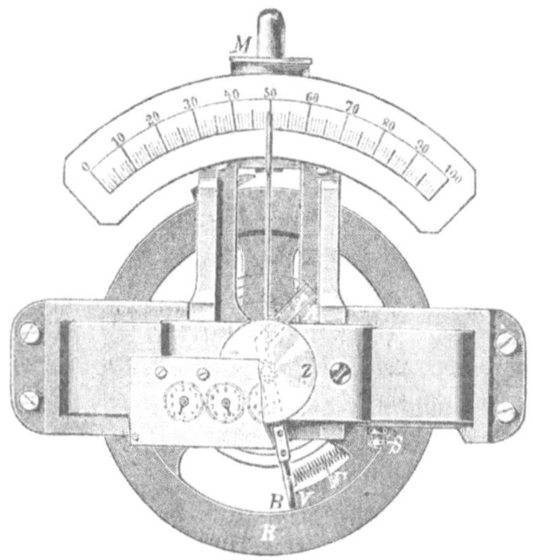

Fig. 240.

ein, und bei der folgenden Schwingung wird die Einstellung wieder registriert. Dieses Spiel wiederholt sich ungefähr alle drei Sekunden in derselben Weise.

Es soll jetzt die selbsttätige Regulierung der Amplitude an Hand der Fig. 241 noch etwas näher erläutert werden.

M ist der Elektromagnet, der durch den Spannungsstrom erregt wird, W der Vorschaltwiderstand. Liegt die Feder f auf dem Kontakt c auf, so ist der Elektromagnet kurzgeschlossen; kommt bei einer Schwingung der Mitnehmer m mit der Feder k gegen f', so wird der Kontakt momentan abgehoben, der Elektromagnet erregt und die Unruhe angetrieben. Beim Rückgange schlägt der obere Teil von m gegen einen Stift i; dadurch wird der Mitnehmer ein wenig gedreht, so daß er beim nächsten Durchgang unter der Feder f' hindurchgeht; unmittelbar darauf kommt aber der umgebogene Teil, welcher an dem hinteren Teil von m sitzt, mit i in Berührung, wodurch der Mitnehmer wieder in seinen vorigen Stand zurückgeführt wird. So lange nun die Amplitude so groß bleibt, daß der obere Teil von m gegen i stößt, wieder-

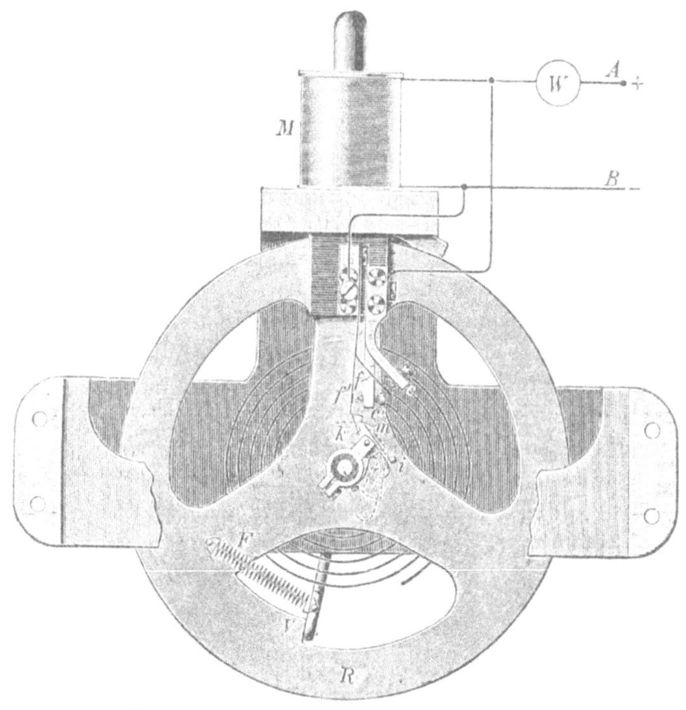

Fig. 241.

holt sich dieses Spiel, d. h. wird f nicht von c abgehoben und erhält die Unruhe keinen neuen Impuls. Ist aber die Amplitude derart verringert, daß m nicht mehr mit i in Berührung kommt, so bleibt m in seinem normalen Stand, unterbricht also bei seiner Bewegung nach links den Kontakt, und die Unruhe erhält wieder einen Impuls.

Wie aus der Figur ersichtlich, ist der Kontakt, der den Kurzschlußstromkreis zum Elektromagneten schließen soll, zu einer besonderen Form von Doppelkontakten ausgebildet. Dies ist aus folgenden Gründen geschehen. Die Spannung der Feder f' ist stärker als die von f, so daß letztere sich bei jeder Bewegung durchdrückt und sich daher auf ihrer Auflage, Kontakt c, reibt. Wir haben also eine automatische Reinigung der Kontakte bei jeder Auflage. Außerdem ist ein Kontrollkontakt c' angebracht, so daß, wenn der wirkliche Arbeitskontakt versagen sollte, der zweite immer noch vorhanden ist. Funken kommen bei dieser Vorrichtung überhaupt nicht vor. Erstens verläuft der Extrastrom durch den Kurzschluß und zweitens ist der Strom, der die Unruhe betätigt, sehr klein. Bei einem Zähler für 100 Volt Spannung ist der Wattverbrauch für diesen Antrieb nur etwa 1 Watt.

Dies ist deshalb ein so wichtiges Detail des Instrumentes, weil bei variabler Belastung, d. h. bei variablen Ausschlägen, die Arbeit, welche die Unruhe zu leisten hat, auch variiert; durch diese Vorrichtung ist aber erreicht, daß der Unruhe mehr Arbeit zugeführt wird, wenn sie mehr zu leisten hat. In unbelastetem Zustande ist der Kontakt bei f' unterbrochen, so daß die Unruhe, sobald die Leitung unter Spannung gesetzt ist, in Bewegung gebracht wird. Die übrigen konstruktiven Details können wegen des beschränkten Raumes nicht näher erörtert werden.

Diese Elektrizitätszähler sind sehr empfindlich und sprechen schon bei $\pm\ ^1/_3\,^0/_0$ der Normallast an. Da der Elektromagnet durch den Spannungsstrom gespeist wird, sind die Impulse von der Spannung abhängig. Eine Spannungsänderung von $15\,^0/_0$ hat jedoch noch keinen wesentlichen Einfluß auf die Angaben.

C. Motorzähler.

Die Motorzähler können in zwei Klassen eingeteilt werden, nämlich:

I. Motorzähler mit Stromzuführung zu den beweglichen Teilen,
II. Motorzähler ohne Stromzuführung zu den beweglichen Teilen, oder Induktionszähler.

Während im allgemeinen die Motorzähler, welche nur wenig bewegte Teile haben, sich als sehr betriebssicher kennzeichnen, gewährleistet die zweite Klasse, die der Induktionszähler, bei denen alle beweglichen Stromzuführungen und Schleifkontakte wegfallen, eine noch größere Sicherheit ihres Wirkens. Die letzteren sind aber, ihrem Prinzip nach, nur für Wechselstrom verwendbar.

I. Motorzähler mit Stromzuführung zu den beweglichen Teilen.

Man kann die kleinen Motoren dieser Zählertypen entweder leer laufen oder Arbeit leisten lassen; diese wird dann in sogenannten Bremsscheiben verzehrt. Die meisten Zähler sind mit einer solchen Bremsscheibe versehen; nur der O'Keenan-Zähler der Danubia-Aktien-Gesellschaft, der unter dem Namen O'K. Zähler in den Handel gebracht wird, enthält einen leerlaufenden Motor.

1. O'K.-Zähler.

Bezeichnen wir die in dem Anker eines magnet-elektrischen Motors induzierte EMK. mit E_a, und die an seinen Bürsten herrschende eingeführte EMK. mit E, so ist der Ankerstrom i

$$i = \frac{E - E_a}{r},$$

wo r den totalen Anker- und Bürstenwiderstand bedeutet. Der Ankerstrom wird somit 0 für $E_a = E$.

Dieser ideale Fall des Leerlaufens ohne Verluste, wobei die Geschwindigkeit des Ankers so lange wachsen würde, bis $E_a = E$, ist natürlich niemals zu erreichen. Es ist jedoch durch geeignete Konstruktion gelungen, die Leerlaufsverluste so stark herunterzudrücken, daß mit hinreichender Genauigkeit $E_a = E$ gesetzt werden kann.

Da das Feld einer magnet-elektrischen Maschine konstant ist, ist die induzierte Spannung, und hier also auch sehr annähernd die aufgedrückte Spannung, proportional der Tourenzahl.

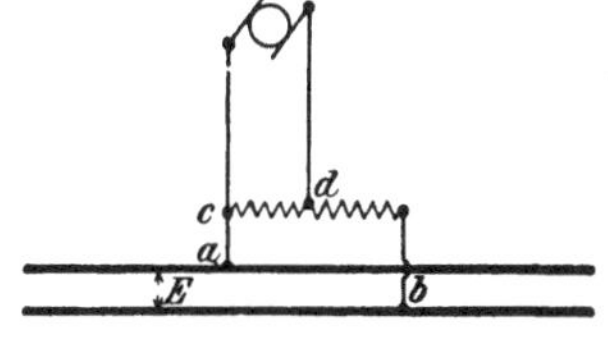

Fig. 242.

Schließt man nun die Bürsten eines solchen kleinen Motors an zwei Punkte c und d (Fig. 242) eines großen Widerstandes w, der zwischen die beiden Netzleitungen geschaltet ist, an, so wird die Tourenzahl des Motors proportional der Netzspannung sein, weil auch die Spannungsdifferenz zwischen *c* und *d* sehr annähernd dieser Netzspannung proportional ist. Die Anzahl Umdrehungen des Motors gibt uns also, multipliziert mit einer Konstante, die Anzahl Voltstunden an; der Apparat ist ein Voltstundenzähler.

Dagegen erhalten wir einen Amperestundenzähler, wenn wir die Bürsten mit den Enden eines in dem Hauptstromkreise eingeschalteten konstanten Widerstandes verbinden. Dazu wird meistens ein Neusilberdraht verwendet. Diese Schaltung ist in Fig. 243 dargestellt.

Nach diesem Prinzip sind die O'K.-Zähler gebaut. Ihre Konstruktion ist aus den Fig. 244a—d, die einen Voltstundenzähler darstellen, zu erkennen; zwischen den Polen eines stählernen Hufmagnets *E* kann sich der glockenförmige Anker drehen; dieser besteht nur aus Drahtwindungen, welche nach der in Fig. 244d angegebenen Weise gewickelt sind. Diese Spulen, welche einander überlappen und mit Gummilack zusammengeklebt sind, bilden einen wenig Raum einnehmenden Anker, welcher trotzdem leicht und widerstandsfähig ist. Die Drahtenden sind in derselben Weise mit den Lamellen eines kleinen Kollektors verbunden, wie bei den Ankern einer gewöhnlichen Gleichstrommaschine. Im Innern des Ankers befindet sich ein Kern *G* aus weichem Eisen, der dazu dient, den Widerstand des magnetischen Stromkreises zu verringern und eine größtmögliche Konzentrierung der Kraftlinien herbeizuführen; da er aber stillsteht, treten keine Hysteresisverluste auf. Um die Bürstenreibung auf das geringste Maß zurückzuführen, ist der Kollektor auf das Mindestmaß beschränkt worden; die Bürsten bestehen aus hochkantig aufliegenden schmalen Silberblechen.

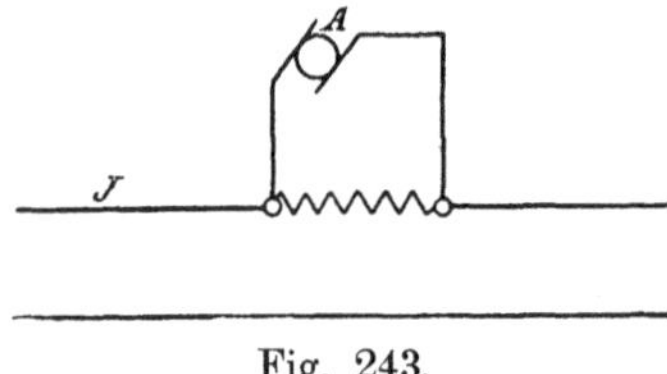

Fig. 243.

Die Erwärmung des Ankers ist sehr geringfügig, weil der Strom ein Minimum ist. Auch ist dieser Zähler ziemlich unabhängig von der Temperatur, da die induzierte EMK. nicht vom Widerstand abhängt. Damit der Motor schnell anläuft, ist ein

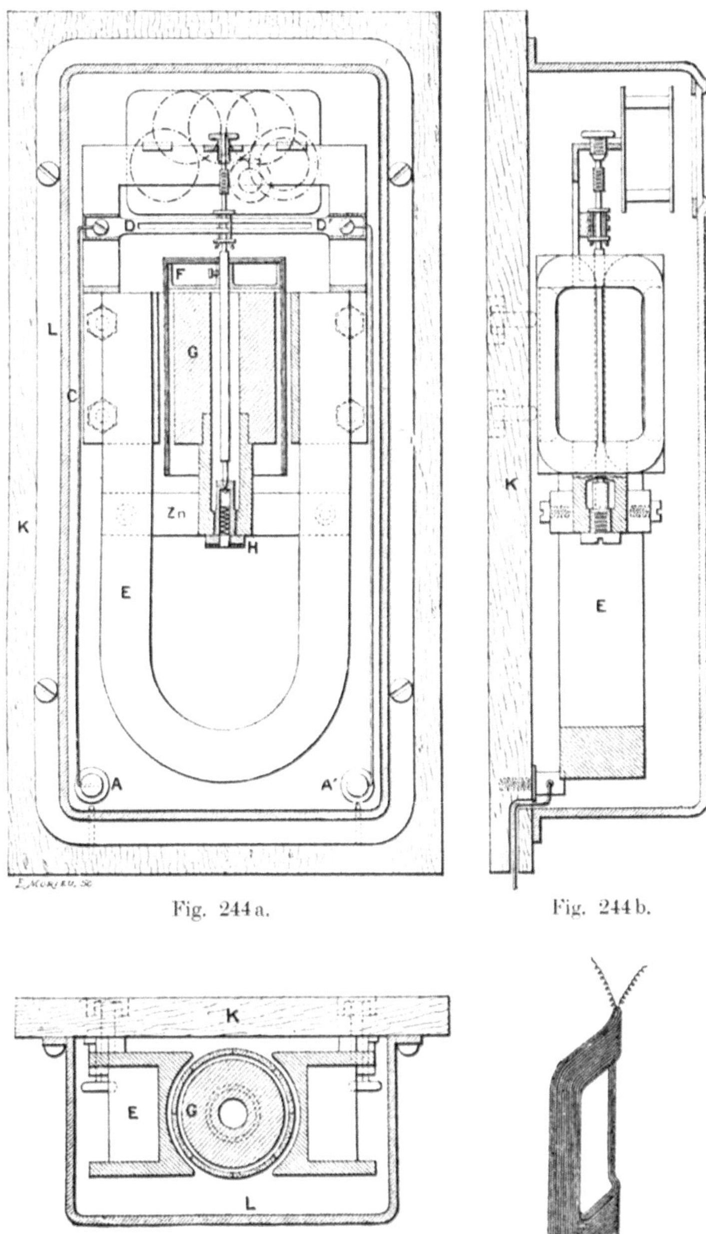

Fig. 244 a.

Fig. 244 b.

Fig. 244 c.

Fig. 244 d.

starkes magnetisches Feld erwünscht; dadurch werden außerdem äußere magnetische Einflüsse sehr gering. Fig. 245 gibt eine bildliche Darstellung eines von der Danubia-Aktien-Gesellschaft gebauten Amperestundenzählers, der von der Eichungskommission in Wien als eichfähig erklärt und zur Eichung und Stempelung zugelassen worden ist.

Indem man ein größeres oder kleineres Stück des auf der rechten Seite gelegenen Neusilberdrahtes in den Hauptstromkreis einschaltet, kann man die Konstante leicht wieder auf den richtigen Betrag einstellen, wenn sich der Magnetismus auf die Dauer geändert hat.

Um eine möglichst große Empfindlichkeit bei kleinen Belastungen zu erreichen, werden auf Wunsch die O'K.-Zähler von 20 Ampere aufwärts mit einer Kompensierung versehen. Für die Wirkungsweise einer solchen Kompensierung sei auf den Thomson-Zähler verwiesen, bei dessen Beschreibung diese ausführlich behandelt ist.

Da wir bei schwankender Spannung aus der Ablesung eines Amperestundenzählers nicht mehr auf den Wattverbrauch schließen können, wird in dem Falle außer dem permanenten Magnet noch ein Elektromagnet, vom Spannungsstrome erregt, angebracht. Das von letzterem erzeugte Feld ist dem konstanten Fluß des Stahlmagnets entgegen gerichtet. Der resultierende Fluß kann deshalb durch folgende Formel dargestellt werden:

$$\Phi_r = \Phi - cE\,,$$

worin E die Netzspannung und c eine Konstante ist, da keine Sättigung im Eisen auftritt.

Da nun die im Anker induzierte EMK. E_a einerseits proportional dem Hauptstrome J und andrerseits proportional $\Phi_r n$ ist, so erhalten wir

$$J = c_1 \Phi_r n\,.$$

Soll die Tourenzahl proportional der Leistung EJ sein, so muß also Φ_r umgekehrt proportional der Spannung E sein, d. h.

$$E\,(\Phi - cE) = \text{Konstante.}$$

Dieser Gleichung kann kein Genüge geleistet werden; sorgt man aber dafür, daß dieser Ausdruck bei normaler Betriebsspannung ein Maximum wird, so wird bei Änderung von E die Abweichung von der genannten Bedingung ein Minimum sein.

Der Ausdruck $E(\Phi - cE)$ wird ein Maximum für

$$\Phi - 2cE = 0$$

$$cE = \frac{1}{2}\Phi.$$

Bei normaler Spannung soll also der vom Elektromagnet herrührende Kraftfluß die Hälfte desjenigen des Stahlmagnets sein.

Schwankt beispielsweise eine normale Betriebsspannung von 100 Volt um 10% (also zwischen 90 und 110 Volt), so beträgt die Abweichung nur 1%; variiert sie nur um 5% (also zwischen 95 und 105 Volt), so ist die größte Abweichung nur $\frac{1}{4}\%$.

Diese Anordnung, die den Apparat erheblich verteuert, wird wenig verwendet; man verliert auch den Vorteil des kleinen Wattverbrauches, der eben die Verwendung von Amperestundenzählern rechtfertigt.

Die O'K.-Zähler sind natürlich nur für Gleichstrom verwendbar.

2. Elektrizitätszähler nach Hummel und Elihu Thomson.

Bei dem in Fig. 246 schematisch dargestellten Zähler werden die beiden Spulen S vom Hauptstrom J durchflossen. In dem von diesen Windungen erzeugten Felde bewegt sich der Anker M, der keinen Eisenkern enthält, und dem mittels eines Kollektors C und der darauf schleifenden Bürsten Strom zugeführt wird. Dieser Strom ist der sogenannte Spannungsstrom, welcher durch einen großen Vorschaltwiderstand W auf einen kleinen Betrag gebracht ist.

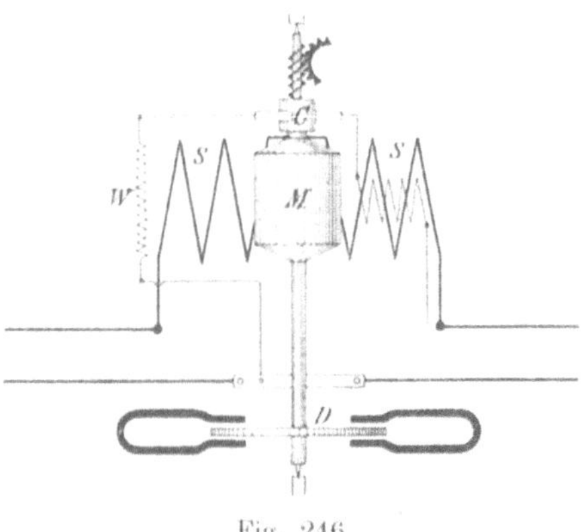

Fig. 246.

Die vom Motor ausgeübte Anzugskraft Z ist bekanntlich proportional dem Produkte aus Ankerstrom J_a und Kraftfluß Φ.

Dieser ist, weil kein Eisen vorhanden ist, proportional dem Erregerstrom, also hier proportional dem Verbrauchsstrom J.

Also

$$Z = c_1 J_a \Phi = c J_a J \, .$$

Der vom Motor geleistete Effekt W ist

$$W = \text{Zugkraft} \times \text{Drehgeschwindigkeit}$$

oder

$$W = Z \times \omega = c J_a J \omega \, .$$

Nun ist

$$J_a = \frac{E - E_a}{R} \, ,$$

worin

E = eingeführte EMK.

E_a = Elektromotorische Gegenkraft.

R = Widerstand von Anker und Bürsten, und Vorschaltwiderstand.

Der größte Teil der eingeführten Spannung wird im Vorschaltwiderstand verzehrt.

Die Folge ist, daß auf den Anker eine sehr kleine Spannung wirkt, also auch die EMGK. sehr klein gegen E sein wird und daher vernachlässigt werden kann, also

$$J_a = \frac{E}{R}$$

und damit

$$W = c' E J \omega \, .$$

Die vom Motor geleistete mechanische Arbeit wird nun in elektrische umgesetzt, indem eine auf der Welle des Motors sitzende Kupferscheibe sich in einem konstanten magnetischen Felde bewegt.

Die in dieser Bremsscheibe induzierten EMKe. und daher auch die induzierten Ströme sind der Winkelgeschwindigkeit proportional.

Der in der Bremsscheibe vernichtete Effekt ist also proportional dem Quadrate der Winkelgeschwindigkeit; er muß aber gleich dem vom Motor geleisteten Effekt W sein, also

$$c' E J \omega = c'' \omega^2 \, ,$$

also

$$E J = c \omega$$

oder

$$EJt = Cn.$$

Die Anzahl Umdrehungen während einer gewissen Zeit sind also der geleisteten Arbeit proportional.

Nun erleidet dieses Resultat aber eine Einschränkung infolge des Reibungsverlustes des Motors. Die bei dieser Konstruktion verwendete Bremsscheibe bedingt ein größeres Gewicht des beweglichen Teiles und demzufolge eine größere Reibung im Spurlager, als bei den O'Keenan-Zählern auftritt. Ausserdem ist eine öfter vorkommende Funkenbildung am Kollektor, wodurch dieser eine rauhe Oberfläche erhält, ein die Reibung erhöhender Faktor. Es ist deshalb bei diesen Zählern unbedingt eine Vorrichtung nötig, die die Reibung kompensiert. Dazu ist in Reihe mit dem Anker eine Hilfswicklung auf den Feldspulen angebracht, welche dauernd vom Ankerstrom durchflossen wird. Diese Kompensationswicklung muß so abgeglichen werden, daß ihr Einfluß auf die Drehbewegung den Reibungswiderständen das Gleichgewicht hält. Es hat sich nun in der Praxis ergeben, daß diese Reibungswiderstände sich mit der Zeit durch Einlaufen vermindern, und somit die Anlaufspule zu kräftig wirkt. Zur Beseitigung dieses, besonders in den Augen der Konsumenten sehr großen Übels hat man die verschiedensten Wege eingeschlagen. Es würde zu weit führen, diese Vorrichtungen eingehend zu behandeln, nur seien kurz einige Methoden erwähnt.

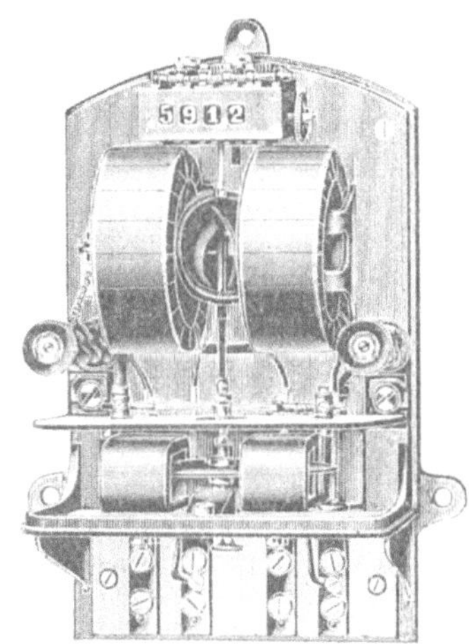

Fig. 247.

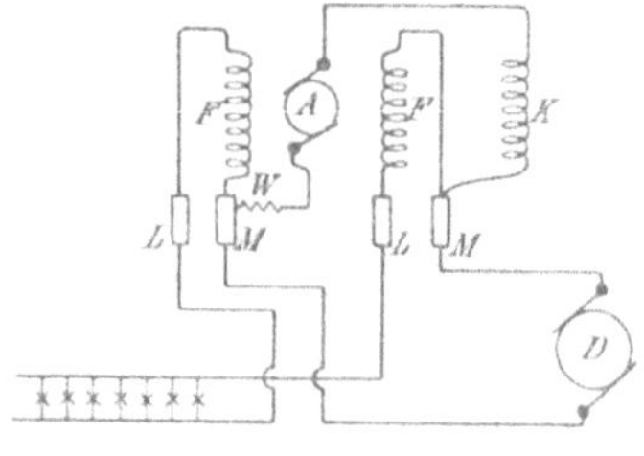

Fig. 248 a.

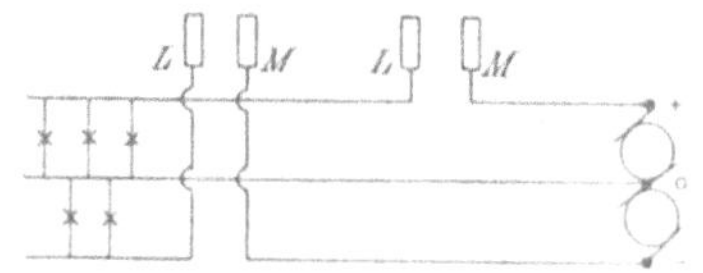

Fig. 248 b.

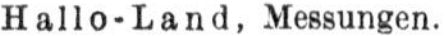

Man kann z. B. dem Instrument besondere Reibungswiderstände, welche sich in der Größe gleichbleiben und, verglichen mit den an und für sich auftretenden Zapfenreibungen, beträchtlich sind, hinzufügen oder auch einen Elektromagnet anbringen, der unter dem Einfluß des Verbrauchsstroms steht, und der bei

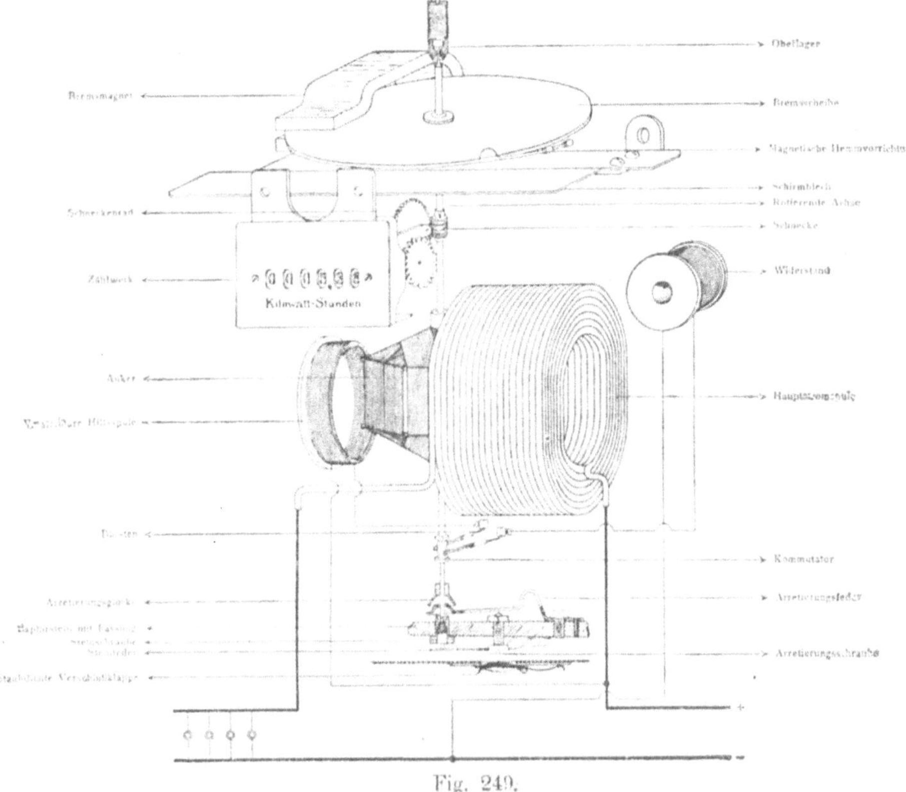

Fig. 249.

offenem Hauptstrom den Anker festhält, ihn aber freigibt, sobald in der Verbrauchsstelle der Strom geschlossen wird.

Die Justierung dieser Apparate erfolgt durch Änderung des Vorschaltwiderstandes oder durch Verschiebung der permanenten Magnete.

Wenn der messende Teil des Zählers absolut eisenfrei und die Selbstinduktion des Ankers verschwindend klein gegen seinen

Widerstand ist, stellt der Zähler ein absolutes Wattmeter dar, welches auch bei Wechselstrom beliebiger Periodenzahl, sowie bei den größten Phasenverschiebungen genaue Angaben macht.

Apparate dieser Art wurden von Elihu Thomson und Hummel angegeben und werden von mehreren Firmen gebaut.

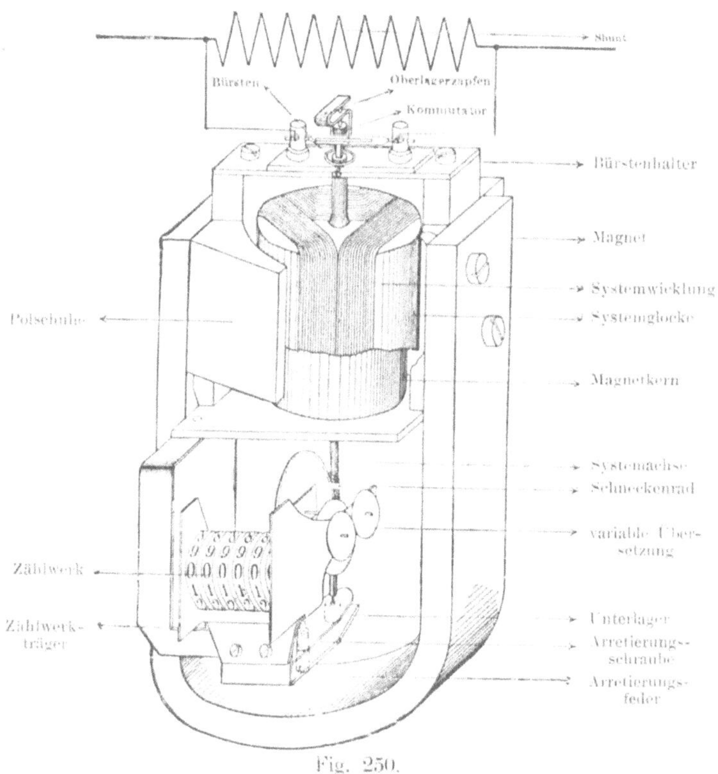

Fig. 250.

Fig. 247 zeigt das Bild eines solchen Zählers, welche unter dem Namen „Isaria-Zähler“ von den Luxschen Industriewerken gebaut werden. Die Anordnung der Spulen, des Vorschaltwiderstandes und der Bremsscheibe ist daraus deutlich zu erkennen.

Die Verbindungen mit den vier Anschlußklemmen, welche mit den Buchstaben M (Maschine) und L (Leitung) versehen sind,

sind für Zweileiteranlagen, entsprechend Schema Fig. 248a, und für Dreileiteranlagen, entsprechend Fig. 248b, auszuführen.

Um Raum zu gewinnen, wird dieser Zähler öfters statt mit zwei mit nur einer Hauptstromspule versehen.

Auch der in Fig. 249 schematisch dargestellte Zähler der A. E.-G. und Union-E.-G. hat nur eine Hauptstromspule; die Schaltung und besonders die Lage der Hilfsspule ist aus der

Fig. 251.

Figur deutlich zu erkennen. Die übersichtlich beigeschriebene Erklärung der Einzelteile dürfte eine weitere Beschreibung überflüssig machen.

Dasselbe Prinzip ist natürlich auch auf Amperestundenzähler anzuwenden. Aus der Fig. 250, die einen solchen Zähler der A. E.-G. schematisch darstellt, ist die Schaltung zu entnehmen. Durch die Einwirkung des permanenten Magnets auf den Anker wird dieser in eine der jeweiligen Intensität des verbrauchten Stromes proportionale Umdrehungsgeschwindigkeit versetzt. Hierbei wird, da die Ankerglocke aus leitendem Material besteht, in

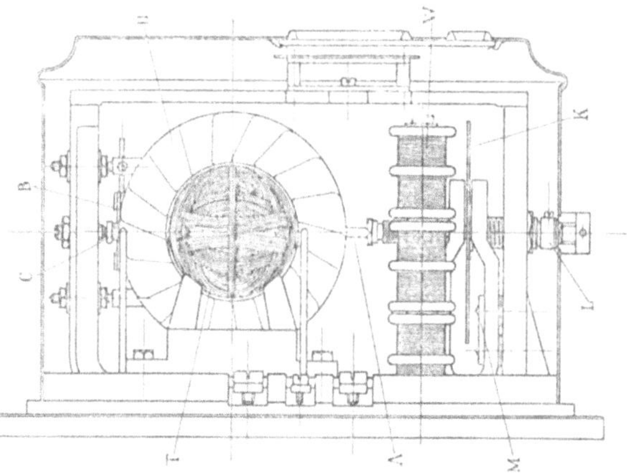

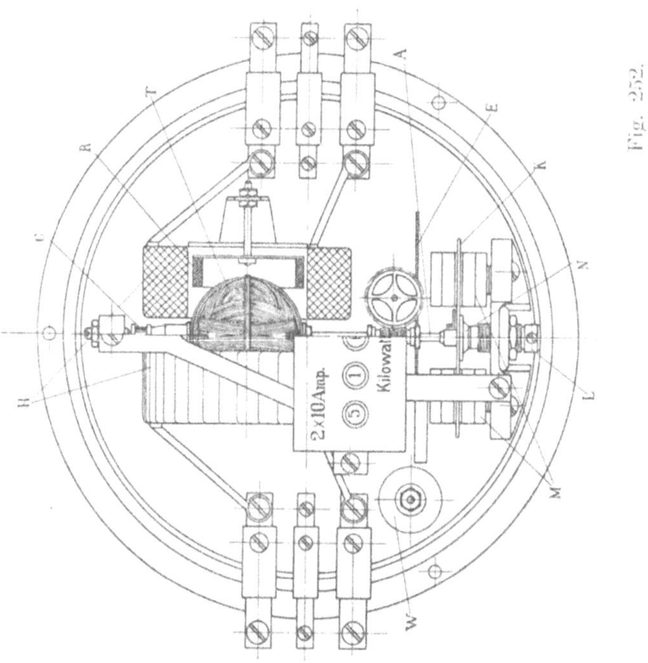

Fig. 252.

ihr durch den Magnet gleichzeitig eine starke Wirbelstrombremsung erzeugt. Obwohl keine besondere Bremsscheibe angebracht ist, gehört also dieser Zähler doch zu dieser Gruppe.

Aus seiner inneren Ansicht, die in Fig. 251 wiedergegeben ist, ist deutlich zu erkennen, wie der in der Leitung eingeschaltete Widerstand, an dessen Klemmen der Zähler angeschlossen ist, vermittelst eines Schiebers reguliert werden kann.

Von den auf diesem Prinzip beruhenden Zählern sind die von der Union-Elektrizitäts-Gesellschaft und von der Elektrizitäts-Aktien-Gesellschaft vorm. Schuckert & Co. (Fig. 252) gebauten zur Beglaubigung durch die elektrischen Prüfämter im Deutschen Reich zugelassen.

Die Figuren bedürfen nach dem Vorhergehenden keiner ausführlichen Beschreibung.

R ist die Hilfsspule zur Kompensierung der Reibung. Um Leerlauf zu verhindern, ist ein dünnes Eisenstäbchen, Bremsstift genannt, angebracht, welches durch die Anziehung der Stahlmagnete den Anker bei kleinen Zugkräften festhält, oder es ist an der Bremsscheibe nahe der Achse ein Stift angebracht, welcher bei jedem Umgange eine leichte Feder zurückbiegen muß. Diese kann auch so ausgebildet werden, daß sie dem Zähler die Drehung nur in einer Richtung gestattet.

3. Flügelzähler für Gleichstrom.

Die von den Siemens-Schuckert-Werken hergestellten Flügelzähler für Gleichstrom müssen noch besonders hervorgehoben werden; denn diese, zur Beglaubigung durch die elektrischen Prüfämter zugelassenen Zähler bilden gewissermaßen den Übergang zwischen den beiden Klassen, in die wir die Zähler eingeteilt haben. Es stehen nämlich, wie bei den Induktionszählern, Strom- und Spannungsspulen fest, dagegen sind Schleifbürsten vorhanden, wie bei den Zählern, in denen der Strom einem beweglichen Anker zugeführt wird.

Der Flügelzähler, der in Fig. 253 konstruktiv dargestellt ist, besitzt ein umlaufendes Ankereisen, das durch die Wirkung der Hauptstrom- und der Nebenschlußspulen so lange in beschleunigte Drehung versetzt wird, bis das Widerstandsmoment einer auf seiner Achse befestigten magnetischen Bremse dem Antriebsmoment gleich geworden ist.

Die Triebkräfte kommen auf folgende Weise zustande. Die Hauptstromspulen H_1 und H_2 erzeugen ein wagerechtes, von rechts nach links verlaufendes Magnetfeld. Der Anker besteht aus vier feststehenden Spulen und zwei drehbaren, Z-förmigen Eisenkernen. Ein feststehender Stromwender mit umlaufenden Schleifbürsten dient zur wechselweisen Ein- und Ausschaltung der Ankerspulen.

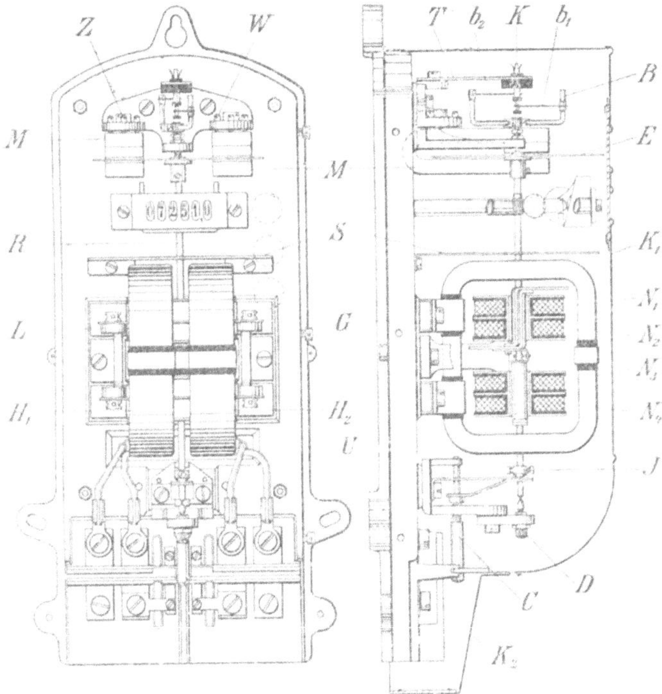

Fig. 253.

Die beiden oberen Ankerspulen N_1 und N_2 (siehe Fig. 254), welche zur Magnetisierung des oberen Eisenkerns dienen, sind durch den Vorschaltwiderstand v_1 parallel, aber mit umgekehrtem Wicklungssinn, an den negativen Pol, die unteren Spulen N_3 und N_4 durch den Vorschaltwiderstand v_2 ebenso an den positiven Pol angeschlossen.

Die vier anderen Drahtenden der Spulen sind an die vier halbwalzenförmigen Schleifstücke des Stromwenders geführt.

Zwei auf diesen schleifende Bürsten verbinden während der

ersten	Vierteldrehung	N_1	mit	N_3,
zweiten	„	N_1	„	N_4,
dritten	„	N_2	„	N_4,
vierten	„	N_2	„	N_3.

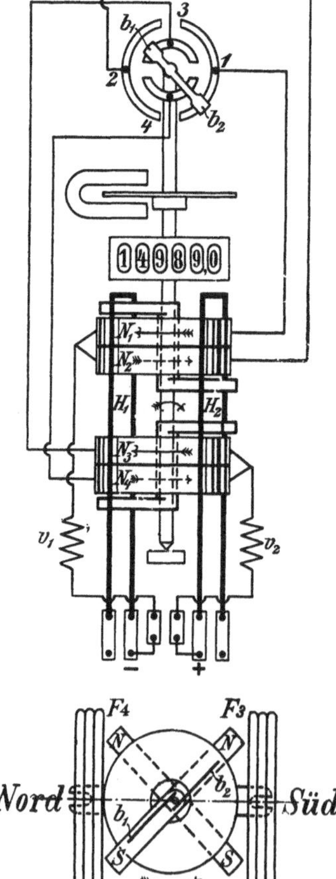

Fig. 254.

Die oberen Spulen jedes Paares N_1 und N_3 erzeugen in dem zugehörigen Eisenkern oben einen Südpol, die unteren Spulen N_2 und N_4 oben einen Nordpol. Der obere Flügel des oberen Eisenkerns beschreibt während des ersten Viertelumgangs der Bürsten den Bogen von links nach vorne, der obere Flügel des unteren Eisenkerns während derselben Zeit den Bogen von vorne nach rechts, indem sie ihre Kraftlinienrichtung $S \twoheadrightarrow N$ mit der von rechts nach links verlaufenden Kraftlinienrichtung des Hauptstromfeldes in Übereinstimmung zu bringen suchen.

Am Schluß der ersten Vierteldrehung geht die Bürste b_1 von dem zu N_3 gehörigen Schleifstück auf das zu N_4 gehörige über; dadurch werden die Pole des unteren Eisenkerns umgekehrt; nach einer weiteren Vierteldrehung werden die Pole des oberen Eisenkerns gewendet, nach drei Vierteldrehungen wieder die des unteren, und so fort.

Um Funkenbildung an den Bürsten zu vermeiden, ist zu jeder Ankerspule ein in der Figur nicht angegebener induktionsfreier Widerstand von hohem Betrage parallel geschaltet.

Die Luft-, Lager- und Bürstenreibung wird durch ein zusätzliches Drehmoment ausgeglichen, welches durch eine exzentrische Stellung der Magnetisierungsspulen zu der Drehungsachse erzeugt wird. Bei einer solchen Stellung sucht sich jeder Flügel in denjenigen Radius einzustellen, welcher von der Spulenmitte durch die Drehungsachse verläuft. Das auf die beiden Flügel eines Eisenkerns ausgeübte Drehmoment ist daher entgegengesetzt gerichtet, es überwiegt aber derjenige Flügel, welcher der jeweilig eingeschalteten Spule am nächsten liegt. Während des ersten und zweiten Viertelumgangs ist von dem oberen Spulenpaare die obere Spule N_1 eingeschaltet, während des dritten und vierten Viertels die untere Spule N_2; daher überwiegt bei dem oberen Eisenkern während des ersten halben Umganges der obere Flügel, während der zweiten Hälfte der untere Flügel, entsprechend bei dem unteren Eisenkern während des ersten und vierten Viertels der untere Flügel.

Beide Spulenpaare üben daher, wenn man sie in ihren geschlitzten Befestigungslappen nach links verschiebt, ein linksläufiges Drehmoment, wenn man sie nach rechts verschiebt, ein rechtsläufiges Drehmoment aus. Das erstere ist ebenso wie das von der Hauptstromwicklung ausgeübte gerichtet. Daher wird, um die Reibungswiderstände auszugleichen, den Ankerspulen bei der Eichung eine kleine Verschiebung nach links, und zwar um ungefähr 0,75 mm, gegeben.

Diese Stellung ist in der Regel durch eine Marke auf dem Lappen und dem Träger gekennzeichnet.

Zur Verhinderung von Leerlauf ist an der Bremsscheibe nahe der Achse ein Stückchen Eisendraht (Bremsdraht) angebracht.

Die Gleichgewichtsgleichung ist natürlich dieselbe wie beim Thomson-Zähler.

Der Magnetismus der Eisenkerne wird außer durch die Nebenschlußspulen auch durch das Hauptstromfeld beeinflußt. Er wird jedesmal während der Vierteldrehung vor der Umschaltung der zugehörigen Nebenschlußspulen verstärkt und während der folgenden Vierteldrehung geschwächt. Daher hebt sich der Einfluß der Magnetisierung durch den Hauptstrom auf die Angaben des Meßgerätes insoweit auf, als der Magnetismus der Eisenkerne der magnetisierenden Kraft proportional bleibt. Da der Magnetismus des Eisens aber bei starken magnetisierenden Kräften langsamer als diese wächst, machen die Zähler bei Vollbelastung verhältnismäßig etwas kleinere Angaben als bei mittleren und kleinen Belastungen.

Dies Zurückbleiben der Angaben bei hohen Belastungen beträgt etwa 3 %; bei größeren Zählermodellen etwas mehr. Es empfiehlt sich deshalb, bei der Eichung die Einstellung so zu bewirken, daß die Angaben bei Vollast um etwa 2 % hinter dem Sollwert zurückbleiben.

4. Reversier-Motorzähler der Deutsch-Russischen Elektrizitätszähler-Gesellschaft.

Bei diesem in Fig. 255 schematisch dargestellten Zähler ist der Motor unabhängig gemacht von der Reibung der Bürsten und des Zählwerkes, indem Kollektor und Zählwerk von einer besonderen Kraftquelle angetrieben werden; dieser Antrieb wird aber von der Bewegung des Zählermotors selbst abhängig gemacht.

Die Ankerwicklung besteht aus vier Abteilungen und enthält, damit der Zähler wie ein reines Wattmeter messe und somit für Gleich- und Wechselstrom brauchbar sei, keinerlei Eisen.

Um die Motorankerachse 1 ist der Träger 2 der Stromschlußstücke 3 — 3 beweglich, welche federnd an die gegenüberliegenden Kontaktflächen des doppelpoligen Umschalters gepreßt werden und den an diesen angeschlossenen Wicklungsabteilungen des Motorankers 5 unter Mitwirkung der isoliert befestigten Federn 6 — 6 die Spannung zuführen. Unterhalb des messenden Systems befindet sich gesondert der zur periodischen Umschaltung der Ankerpole und zum Antrieb des Zählwerks dienende Reversier-Elektromagnet 7 mit seinem periodisch hin und her zu bewegenden Anker 8.

Die Wirkungsweise ist nun folgende:

Der zwischen den festen Hauptstromspulen drehbare, in den Nebenschluß geschaltete Motoranker 5 hat infolge der elektrodynamischen Anziehung die Tendenz, sich etwa um eine halbe Drehung nach links zu bewegen und nimmt hierbei die durch den Umschalter 4 zeitweise federnd mit ihm gekuppelten Stromschlußstücke 3 — 3 nebst deren Trägerarm 2 ebenfalls mit herum, bis nach einer Vierteldrehung sein Kontaktanschlag 9 die Stromschlußstelle 10 des Elektromagnets 7 trifft und diesen momentan erregt. Der hierdurch angezogene Elektromagnetanker 8 wirft nun den Träger 2 nebst den Stromschlußstücken 3 — 3 wieder um eine

Vierteldrehung schnell nach rückwärts (nach rechts) auf die beiden anderen Seiten des Umschalters 4.

Der Anker 5 erhält durch die um 90 Grad verschobene Lage der Stromschlußstücke 3—3 auf dem Umschalter die entgegengesetzten Pole und setzt infolgedessen mit erneuter Zugkraft seine

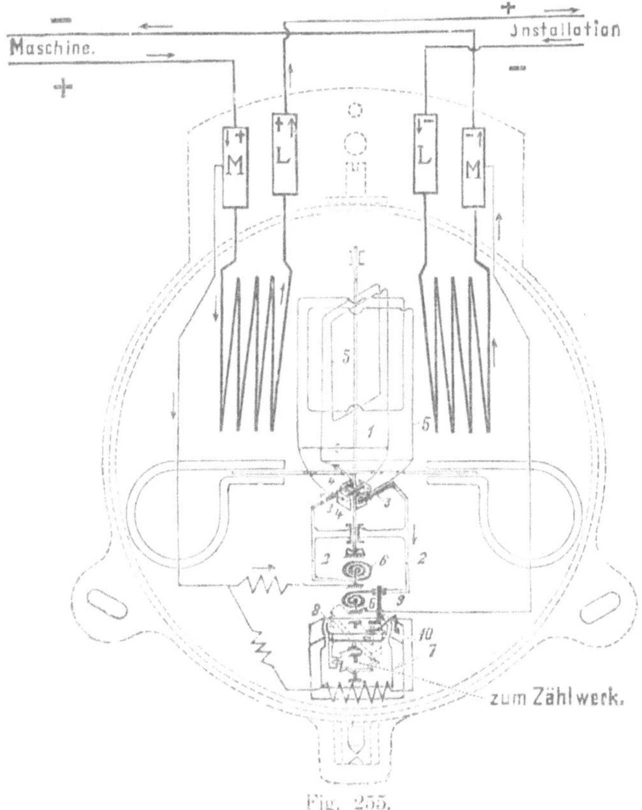

Fig. 255.

Rotation nach links fort, bis sich nach einer weiteren Vierteldrehung dasselbe Spiel des Reversierschalters wiederholt.

Infolge dieser wesentlichen Variation des Ankerdrehmoments, das vom Höchstwert beim Beginn der Vierteldrehung bis zum Endpunkte derselben abnimmt, um dann durch die Umschaltung wieder auf den Höchstwert zu steigen, arbeitet das System zum Unterschiede von anderen Motorzählern mit pulsierender Zugkraft.

Die Zähler bedürfen keiner besonderen Anlaufspule, sondern besitzen in den Stromzuführungsfedern 6 — 6, welche durch die Viertelrückdrehung periodisch nachgespannt werden, eine Anlaufs unterstützung.

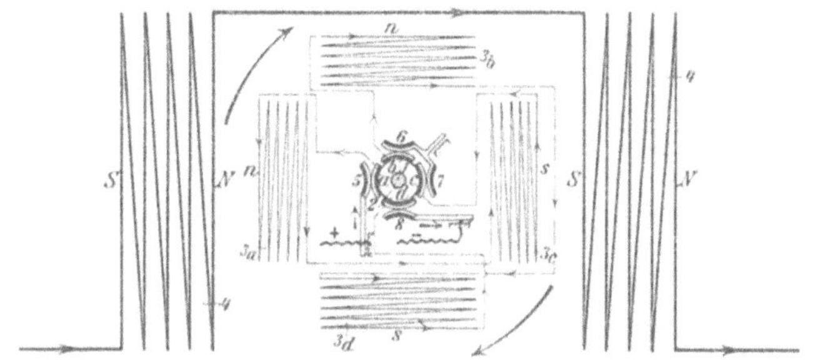

Fig. 256a.

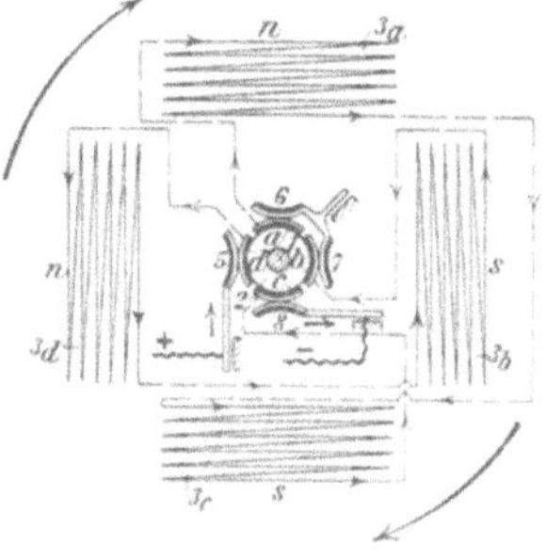

Fig. 256b.

Aus Fig. 256a und b ist der Stromlauf und die Wirkungsweise des Zählers deutlich zu erkennen; wie ersichtlich, werden alle Wicklungsabteilungen zur Erreichung hoher Zugkraft hintereinandergeschaltet.

Durch Verstellung des Ankers gegenüber dem Umschalter ist eine Einregulierung der Zählerkonstante erreichbar; die am Ende jeder Umkehrperiode eintretende Abnahme der Zugkraft verhütet einen Leerlauf.

II. Induktionszähler.

Im allgemeinen finden zwei Prinzipien bei der Konstruktion derartiger Wechselstromzähler Anwendung, einmal das wohl zuerst von E. Thomson genau formulierte des unsymmetrischen Feldes und dann das sogenannte Ferrarissche Drehfeld; wir werden uns aber nur mit der Beschreibung des letzteren befassen.

Wie Ferraris gezeigt hat, läßt sich jedes Wechselfeld (oder eigentlich jeder feste, alternierende, sinusoïdale Vektor) zerlegen in zwei gleichgroße Vektoren von konstanter Länge, welche sich in entgegengesetzter Richtung mit einer durch die Wechselzahl bestimmten Geschwindigkeit drehen, so nämlich, daß sie während jeder Periode eine volle Umdrehung machen; die Größe dieser Vektoren ist gleich der der halben Amplitude des gegebenen alternierenden Vektors. Dies geht in einfachster Weise aus Fig. 257 hervor.

Stellt OA die Richtung und den Maximalwert des Wechselstromfeldes dar, so kann das Feld durch die beiden rotierenden Felder OA_1 und OA_2 ($OA_1 = OA_2$) ersetzt werden, weil in jedem Augenblick die Richtung des resultierenden Feldes dieser beiden mit der Richtung des Wechselstromfeldes zusammenfällt.

Die Feldstärke ist

$$H = 2 \times \frac{1}{2} OA \sin\beta\,;$$

für $\beta = 0$ ist $H = 0$ und für $\beta = 90^0$ ist $H = OA$.

Entspricht die Umdrehungszeit einer Periode, so ist bei c-Perioden pro Sekunde

$$\beta = 2\pi c t\,,$$

also

$$H = OA \sin 2\pi c t\,.$$

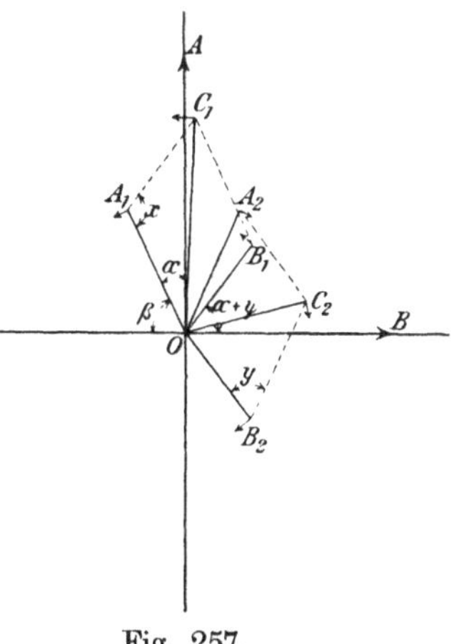

Fig. 257.

Haben wir nun zwei solche Wechselstromfelder von gleicher Frequenz, deren Richtungen einen Winkel von 90^0 bilden, und welche in der Phase um den Winkel ψ gegeneinander verschoben sind, so kann nach dem Vorhergehenden auch das Feld OB durch die beiden rotierenden Felder OB_1 und OB_2 ersetzt werden.

In dem Augenblicke aber, wo OA_1 und OA_2 den Winkel 2α einschließen, wird der Winkel zwischen OB_1 und OB_2 wegen der Phasenverschiebung $2(\alpha + \psi)$ sein. Das resultierende Feld wird also durch die Resultante der vier Drehfelder dargestellt.

Setzt man nun jedesmal die zwei Felder, welche dieselbe Drehrichtung haben, zusammen (und das kann ohne weiteres mittels des Parallelogramms geschehen, weil die Periodenzahlen gleich sind), so sehen wir, daß die beiden Wechselstromfelder OA und OB also schließlich durch die beiden Drehfelder OC_1 und OC_2 ersetzt werden können.

Wird das Feld OA erzeugt von einem Strom J_1, das Feld OB von einem Strom J_2, so ist

$$OA_1 = OA_2 = k_1 J_1$$

$$OB_1 = OB_2 = k_2 J_2 ,$$

worin k_1 und k_2 konstant sind.

Aus der Figur folgt:

$$OC_1^2 = OA_1^2 + OB_1^2 - 2 OA_1 OB_1 \cos x$$

$$x = 90^0 + \alpha + \psi - \alpha = 90^0 + \psi$$

oder

$$\cos x = - \sin \psi ,$$

also

$$OC_1^2 = OA_1^2 + OB_1^2 + 2 OA_1 OB_1 \sin \psi$$

und

$$OC_2^2 = OA_2^2 + OB_2^2 - 2 OA_2 OB_2 \cos y$$

$$y = 90^0 - (\alpha + \psi) + \alpha = 90^0 - \psi$$

oder

$$\cos y = \sin \psi ,$$

also

$$OC_2^2 = OA_2^2 + OB_2^2 - 2 OA_2 OB_2 \cos \psi .$$

Befindet sich in diesem Felde ein Metallzylinder, welcher sich um seine senkrecht auf den Kraftlinien stehende Achse drehen kann, so wird jedes der beiden Drehfelder in diesem Zylinder Foucault-Ströme induzieren und ihn also auch mitzuführen suchen; beide Felder üben also auf den Zylinder ein Drehmoment aus. Der Ungleichheit der beiden Felder wegen wird der Zylinder sich in einer bestimmten Richtung drehen.

Bezeichnen wir nun die Geschwindigkeit der beiden Drehfelder mit v_c und die Geschwindigkeit des Zylinders mit v, so ist die Geschwindigkeit des Zylinders relativ zu dem einen Feld $v_c + v$ und relativ zu dem andern $v_c - v$. Das von einem Felde ausgeübte Drehmoment ist proportional der Feldstärke und der

Intensität der induzierten Foucault-Ströme, die wieder proportional der Feldstärke und der relativen Geschwindigkeit ist; die beiden Drehmomente, die auf den Zylinder treibend wirken, sind also darzustellen durch

$$D_1 = a\,OC_1^{\,2}\,(v_c - v)$$
$$D_2 = a\,OC_2^{\,2}\,(v_c + v)\,.$$

Die Geschwindigkeit des Zylinders wird nun so lange wachsen, bis sich diese beiden entgegengesetzt gerichteten Drehmomente das Gleichgewicht halten, also

$$OC_1^{\,2}\,(v_c - v) = OC_2^{\,2}\,(v_c + v)$$
$$v = \frac{v_c\,(OC_1^{\,2} - OC_2^{\,2})}{OC_1^{\,2} + OC_2^{\,2}}\,.$$

Setzen wir hier die für $OC_1^{\,2}$ und $OC_2^{\,2}$ erhaltenen Werte ein, und bedenken wir, daß $OA_1 = OA_2$ und $OB_1 = OB_2$, so wird

$$v = \frac{v_c\,2\,OA_1\,OB_1 \sin\psi}{OA_1^{\,2} + OB_1^{\,2}}$$

oder

$$v = \frac{2\,v_c\,k_1 J_1 k_2 J_2 \sin\psi}{k_1^{\,2} J_1^{\,2} + k_2 J_2^{\,2}}\,;$$

da v_c proportional der sekundlichen Periodenzahl c ist und k_1 und k_2 Konstanten sind, haben wir

$$v = \frac{C' c J_1 J_2 \sin\psi}{k_1^{\,2} J_1^{\,2} + k_2^{\,2} J_2^{\,2}}\,, \quad . \quad . \quad . \quad . \quad . \quad (1)$$

worin C' wieder eine Konstante bedeutet.

Zur Anwendung dieser theoretischen Betrachtung auf einen Wattstundenzähler lassen wir die beiden Wechselstromfelder OA_1 und OA_2, von zwei Spulen erzeugt werden, deren Achsen senkrecht aufeinanderstehen, beispielsweise wie in Fig. 258 angedeutet. Die eine Spule wird vom Verbrauchsstrom J, die andere von einem der Spannung $\dot{E}$ proportionalen Strom durchflossen. Existiert zwischen den beiden Strömen eine Phasendifferenz γ infolge der Selbstinduktion der Spulen, und sind außerdem E und J noch um den Winkel φ in der Phase verschoben, so ist die totale Phasendifferenz zwischen den Strömen in beiden Spulen

$$\psi = \gamma + \varphi\,.$$

Die Formel 1 nimmt dann folgende Gestalt an:

$$v = C_1 \frac{cEJ\sin(\gamma \pm \varphi)}{k_1{}^2E^2 + k_2{}^2J^2}.$$

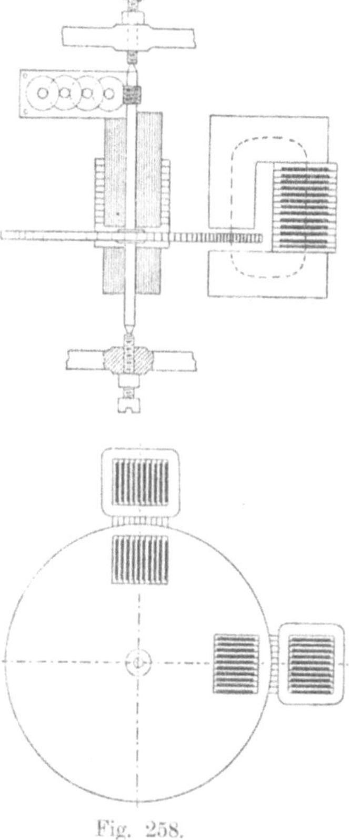
Fig. 258.

Hierin sind aber noch die beiden quadratischen Glieder des Nenners störend, denn dadurch ist v weder E noch J proportional. Es ist also nötig, daß noch ein sehr großes konstantes Glied dem Nenner zugefügt wird.

Dazu bringen wir auf der Zylinderachse eine Scheibe an, welche sich zwischen den Polen eines permanenten Magnets dreht. Das dadurch hervorgerufene entgegenwirkende Drehmoment ist proportional der Geschwindigkeit v und kann also durch Dv dargestellt werden.

Die Gleichgewichtsbedingung wird dann allgemein:

$$OC_1{}^2(v_c - v) = OC_2{}^2(v_c + v) + Dv$$

$$v = \frac{v_c OC_1{}^2 OC_2{}^2}{OC_1{}^2 + OC_2{}^2 + D},$$

oder in unserem Falle

$$v = C_1 \frac{cEJ\sin(\gamma \pm \varphi)}{k_1{}^2E^2 + k_2{}^2J^2 + D}.$$

Wird nun die Konstruktion derart gemacht, daß $\gamma = 90^0$ und $k_1{}^2E^2 + k_2{}^2J^2$ zu vernachlässigen sind in Vergleich mit D, so ist

$$v = C_1 \frac{cEJ\cos\varphi}{D}$$

oder bei konstanter Periodenzahl

$$v = CEJ\cos\varphi.$$

Es ist also die Geschwindigkeit des Ankers proportional dem Effektverbrauch oder die Umdrehungszahl ein Maß für die verbrauchte Energie.

Es soll hier noch besonders bemerkt werden, daß bei dieser theoretischen Betrachtung die Rückwirkung des Scheibenfeldes vernachlässigt ist. Wegen der Hysteresis wird das Feld nicht genau mit dem erzeugenden Strom in Phase sein. Demzufolge soll auch

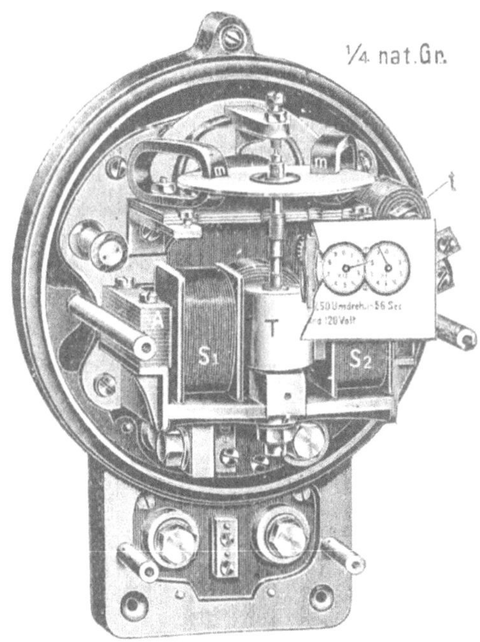

Fig. 259.

die Phasenverschiebung zwischen Nebenschlußstrom und Nebenschlußspannung etwas kleiner als 90° sein. Außer durch Konstruktionsdetails, unterscheiden sich die verschiedenen auf den Markt gebrachten Induktionszähler hauptsächlich durch die Art, wie die erforderliche Phasenverschiebung erreicht wird. Am Schluß dieses Abschnittes werden einige dieser Methoden näher erläutert werden.

Fig. 259 stellt den Induktionszähler von Hartmann & Braun dar, dem die oben entwickelte Theorie zugrunde liegt.

Er besteht der Hauptsache nach aus einem E-förmigen lamellierten Eisen A, auf dessen innerem Ansatz die Hauptstromspule und auf dessen seitlichen Ansätzen die Nebenschlußspulen S_1 und S_2 sitzen. In dem Hohlraum zwischen diesen drei Ansätzen befindet sich die leicht drehbare Aluminiumtrommel T und im Innern dieser ein feststehender Eisenkern, der das Feld magnetisch fast kurzschließt.

Fig. 260.

Auf der die Trommel T tragenden Achse, welche in Stein gelagert ist, ist außerdem die Dämpferscheibe befestigt, die bei Drehung von den beiden permanenten Magneten m gebremst wird. Seitwärts rechts sitzt der kleine, die hohe Phasenverschiebung hervorrufende Transformator t, und links ist der diese Verschiebung regulierende Widerstand angebracht.

Alle Teile sind auf einem von der Grundplatte des Zählers isolierten Gußstück befestigt. Die Magnete m sind so angeordnet, daß etwa auftretende Kurzschlüsse in der Hauptstromspule sie möglichst wenig beeinträchtigen; außerdem sind sie noch durch mehrere aufeinandergeschichtete Eisenbleche vor solchen Einwirkungen geschützt.

Als zweites Beispiel von Einphasen-Induktions-Zählern sei der Theiler-Zähler erwähnt, der in Fig. 260 bildlich dargestellt ist.

Bezüglich der Anordnung der Spulen ist folgendes hervorzuheben.

Auf der Achse des Zählers (Fig. 261) sitzen 2 parallele Aluminiumscheiben, zwischen denen sich 3 Elektromagnete nebeneinander befinden. Die beiden äußeren H_1 und H_2 werden vom Hauptstrom J, der mittlere N vom Nebenschluß- oder Spannungsstrom erregt. Die Wicklung von H_1 und H_2 ist so angeordnet, daß der Kraftfluß von H_1 nach H_2, oder umgekehrt, verlaufen kann.

Der Nebenschlußelektromagnet N ist durch das Eisenjoch J magnetisch geschlossen. Die Kraftlinien schneiden sich also senkrecht, und an den Stellen dieser Kraftlinienkreuzung befinden sich die Aluminiumscheiben. Der konstante Stahlmagnet, der die im Zähler produzierte Energie vermittelst eines konstanten Feldes in Wirbelströme umsetzt, ist verschiebbar angeordnet. Dadurch ist es möglich, die Intensität der magnetischen Dämpfung zu ändern und hierdurch bei der Eichung den Proportionalitätsfaktor auf den Wert zu bringen, welcher der Graduierung des Zählers entspricht. Die nötige hohe Phasenverschiebung wird durch die im oberen Teile des Zählers angeordnete, mit variablem Luftschlitze versehene Drosselspule hervorgerufen.

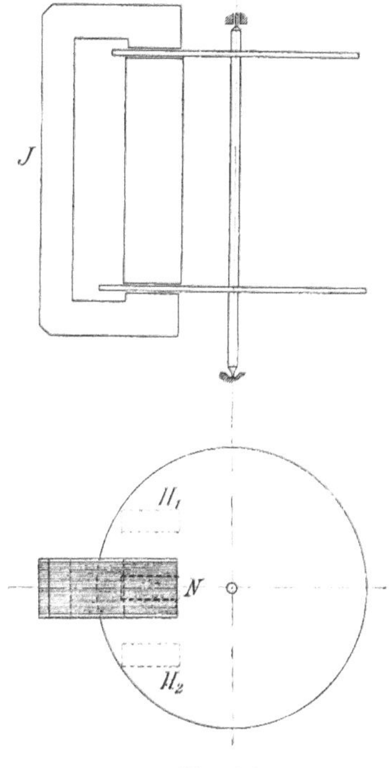

Fig. 261.

Ähnliche zur Beglaubigung zugelassenen Zähler werden von der Union-Elektrizitäts-Gesellschaft in Berlin gebaut, sowohl für ein- als für dreiphasigen Wechselstrom.

Fig. 262 stellt einen solchen Zähler für Drehstrom dar, während aus Fig. 263 hervorgeht, daß die Messung einfach auf dem Zweiwattmeterprinzip beruht.

Da die sogenannte Reibung der Ruhe größer ist als die beim

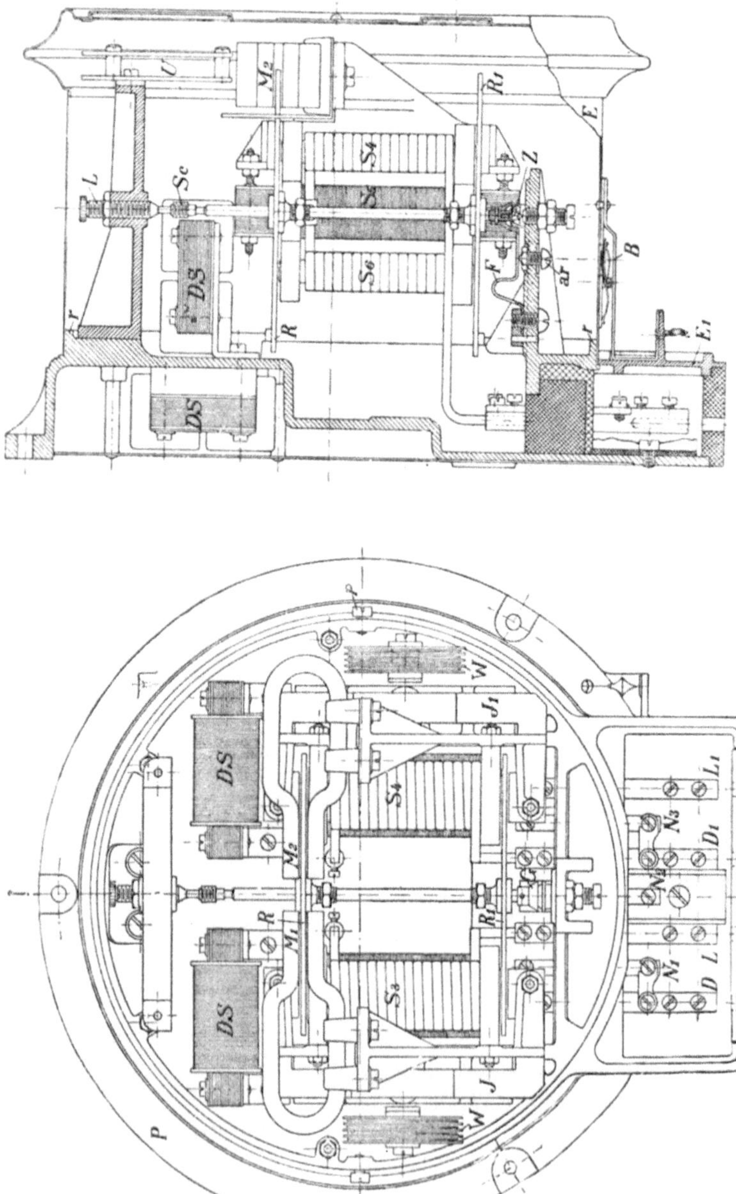

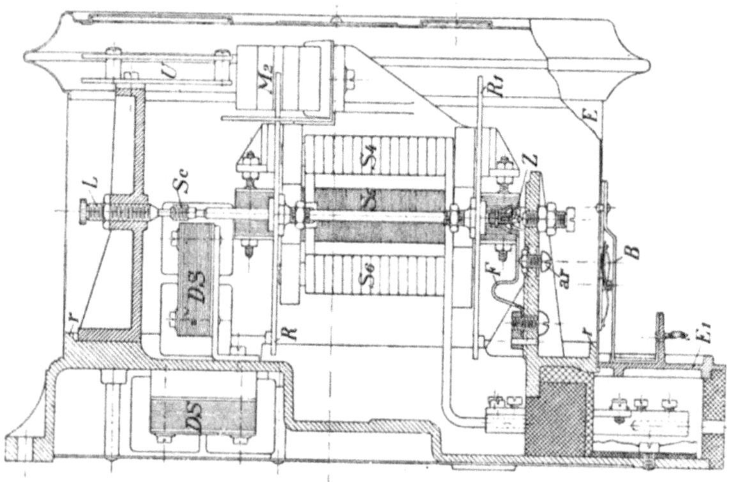

Fig. 262.

laufenden Zähler auftretende, werden die Zähler bisweilen mit einer besonderen Vorrichtung, einem Schüttelmagnet, versehen. Diese versetzt das bewegliche System ständig in äußerst schnelle Er-

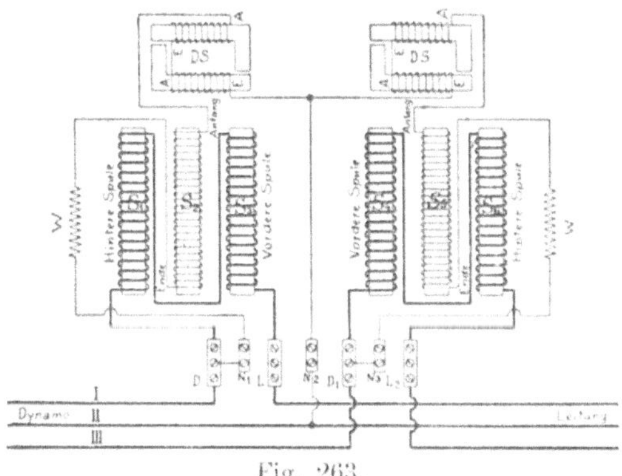

Fig. 263.

schütterungen. Infolgedessen wird die Reibung auf das kleinste Maß herabgesetzt und die Zähler laufen schon bei ganz geringen Belastungen sicher an, ohne dabei den Fehler zu haben, bei

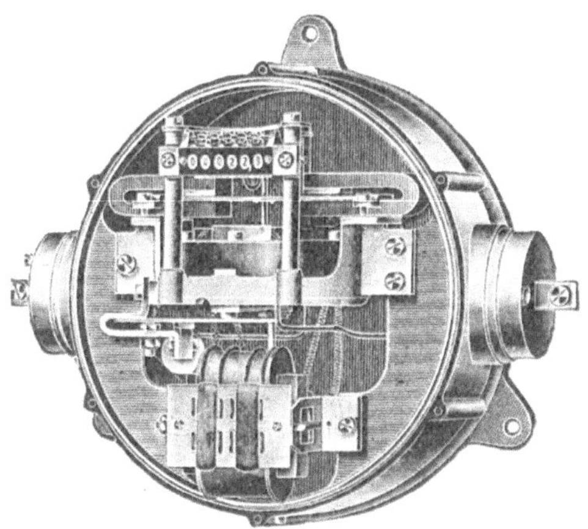
Fig. 264.

höheren Spannungen Leerlauf zu zeigen. Fig. 264 zeigt einen mit einer solchen Vorrichtung versehenen, auf dem Ferrarisschen Prinzip beruhenden Zähler von Siemens & Halske.

Schließlich soll noch ein Beispiel eines Dreiphasenzählers angeführt werden, und zwar eines der Allgemeinen Elektrizitäts-Gesellschaft, die durch eine vereinfachte Schaltung imstande war, einen wesentlich billigeren Zähler zu bauen.

Bei den anderen Dreiphasenzählern werden doch wenigstens zwei Strom- und zwei Spannungsspulen verwendet. Der Tag und Nacht andauernde Wattverbrauch, der zum größten Teile in Vorschaltwiderständen oder Drosselspulen nutzlos vergeudet wird, ist nun durch genannte Firma erheblich heruntergedrückt, indem sie nur eine Spannungsspule verwendet. Die Schaltung ist in Fig. 265 wiedergegeben.

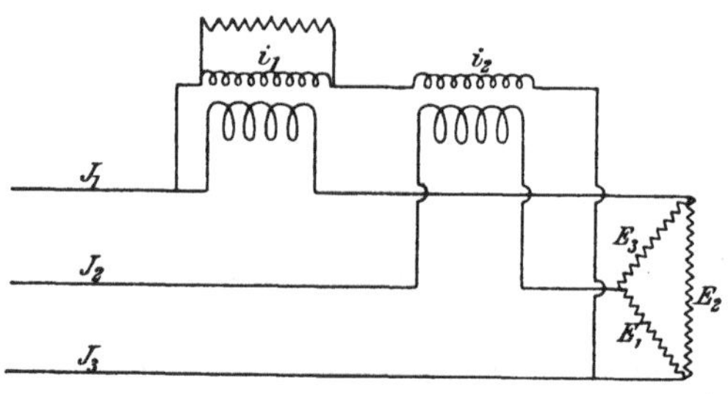

Fig. 265.

Setzt man nämlich, was wohl meistens sehr annähernd gestattet ist, die beiden Spannungen E_1 und E_2 gleich, so läßt sich die allgemeine Gleichung für den Wattverbrauch in einem Dreiphasensystem

$$W = E_1 J_2 \cos(E_1 J_2) - E_2 J_1 \cos(E_2 J_1)$$

folgendermaßen schreiben:

$$W = E_2 J_2 \cos(E_2 J_2 + E_1 E_2) - E_2 J_1 \cos(E_2 J_1),$$

weil

$$(E_1 E_2) + (E_2 J_2) + (J_2 E_1) = 0.$$

Die Einklammerung zweier Größen bedeutet, daß der Winkel zwischen diesen Größen gemeint ist.

Es läßt sich diese Gleichung in genau derselben Weise ableiten, wie es früher bei der Aronschen Gleichung durchgeführt worden ist.

Bezeichnet man die mit den Hauptströmen J_1 und J_2 zusammenwirkenden Teile des Spannungsstromes mit i_1 und i_2, so ist die Triebkraft proportional

$$J_1 i_1 \sin(J_1 i_1) + J_2 i_2 \sin(J_2 i_2)\,.$$

Durch entsprechende Verschiebung dieser beiden Teile i_1 und i_2 des Spannungsstromes kann man nun erreichen, daß

$$\sin(J_1 i_1) = \cos(E_2 J_1)$$

und

$$\sin(J_2 i_2) = \cos(E_2 J_2 + E_1 E_2)$$

wird, und zwar ist dies der Fall, wenn

$$(J_1 i_1) + (E_2 J_1) = 90^0$$

und

$$(J_2 i_2) + (E_2 J_2) + (E_1 E_2) = 90^0$$

Da nun

$$(E_2 E_1) = 120^0$$

und

$$(J_2 i_2) + (E_2 J_2) = (E_2 i_2)\,,$$

so muß

$$(E_2 i_2) = 90^0 + 120^0 = 210^0 = 180^0 + 30^0$$

sein.

Eine Verschiebung der Phase um 180^0 erreicht man durch einfache Stromumkehr, so daß man den mit dem Hauptstrom J_2 zusammenwirkenden Teil des Spannungsstromkreises nur umzukehren und außerdem den betreffenden Stromteil um 30^0 rückwärts zu verschieben braucht.

Weil ferner

$$(J_1 i_1) + (E_2 J_1) = (E_2 i_1)$$

muß

$$(E_2 i_1) = 90^0$$

werden.

Die gewünschten Verschiebungen der Phase lassen sich durch die in Fig. 265 angegebene Schaltung bewerkstelligen. Die Selbstinduktion des Nebenschlußstromkreises wird so lange durch Regelung des parallel zum Teilstrom i_1 geschalteten induktionslosen Widerstandes, sowie durch Veränderung des induktiven Teiles des Spannungsstromkreises geändert, bis der Gesamtstrom i_2 um 30^0 und der Teilstrom i_1 um 90^0 gegen die Phase der Spannung E_2 zurückbleibt. Der Aufbau des nach diesem Prinzip eingerichteten

Zählers ist schematisch in Fig. 266 dargestellt; alle Einzelheiten gehen deutlich aus der Zeichnung hervor.

Es bleibt nur noch übrig, die Methoden zur Erreichung der erforderlichen Phasenverschiebung zwischen Nebenschlußfeld und Nebenschlußspannung (vergl. Seite 36̓5 u. 369) näher zu betrachten.

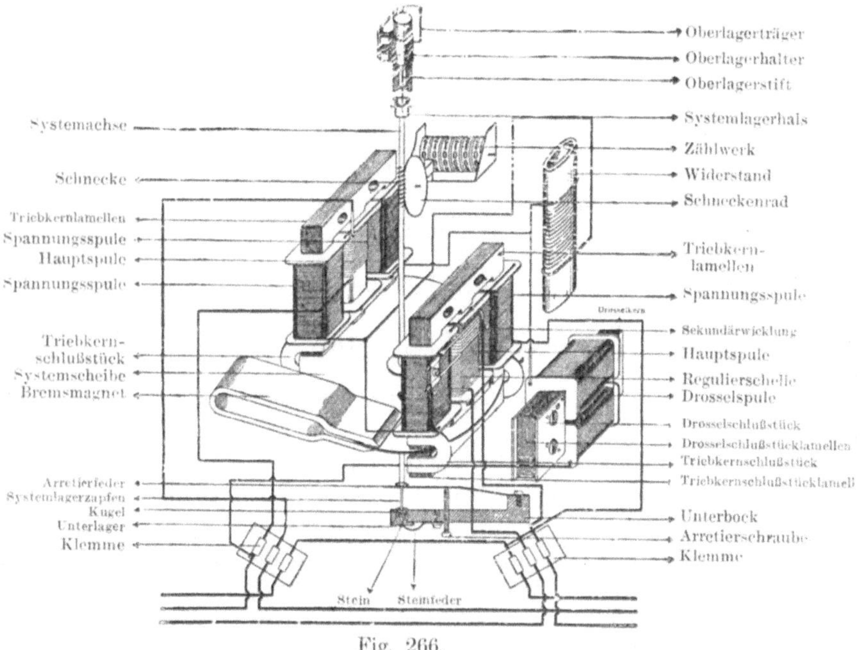

Fig. 266.

Weil diese Methoden äußerst mannigfaltiger Natur sind (es sind solche von Raa̧b, Hummel, Görner, Görges, Catenhusen u. a. angegeben worden), muß hier eine Auswahl getroffen werden.

Bei den meisten Methoden wird der Strom in der Spannungsspule durch besondere Vorrichtungen um so viel gegen die Netzspannung verschoben, als erforderlich ist, um die gewünschte Phasenverschiebung zwischen den beiden Feldern zu erhalten. Man kann jedoch auch dem Nebenschlußstromkreise zwar eine große Phasenverschiebung geben, aber die total erforderliche Verschiebung zwischen den Feldern dadurch erreichen, daß man das Hauptstromfeld voreilend gegen den Hauptstrom verschiebt. Wir werden uns aber auf die Besprechung der bei den angeführten Zählertypen verwendeten Methoden beschränken.

Bei dem Theilerzähler wird die erforderliche Phasenverschiebung von 90^0 durch einfache Vorschaltung einer Drosselspule vor die Spannungsspule (Fig. 267a) bewerkstelligt. Es soll hier nochmals ausdrücklich hervorgehoben werden, daß diese Phasenverschiebung von 90^0 zwischen Feld und Spannung und nicht zwischen Strom und Spannung auftreten muß. Dieses erklärt die Möglichkeit der Verwendung einer einfachen Drosselspule, da die induzierten Ströme eine Rückwirkung auf das Nebenschlußfeld ausüben.

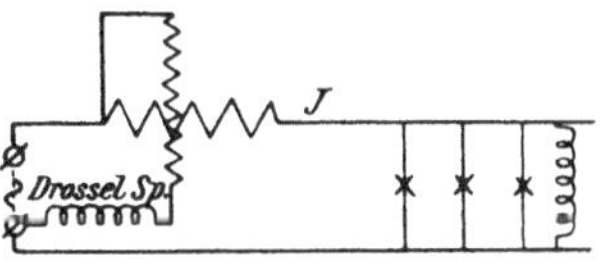

Fig. 267a.

Betrachtet man (Fig. 267b) für einen Moment die Spannungsverhältnisse im Nebenschlußstromkreis und in der Scheibe, so kann man von dem resultierenden tatsächlichen Felde OF ausgehen, das die geometrische Differenz des primären Nebenschlußfeldes und des sekundären Anker-(scheiben)Feldes ist.

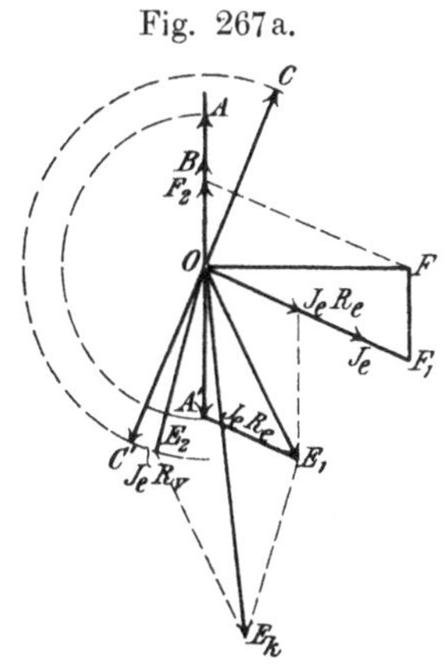

Fig. 267b.

Dieses Feld OF induziert sowohl primär wie sekundär EMKe., die um 90^0 dem Felde nacheilen. Der Vektor der primär induzierten EMK. sei OA, der der sekundären OB. Dieser primär induzierten EMK. OA wirkt eine Komponente der eingeführten EMK. OA' entgegen. In der Phase mit der sekundär induzierten EMK. OB ist infolge der geringen Selbstinduktion der Scheibe der sekundäre Strom und das von diesem erzeugte sekundäre Feld OF_2, und das resultierende Feld ergibt, mit dem sekundären OF_2 zusammengesetzt, das primäre Feld OF_1 der Nebenschlußspule. In Phase mit demselben ist der primäre Strom J_e und der primäre Spannungsabfall J_eR_e, wo R_e den Ohmschen Widerstand der Nebenschlußspule darstellt. Addieren wir OA' und J_eR_e graphisch zu OE_1, so stellt OE_1 die Komponente der eingeführten EMK. dar, welche an den Enden der Nebenschlußspule herrscht.

Der Strom J_e durchfließt aber auch die Drosselspule und induziert in derselben eine auf OF_1 senkrecht stehende EMK. OC, welche durch eine entgegengesetzt gleiche Komponente OC' der eingeführten EMK. aufgehoben werden muß. OC' zu dem Ohmschen Spannungsabfall $J_e R_v$ in der Drosselspule geometrisch addiert, ergibt die Komponente OE_2 der eingeführten EMK., die an den Enden der Drosselspule wirkt.

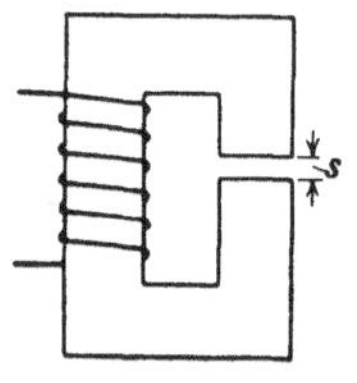

Fig. 268.

Die graphische Summe von OE_1 und OE_2 ist die Klemmenspannung E_k des Nebenschlußkreises.

Man kann nun aus dem Diagramm den Einfluß des rückwirkenden Feldes FF_1 und der Drosselspule erkennen.

Wird nämlich die Selbstinduktion der Drosselspule durch Veränderung ihres Luftschlitzes (Fig. 268) erhöht, so wird der Vektor OC' größer werden, während OE_1 infolge des kleiner werdenden Spannungsabfalles $J_e R_e$ kleiner werden und sich nach links drehen wird. $J_e R_v$ nimmt ebenfalls ab, also wird OE_2 größer werden und sich nach links drehen. Die Resultante OE_k vergrößert daher ihren Winkel ψ mit dem resultierenden Feld OF. Durch passende Regulierung ist also der Wert $\psi = 90^0$ einzustellen.

Hartmann & Braun verwenden bei ihren Induktionszählern die in Fig. 269 dargestellte Schaltung des Nebenschlußkreises. Der aktive Elektromagnet m des Zählers sowohl, als auch der diesem vorgeschaltete kleine Transformator T trägt zwei Wicklungen, je eine primäre und eine sekundäre. Die primären Wicklungen des Magnets m und des Transformators T sind in Serie geschaltet und mit den Enden a und b an die Meßspannung E angelegt. Die beiden sekundären Wicklungen liegen ebenfalls hintereinander, die freien Enden c und d sind unter Zwischenschaltung eines Widerstandes w verbunden. Man kann nun die beiden sekundären Wicklungen miteinander oder gegeneinander schalten, so daß die induzierten elektromotorischen Kräfte sich entweder addieren oder subtrahieren.

Es läßt sich nun aber nachweisen, daß man sowohl bezüglich der Feldgröße im Magnet m, als auch bezüglich des Wattverbrauchs im ganzen Stromkreis günstigere Verhältnisse bekommt, wenn man die Differenzschaltung anwendet. Unter dieser Voraussetzung ist das Diagramm Fig. 270 konstruiert.

Es sei E die ganze Meßspannung, E_1 die primäre Klemmenspannung an dem Zählermagnet m, E_2 die primäre Klemmenspannung am Transformator T, ferner i_p der primäre Strom und i_s der Sekundärstrom, E_{s1} und E_{s2} die Selbstinduktionsspannungen in den primären Wicklungen des Magneten m bzw. des Trans-

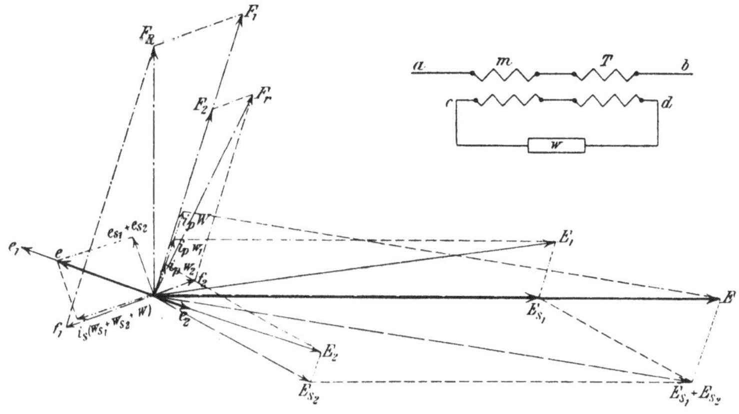

Fig. 269 und 270.

formators T; e_{s1} und e_{s2} die sekundären Selbstinduktionsspannungen, e_1 und e_2 die von den entsprechenden Primäramperewindungen in den sekundären Windungen induzierten elektromotorischen Kräfte, e die aus letzteren resultierende Differenzspannung. Sind nun noch w_1 der Ohmsche Widerstand der primären Wicklung des Magnets m und w_2 derjenige der Primärwicklung des Transformators T und w_{s1} und w_{s2} die Widerstände der Sekundärwicklungen und w der außer diesen beiden noch im Sekundärkreise eingeschaltete Widerstand und ferner noch $W = w_1 + w_2$, so entsteht das Diagramm folgendermaßen:

Der Primärstrom i_p erzeugt in dem Magnet m ein Primärfeld F_1 und im Transformator ein Primärfeld F_2; beide Felder werden infolge der Hysteresis um einen kleinen Winkel dem Strom

i_p nacheilen. Dieser Winkel ist der Einfachheit halber für Transformator und Magnet gleich angenommen und wird auch in Wirklichkeit in beiden annähernd gleich sein.

In der Richtung der Verzögerung um 90 Grad versetzt, erzeugen diese Felder F_1 und F_2 in den Sekundärwicklungen die elektromotorischen Kräfte e_1 und e_2. Es seien nun die Wicklungen so gewählt, daß $e_1 > e_2$, dann muß, weil Differenzschaltung vorausgesetzt ist, e_2 entgegengesetzt e_1 im Diagramm eingezeichnet werden. Als resultierende treibende Spannung bleibt dann im Sekundärkreis, wie im Diagramm eingezeichnet, der Wert e.

Diese Triebspannung erzeugt in dem Sekundärkreis einen Strom i_s und dieser Strom ruft sowohl in dem Magnet m als auch im Transformator T Sekundärfelder hervor, die in den Sekundärwicklungen Selbstinduktionsspannungen e_{s1} und e_{s2} induzieren. Um diese Gegenspannungen zu überwinden, muß von der Triebspannung e eine Komponente $e_{s1} + e_{s2}$ aufgewendet werden, welche mit dem Ohmschen Verlust des Sekundärkreises

$$i_s (w_{s1} + w_{s2} + w)$$

zusammen die Triebspannung e ergibt. Es wird infolge dieser Selbstinduktion der Sekundärstrom um einen beträchtlichen Winkel gegen die Spannung e in der Richtung der Verzögerung verschoben sein. Die vom Sekundärstrom erzeugten Felder sind infolge der Hysteresis ebenfalls um einen kleinen Winkel rückwärts gegen den Strom i_s verschoben; da, wie oben bemerkt, die Sekundärwicklungen in Differenzschaltung verbunden sind, so müssen die Sekundärfelder f_1 und f_2 um 180^0 versetzt im Diagramm eingezeichnet werden. Aus der geometrischen Summe von F_1 und f_1 ergibt sich dann das resultierende Feld F_R des Zählermagnets und aus F_2 und f_2 das resultierende Feld F_r des Transformators. Senkrecht auf diesen resultierenden Feldern in Richtung der Verzögerung stehen die primären Selbstinduktionsspannungen und um diese zu überwinden, müssen die Spannungen E_{s1} und E_{s2} aufgewendet werden. Diese Spannungen setzen sich geometrisch zusammen zur Spannung $E_{s1} + E_{s2}$, und diese bildet wiederum mit dem Ohmschen Verluste $i_p W$ des ganzen Primärkreises die Meßspannung E, welche im Diagramm senkrecht auf dem resultierenden Zählermagnetfeld F_1 steht.

Schließlich sei noch die von Siemens & Halske benutzte Görgessche Brückenschaltung in der von Schrottke abgeänderten Form erwähnt.

In Fig. 271 bedeuten SS die beiden Spannungsspulen und RR und D induktionsfreie Widerstände. Vor die daraus zusammengestellte Brücke ist eine Drosselspule geschaltet.

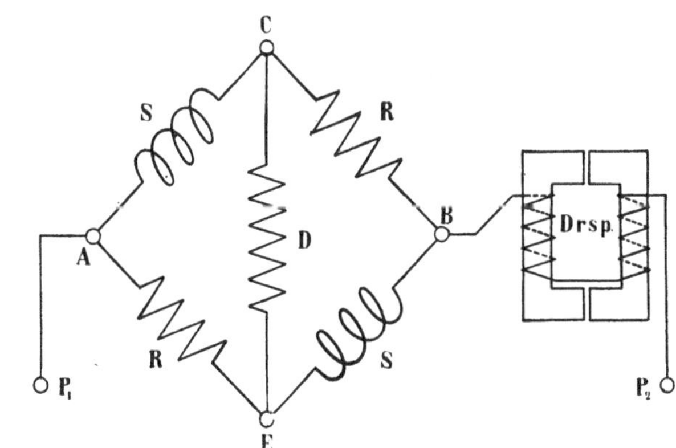

Fig. 271.

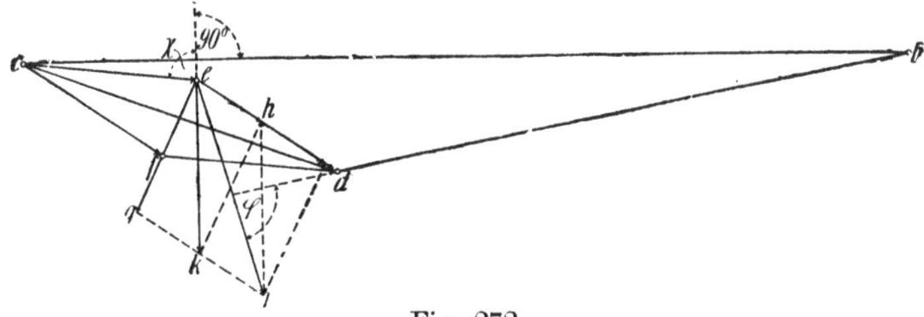

Fig. 272.

Bezeichnet man die Stromstärken in den beiden Spulen S mit i_s (diese werden der Einfachheit halber als gleich angenommen), die in den Widerständen R mit i_r und schließlich die Stromstärke in D mit i_d, so gilt

$$i_s = i_r + i_d \quad \text{und} \quad i = i_s + i_r = 2i_r + i_d.$$

Das Diagramm ist in Fig. 272 dargestellt. Es bedeuten:

$ce = fd$ die Spannung an einer Spannungsspule S;
$ed = cf$ „ „ „ einem Seitenwiderstande R;
ef „ „ des Diagonalwiderstandes.

Die Ströme i_d und i_r sind in Phase mit ihren Spannungen und werden z. B. durch eg bzw. eh dargestellt. Es ist dann $ek = i_s$ um α gegen seine Spannung verschoben. Den Gesamtstrom erhält man aus i_d und $2i_r$ zu $i = el$. Die Spannung der Drosselspule ist um weniger als 90^0 gegen den Gesamtstrom verschoben und hat z. B. die Richtung db. Wir sehen, daß es nun möglich ist die Drosselspule so zu bemessen, daß die Totalspannung cb senkrecht (oder nahezu senkrecht) zum Strom $i_s = ek$ verschoben ist, womit die Verwendbarkeit dieser Anordnung für unseren Zweck bewiesen ist. Da weitaus der größte Teil der Spannung in der Drosselspule verzehrt wird, fallen S, R und D verhältnismäßig klein aus, was aus Fig. 273 hervorgeht, die Brücke samt Drosselspule in ihrer praktischen Ausführung zeigt. Als Vorteil dieser Schaltung kann die bequem vorzunehmende Regulierung genannt werden.

Fig. 273.

D. Oszillierende Elektrizitätszähler.

Die bei Gleichstrom-Motorzählern notwendigen Kommutatoren und Bürsten fordern größte Sorgfalt bei der Konstruktion und bilden den schwachen Punkt des Zählers. Wir können diesen aber dadurch umgehen, daß wir den Anker nur Oszillationen ausführen lassen. Es kann die Stromzuführung dann durch feine Metallfäden bewirkt werden.

Als Beispiel solcher sogenannten oszillierenden Elektrizitätszähler sei zunächst der von der Allgemeinen Elektrizitäts-Gesellschaft ausgeführte erwähnt.

In Fig. 274, welche die Schaltung veranschaulicht, besteht die Hauptstromspule aus nur einer einzigen hufförmigen Windung, wie das bei den größeren Typen auch tatsächlich vorkommt.

Vor dieser Windung befindet sich eine vertikale Achse, woran zwei scheibenförmige Drahtspulen derart befestigt sind, daß ihre gemeinschaftliche Achse die Rotationsachse senkrecht schneidet. Diese beiden Spulen werden nacheinander vom Spannungsstrom durchflossen und zwar so, daß die Stromrichtung in der einen der in der anderen entgegen gerichtet ist. Bei Belastung des Zählers wird die Achse sich drehen, bis die Ebene der Spannungsspule parallel der Ebene der Hauptstromspule verläuft. Einen Augenblick bevor diese Stellung erreicht ist, wird ein Kontakt geschlossen, wodurch die bis jetzt vom Spannungsstrom durchflossene Spule ausgeschaltet und die andere eingeschaltet wird; da die Stromrichtung sich dabei ändert, kehrt sich die Bewegungsrichtung um, und die Achse dreht sich nach der anderen Seite; da nun wiederholt sich dasselbe Spiel, so daß der Anker eine oszillierende Bewegung erhält. Auf der Achse sitzt wieder die Bremsscheibe, die sich zwischen den Polen permanenter Magnete bewegt.

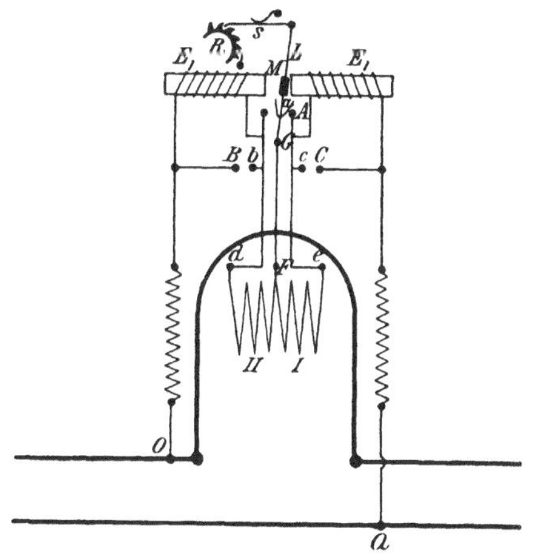

Fig. 274.

Das Prinzip entspricht also dem des Thomson-Zählers; statt eines rotierenden hat man einen oszillierenden Zähler; statt der Umdrehungszeit ist jetzt die Schwingungsdauer proportional dem Produkte EJ. Die Anzahl Schwingungen in einer gewissen Zeit ist somit ein Maß für die verbrauchte Energie. In welcher Weise das Aus- und Einschalten der beiden Spannungsspulen vor sich geht, und wie das Zählwerk betätigt wird, ist aus dem Schaltungsschema Fig. 274 ersichtlich.

Der Anker bewegt sich momentan nach rechts; der Spannungsstrom fließt von O durch den Elektromagnet E_2, über d durch die Spule II, über FGA durch den Elektromagnet E_1 nach Q. Im Punkte A bewirkt die Feder a Kontakt, da der Anker M vom Elektromagnet E_1 festgehalten wird; es bleibt also die Spule I stromlos.

Der Anker M ist an dem Hebelarme L befestigt, der um den Punkt G drehbar angeordnet ist. Durch die Drehung der Achse kommt aber c mit C in Berührung; dadurch wird der Elektromagnet E_1 kurzgeschlossen und der Elektromagnet E_2 in stand gesetzt den Hebelarm L um G drehen zu lassen, bis M an E_2 anliegt. Jetzt wird aber Spule II kurzgeschlossen und I vom

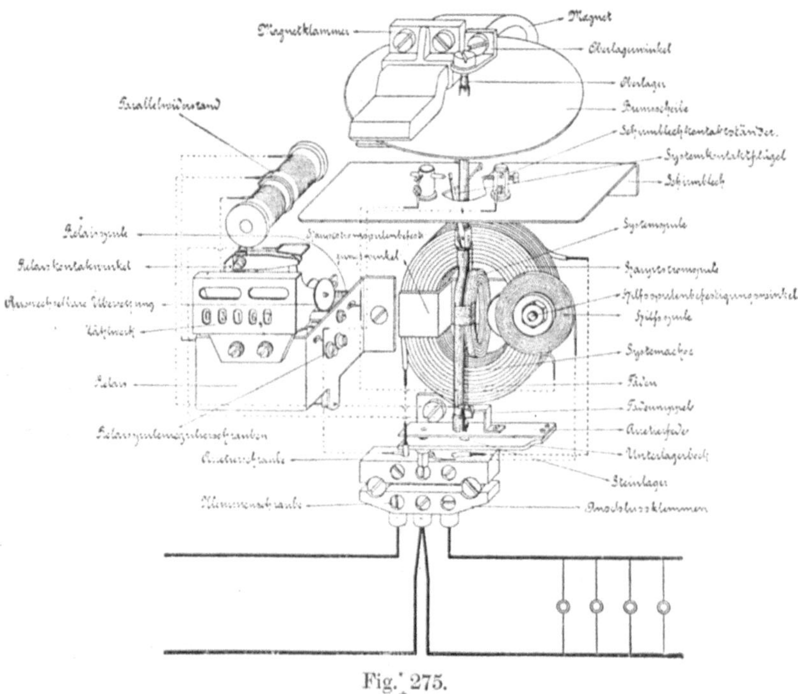

Fig. 275.

Spannungsstrom durchflossen, wodurch der Anker seine Bewegungsrichtung umkehrt. Dieses Spiel wiederholt sich nun fortwährend, und da L vermittelst der Stange S auf das Sperrad R des Zählwerkes einwirkt, wird während jeder Periode, die aus einer doppelten Schwingung besteht, das Zählwerk um einen Zahn weiterbewegt. Am Zählwerk liest man somit die Anzahl Doppelschwingungen ab, die der verbrauchten Energie proportional ist.

Denselben Vorgang erhalten wir bei Verwendung einer Spule, indem wir den Strom mittels einer geeigneten Kontaktvorrichtung kommutieren. Diese Anordnung verwendet die A. E.-G. für Stromstärken bis einschließlich 10 Ampere.

Die Fig. 275, die eine schematische Darstellung eines solchen Zählers ist, dürfte ohne weitere Beschreibung verständlich sein. Besonders deutlich ist die Lage der Hilfsspule zu erkennen.

In Fig. 276 ist noch der Gleichstromzähler mit Reversieranker der Deutsch-Russischen Elektrizitätszähler-Gesellschaft abgebildet;

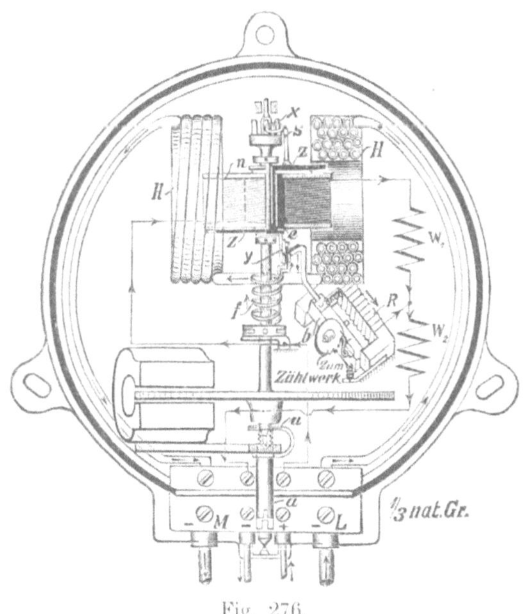

Fig. 276.

zwischen zwei festen Hauptstromspulen befindet sich eine ebenfalls feste Spannungsspule, die den auf der Achse beweglichen sogenannten Reversieranker *z* dauernd in demselben Sinne polarisiert.

Dieser Reversieranker besteht aus einem dünnwandigen Eisenrohr, das oben und unten je einen Eisenflügel trägt. Die Flügel sind diametral gerichtet. Am oberen befindet sich ein Sperrkegel *F*, der die Achse *A* und die aus Kupfer hergestellte Bremsscheibe mittels eines auf der Achse befindlichen Sperrades *S* bei Drehung des Reversierankers (von oben gesehen im Uhrzeigersinn) mit diesem kuppelt und so die Bewegung auf die bremsenden Organe überträgt.

Tritt nun Strom in die Hauptstromspulen, und ist die Spannungsspule eingeschaltet, so wird der polarisierte Reversieranker, der ja eine Magnetnadel darstellt, deren Magnetismus der Spannung proportional ist, eine solche Lage einzunehmen streben, daß die Längsachse der Eisenflügel der magnetischen Achse der Hauptstromspulen parallel ist. Theoretisch beträgt dabei der Winkel zwischen Anfangs- und Endstellung 180°. Die richtende Kraft nimmt von 0 bei 0° zu bis zu einem Maximum bei 90°, wird dann wieder kleiner, bis sie bei 180° ihren Anfangswert 0 erreicht.

Es werden von diesen 180° nur 45° im Maximum des Kraftfeldes benutzt, indem der Reversieranker nach Absolvierung dieses Weges durch eine Hilfskraft zwangläufig außerordentlich rasch wieder in seine Anfangsstellung befördert wird, von der aus er seinen Weg wieder aufs neue antreten muß.

Zu diesem Zwecke ist am unteren Eisenflügel ein mit Platiniridium versehener Kontaktarm isoliert aufgesetzt, dem durch eine Spirale der + Pol zugeführt ist. Der — Pol ist durch Widerstand und eine Elektromagnetwicklung hindurch zu einem anderen Kontaktarm geführt, der am Anker des erwähnten Elektromagnets so befestigt ist, daß bei Berührung der Kontakte, also bei Stromschluß und Erregung des Elektromagnets, der Reversieranker mittels des am Elektromagnetanker befestigten Kontaktarmes momentan in seine Anfangsstellung zurückgeschnellt wird. Dies geschieht so schnell, daß die rotierende Kupferscheibe keine sichtbare Geschwindigkeitseinbuße erleidet.

Gleichzeitig wird durch einen auf der Elektromagnetankerachse angebrachten Stoßkegel das letzte Zählwerksrad um einen Zahn fortbewegt. Infolge entsprechender Zählwerksübersetzung sind dann vorn an den springenden Ziffern direkt Kilowattstunden ablesbar.

Eine Besonderheit stellt auch die Anlaufsvorrichtung dar, die gestattet, den Anlauf des Zählers ohne diesen zu öffnen, nach Wunsch einzustellen, indem man mittels einer Schraube, die von außen mit einem Schraubenzieher betätigt werden kann, die Spirale, die dem Kontakt des Reversierankers die Spannung zuführt, an- oder entspannt.

Die unter der linken Stromspule angebrachte und in der

inneren Ansicht des Zählers (Fig. 277) sichtbare Eisenscheibe schützt den Bremsmagnet bei eventuellen Kurzschlüssen in der Isolation vor der Schwächung durch den dann extrem hohen Hauptstrommagnetismus.

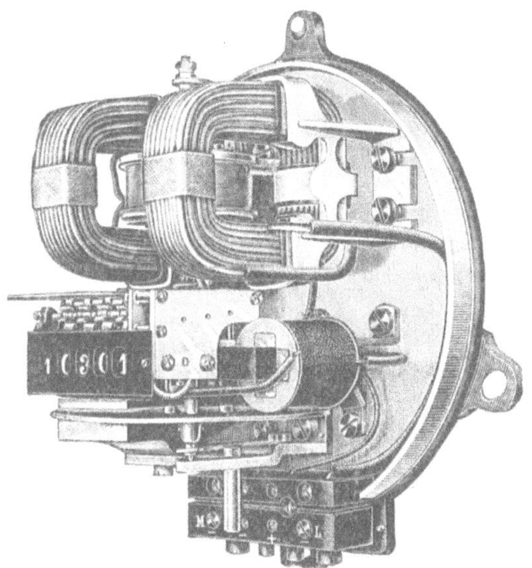

Fig. 277.

Der Energieverlust in den Hauptstromspulen beträgt bei mittlerer Belastung zirka 1,5 Watt; im Spannungsstromkreis werden zirka 1,7—2 Watt für je 100 Volt beansprucht, so daß der Widerstand für je 100 Volt 5—6000 Ω beträgt.

E. Zähler für besondere Zwecke.

Zur Kontrolle des Ladezustandes einer Akkumulatorenbatterie werden von mehreren Firmen Zähler gebaut mit einem in der Ferne sichtbaren Zifferblatt mit Zeiger Bei Apparaten, die vorwärts und rückwärts zählen, je nach der Richtung des Stromes, bedarf es, um den wirklichen Ladezustand der Batterie beurteilen zu können, nur einer geeigneten Vorrichtung zur Änderung der Empfindlichkeit des Zählers für die Ladung und Entladung, entsprechend dem Wirkungsgrade.

Wir wollen uns hier auf die Beschreibung eines solchen Zählers beschränken und wählen dazu den Kontrollzähler der Danubia-Aktiengesellschaft.

Zu einem gewöhnlichen O'Keenan-Zähler kommt der in Fig. 278 dargestellte Apparat, der im wesentlichen aus einem Widerstand besteht, und dessen Klemmen *e* und *f* mit dem Zähler verbunden werden. Wie ersichtlich, nimmt beim Laden der Strom den Weg CB, beim Entladen den Weg BA. Durch den Schieber C läßt sich der Widerstand derart einstellen, daß $\frac{CB}{BA}$ dem Wirkungsgrad der Batterie in Amperestunden entspricht. Beim Laden dreht sich der große Zeiger des besonders am Zähler angebrachten Zifferblattes in der umgekehrten Richtung eines Uhrzeigers und gibt

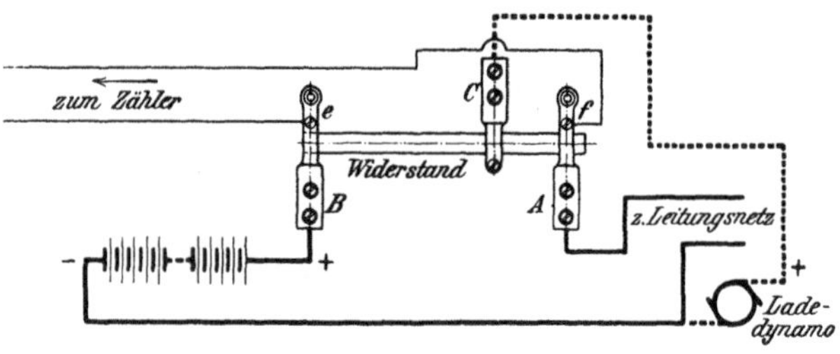

Fig. 278.

die der Batterie zugeführte Elektrizitätsmenge direkt nach dem Wirkungsgrade der Batterie in Amperestunden an, während die Stellung der kleinen Zeiger unverändert bleibt. Beim Entladen geht der große Zeiger seinen Weg zurück und läßt jeden Augenblick den Ladezustand der Batterie erkennen, während die verbrauchten Amperestunden von den kleinen Zeigern angegeben und summiert werden.

Da Zentralen eine um so höhere Rentabilität aufweisen, je gleichmäßiger sie belastet sind, werden bisweilen Konsumenten, welche lange Brenndauer bei wenig gleichzeitig brennenden Lampen beanspruchen, günstiger tarifiert, als solche mit kurzer Brenndauer und großer Zahl gleichzeitig eingeschalteter Lampen. Gewöhnlich wird der Preis der verbrauchten Energie dann nach dem erreichten Maximum des Stromverbrauchs berechnet. Dazu sind

Zähler konstruiert, die sich, sobald der Strom eine gewisse Stärke erreicht hat, selbsttätig auf ein anderes Zählwerk umschalten, oder es werden besondere Apparate, sogenannte Höchstverbrauchsmesser, eingeschaltet, die dieses Maximum anzeigen.

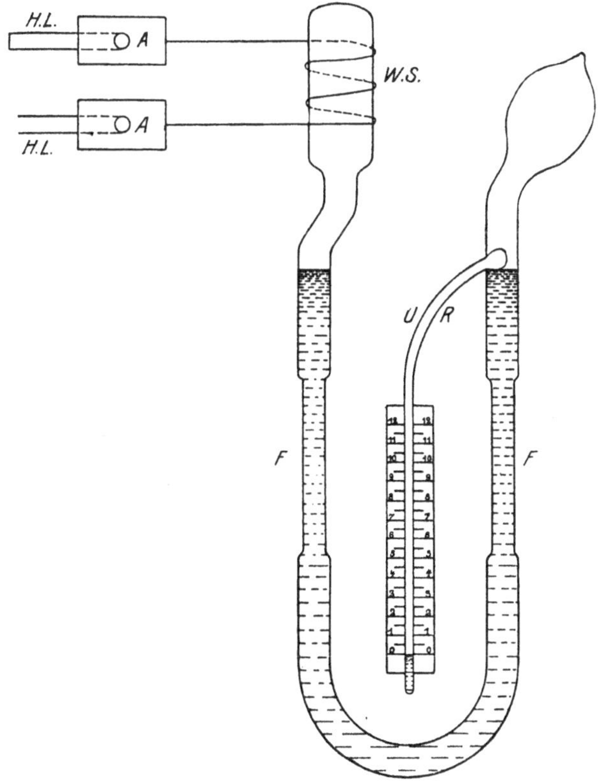

Fig. 279.

Als Beispiel sei hier der Höchstverbrauchsmesser von Wright erwähnt, wie er von den Luxschen Industriewerken, A.-G., hergestellt wird. Es ist ein Differentialthermometer, dessen Glaskugel (Fig. 279) durch den Verbrauchsstrom erwärmt wird. Die in dem aus Platinoid oder einer ähnlichen Legierung von hohem Widerstand hergestellten Bande erzeugte Wärme bringt, indem die Luft sich ausdehnt, die schwach gefärbte Flüssigkeit links zum

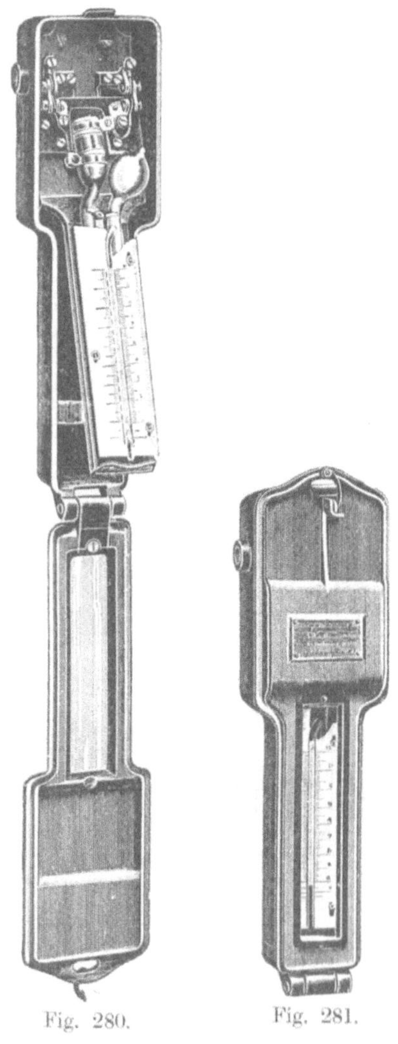

Fig. 280. Fig. 281.

Sinken, rechts zum Steigen. Die in das mit dem Behälter verschmolzene Überfallrohr fließende Flüssigkeit ist ein Maß für die maximal erreichte Stromstärke, die auf einer empirisch graduierten Skala abgelesen werden kann. Nach Ablesung muß die Flüssigkeit aus dem Überfallrohre wieder in den Schenkel zurückgeführt werden; dazu kippt man das Brett, auf dem die Röhre und die Behälter befestigt sind (Fig. 280), in die Höhe und läßt die Flüssigkeit vorsichtig in den Behälter *F* tropfen. Fig. 281 zeigt den Apparat in geschlossenem Zustande.

Schließlich sei noch erwähnt, daß auch Doppeltarifzähler konstruiert werden, die vermittelst einer Uhr zu einer bestimmten Zeit auf ein anderes Zählwerk umgeschaltet werden. Es sind nämlich die meisten Zentralen am Abend am stärksten belastet, so daß es nahe liegt, auch je nach der Zeit, während der die Energie dem Netze entnommen wird, verschiedene Tarife einzuführen.

Neuntes Kapitel.

Eichung von Meſsinstrumenten.

Bei einer Eichung soll man sich immer davon überzeugen, ob die Eichanordnung der Empfindlichkeit der zu eichenden Instrumente entspricht. Während z. B. der Eichfehler bei der Prüfung eines einohmigen Millivoltmeters von Siemens & Halske, an dessen Skala man Zehntel Skalenteile ablesen kann, noch kleiner sein soll als 0,0001 Volt, würde es vergebliche Mühe sein, dieselbe Genauigkeit noch zu erstreben, bei der Eichung eines Schalttafelvoltmeters für 150 Volt, dessen Skala beispielsweise nur noch eine Schätzung bis auf Zehntel Volt gestattet.

Besonders bei Eichungen mit Gleichstrom ist zunächst festzustellen, ob die Konstruktion des vorliegenden Instruments derart ist, daß äußere magnetische Felder seine Angaben beeinflussen können. Während beispielsweise bei den elektromagnetischen Instrumenten mit starken, permanenten Magneten schwache äußere Felder keinen merkbaren Einfluß ausüben können, ist solches bei den auf dem elektrodynamischen Prinzip beruhenden Instrumenten wohl der Fall. Der hierdurch hervorgerufene Fehler kann dadurch eliminiert werden, daß man eine zweite Ablesung vornimmt, nachdem das Instrument um 180^0 gedreht ist (Seite 251); man hat dann den arithmetischen Mittelwert zu nehmen. Dies trifft aber nur zu, solange das äußere Feld homogen ist (wie das erdmagnetische Feld); daher sind andere magnetische Felder möglichst zu vermeiden. Während also elektrodynamische Instrumente sich nicht in der unmittelbaren Nähe von Instrumenten, die starke Magnete enthalten, befinden dürfen.

können letztere ziemlich nahe aneinander aufgestellt werden; auch sollen die Zuführungsdrähte besonders bei den elektrodynamischen Instrumenten bis in genügender Entfernung von den Apparaten parallel oder sogar verdrillt geführt werden.

Durch Verschiebung der Instrumente ist für jeden einzelnen Fall leicht festzustellen, ob noch gegenseitige Beeinflussung stattfindet oder nicht.

Um eine freie Einstellung des Zeigers zu sichern, ist vor der Ablesung schwach an das Instrument zu klopfen.

Wenn man die Eichresultate graphisch auftragen will, empfiehlt es sich, natürlich nicht die Sollwerte, sondern, zur Erreichung einer größeren Genauigkeit, vielmehr die jeweiligen Fehler als Funktion der Skalenteile aufzutragen.

Bisweilen kommt es vor, daß der prozentuale Fehler konstant ist, oder wenigstens bei nicht zu hohen Anforderungen als konstant angesehen werden kann, so daß die mit einem konstanten Koeffizienten multiplizierten Ablesungen die zugehörigen Sollwerte darstellen. Alsdann erhält man nach einer einzigen Einstellung am Rechenschieber aus den abgelesenen Werten direkt die Sollwerte. Für alle anderen Fälle dürfte es jedoch bequemer sein, die Fehler, ihrer absoluten Größe nach, als Funktion der Skalenteile aufzutragen.

Bei Zählereichungen hingegen sind immer die prozentualen Fehler als Funktion des Belastungsstromes, der Phasenverschiebung oder sonstiger variierenden Größen aufzutragen, da es sich hier nicht um anzubringende Korrektionen, sondern vielmehr um eine Beurteilung der auftretenden Fehler (Vergleich mit den zulässigen) handelt.

A. Eichung von Strommessern.

1. Für Gleichstrom.

Schickt man einen Strom, dessen Stärke vermittelst eines Regulierwiderstandes geändert werden kann, durch den zu eichenden Strommesser und einen Normalwiderstand, so kann man, indem die Spannungsdifferenz an den Klemmen des Normalwiderstandes mit dem Kompensationsapparat gemessen wird, jede Einstellung am Strommesser genau verifizieren. Um auf jeden gewünschten Wert des Stromes einregulieren zu können, empfiehlt es sich, zwei parallel geschaltete Regulierungswiderstände zu verwenden; der eine muß dann einen sehr großen Widerstand haben und für die feine Einstellung dienen. Bei der Behandlung der Messung von Stromstärken mit dem Kompensationsapparat ist schon darauf hingewiesen, daß alle Ströme nach derselben Methode gemessen werden können, ohne daß dadurch irgend ein Einfluß auf den Hauptstrom ausgeübt würde; die Eichungsmethode ist also für Milliamperemeter dieselbe wie für technische Amperemeter; nur werden die Abweichungen vom Sollwert bei Präzisionsinstrumenten für mehr Einstellungen bestimmt als bei gewöhnlichen Amperemetern; bei letzteren genügt es in der Regel, drei Punkte der Skala zu verifizieren, z. B. bei einem Amperemeter von 0—50 Ampere die Einstellungen 10, 25 und 45 Ampere.

Man reguliert am besten den Strom so ein, daß die Einstellung am Instrument genau mit einem Teilstrich zusammenfällt, weil eben mit größter Genauigkeit festzustellen ist, ob der Zeiger ganz mit einem Teilstrich zusammenfällt oder nicht.

Sowohl bei Präzisions- als bei technischen Instrumenten empfiehlt es sich, zu beobachten, ob die Anzeigungen sich nach längerem Stromdurchgang infolge der entwickelten Wärme ändern; dazu ist es erforderlich, daß man nach den Messungen das Instrument während längerer Zeit mit der maximalen Stromstärke belaste, um dann die Beobachtungen in umgekehrter Reihenfolge zu wiederholen.

Hat man einmal ein Präzisionsinstrument mit dem Kompensationsapparat geeicht, so kann man andere Amperemeter, die dann in Serie mit dem ersteren geschaltet werden, leicht damit vergleichen.

Damit bei der Eichung nicht unnötig viel Energie in großen Widerständen verloren gehe, wird man im allgemeinen den Strom einer Batterie von niederer Spannung entnehmen.

2. Für Wechselstrom.

Zur Eichung von Wechselstrominstrumenten kann man natürlich die Kompensationsmethode nicht anwenden; man nimmt dann ein für Gleich- und Wechselstrom verwendbares Vergleichsinstrument; die Thomson-Wage ist zum Beispiel dazu sehr geeignet. Wenn kein Strom von niederer Spannung zur Verfügung steht, kann man ihn durch Transformation erhalten.

Fig. 282 stellt die Schaltungsanordnung dar. *A* ist das zu eichende Amperemeter, *B* die Wage. Zur gröberen Einstellung dient der im Primärstromkreis gelegene Widerstand w_1, während die feinere Einstellung mit Hilfe des Widerstandes w_2 vorgenommen wird.

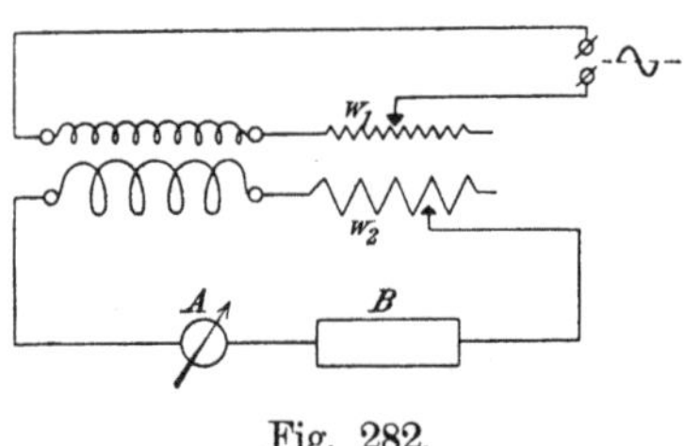

Fig. 282.

Das Vergleichsinstrument selbst wird nach der früher beschriebenen Methode mit Gleichstrom geeicht.

Bei Wechselstrominstrumenten ist es nötig, zu untersuchen, ob eine Änderung der Periodenzahl die Angaben beeinflusse; nachdem also die Messung mit der normalen Periodenzahl, die in der Regel 50 beträgt, durchgeführt ist, werden noch einige Punkte der Skala bei einer anderen Periodenzahl, z. B. 40, verifiziert. Auch hier werden die Beobachtungen in umgekehrter Reihenfolge wiederholt, nachdem das Instrument während längerer Zeit mit der maximalen Stromstärke belastet gewesen ist.

B. Eichung von Spannungsmessern.

1. Für Gleichstrom.

Für die Eichung von Spannungsmessern verwendet man zweckmäßig einen sogenannten Spannungsteiler.

Die Einrichtung eines solchen Spannungsteilers wird durch Fig. 283 veranschaulicht. Der Apparat besteht im wesentlichen aus einem Draht von hohem Widerstande ($a - b - c - d - e - f$), worauf die zur Verfügung stehende Spannung, die höher sein muß, als die der Maximalablesung des Voltmeters entsprechende, geschaltet wird. Zwischen den Klemmen K_1 und K_2 kann man jede Spannung, die kleiner ist als die zwischen *BB*, durch geeignete Drehung der beiden Kurbeln *A* und *B* erhalten. Eine Drehung der Kurbel *A* entspricht einer stufenweisen Änderung der Spannung, während mittels Kurbel *B*, die längs dem ausgespannten

Teile (a — b — c) des Drahtwiderstandes schleift, eine feinere Einstellung ermöglicht wird.

Die einem bestimmten Teilstrich des zu eichenden und zwischen die Klemmen K_1 und K_2 geschalteten Instrumentes entsprechende Spannung wird nun wieder mit dem Kompensationsapparat gemessen.

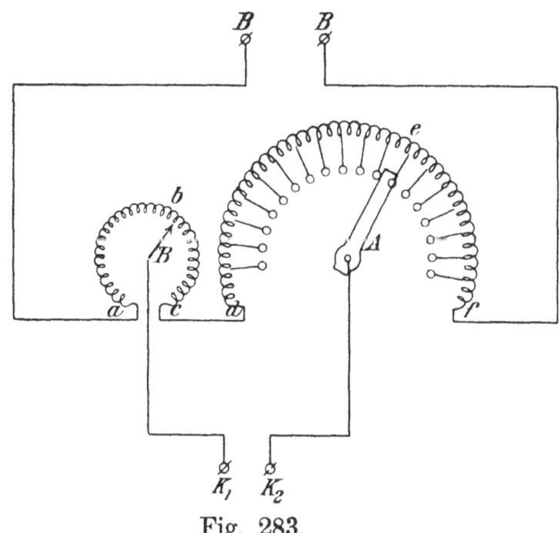

Fig. 283.

Übrigens verfährt man genau in derselben Weise wie bei der Eichung von Strommessern.

Steht kein Spannungsteiler zur Verfügung, und kann auch kein anderer Widerstand auf einfache Weise in einen ähnlichen Apparat verwandelt werden, so ist man darauf angewiesen, den Spannungsmesser mit einem variabeln Widerstande in Serie zwischen die Klemmen der Batterie zu schalten.

2. Für Wechselstrom.

Auch für die Eichung von Wechselstromvoltmetern würde ein Spannungsteiler verwendet werden können; auf die Klemmen *BB* (Fig. 283) schaltet man dann die Wechselstromspannung.

Während man aber bei Gleichstromeichungen zur Vermeidung von Spannungsschwankungen mit Vorteil eine Akkumulatorenbatterie benutzt, ist man bei Wechselstromeichungen genötigt eine Maschine zu verwenden; man kann also, zur Erhaltung der verschiedenen nötigen Spannungen, ebensogut die Erregung der

Wechselstrommaschine regulieren, wenigstens wenn das vom Meßtisch aus bequem geschehen kann. Zur genauen Einstellung der Spannung an den Klemmen des zu untersuchenden Instrumentes empfiehlt es sich, noch einen Widerstand vorzuschalten.

Das Schaltungsschema ist in Fig. 284a veranschaulicht. Als Vergleichsapparat kann z. B. ein Hitzdrahtinstrument *H* verwendet werden, weil die Angaben eines solchen Instrumentes von der Periodenzahl und Kurvenform unabhängig sind. Eine Wippe ermöglicht das Hitzdrahtvoltmeter mit dem zu untersuchenden Volt-

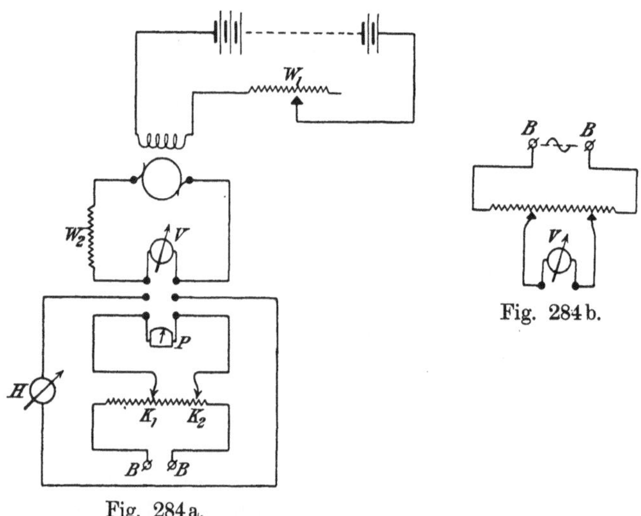

Fig. 284a.

Fig. 284b.

meter *V* oder mit einem Präzisionsvoltmeter *P* für Gleichstrom parallel zu schalten. Letzteres ist an die Klemmen K_1 und K_2 eines Spannungsteilers, dessen Klemmen *BB* mit einer Akkumulatorenbatterie verbunden sind, angeschlossen.

Nachdem nun durch Änderung der Widerstände W_1 und W_2 der Zeiger des Voltmeters V mit dem gewünschten Teilstrich seiner Skala zusammengefallen ist, stellt man die Kurbel des Spannungsteilers so ein, daß das Hitzdrahtinstrument seinen Ausschlag beim Umschalten der Wippe nicht mehr ändert. Ist das erreicht, so zeigt das Präzisionsvoltmeter die richtige Spannung am Voltmeter *V* an. Auch hier ist der Einfluß der Erwärmung und der Periodenzahl zu untersuchen.

Die Verwendung eines Spannungsteilers, zur Erhaltung der verschiedenen Spannungen, ist jedoch öfters bequemer als die Regulierung der Erregung der Maschine, weil dann keine besonderen Leitungen zum Meßtisch geführt zu werden brauchen. Die Schaltung ist dann nach Fig. 284b abzuändern. In welcher Weise man dann vorzugehen hat, dürfte ohne weiteres verständlich sein.

3. Die Eichung sehr empfindlicher Voltmeter.

Bei der Behandlung der Kompensationsapparate ist darauf hingewiesen, daß bei der Eichung von Millivoltmetern, und besonders von den viel empfindlicheren Instrumenten derselben Gattung, die für pyrometrische Zwecke Verwendung finden, eine einfache Kompensation nicht genügt (Seite 226). Verfügen wir beispielsweise über einen Kompensator mit 15000 Ω Widerstand, so kann, durch Kompensation an einem Normalelement, der Strom auf 0,0001 Ampere einreguliert werden; die kleinste zu messende Spannung würde alsdann, unter der Voraussetzung, daß im Nebenschlußkreis wenigstens 100 Ω eingeschaltet bleiben soll, 0,01 Volt betragen. Es ist nun klar, daß wir nur den Strom im Kompensationsapparat zu verringern brauchen, um kleinere Spannungen messen zu können, welches Prinzip von Dr. R. Franke bei seinen Kompensatoren auch angewandt wird (Seite 234 u. f.).

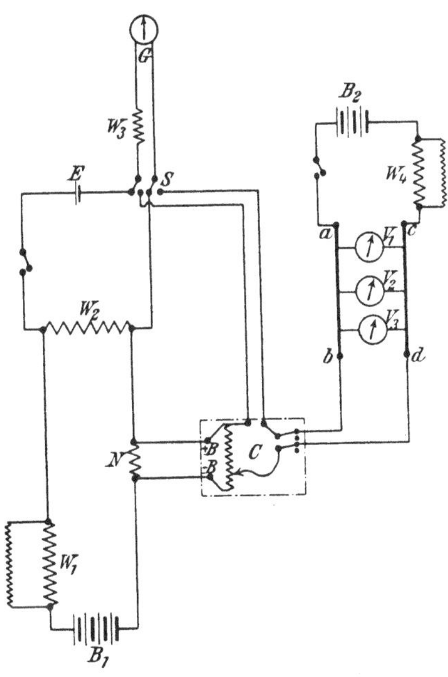

Fig. 285.

Dies kann aber auch vermittelst der in Fig. 285 angegebenen

Schaltung geschehen. Der Strom, von einer Akkumulatorenbatterie B_1 herrührend, fließt durch die Regulierungswiderstände W_1, durch den Präzisionsrheostaten W_2 und durch einen Normalwiderstand N. Parallel zu W_2 liegt ein Stromkreis, der ein Normalelement E, einen Vorschaltwiderstand W_3 und ein empfindliches Galvanometer G enthält, während die Klemmen des Normalwiderstandes mit den Klemmen $+$ und $-B$ des Kompensators verbunden sind, so daß der totale Kompensationswiderstand zum Normalelement parallel liegt.

Das Normalelement sei beispielsweise ein Cadmium-Element, dessen EMK. bei der Beobachtungstemperatur 1,0187 Volt beträgt; der Kompensator besitze einen Widerstand von 15000 Ω und als Normalwiderstand sei 100 Ω gewählt.

Soll die Stromstärke im Kompensator nun z. B. 0,00001 Ampere sein, so muß die Spannungsdifferenz an den Klemmen von N $15000 \times 0{,}00001 = 0{,}15$ Volt betragen; der Strom, der der Batterie B_1 entnommen wird, muß daher

$$J = 0.15 \frac{15000 + 100}{15000 \times 100} = 0{,}00151 \text{ Ampere}$$

sein. Um diesen Strom zu erhalten, muß man durch Änderung des Regulierwiderstandes W_1 das Normalelement kompensieren an

$$W_2 = \frac{1.0187}{0.00151} = 674.6\,\Omega.$$

Führt man also diese Kompensation durch, dann ist man sicher, daß im Kompensator ein Strom von 0,00001 Ampere fließt; jetzt legt man den Schalter S um, so daß das Galvanometer in den zweiten Kreis aufgenommen wird, der die Batterie B_2, den Regulierungswiderstand W_4 und die Schienen *ab* und *cd* enthält, zwischen die die zu eichenden Instrumente parallel geschaltet werden.

Schließt man diesen Stromkreis, so kann man durch Änderung von W_4 auf einen bestimmten Teilstrich eines der zu eichenden Voltmeter einstellen, die anderen ablesen und den Sollwert der Spannung durch Kompensation bestimmen.

C. Eichung von Wattmetern.

Damit auch bei der Eichung von Wattmetern möglichst wenig Energie unnütz verloren gehe, wird für den Hauptstrom, wenn möglich, ein Strom von niederer Spannung benutzt, während für den Spannungsstrom natürlich eine größere Spannung aufgewendet werden muß.

Die Eichung mit Gleichstrom bietet wenig Schwierigkeiten. Der Strom, der die Stromspule durchfließt, und die Spannung, die auf die Spannungsspule einwirkt, werden mittels Kompensationsapparats oder Präzisionsinstruments (siehe Eichung von Strom- und Spannungsmessern) gemessen; das Produkt dieser Größen stellt den Sollwert der Leistung dar. Infolge des Einflusses des erdmagnetischen Feldes wird aber die Spannungsspule sich auch drehen, wenn die Stromspule stromlos ist; es ist somit für genaue Eichungen nötig, noch eine zweite Ablesung vorzunehmen, nachdem entweder das Instrument um 180^0 gedreht oder die Stromrichtung in beiden[1]) Spulen umgekehrt ist; wir haben dann das arithmetische Mittel beider Ablesungen zu nehmen.

Die Verwendung zweier getrennter Batterien für Strom und Spannung hat noch den Vorteil, daß die Korrektionen $\frac{\mathcal{E}^2}{r'}$ und $\mathcal{J}^2 r''$ (Seite 240) wegfallen.

Auch die Weston-Wattmeter mit Kompensationswicklung werden zweckmäßig mit getrennten Strom- und Spannungsbatterien geeicht; die Kompensationswicklung ist dann selbstverständlich außer Gebrauch gesetzt. Die richtige Wirkung dieser Kompensationswicklung kann dann nachträglich kontrolliert werden. Dazu schaltet man das Wattmeter in der gewöhnlichen Weise ein (vergl. Fig. 197), läßt aber den Belastungsstromkreis offen. Würde keine Kompensationswicklung vorhanden sein, so würde das Instrument den Verlust in der Spannungsspule anzeigen. Die Kompensationswicklung muß daher derart abgeglichen werden, daß das Wattmeter in diesem sogenannten Leerlaufzustand keinen Ausschlag zeigt.

Bei der Eichung mit Wechselstrom kann natürlich der Kompensationsapparat nicht verwendet werden, und man ist bei auf-

---

[1]) Die Umkehrung der Stromrichtung in der Spannungsspule allein würde ja einen negativen Ausschlag des Wattmeters zur Folge haben.

tretender Phasenverschiebung auf die Verwendung von Vergleichsinstrumenten, sogenannten Normalinstrumenten, angewiesen. Soll auch jetzt der Energieverbrauch auf das Mindestmaß heruntergedrückt werden, so muß der Hauptstrom wieder von niederer Spannung sein. Damit Haupt- und Spannungsstrom dieselbe Periodenzahl haben, werden beide derselben Wechselstrommaschine entnommen; man muß aber außerdem die Phasenverschiebung beliebig ändern können; dazu ist eine besondere Einrichtung, ein sogenannter Phasenregler, nötig.

Ein solcher ist in Fig. 286 schematisch dargestellt; ein aus Blechscheiben zusammengesetzter Eisenkern R ist mit einer Ringwicklung W versehen, der an 3 in einem Abstande von 120^0 befindlichen festen Punkten Drehstrom zugeführt wird. Um den Kraftlinien des erzeugten Drehfeldes einen möglichst eingeschlossenen Verlauf zu geben und dadurch den Magnetisierungsstrom zu reduzieren, wird die innere Öffnung des Ringes mit einem unterteilten Eisenkern k ausgefüllt. Die einzelnen Windungen dieses Ringes sind mit einer Kontaktbahn verbunden, auf der diametral zwei voneinander isolierte Federn f schleifen.

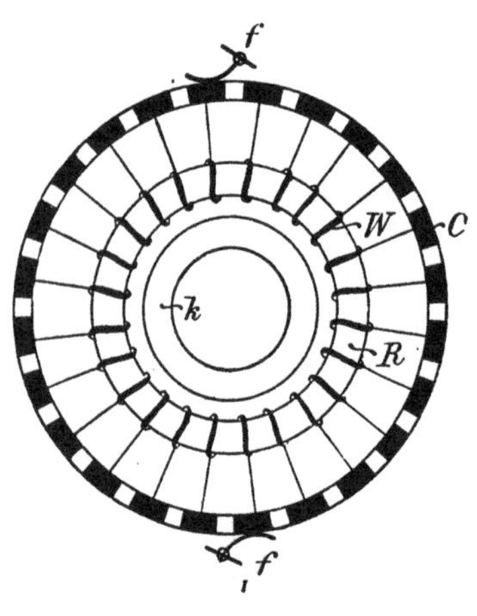

Fig. 286.

Infolge des erzeugten Drehfeldes wandert das Maximum der Induktion von Windung zu Windung, daher wird der mittels der Federn f entnommene Strom je nach der Stellung dieser Federn auf dem Ring früher oder später sein Maximum erreichen, d. h. die Phase des abgenommenen Stromes kann gegen die irgend einer der eingeleiteten Zweige des Drehstromes beliebig verschoben werden. Je größer die Windungszahl des Phasenreglers ist, eine um so feinere Einstellung der Phase ist mit Hilfe der Schleiffedern möglich.

Dasselbe Resultat läßt sich mit Hilfe eines Drehstrommotors erreichen, dessen Anker sich nicht frei zu drehen vermag, sondern mittels Schnecke und Schneckenrad in einen beliebigen Stand gedreht und alsdann festgesetzt werden kann. Führt man dem Stator Drehstrom zu, so kann dem Rotor ein Strom entnommen werden, der eine beliebige Phasenverschiebung gegen den Strom in den Zuleitungen hat.

Diese Änderung der Phasenverschiebung ist nötig, weil man ihren Einfluß auf die Angaben des Instrumentes zu untersuchen hat; unter Umständen sind Korrektionstabellen für die Phasenverschiebung aufzustellen.

Die Eichung wird also im allgemeinen derart vorgenommen, daß die Stromspulen der zu eichenden Instrumente mit der Stromspule des Vergleichsinstruments in Serie geschaltet werden, während sämtliche Spannungsspulen an die nämliche Spannung gelegt werden.

Fig. 287a stellt beispielsweise die vollständige Schaltung dar für die Eichung zweier Wattmeter *I* und *II* mit Hilfe eines Vergleichsinstruments *III*.

Der Transformator T_1 wird an eine Phase der Drehstrommaschine angeschlossen. Der auf niedere Spannung transformierte Strom durchfließt die Stromspulen sämtlicher Wattmeter; der Widerstand W_1 dient zur Regulierung auf die gewünschte Stromstärke, dessen ungefährer Wert auf dem eingeschalteten Amperemeter[1]) abgelesen werden kann.

Die dem Phasenregler entnommene Spannung für die Spannungsspulen kann (wie in der Figur) nötigenfalls auch transformiert werden. Vermittelst des Regulierwiderstandes W_2 kann die Spannung auf den gewünschten Betrag gebracht werden. Stehen keine Transformatoren und Phasenregler zur Verfügung, so wird die Schaltung wie in Fig. 287b angegeben. Die gewünschte Phasenverschiebung muß dann mittels Drosselspulen hergestellt werden.

Als Vergleichsinstrumente benutzt man am besten Torsions-

[1]) Da bei dieser Methode keine Ablesungen des Amperemeters zur Berechnung der Fehler in den Anzeigungen des Wattmeters benutzt werden, braucht das Amperemeter nicht vor der Messung geeicht zu werden; es dient vielmehr nur dazu, einerseits die ungefähre Einstellung der erwünschten Stromstärke zu ermöglichen und andrerseits zur Kontrolle, daß die für das Wattmeter maximal zulässige Stromstärke nicht überschritten wird. Einem ähnlichen Zweck dient das in Fig. 287 eingezeichnete Voltmeter.

elektrodynamometer; diese können ja mit Gleichstrom geeicht werden, wobei ihre Angaben, wenn die feste Spule in der Richtung der magnetischen Kraftlinien aufgestellt ist, vom erdmag-

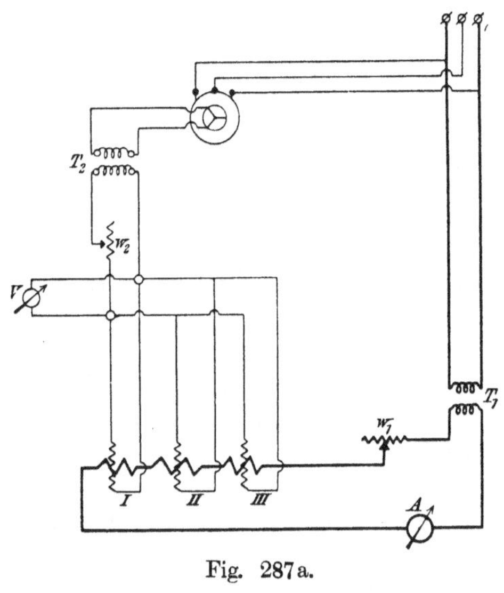

Fig. 287a.

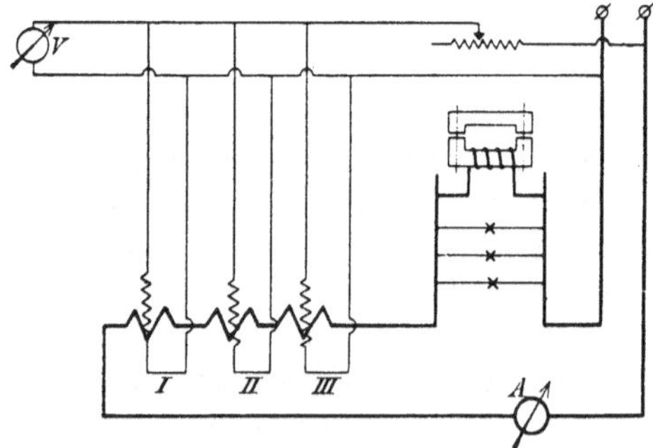

Fig. 287b.

netischen Felde unabhängig sind. Die Korrektionen für Verwendung als Wechselstromleistungsmesser, auch bei verschiedenen Phasenverschiebungen, sind nach Messung des Koeffizienten der Selbstinduktion der beweglichen Windungen leicht rechnerisch festzusetzen (Kapitel IV, Abschnitt A).

D. Eichung von Elektrizitätszählern.

Die Untersuchung von Elektrizitätszählern kann im allgemeinen auf zwei verschiedene Weisen stattfinden: 1. durch direkte Messung von Wattverbrauch und Zeit bei gleichzeitiger Ablesung der Angaben des Instruments, oder 2. durch Vergleich mit den Angaben eines genau geprüften Normalzählers. Letztere Methode, die selbstverständlich weniger genaue Resultate ergibt, wird nur verwendet, wenn man einen installierten Zähler nachprüfen will. In

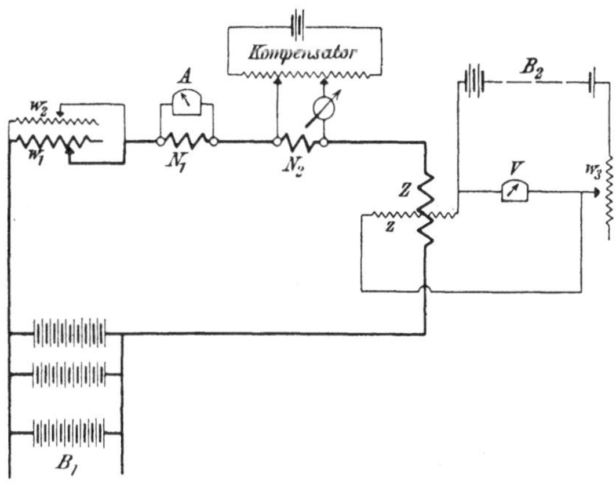

Fig. 288.

der neueren Zeit werden die Zähler öfters mit Prüfklemmen versehen, die es ermöglichen, den Zähler aus dem Betrieb herauszunehmen, ohne diesen zu stören.

Für eine genaue Untersuchung nach der ersten Methode ist es erforderlich, Strom und Spannung während einer beliebigen Zeit konstant halten zu können, was ja im allgemeinen nur in speziell dazu eingerichteten Laboratorien möglich ist. Man kann in ähnlicher Weise wie bei Wattmetereichungen den Energieverbrauch auf ein Minimum reduzieren. Fig. 288 zeigt die Schaltung für die Prüfung des Gleichstromzählers Z; stellt man hohe Anforderungen an die zu erreichende Genauigkeit, so werden Strom und Spannung mit dem Kompensationsapparat, sonst mit Präzisionsinstrumenten gemessen.

Bei der Untersuchung hält man die Spannung konstant auf dem normalen Betrag und bestimmt die Konstante als Funktion der Belastungsstromstärke. Es ist nun scheinbar am einfachsten, das Zählwerk vor und nach einer bestimmten Zeit, während welcher Strom und Spannung konstant gehalten werden, abzulesen; ist alsdann das Zählwerk infolge einer Belastung mit W Effekteinheiten während der Zeit t um n Teilstriche fortgeschritten, und definiert man als Zählerkonstante C diejenige Energiemenge, der ein Teilstrich entspricht, so ist einfach

$$C = \frac{W t}{n}.$$

Es wird dabei vom jeweilig vorliegenden Fall abhängen, in welchen Einheiten Effekt und Energie ausgedrückt werden.

Da die Räder des Zählwerkes Spielraum haben, ist obengenannte Methode aber sehr ungenau, oder man müßte die Untersuchung über einen großen Zeitraum ausdehnen. Es ist daher viel besser und bequemer, die Bewegung derjenigen Teile des Zählers ins Auge zu fassen, die unmittelbar dem Einflusse des Stromes unterliegen, sich also viel schneller bewegen; man ist dann vollständig unabhängig vom Zählwerk.

Man wird also bei einem Pendelzähler die Differenz der Schwingungszahlen, bei einem integrierenden Zähler die Anzahl der Hin- und Herschwingungen des Ankers, bei Motorzählern die Anzahl der Umdrehungen des Ankers oder der Dämpferscheibe bestimmen. Mit Hilfe der Übersetzungszahl des Zählwerks, die meistens auf den Zählern angegeben ist und sonst aus den Zahnzahlen leicht ermittelt werden kann, berechnet man dann, wieviel Umdrehungen, bzw. welche Schwingungsdifferenz nötig sind, damit das Zählwerk eine Einheit fortbewegt werde.

Die nötigen Zeitbestimmungen können mit Doppelzeitschreibern, Taschenchronographen usw. vorgenommen werden. Der Doppelzeitschreiber besteht im wesentlichen aus einem Morsefarbschreiber mit zwei Schreibstiften, welche auf einem ablaufenden Papierstreifen je eine kontinuierliche Linie ziehen, wenn die Magnete nicht erregt sind.

In dem Stromkreis des einen Magnets ist das Kontaktwerk einer Sekundenpendeluhr, die auch in einem anderen Gebäude aufgestellt sein kann, so eingeschaltet, daß der Stromkreis eine

Sekunde lang offen und eine Sekunde lang geschlossen ist. Auf dem Papierstreifen entsteht infolgedessen die in Fig. 289a abgebildete Zeichnung.

Für die meisten Zwecke ist es mehr als ausreichend, die Länge einer Sekunde auf der Linie *A* etwa 10 mm lang zu machen. In dem Stromkreise des zweiten Magnets ist der Beobachtungstaster eingeschaltet. In gewünschten Momenten schließt der Beobachter den Stromkreis und erzeugt hierdurch in der Linie *B* kurze Signale *i i* (Fig. 289b), deren Länge an der Zeitskala durch Schätzung oder mit Hilfe einer wenig konvergierenden, auf einem Glasstreifen aufgetragenen Liniengruppe abgelesen werden kann. Ein einzelnes Signal gibt ein zu fixierendes Zeitmoment, die Differenz der Ablesung zweier Signale die gewünschte Dauer einer Erscheinung.

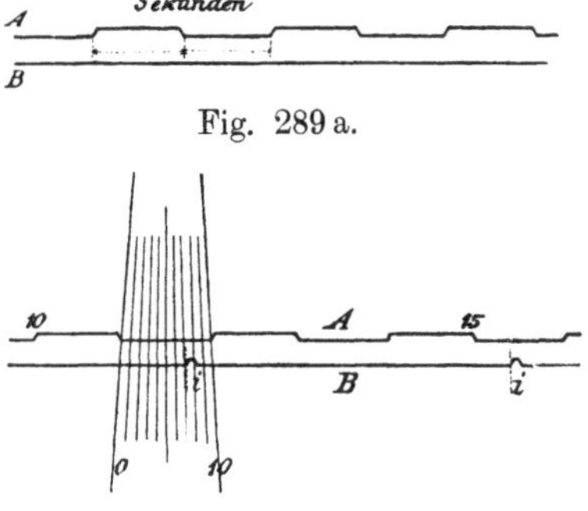

Fig. 289 a.

Fig. 289 b.

Der Taschenchronograph ist weiter nichts als eine Taschenuhr, die einen arretierbaren Fünftelsekundenzeiger besitzt, und deren Gang natürlich genau kontrolliert sein muß.

Da bei nahezu allen Zählern die Spannungsspulen dauernd vom Strom durchflossen werden, ist es mit Rücksicht auf Temperaturänderungen nötig, die Spannung schon längere Zeit vor der Untersuchung anzulegen.

Während man bei Gleichstromzählern den Wattverbrauch durch Messung von Strom und Spannung genau ermitteln kann, ist man bei Wechselstromzählern, die ja auch bei verschiedenen Phasenverschiebungen untersucht werden sollen, auf die Benutzung genau geeichter Wattmeter angewiesen. Das Schaltungsschema für den Fall, daß keine niedere Spannung zur Verfügung steht, ist in Fig. 290 angegeben; mit Hilfe der noch eingeschalteten Ampere- und Voltmeter ist die Phasenverschiebung leicht zu ermitteln.

Bei Drehstromzählern für ungleichmäßige Belastung der einzelnen Zweige sollen einige extreme Fälle der Belastungsverschiedenheit untersucht werden.

Jeder Zähler soll auf Leerlauf untersucht werden, auch bei etwas höherer Spannung als der normalen, während auch die Anlaufstromstärke zu ermitteln ist.

Wenn die zu prüfenden Zähler permanente Magnete enthalten, soll noch untersucht werden, ob deren Magnetismus sich bei Überlastung bzw. Kurzschluß im Belastungsstromkreis ändert oder nicht.

Nur bei den Induktionszählern zeigt sich eine merkliche Abhängigkeit von der Periodenzahl; dieselbe dürfte aber bei den im praktischen Betriebe vorkommenden Schwankungen der Frequenz wohl immer zu vernachlässigen sein.

Die Untersuchungsmethode ist nun von Fall zu Fall verschieden, je nach der Art und Konstruktion des vorliegenden Zählers. Bei der Besprechung der einzelnen Zählertypen sind öfter Bemerkungen gemacht, die bei der Untersuchung und Prüfung wertvoll sind, z. B. betreffs Änderung der Zählerkonstante (Einstellung auf einen runden Wert), Verhinderung eines eventuellen Leerlaufs, Regulierung der Anlaufstromstärke, Einstellung der erforderlichen Phasenverschiebung des Nebenschlußfeldes gegen die Nebenschlußspannung bei Induktionszählern usw.; es sei daher auf Kapitel VIII zurückgewiesen.

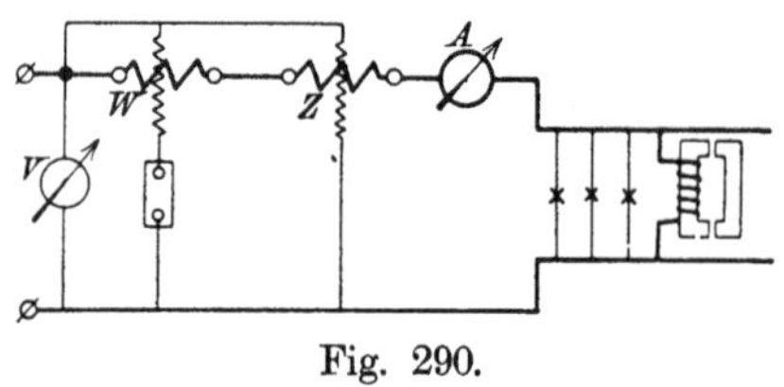

Fig. 290.

Bezüglich der Einstellung der obenerwähnten Phasenverschiebung bei Induktionszählern sei noch bemerkt, daß dieselbe richtig vorgenommen ist, wenn der Zähler bei Einschaltung in einen Stromkreis, worin zwischen Strom und Spannung eine Phasenverschiebung $\varphi = 90^0$ herrscht, was leicht mittels eines Phasenindikators (Kapitel VII) konstatiert werden kann, stillsteht. Eine solche Phasenverschiebung von 90^0 kann man mit Hilfe zweier parallel geschalteter Wechselstromgeneratoren erhalten.

Bei der Eichung der langpendeligen Aron-Zähler mit nur einer Hauptstromspule bestimmt man die beiden Schwingungsdauern sowohl in stromlosem Zustande als bei der jeweiligen Belastung; der Differenz der Schwingungszahlen der beiden Pendel entspricht dann eine bestimmte Drehung des Zählwerkes. Ist diese Übersetzung nicht angegeben, so läßt sich dieselbe ein für allemal leicht ermitteln, indem nur das eine Pendel in Bewegung gebracht wird und seine Schwingungen gezählt werden, während der Zeit, in der das Zählwerk um einen bestimmten Betrag fortschreitet. Dieser Betrag soll so groß gewählt werden daß etwaige Fehler durch ungenaues Ablesen oder Spiel zwischen den Rädern vernachlässigt werden können.

Bei den Zählern des neueren Typs bringt dies aber Schwierigkeiten mit sich, da die Pendel erstens viel kürzer sind und somit viel schneller schwingen als die des älteren Typs, aber außerdem würde, infolge der periodischen Umschaltung (Seite 337), jede Bestimmung der Schwingungsdauer innerhalb der Zeit einer Periode beendigt sein müssen. Solange man also keine spezielle Methode für die Bestimmung der Schwingungsdauer dieser Zähler hat (es bestehen schon einige, dieselben sind aber viel zu kompliziert), ist es bei diesen Aron-Zählern am bequemsten, das Zählwerk abzulesen.

Um die Zeit der Eichung verkürzen zu können, werden meist Hilfszifferblätter angebracht, deren Zeiger nur zur Eichung aufgesetzt werden und eine kleinere Umdrehungszeit haben.

Da bei den neueren Zählern die Korrektion der Konstante für verschiedene Belastungen wegfällt, braucht die Untersuchung eigentlich nur bei einer (der maximalen) Belastung zu geschehen, oder es müßte sich eben um eine experimentelle Bestätigung dieser Tatsache handeln.

Bei den Motorzählern und denjenigen mit oszillierendem Anker treten jedoch Reibungswiderstände auf, die von der Bewegungsgeschwindigkeit, also auch vom Hauptstrom, abhängen; deshalb ist es nötig, diese Zähler bei verschiedenen Belastungen zu untersuchen, beispielsweise bei $\frac{1}{5}$, $\frac{3}{5}$ und $\frac{5}{5}$ der Maximalbelastung.

Zur genauen Aufnahme der sogenannten Fehlerkurve, die den prozentualen Fehler in den Angaben des Instruments als Funktion der jeweiligen Belastung darstellt, ist natürlich eine größere Anzahl Messungen erforderlich. Eine solche Fehlerkurve für einen Isariazähler der Luxschen Industriewerke, A.-G., ist in Fig. 291 dargestellt. Die Eichung ist unter normalen Betriebsverhältnissen (normaler Spannung und Periodenzahl) mit Wechselstrom bei induktionsfreier Belastung durchgeführt.

Die notwendigen Rechnungen lassen sich durch Wahl einer

geeigneten Zeitdauer für jede Messung sehr vereinfachen. Die Spannung, die bei allen Belastungen auf demselben Betrag gehalten wird, sei E Volt; der Strom J Ampere; die Zeit, während welcher der Anker n Umdrehungen (Oszillationen) macht, t Sekunden, und die Anzahl Ankerumdrehungen (Oszillationen), die nötig sind, um das Zählwerk um eine Einheit zu verstellen, Z.

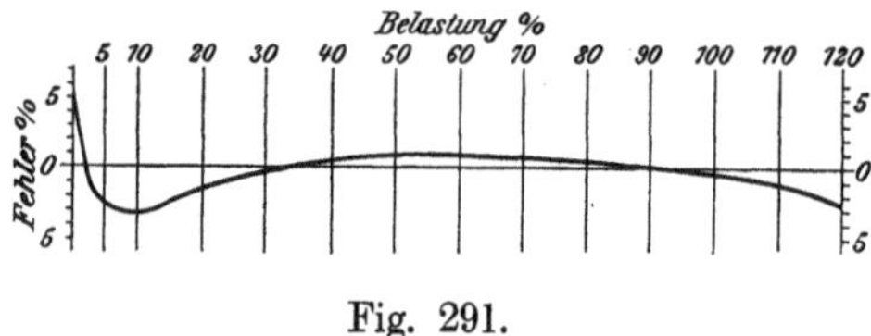

Fig. 291.

Die Zählerkonstante C, d. h. also der Energieverbrauch per Einheit am Zählwerk, ist dann

$$C = \frac{\frac{EJt}{n}}{Z} \text{ Wattsekunden}$$

$$= t\left(\frac{ZEJ}{n \times 3600 \times 1000}\right) \text{ Kilowattstunden.}$$

Nimmt man nun bei den verschiedenen Belastungen, bei welchen die Untersuchung stattfinden soll, $\frac{J}{n}$ konstant, bei geringer Stromstärke also auch die Anzahl Ankerumdrehungen (Oszillationen) kleiner, so ist der Ausdruck zwischen den Klammern eine konstante Größe und die Formel reduziert sich auf

$$C = ct.$$

Man mißt also die Zeit, in welcher der Zähleranker eine Anzahl Umdrehungen gemacht hat, die sich jedesmal aus $\frac{J}{n}$ berechnen läßt; diese Zeit, multipliziert mit dem ein- für allemal gerechneten Wert

$$c = \frac{ZEJ}{n \times 3600 \times 1000},$$

gibt dann direkt die Zählerkonstante bei den jeweiligen Strombelastungen.

Wenn man Strom und Spannung auf 0,001 genau mißt und bei der Zeitbestimmung einen Fehler von 0,0001 zuläßt, dann ist, da durch die Übertragung kein Fehler hineinkommt (das Zählwerk bleibt ja ganz außer Betrachtung), beim Gebrauch eines Doppelzeitschreibers eine Beobachtungszeit von 3 bis 4 Minuten genügend, um die Konstante auf 0,3 $^0/_0$ genau zu bestimmen.

Bei Verwendung einer gewöhnlichen Uhr muß man wenigstens eine viermal längere Zeit nehmen, da man höchstens bis auf $^1/_5$ Sekunde ablesen kann und die meisten Uhren mit Ankervorrichtung selten bis auf 0,001 genau gehen.

Bei den integrierenden Zählern (z. B. denen von Siemens & Halske) werden die Umdrehungen des fein gerauhten Zählrades gezählt; hierbei kann die vereinfachte Rechnung nicht durchgeführt werden, da die Anzahl Umdrehungen während der Beobachtungsdauer keine ganze Zahl ist. Bei diesen Instrumenten ist die Untersuchung bei mehreren Belastungen auch wünschenswert mit Rücksicht auf Ungleichmäßigkeiten in den Ausschlägen des Meßinstrumentes und in den Elastizitätserscheinungen der Federn.

Soll die Untersuchung aus irgend einem Grunde durch Vergleich mit den Angaben eines Normalzählers geschehen, so fragt es sich, welcher Typ als Normalzähler gewählt werden soll. Während bei den elektrischen Prüfämtern im allgemeinen solche Normalzähler noch wenig Eingang finden, werden dieselben in einigen Fabriklaboratorien angetroffen.

Man könnte beispielsweise als Normalzähler eine gewöhnliche Regulatoruhr, die sehr genau geht, möglichst unabhängig von Temperaturänderungen ist, und deren Pendel, das über einer Stromrolle schwingt, anstatt einer Linse feine Drahtwindungen trägt, verwenden. Die Abweichung dieser Uhr vom normalen Gange (also von der normalen Zeit) beim Stromdurchgang ist dann ein Maß für den Energieverbrauch. Ein solches Instrument ist aber nicht geeignet, um damit auswärts Prüfungen vorzunehmen; dazu wäre ein Rapsscher oder sonstiger genau geprüfter Zähler, dessen Konstante sich mit der Zeit nicht wesentlich ändert, vorzuziehen.

Wenn man einen Elektrizitätszähler untersuchen läßt, muß dabei immer angegeben werden, in welcher Weise später die Zuleitungsdrähte geführt werden sollen, denn bei großer Stromstärke erhält man ein ziemlich starkes äußeres magnetisches Feld, das sich ändert mit der Lage dieser Drähte; es können sonst Fehler bis zu 5% auftreten.

Beispiel der Untersuchung eines Motorzählers.

Der vorliegende Zähler dient zur Messung der in ein Dreileitergleichstromsystem (2×100 Ampere und 2×220 Volt) hineingeleiteten Energiemenge.

Das Übersetzungsverhältnis ist zu $\frac{17}{115 \times 110}$ angegeben, d. h. daß ein Rundgang des Zeigers der Einheiten

$$\frac{115 \times 110}{17} = 744{,}1 \text{ Umdrehungen}$$

der Achse entspricht. Da ein Rundgang des Zeigers 10 Teilstrichen gleichkommt, so ist ein Teilstrich $= 74{,}41$ Umdrehungen. Der Zähler wurde mit 440 Volt und der Reihe nach mit 20, 60 und 100 Ampere belastet, und zwar zunächst bei wachsender Belastung und dann nach einer Stunde Vollast noch einmal bei abnehmender Belastung.

Zur Kontrolle wurde noch das Zählwerk vor und nach dieser Stunde abgelesen.

Auch wurde ermittelt, ob beide Stromspulen dieselbe Wirkung auf den Anker ausübten; dazu wurden sie nacheinander belastet mit einem mittleren Strom, während die für eine bestimmte Anzahl Umdrehungen nötige Zeit gemessen wurde.

Schließlich wurden die Widerstände der Strom- und Spannungsspulen bestimmt, um den Eigenverbrauch des Zählers berechnen zu können.

Die Zeitaufnahmen wurden mit einem Doppelzeitschreiber vorgenommen. Es wurde zur Vereinfachung der Berechnung das Verhältnis $\frac{J}{n}$ konstant gehalten und zwar

bei $J = 100$	$n = 170$
„ $J = 60$	$n = 102$
„ $J = 20$	$n = 34$.

In der Formel

$$C = t\left(\frac{ZEJ}{n \times 3600 \times 1000}\right)$$

ist daher der Klammerausdruck konstant und gleich

$$\frac{74{,}41 \times 100 \times 440}{3600 \times 1000 \times 170} = 0{,}00535\,.$$

Also

$$C = 0{,}00535\, t\,.$$

Darin bedeutet also t die Zeit, in der 170 Umdrehungen bei $J = 100$, 102 Umdrehungen bei $J = 60$ und 34 Umdrehungen bei $J = 20$ stattfinden.

Beobachtungen.

Widerstand der Nebenschlußspule	$= 8086{,}8\ \Omega$
Vorgeschalteter Widerstand	$= 8108{,}7\ \Omega$
Totaler Widerstand des Nebenschlußstromkreises	$= 16195{,}5\ \Omega$
Widerstand der Hauptstromspulen . .	$= 1011 \times 10^{-6}\ \Omega$
Wattverbrauch im Nebenschluß $\frac{440^2}{16195{,}5}$	$= 12{,}0$ Watt
Wattverbrauch in den Hauptstromspulen bei Vollast $= 100^2 \times 1011 \times 10^{-6}$.	$= 10{,}11$ Watt
Totaler Wattverlust bei Vollast	$= 22{,}1$ Watt
	$= 0{,}05\ ^0/_0$
Anlaufstromstärke	$= 0{,}6$ Ampere

Folgenummer der Beobachtung	Anzahl der eingeschalteten Hauptstromspulen	Spannung in Volt	Stromstärke in Ampere	Anzahl der Umdrehungen	Zeitdauer in Sekunden der Umdrehungen	$C = 0{,}005\,35\,t$
1	beide	440	20	34	186,7	$0{,}99_9$
2	,,	,,	60	102	187,6	$1{,}00_4$
3	,,	,,	100	170	187,4	$1{,}00_3$
4	Kontrolle der Konstante durch Ablesung des Zählwerkes nach einer Stunde mit maximaler Belastung					$1{,}00_2$
5	beide	440	100	170	187,0	$1{,}00_0$
6	,,	,,	60	102	186,15	$0{,}99_6$
7	,,	,,	20	34	186,85	$1{,}00_0$
8	linke Spule	,,	60	51	181,7	$0{,}97_2$
9	rechte ,,	,,	60	51	191,9	$1{,}02_7$

Eichresultate.

Nr.	Wert von C	Mittelwert von C	Abweichung des Mittelwertes vom Sollwerte	Bemerkungen
1	$0{,}99_9$	$1{,}00_0$	$\pm 0{,}0\,\%$	Beide Spulen üben nicht genau denselben Einfluß auf den Anker aus
7	$1{,}00_0$			
2	$1{,}00_4$	$1{,}00_0$	$\pm 0{,}0\,\%$	
6	$0{,}99_6$			
3	$1{,}00_3$	$1{,}00_2$	$+ 0{,}2\,\%$	
5	$1{,}00_0$			

Mittelwert von $C = 1{,}00_1$.
Abweichung des Mittelwertes vom Sollwert $+ 0{,}1\,\%$.

Zehntes Kapitel.

Magnetische Messungen.

A. Bestimmung magnetischer Momente.

Wirkung eines Magnets auf einen Pol. Die vom Magnet NS herrührende Feldstärke im Punkt A (Fig. 292) setzt sich aus den beiden Feldstärken P und Q zusammen.

Bekanntlich ist

$$P = \frac{m}{AN^2} \quad \text{und} \quad Q = \frac{m}{AS^2}.$$

Zerlegt man diese beiden Feldstärken nach zwei unter sich senkrechten Achsen und wählt man als X-Achse die Verbindungslinie von A mit der Mitte des Magnets NS, so ist

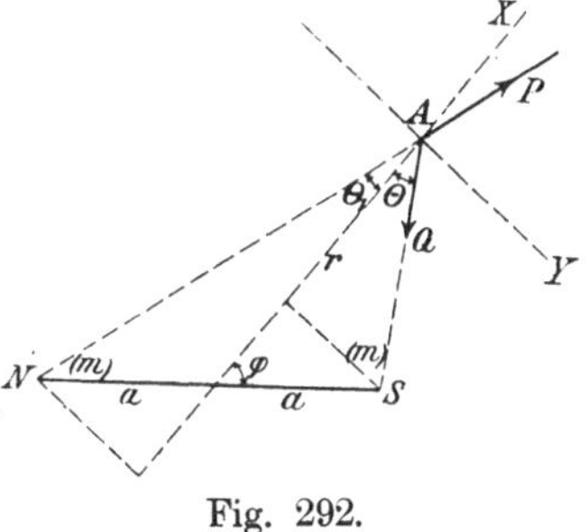

Fig. 292.

$$X = \frac{m \cos \Theta}{AS^2} - \frac{m \cos \Theta_1}{AN^2} \quad \text{und} \quad Y = \frac{m \sin \Theta}{AS^2} + \frac{m \sin \Theta_1}{AN^2}$$

Aus der Figur geht hervor:

$$AS^2 = a^2 + r^2 - 2ar \cos \varphi \quad \ldots \ldots \quad (1)$$

$$AN^2 = a^2 + r^2 + 2ar \cos \varphi \quad \ldots \ldots \quad (2)$$

$$r = a \cos \varphi + AS \cos \Theta, \quad \text{also} \quad \cos \Theta = \frac{r - a \cos \varphi}{AS} \quad (3)$$

$$r = -a \cos \varphi + AN \cos \Theta_1, \quad \text{also} \quad \cos \Theta_1 = \frac{r + a \cos \varphi}{AN} \quad (4)$$

Weiter ist

$$a : \sin \Theta = AS : \sin \varphi$$

$$a : \sin \Theta_1 = AN : \sin \varphi ,$$

also

$$\sin \Theta = \frac{a \sin \varphi}{AS} \quad . \quad . \quad . \quad . \quad . \quad . \quad . \quad (5)$$

$$\sin \Theta_1 = \frac{a \sin \varphi}{AN} \quad . \quad . \quad . \quad . \quad . \quad . \quad . \quad (6)$$

Aus der Kombination dieser 6 Gleichungen mit den beiden zunächst gefundenen erhalten wir:

$$X = \frac{m\,(r - a \cos \varphi)}{(r^2 + a^2 - 2ar \cos \varphi)^{3/2}} - \frac{m\,(r + a \cos \varphi)}{(r^2 + a^2 + 2ar \cos \varphi)^{3/2}},$$

$$Y = \frac{ma \sin \varphi}{(r^2 + a^2 - 2ar \cos \varphi)^{3/2}} + \frac{ma \sin \varphi}{(r^2 + a^2 + 2ar \cos \varphi)^{3/2}}.$$

Ist r groß im Vergleich zu a, so kann man setzen:

$$r^2 + a^2 - 2ar \cos \varphi = (r - a \cos \varphi)^2$$

$$r^2 + a^2 + 2ar \cos \varphi = (r + a \cos \varphi)^2 ,$$

so daß:

$$X = \frac{m}{(r - a \cos \varphi)^2} - \frac{m}{(r + a \cos \varphi)^2}$$

$$X = \frac{4mar \cos \varphi}{(r^2 - a^2 \cos^2 \varphi)^2},$$

$$Y = \frac{ma \sin \varphi}{(r - a \cos \varphi)^3} + \frac{ma \sin \varphi}{(r + a \cos \varphi)^3}$$

$$= \frac{ma \sin \varphi}{r^3} \left\{ \frac{1}{\left(1 - \frac{a}{r} \cos \varphi\right)^3} + \frac{1}{\left(1 + \frac{a}{r} \cos \varphi\right)^3} \right\}.$$

Es ist $2ma$ = magnetisches Moment $= M$, also

$$X = \frac{2M \cos \varphi}{r^3 \left\{1 - \frac{a^2}{r^2} \cos^2 \varphi\right\}^2} = \frac{2M \cos \varphi}{r^3} \left(1 - \frac{a^2}{r^2} \cos^2 \varphi\right)^{-2}$$

$$= \frac{2M \cos \varphi}{r^3} \left(1 + 2 \frac{a^2}{r^2} \cos^2 \varphi + \cdots \right),$$

$$Y = \frac{\frac{1}{2} M \sin \varphi}{r^3} \left\{ \left(1 - \frac{a}{r} \cos \varphi\right)^{-3} + \left(1 + \frac{a}{r} \cos \varphi\right)^{-3} \right\}$$

$$= \frac{M \sin \varphi}{r^3} \left(1 + 6 \frac{a^2}{r^2} \cos^2 \varphi + \cdots\cdots\right).$$

Als erste Annäherung ist somit, wenn r groß ist im Vergleich zu a,

$$X = \frac{2 M \cos \varphi}{r^3} \quad \text{und} \quad Y = \frac{M \sin \varphi}{r^3}$$

Die Feldstärke im Punkte A ist:

$$F = \sqrt{X^2 + Y^2} = \frac{M}{r^3} \sqrt{1 + 3 \cos^2 \varphi}$$

und der Winkel, den die Richtung der Feldstärke mit der Richtung r einschließt, gegeben durch die Formel:

$$\operatorname{tg} \alpha = \frac{Y}{X} = \frac{1}{2} \operatorname{tg} \varphi .$$

Bestimmung des magnetischen Momentes eines Stabes nach der Ablenkungsmethode. Wenn man eine kleine Magnetnadel an einem Kokonfaden aufhängt und den Stabmagnet, dessen magnetisches Moment M ermittelt werden soll, in eine zum magnetischen Meridian senkrechte Richtung nach Fig. 293 aufstellt, so wird die Nadel eine Gleichgewichtslage einnehmen, die durch den Ablenkungswinkel α gegeben sein möge.

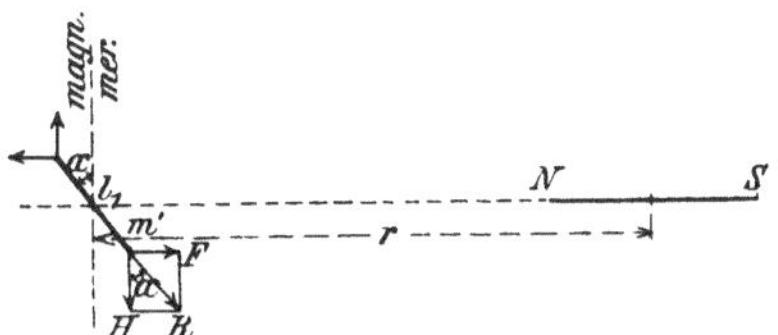

Fig. 293.

Ist die Nadel sehr klein und der Abstand zum Stabmagnet sehr groß im Vergleich mit der Länge des letzteren, so kann man annehmen:

1. daß die vom Magnet hervorgerufenen Feldstärken da, wo die Pole der Nadel sich befinden, parallel gerichtet sind;

2. daß die Größen dieser Feldstärken nach dem Vorhergehenden gleich $F = \frac{2M}{r^3}$ gesetzt werden können.

Bezeichnen wir die horizontale Intensität des erdmagnetischen Feldes mit H, so wird die Gleichgewichtslage der Nadel dadurch bedingt, daß die aus F und H resultierende Feldstärke R in die Richtung der Nadel fallen muß, d. h.

$$\operatorname{tg}\alpha = \frac{2M}{r^3} : H,$$

also

$$M = \frac{1}{2} r^3 H \operatorname{tg}\alpha .$$

Der Einfluß magnetischer und geometrischer Unsymmetrien auf den beobachteten Ablenkungswinkel α kann am besten dadurch eliminiert werden, daß man 1. die Beobachtung wiederholt, nachdem der Magnet umgelegt ist, 2. den Magnet in derselben Richtung und im gleichen Abstande auf die andere Seite der aufgehängten Magnetnadel bringt und außerdem in dieser Lage durch Umlegung wieder zwei Ablenkungswinkel beobachtet.

Das arithmetische Mittel dieser vier Winkel gibt uns den genaueren Wert von α.

Bestimmung des magnetischen Momentes eines Stabes nach der Schwingungsmethode. Hängt man den Stab, dessen magnetisches Moment zu bestimmen ist, auf und läßt ihn in einer horizontalen Ebene schwingen, so wird die Schwingungsdauer bei kleiner Amplitude bestimmt durch die Formel:

$$t = \pi \sqrt{\frac{K}{MH(1+\Theta)}},$$

wo K das Trägheitsmoment des bewegenden Systems ist in bezug auf die Drehungsachse.

Im Nenner ist der Faktor $(1+\Theta)$ hinzugefügt; darin bedeutet Θ das sogenannte Torsionsverhältnis eines aufgehängten Magnets.

Außer der magnetischen Direktionskraft D tritt nämlich durch die Aufhängung noch eine elastische d hinzu; eine Ablenkung des Magnets ist somit im Verhältnis:

$$\frac{D+d}{D} = 1 + \Theta$$

kleiner, als wenn nur die magnetische Direktionskraft wirkte.

Dieses Torsionsverhältnis kann klein gemacht werden durch Verwendung leichter Magnete, da die Tragkraft des Fadens mit der zweiten, das Torsionsverhältnis aber mit der vierten Potenz der Dicke wächst.

Deshalb sind Quarzdrähte, die überdies eine sehr geringe elastische Nachwirkung zeigen, sehr geeignet.

Θ läßt sich leicht ermitteln; wenn nämlich durch Drehung des Torsionskopfes um einen Winkel β die Nadel eine Ablenkung β' erhält, so ist der Torsionswinkel nur $\beta - \beta'$ und somit

$$\Theta = \frac{\beta'}{\beta - \beta'}.$$

Ist kein Torsionskreis angebracht, so dreht man den Magnet einfach einmal herum, so daß

$$\beta = 2\pi.$$

Wenn das in der oben angeführten Formel vorkommende Trägheitsmoment rechnerisch schwer zu ermitteln ist, können wir es durch eine zweite Messung eliminieren.

Dazu vermehrt man das Trägheitsmoment des Systems um einen bekannten Betrag, indem man z. B. in gleichen Abständen von dem Aufhängefaden zwei gleiche Zylinder an den schwingenden Magnetstab hängt.

Solche aufgehängte Zylinder können die Messung aber dadurch störend beeinflussen, daß sie in Eigenschwingung geraten. Deshalb werden in neuerer Zeit Zylinder verwendet, die vermittelst Stifte fest mit dem Magnet verbunden werden, oder es wird das zusätzliche Tägheitsmoment erhalten durch einen Ring, der genau in eine Rille am äußeren Umfange des Magnets paßt.

Es ist dann

$$t_1 = \pi \sqrt{\frac{K + k}{M H (1 + \Theta)}}$$

$$(t_1^2 - t^2) M H (1 + \Theta) = \pi^2 k$$

$$M = \frac{\pi^2 k}{H (1 + \Theta)(t_1^2 - t^2)}.$$

Sowohl bei der Ablenkungs- als bei der Schwingungsmethode muß somit die horizontale Intensität des erdmagnetischen Feldes bekannt sein. Da aber in elektrotechnischen Laboratorien das resultierende Feld stark vom erdmagnetischen abweicht und nicht bekannt ist, so müssen wir H aus der Formel eliminieren, was durch die Durchführung beider Methoden ermöglicht wird.

Aus der Ablenkungsmethode erhalten wir nämlich $\frac{M}{H}$ und aus der Schwingungsmethode MH. Eine Multiplikation beider Werte ergibt M^2 und somit M.

B. Bestimmung der horizontalen Intensität des erdmagnetischen Feldes.

(Methode nach Gauß.)

Hängt man einen Magnetstab, dessen magnetisches Moment M ist, auf, so daß er unter dem Einflusse des erdmagnetischen Feldes in einer horizontalen Ebene schwingen kann, so erhält man aus der Bestimmung der Schwingungsdauer das Produkt MH. Ersetzt man den schwingenden Magnet durch einen Hilfsmagnet und ordnet ersteren derart an, daß seine Achse mit der des Hilfsmagnets in einer horizontalen Ebene liegt und außerdem mit der Linie zusammenfällt, die man durch die Mitte des Hilfsmagnets senkrecht zum magnetischen Meridian ziehen kann, so erhält man nach dem Vorhergehenden aus dem beobachteten Ablenkungswinkel des Hilfsmagnets den Quotient $\frac{M}{H}$. Durch Division erhält man alsdann H.

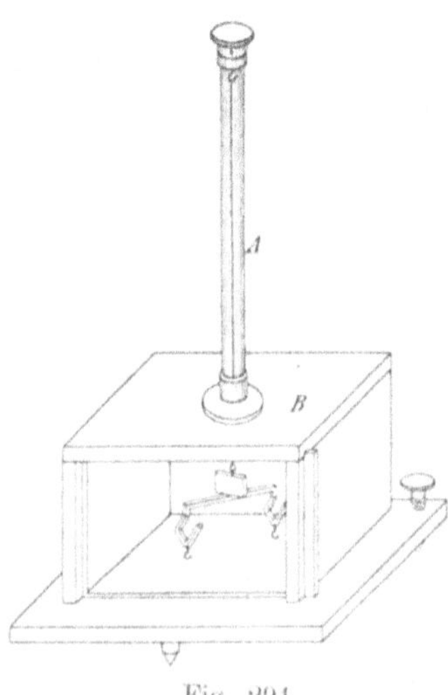

Fig. 294.

Wir werden jetzt näher auf die experimentelle Ausführung eingehen.

Einrichtung des Magnetometers. Fig. 294 zeigt eine noch viel vorkommende Anordnung des Magnetometers (siehe Bemerkung Seite 417).

Oben an einem vertikalen Glasrohr A, das auf einem Holzgestell montiert ist, befindet sich der sogenannte Torsionskopf, mit dem man den Aufhängefaden um einen beliebigen Winkel drehen kann.

Unten am Aufhängefaden ist ein Bügel aus nicht magnetischem Material befestigt, von solcher Form, daß der darinliegende Magnetstab bequem herausgenommen und durch einen Hilfsmagnet ersetzt werden kann. An diesem Bügel befinden sich noch zwei kleine Haken in gleichen Abständen vom Aufhängedraht zum Anhängen zweier Zylinder.

An der vertikalen Achse des Bügels kann der kleine Spiegel befestigt sein, der für die Ablesung mit Fernrohr und Skala nötig ist. Man kann auch eine der Endflächen des Magnetstabes und des Hilfsmagnets polieren und diese als Spiegel benutzen, oder den Spiegel an diese Flächen befestigen.

Einfluß der Torsion. Die Gleichgewichtslage, die der Magnetstab einnimmt, nachdem er in den Bügel gelegt ist, wird nur dann in dem magnetischen Meridian liegen, wenn in dieser Lage der Aufhängefaden überhaupt nicht gedreht ist; sonst wird sie davon abweichen und das vom Erdfelde herrührende Moment dem Torsionsmomente das Gleichgewicht halten. Um dafür zu sorgen, daß keine Torsion auftritt, legt man in den Bügel zunächst einen kupfernen oder messingenen Stab, der sich selbstversändlich in eine solche Lage einstellt, daß die Torsion Null ist. Diese Lage muß mit dem magnetischen Meridian zusammenfallen; tut sie es nicht, so muß es durch Drehung des Torsionskopfes bewerkstelligt werden; erst dann wird der Stab durch den Magnet ersetzt. Besonders wenn die Aufhängung vermittelst eines Bündels von mehreren Drähten oder vermittelst eines dünnen Metalldrahtes stattfindet, muß sowohl bei der Bestimmung der Schwingungsdauer, als bei der des Ablenkungswinkels der Torsion dadurch Rechnung getragen werden, daß man in den Formeln H durch $H(1+\Theta)$ ersetzt (siehe Seite 416).

Aufstellung des Fernrohrs. Hat man den Magnet in den Bügel gelegt, so stellt man Fernrohr und Skala auf, ähnlich wie bei allen übrigen Spiegelablesungen und bestimmt dann die Gleichgewichtslage durch Beobachtung einer ungeraden Anzahl Umkehrpunkte.

Bestimmung der Schwingungsdauer. Schwingt der Magnet unter dem Einflusse des erdmagnetischen Feldes, so sieht man durch das Fernrohr die verteilte Skala sich fortwährend mit einer solchen Geschwindigkeit hin und her bewegen, daß die Zahlen unlesbar sind; infolgedessen kann man den Augenblick, in dem die Gleichgewichtslage den Schnittpunkt des Fadenkreuzes passiert, nicht beobachten. Deswegen hängt man an der Stelle der Gleichgewichtslage einen dicken, schwarzen Draht mit einem Gewichtchen belastet, über die Skala (siehe aber auch Seite 421). Man sieht nun den Draht deutlich bei jeder Schwingung einmal durch das Gesichtsfeld gehen.

Um nun die Schwingungsdauer genau zu bestimmen, verfährt man folgendermaßen:

Man zählt mit einer Sekundenuhr mit und wartet, während man in das Fernrohr sieht, den Augenblick ab, in dem man zugleich mit dem Schlag einer Sekunde den schwarzen Draht im Schnittpunkt des Fadenkreuzes sieht; man notiert diesen Zeitpunkt, zählt die Sekunden immer weiter und macht jedesmal, wenn der Draht das Fadenkreuz passiert, einen Strich. Nach einigen Schwingungen fällt ein Durchgang des Drahtes wieder fast genau mit einem Sekundenschlag zusammen, und man notiert diesen Zeitpunkt wieder.

Hat man keine Sekundenuhr, so kann man auch mit einer gewöhnlichen Taschenuhr mit Sekundenzeiger auskommen.

Es seien nun beispielsweise die beobachteten Zeiten:

2 Uhr 16 Min. 44 Sek. und 2 Uhr 16 Min. 196 Sek. und die Anzahl Durchgänge 12, so ist die Schwingungszeit annähernd

$$\frac{196-44}{12} = 12.66 \text{ Sekunden.}$$

Nun wartet man einige Minuten, während der Magnet ruhig weiterschwingt, und nimmt dann noch einmal dieselbe Beobachtung vor.

Es seien nun die beobachteten Zeiten:

2 Uhr 21 Min. 11 Sek. und 2 Uhr 21 Min. 164 Sek. und die Anzahl Durchgänge wieder 12; die Schwingungsdauer ist somit angenähert

$$\frac{164-11}{12} = 12.75 \text{ Sekunden.}$$

Als Mittelwert beider Resultate erhalten wir

$$\frac{12.66+12.75}{2} = 12.705 \text{ Sekunden.}$$

Da aber die Zeitpunkte 2 Uhr 16 Min. 44 Sek., und 2 Uhr 21 Min. 11 Sek. genau mit einem Durchgang zusammenfielen, müssen zwischen diesen beiden Zeitpunkten eine ganze Anzahl Schwingungen vollbracht sein; die Zeitdifferenz ist 4 Min. 27 Sek. = 267 Sekunden. Wenn nun 12.705 die richtige Schwingungszeit wäre, so müßte $\frac{267}{12.705}$ eine ganze Zahl sein, die die Anzahl Schwingungen in 267 Sekunden darstellt.

Der Quotient ist 21.01; das rührt daher, daß 12.705 nicht der richtige Wert ist; mit großer Gewißheit können wir aber annehmen, daß die Anzahl Schwingungen 21 betragen hat, und daß somit der richtige Wert der Schwingungsdauer

$$\frac{267}{21} = 12.71 \text{ Sekunden ist.}$$

Wäre der Quotient nicht 21,01 sondern 21,51, so würde man nicht wissen, ob 21 oder 22 gewählt werden müßte. Außerdem kann noch eine Ungenauigkeit entstehen, wenn der schwarze Draht nicht gerade die Gleichgewichtslage angibt; in dem Fall ist nämlich die Zeit zwischen zwei Durchgängen nicht mehr die Schwingungsdauer, sondern bald zu groß, bald zu klein; man macht somit nur dann keinen Fehler, wenn man eine gerade Anzahl Schwingungen beobachtet.

Um diese Ungenauigkeit zu umgehen und zugleich die erstgenannte Schwierigkeit zu vermeiden, fängt man die Beobachtung an, wenn der Draht z. B. von rechts kommt, und notiert nicht Einzel-, sondern Doppelschwingungen, d. h. man macht nur Striche, wenn der Draht wieder in derselben Richtung vorbeigeht.

Bei der zweiten Serie zieht man auch nur Durchgänge, bei denen der Draht von rechts kommt, in Betracht. Es ist klar, daß man so immer mit einer geraden Anzahl Schwingungen zu tun hat, sowohl bei der Berechnung der angenäherten, als der genaueren Schwingungszeiten. Der Quotient zwischen verflossener Zeit und Schwingungsdauer muß nun nicht nur eine ganze, sondern auch eine gerade Zahl sein; die Gewißheit ist somit eine viel größere. Wäre der Quotient genau eine ungerade Zahl, so wäre zweifellos irgend ein Fehler gemacht.

Da das fortwährend schnelle Hin- und Herschwingen des Bildes der Skala im Fernrohr sehr ermüdend auf das Auge wirkt, wird öfters die ganze Skala abgedeckt und nur ein heller Strich freigelassen da, wo sich die Gleichgewichtslage befindet. Diesen

Strich sieht man dann jedesmal vorübereilen; während der übrigen Zeit hat das Auge aber Ruhe, da es dann im Fernrohr dunkel ist.

Wenn diese Messung beendet ist, vermehrt man das Trägheitsmoment des bewegenden Systems um einen bestimmten Betrag (vgl. Seite 417) und bestimmt wieder die Schwingungszeit.

Berechnung. Wenn die beiden beobachteten Schwingungszeiten t und t_1 sind und die Vergrößerung des Trägheitsmoments k, so ist nach Seite 417

$$MH = \frac{\pi^2 k}{(1+\Theta)(t_1^{\,2} - t^2)} .$$

Sind die Massen der beiden Zylinder m und m', ihre Radien ϱ und ϱ' und die Abstände ihrer Achsen von der Drehungsachse l und l', so ist

$$i = \frac{1}{2} m\varrho^2 + ml^2 + \frac{1}{2} m'\varrho'^2 + m'l'^2 ;$$

sind ϱ und ϱ' klein im Vergleich zu l und l' und außerdem $l = l'$, so ist

$$i = (m + m')\, l^2 .$$

Die Gesamtmasse $m + m'$ wird durch eine Wägung bestimmt.

Bestimmung von $\frac{M}{H}$. Wenn die Schwingungszeiten ermittelt sind, ersetzt man den Magnetstab durch einen Hilfsmagnet, stellt das Fernrohr ein und bestimmt die Gleichgewichtslage. Dann stellt man den Magnetstab in einer gewissen Entfernung mit seiner Achse senkrecht zum magnetischen Meridian auf, bestimmt den Ablenkungswinkel des Hilfsmagnets und wiederholt die Messung entsprechend dem auf Seite 415 Gesagten.

Es ist dann

$$\frac{M}{H} = \frac{1}{2} r^3 \operatorname{tg} \alpha .$$

C. Bestimmung der Intensität des Erdfeldes mit dem Erdinduktor.

Der Erdinduktor von Weber (Fig. 295) besteht im wesentlichen aus einer mit einer großen Anzahl Drahtwindungen versehenen, hölzernen Scheibe, drehbar um eine Achse, die sowohl horizontal wie vertikal gestellt werden kann. Wenn die Windungsfläche vertikal und senkrecht zum magnetischen Meridian steht, so ist, wenn F die Windungsfläche darstellt, der durchtretende Kraftfluß:

$$\Phi = FH .$$

Drehen wir nun die Scheibe plötzlich 180^0 um ihre vertikale Achse, so ändert sich der Kraftfluß um $2FH$. Sind die Drahtwindungen durch ein ballistisches Galvanometer geschlossen, so ist

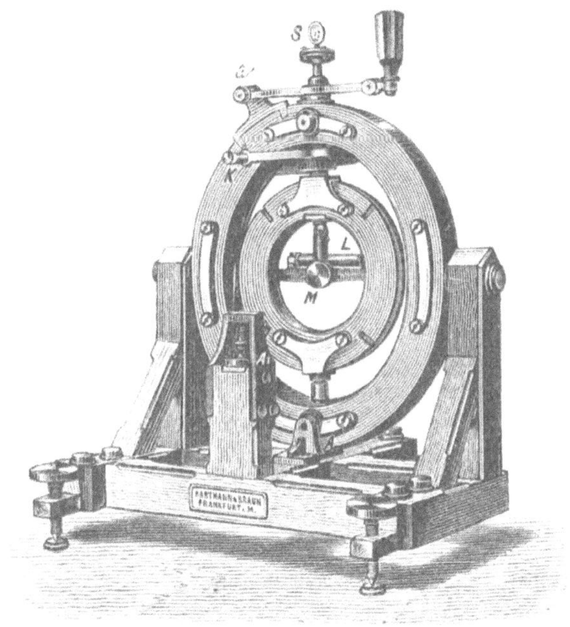

Fig. 295.

der Ausschlag dieses Galvanometers nach Seite 429 ein Maß für die Induktion, und da in diesem Falle $\mu = 1$, auch für die Feldstärke, d. h. für die horizontale Intensität H des erdmagnetischen Feldes. Stellt man die Windungsebene horizontal, so wird in ähnlicher Weise die vertikale Intensität V gemessen. Die totale Intensität ist somit

$$J = \sqrt{H^2 + V^2} .$$

Wenn die Richtung des magnetischen Meridians nicht genau bekannt ist, so kann man zwei Messungen vornehmen, bei denen die Windungsebene sich in zwei unter sich senkrechten vertikalen Lagen befindet; aus den so gefundenen Werten H_1 und H_2 ergibt sich:

$$H = \sqrt{H_1^2 + H_2^2}.$$

D. Bestimmung der Feldstärke mit einer Wismutspirale.

Das Wismut besitzt die von Rhigi entdeckte merkwürdige Eigenschaft, seinen elektrischen Widerstand ziemlich stark zu vergrößern, wenn es in ein magnetisches Feld gebracht wird. Diese Widerstandsänderung kann somit als Maß für die Feldstärke dienen.

Zu diesem Zwecke wickelt man den Wismutdraht induktionsfrei in Form einer flachen Spirale auf; das kann in warmem Zustand ohne Beschädigung geschehen; allmählich wird das Material sehr spröde. Die Spirale wird isoliert durch eine Kollodiumschicht und schließlich zwischen zwei Glimmerblättchen eingeschlossen; zwei Kupferstreifen führen den Strom zu.

In dieser Weise wird ungefähr 1 m Draht mit einem Widerstand von 10 Ω und mehr in einer Scheibe von 2 cm Durchmesser und 2 mm Dicke untergebracht. Da in einem Felde von 17000 C. G. S.-Einheiten der Widerstand sich nahezu verdoppelt, bietet die Messung der Widerstandsänderungen keine Schwierigkeit.

Die Methode ist selbstverständlich keine absolute; die Relation zwischen Feldstärke und Widerstandsänderung muß in Feldern von bekannter Stärke experimentell festgestellt, d. h. die Wismutspirale muß geeicht werden. Feldstärke H und Widerstandsänderung A, bezogen auf die Widerstandseinheit, hängen durch folgende Formel zusammen:

$$H = \alpha \sqrt{A\,(A + \beta)},$$

worin

$$A = \frac{w - w_0}{w_0}$$

und α und β zwei Konstanten darstellen, die bei der Eichung bestimmt werden müssen.

Beim Gebrauch ist zu beachten, daß das Wismut einen sehr hohen Temperaturkoeffizienten besitzt, es müssen also die

Messungen des Widerstandes in und außer dem Felde möglichst schnell nacheinander vorgenommen werden, wenn man Korrekturen für Temperaturänderungen vermeiden will.

Die Widerstandsänderung ist ein Maximum, wenn die Fläche der Spirale senkrecht auf der Richtung der Kraftlinien steht; läuft

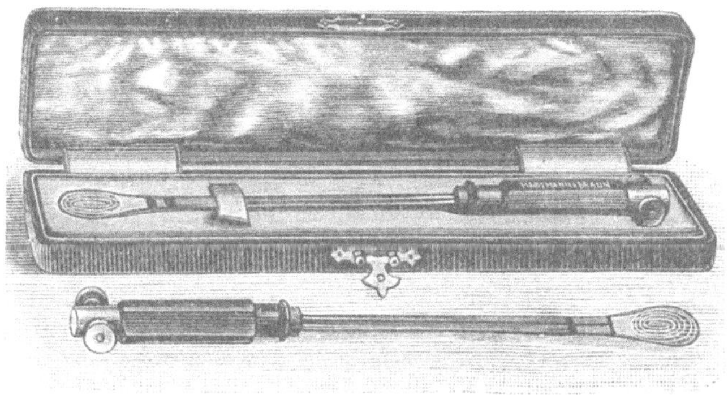

Fig. 296.

die Fläche parallel zu den Kraftlinien, so ist die Änderung ein Minimum, das ungefähr die Hälfte des Maximums beträgt. Bei einer Messung dreht man somit die Spirale so lange, bis die Widerstandsänderung ein Maximum ist; dadurch kennt man zugleich Richtung und Stärke des Feldes.

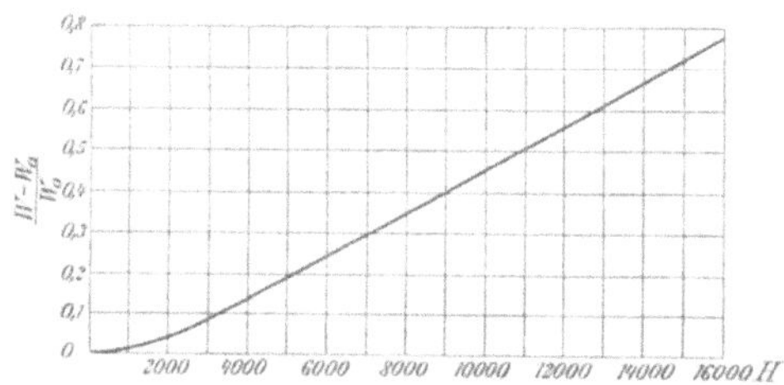

Fig. 297.

Da sich für solch ein flaches Scheibchen überall leicht Raum findet, so kann eine solche Spirale bei Untersuchungen an elektrischen Maschinen gute Dienste leisten.

Bei der Messung der Widerstandsänderung nach der Brückenmethode, kann auch Wechselstrom verwendet werden; anstatt eines Galvanometers wird dann ein Telephon benutzt. In diesem Falle muß die Spirale aber unter denselben Umständen geeicht sein. Man findet nämlich verschiedene Werte für den Widerstand, je nachdem man Gleich- oder Wechselstrom verwendet.

Hartmann & Braun liefern Wismutspiralen, wie in Fig. 296 dargestellt; 1000 Kraftlinien entsprechen einer Widerstandsänderung von nahezu 5 %. Die Eichungskurve ist in Fig. 297 dargestellt; die Widerstandsänderung

$$A = \frac{w - w_0}{w_0}$$

ist als Funktion der Kraftlinienzahl graphisch aufgetragen.

E. Untersuchung auf magnetische Homogenität.

Es kommt öfters vor, daß die Untersuchung der magnetischen Eigenschaften verschiedener Probestäbe aus derselben Eisenmenge stark auseinandergehende Resultate ergibt; ein solches Material nennt man magnetisch inhomogen. Das kann von örtlichen Ungleichheiten chemischer Natur, ungleichmäßiger Bearbeitung oder schlechtem und unregelmäßigem Ausglühen des Materials herrühren.

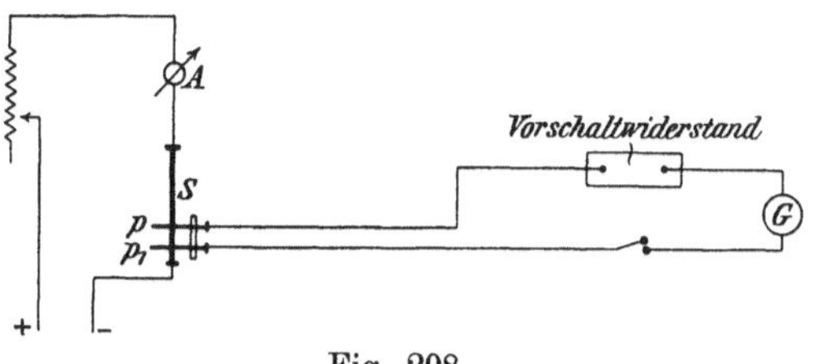

Fig. 298.

Besonders letzteres ist von großer Bedeutung; man kann ein ausgezeichnetes magnetisches Material tatsächlich durch ungleichmäßiges Ausglühen inhomogen machen und verderben. Wenn man somit aus der Untersuchung einer Probe auf die Eigenschaften der Eisensorte schließen will, so muß eine Untersuchung der Homogenität vorausgehen. Zahlreiche Untersuchungen an der P. T. R. haben zu dem Resultat geführt, daß Probestäbe, die örtlich nur kleine Differenzen in ihrer elektrischen Leitfähigkeit aufweisen, d. h. in bezug auf ihr elektrisches Leitvermögen als homogen zu betrachten sind, auch magnetisch homogen sind. Darauf gründet sich eine sehr einfache Untersuchungsmethode. Der Stab S (Fig. 298) wird in horizontaler Lage an den Enden festgeklemmt und von einem konstanten Strom durchflossen. Auf den Stab werden zwei stählerne Messer p und p' gelegt, die passend belastet sind; diese Messer, deren gegenseitiger Abstand konstant ist, sind mit einem Galvanometer G verbunden. Verschiebt man sie nun, so wird, vorausgesetzt daß der Querschnitt des Stabes konstant ist, bei vollkommener Homogenität in bezug auf das elektrische Leitvermögen, der Ausschlag des Galvanometers immer derselbe bleiben. Betragen die Differenzen nicht mehr als etwa 1 %, so kann das Material als genügend magnetisch homogen angesehen werden.

F. Bestimmung der Induktion durch ballistischen Ausschlag.

Eine kleine Drahtspule bildet mit einem ballistischen Galvanometer und einem passenden Vorschaltwiderstand einen geschlossenen Stromkreis (Fig. 299). Ändert sich der von einer Windung umfaßte Kraftfluß Φ, so wird in diese Windung eine EMK.

$$e_1 = -\frac{d\Phi}{dt}$$

induziert; umfassen alle n_2-Windungen der Spule denselben Kraftfluß, so ist die in die Spule induzierte EMK.

$$e = -n_2 \frac{d\Phi}{dt},$$

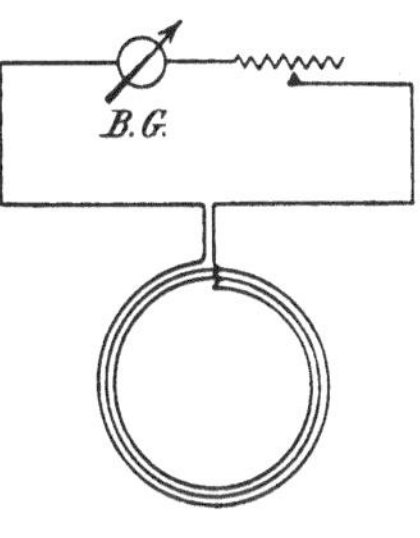

Fig. 299.

also

$$-n_2 d\Phi = e dt.$$

Ist der Gesamtwiderstand des Stromkreises r_2 und der Strom i_2, so ergibt die Integration vorstehender Gleichung:

$$-\int n_2 \, d\Phi = \int e\,dt = \int i_2 r_2 \, dt = r_2 \int i_2 \, dt^{1)} = r_2 q_2$$

und somit wird, vom Vorzeichen abgesehen, die von einer Kraftflußänderung $\triangle \Phi$ induzierte Elektrizitätsmenge q erhalten aus der Formel

$$q = \frac{n_2}{r_2} \triangle \Phi .$$

Bezeichnen wir die Fläche einer Windung mit F und die Feldstärke des als homogen vorausgesetzten magnetischen Feldes mit H, so ist die Änderung des Kraftflusses

$$\triangle \Phi = \mu H F , \quad \ldots \ldots \quad (2)$$

wenn die Spule plötzlich in eine solche Lage in das Feld hineingebracht wird, daß ihre Fläche senkrecht zu der Feldrichtung steht. Dieselbe Änderung tritt auf, wenn die sich in der oben angegebenen Lage befindende Spule plötzlich um 90^0 gedreht oder vollständig aus dem Felde herausgeschafft wird, während eine Drehung um 180^0 eine Kraftflußänderung von doppeltem Betrage veranlassen würde; μ bedeutet dabei die Permeabilität des Mediums.

Aus 1 und 2 geht hervor:

$$q = \frac{n_2}{r_2} \mu H F .$$

Da der Ausschlag α des ballistischen Galvanometers proportional der durch dasselbe entladenen Elektrizitätsmenge ist, so ist $q = C_b \alpha$ und somit

$$B = \mu H = \frac{r_2}{n_2 F} C_b \alpha . \quad \ldots \ldots \quad (3)$$

---

[1]) Die Gleichung:

$$\int e\,dt = \int i_2 r_2 \, dt$$

ist allgemein gültig; es ist aber zu beachten, daß infolge der Selbstinduktion die Gleichung für die Momentanwerte lautet:

$$e = i_2 r_2 + L_2 \frac{d i_2}{dt} .$$

$\int L_2 \frac{d i_2}{dt}$ ist aber Null, da der Strom sowohl am Anfange wie am Ende der Entladung durch das ballistische Galvanometer Null ist.

Ähnliche Erscheinungen treten auf, wenn die Spule dieselbe Lage beibehält, das Feld hingegen seine Stärke ändert. Ändert sich beispielsweise H um $\triangle H$, B um $\triangle B$ und Φ um $\triangle \Phi$, so ist

$$\triangle \Phi = \triangle B F = \mu \triangle H F$$

und somit

$$\triangle B = \mu \triangle H = \frac{r_2}{n_2 F} C_b \alpha \quad . \quad . \quad . \quad . \quad . \quad (3')$$

Nur wenn die Permeabilität $\mu = 1$, kann diese Methode zur Bestimmung der Feldstärke benutzt werden; das findet beispielsweise bei der Bestimmung der Konstante eines ballistischen Galvanometers mittels einer Eichspule (Normalsolenoid) Verwendung (siehe Seite 102 und auch Seite 445).

G. Magnetisierungskurve und Hysteresisschleife.

Als Magnetisierungskurve eines Materials bezeichnen wir die graphische Abhängigkeit der Induktion von der Feldstärke. Bekanntlich hängt der magnetische Zustand im Eisen nicht nur von der herrschenden Feldstärke, sondern auch von der Vorgeschichte des Eisens ab. Bei der Aufnahme der Magnetisierungskurve vom Eisen (auch jungfräuliche Kurve genannt), müssen wir dieses also, falls es nicht von vornherein unmagnetisch ist, immer zunächst entmagnetisieren (siehe weiter unten).

Haben wir nun durch allmähliche Vergrößerung der magnetisierenden Kraft eine gewisse maximale Induktion hervorgerufen (Fig. 300) und verringern wir dann die magnetisierende Kraft wieder, so bleibt die Änderung der Induktion infolge der magnetischen Trägheit gegen die Änderung der magnetisierenden Kraft zurück; ist letztere auf Null heruntergebracht, so herrscht im Eisen noch eine gewisse Induktion, entsprechend dem sogenannten remanenten Magnetismus, welcher um so größer ist, je härter das Eisen.

Um die Induktion im Eisen zum Verschwinden zu bringen, ist es nötig, eine entsprechende entgegengesetzt gerichtete Feldstärke aufzuwenden. Diese sogenannte Koerzitivkraft ist ebenfalls um so größer, je härter das Eisen.

Magnetisieren wir somit das Eisen zyklisch, so wird die

Induktion des Eisenstückes als Funktion der auf dasselbe wirkenden magnetisierenden Kraft angegeben durch eine geschlossene Kurve, die sogenannte Hysteresisschleife.

Aus dem Zurückbleiben der Änderung der Induktion gegen die der magnetisierenden Kraft geht ohne weiteres hervor, daß bei der punktweisen Aufnahme von Magnetisierungskurve und Hysteresisschleife ganz besonders auf das ununterbrochene gleichsinnige Anwachsen oder Abnehmen des Feldes zu achten ist, d. h. darauf, daß die Feldstärke immer im richtigen Sinne geändert

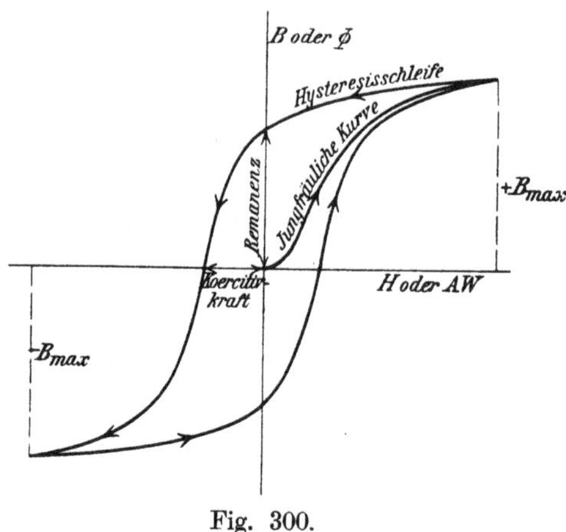

Fig. 300.

wird; eine irrtümlich in der falschen Richtung vorgenommene Änderung macht den ganzen Versuch wertlos.

Aus den für B und H gefundenen Werten läßt sich die Permeabilitätskurve, die μ als Funktion von B darstellt, leicht aufzeichnen.

Um das Eisen zu entmagnetisieren, können wir dasselbe entweder einer Reihe zyklischer Magnetisierungen unterwerfen, derart, daß die erreichte maximale Induktion bei jeder folgenden Magnetisierung etwas kleiner ist, als bei der vorhergehenden; dadurch werden die Hysteresisschleifen immer kleiner und kleiner und gehen schließlich in einen Punkt, den Ursprung des Koordinatensystems, über; letzterer entspricht offenbar dem entmagnetisierten Zustand. Dieser Vorgang wird durch Fig. 301 deutlich veranschaulicht.

In der praktischen Ausführung wird somit unter fortwährender Kommutation und allmählicher Verkleinerung des Magnetisierungsstromes die Feldstärke und die Induktion zu gleicher Zeit auf Null heruntergebracht.

Es hat sich gezeigt, daß bei sehr kleinen magnetisierenden Kräften die Induktion noch längere Zeit, nachdem die Feldstärke ihren maximalen Wert erreicht hat, weiter ansteigt. Dieses sogenannte „Kriechen des Magnetismus“ ist um so geringer, je dünner und je härter das Eisen und je größer die Feldstärke ist. Klemenčič nennt diese Eigenschaft magnetische Nachwirkung. Die Magnetisierungskurve hat für die Technik eine große Bedeutung, da wir derselben die Feldstärke bzw. die Amperewindungszahl pro Zentimeter Eisenlänge entnehmen können, die zur Erzeugung einer gewissen Induktion erforderlich ist. während die Hysteresisschleife für die Praxis wichtig ist, weil ihr Inhalt ein Maß für den Hysteresisverlust per Volumeneinheit ist.

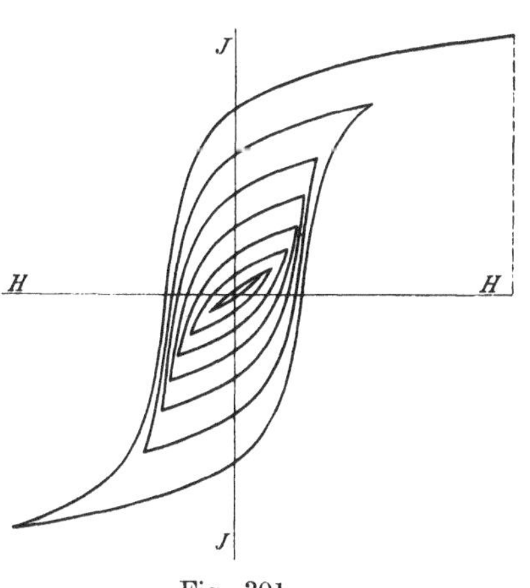

Fig. 301.

Es sollen nun weiter unten einige Methoden zur experimentellen Aufnahme der Magnetisierungskurve und der Hysteresisschleife von Eisen dargestellt werden; zunächst aber wollen wir über die Wahl der Methoden einige Angaben machen.

Es fragt sich nämlich, ob man die sogenannte absolute Magnetisierungskurve wünscht oder sich mit einem relativen Resultat begnügen will.

Die Ursache, daß man bei verschiedenen Methoden zur Bestimmung der Magnetisierungskurve nicht die absolute, sondern eine relative erhält, liegt darin, daß man bei den verwendeten Anordnungen nicht einen vollkommen eisengeschlossenen magnetischen Kreis hat, bei dem keine einzige Kraftlinie in die Luft austritt, d. h. bei dem keine freien Pole auftreten. Diese freien Pole, die an hervorragenden Kanten und Stoßfugen auftreten, üben eine entmagnetisierende Wirkung aus, und die Folge davon ist, daß sich für eine bestimmte Feldstärke eine zu kleine Induktion ergibt. Um daher die absolute Kurve direkt zu bestimmen, ist es nötig eine Methode zu verwenden, bei der die entmagnetisierende Wirkung entweder überhaupt nicht besteht oder bei der dieser Rechnung getragen werden kann.

Dementsprechend gibt die Theorie zwei Methoden dazu an:

1. die magnetometrische Methode (Seite 435 u. f.) mit einem Probestabe in der Form eines Umdrehungsellipsoids;

2. die ballistische Methode, bei der das Eisen die Form eines geschlossenen Ringes (Toroid) besitzt (Seite 441 u. f.).

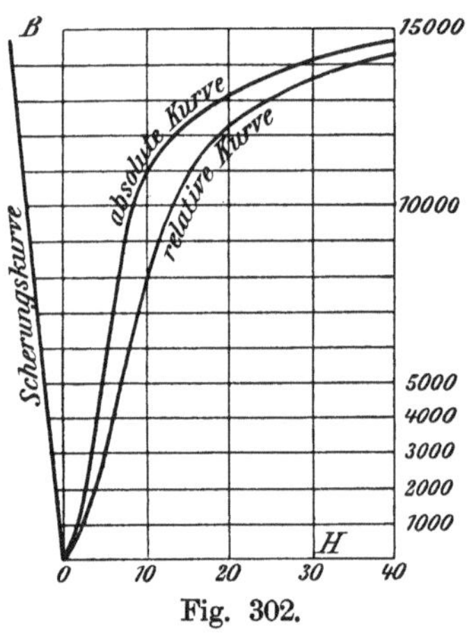

Fig. 302.

Wegen der diesen Methoden anhaftenden großen Schwierigkeiten sind sie für die Praxis nicht so geeignet, wie die weniger einwandsfreien aber bequemeren relativen Methoden. Außerdem kann man, wie aus dem Folgenden ersichtlich, aus der relativen Messung die absolute Kurve mit genügender Genauigkeit ableiten.

Vergleicht man nämlich bei einem und demselben Material die Resultate einer absoluten und einer relativen Messung, so sind nach dem Vorhergehenden die beiden Kurven in bezug aufeinander verschoben, wie Fig. 302 zeigt, und man kann die absolute Kurve aus der relativen ableiten, indem man für jeden Wert der Induktion die zugehörige Feldstärke um einen bestimmten Betrag, die sogenannte Scherung, verringert.

Setzt man für jeden Wert der Induktion den Betrag der Scherung von der B-Achse nach links ab, so erhält man die sogenannte Scherungskurve und man kann die relative Kurve mit der absoluten dadurch zusammenfallen lassen, daß man die Abszissen der ersteren nicht von der B-Achse, sondern von der Scherungskurve aus, abträgt.

Bei dem Auftreten freier Pole hängt die entmagnetisierende Kraft von der Magnetisierung J ab und wird allgemein durch CJ dargestellt, wo C den Entmagnetisierungsfaktor bedeutet. Die Feldstärke H', die sich aus der Amperewindungszahl ergibt, muß somit um den Betrag CJ verringert werden, um die nützliche Feldstärke zu erhalten; demnach

$$H = H' - CJ .$$

Zu jedem Wert der Induktion stellt somit CJ den Betrag der Scherung dar.

Wir können nun die Relation

$$B = H + 4\pi J$$

oder

$$J = \frac{B - H}{4\pi}$$

praktisch ersetzen durch

$$J = \frac{B}{4\pi} ;$$

der Betrag der Verschiebung ist somit

$$\frac{CB}{4\pi} .$$

Wenn der Entmagnetisierungsfaktor eine Konstante ist, so ist die Scherung proportional der Induktion und die Scherungslinie eine gerade Linie. Das ist aber nur der Fall, wenn das Eisen die Form eines Umdrehungsellipsoids hat. Diese ist nämlich die einzige, bei der in einem homogenen magnetischen Felde eine gleichmäßige Magnetisierung stattfindet und der Entmagnetisierungsfaktor berechnet werden kann. In allen anderen Fällen ist C keine Konstante, sondern eine Funktion von B und die Scherungslinie somit keine gerade Linie.

Bei einer Hysteresisschleife erhält man im allgemeinen für den aufsteigenden und absteigenden Ast verschiedene Scherungslinien (Fig. 303), die in günstigen Fällen wie parallele Linien verlaufen.

Berücksichtigt man das, so sieht man sofort, daß nicht nur die Kurve verschoben, sondern auch der Inhalt geändert wird, so daß diese Scherung auch mit Rücksicht auf die in Wärme umgesetzte Energie, von Bedeutung sein kann. Sobald die Scherung aber für den auf- und absteigenden Ast dieselbe ist, wird selbstverständlich der Inhalt der Hysteresisschleife und somit die in Wärme umgesetzte Energie nicht beeinflußt.

Bestimmung der Scherung bei verschiedenen Untersuchungsmethoden. Aus dem Vorhergehenden leuchtet direkt ein, daß man aus jeder relativen Kurve die absolute erhalten kann, wenn die Scherungskurve bekannt ist. Die Gestalt dieser Kurve hängt sowohl von dem zu untersuchenden Material, als von dem benutzten Apparat ab.

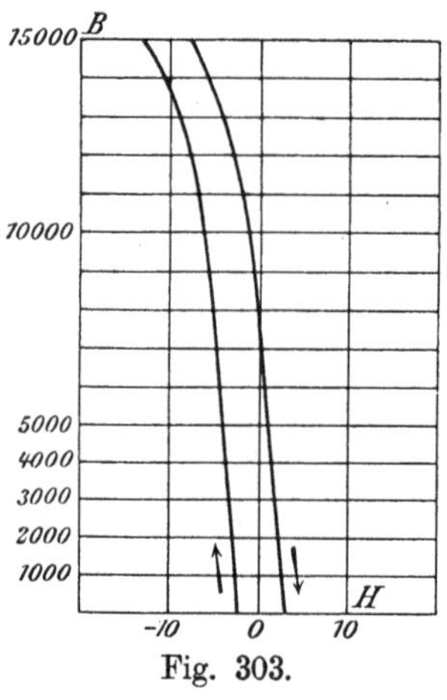

Fig. 303.

Um in jedem besonderen Falle die richtige Form der Scherungskurve kennen zu lernen, ist es nötig, sowohl die relative als die absolute Kurve aufzunehmen und die Resultate unter sich zu vergleichen. Dabei kommt als absolute Methode nur die magnetometrische in Betracht, da man bei der Verwendung der Methode nach Rowland mit dem Toroid den Probestab zu einem Ring schmieden müßte, und diese Bearbeitung die magnetischen Eigenschaften des Materials beeinflußt, während das Abdrehen zu einem Ellipsoid keinen wesentlichen Einfluß auf diese Eigenschaften ausübt. Dann würden aber die relativen Methoden überhaupt keinen Zweck haben.

Aus den Untersuchungen der P. T. R. ist jedoch hervorgegangen, daß für magnetisch gleichartige Materialien, bei denen also der Verlauf der Magnetisierungskurven ungefähr derselbe und die Differenz der Koerzitivkräfte gering ist, die Scherungskurven dieselben sind, oder doch so wenig voneinander abweichen, daß die Differenz zu vernachlässigen ist, während bei gleichartigem Material, aber großer Differenz in der Koerzitivkraft die Scherungskurven parallel verlaufen.

Daraus folgt ein einfaches Mittel, um bei verschiedenen relativen Methoden aus den gefundenen Werten die absoluten abzuleiten. Von jeder Gruppe gleichartiger Materialien (weiches Eisen,

Gußeisen, weicher Stahl, harter Stahl) fertigt man einen Probestab (Normalstab) an, dessen relative Magnetisierungskurve nach einer relativen Methode bestimmt wird; dann bestimmt man von denselben Stäben die absolute Kurve nach der magnetometrischen Methode und erhält aus beiden die Scherungslinie. Für gleichartige Materialien verwendet man dann bei folgenden Messungen diese Scherungskurven.

In dem ungünstigsten Falle, daß die Koerzitivkraft eine ziemlich große Differenz zeigt mit der des gleichartigen Normalstabes, muß man für eine einzige Feldstärke die Scherung messen, um die ganze Kurve zu erhalten (da sie parallel verlaufen); diese Scherung bei einer einzigen Feldstärke kennt man, wenn man den absoluten Wert der Koerzitivkraft kennt, denn aus der relativen Messung ist der relative Wert bekannt.

Die absoluten Magnetisierungskurven solcher Normalstäbe kann man in der P. T. R. bestimmen lassen. Dabei bleiben die Stäbe in Zylinderform, brauchen also nicht zu Ellipsoiden abgedreht zu werden.

Dort sind nämlich in der magnetischen Abteilung von einer sehr großen Anzahl Eisensorten die absoluten Kurven bestimmt; man kennt von den dort benutzten Apparaten für relative Messungen die Scherungskurven für verschiedene Materialien. Wird nun ein Normal-Probestab eingeschickt, so wird er mit dem Joch (Seite 445 u. f.) untersucht und dann die Koerzitivkraft bestimmt, was nach dem Vorhergehenden zur Ableitung der absoluten Kurve genügt.

Wie man die Koerzitivkraft absolut mißt, soll bei der Behandlung des Joches näher erläutert werden.

H. Bestimmung der absoluten Magnetisierungskurve nach der magnetometrischen Methode.

Kurze Übersicht der Methode. Der zu untersuchende Stab, der zu einem langgedehnten Umdrehungsellipsoid abgedreht sein muß, wird mit Hilfe einer Spule von etwa doppelter Länge magnetisiert und gibt der Nadel des Magnetometers eine Ablenkung aus dem magnetischen Meridian. Aus der Größe dieses Ausschlages, dem Abstande des Ellipsoids von der Magnetnadel, den Dimensionen des Ellipsoids und der horizontalen Intensität des Erdfeldes an der Beobachtungsstelle kann die Intensität der Magnetisierung des Ellipsoids berechnet werden, während die Feldstärke sich aus den Daten des Magnetisierungssolenoids und der Stärke des Stromes ergibt. Durch Änderung der Stromstärke läßt sich die Intensität der Magnetisierung und somit auch die magnetische Induktion für

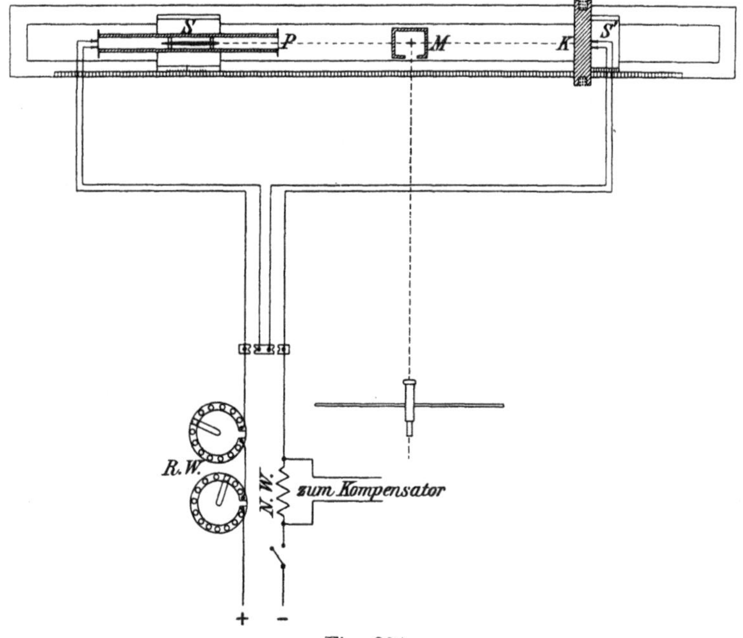

Fig. 304.

verschiedene auf- und absteigende Feldstärken bestimmen. Der Einfluß, den das Solenoid selbst auf die Magnetnadel ausübt, wird von einem System sogenannter Kompensationswindungen, die von demselben Strom durchflossen werden, aufgehoben.

Einrichtung und Aufstellung. Das Magnetisierungssolenoid P und die kreisförmigen Kompensationswindungen K werden verschiebbar auf einem hölzernen Gestell angebracht, das horizontal und in einer zum magnetischen Meridian senkrechten Richtung steht (Fig. 304).

Ungefähr in der Mitte und am besten auf einem besonderen

Pfeiler wird das Magnetometer M mit kleinem Ringmagnet, zur Dämpfung von einer eisenfreien Kupfermasse umgeben, aufgestellt. Das Solenoid und die Kompensationswindungen sind derart aufgestellt, daß sie eine gemeinschaftliche geometrische Achse haben, die durch den Mittelpunkt des ringförmigen Magnets geht, horizontal verläuft und senkrecht zum magnetischen Meridian steht.

In der Mitte des Solenoids befindet sich das Ellipsoid, auf das zur Zentrierung zwei kleine kupferne Scheiben geschoben werden, deren äußerer Durchmesser gleich der lichten Weite des Solenoids ist, und in denen eine Reihe Löcher angebracht sind, damit die Luft nicht abgeschlossen werde, wodurch Temperaturdifferenzen vermieden werden. Die beiden verschiebbaren Stücke S und S', woran das Solenoid und Kompensationswindungen befestigt sind, tragen einen Index mit Nonius, während das hölzerne Gestell mit einer Skaleneinteilung versehen ist. Die Lage der Magnetnadel wird mittels Spiegelablesung beobachtet.

Mit Rücksicht auf mögliche Formänderungen würde es besser sein, den ganzen Apparat aus Metall aufzubauen; wegen der Schwierigkeiten, das Metall eisenfrei zu machen, sieht man jedoch davon ab. Es kostet schon erhebliche Mühe, das Dämpfungskupfer genügend eisenfrei herzustellen.

Damit auf der Skaleneinteilung die Abstände des Ellipsoids und der Kompensationswindungen von der Magnetnadel abgelesen werden können, muß in erster Linie bestimmt werden, welchem Teilstrich der Skala die magnetische Achse der Nadel entspricht.

Man stellt dazu die Kompensationswindungen auf einen bestimmten Teilstrich rechts vom Magnetometer (Ablesung sei a_1), schickt durch die Windungen einen bekannten Strom und liest den Ausschlag α ab. Dann stellt man, ohne die Stromstärke zu ändern, die Kompensationswindungen links vom Magnetometer und verschiebt sie so lange, bis der Ausschlag wieder α ist (Ablesung sei a_2); der Punkt $\frac{a_1 + a_2}{2}$ gibt die Nullage an, von wo die Abstände der Nadel vom Ellipsoid und von den Kompensationswindungen zu zählen sind. Es kann unbequem sein, genau auf den Ausschlag α einregulieren zu müssen; man kann aber auch aus zwei Ablesungen bei einem etwas größeren und einem etwas kleineren Ausschlage, durch Interpolation, leicht den Wert a_2 finden.

Nachdem die Nullage der Nadel festgelegt ist, und bevor das Ellipsoid in das Solenoid hineingebracht wird, werden die Kompensationswindungen in diejenige Lage gebracht, in der sie den Einfluß des Solenoids selbst auf die Magnetometernadel aufheben.

Bestimmung der Intensität der Magnetisierung des Ellipsoids. Setzt man:

m = Polstärke des Ellipsoids,
M = magnetisches Moment des Ellipsoids,
J = Intensität der Magnetisierung,
V = Volumen des Ellipsoids,
a = Abstand der Mitte des Ellipsoids von der Nullage,
b = halbe Poldistanz des Ellipsoids $\left(\frac{2}{3}\right.$ der großen Achse$\left.\right)$,
n = die Ablesung in Skalenteilen,
A = Skalenabstand,

so wird, unter der Voraussetzung, daß der Abstand des Ellipsoids von der Magnetnadel groß ist im Vergleich zu der Länge der letzteren, die von dem Ellipsoid an der Stelle, wo die Nadel sich befindet, erzeugte Feldstärke dargestellt durch die Formel:

$$F = \frac{m}{(a-b)^2} - \frac{m}{(a+b)^2} = \frac{4abm}{(a^2-b^2)^2}$$

$$F = M\frac{2a}{(a^2-b^2)^2} = JV\frac{2a}{(a^2-b^2)^2}.$$

Die Resultante von F und H muß, damit die Nadel sich in Gleichgewicht befindet, in der Richtung der Nadel liegen und somit nach Seite 416

$$\operatorname{tg}\alpha = \frac{F}{H}, \quad \text{wo} \quad \operatorname{tg}\alpha = \frac{n}{2A} \quad \text{(Seite 37)},$$

also

$$J = H\frac{(a^2-b^2)^2 n}{4VaA}.$$

Das Volumen kann durch Rechnung aus den Dimensionen oder durch Wägung gefunden werden. Die Durchführung beider Methoden kann als Kontrolle für die richtige Form des Ellipsoids angesehen werden.

Wenn die horizontale Intensität des Erdfeldes nicht bekannt ist, so kann sie gefunden werden, indem man die Kompensationswindungen, die von einem Strom bekannter Stärke durchflossen werden, in gleichen Abständen erst links, dann rechts vom Magnetometer aufstellt, die Ausschläge der Nadel beobachtet und das arithmetische Mittel beider Ablesungen nimmt.

Ist ferner:

$R =$ mittlerer Radius der Windungen,
$N =$ Anzahl Windungen,
$b =$ Abstand des Mittelpunktes der Windungen von der Nullage,

so ist

$$H = \frac{4\pi R^2 A i N}{(R^2 + b^2)^{3/2} n}.$$

Die zur Kontrolle für mehrere Werte von b berechneten Werte von H müssen natürlich bei sorgfältig durchgeführten Messungen miteinander übereinstimmen.

Berechnung der Feldstärke. Ist

$l =$ Länge des Solenoids,
$n =$ Windungszahl,
$r =$ Radius der Windungen,
$i =$ Stromstärke in C. G. S.-Einheiten,

so ist die Feldstärke in der Mitte der Solenoidachse:

$$H' = \frac{4\pi i n}{l\sqrt{1 + 4\frac{r^2}{l^2}}}.$$

H' ist aber nicht die wirksame Feldstärke, da das magnetisierte Ellipsoid durch seinen entmagnetisierenden Einfluß das Feld schwächt. Es ist nach dem früheren

$$H = H' - CJ.$$

Für die genaue Messung der Stromstärke verweisen wir auf Kapitel III über Strommessung.

Berechnung des Entmagnetisierungsfaktors. Der Entmagnetisierungsfaktor eines Umdrehungsellipsoids wird berechnet aus der Formel:

$$C = \frac{4\pi}{m^2 - 1} \left\{ \frac{m}{\sqrt{m^2 - 1}} \log_{\text{nat}} (m + \sqrt{m^2 - 1}) - 1 \right\},$$

wo $m =$ Verhältnis der beiden Ellipsoidachsen.

Ist m relativ groß, so kann die Einheit im Vergleich zu m^2 vernachlässigt werden, dann vereinfacht sich die Formel zu

$$C = \frac{4\pi}{m^2} \left\{ \log_{\text{nat}} 2m - 1 \right\}.$$

Wir haben nun die jedesmal zusammengehörigen Werte von H und J gefunden; daraus ergibt sich nach $B = H + 4\pi J$ die Induktion B, die somit als Funktion der Feldstärke aufgetragen werden kann.

Gehen wir nun von einem entmagnetisierten Ellipsoid aus und lassen die Stromstärke in dem Solenoid von Null bis zu einem Maximalwert, entsprechend dem gewünschten Maximalwert der Magnetisierung bzw. der Induktion, wachsen, so findet man als graphische Darstellung die jungfräuliche Kurve. Läßt man nun die maximale Induktion erst heruntergehen bei einem ebenso großen Wert im entgegengesetzten Sinne, und dann wieder zu dem ursprünglichen Maximalwert zurückkehren, so gibt die graphische Darstellung den Verlauf einer vollständigen Ummagnetisierung, die sogenannte Hysteresisschleife.

Die Änderung der Feldstärke geschieht durch Änderung des Widerstandes im Stromkreise; je nachdem man gewöhnliche oder Walzenrheostaten verwendet, ändert sich die Feldstärke sprungweise oder stetig. Aus den Untersuchungen von Gumlich und Schmidt an der P. T. R. ist hervorgegangen, daß sprungweise Änderungen der Feldstärke einen ähnlichen Einfluß haben wie mechanische Erschütterungen; während die maximale Induktion sich bei hoher Feldstärke nicht wesentlich ändert, nimmt die Remanenz, die Koerzitivkraft und der Arbeitsverlust durch Hysteresis ab. Die Abweichungen von den entsprechenden Werten bei stetiger Magnetisierung kommen aber nur bei sehr genauen Messungen und bei weichem Material in Betracht. In diesem Falle würde sich also die Verwendung von Walzenrheostaten empfehlen.

Beim Durchlaufen einer Hysteresisschleife kann die Gleichgewichtslage der Magnetometernadel nur zweimal abgelesen werden, nämlich beim Anfange und beim Ende des Versuches, der ziemlich lange Zeit in Anspruch nimmt. Treten daher während dieser Zeit Änderungen der Gleichgewichtslage infolge äußerer Einflüsse oder periodischer Änderungen der Deklination auf, so kommen dadurch Fehler in die gemessenen Ausschläge hinein.

Um diese bei genauen Messungen möglichst zu vermeiden, stellt man ein zweites Magnetometer auf, dessen Gleichgewichtslage öfters kontrolliert wird. Man nimmt dann an, daß die Gleichgewichtslage des benutzten Magnetometers sich ebenso ändere, als die des Kontrollmagnetometers.

Jedenfalls wird man versuchen, solchen Störungen vorzubeugen, also, wenn möglich, ein eisenfreies Laboratorium, im großen Abstande von sich bewegenden Eisenmengen, wählen. Die vagabundierenden Ströme elektrischer Bahnen können sogar noch stören, wenn die Bahn einige Kilometer vom Laboratorium entfernt ist; in diesem Falle führt man die Messungen zweckmäßig bei Nacht aus.

J. Die ballistische Methode zur Aufnahme von Magnetisierungskurven und Hysteresisschleifen.

1. Das Toroid.

Das zu untersuchende Eisen wird zu einem geschlossenen Ring (Toroid) geschmiedet; es treten in diesem Falle keine freien Pole auf, so daß die Korrekturen für ihre magnetisierende Wirkung wegfallen; das Resultat ist somit ein absolutes.

Auf den Ring sind zwei Wicklungen angeordnet, eine primäre und eine sekundäre; in Fig. 305 sind dieselben der Übersichtlichkeit wegen auf verschiedenen Teilen des Ringes angebracht; zur Verkleinerung der Streuung empfiehlt es sich aber, die primäre gleichmäßig über den ganzen Ring zu verteilen. Durch die primäre Wicklung, die n Windungen haben möge, wird ein Strom von i Ampere geschickt; die Feldstärke im Eisen ist dann

$$H = \frac{0{,}4\pi n i}{l} = 0{,}4\pi n_1 i\,, \quad . \quad . \quad . \quad . \quad (1)$$

wo l die mittlere Kraftlinienlänge, n_1 die primäre Windungszahl pro Zentimeter Länge des mittleren Kraftlinienweges darstellt.

In Wirklichkeit ist die Feldstärke über dem ganzen Querschnitt nicht konstant; sie ist an der inneren Seite des Toroids größer als an der äußeren, da der Kraftlinienweg innen kleiner ist; sie kann aber als konstant angesehen werden, wenn die Dicke des Eisenringes in der Richtung des Radius des Toroids klein ist im Vergleich zu diesem Radius, wie es bei jeder praktischen Anordnung der Fall sein soll.

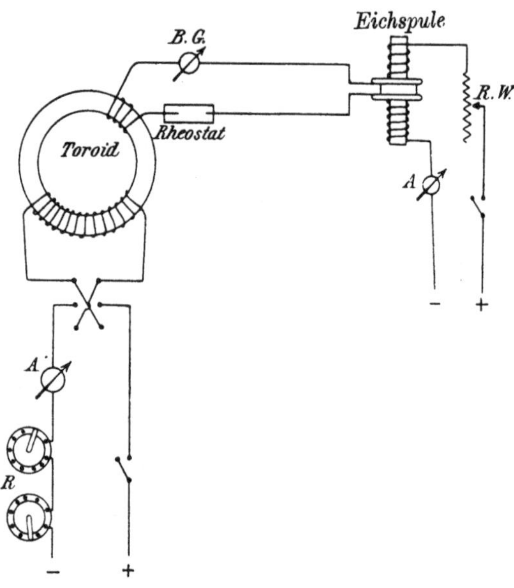

Fig. 305.

Unter dieser Voraussetzung ist also H jedesmal zu berechnen aus der Stärke des durch die primäre Wicklung geschickten Stromes, den man je nach Bedarf mehr oder weniger genau mittels einer der früher behandelten Strommeßmethoden messen kann. In der Figur ist beispielsweise ein Präzisionsamperemeter eingeschaltet. Zweckmäßig wird für $0{,}4\pi n_1$ eine runde Zahl gewählt.

Die zu jeder Feldstärke gehörige Induktion wird durch ballistischen Ausschlag gemessen, man verfährt dabei folgendermaßen:

Zunächst wird das Eisen auf eine der früher angegebenen Weisen entmagnetisiert; dann bringt man den Magnetisierungsstrom durch Schließung des primären Stromkreises von Null auf einen kleinen Betrag; infolgedessen entsteht im Eisen ein Kraftfluß gleich Induktion mal Querschnitt; in den sekundären Windungen, die durch ein Galvanometer und einen Vorschaltwiderstand geschlossen sind, entsteht ein Induktionsstoß, und das ballistische Galvanometer schlägt aus. Dieser Ausschlag ist ein Maß für die Änderung der Induktion (nach Formel 3, Seite 428). also in diesem Falle zugleich für die totale Induktion. Verringert man jetzt den Widerstand im primären Kreise plötzlich um einen passenden Betrag, so nimmt die Stromstärke und somit der Kraftfluß zu; das Galvanometer wird also wieder ausschlagen und der neue Ausschlag ist jetzt ein Maß für die Zunahme der Induktion (Formel 3′, Seite 429). Durch Kombination mit dem vorigen Wert ist somit die totale Induktion wieder bekannt. So fährt man fort, bis man die gewünschte maximale Induktion erreicht hat. Trägt man die erhaltenen Werte auf, so erhält man die jungfräuliche Kurve. Setzt man jetzt die Messung noch weiter fort, indem man die primäre Stromstärke zunächst stufenweise bis auf Null verkleinert, dann kommutiert und wieder stufenweise bis auf denselben Wert im entgegengesetzten Sinne vergrößert, dann wieder verkleinert bis auf Null und schließlich wieder kommutiert und vergrößert bis auf den maximalen Wert in der ursprünglichen Richtung, und jedesmal außer der Stromstärke auch den ballistischen Ausschlag beobachtet, so erhält man die Hysteresisschleife. Dabei empfiehlt es sich, nachdem die maximale Induktion zum erstenmal erreicht ist, das Eisen einigemal einen Zyklus durchlaufen zu lassen, damit es gut durchmagnetisiert sei, bevor die Hysteresisschleife aufgenommen wird.

Bei den weichen Eisensorten setzt man die Magnetisierung gewöhnlich bis zu einer Feldstärke H von 150 C. G. S.-Einheiten fort, während bei sehr hartem Stahl H bis 300 C. G. S. hinaufgetrieben wird.

Während H jedesmal seiner absoluten Größe nach aus Formel 1, Seite 441, gefunden wird, erhalten wir also aus dem ballistischen Ausschlag nach der Formel

$$\triangle B = \frac{r_2}{n_2 F} C_b \alpha \quad . \; . \; . \; . \; . \; . \; . \quad (2)$$

wo:

r_2 = Gesamtwiderstand des sekundären Stromkreises,

n_2 = Windungszahl der sekundären Spule auf dem Toroid,
F = Eisenquerschnitt des Toroids,

nur die Zunahme der Induktion im Eisen, d. h. jeder folgende Wert ist von dem vorigen abhängig (vgl. Fig. 306) und jeder Fehler kommt in die folgenden Werte der totalen Induktion hinein.

Es ist durch einen Vorversuch festzustellen, ob der Ausschlag des ballistischen Galvanometers bei allen vorzunehmenden Änderungen der Feldstärke innerhalb des Skalenbereiches bleibt; denn, wenn sich während einer Messung herausstellt, daß der Skalenbereich überschritten wird, so muß man den ganzen Versuch von neuem anfangen; man kann nämlich weder auf die Bestimmung dieses Punktes verzichten, da man ihn für die Aufzeichnung der folgenden braucht, noch die vorgenommene Änderung so viel verkleinern, daß der Ausschlag wieder auf die Skala kommt, da man dann eben wegen der Hysteresis nicht die gewünschte Kurve erhält (vgl. Seite 430).

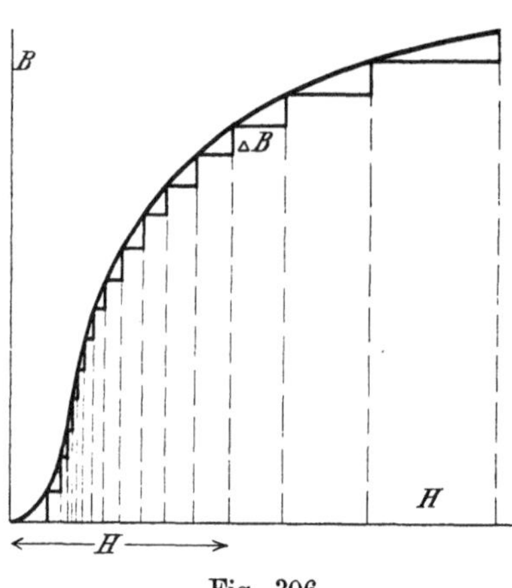

Fig. 306.

Man kann aber auch in etwas anderer Weise vorgehen. Nachdem man auf die gewünschte Stromstärke im primären Stromkreis einreguliert hat, kommutiert man; der Ausschlag am Galvanometer ist dann ein Maß für den doppelten Wert der Induktion.

Diese Methode hat also den Vorteil, daß jede folgende Messung nicht von der vorigen abhängt, gibt aber, besonders bei hartem Material, etwas abweichende Resultate und ist nur für die Magnetisierungskurve und nicht für die Hysteresisschleife verwendbar.

Da die Induktion sich bald langsamer, bald rascher ändert mit der Feldstärke, empfiehlt es sich, die Abstufungen von H bzw. der Stromstärke im primären Stromkreise ungleich zu wählen.

In Fig. 306 sind beispielsweise solche Abstufungen von H eingezeichnet, daß die Zunahme der Induktion $\triangle B$ konstant ist.

Bei dem Vorversuch lassen sich die passenden Kurbelstellungen der Widerstände R (Fig. 305) leicht ermitteln; es werden aber auch Widerstände gebaut, die an sich passende Abstufungen haben.

Da die Konstante des ballistischen Galvanometers vom Schließungswiderstande abhängt, empfiehlt es sich, die sekundären Windungen der Eichspule direkt in den sekundären Stromkreis des Toroids aufzunehmen, wie in der Figur angegeben.

Die Konstante des ballistischen Galvanometers wird nun bestimmt, indem man seinen Ausschlag infolge einer bekannten Kraftflußänderung beobachtet (siehe auch Seite 102).

Wird der primäre Strom der Eichspule (Normalsolenoid) mit i_a bezeichnet, und ist die primäre Windungszahl pro Zentimeter Länge des Eichsolenoids n_{1a}, so gilt für die Mitte des Solenoids, weil es kein Eisen enthält ($\mu = 1$):

$$B = H = 0{,}4\,\pi\, n_{1a} i_a .$$

Ist der ballistische Ausschlag, wenn der primäre Strom von Null auf diesen Betrag i_a gebracht wird, α_a, so ist

$$B = \frac{C_b \alpha_a r_2}{F_a n_a},$$

wo

$F_a \doteq$ Querschnitt des Eichsolenoids,
$n_a =$ Sekundäre Windungszahl des Eichsolenoids.

Aus den beiden letzten Gleichungen ist somit C_b oder $C_b r_2$ zu berechnen, welcher Wert in Formel 2, Seite 413, eingeführt werden kann. Wie ersichtlich, braucht bei dieser Anordnung r_2 nicht einmal bekannt zu sein.

2. Das Joch.

Diese Methode ist prinzipiell der vorigen ganz ähnlich, so daß das Schaltungsschema ohne weiteres auf diese Anordnung übertragen werden kann; der einzige Unterschied besteht in der Art der Schließung des magnetischen Kreises.

Die Toroidform ist praktisch unbequem; das Umschmieden kann die Eigenschaften des Eisens nicht unerheblich ändern, außerdem sind die Ringe schwierig zu bewickeln. Bei dem Joche haben nun die Probestäbe meist Zylinderform; nur bei der Untersuchung von Anker- und Transformatorenblech werden einige Streifen zu einem Bündel von viereckigem Querschnitt vereinigt.

Der Probestab wird mit den Enden in ein Joch aus Weicheisen mit geringem magnetischen Widerstand eingeklemmt, wo-

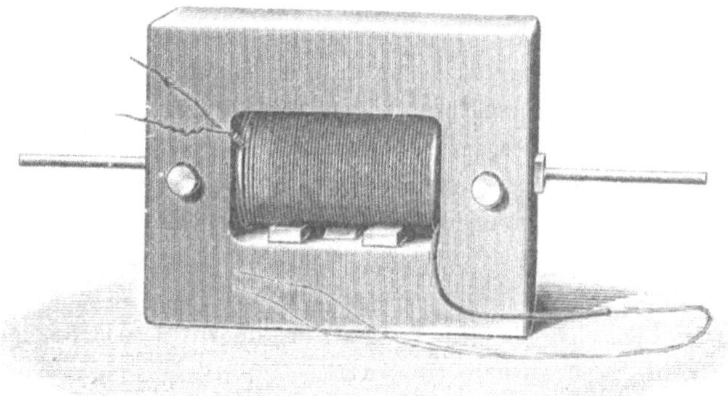

Fig. 307 a.

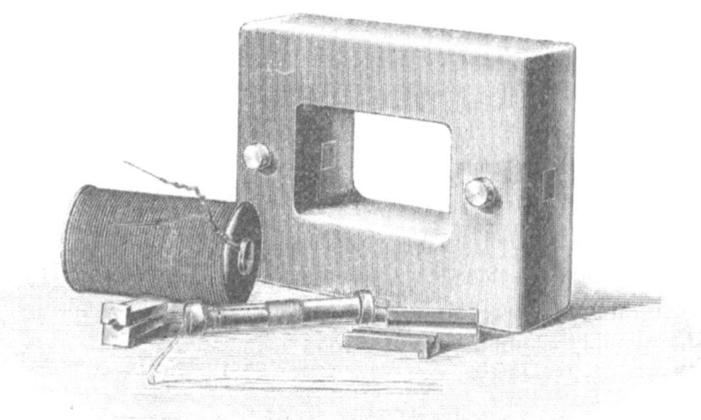

Fig. 307 b.

durch ein eisengeschlossener magnetischer Kreis gebildet und die entmagnetisierende Wirkung der Stabenden möglichst beseitigt wird. Der geringe magnetische Widerstand wird dadurch erhalten, daß man

1. Eisen von hoher Permeabilität verwendet (beispielsweise schwedisches Eisen);
2. dem Joche einen großen Querschnitt gibt.

Fig. 307 zeigt die Einrichtung des Joches, das an der P. T. R. benutzt wird. Die sekundäre Spule ist in der zylindrischen Ausbohrung der primären oder Magnetisierungsspule angebracht, die in die rechteckige Öffnung des Joches paßt; durch die in der Figur sichtbaren viereckigen Öffnungen wird der zylindrische Probestab gesteckt und der übrige Raum durch die Klemmstücke ausgefüllt. Durch Anziehen der Schrauben bewirkt man ein möglichst festes Aneinanderliegen von Probestab, Klemmstücken und Joch, um die entmagnetisierende Wirkung möglichst zu heben; hierdurch wird die Scherung so gering, daß sie meistens vernachlässigt werden kann. Soll sie aber berücksichtigt werden, so muß der absolute Wert der Koerzitivkraft ermittelt werden.

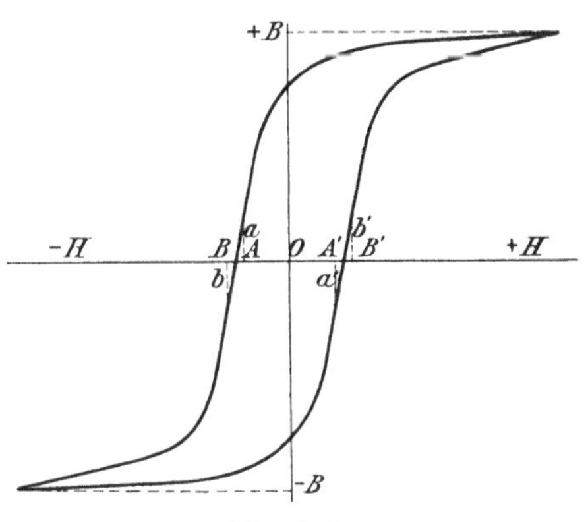

Fig. 308.

Dazu benutzt man genau dieselbe Aufstellung als bei der magnetometrischen Methode. Man bringt den zylindrischen Probestab in die Mitte des Solenoids und läßt ihn einige Zyklen durchlaufen. Von der maximalen Induktion $+B$ ausgehend, bringt man nun den primären Strom und somit die Feldstärke langsam auf Null herunter und liest dann den Ausschlag des Magnetometers ab; man kommutiert und läßt die Feldstärke zu einem Betrage OA (Fig. 308) wachsen, wobei noch ein kleiner Ausschlag in derselben Richtung beobachtet wird; dann vergrößert man die Feldstärke auf OB, so daß man einen kleinen Ausschlag nach der entgegengesetzten Richtung erhält; dann geht man zu der maximalen Induktion $-B$ und zurück, bis die Feldstärke wieder Null ist und liest den Ausschlag ab; ebenso bei den Feldstärken OA' und OB', die absolut gleich OA und OB sind, aber entgegengesetzt gerichtet, um schließlich wieder auf den maximalen Wert der Induktion $+B$ zurückzukommen.

Das Mittel der Ausschläge bei einer Feldstärke Null gibt

offenbar die Gleichgewichtslage der Magnetometernadel an; die Ausschläge bei den Feldstärken OA, OB, OA' und OB' verhalten sich wie die Induktionen, also wie die Ordinaten a, b, a' und b'. Da $OA = OA'$ und $OB = OB'$, kann man für die zu OA gehörigen Ordinate $\frac{a+a'}{2}$ und für die zu OB gehörige $\frac{b+b'}{2}$ setzen.

Da nun OA und OB und das Verhältnis der zugehörigen Ordinaten bekannt sind, findet man aus einer einfachen Interpolation diejenige Feldstärke, bei der die Kurve die H-Achse schneidet, d. h. die Koerzitivkraft. Bei der Berechnung der Feldstärke muß die entmagnetisierende Wirkung der Enden des Stabes auch in Betracht gezogen werden. Der Entmagnetisierungsfaktor von zylindrischen Stäben ist für mehrere Verhältnisse von Länge und Durchmesser experimentell bestimmt.

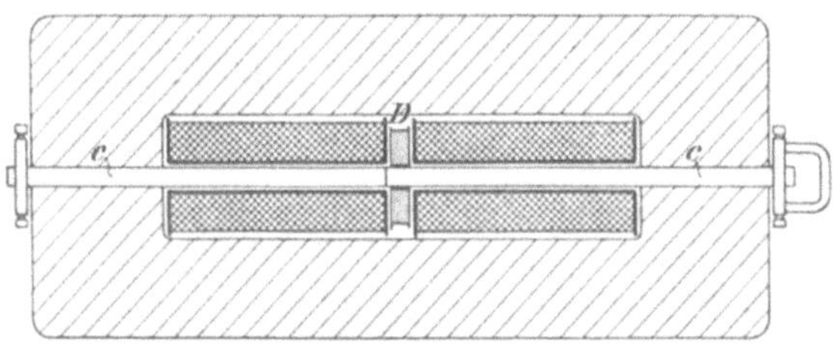

Fig. 309.

Die Methode mit dem Joche ist zuerst von J. Hopkinson angegeben, jedoch in etwas anderer Form. Der Probestab cc (Fig. 309) besteht dabei aus zwei Hälften, die mit sauber abgeschliffenen Endflächen gegeneinander stoßen. Man kann nun die eine Hälfte plötzlich so weit aus dem Joch herausziehen, daß die sekundäre Spule D unter der Wirkung einer Feder aus dem magnetischen Feld herausspringt; der Induktionsstoß wird dann wie üblich gemessen. Da bei dieser Methode eben an der Stelle, wo die sekundäre Spule angebracht ist, eine Stoßfuge vorhanden ist, ist diese Anordnung weniger zulässig als die oben beschriebene, die außerdem bequemer zu handhaben ist.

Es ist noch zu bemerken, daß in der Formel

$$H = \frac{0{,}4\pi n i}{l}$$

l selbstverständlich die freie Länge des Probestabes ist. Der magnetische Widerstand des Joches und der Stoßfugen wird bei dieser Methode vernachlässigt.

3. Die Ewingsche Methode.

Die oben beschriebene Methode mit dem Joch hat, besonders bei der Untersuchung von magnetisch stark leitendem Material, wie Schmiedeeisen, Anker- und Transformatorenblech usw., den wesentlichen Nachteil, daß die Widerstände des Joches und besonders der Stoßfugen vernachlässigt werden müssen. Der Widerstand der Stoßfugen kann unmöglich in Rechnung gezogen werden, da wir ja die Luftzwischenräume nicht kennen; die vier in Serie liegenden Fugen können einen ziemlich erheblichen Widerstand haben, was direkt einleuchtet, wenn man bedenkt, daß bei einer Permeabilität des Eisens von 2000 die entsprechende Eisenlänge 2000mal so groß wird. Einem auf den Querschnitt des Probestabes reduzierten totalen Luftzwischenraum von 0.02 mm würden in diesem Falle 40 mm Eisenlänge entsprechen, was bei einer Stablänge von 20 cm einen Fehler von 20% bedeuten würde.

Ewing hat nun eine Methode angegeben, die durch eine doppelte Messung diesen Fehler umgeht.

Die magnetisierenden Amperewindungen ni werden nicht vollständig benutzt, um in dem Probestab einen Fluß zu erzeugen, sondern es geht ein Teil verloren, zur Überwindung der übrigen Widerstände des magnetischen Kreises. Demzufolge ist die Feldstärke H nicht, wie bei der vorigen Methode angenommen, gleich

$$\frac{0,4\pi n i}{l},$$

wo l die freie Eisenlänge des Probestabes bedeutet, sondern bestimmt durch die Formel:

$$0,4\pi n i = Hl + \varepsilon, \quad . \quad . \quad . \quad . \quad . \quad . \quad (1)$$

wo ε das Linienintegral der Feldstärke in den Schließungsteilen des magnetischen Kreises, bzw. $\frac{\varepsilon}{0,4\pi}$ die zur Überwindung der zusätzlichen magnetischen Widerstände nötigen Amperewindungen darstellt.

Wir nehmen nun zwei Versuche vor; beim ersten ist die freie Länge des Probestabes l_1, die Windungszahl n_1, der Magnetisierungsstrom i_1, beim zweiten sind diese Größen l_2, n_2 und i_2 (Fig. 310).[1]) Die scheinbaren Feldstärken sind dann

$$H' = \frac{0,4\pi n_1 i_1}{l_1}$$

und

$$H'' = \frac{0,4\pi n_2 i_2}{l_2}$$

Fig. 310a.

Fig. 310b.

Die wirklichen Feldstärken sind nach obenstehender Formel 1:

$$H = \frac{0,4\pi n_1 i_1}{l_1} - \frac{\varepsilon}{l_1} = H' - \frac{\varepsilon}{l_1}$$

$$H = \frac{0,4\pi n_2 i_2}{l_2} - \frac{\varepsilon}{l_2} = H'' - \frac{\varepsilon}{l_2}.$$

Es müssen nun bei beiden Versuchen für dieselben Werte der Induktion auch die wirklichen Feldstärken und die Beträge ε gleich sein; es ist dann

$$H' - \frac{\varepsilon}{l_1} = H'' - \frac{\varepsilon}{l_2}.$$

Wählen wir nun $l_2 = \frac{1}{2} l_1$, so wird

$$H'' - H' = \frac{\varepsilon}{l_1}.$$

[1]) Magnetic Induction in Iron, von J. A. Ewing

Tragen wir somit für beide Versuche die aus den ballistischen Ausschlägen erhaltenen Werte der Induktion als Funktion der scheinbaren Feldstärken H' und H'' ab (in Fig. 311 stellen die Ordinaten die Induktionen in Linien pro cm^2 und die Abszissen die Feldstärken in C.G.S.-Einheiten dar), so gibt der in der Richtung der H-Achse gemessene Abstand der beiden Kurven den zu der jeweiligen Induktion gehörigen Wert von $\frac{\varepsilon}{l_1}$ an (z. B. für die Induktion 9000 ist $\frac{\varepsilon}{l_1}$ in Fig. 311 gleich ab); da nun weiter

$$H = H' - \frac{\varepsilon}{l_1}$$

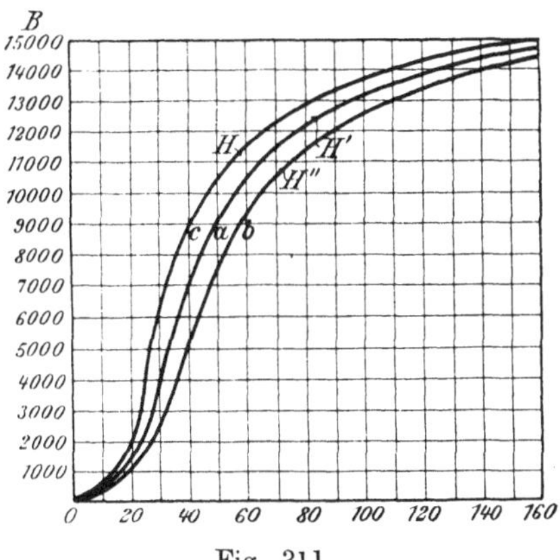

Fig. 311.

ist, brauchen wir diesen Wert $\frac{\varepsilon}{l_1}$ (ab) nur von der Feldstärke H' zu subtrahieren, um die richtige Feldstärke H zu finden; es ist somit $ac = ab$.

Zur Vereinfachung der Rechnung empfiehlt es sich, l_1 und l_2 als ein Vielfaches von π zu nehmen.

Ist z. B.

$$l_1 = 12.56 \text{ cm} \quad \text{und} \quad l_2 = 6.28 \text{ cm}$$
$$n_1 = 100 \quad \text{und} \quad n_2 = 50,$$

so ist

$$\frac{0{,}4\,\pi n_1}{l_1} = \frac{0{,}4\,\pi n_2}{l_2} = 10,$$

d. h. die Feldstärke ist 10 C. G. S.-Einheiten für jedes Ampere des Magnetisierungsstromes.

Es soll noch bemerkt werden, daß die Ewingsche Lösung auch nicht vollkommen ist, da die Widerstände der Stoßfugen und somit die Werte ε bei den beiden Messungen nicht dieselben zu sein brauchen. Es ist wohl kaum anzunehmen, daß diese sich durch die Lösung und Wiederansetzung der Klemmschrauben überhaupt nicht ändern. Allerdings wird der Fehler erheblich verringert, so daß die Genauigkeit der Messung für den praktischen Bedarf gewöhnlich vollständig ausreicht.

Die Methode von Ewing zur Beseitigung der Fehler infolge magnetischer Übergangswiderstände ist aber nicht die einzig mögliche. So bezweckt das sogenannte Permeameter von Picou[1]), von J. Carpentier-Paris gebaut, dasselbe. Eine ausführliche Beschreibung dieser und aller anderen Permeameter würde uns aber zu weit führen, wir begnügen uns deshalb damit, die bekannte magnetische Präzisionswage von du Bois und den bequemen Magnetisierungsapparat von Köpsel (Siemens & Halske) eingehend zu besprechen.

K. Der Magnetisierungsapparat von Siemens & Halske.

Dieser Apparat, der von Köpsel angegeben und von Dr. Kath verbessert worden ist, gibt bei einfacher Handhabung ziemlich genaue Resultate, ohne irgend welche Rechnung; daher ist er für die Praxis besonders geeignet.

Fig. 312a zeigt die äußere Ansicht, Fig. 312b die innere und Fig. 312c eine Schnittzeichnung.

Der Apparat besteht aus einem halbkreisförmigen Eisenjoch J, das die Enden des Stabes P verbindet. S ist die Spule, die den Stab magnetisiert; sie ist so abgeglichen, daß ihr Feld in

---

[1]) Siehe Bulletin de la société internationale des Electriciens. 1902. Tome II, No. 20.

absoluten Einheiten gleich dem Hundertfachen des in Ampere gemessenen Magnetisierungsstromes m ist

$$H\,(\text{C. G. S.}) = 100\,m\,(\text{Ampere}).$$

Ein Umschalter U führt ihr den magnetisierenden Strom m zu. Um zwischen Probestab P und Joch einen guten magnetischen Schluß zu erhalten, wird der Stab mit zwei Messingschrauben und zwei Paaren eiserner Klemmbacken K festgeklemmt. Das Joch J

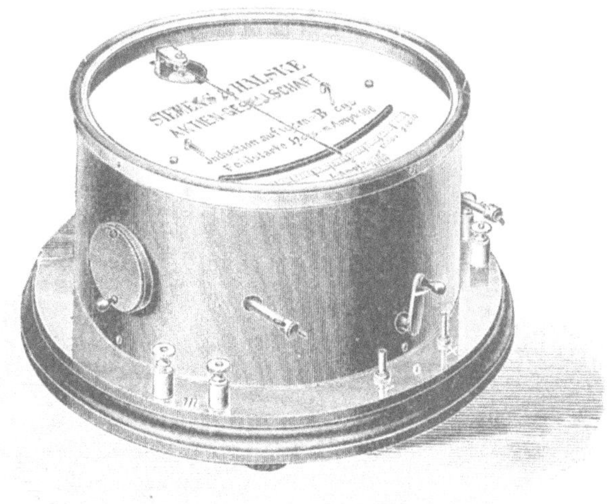

Fig. 312a.

ist in seiner Mitte von einem zylindrischen Luftschlitz durchschnitten. In diesem Luftraum von etwa 1 mm kann sich eine Spule S aus einigen Windungen feinen Drahtes drehen. Außerdem befinden sich auf dem Joch noch 2 Spulen von einigen Windungen, die dazu bestimmt sind, die Wirkung, welche die Spule S an und für sich auf das Joch ausübt (also ohne daß der Eisenstab sich im Apparat befindet), zu kompensieren und so die Induktion im Eisenstab allein in den Angaben des Instrumentes zum Ausdruck kommen zu lassen. Sie sind in den Stromkreis des magnetisierenden Stromes geschaltet und wirken magnetisch der Spule S entgegen.

Die Wirkungsweise des Apparates ist nun folgende:

Schickt man durch die Spule S, die durch Spiralfedern in einer zur Stabachse parallelen Nullage festgehalten wird, einen Strom, so wird jeder im P erzeugte und das Joch durchsetzende Kraft-

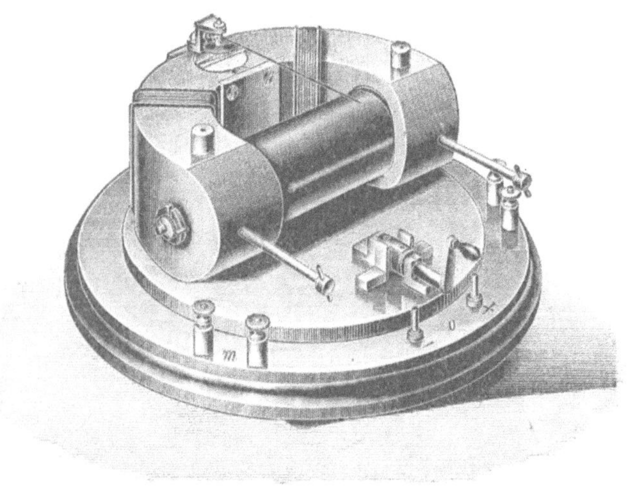

Fig. 312b.

fluß eine Drehung der Spule S bewirken und zwar proportional der Zahl der Kraftlinien; man mißt also hier mit dem konstanten Hilfsstrom das variable Feld, d. h. die Induktion im Stabe. Es ist also in diesem Apparat das umgekehrte Prinzip zur Grundlage der Konstruktion gemacht worden, wie in den bekannten Strom- und Spannungsmessern nach Deprez und d'Arsonval, in denen der variable Strom im konstanten Felde durch die Drehung der Spule gemessen wird.

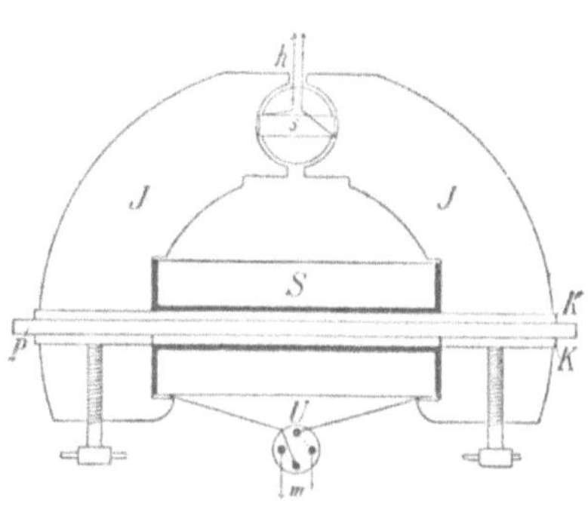

Fig. 312c.

Durch die richtige Wahl des Hilfsstromes h können wir es so einrichten, daß für jeden beliebigen Querschnitt des Probestabes an der Skala des Apparates direkt die Induktion angezeigt wird.

Der Ausschlag der beweglichen Spule ist ja sowohl proportional dem sie durchsetzenden Fluß (Induktion $\times$ Querschnitt), als proportional dem Hilfsstrom; soll also der Ausschlag bei derselben Induktion unabhängig vom Querschnitte immer derselbe sein, so muß der Hilfsstrom umgekehrt proportional dem Querschnitte des Probestabes gewählt werden, d. h.

$$\text{Hilfsstrom } h = \frac{\text{Konstante}}{\text{Querschnitt der Probe}}$$

wo „Konstante" eine jedem Apparat bei der Eichung beigegebene Zahl bedeutet. Die beiden Stromkreise endigen am Apparate selbst in Klemmen, welche durch die Bezeichnung „m" (Magnetisierungsstrom) und „h" (Hilfsstrom) unterschieden sind.

Zur größeren Bequemlichkeit bei der Zeichnung der Magnetisierungskurven ist sowohl auf der Skala eine positive ($+ B$) und negative ($- B$) Richtung der Induktion, wie auch am Umschalter eine $+$ und $-$ Richtung des Feldes unterschieden, und man kann nötigenfalls durch Vertauschung der beiden bei m (oder der bei h) anliegenden Leitungen, die Schaltung so einrichten, daß $+$ Induktion auch mit $+$ Feldrichtung zusammenfällt, wie wir es ja in den Kurven immer darstellen.

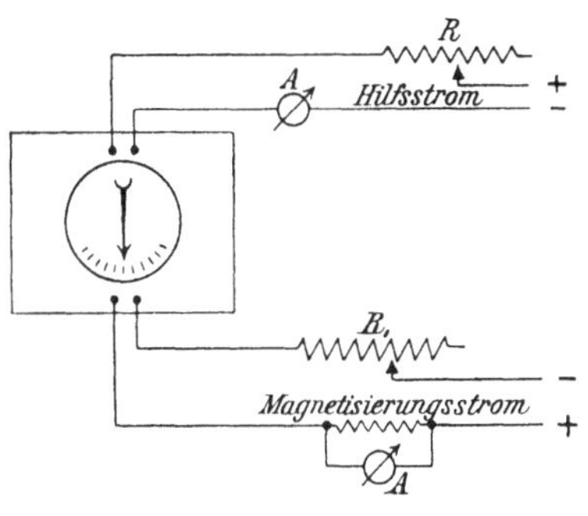

Fig. 313.

Das Schaltungsschema ist in Fig. 313 angegeben. Die beiden Ströme werden hier mit Milliamperemetern von S und H gemessen; verwendet man zur Messung des Magnetisierungsstromes z. B. ein einohmiges Instrument mit Nebenschluß bis 1,5 Ampere, so stellt jeder Skalenteil 0,01 Ampere dar und entspricht somit einer C.G.S.-Einheit der Feldstärke; es werden also Induktion und Feldstärke dann direkt an einer Skala abgelesen, und die Aufnahme der jungfräulichen Kurve und der Hysteresisschleife sind in denkbar einfachster Weise direkt durchzuführen. Es ist darauf zu achten, daß die Meßinstrumente abseits in mindestens 1 m Entfernung aufgestellt werden, um störende Einflüsse zu vermeiden, wie sie der starke Magnet des Amperemeters ausüben könnte.

Siemens & Halske geben ihren Apparaten noch einen besonderen Stöpselschalter bei, um beide Ströme mit einem einohmigen Instrument messen zu können. Auch werden die nötigen passenden Vorschaltwiderstände und Batterien hinzugeliefert. So durchfließt der Magnetisierungsstrom zweckmäßig einen „Einkurbelwiderstand", der 24 numerierte Knöpfe mit derartig ausgewählten Widerstandsstufen enthält, daß jede Magnetisierungskurve mit einer genügenden Anzahl von Punkten aufgenommen werden kann, sei es, daß man die schlanken Kurven der besten Eisensorten oder die breiten Kurven von hartem Stahl aufnehmen will. Der Widerstand gestattet, wenn man ihn (durch Drehung der Kurbel nach den niedrigen Zahlen hin) fast ganz ausschaltet, bei 4 Volt eine Messung bis $H = 150$ C. G. S., bei 8 Volt bis $H = 300$ C. G. S., eine Zahl, die beim harten Stahl erwünscht ist, aber wohl kaum überschritten werden wird. Der Hilfsstrom, den 3 Trockenelemente oder 2 Akkumulatoren liefern, durchfließt einen Dreikurbelwiderstand, der eine schnelle und bequeme Einstellung der richtigen Stromstärke ermöglicht.

Der Apparat muß vor fremden magnetischen Feldern geschützt werden; man darf also keine starken Magnete oder Eisenmassen in die Nähe bringen. Ferner sollen auch die Stabenden nicht wesentlich aus dem Apparat hervorstehen; der auf 6 mm abgedrehte Stab ist daher auf 27 cm Länge abzuschneiden. Der Einfluß des Erdfeldes wird beseitigt, wenn man den Apparat so aufstellt, daß ein auf der Skala angebrachter Strich die Richtung NS (oder SN) hat. Es bleibt dann beim Einschalten des Hilfsstromes (ohne Probestab im Apparat) der Zeiger in Ruhe. Übrigens stört eine etwas unrichtige Stellung des Apparates die Beobachtungen nicht sehr. Man erhält nur für $+B$ und $-B$ statt gleicher etwas abweichende Ablesungen, das Mittel aus beiden bleibt aber doch richtig, und gewöhnlich wird man sowieso beide Magnetisierungsrichtungen untersuchen, um Ungleichmäßigkeiten des Stabes auszuscheiden. Daß hier, wie bei allen Zeigerinstrumenten mit Glasscheibe, nach dem Putzen der letzteren eine elektrische Ladung zurückbleiben kann, die im ungünstigsten Falle den Zeiger aus der Nullage ablenkt, ist kaum besonders zu betonen: durch Anhauchen der Scheibe nach dem Putzen beseitigt man diese Störung sehr leicht.

Die Eichung besteht einfach in der Bestimmung der Konstante. Dazu klemmt man einen Normalstab ein, dessen absolute Kurve bekannt ist, und reguliert den Hilfsstrom so lange, bis die abgelesene Induktion bei einer Feldstärke von beispielsweise 150 C. G. S.-Einheiten für weiches und 300 C. G. S.-Einheiten für hartes Material, mit dem absoluten Wert übereinstimmt. Die Konstante ist nun gleich dem Querschnitte des Stabes multipliziert mit dem so erhaltenen Wert des Hilfsstromes.

Allerdings stimmt die Anzeigung des Instrumentes dann nur noch mit dem absoluten Wert überein für die eine Feldstärke von 150 bzw. 300 C. G. S.-Einheiten und für das bestimmte Material des Probestabes; für anderes Material und andere Feldstärken werden durch die kleinen entmagnetisierenden Kräfte Abweichungen vorkommen. Untersuchungen an der P. T. R. haben gezeigt, daß für Weicheisensorten die Scherung bei diesem Apparat sehr gering und für praktische Messungen zu vernachlässigen ist; bei hartem Stahl sind die Abweichungen von derselben Größenordnung wie bei dem Joche. Wünscht man die Scherung für ein bestimmtes Material zu bestimmen, so untersucht man mit dem Instrument einen Normalprobestab von diesem Material und vergleicht das Resultat mit der absoluten Kurve.

Bei einer derartigen Untersuchung ist es erwünscht den Hilfsstrom sehr genau auf den erforderlichen Betrag zu bringen und daher zur Messung dieses Stromes einen Normalwiderstand und Kompensationsapparat, statt eines Präzisions-Milliamperemeters zu verwenden.

L. Die magnetische Präzisionswage von H. du Bois.

Beschreibung. Die Wage ist im Aufriß in Fig. 314a und perspektivisch in Fig. 314b abgebildet.

Der Normalquerschnitt der Probe soll 0,5 qcm betragen; dies entspricht einem Durchmesser von 0,798 cm bei kreisrundem, einer Kantenlänge von 0,707 cm bei quadratischem Profil; entsprechende Lehren werden beigegeben. Es sind zweierlei Befestigungsarten der Proben vorgesehen. Am meisten, namentlich bei genaueren Arbeiten, zu empfehlen sind konvexe Kugelkontakte (Radius 0,5 cm); in diesem Falle wird die Probe *P* zwischen zwei mit entsprechenden Konkavschliffen versehene Vollbacken geklemmt; von diesen ist nur die rechte V_2 abgebildet. Eine Schnappfeder F_2 von etwa 3 kg Druckkraft komprimiert den magnetischen Kugelkontakt auch dann, wenn bei geringen Induktionswerten die automatische elektromagnetische Druckkraft zu schwach wird; übrigens beträgt letztere bei gesättigter Eisenprobe etwa 10 kg. Die Maximallänge der Probe zwischen den beiden Scheitelpunkten soll 25,4 cm betragen, die Kuppenhöhe je 0,2 cm, daher die lichte Stablänge zwischen den Stirnflächen der Vollbacken 25,0 cm und die mittlere Länge 25,2 oder 8π cm.

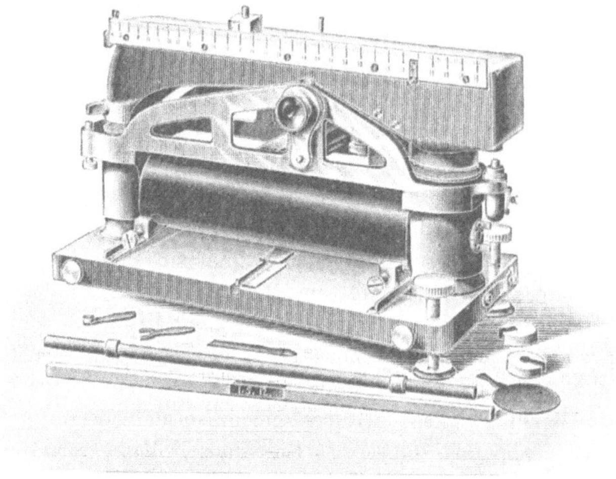

Fig. 314a.

Wie links in Fig. 314a abgebildet, kann indessen die Probe auch in der vielfach üblichen Weise zwischen Klemmbacken K_0 und K_u eingefaßt werden; von diesen werden für normales rundes und quadratisches Profil je zwei Paar beigegeben. Die Gesamtlänge der Probe muß in diesem Falle etwa 33 cm betragen, die lichte Länge kann auf 25,0 cm oder weniger eingestellt werden. Sowohl Vollbacken wie Klemmbacken messen zwischen ihrer Stirnfläche und dem Scheitelpunkt ihres Messingknöpfchens genau 5,0 cm. Bestimmt man daher die Entfernung der letzteren mittels eines um den Apparat gelegten Kaliber-Maßstabes, so mißt dieser nach Abzug von 10,0 cm die lichte Länge der Probe; letztere kann übrigens auch durch zwei passende Messingstellringe fixiert werden.

Die Kugelkontakte haben nicht nur den praktischen Vorteil, daß die Probe sich vollständig automatisch zentriert, auch wenn

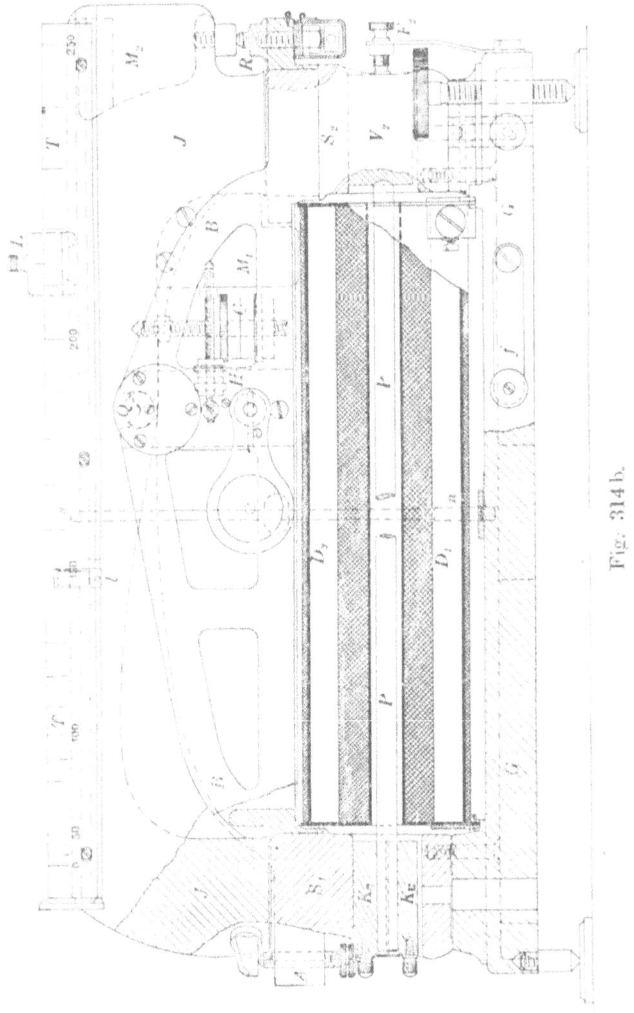

Fig. 314 b.

sie schwach gebogen ist, wie es bei hartem Stahl vorkommt, sondern auch einen ganz bestimmten theoretischen. Nach dem bekannten Brechungsgesetz wird der kugelschichtförmige Luftzwischenraum fast normal von den Induktionslinien durchsetzt (radial überbrückt), so daß die Luftschicht eine Äquipotentialfläche bildet und infolgedessen der Verlauf der Induktionslinien in dem kontinuierlich gedachten Metall weniger verzerrt wird.

Die Backen passen in zwei Stahlgußsockel S_1 und S_2; die obere Klemmbacke, bzw. die obere Hälfte der Vollbacke, bietet eine Berührungsfläche von etwa 18 qcm; durch Pressen kann daher ein inniger Kontakt mit der ausgeschliffenen Sockelbohrung hergestellt werden; diese Pressung wird durch zwei am Vorderrande der Grundplatte herausragende Kordenschrauben bewirkt. Übrigens empfiehlt es sich meistens, die rechte Schraube zu entfernen; an ihrer Stelle wird ein beigegebener loser Messingstift eingesetzt, der mittels einer schwachen Schnappfeder f den nötigen Druck ausübt, ohne daß Spannungen erzeugt werden, die unter Umständen die magnetischen Eigenschaften der Probe beeinflussen könnten.

Der Sockel ist am unteren Ende mit der Rotguß-Grundplatte GG verschraubt, am oberen durch eine „warm aufgesetzte" Rotgußbrücke BB vollkommen starr verbunden. Diese trägt nebst einer Arretiervorrichtung die Lager für die Querschneide Q des als Wagebalken ausgebildeten Schlußjoches JJ, die in 4,0 cm Entfernung von der Mitte des Apparates exzentrisch angebracht ist. Die sich paarweise parallel gegenüberliegenden, polierten und gut zentrierten vier Kreisflächen des Sockels und des Joches haben etwa 18 qcm Inhalt und schließen zwei Luftschlitze ein, deren lichte Weite gleich sein und ungefähr 0,025 cm betragen soll. Die Regulierschraube R aus harter, unoxydierbarer Phosphorbronze trägt eine Gegenmutter und eine mit zwei Ösen zur Plombierung versehene Sicherheitskapsel. Das mit zwei Anschlägen aus der gleichen Legierung versehene Stahlgußjoch schwebt mit einem Spielraum von etwa 0,01 cm über der Regulierschraube R und der links abgebildeten Anschlagschraube A; letztere soll namentlich eine unmittelbare Berührung zwischen Joch und Sockel verhindern.

Der Oberteil des Joches ist ausgebildet als Schlitten für die Laufgewichte L und l; zur rohen Tarierung dienen zwei eingegossene Bleimassen M_1 und M_2, während zur endgültigen Justierung des Wagebalkens das vertikal verschiebbare Gegengewicht G und das horizontal bewegliche H dienen. Der mittlere Querschnitt des Joches beträgt 20 cm².

Wenn der Probestab magnetisiert wird, schließt sich ein Kraftfluß durch das Joch; die beiden Paare polierter Kreisflächen ziehen sich mit gleichen Kräften an; durch die ungleiche Länge der Hebelarme ist jedoch das Gleichgewicht gestört; durch Verschiebung der Laufgewichte wird es wieder hergestellt. Diese Verschiebung ist also ein Maß für die Kraft, mit der die polierten Flächen sich anziehen, und die proportional dem Quadrate der Induktion ist.

Die am oberen Jochrande befindliche Teilung TT — in der Figur durch einige Hauptzahlen gekennzeichnet — ist nun eine quadratische und trägt zwei Ziffernreihen: eine obere schwarze für das schwerere Laufgericht L von 65 Gramm, die unteren roten 5mal kleineren Ziffern entsprechen dagegen dem 25mal leichteren Laufgewicht l von 2,6 Gramm. Die mit 100 multiplizierten Zahlen ergeben ohne weiteres die Induktion in C.G.S.-Einheiten. Das größere Gewicht dient für den Induktionsbereich von 5000 aufwärts; das kleinere für geringere Induktionswerte.

Mitten über der Grundplatte läßt sich von vorn nach hinten ein Messingschieber an einer Teilung entlang bewegen; an der Vorderseite trägt dieser ein Knöpfchen samt Index und hinten zwei Hülsen, in die sich die Nordpole zweier verschieden starker, vertikaler Kompensationsmagnete ns einstecken lassen. Durch Einstellung eines oder beider Magnete in passende Lage kann am Orte der vertikalen Teile des magnetischen Kreises eine der Vertikalkomponente des Erdfeldes, sowie etwaiger sonstiger Felder entgegengerichtete Komponente erzeugt werden.

Außerdem trägt die Grundplatte zwei parallele Querschienen, auf denen die Erregerspule leicht verschiebbar ist und aus ihrer zentralen Lage zwischen den beiden Sockeln hervorgerückt werden kann.

Die Magnetisierungsspule besteht aus zwei bewickelten konzentrischen Zylindern. Die Stromrichtung in den beiden in Serie geschalteten Windungen ist entgegengesetzt, damit folgendes erreicht wird. Die magnetisierenden Amperewindungen umschließen den Probestab nicht vollkommen; man bekommt somit außer dem durch das Eisen verlaufenden Fluß noch einen in dem ringförmigen Luftraum zwischen Stab und Solenoid. Dieser wird nun durch die zweite Drahtwindung kompensiert.

Es sei:

$S =$ Stabquerschnitt,
$S_1 =$ mittlerer Querschnitt der inneren Windungen,
$n_1 =$ Anzahl der inneren Windungen,
$S_2 =$ mittlerer Querschnitt der äußeren Windungen,
$n_2 =$ Anzahl der äußeren Windungen,
$F =$ Feldstärke, herrührend von den inneren Windungen,
$F_1 =$ „ „ „ „ äußeren „

so ist der totale Kraftfluß:

$$\Phi = \mu F S + F(S_1 - S) - \mu F_1 S - F_1 (S_2 - S)$$

$$\Phi = \mu (F - F_1) S + F(S_1 - S) - F_1 (S_2 - S),$$

die Kompensationsbedingung lautet somit:

$$F(S_1 - S) = F_1 (S_2 - S).$$

Da die beiden Wicklungen dieselbe Spulenlänge haben und von demselben Strom durchflossen werden, hat man

$$F : F_1 = n_1 : n_2,$$

also

$$n_1 (S_1 - S) = n_2 (S_2 - S).$$

Dieser Gleichung muß also Genüge geleistet werden; zugleich sehen wir, daß alle Probestäbe denselben Querschnitt haben müssen, denn jeder Querschnitt würde eine andere Windungszahl n_2 bedingen. Die Anzahl Windungen ist so gewählt, daß die wirkliche Feldstärke in C.G.S.-Einheiten numerisch gleich dem Hundertfachen des Stromes in Ampere ist. Dem vollen Feldbereiche bis 500 C.G.S. entspricht ein Strom von 5 Ampere und da die Spule einen Widerstand von etwa 6 Ω hat, eine Spannung von 30 Volt.

Wenn man nicht sehr geübt ist in der Handhabung der Wage, so daß jede Einstellung ziemlich viel Zeit erfordert, tritt schon bei einem Strom von 3 Ampere eine erhebliche Erwärmung der Spule ein. Deshalb wird eine Düse beigegeben, die an dem einen Ende der Spule angebracht wird und den Wind eines Gebläses zwischen Probe und innerer Spulenwandung zirkulieren läßt. Um zu verhindern, daß dabei warme Luftströmungen das Joch umwehen, ist die Spule durch ein an der Brücke *BB* befestigtes Schutzblech abgedeckt.

Nach Gebrauch muß das Instrument sorgfältig entmagnetisiert und arretiert werden.

Aufstellung. Die Wage ist erschütterungsfrei aufzustellen. Um den Einfluß des erdmagnetischen Feldes möglichst zu verringern, wird sie mit ihrer Längsrichtung ost-westlich gestellt. Die oberen Sockelflächen werden sodann mittels Dosenlibelle nivelliert, während das Joch abgehoben ist und mit seiner Rückfläche auf zwei passenden Unterlagen ruht; bei der ersten Justierung werden alsdann die Schneiden auf zwei Glasplättchen derart gelagert, daß der Balken frei schwebt; seine Schwingungsperiode wird mittels des vertikalen Gegengewichts auf 30 bis 40 Sekunden gebracht, was für gewöhnlich eine ausreichende Empfindlichkeit ergibt; mittels des horizontalen Gleitgewichtes wird die obere Kante ungefähr wagerecht eingestellt. Danach wird das Joch auf die Arretierung gelegt und die Arretierung gehoben.

Es hat nun zunächst die Einstellung des oder der Kompensationsmagnete zu erfolgen. Hierzu wird ein Stab aus weichem Material eingeklemmt und die Induktion für eine höhere Feldstärke — etwa 150 C.G.S. — am schweren Laufgewicht abgelesen, wobei sich dann eine Differenz bis etwa 400 C.G.S. zwischen beiden Induktionsrichtungen herausstellen kann. Nach etwa zehnmaligem Kommutieren werden der eine oder beide Magnete in den Schieber eingesetzt und dieser derart justiert, daß die Ungleichseitigkeit der Ablesungen verschwindet. Hierbei muß man sich vor etwaigem einseitigen Verhalten der Probe bzw. des Joches infolge vorangegangener stärkerer Magnetisierung hüten.

Ist die Regulierung in dieser Weise vorgenommen, so muß nach Einstellung der Laufgewichte auf Null das Joch eben im Begriff sein die Regulierungsschraube R los zu lassen; wenn nötig, kann man das noch durch eine geringe Verschiebung von H bewirken.

Beobachtungen. Nachdem die Wage wie beschrieben aufgestellt und justiert ist, wird der Probestab eingeklemmt und die Werte der Induktion bei zu- und abnehmender Feldstärke ermittelt. Man muß, um eine Einstellung zu erhalten, das eine oder beide Laufgewichte so lange verschieben, bis das Joch wieder im Begriff ist die Regulierungsschraube R los zu lassen; dies erfordert eine gewisse Übung.

Wenn der Normalquerschnitt des Probestabes von 0,5 qcm

nicht innegehalten werden kann, ist der abgelesene Induktionsapparat durch den doppelten Probequerschnitt zu dividieren; die Abweichung vom normalen Querschnitt darf aber höchstens einige Prozent betragen.

Sowohl aus den theoretischen Betrachtungen, als aus den Versuchen von du Bois selbst ist hervorgegangen:

1. daß die Scherungskurve bei der Wage unabhängig ist von dem zu untersuchenden Material;
2. daß die Scherungskurve als zwei parallele Linien verläuft;
3. daß die Scherung so gering ist, daß sie meistens vernachlässigt werden kann.

Eichung. In der Regel erhält man die Wage geeicht und ist die Regulierungsschraube plombiert. Wenn später eine Eichung erforderlich wird, ist folgendermaßen zu verfahren:

Die Wage wird aufgestellt und justiert wie vorhin beschrieben; ein Normalprobestab wird eingeklemmt und die Feldstärke auf 150 C.G.S. gebracht; die Regulierungsschraube wird so lange gedreht, bis die mit 100 multiplizierte Ablesung die absolute Induktion des Stabes bei $H = 150$ angibt.

Sofern bei einer komplizierten Funktion, wie sie die Induktionskurve darstellt, von einer bestimmten prozentualen Genauigkeit überhaupt die Rede sein kann, ist sie auf etwa $^1/_2$ Prozent zu veranschlagen.

M. Bestimmung der Streuung.

Wenn wir einen vollständig eisengeschlossenen magnetischen Kreis haben, wie bei Transformatoren, oder einen fast vollständig eisengeschlossenen wie bei den Dynamomaschinen (Luftzwischenraum), so wird der Kraftfluß in den verschiedenen Eisenquerschnitten verschieden sein, denn das Eisen befindet sich nicht in einem magnetisch isolierenden Medium, sondern in einem von der Permeabilität μ gleich eins, nämlich Luft. Ein Teil der Kraftlinien wird somit durch die umringende Luft verlaufen, oder wie man es nennt: streuen.

Die Leitfähigkeit der Luft ist nun im Vergleich zu der des Eisens zwar klein, aber deshalb doch nicht immer zu vernachlässigen; da die Permeabilität des Eisens von einer gewissen Induktion an bei größer werdender Sättigung heruntergeht, so ist die Leitfähigkeit der Luft besonders bei hoher Eisensättigung auch praktisch zu berücksichtigen; ja, bei sehr hohen Sättigungen verhält sich das Eisen fast vollständig wie Luft, d. h. die Intensität der Magnetisierung steigt nahezu nicht mehr, und die Induktion nimmt nur noch infolge der Zunahme der Feldstärke zu, entsprechend der Formel $B = H + 4\pi J$.

Sind nun die Flüsse, die durch zwei in Betracht gezogene Querschnitte hindurchgehen Φ und Φ', so bezeichnet man den Quotienten

$$\frac{\Phi}{\Phi'} = \sigma,$$

als Streuungskoeffizienten zwischen diesen beiden Querschnitten.

Wenn wir nun die Streuung zwischen zwei Querschnitten bestimmen wollen, so legen wir um beide eine Prüfspule und führen die Enden an einen Umschalter, an den ein ballistisches Galvanometer mit passendem Vorschaltwiderstand angeschlossen ist. Bei plötzlichem Öffnen oder Schließen des Magnetisierungsstromes werden die verschwindenden, bzw. entstehenden Kraftlinien EMKe in den Windungen der Prüfspulen induzieren.

Die in der durch das Galvanometer geschlossenen Prüfspule induzierte EMK. schickt durch das Galvanometer eine gewisse Elektrizitätsmenge, die durch den ballistischen Ausschlag gemessen wird, und es ist nach Formel 3 Seite 428:

$$\Phi = F B = \frac{r_2}{n_2} C_b \alpha .$$

Ebenso erhalten wir bei Anschließung der zweiten Prüfspule:

$$\Phi' = F' B' = \frac{r_2'}{n_2'} C_b' \alpha' .$$

Damit nun $C_b = C_b'$ sei, muß $r_2 = r_2'$ sein. Wegen der verschiedenen Windungsflächen F und F' brauchen aber die Prüfspulen sogar bei gleichen Windungszahlen nicht denselben Widerstand zu haben. Theoretisch ist es somit nötig in Serie mit der einen Prüfspule einen passenden Widerstand zu schalten. Praktisch ist aber diese kleine Widerstandsdifferenz wohl immer zu vernachlässigen im Vergleich mit den übrigen sich im Stromkreise befindenden Widerständen (Ballistisches Galvanometer mit Vorschaltwiderstand).

Unter diesen Voraussetzungen ergeben unsere beiden Gleichungen folgendes Resultat:

$$\sigma = \frac{\Phi}{\Phi'} = \frac{n_2' \alpha}{n_2 \alpha'},$$

oder bei gleichen Windungszahlen:

$$\sigma = \frac{\Phi}{\Phi'} = \frac{\alpha}{\alpha'},$$

d. h. der gesuchte Streuungskoeffizient ist direkt durch das Verhältnis zweier ballistischen Ausschläge gegeben.

In der Praxis hat nur die Streuung zwischen bestimmten Querschnitten des magnetischen Kreises eine Bedeutung; so bezeichnen wir bei einer Gleichstrommaschine mit dem Namen Streuungskoeffizient (nach Hopkinson) den besonderen Wert:

$$\sigma = \frac{\text{maximaler Kraftfluß im Magnetschenkel}}{\text{nützlicher Kraftfluß}}.$$

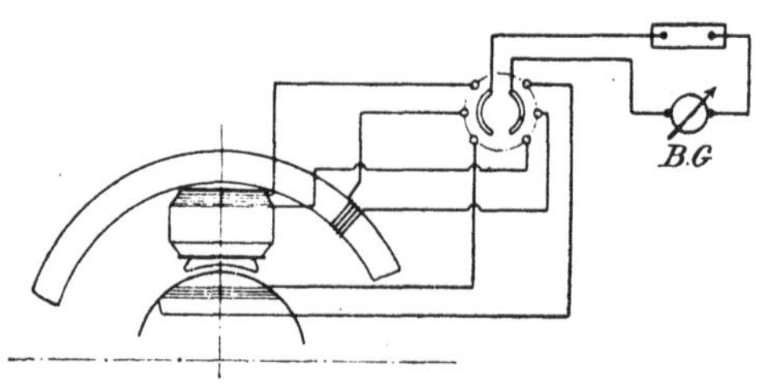

Fig. 315.

Unter nützlichem Kraftfluß verstehen wir dabei bekanntlich denjenigen, der durch die Fläche einer Windung in dem Momente eintritt, in welchem die betrachtete Windung kurzgeschlossen ist (bei Ringankern den doppelten Wert davon).

Der maximale Kraftfluß tritt durch die Grenzschicht zwischen Schenkeleisen und Joch durch.

So können wir beispielsweise für eine Radialpolanordnung sowohl diesen Hopkinsonschen Streuungskoeffizienten, als die Streuung zwischen Magnetschenkel und Joch, die durch das Verhältnis

$$\frac{\text{Kraftfluß im Magnetschenkel}}{2 \times \text{Kraftfluß im Joch}}$$

ausgedrückt wird, bestimmen nach der in Fig. 315 angegebenen Schaltungsanordnung. Der Faktor 2 im Nenner rührt daher, daß der Schenkelfluß sich zur Hälfte nach der einen und zur Hälfte nach der anderen Seite durch das Joch schließt. Dementsprechend ist bei gleichen Windungszahlen der ballistische Ausschlag, den man nach Anschließung der das Joch umfassenden Prüfspule erhält, mit 2 zu multiplizieren. (Auf eine ähnliche Erscheinung ist bei Ringankern zu achten!)

Schließlich ist noch zu bemerken, daß der Einfluß des remanenten Magnetismus dadurch zu eliminieren ist, daß der Magnetisierungsstrom (Erregerstrom) in beiden Richtungen sowohl unterbrochen als auch geschlossen wird. Die Mittelwerte ergeben dann die Werte, die in Rechnung zu setzen sind.

In der Figur ist der Deutlichkeit wegen die Erregerwicklung selbst weggelassen.

Elftes Kapitel.

Kapazitätsmessung.

A. Normalkondensatoren.

Die Methoden zur Messung von Kapazitäten lassen sich einteilen in direkte, wobei die Messung auf die Bestimmung einer Kraftwirkung, Stromstärke oder Spannung zurückgeführt wird, und in indirekte Methoden, wobei die zu messende Kapazität mit einer von bekannter Größe verglichen wird; letztere sind im allgemeinen leichter ausführbar, darum wäre es wünschenswert Kondensatoren zu erhalten, welche als Normale verwendet werden könnten, d. h. Kondensatoren, deren Kapazität einen konstanten Wert hat, unabhängig von der Ladungszeit, Temperatur usw., bei welcher die Isolation der Belegungen eine vollkommene ist und keine Polarisation und Rückstandbildung auftreten.

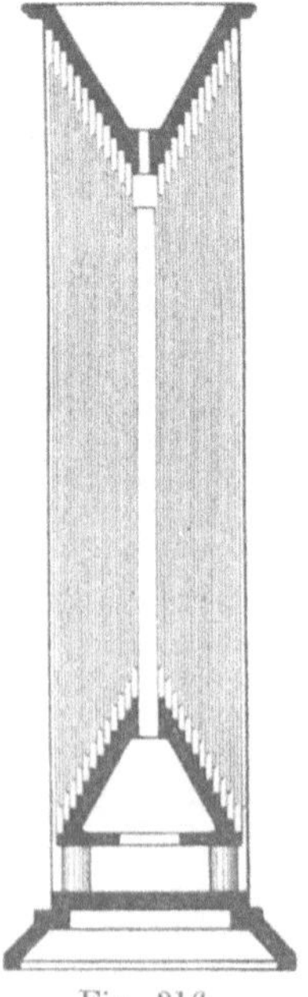

Fig. 316.

Alle diese Bedingungen können annähernd nur durch Verwendung eines Gases als Dielektrikums erfüllt werden; die so konstruierten Kondensatoren erhalten aber derartige Abmessungen, daß sie nur für sehr geringe Kapazitäten praktisch ausführbar sind.

Fig. 316 gibt den Längsschnitt eines Normalluftkondensators von Lord Kelvin

(Sir William Thomson), er besteht aus 24 konzentrischen Röhren aus zirka 0,8 mm dickem Blech. Das äußere Rohr ist über 80 cm lang und hat einen Durchmesser von 15 cm; der Luftzwischenraum zwischen den Blechen ist radial gemessen zirka 2,5 mm.

Der Kondensator besteht aus zwei Teilen von je 12 Röhren, welche auf treppenartigen Messingstücken befestigt sind. Der eine Teil ruht unten auf drei Hartgummisäulen, der andere hängt dazwischen geschoben und wird durch einen Stab gestützt.

Die Kapazität beträgt hierbei nur 0,02 M. F.

Derartige Normalkondensatoren werden in der Technik wohl nur selten verwendet, dagegen sind solche, deren Dielektrikum aus Glimmer besteht, in Gebrauch; hierdurch erreicht man bei bedeutend kleineren Abmessungen viel größere Kapazitäten. Der Kondensator wird dann unterteilt, so daß durch Stecken eines Stöpsels (Fig. 317) der Kapazitätswert zwischen den Klemmen eingestellt wird; insofern ist ihre Handhabung anders als die der Rheostaten, da bei letzteren durch Stecken eines Stöpsels ein Widerstand ausgeschaltet (kurzgeschlossen) wird.

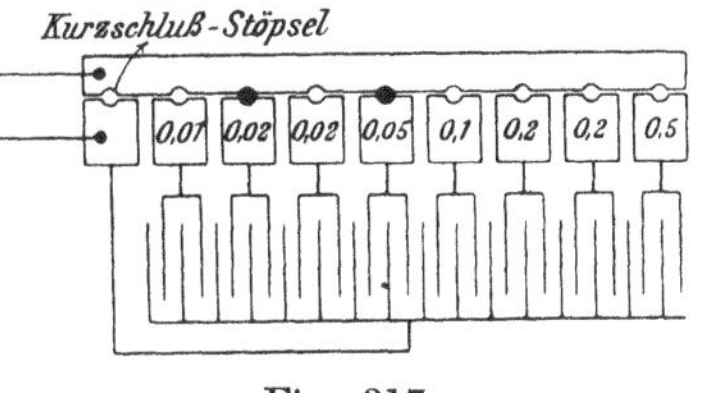

Fig. 317.

B. Eigenschaften der Kondensatoren.

Die oben schon kurz erwähnten störenden Eigenschaften der Kondensatoren machen öfters eine genaue Bestimmung der Kapazität sehr schwer.

Unter Kapazität eines Kondensators versteht man ja das Verhältnis zwischen der aufgenommenen Elektrizitätsmenge und dem Potentialunterschied der Belegungen; beide Größen haben aber infolge gewisser Einflüsse, von denen wir einige hier näher darlegen werden, nicht immer einen bestimmten Wert.

1. Wird ein Kondensator an eine Elektrizitätsquelle von konstanter Spannung widerstandsfrei angeschlossen, so ist die total aufgenommene Elektrizitätsmenge abhängig von der Zeit. In sehr

kurzer Zeit nimmt der Kondensator eine Menge Q_0 auf; die Ladung vermehrt sich aber mit der Zeit noch, wie in Fig. 318 angegeben. Der Verlauf dieser Kurve ist abhängig von dem Dielektrikum. Erst nach längerer Zeit erreicht sie ein Maximum.

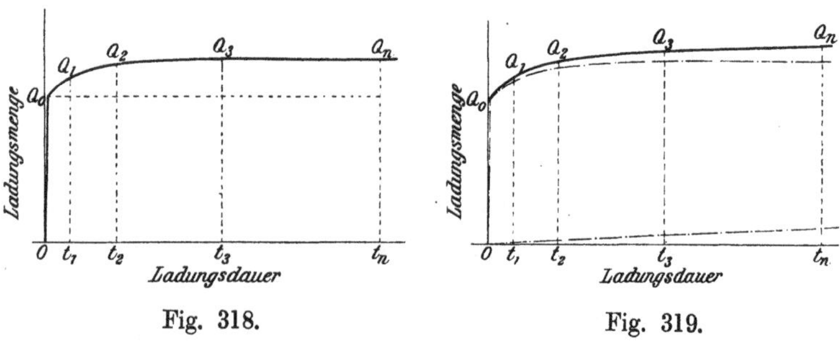

Fig. 318. Fig. 319.

2. Ist die Isolation der Belegungen keine vollkommene, so fließt außer dem Ladestrom noch ein Dauerstrom. Die Kurve, welche die aufgenommene Elektrizitätsmenge in Abhängigkeit von der Zeit angibt (Fig. 319), setzt sich dann zusammen aus der vorigen und einer Geraden, welche die durch die Isolation hindurchgeflossene Elektrizitätsmenge nach der Zeit angibt.

Die resultierende Kurve nähert sich also nicht mehr asymptotisch einer Geraden parallel zur Abszissenachse.

3. Ist die Zuleitung nicht als widerstandsfrei zu betrachten, oder enthält die Stromquelle selbst einen beträchtlichen inneren Widerstand, so wird die vollkommene Ladung dadurch noch mehr verzögert.

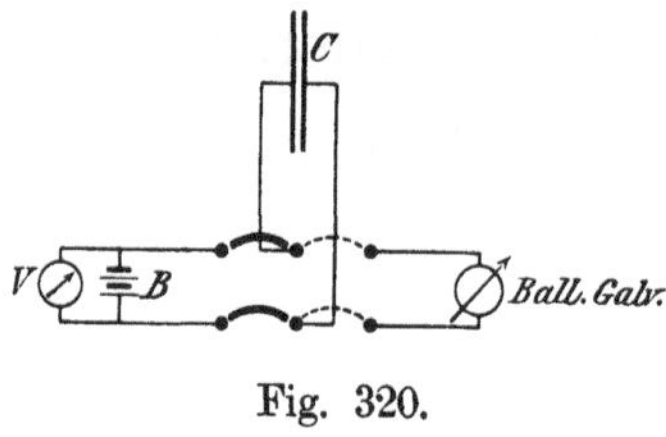

Fig. 320.

Sei die Spannung der Stromquelle V,

die momentane Ladung des Kondensators Q_t,

der momentane Ladestrom i_t,

die momentane Spannung an den Belegungen des Kondensators V_t,

so ergibt sich:

$$Q_t = C V_t \qquad i_t = \frac{dQ_t}{dt} \qquad i_t = C\frac{dV}{dt}.$$

Enthält der Stromkreis $r\Omega$ Widerstand, so folgt weiter

$$V = V_t + i_t r = V_t + Cr\frac{dV_t}{dt}$$

oder

$$V_t = V\left(1 - e^{-\frac{t}{rC}}\right).$$

Theoretisch wird also erst nach unendlich langer Zeit eine vollkommene Ladung erreicht, in Wirklichkeit wird aber bei nicht zu großem Wert von r in Verhältnis zu C nach kurzer Zeit keine Änderung mehr bemerkbar sein.

4. Verfährt man nun umgekehrt, indem man einen geladenen Kondensator direkt oder durch einen Widerstand kurzschließt, so wird man folgende Erscheinung beobachten können: Unterbricht man die Verbindung nach einiger Zeit und schließt dann den Kreis wieder, so wird eine Nachentladung stattfinden, jedoch schwächer als die erste, dies kann man unter Umständen einige Male wiederholen. Wenn also die Belegungen während kurzer Zeit widerstandsfrei miteinander verbunden, also auf gleiches Potential gebracht waren, so kann doch noch eine Ladung zurückbleiben. Infolge dieser Erscheinung, der Rückstandsbildung, ist also die Größe der vorhandenen Ladung nicht genau bestimmbar, die Erscheinung selbst hängt von der Art des Dielektrikums ab.

5. Ist in dem Schließungskreis des Kondensators Selbstinduktion vorhanden, so kann der zeitliche Verlauf der Entladung ganz besondere Formen annehmen:

$$V_t = ri_t + L\frac{di_t}{dt}$$

Diese Formel berücksichtigt jetzt die Spannung, welche durch die Selbstinduktion im Stromkreis auftritt; durch Umänderung dieser Formel erhält man

$$\frac{d^2Q_t}{dt^2} + \frac{r}{L}\frac{dQ_t}{dt} + \frac{1}{CL}Q_t = 0,$$

diese hat einen ähnlichen Charakter, wie die bei der Schwingung behandelte.

Die Änderung der Ladung nach der Zeit kann also, je nachdem $\frac{r^2}{4L^2} \gtrless \frac{1}{CL}$ ist, einen aperiodischen Verlauf haben, d. h. die

Ladung nimmt regelmäßig ab, von einem bestimmten Wert bis zu Null; oder einen oszillierenden, d. h. der Kondensator ladet sich sofort nach Entladung, im umgekehrten Sinne, ein Gleichgewicht tritt nicht ein, er entladet und ladet sich wieder im ursprünglichen Sinn usf.; die Auswechslung elektrischer und magnetischer Energie geschieht pendelnd. Durch die Stromwärme wird allmählich die vorhandene Energie verbraucht, so daß die Amplituden regelmäßig abnehmen.

Auf alle diese Erscheinungen hat nun noch die Temperatur einen Einfluß, aber nicht nach genau bekannten Regeln, es folgt hieraus, daß die richtige Bestimmung einer Kapazität in vielen Fällen Schwierigkeiten mit sich bringt, man hat also je nach der verlangten Genauigkeit, und nach der Art des zu untersuchenden Objekts und der Hilfsmittel die anzuwendende Meßmethode auszuwählen.

C. Die Bestimmung der Kapazität in absolutem Maß.

1. Durch Messung des Ladungspotentials und der Ladung.

Ladet man einen Kondensator auf ein bestimmtes Potential, und entladet man ihn darauf durch ein ballistisches Galvanometer, so kann man aus dem Ausschlag die Größe der Ladung bestimmen, und man erhält

$$C = \frac{Q}{E}.$$

Wie früher abgeleitet, gilt bei einem kurzen Stromstoß und kleinem Ausschlag

$$Q = c_b \alpha_e \quad \text{bzw.} \quad = c_b' n_e ,$$

worin c_b die ballistische Konstante des Galvanometers bedeutet; die Konstante läßt sich bestimmen aus derjenigen, die das Verhältnis zwischen Stromstärke und Ausschlag bei Dauerstrom angibt, in Verbindung mit Schwingungsdauer und Dämpfungsverhältnis, indem

$$c_b = c_g \frac{T}{\sqrt{\pi^2 + \Lambda^2}} \cdot k^{\frac{1}{\pi} \cdot \operatorname{arctg} \frac{\pi}{\Lambda}} .$$

Es ist dabei zu beachten, daß bei der Bestimmung dieser ballistischen Konstante gleiche Dämpfungsverhältnisse vorliegen, wie bei der Messung der Kapazität, es ist also zu empfehlen, die Bestimmung gleich nach der Kapazitätsmessung zu machen und zwar ohne Änderung der Vorschalt- resp. Nebenschlußwiderstände am Galvanometer.

Ist die Dämpfung zu vernachlässigen, so kann man schreiben:

$$c_b = c_g \frac{T_0}{\pi} .$$

wobei T_0 die Schwingungsdauer bei ungedämpfter Schwingung bedeutet; dann wird die Ladung bestimmt durch

$$Q = c_g \frac{T_0}{\pi} \cdot \alpha_e ,$$

folglich die Kapazität

$$C = \frac{c_g T_0}{E \pi} \cdot \alpha_e .$$

Von Kondensatoren, bei denen starke Rückstandsbildung auftritt, kann man auf diese Weise die Kapazität nur verhältnismäßig ungenau bestimmen, auch ist man von der Genauigkeit der Spannungsmessung abhängig.

2. Methode von Werner Siemens.

Schickt man durch ein Galvanometer nicht nur eine Kondensatorladung, sondern eine ganze Reihe schnell nacheinander,

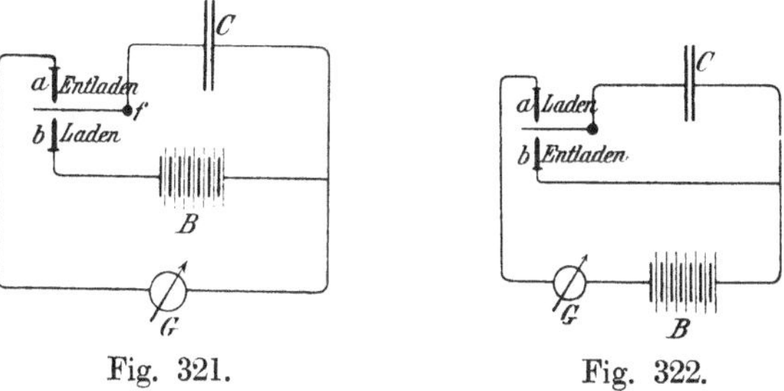

Fig. 321. Fig. 322.

so wird dem Galvanometer ein konstanter Ausschlag erteilt, gleichwie von einem Dauerstrom. Um dies zu erreichen, muß aber die

Entladezeit im Verhältnis zur Schwingungsdauer des beweglichen Systems sehr klein sein.

Wird die Feder f (Fig. 321 und 322) mittels eines Elektromagnets (elektrischer Hammer) in Schwingung versetzt, wobei er abwechselnd bei a und b Kontakt macht, so gehen nach dem Schema Fig. 321 alle Entladeströme und nach dem anderen Schema alle Ladeströme durch das Galvanometer; ist nun die Anzahl der totalen Schwingungen der Feder pro Sekunde gleich p, die Klemmenspannung der Batterie gleich E, so wird pro Sekunde die Elektrizitätsmenge

$$Q = pCE$$

durch das Galvanometer fließen. Die Elektrizitätsmenge eins pro Sekunde ist aber nichts anderes als die Stromstärke, der Ausschlag des Galvanomers entspricht also diesem Wert

$$i = c_g \alpha = pCE .$$

Ist das Galvanometer bei der betreffenden Aufstellung kalibriert, so läßt sich die Kapazität berechnen aus den bekannten Größen

$$C = \frac{c_g \alpha}{pE} \quad \text{resp.} \quad \frac{c_g' n}{pE} .$$

Statt der Feder wird öfters eine Stimmgabel verwendet, welche elektromagnetisch in Schwingung gehalten wird. Der Strom, welcher hierzu nötig ist, geht außerdem durch den Elektromagnet eines phonischen Rades, wodurch die Anzahl Schwingungen pro Sekunde bestimmt wird.

Dieser letztere Apparat besteht aus einer hohlen Trommel, auf deren Peripherie in gleichen Abständen Eisenstäbchen eingelassen sind. Da sich die Trommel vor dem von dem intermittierenden Strom durchflossenen Elektromagnet bewegt, so wird sich die Tourenzahl der in Bewegung gesetzten Trommel derart einstellen, daß sich jedesmal, wenn der Magnet erregt wird, ein Eisenstäbchen vor ihm befindet; die Tourenzahl der Trommel ist somit proportional der Anzahl Oszillationen der Stimmgabel und wird mittels eines Zählwerks bestimmt. Das phonische Rad ist somit die einfachste Form eines Synchronmotors.

3. Methode von Maxwell.

Bei dieser Methode ist die Messung so eingerichtet, daß die Galvanometerkonstante aus der Gleichung wegfällt, und daß man außerdem unabhängig ist von eventueller Inkonstanz der Ladungsbatterie.

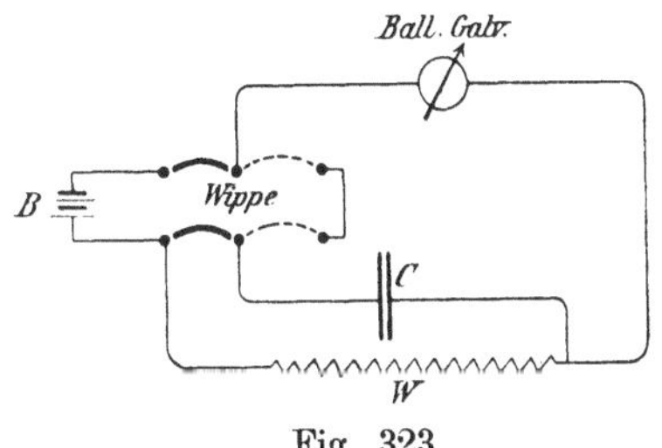

Fig. 323.

Der Strom aus der Ladungsbatterie B (Fig. 323) durchfließt erst einen großen bekannten Widerstand W und dann das ballistische Galvanometer. Legt man die Wippe nach rechts um, so ist die Batterie abgeschaltet und der Kondensator wird sich durch das ballistische Galvanometer entladen.

Bei der Stellung der Wippe nach links bekommt das ballistische Galvanometer einen Dauerstrom $i = c_g \alpha$, dieser durchfließt den Widerstand W, an dessen Ende eine Potentialdifferenz iW herrschen wird; weil nun der Kondensator parallel zu diesem Widerstand geschaltet ist, so haben die Belegungen gleiche Potentialdifferenz, folglich ist die Ladung des Kondensators

$$Q = i W C = c_g \alpha W C \quad \text{und} \quad C = \frac{Q}{c_g \alpha W}.$$

Die Wippe wird in die Mittelstellung gebracht; der Ausschlag des Galvanometers verschwindet somit; nachdem nun die Nadel in ihre Ruhelage zurückgekehrt ist, legt man die Wippe nach rechts; der Kondensator entladet sich dann durch das Galvanometer; es sei nun die erste maximale Ablenkung α_e, also:

$$Q = c_b \alpha_e,$$

so daß

$$C = \frac{c_b}{c_g} \frac{\alpha_e}{\alpha} \frac{1}{W} = \frac{T}{\sqrt{\pi^2 + \Lambda^2}} \cdot k^{\frac{1}{\pi} \operatorname{arctg} \frac{\pi}{\Lambda}} \cdot \frac{\alpha_e}{\alpha} \cdot \frac{1}{W}.$$

Ein Nachteil dieser Methode besteht eben darin, daß man die Wippe nicht gleich umlegen kann, sondern erst warten muß, bis das Galvanometer seine Ruhelage wieder erhalten hat; durch fehlerhafte Isolation im Kondensator wird dann die Ladung des Kondensators inzwischen abnehmen.

4. Die Brückenmethode von Maxwell.

Bei der Brückenmethode von Maxwell, die als Nullmethode zu den genauesten gehört, wird die unbekannte Kapazität in einen der Zweige einer Wheatstoneschen Brücke geschaltet (Fig. 324), f deutet einen Stimmgabelumschalter oder einen ähnlichen periodischen Umschalter an, wodurch der Kondensator abwechselnd geladen und in sich kurzgeschlossen wird. Es finden nun während einer Sekunde n Ladungen und n Entladungen statt; die n Ladungsströme kann man annähernd durch einen Dauerstrom ersetzt denken, der gleich nCE ist, wobei unter E der Potentialunterschied der Punkte B und E verstanden wird, oder den Kondensator durch einen Widerstand $w_2 = \frac{1}{nC}$. Sind nun die Widerstände so abgeglichen, daß kein Ausschlag im Galvanometer auftritt, so gilt wiederum

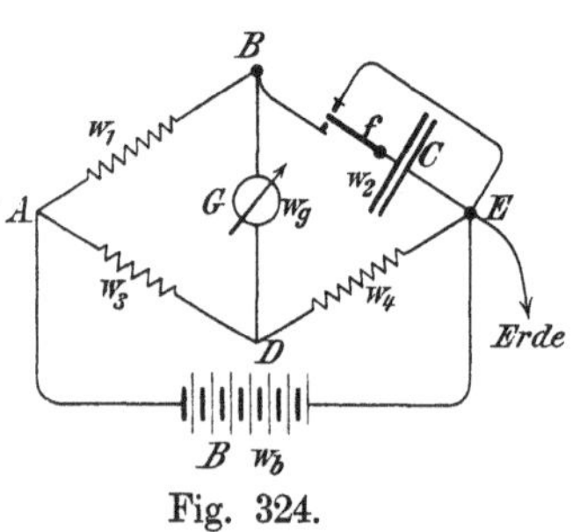

Fig. 324.

$$\frac{1}{nC} : w_1 = w_4 : w_3$$

$$C = \frac{w_3}{n w_1 w_4}$$

Diese Formel ist nicht vollkommen richtig, J. J. Thomson hat eine genauere aufgestellt, welche lautet:

$$C = \frac{w_3}{n w_1 w_4} \cdot \frac{1 - \frac{w_3^{\,2}}{(w_1 + w_3 + w_g)(w_3 + w_4 + w_b)}}{\left\{1 - \frac{w_3 w_b}{w_1 (w_3 + w_4 + w_b)}\right\}\left\{1 + \frac{w_3 w_g}{w_4 (w_1 + w_3 + w_g)}\right\}}.$$

Es läßt sich aber so einrichten, daß der Korrektionsfaktor annähernd gleich 1 wird.

Wählt man w_1 und w_4 groß, z. B. 10000 Ω und w_3 und w_b klein, z. B. 100 Ω, so wird der Korrektionsfaktor 0,9998, der Fehler also ungefähr 0,02 %.

Wählt man für w_g, w_1 und w_4 ungefähr gleiche Werte, so ist schon genügend genau

$$C = \frac{w_3}{n w_1 w_4} \frac{1}{1 + \frac{w_3 w_g}{w_4 (w_1 + w_g)}}.$$

Den Punkt B der Brücke kann man an Erde legen.

5. Bestimmung der Kapazität mittels Wechselstroms.

Enthält ein Wechselstromkreis nur Kapazität, so kann die Große C aus der Formel

$$C = \frac{J}{\omega E} = \frac{J}{2\pi c E} \quad . \; . \; . \; . \; . \; . \quad (1)$$

berechnet werden; dies trifft aber nur bei sinusförmiger Spannungskurve zu; sind höhere Harmonischen vorhanden, so wäre die Formel

$$C = \frac{J}{\omega E} \sqrt{\frac{1 + \frac{E_3^2}{E_1^2} + \frac{E_5^2}{E_1^2} + \cdots\cdots}{1 + 9\frac{E_3^2}{E_1^2} + 25\frac{E_5^2}{E_1^2} + \cdots\cdots}} \quad (2)$$

zu verwenden. Hierin bedeuten E_1, E_3, $E_5 \cdots$ die Effektivwerte der ersten, dritten, fünften Harmonischen, woraus sich die Spannungskurve zusammensetzt. Die wirkliche Kapazität ist somit kleiner als die aus Formel 1 berechnete.

Schaltet man nun einen Kondensator nach Fig. 325 an eine sinusförmige Wechselstromquelle, werden Stromstärke und Spannung mittels Ampere- und Voltmeter bestimmt (letztere nur unter Vernachlässigung des Spannungsabfalles im Amperemeter[1])), und ist die Periodenzahl des Wechselstroms bekannt, so läßt sich C berechnen.

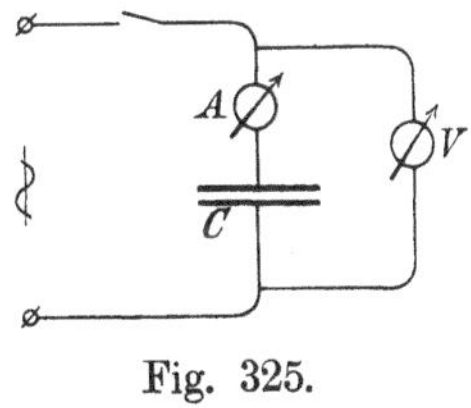

Fig. 325.

[1]) Bei Verwendung eines statischen Voltmeters wird dieser parallel zum Kondensator allein geschaltet und somit die resultierende Kapazität vom Kondensator und Voltmeter gemessen.

Weist der Kondensator erhebliche Verluste auf, so können diese mittels eines Wattmeters bestimmt werden (Fig. 326).

Um zu viele Korrektionen zu vermeiden, empfiehlt sich die Verwendung eines elektrostatischen Voltmeters, sonst schalte man das Voltmeter bei der Ablesung des Watt- und Amperemeters jedesmal ab. Die Wattmeterablesung ist dann noch für den Wattverbrauch in der Spannungsspule zu korrigieren, wenn kein kompensiertes Wattmeter benutzt wird (vgl. Seite 299). Jedenfalls bleibt aber die Korrektion der Amperemeterablesung übrig, da das Instrument auch vom Spannungsstrom des Wattmeters durchflossen wird. Da dieser Strom aber senkrecht zu dem des Kondensatorstromes steht, so ist sein Einfluß gering.

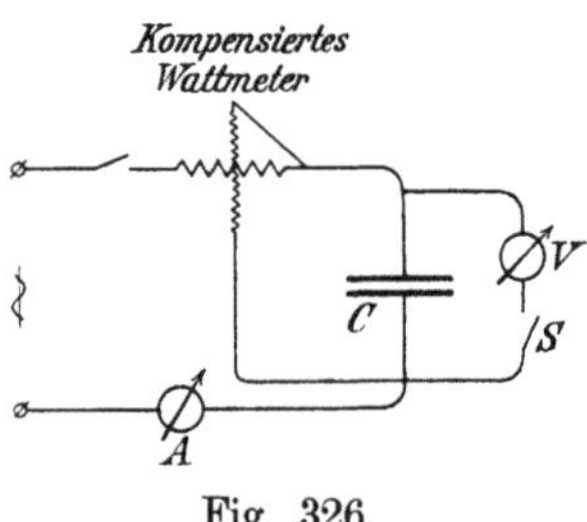

Fig. 326.

Man rechnet nun:

$$\frac{W}{J^2} = r_{eff} \qquad \frac{E}{J} = z,$$

$$x_c = \sqrt{z^2 - r_{eff}^2} = \frac{1}{\omega C} = \frac{1}{2\pi c C}.$$

Unter W, E und J sind dann die korrigierten Werte zu verstehen.

Im allgemeinen ist r_{eff} sehr klein gegenüber z und deswegen für die Berechnung von x_c zu vernachlässigen, oder wie man auch sagen kann:

Etwa auftretende Wattverluste des Kondensators (Verluste im Dielektrikum) beeinträchtigen die Genauigkeit der direkten Messung einer Kapazität aus Strom und Spannung kaum, da die wattlose Spannungskomponente immerhin sehr annähernd der ganzen Spannung gleich ist.

Der durch Nichtberücksichtigung der Verzerrung des Wechselstroms verursachte Fehler, ist meistens viel größer. Schon wenn die Spannungskurve der verwendeten Wechselstrommaschine nur wenig verzerrt ist, muß man das Korrektionsglied durch Analysierung der Kurvenform bestimmen; da das nur in Ausnahmefällen möglich sein wird, so ist die oben beschriebene Methode wenig empfehlenswert. Für die Kapazität eines Kondensators, mit Wechselstrom aus einer städtischen Zentrale gemessen, ergab sich ohne Berücksichtigung der Kurvenform 76 Mikrofarad; durch Analysierung eines Oscillogrammes dieser Kurvenform ergab sich das Korrektionsglied zu 0,67, so daß der korrigierte Wert der Kapazität

$$0{,}67 \times 76 = 50{,}9 \text{ M.F. betrug.}$$

Eine Messung mit einer fast vollkommenen sinusförmigen Wechselspannung ergab 50 M.F.

Ohne Berücksichtigung der Kurvenform können also sogar mit in der Praxis vorkommenden Kurvenformen Fehler in der Bestimmung der Kapazität bis über $50^0/_0$ entstehen.

Jedenfalls ersieht man hieraus, daß auch, wenn man keine hohen Ansprüche an die Genauigkeit einer Kapazitätsmessung stellt, eine Unterdrückung der Obertöne geboten ist. Es kann dies bekanntlich dadurch geschehen, daß man Selbstinduktion in Serie mit dem Kondensator zwischen den Klemmen der zur Verfügung stehenden Wechselspannung schaltet.

D. Vergleichung von Kapazitäten.

Bei einem Kondensator besteht zwischen Ladung, Kapazität und Potential die Beziehung

$$Q = CE,$$

hieraus folgt, daß man die Kapazität zweier Kondensatoren unter sich vergleichen kann, indem man beide auf das gleiche Potential ladet und dann die Ladungen vergleicht, oder indem man ihnen gleiche Ladungen erteilt und das Verhältnis der Potentiale bestimmt.

1. Vergleich von Kapazitäten durch Vergleich der Ladungen bei gleicher Potentialdifferenz der Belegungen.

Bei dieser Methode verbindet man beide Kondensatoren mit den Polen einer Batterie und entladet sie nacheinander durch ein ballistisches Galvanometer.

Da bei kleinen Ausschlägen die Elektrizitätsmengen proportional den Ausschlägen sind, so gibt das Verhältnis dieser ohne weiteres das Verhältnis der Kapazitäten an.

Haben die Kondensatoren große Rückstandsbildung, so werden relativ große Fehler bei dieser Meßmethode auftreten; weiter ist zu beachten, daß der Vergleichskondensator möglichst gleich große Kapazität habe, damit die Ausschläge auch annähernd gleich werden.

Um zu große Unterschiede der Ausschläge zu beseitigen, kann man den Nebenschluß am ballistischen Galvanometer variieren; es ist dabei aber zu beachten, daß die ballistische Konstante des Galvanometers abhängig ist von dem Dämpfungsverhältnis der Schwingungen und zwar speziell bei Spulengalvanometern vom Widerstand des Schließungskreises. Es ist also nicht unmittelbar zulässig mit variabelem Nebenschluß am Galvanometer zu arbeiten, der sogenannte „Universalshunt“ (Seite 98) ist daher für diesen Fall speziell geeignet, weil damit die Empfindlichkeit des Galvanometers geändert werden kann, ohne daß der Widerstand des Schließungskreises sich ändert.

2. Vergleich von Kapazitäten durch Vergleich der Potentiale.

Schaltet man nach Fig. 327 zwei Kondensatoren hintereinander mit einer Batterie, so erhalten sie gleiche Ladungen; die Potentiale sind dann umgekehrt proportional den Kapazitäten.

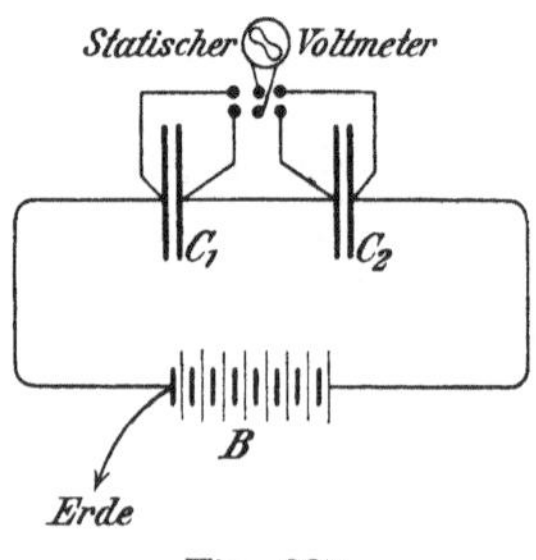

Fig. 327.

Die Potentiale werden durch ein statisches Voltmeter oder ein Quadrantenelektrometer gemessen, die eigene Kapazität dieses Meßinstrumentes muß also gegenüber der des Kondensators vernachlässigbar klein sein.

Bei Untersuchung gut isolierter Kondensatoren läßt sich diese Methode noch nach Fig. 328 ausführen. Bei der gezeichneten Stellung der Wippe wird der Kondensator X auf die Spannung der Batterie geladen und diese Spannung mittels eines statischen Voltmeters bestimmt; nach Umlegen der Wippe verteilt sich die Ladung des Kondensaters X auf beide Kondensatoren X und C, die Potentialdifferenz der Belegungen sinkt und wird wieder bestimmt.

War die Ladung

$$Q = X V$$

und fällt die Potentialdifferenz auf V_1, so ist

$$Q = (X + C) V_1,$$

so daß

$$X = \frac{V_1}{V - V_1} C.$$

Auch hier kann durch die Kapazität des Instrumentes selbst ein Fehler entstehen; da diese Kapazität sich mit dem Ausschlag ändert, so muß dies bei genaueren Messungen und kleinen zu messenden Kapazitäten vorausbestimmt werden; Isolationsfehler in den Kondensatoren selbst haben, wie leicht begreiflich, sehr großen Einfluß auf das Resultat.

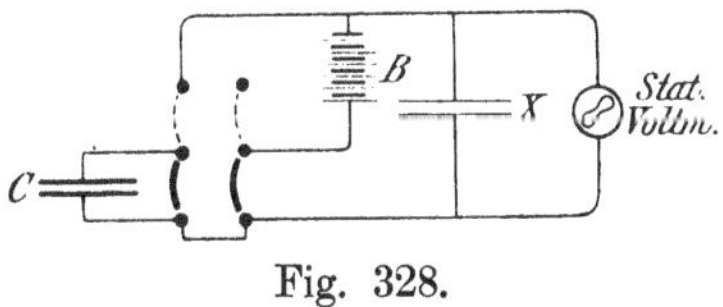

Fig. 328.

3. Die Brückenmethode nach Sauty.

Schaltet man die beiden Belegungen eines Kondensators unter Zwischenschaltung eines Widerstandes w an die Pole einer Batterie mit der Klemmenspannung E, so wird die Potentialdifferenz der Belegung von Null allmählich bis auf E Volt steigen und zwar nach dem Gesetz

$$E_t = E\left(1 - e^{-\frac{t}{wC}}\right),$$

worin E_t die Potentialdifferenz nach t Sekunden angibt.

Werden nun nach Fig. 329 zwei Kondensatoren C_1 und C_2 in einer Brückenanordnung geschaltet, zwischen B und D ein Galvanometer und zwischen A und E eine Batterie, so werden t Sekunden nach dem Einschalten die Potentiale in B und D

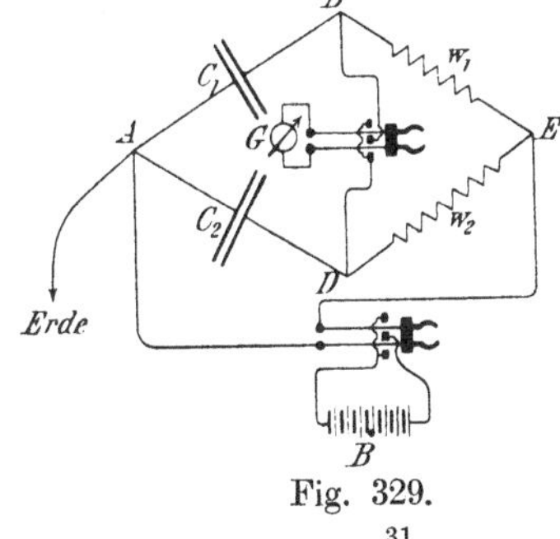

Fig. 329.

$$V_B = E\left(1 - e^{-\frac{t}{w_1 C_1}}\right) \qquad V_D = E\left(1 - e^{-\frac{t}{w_2 C_2}}\right) \text{ sein.}$$

Sind nun die Produkte $w_1 C_1$ und $w_2 C_2$ gleich, so werden also in jedem Moment die Potentiale in B und D gleich sein, und es kann kein Ausschlag im Galvanometer entstehen; erfolgt also nach Regulieren der Widerstände w_1 und w_2 beim Einschalten kein Ausschlag im Galvanometer, so gilt

$$w_1 C_1 = w_2 C_2$$

oder

$$C_1 : C_2 = w_2 : w_1 .$$

Der in der Figur angegebene Kommutator ist der im Anhang beschriebene Doppelkommutator, er bezweckt durch schnellere Wiederholung des Vorganges bei nicht abgeglichener Anordnung doch noch eine merkliche Ablenkung im Galvanometer hervorzurufen, also die Empfindlichkeit zu steigern; jedesmal mit den Batterieklemmen werden auch die Galvanometerklemmen vertauscht, sonst würde bei nicht abgeglichenem System durch das Galvanometer eine Art Wechselstrom fließen, so daß kein Ausschlag erfolgen würde.

4. Kompensationsmethode nach Thomson.

Thomson hat eine Methode vorgeschlagen, welche eine Kompensationsmethode ist und somit die Vorteile einer Nullmethode besitzt; die praktische Ausführung bietet aber Schwierigkeiten, die sehr leicht fehlerhafte Resultate ergeben.

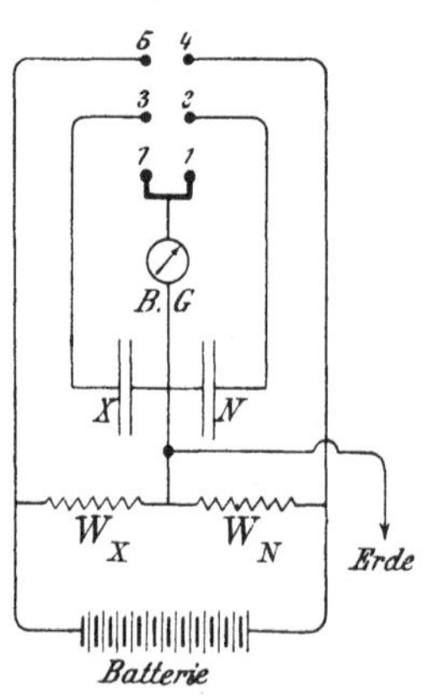

Fig. 330.

Aus Fig. 330 ist die Schaltanordnung zu ersehen.

Legt man die Wippe nach oben, so werden die Kondensatoren auf Potentiale geladen, die proportional den parallel geschalteten Widerständen sind. Nennt man die Kapazitäten X und N und die daran parallel gelegten Widerstände W_X und W_N, so sind die Ladungen

$$Q_X = X \cdot i W_X \qquad Q_N = -N \cdot i W_N ,$$

hierin bedeutet i den Strom, der nach Vollendung der Ladung durch die Widerstände fließt.

Wird hierauf die Wippe umgelegt, so werden die äußeren Belegungen der Kondensatoren kurzgeschlossen und durch ein ballistisches Galvanometer mit den inneren Belegungen verbunden.

Die Ladungen werden sich also ausgleichen und die Differenz durch das ballistische Galvanometer zur Erde fließen. Ein Ausschlag im Galvanometer soll also eine Ungleichheit in den Ladungen anzeigen. Sind dagegen die Ladungen numerisch gleich, so bleibt das Galvanometer in Ruhe und es gilt

$$X W_X = N W_N .$$

$$X = N \cdot \frac{W_N}{W_X} .$$

Hierauf wird dieselbe Messung nach Kommutierung der Batteriepole wiederholt.

Bei der praktischen Ausführung dieser Methode ist aber besonders auf folgendes zu achten.

1. Das Umlegen der Wippe muß möglichst rasch geschehen, weil sonst die Ladung bei schlecht isolierendem Dielektrikum teilweise verschwinden kann.
2. Es ist besonders wichtig, daß beim Umlegen der Wippe die Kontakte 3 — 1 und 2 — 1 genau gleichzeitig entstehen, weil. bei sonst richtiger Abgleichung, der eine Kondensator einen Stromstoß im Galvanometer hervorruft, es wäre daher besser. eine Vorrichtung zu treffen, wodurch erst 3 — 2 kurzgeschlossen und gleich darauf mit 1 verbunden werden.

Jedenfalls empfiehlt es sich, ein Galvanometer mit langer Schwingungsdauer zu verwenden.

Ein Nachteil dieser Methode besteht in der Abhängigkeit der Entladezeit von der Art des Dielektrikums und in der Rückstandsbildung, am besten können also ähnlich gebaute Kondensatoren auf diese Weise mit einander verglichen werden.

5. Vergleich von Kapazitäten mittels einer Wage.

Von Lang hat eine Methode angegeben, wobei die Kapazität durch Wägung bestimmt wird, sie hat für die Technik den Vorteil, keine komplizierte Meßeinrichtung zu erfordern, liefert aber auch keine genauen Resultate.

Das Prinzip beruht auf der Anziehung zwischen Spulen, durch die gleichgerichtete Ströme fließen.

Hat man eine Drahtspule, durch die ein Wechselstrom fließt, und über die man eine bewegliche Spule hängt, deren Enden an einen Kondensator angeschlossen sind, so wird der in dieser Spule induzierte Strom eine anziehende Kraft verursachen.

Die Größe dieser Kraft wird angegeben durch den Ausdruck

$$K = f J^2 (2\pi c)^2 w C \frac{1 - (2\pi c)^2 LC}{1 - 2(2\pi c)^2 LC + \{w^2 + (2\pi c)^2 L^2\}(2\pi c)^2 C^2},$$

hierin bedeuten

f eine Konstante, abhängig von den Spulen und deren Anordnung,
J die Stromstärke in der festen Spule,
c die Periodenzahl pro Sekunde,
w den Widerstand in der beweglichen Spule,
L den Selbstinduktionskoeffizienten der beweglichen Spule.

Ist nun die Kapazität C nicht groß, so kann man schreiben

$$K = f J^2 (2\pi c)^2 w C \{1 + (2\pi c)^2 LC\}$$

oder, weil f, c, w und L Konstanten sind,

$$K = f_1 C J^2 + f_2 C^2 J^2$$

$$\frac{K}{J^2} = f_1 C + f_2 C^2.$$

Hängt man nun das bewegliche System an einen Arm einer Wage, wobei man die Verbindungen zum Kondensator möglichst leicht und biegsam macht, so kann man K direkt durch Wägung bestimmen und, sobald f_1 und f_2 bekannt sind, die Größe der Kapazität ausrechnen.

Diese Konstanten f_1 und f_2 können wiederum bestimmt werden durch Messung zweier bekannten Kapazitäten, auch kann man auf folgende Weise verfahren.

Man bestimmt K vermittelst einer bekannten Kapazität C, hierauf mit der unbekannten X und schließlich noch einmal, indem man C und X parallel schaltet, man erhält dann folgende drei Gleichungen mit drei Unbekannten:

$$\frac{K_1}{J_1^2} = f_1 C + f_2 C^2$$

$$\frac{K_2}{J_2^2} = f_1 X + f_2 X^2$$

$$\frac{K_3}{J_3^2} = f_1 (X + C) + f_2 (X + C)^2 .$$

Die nötigen Spulen können leicht angefertigt werden, man hat also nur noch für eine brauchbare Wage zu sorgen.

Zwölftes Kapitel.

Messung der Induktionskoeffizienten.

A. Bestimmung des Induktionskoeffizienten in absolutem Maß.

1. Bestimmung des Selbstinduktionskoeffizienten nach Maxwell, Dorn und Lord Rayleigh.

a) Methode nach Maxwell.

Schaltet man nach Fig. 331, so daß die Spule, deren Selbstinduktionskoeffizient bestimmt werden soll, zwischen A und B liegt, und zwischen B und D ein Galvanometer, dessen Empfindlichkeit durch Vorschaltwiderstand oder Nebenschluß beliebig eingestellt werden kann, und bedeuten r_1, r_2, r_3, r_4 und r_g jedesmal die Gesamtwiderstände der einzelnen Zweige, und L_1 und L_g die Selbstinduktionskoeffizienten der Spule und des Galvanometers, so läßt sich der Koeffizient L_1 auf folgende Erwägung hin bestimmen:

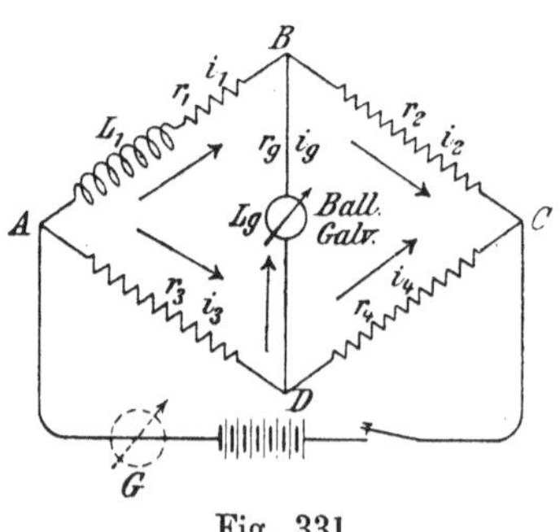

Fig. 331.

Wird der Batteriezweig geschlossen, so tritt infolge der Selbstinduktion ein erhöhter Widerstand in dem Zweige 1 auf, die Brückenanordnung, die vorher bei Dauerstrom abgeglichen wurde, ist also nicht mehr im Gleichgewicht, und es wird, solange der stationäre Zustand noch nicht eingetreten ist, ein Strom durch das Galvanometer fließen. Diese Elektrizitätsmenge und die Stärke des Dauerstromes in Zweig 1, resp. des Batteriestromes ergeben das Resultat.

Solange der stationäre Zustand noch nicht eingetreten ist, gilt für Dreieck ABD

$$i_1 r_1 + L_1 \frac{d i_1}{dt} - i_g r_g - L_g \frac{d i_g}{dt} - i_3 r_3 = 0 \quad . \quad . \quad (1)$$

für Dreieck BCD

$$i_2 r_2 - i_4 r_4 + i_g r_g + L_g \frac{d i_g}{dt} = 0 \quad . \quad . \quad . \quad . \quad (2)$$

Multiplizieren wir nun die Gleichung 1 mit r_4 und die Gl. 2 mit r_3, und subtrahieren wir die beiden neuen Gleichungen voneinander, so erhalten wir

$$\begin{aligned} - i_g r_g (r_3 + r_4) + (i_4 - i_3) r_3 r_4 + i_1 r_1 r_4 - i_2 r_2 r_3 = \\ = - r_4 L_1 \frac{d i_1}{dt} + (r_3 + r_4) L_g \frac{d i_g}{dt}. \end{aligned}$$

Da weiter

$$\begin{aligned} i_1 &= i_2 - i_g \\ i_4 &= i_3 - i_g \\ r_1 r_4 &= r_2 r_3, \end{aligned}$$

so kann man schreiben

$$+ i_g r_g (r_3 + r_4) + i_g r_3 r_4 + i_g r_2 r_3 = r_4 L_1 \frac{d i_1}{dt} - (r_3 + r_4) L_g \frac{d i_g}{dt}$$

$$i_g \left\{ r_g (r_3 + r_4) + r_3 r_4 + r_2 r_3 \right\} = r_4 L_1 \frac{d i_1}{dt} - (r_3 + r_4) L_g \frac{d i_g}{dt}.$$

Tritt nun nach t Sek. der stationäre Zustand ein, so ist die Elektrizitätsmenge, die durch das Galvanometer geflossen ist

$$Q = \int i_g \, dt = \frac{1}{r_g (r_3 + r_4) + r_3 (r_2 + r_4)} \left\{ \int_0^t r_4 L_1 \, d i_1 - \int_0^t (r_3 + r_4) L_g \, d i_g \right\}.$$

Nun ist aber $\int_0^t L_g d i_g = 0$, weil i_g zu den Zeiten 0 und t gleich Null ist; $\int_0^t L_1 \, d i_1 = L_1 J_1$, wobei J_1 der Strom in Zweig 1 ist während des stationären Zustandes, folglich wird

$$Q = \frac{1}{r_g(r_3 + r_4) + r_3(r_2 + r_4)} \cdot r_4 L_1 J_1$$

und

$$L_1 = \frac{r_g(r_3 + r_4) + r_3(r_2 + r_4)}{r_4} \cdot \frac{Q}{J_1}.$$

Diese Stromstärke J_1 kann bei bekannter Klemmenspannung E der Batterie berechnet werden aus

$$J_1 = \frac{(r_3 + r_4)E}{(r_1 + r_2)(r_3 + r_4) + r_g(r_1 + r_2 + r_3 + r_4)}.$$

Zur Bestimmung von Q muß dann wieder das ballistische Galvanometer auf bekannte Weise geeicht werden.

b) Methode nach Dorn.

Schaltet man in den Batteriezweig zur Bestimmung des Batteriestromes J ein Amperemeter, so kann man die Berechnung des Stromes J_1 umgehen. Dieser ist

$$J_1 = J \frac{r_3 + r_4}{r_1 + r_2 + r_3 + r_4}.$$

Man fängt wiederum an die Brücke abzugleichen; wird nun der Strom plötzlich unterbrochen, so entsteht die EMK. $L_1 \frac{di_1}{dt}$ und infolgedessen ein Strom im Galvanometer

$$i_g = L_1 \frac{di_1}{dt} \cdot \frac{r_2 + r_4}{r_g(r_1 + r_2 + r_3 + r_4) + (r_1 + r_3)(r_2 + r_4)}$$

$$i_g = L_1 \frac{dJ}{dt} \cdot \frac{r_3 + r_4}{r_1 + r_2 + r_3 + r_4} \cdot \frac{r_2 + r_4}{r_g(r_1 + r_2 + r_3 + r_4) + (r_1 + r_3)(r_2 + r_4)}.$$

Und weil

$$r_1 r_4 = r_2 r_3,$$

ist auch

$$(r_3 + r_4)(r_2 + r_4) = r_4(r_1 + r_2 + r_3 + r_4),$$

so daß

$$i_g = L_1 \frac{dJ}{dt} \cdot \frac{r_4}{r_g(r_1 + r_2 + r_3 + r_4) + (r_1 + r_3)(r_2 + r_4)}$$

und

$$Q = \int_0^t i_g dt = L_1 J \frac{r_4}{r_g(r_1 + r_2 + r_3 + r_4) + (r_1 + r_3)(r_2 + r_4)}$$

und schließlich

$$L_1 = \frac{Q}{J} \cdot \frac{r_g (r_1 + r_2 + r_3 + r_4) + (r_1 + r_3)(r_2 + r_4)}{r_4}.$$

c) Methode nach Rayleigh.

Um auch noch den Strommesser in dem Batteriezweig entbehrlich zu machen, gleicht Rayleigh anfangs wiederum die Brücke bei Dauerstrom ab, darauf ändert er den Widerstand r_1 um den Betrag $\triangle r_1$ und beobachtet den Dauerausschlag α, den das ballistische Galvanometer als gewöhnliches Galvanometer dadurch erfährt; die Widerstandszunahme $\triangle r_1$ soll aber so klein gewählt werden, daß dadurch der Hauptstrom sich nicht merklich ändert. Sei der Strom, der jetzt durch das Galvanometer fließt, $\triangle i_g$, so wird

$$\triangle i_g = c_g \alpha = J \frac{\triangle r_1 \cdot r_4}{r_g (r_1 + r_2 + r_3 + r_4) + (r_1 + r_3)(r_2 + r_4)}$$

und weil

$$Q = c_b \alpha_e = c_g \frac{T}{\sqrt{\pi^2 + \Lambda^2}} k^{\frac{1}{\pi} \operatorname{arc\,tg} \frac{\pi}{\Lambda}} \cdot \alpha_e,$$

ergibt sich L_1 aus

$$L_1 = \triangle r_1 \cdot \frac{\alpha_e}{\alpha} \frac{T}{\sqrt{\pi^2 + \Lambda^2}} k^{\frac{1}{\pi} \operatorname{arc\,tg} \frac{\pi}{\Lambda}}.$$

Es ist zu bemerken, daß der Selbstinduktionskoeffizient nur für Spulen, die kein Eisen enthalten, einen konstanten Wert hat, und es ist bei der Messung dafür zu sorgen, daß keine äußeren magnetischen Felder auf die Messung störend einwirken können.

2. Bestimmung des Koeffizienten der gegenseitigen Induktion mittels des ballistischen Galvanometers.

In Fig. 332 ist das Schaltungsschema angegeben. Eine der beiden Wicklungen wird unter Zwischenschaltung eines Amperemeters und eines Regulierwiderstandes an einen Kommutator und eine Batterie angeschaltet; die sekundäre Wicklung wird durch einen regulierbaren Widerstand r_2 und ein ballistisches Galvanometer geschlossen.

Wird nun der Strom im Primärkreis kommutiert, so wird in dem Sekundärkreis eine Spannung induziert, die im Galvanometer einen Stromstoß hervorruft. Sei nun

M der Koeffizient der gegenseitigen Induktion,
i_1 der mittels r_1 einregulierte Strom im Primärkreis,
e_2 der Momentanwert der sekundär induzierten Spannung,
Q die Elektrizitätsmenge, die in dem Sekundärkreis in Bewegung gesetzt wird,
i_2 der Momentanwert des Sekundärstromes,
r_2 der Gesamtwiderstand des Sekundärkreises,

so gilt

$$M \frac{d i_1}{dt} = e_2 = i_2 r_2$$

$$M \int_{+i_1}^{-i_1} di = r_2 \int i_2 \, dt = r_2 Q$$

$$M = \frac{r_2 Q}{2 i_1}.$$

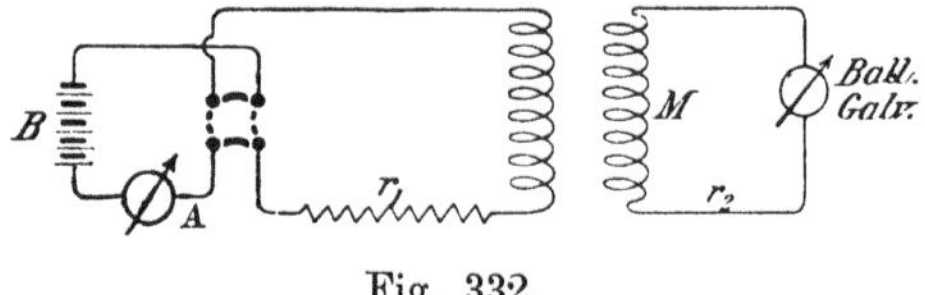

Fig. 332.

Diese Elektrizitätsmenge Q wird nun durch den ballistischen Ausschlag gemessen, also

$$M = \frac{r_2}{2 i_1} c_b \alpha_e.$$

Die Bestimmung geht also zurück auf Strom und Widerstandsmessung und auf die Bestimmung der Konstante c_b; es ist aber bei letzterer darauf zu achten, daß gleiche Dämpfungsverhältnisse vorliegen.

Man kann nun z. B. mittels des induzierten Stromstoßes: T und k und, unter Beibehalten des gleichen Nebenschlusses am Galvanometer (falls dieses vorhanden), die Gleichstromkonstante c_a für sich bestimmen; es gilt dann nach Seite 101

$$c_b = c_g \frac{T}{\sqrt{\pi^2 + \Lambda^2}} k^{\frac{1}{\pi} \operatorname{arctg} \frac{\pi}{\Lambda}}$$

und

$$M = \frac{r_2}{2 i_1} \alpha_e c_g \frac{T}{\sqrt{\pi^2 + \Lambda^2}} k^{\frac{1}{\pi} \operatorname{arctg} \frac{\pi}{\Lambda}}$$

Es läßt sich aber auch die Konstante des ballistischen Galvanometers mittels des Normalsolenoids bestimmen; man vertauscht dann die Doppelspule mit dem Normalsolenoid und bestimmt die Konstante nach der auf Seite 102 beschriebenen Weise; hierbei kann dann, je nach den verwendeten Apparaten die Schlußformel vereinfacht werden. Reguliert man z. B. primär auf gleichen Strom und gleicht den sekundären Widerstand aus, so erhält man

$$M = \frac{0{,}4 \pi n_p q_p n_s}{l \sqrt{1 + 4 \frac{r^2}{l^2}}} \cdot \frac{\alpha_e}{\alpha}.$$

Eine weniger genaue Eichung kann schließlich durch Verwendung eines Kondensators stattfinden, dabei ist aber in Betracht zu ziehen, daß speziell bei Spulengalvanometern die Dämpfungsverhältnisse auf das Resultat Einfluß haben.

3. Bestimmung des Selbstinduktionskoeffizienten durch Strom, Spannung und Leistungsmessung.

Bestimmt man die in einer Spule verbrauchte Leistung W, den durchfließenden Strom J und die Spannung an den Klemmen E, so ist bei Verwendung sinusförmigen Wechselstromes

$$\frac{E}{J} = z = \sqrt{r^2_{eff} + (2\pi c)^2 L^2}$$

$$\frac{W}{J^2} = r_{eff} \quad L = \frac{1}{2\pi c J} \sqrt{E^2 - \frac{W^2}{J^2}} \quad . \quad . \quad (1)$$

$c =$ Periodenzahl des Wechselstromes,

hieraus läßt sich also der Selbstinduktionskoeffizient L berechnen.

Diese Methode, die wegen ihrer Einfachheit in der Praxis wohl am meisten angewandt wird, liefert aber keine sehr genauen Resultate; denn auch bei ihr ist die Kurvenform von Einfluß.

wenn auch in geringerem Maße als bei der Bestimmung der Kapazität.

Will man bei bekannter Form des Wechselstromes eine Korrektur für die Abweichung von der Sinusform anwenden, so ergibt sich[1]) unter Vernachlässigung des Effektivwiderstandes (was meistens erlaubt ist):

$$L = \frac{E}{2\pi c J}\sqrt{\frac{1+\frac{1}{9}\frac{E_3^2}{E_1^2}+\frac{1}{25}\frac{E_5^2}{E_1^2}+\dots}{1+\frac{E_3^2}{E_1^2}+\frac{E_5^2}{E_1^2}+\dots}} \quad . \quad (2)$$

wobei E_1 den Effektivwert der Grundwelle, E_3 den der 3. Harmonischen, E_5 den der 5. Harmonischen bedeuten. Diese Formel zeigt, daß man in den meisten Fällen die Korrektur vernachlässigen kann.

B. Bestimmung des Induktionskoeffizienten durch Vergleich.

1. Vergleich zweier Selbstinduktionskoeffizienten. (Methode nach Maxwell).

Wie in Fig. 333 angegeben ist, werden die zu vergleichenden Spulen und induktionsfreien Rheostaten in die Zweige AB und BC geschaltet, die beiden anderen Zweige AD und CD werden aus induktionsfreien Rheostaten gebildet, in BD wird ein Galvanometer, in AC eine Stromquelle mit Stromschlüssel gebracht. (Zur Erhöhung der Empfindlichkeit kann man hierbei einen im Anhang näher beschriebenen rotierenden Doppelkommutator verwenden.)

Das Ziel, auf das man hinarbeiten muß, ist, daß die Brücke sowohl bei dauernd durchgehendem als beim Unterbrechen oder Schließen des Hauptstromes ausgeglichen ist, das Galvanometer also keinen Ausschlag erfährt.

Am besten mißt man die Widerstände r_1' und r_2' der Spulen selbst voraus; es ist dann leicht die Brücke für Dauerstrom abzugleichen; man rundet die Werte mit Hilfe der Rheostaten auf

[1]) H. F. Weber, Wiedemannsche Annalen 1897.

r_1 und r_2 ab und gibt r_3 und r_4 das gleiche Verhältnis. Unterbricht man nun den Hauptstrom, so wird ein Ausschlag im Galvanometer erfolgen. Hierauf vergrößert man z. B. den Widerstand r_2 um einen bestimmten Betrag $\triangle r_2$, man muß dann aber auch r_4 um $\triangle r_4 = \frac{r_3}{r_1} \triangle r_2$ vergrößern, um die Gleichstrombedingung beizubehalten. Unterbricht man hierauf wiederum den Strom, so gibt der jetzt auftretende Ausschlag an, ob die

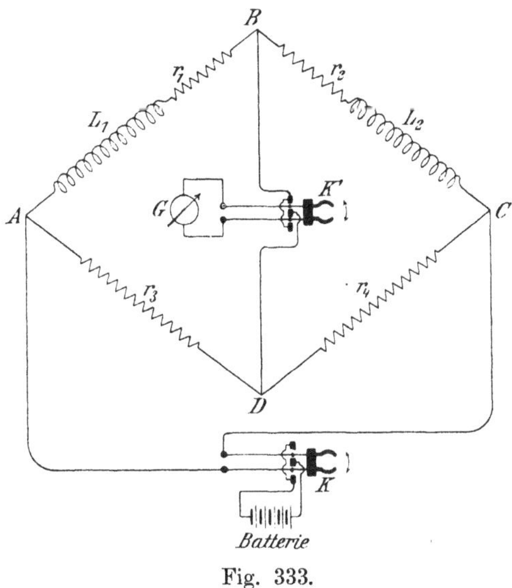

Fig. 333.

Änderung in richtigem Sinn vorgenommen worden ist. Um bequem die vorzunehmenden gleichzeitigen Änderungen von r_4 ausrechnen zu können, wählt man für $\frac{r_3}{r_1}$ ein bequemes Verhältnis, z. B. 1, $\frac{1}{10}$, 10 usw.

Sobald nun kein Ausschlag mehr wahrnehmbar ist, sowohl während des Dauerstromes als bei der Schließung oder Öffnung des Hauptstromkreises, so gilt

$$\frac{L_1}{L_2} = \frac{r_3}{r_4}.$$

Beweis. Es wird kein Ausschlag im Galvanometer entstehen können, solange

$$(V_A - V_B) : (V_B - V_C) = (V_A - V_D) : (V_D - V_C).$$

Seien die Momentanwerte der Ströme in den vier Zweigen i_1, i_2, i_3 und i_4, so erhält man

$$\left(i_1 r_1 + L_1 \frac{d i_1}{dt}\right) : \left(i_2 r_2 + L_2 \frac{d i_2}{dt}\right) = i_3 r_3 : i_4 r_4,$$

oder weil kein Strom im Galvanometer fließt, ist $i_1 = i_2$, $i_3 = i_4$ und

$$\left(i_1 r_1 + L_1 \frac{d i_1}{dt}\right) : \left(i_1 r_2 + L_2 \frac{d i_1}{dt}\right) = \frac{r_3}{r_4},$$

weil nun aber

$$r_1 : r_2 = r_3 : r_4,$$

so folgt

$$\frac{L_1}{L_2} = \frac{r_3}{r_4}.$$

Bei dieser Messung ist darauf zu achten, daß die Spulen genügend weit auseinandergelegt werden, so daß die gegenseitige Induktion keinen Einfluß auf die Messung ausüben kann.

2. Vergleich eines Selbstinduktionskoeffizienten mit einem Koeffizienten der gegenseitigen Induktion nach Maxwell.

Will man den Selbstinduktionskoeffizienten einer Spule mit dem Koeffizienten der gegenseitigen Induktion dieser und einer zweiten vergleichen, so schalte man beide Spulen nach Fig. 334. (Hierbei ist vorläufig der Zweig ArC nicht anzubringen.)

Es ist auch hier am bequemsten, den Widerstand der ersten Spule vorher zu bestimmen; bringt man dann den Gesamtwiderstand r_1 in dem Zweige AB auf eine runde Zahl und wählt darauf die Widerstände r_2, r_3 und r_4 derart, daß die Brücke bei Dauerstrom abgeglichen ist, so gilt

$$r_1 : r_2 = r_3 : r_4.$$

Unterbricht oder kommutiert man hierauf den Hauptstrom J, so wird erstens durch die Selbstinduktion beim Verschwinden des Stromes i_1 und zweitens durch die gegenseitige Induktion beim Verschwinden des Stromes J in der Spule eine Spannung induziert; ist nun aber die Stromrichtung in diesen Spulen richtig gewählt, so werden diese Spannungen einander entgegenwirken und sich bei richtiger Einstellung der Größen dieser Ströme ganz aufheben; es bleibt dann also keine wirksame Spannung mehr übrig, und das Galvanometer erfährt keinen Ausschlag. Die richtige Einstellung des Verhältnisses dieser Ströme geschieht durch gleichzeitige Änderung der Widerstände r_3 und r_4 (dabei muß

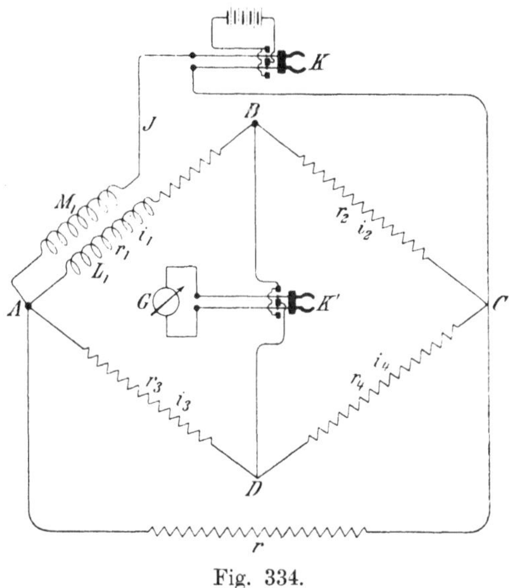

Fig. 334.

aber $r_1 : r_2 = r_3 : r_4$ beibehalten bleiben), hierdurch wird vom Hauptstrome J ein größerer oder kleinerer Teil abgeleitet. Bei der Einschaltung des Hauptstromes geschieht nun wiederum etwas ähnliches. Die anwachsenden Ströme J und i_1 induzieren in der Spule zwei entgegengesetzte Spannungen $L\frac{d i_1}{dt}$ und $M\frac{dJ}{dt}$, die sich bei richtigem Verhältnis $\frac{i_1}{J}$ aufheben. Das Viereck $ABCD$ ist gewissermaßen als induktionsfrei zu betrachten und durch das Galvanometer wird kein Strom fließen, sobald $r_1 : r_2 = r_3 : r_4$ eingestellt ist.

Es ist nun:

$$V_A - V_B = V_A - V_D \qquad V_B - V_C = V_D - V_C$$

$$i_1 r_1 + L\frac{d i_1}{dt} + M\frac{dJ}{dt} = i_3 r_3 \qquad i_2 r_2 = i_4 r_4$$

und außerdem ist

$$i_1 = i_2 \qquad i_3 = i_4$$

$$J = i_1 + i_3\,,$$

so daß

$$i_1 r_1 + L\frac{di_1}{dt} + M\frac{d(i_1 + i_3)}{dt} = i_3 r_3 \quad (1) \qquad i_1 r_2 = i_3 r_4 \quad (2)$$

Aus 2 und $r_1 : r_2 = r_3 : r_4$ folgt

$$i_1 : i_3 = r_4 : r_2 = r_3 : r_1 \qquad i_1 r_1 = i_3 r_3\,,$$

es kann also für Gleichung 1 geschrieben werden

$$L\frac{di_1}{dt} = -M\frac{di_1}{dt}\left(1 + \frac{r_1}{r_3}\right)$$

$$L = -M\left(1 + \frac{r_1}{r_3}\right).$$

Legt man nun, um die Abgleichung beim Kommutieren zu vereinfachen, noch den Zweig ArC an, so bewirkt dies eine Verkleinerung des Stromes i_1 gegenüber J, ohne daß dadurch die Abgleichung für Dauerstrom zerstört würde, die Gleichung wird dann

$$L = -M\left(1 + \frac{r_1}{r_3} + \frac{r_1 + r_2}{r}\right).$$

Die Wirkung läßt sich wiederum verstärken und der Versuch bequemer durchführen, indem man kommutiert durch Verwendung eines Doppelkommutators (siehe Anhang).

3. Vergleich zweier Koeffizienten der gegenseitigen Induktion nach Maxwell.

Um die Koeffizienten der gegenseitigen Induktion zweier Spulenpaare zu vergleichen, schaltet man die Primärwindungen mit einer Stromquelle und Stromschlüssel oder Kommutator in Serie; die Sekundärwindungen werden, jede unter Vorschaltung eines Rheostaten, zu einem Kreis geschlossen (Fig. 335), zwischen die Punkte B und D wird ein Galvanometer gelegt. Auch hier kann der im Anhang beschriebene Doppelkommutator benutzt werden.

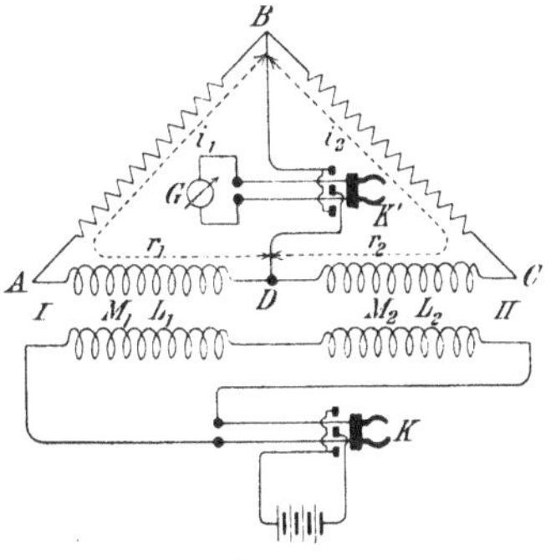

Fig. 335.

Schließt oder unterbricht man nun den Strom im Primärkreis, so werden in beiden sekundären Windungen gleichgerichtete Spannungen induziert; die infolgedessen durch das Galvanometer hindurchfließende Elektrizitätsmenge ergibt in Verbindung mit den Widerständen r_1 und r_2 das Verhältnis der Koeffizienten der gegenseitigen Induktion; ist also dieser Koeffizient des einen Spulenpaares bekannt, so kann dadurch der des anderen bestimmt werden.

Ableitung.

Seien:

M_1 und M_2 die Koeffizienten der gegenseitigen Induktion der Spulenpaare,

L_1 und L_2 die Selbstinduktionskoeffizienten der sekundären Windungen,

r_1 der Gesamtwiderstand der Zweige BA und AD,

r_2 der Gesamtwiderstand der Zweige BC und CD,

i_1 und i_2 die Momentanwerte der Ströme in den Zweigen DAB und DCB,

i_g, r_g, L_g der momentane Strom, der Widerstand und der Selbstinduktionskoeffizient des Galvanometers,

i, J der Momentan- und Dauerstrom im Primärkreis,

so kann man in irgend einem Moment, z. B. nach dem Unterbrechen des Stromes im Primärkreis folgende Spannungsgleichungen für die Kreise DAB und BCD aufstellen.

$$0 = i_1 r_1 + L_1 \frac{di_1}{dt} + M_1 \frac{di}{dt} + i_g r_g + L_g \frac{di_g}{dt} \quad . \quad (1)$$

$$0 = i_2 r_2 + L_2 \frac{di_2}{dt} + M_2 \frac{di}{dt} - i_g r_g - L_g \frac{di_g}{dt} \quad . \quad (2)$$

Betrachten wir nun den Vorgang während der Zeit t, in der diese Ströme entstanden und wieder verschwunden sind, so sind

$$\text{zur Zeit } 0 \quad i_1 \text{ und } i_2 = 0 \quad i = J$$
$$\text{,,} \quad \text{,,} \quad t \quad i_1 \text{ und } i_2 = 0 \quad i = 0$$

und

$$0 = \int_0^t \left(i_1 r_1 + L_1 \frac{d i_1}{dt} + M_1 \frac{di}{dt} + i_g r_g + L_g \frac{d i_g}{dt} \right) dt \qquad (3)$$

$$0 = \int_0^t \left(i_2 r_2 + L_2 \frac{d i_2}{dt} + M_2 \frac{di}{dt} - i_g r_g - L_g \frac{d i_g}{dt} \right) dt \qquad (4)$$

Hierin werden

$$\int_0^t i_1 r_1 \, dt = r_1 q_1 \qquad \int_0^t i_2 r_2 \, dt = r_2 q_2$$

$$\int_0^t i_g r_g dt = \int_0^t (i_1 - i_2) \, r_g \, dt = (q_1 - q_2) \, r_g$$

$$\int_0^t M_1 \, di = - M J \qquad \int_0^t L_1 \, d i_1 = 0$$

so daß für die Gleichungen (3) (4) geschrieben werden kann:

$$0 = r_1 q_1 + (q_1 - q_2) \, r_g - M_1 J \quad . \; . \; . \quad (5)$$
$$0 = r_2 q_2 - (q_1 - q_2) \, r_g - M_2 J \quad . \; . \; . \quad (6)$$

Multipliziert man Gleichung 5 mit r_2 und 6 mit r_1, so ergibt die Subtraktion beider Gleichungen:

$$r_1 r_2 (q_1 - q_2) + r_g (r_1 + r_2) (q_1 - q_2) = r_2 M_1 J - r_1 M_2 J$$

oder

$$q_1 - q_2 = J \frac{\dfrac{M_1}{r_1} - \dfrac{M_2}{r_2}}{1 + \dfrac{r_g}{r_1} + \dfrac{r_g}{r_2}} \, .$$

Sind die Widerstände r_1, r_2 und r_g bekannt, und hat man den Dauerstrom J gemessen, so braucht man nur noch die Elektrizitätsmenge $(q_1 - q_2)$, die durch das Galvanometer geflossen ist, zu bestimmen.

Gelingt es aber durch richtige Wahl der Gesamtwiderstände r_1 und r_2 das Galvanometer in Ruhe zu halten, so daß $q_1 - q_2 = 0$ ist, so muß, wie aus der Gleichung folgt,

$$\frac{M_1}{r_1} - \frac{M_2}{r_2} = 0$$

sein, also

$$\frac{M_1}{M_2} = \frac{r_1}{r_2}.$$

Man kann auch Batterie und Galvanometer vertauschen, die regulierbaren Rheostaten befinden sich dann also im Primärkreis und die Koeffizienten der gegenseitigen Induktion werden sich verhalten wie die Gesamtwiderstände im Primärkreise (Spule + Vorschaltwiderstände).

C. Bestimmung des Induktionskoeffizienten aus Kapazität und Widerstand.

1. Bestimmung des Selbstinduktionskoeffizienten.

a) Methode nach Maxwell.

Die Schaltung ist in Fig. 336 angegeben, wobei wiederum zur Erhöhung der Empfindlichkeit ein Doppelkommutator[1]) angeordnet ist; sonst braucht man im Batteriezweig nur einen Kommutator oder einen einfachen Stromschlüssel zu nehmen und den Galvanometerzweig nur unter Anwendung von Vor- oder Nebenschlußwiderständen an die Punkte B und E zu legen.

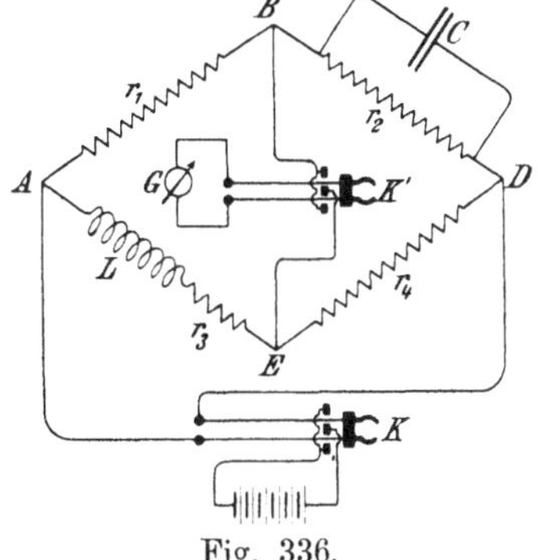

Fig. 336.

Es sei nun:

C die Kapazität des Kondensators,

[1]) Siehe Anhang.

r_1, r_2, r_3, r_4 die Widerstände der Zweige AB, BD, AE und ED,
i_1, i_2, i_3, i_4 die Ströme in den Widerständen r_1, r_2, r_3, r_4,
L der gesuchte Selbstinduktionskoeffizient einer Spule.

Schaltet man nun den Batteriezweig ein, so werden in beiden Zweigen ABD und AED anfänglich veränderliche Ströme fließen. Im oberen Zweig wird sich der Kondensator laden, es verkleinert sich also scheinbar der Gesamtwiderstand zwischen B und D, im unteren Zweig erhöht sich der scheinbare Widerstand zwischen AE durch die Selbstinduktion der Spule; daher ist es möglich, daß sich die Potentiale in B und E bei abgeglichenem Widerstandsverhältnisse $r_1 : r_2 = r_3 : r_4$ auch in der Periode, während welcher die Ströme ihren konstanten Wert noch nicht erreicht haben, gleichmäßig ändern und daß das Galvanometer in Ruhe bleibt.

Ist dies der Fall, so ist in jedem Moment:

$$i_1 = i_2 + \text{Ladestrom des Kondensators} \quad . \quad . \quad . \quad (1)$$

$$i_2 = \frac{V_B - V_D}{r_2} = \frac{V_{BD}}{r_2} \quad . \quad . \quad . \quad . \quad (2)$$

und

$$i_3 = i_4.$$

Ferner ist die Ladung des Kondensators Q gleich der Kapazität, multipliziert mit der Spannung an seinen Klemmen, also $Q = C\,V_{BD}$.

Der momentane Ladestrom des Kondensators ist dann

$$C\frac{dV_{BD}}{dt} \quad . \quad . \quad . \quad . \quad . \quad . \quad . \quad . \quad (3)$$

Schließlich:

$$V_{AB} = V_{AE}, \quad V_{BD} = V_{DE}$$

und

$$r_1 : r_2 = r_3 : r_4.$$

Es folgt nun aus 1 und 3

$$V_{AB} = i_1 r_1 = \left(i_2 + C\frac{dV_{BD}}{dt}\right) r_1 =$$

$$= \left(\frac{V_{BD}}{r_2} + C\frac{dV_{BD}}{dt}\right) r_1 \quad . \quad . \quad . \quad (4)$$

Ferner erhalten wir:

$$V_{AE} = i_3 r_3 + L \frac{d i_3}{dt} \quad . \quad . \quad . \quad . \quad . \quad . \quad (5)$$

$$V_{ED} = V_{BD} = i_4 r_4 = i_3 r_4$$

oder

$$i_3 = \frac{V_{BD}}{r_4} \quad . \quad . \quad . \quad . \quad . \quad . \quad . \quad . \quad (6)$$

Aus 5 und 6 folgt

$$V_{AE} = V_{BD} \frac{r_3}{r_4} + \frac{L}{r_4} \frac{d V_{BD}}{dt} \quad . \quad . \quad . \quad . \quad (7)$$

Da: $V_{AB} = V_{AE}$ ist

$$V_{BD} \frac{r_1}{r_2} + C r_1 \frac{d V_{BD}}{dt} = V_{BD} \frac{r_3}{r_4} + \frac{L}{r_4} \frac{d V_{BD}}{dt}$$

oder weil $\frac{r_1}{r_2} = \frac{r_3}{r_4}$

$$C r_1 = \frac{L}{r_4} \qquad L = r_1 r_4 C.$$

Die Brücke wird nun zuerst bei Dauerstrom abgeglichen, so daß sich aus $r_4 \frac{r_1}{r_2}$ der Wert r_3 ergibt; aus der Differenz dieses Wertes mit dem vor die Spule geschalteten Widerstand bestimmt sich der Widerstand der Spule selbst. Unterbricht man hierauf den Strom, so wird ein Ausschlag im Galvanometer erfolgen; hierauf ändert man z. B. r_4 um einen bestimmten Betrag $\triangle r_4$, und so fort auf gleiche Weise r_3 um $\triangle r_3$ und zwar soll dabei $\triangle r_3 = \frac{r_1}{r_2} \triangle r_4$ sein, damit die Bedingung

$$r_1 : r_2 = (r_3 + \triangle r_3) : (r_4 + \triangle r_4)$$

erfüllt bleibt; auf diese Weise ändert man die Widerstände so lange, bis auch bei rascher Drehung des Doppelkommutators kein Auschlag mehr auftritt.

Um die Regulierung etwas zu vereinfachen, kann man die Schaltung nach Fig. 337 abändern. Zuerst wird bei Dauerstrom und offenem Schlüssel S die Abgleichung vorgenommen, es gilt alsdann $r_1 : r_2 = (r_5 + r_6) : (r_3 + r_4)$, hierauf wird r_7 kurz geschlossen und S eingelegt: nun muß der Widerstand zwischen r_3

und r_4 ausgetauscht werden, bis wiederum das Gleichgewicht hergestellt ist, dann gilt $r_1 : r_2 = r_6 : r_3$.

Man kann nun mit Hilfe dieses Nebenschlusses r_7 die Widerstände zwischen DE und AE variieren, ohne daß das vorgeschriebene Verhältnis $\frac{r_1}{r_2}$ verloren geht, und zwar kann dann der Widerstand ED variieren von r_3 bis $r_3 + r_4$. Ist die Brücke also jetzt auf einfache Weise, nur durch Regulierung von r_7, auch bei Ein- und Ausschaltung des Hauptstromes abgeglichen, so muß man das Resultat noch bestimmen aus

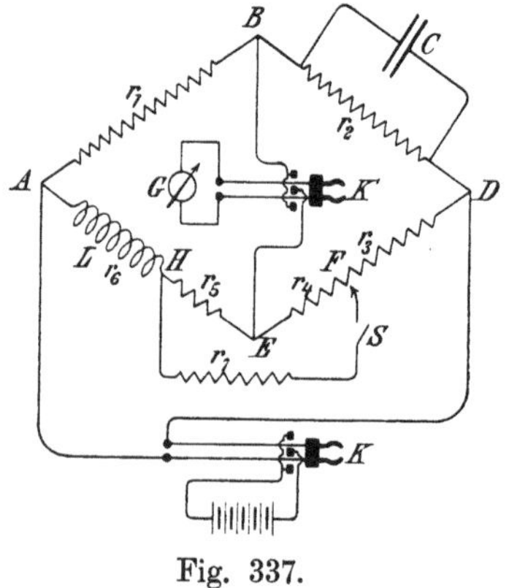

Fig. 337.

$$L = C \cdot \text{Wid}\, AB \cdot \text{Wid}\, DE.$$

Der Widerstand DE besteht nun aus r_3 plus einem Widerstande, der sich zusammensetzt aus den parallelen Widerständen r_4 und dem $\frac{r_4}{r_4 + r_5}$ ten Teil von r_7.

Letzterer ist:

$$\frac{r_4 \times \frac{r_4 r_7}{r_4 + r_5}}{r_4 + \frac{r_4 r_7}{r_4 + r_5}} = \frac{r_4 r_7}{r_4 + r_5 + r_7}.$$

Man erhält dann als Resultat

$$L = C r_1 \left(r_3 + \frac{r_4 r_7}{r_4 + r_5 + r_7} \right).$$

b) Methode nach Rimington.

Rimington hat eine kleine Änderung angegeben, indem er den Kondensator nicht an den ganzen Widerstand r_2 parallel legt, sondern an einen variabeln Teil r_2' von r_2, durch Änderung dieses Widerstandes r_2' wird die Abgleichung beim Kommutieren oder Unterbrechen erreicht. Es gilt alsdann

$$L = C r_2'^2 \frac{r_3}{r_2}.$$

2. Bestimmung des Koeffizienten der gegenseitigen Induktion (Methode nach Pirani).

In Fig. 338 seien PF und QF, die beiden Windungen eines Spulenpaares, r_3 und r_4 seine Widerstände, C ein Kondensator, r_1 und r_2 zwei induktionsfreie Widerstände, G ein Galvanometer.

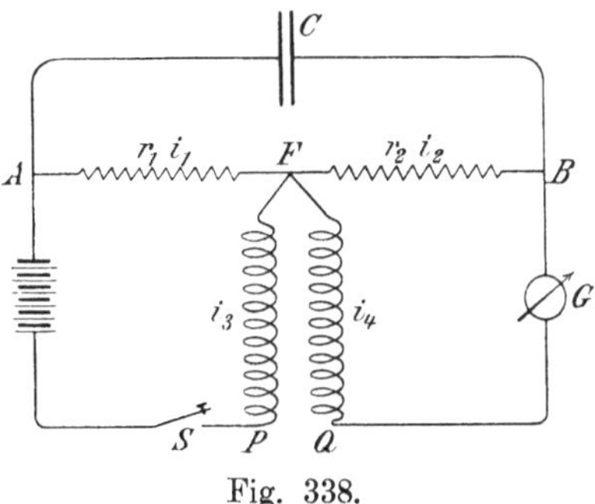

Fig. 338.

i_1, i_2, i_3 und i_4 seien Momentanwerte der Ströme und L_4 der Selbstinduktionskoeffizient der Spule QF, M der der gegenseitigen Induktion. In irgend einem Moment gilt nun für den geschlossenen Stromkreis $FQGBF$

$$i_4 r_4 + L_4 \frac{d i_4}{dt} + i_2 r_2 + M \frac{d i_3}{dt} = 0$$

$$r_4 i_4\, dt + r_2 i_2\, dt = -M\, d i_3 - L_4\, d i_4 .$$

Integriert man diese Gleichung über die veränderliche Periode t, so erhält man

$$r_4 \int_0^t i_4\, dt + r_2 \int_0^t i_2\, dt = -M J_3 \quad . \quad . \quad . \quad (1)$$

Der Ladestrom des Kondensators ist in jedem Moment $i_4 - i_2$, also wird die Ladung nach t Sekunden

$$Q = \int_0^t i_4\, dt - \int_0^t i_2\, dt .$$

Sobald nun die Ströme konstant geworden sind, wird die Klemmenspannung am Kondensator $J_1 r_1$ und, weil $J_1 = J_3$, die Ladung $Q = C J_3 r_1$.

Es ist somit:

$$\int_0^t i_4\,dt - \int_0^t i_2\,dt = C J_3 r_1 \quad . \quad . \quad . \quad . \quad (2)$$

Aus den Gleichungen 1 und 2 folgt

$$(r_2 + r_4)\int_0^t i_4\,dt = J_3\,(r_1 r_2 C - M)$$

Werden die Widerstände r_1 und r_2 so reguliert, daß das Galvanometer in Ruhe beibt, so ist $\int_0^t i_4\,dt = 0$ und somit

$$M = r_1 r_2 C.$$

Ähnliche Methoden sind von Vaschy und Touane, Carey Forster und Roiti angegeben.

Anhang.

A. Wechselstromerzeuger für Schwachstromversuche.

Es möge hier noch eine kurze Beschreibung einiger Apparate zur Erzeugung von Wechselströmen folgen.

1. Induktoren.

Induktoren bestehen in der Hauptsache aus 1. einem lamellierten Eisenkern, 2. einer primären oder induzierenden Wicklung, 3. einer sekundären oder induzierten Wicklung und 4. aus dem Unterbrecher; sie unterscheiden sich hauptsächlich durch die Art der Unterbrechung. Die Wirkungsweise kommt bei allen darauf hinaus, daß die Primärwicklung in einen Gleichstromkreis geschaltet wird, der regelmäßig geöffnet und wieder geschlossen wird; der mit dem Strom entstehende und wieder verschwindende Kraftfluß im Eisen induziert in der sekundären Wicklung eine Wechselspannung.

Man kann nun unterscheiden:

a) Platinunterbrecher.

Von dieser Kategorie ist wohl der Wagnersche oder Neefsche Hammer am meisten verbreitet. Im Primärkreis ist ein Platinstift angebracht, an den sich eine Feder (ebenfalls mit angenietetem Platinkontakt) andrückt, diese trägt ein Stückchen Weicheisen, das sich gerade dem Weicheisenkern gegenüber befindet; haben nun Stift und Feder unter sich Berührung, so kann der Primärstrom fließen, hierdurch wird der Eisenkern magnetisiert und zieht das weicheiserne Stückchen mit der Feder an, wodurch der Kontakt unterbrochen wird; hiermit verschwindet aber die magnetisierende Kraft, so daß die Feder ihre alte Lage einnimmt, Kontakt bildet usw.

Weil nun das Anwachsen des Stromes durch die Selbstinduktion der Primärrolle verzögert wird, der Strom beim Unterbrechen dagegen plötzlich verschwindet, wird der Verlauf der induzierten Spannung in beiden Fällen sehr verschieden sein; die Spannung ist eine Wechselspannung, ihre Form ist aber gegen die Sinusform derart verzerrt, daß sie für manche Versuche nicht brauchbar ist.

Fig. 339 gibt ein Oszillogramm eines mittels eines Induktors erzeugten Wechselstroms, woraus der Einfluß des langsamen Anwachsens und schnellen Verschwindens des Stromes deutlich zu erkennen ist. Ein weiterer Fehler besteht in der ungleichen Dauer der Perioden, die Periodenzahl pro Sekunde beträgt 15—20.

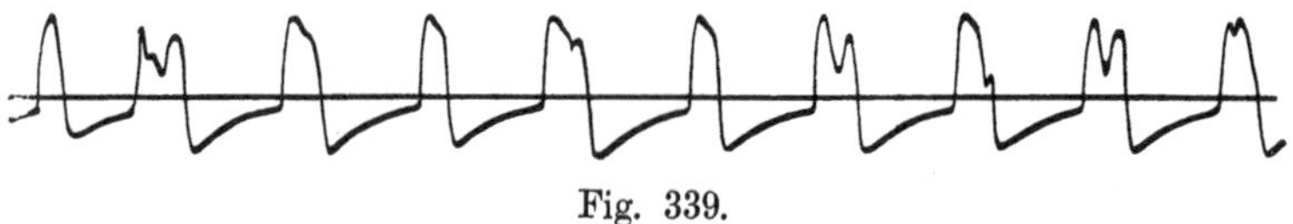

Fig. 339.

Durch Verwendung schwingender Kontakte mit geringen Trägheitsmomenten (z. B. ausgespannter Drähte) kann eine höhere Periodenzahl erreicht werden. Unvollkommene Kontakte, auftretende Fünkchen an dem Unterbrecher usw. verursachen aber immer große Unregelmäßigkeiten in der Spannung.

b) Quecksilberunterbrecher.

Auch von ihnen unterscheidet man hauptsächlich zwei Arten:

1. Ein amalgamierter Kupferstift wird durch einen besonderen Antrieb in vertikale Schwingungen versetzt und taucht dabei regelmäßig in ein Quecksilberreservoir, wodurch der Kontakt hergestellt wird. Auf dem Quecksilber befindet sich eine Petroleum- oder besser Alkoholschicht, um Verschlammung des Quecksilbers zu vermeiden (vielleicht auch als Funkenlöscher nützlich). Je höher der Stift gestellt wird, desto kürzer dauert der Kontakt, hierdurch kann die induzierte Elektrizitätsmenge einigermaßen reguliert werden.

2. Eine zweite Anordnung besteht darin, daß durch die relative Bewegung eines aus einer Düse austretenden Quecksilberstrahles und eines metallenen Zylinders mit Aussparungen abwechselnd zwischen beiden Kontakt hergestellt wird. Die Ausführungen unterscheiden sich darin, daß einmal der Strahl stillsteht und der Zylinder sich bewegt oder umgekehrt, oder beide stehen still und es bewegt sich zwischen ihnen ein Zylinder aus Isoliermaterial mit Aussparungen.

Eine Periodenzahl bis ca. 100 pro Sek. ist bei dieser Anordnung gut zu erreichen; das Quecksilber verschlammt aber sehr leicht, so daß es öfters gereinigt werden muß.

c) Elektrolytische Unterbrecher nach Dr. Wehnelt.

In ein Glasgefäß mit verdünnter Schwefelsäure reichen zwei Elektroden, die eine aus einer Bleiplatte, die andere aus einem kurzen Platinstift bestehend. Legt man beide Elektroden an eine Stromquelle, so wird der verhältnismäßig starke Strom den Platinstift erhitzen, so daß die ihn umgebende Säurelösung verdampft und der Strom unterbrochen wird, der Dampf kondensiert und der Kontakt wird somit wieder hergestellt usw.

Der Name Elektrolytischer Unterbrecher rührt daher, daß man früher meinte, es scheide sich Sauerstoff ab und die Sauerstoffhülle sei die Ursache der Unterbrechung.

Die Flüssigkeit wärmt sich sehr bald an, so daß bei längerem Bedarf künstliche Kühlung anzubringen ist, auch kann die allzu starke Belastung das Platin zum Schmelzen bringen. Die zu verwendende Gleichstromspannung beträgt bei größeren Apparaten mindestens 65 Volt, als Periodenzahl ist 1000—2000 zu erreichen.

Da alle soeben beschriebenen Apparate Wechselstrom von sehr verzerrter Kurvenform liefern, so suchte man speziell zu Messungen, wobei ein Telephon gebraucht wird, Apparate, die möglichst genau sinusförmigen Wechselstrom erzeugen.

2. Summerumformer.

Die A.-G. Siemens & Halske bringt dazu einen Summerumformer in den Handel, der Strom mit einer Periodenzahl von 300—650 (sogar bis 900) erzeugen kann.

Der Summerumformer beruht auf der in Fig. 340 dargestellten Schaltung. Im Zentrum einer kreisförmigen Telephonmembran *M* ist ein Beutelmikrophon befestigt. Dieses wird von einer magnetisierten Stahlröhre *R* umschlossen, die in geringem regulierbaren Abstand der Telephonmembran gegenübersteht. Über das Stahlrohr ist eine Drahtspule geschoben, deren Wicklung mit der Sekundärspule *S* eines kleinen Induktoriums und der Gebrauchsleitung in Serie geschaltet ist. Die primäre Wicklung *P* des Induktors ist mit dem Mikrophon und zwei Akkumulatoren zu einem Stromkreis verbunden. Schwingt die Membran auf das Stahlrohr zu, so vermindert sich der Widerstand des Mikrophonkontaktes, der ansteigende Strom induziert in der Sekundärwicklung einen Induktionsstrom, der den Magnetismus des Stahlrohres verstärkt und hierdurch die Bewegung der Membran beschleunigt. Hat nun der Primärstrom seinen konstanten Wert erreicht, so ist momentan die induzierte Spannung sekundär gleich Null, die anziehende Kraft auf die Membran vermindert sich und diese schwingt zurück, hierdurch vergrößert sich der Widerstand des Mikrophonkontaktes, der Primärstrom nimmt ab, und es wird sekundär eine Spannnung entgegengesetzter Richtung induziert usw.

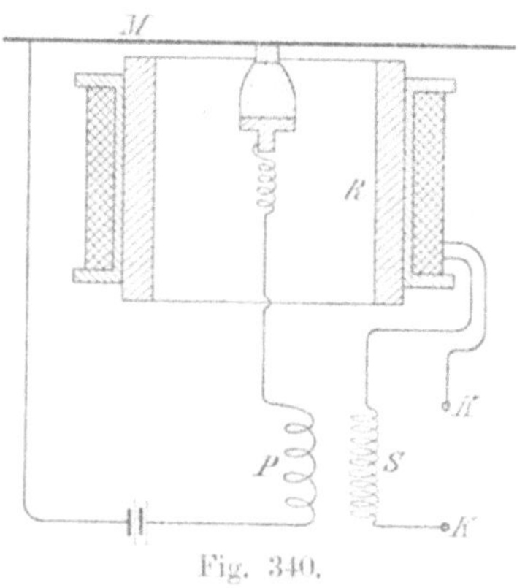

Fig. 340.

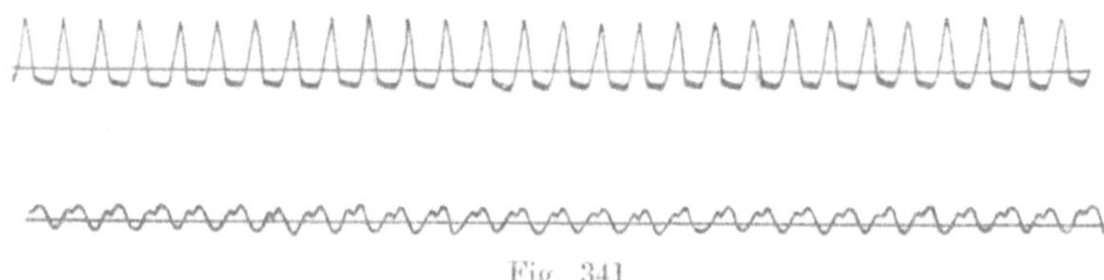

Fig. 341.

Fig. 341 zeigt zwei Oszillogramme von mittels des Summerumformers erzeugten Wechselströmen, und zwar bei verschiedenen Belastungen. Aus ihr geht hervor, daß die Kurvenform sehr abhängig ist von der Art der Belastung; bei 4 Volt primär und sekundär geringer Belastung ist die Kurvenform noch sehr verzerrt, bei vorgeschaltetem Widerstand im Primärkreis wird sie bedeutend besser.

Zu beachten ist, daß der Apparat nicht funktionieren kann, solange der Sekundärkreis geöffnet ist, ebensowenig kann der Apparat richtig funktionieren bei zu geringem Sekundärwiderstand.

3. Hochfrequenzmaschine.

Den wesentlichsten Bestandteil der Hochfrequenzmaschine (ebenfalls von Siemens & Halske) bildet eine zahnradartige Eisenscheibe von ca. 20 cm Durchmesser und 2 cm Stärke, welche aus mehreren Hundert sehr dünner durch Lack voneinander isolierter Blechscheiben zusammengesetzt ist. Den Zähnen der Scheibe gegenüber befinden sich in geringem Abstand die Pole eines hufeisenförmigen Elektromagnets, gleichfalls aus dünnstem Eisenblech. Seine Pole sind schneidenförmig zugespitzt. Der magnetische Kreis hat somit einen erheblich kleineren Widerstand, sobald sich die Zähne der Scheibe den Polen des Elektromagnets gegenüber befinden. Wird eine sich auf diesem Elektromagnet befindende Wicklung mit Gleichstrom erregt, und die Eisenscheibe durch einen Motor in schnelle Umdrehung versetzt, so entstehen dadurch, daß sich die Eisenzähne und die Pole des Elektromagnets fortwährend einander nähern und voneinander entfernen, starke magnetische Schwankungen, die in einer zweiten Wicklung des Hufeisenmagnets Wechselströme erzeugen.

B. Doppelkommutator.

Bei Vergleichsmessungen von Induktionskoeffizienten und Kapazitäten, wobei die Brückenanordnung sowohl bei andauerndem Strom, als auch beim Ein- und Ausschalten desselben abgeglichen bleiben soll (Kap. XI und XII), kann man die Empfindlichkeit schon dadurch vergrößern, daß man den Hauptstrom kommutiert, anstatt ihn einfach zu unterbrechen; wiederholt man nun die Kommutierung in rascher Reihenfolge, so wird das Galvanometer Stromstöße abwechselnder Richtung bekommen und somit doch in Ruhe bleiben; die Verbindungen zum Galvanometer müssen also ebenfalls regelmäßig vertauscht werden.

Hierzu dient ein Doppelkommutator, auch Sekohmmeter genannt; eine Ausführung desselben, nach Angaben von Dr. H. Hausrath in den Werkstätten des elektrotechnischen Instituts zu Karlsruhe angefertigt, ist in Fig. 342 abgebildet.

Der Vorteil dieser Ausführung vor den sonst gebräuchlichen liegt hauptsächlich in der Verwendung von Druck- an Stelle von

Fig. 342.

Schleifkontakten an den Kommutatoren. Die Kontaktstellen an den Kommutatoren geben bei Verwendung von Schleifkontakten leicht Veranlassung zu Thermoströmen, welche zu großen Störungen in den Messungen führen können; es hat sich sogar gezeigt, daß beim Drehen eines derartigen Kommutators bei abgeschalteter Stromquelle im Galvanometer ein Ausschlag über die ganze Skala erfolgte, während bei der neuen Ausführung das Galvanometer in Ruhe blieb.

Der Apparat besteht nun im wesentlichen aus zwei Kommutatoren und einer Welle, die mittels einer Schnur angetrieben wird; die Welle enthält zwei gegeneinander verstellbare Exzenter;

somit können die Momente, worin die Kommutierungen vor sich gehen, reguliert werden. Die Kommutatoren (in Fig. 343 auseinandergenommen) bestehen aus zwei Hauptteilen, den Kontaktfedern und der Kontaktvorrichtung. Die Federn sind an der einen Seite fest isoliert an einen kleinen Ständer, an der anderen Seite an einen Hartgummiklotz geschraubt, der vorn die um den Exzenter greifende Gabel trägt. Bei Rotation des Exzenters schwingen also die Federn auf und ab und erhalten durch die angenieteten Platinkontaktstifte einmal mit dem oberen und mittleren, das andere Mal mit den mittleren und unteren Kon-

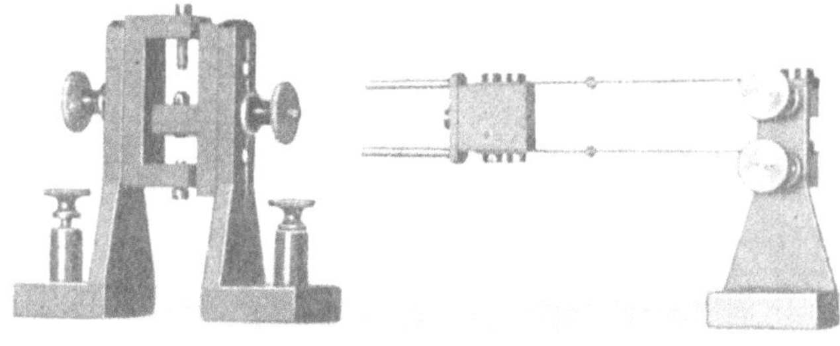

Fig. 343.

takten der um die Federn angeordneten Kontaktvorrichtung Berührung. Der obere und der untere Kontakt dieser Vorrichtung sind nun z. B. mit dem einen Pol der Batterie oder des Galvanometers, der mittlere mit dem zweiten Pol verbunden. Sind nun die Verbrauchsdrähte an die Federn angeschlossen, so wird bei jeder Umdrehung der Welle zweimal kommutiert.

Man stellt nun die Exzenter so, daß die Verbindungen mit dem Galvanometer schon vertauscht sind, einen Augenblick bevor die Kommutierung des Hauptstromes geschieht.

Die Kontakte funktionieren sehr sicher, wie aus aufgenommenen Oszillogrammen hervorging, die Stromkurven waren bei induktionsfreier Belastung vollkommen viereckig.

C. Tabellen.

1. Zur Rechnung an gedämpften Schwingungen (Kohlrausch).

T_0 = Dauer der ungedämpften, T = der gedämpften Schwingung, k = Dämpfungsverhältnis.

$$\frac{T}{T_0} = \sqrt{1 + \frac{\Lambda^2}{\pi^2}}$$

$\lambda = \log k$	$\Lambda = \log_{\text{nat}} k$	k	$\sqrt{1+\frac{\Lambda^2}{\pi^2}}$	$k^{\frac{1}{\pi}\operatorname{arc\,tg}\frac{\pi}{\Lambda}}$
0,00	0,0000	1,000	1,0000	1,0000
0,01	0,0230	1,023	1,0000	1,0115
0,02	0,0461	1,047	1,0001	1,0231
0,03	0,0691	1,072	1,0002	1,0347
0,04	0,0921	1,096	1,0004	1,0463
0,05	0,1151	1,122	1,0007	1,0578
0,06	0,1382	1,148	1,0010	1,0694
0,07	0,1612	1,175	1,0013	1,0811
0,08	0,1842	1,202	1,0017	1,0927
0,09	0,2072	1,230	1,0022	1,1044
0,10	0,2303	1,259	1,0027	1,1160
0,11	0,2533	1,288	1,0032	1,1277
0,12	0,2763	1,318	1,0039	1,1393
0,13	0,2993	1,349	1,0045	1,1510
0,14	0,3224	1,380	1,0052	1,1626
0,15	0,3454	1,413	1,0060	1,1743
0,16	0,3684	1,445	1,0069	1,1859
0,17	0,3914	1,479	1,0077	1,1975
0,18	0,4145	1,514	1,0087	1,2091
0,19	0,4375	1,549	1,0097	1,2208
0,20	0,4605	1,585	1,0107	1,2324
0,21	0,4835	1,622	1,0118	1,2440
0,22	0,5066	1,660	1,0130	1,2555
0,23	0,5296	1,698	1,0142	1,2670
0,24	0,5526	1,738	1,0155	1,2785
0,25	0,5756	1,778	1,0167	1,2900
0,26	0,5987	1,820	1,0180	1,3014

$\lambda = \log k$	$\Lambda = \log_{nat} k$	k	$\sqrt{1+\frac{\Lambda^2}{\pi^2}}$	$k^{\frac{1}{\pi}\operatorname{arc\,tg}\frac{\pi}{\Lambda}}$
0,27	0,6217	1,862	1,0194	1,3128
0,28	0,6447	1,905	1,0208	1,3242
0,29	0,6677	1,950	1,0223	1,3356
0,30	0,6908	1,995	1,0239	1,3469
0,31	0,7138	2,042	1,0255	1,3582
0,32	0,7368	2,089	1,0271	1,3694
0,33	0,7599	2,138	1,0288	1,3806
0,34	0,7829	2,188	1,0306	1,3918
0,35	0,8059	2,239	1,0324	1,4029
0,36	0,8289	2,291	1,0342	1,4140
0,37	0,8520	2,344	1,0361	1,4250
0,38	0,8750	2,399	1,0381	1,4360
0,39	0,8980	2,455	1,0401	1,4469
0,40	0,9210	2,512	1,0421	1,4578
0,41	0,9441	2,570	1,0442	1,4686
0,42	0,9671	2,630	1,0463	1,4794
0,43	0,9901	2,692	1,0485	1,4901
0,44	1,0131	2,754	1,0507	1,5008
0,46	1,0592	2,884	1,0553	1,5219
0,48	1,1052	3,020	1,0601	1,5428
0,50	1,1513	3,162	1,0650	1,5635
0,52	1,1973	3,311	1,0702	1,5839
0,54	1,2434	3,467	1,0755	1,6041
0,56	1,2894	3,631	1,0810	1,6240
0,58	1,3355	3,802	1,0866	1,6437
0,60	1,3816	3,981	1,0924	1,6630
0,62	1,4276	4,169	1,0984	1,6820
0,64	1,4737	4,365	1,1046	1,7008
0,66	1,5197	4,571	1,1109	1,7193
0,68	1,5658	4,786	1,1173	1,7375
0,70	1,6118	5,012	1,1239	1,7554
0,72	1,6579	5,248	1,1307	1,7730
0,74	1,7039	5,495	1,1376	1,7904
0,76	1,7500	5,754	1,1447	1,8074
0,78	1,7960	6,026	1,1519	1,8241
0,80	1,8421	6,310	1,1592	1,8406
0,82	1,8881	6,607	1,1667	1,8567
0,84	1,9342	6,918	1,1743	1,8726
0,86	1,9802	7,244	1,1821	1,8882

$\lambda = \log k$	$\Lambda = \log_{\mathrm{nat}} k$	k	$\sqrt{1+\frac{\Lambda^2}{\pi^2}}$	$k^{\frac{1}{\pi}\,\mathrm{arc\,tg}\,\frac{\pi}{\Lambda}}$
0,88	2,0263	7,586	1,1900	1,9035
0,90	2,0723	7,943	1,1980	1,9185
0,92	2,1184	8,318	1,2061	1,9332
0,94	2,1644	8,710	1,2144	1,9476
0,96	2,2105	9,120	1,2228	1,9617
0,98	2,2565	9,550	1,2312	1,9756
1,00	2,3026	10,00	1,2396	1,9892

2. Dichtigkeit des Wassers bei verschiedenen Temperaturen.

t	Dichtigkeit	t	Dichtigkeit	t	Dichtigkeit
0°	$0{,}99986_8$	11°	$0{,}99963_2$	21°	$0{,}99801_9$
1°	$0{,}99992_7$	12°	$0{,}99952_5$	22°	$0{,}99779_7$
2°	$0{,}99996_8$	13°	$0{,}99940_4$	23°	$0{,}99756_5$
3°	$0{,}99999_2$	14°	$0{,}99927_1$	24°	$0{,}99732_3$
4°	$1{,}00000_0$	15°	$0{,}99912_6$	25°	$0{,}99707_1$
5°	$0{,}99999_2$	16°	$0{,}99897_0$	26°	$0{,}99681_0$
6°	$0{,}99996_8$	17°	$0{,}99880_1$	27°	$0{,}99653_9$
7°	$0{,}99992_9$	18°	$0{,}99862_2$	28°	$0{,}99625_9$
8°	$0{,}99987_6$	19°	$0{,}99843_2$	29°	$0{,}99597_1$
9°	$0{,}99980_8$	20°	$9{,}99823_0$	30°	$0{,}99567_3$
10°	$0{,}99972_7$				

3. Dichtigkeit einiger fester Körper.

Aluminium		2,7	Gips	2,32
Blei		11,3	Hartgummi	1,2
Bronze		8,7	Holz, Eben-	1,2
Eisen,	Schmiede-	7,8	Buchen-	0,7
	Guß-	7,1—7,7	Eichen-	0,7
	Draht-	7,7	Tannen-	0,5
	Gußstahl	7,8	Konstantan	8,8
Glas		2,4—2,6	Kork	0,2
	Flintglas	3,0—5,9	Kupfer	8,5—8,9
Gold		19,2	Manganin	8,4

Messing	8,1—8,6	Silber	10,5
Neusilber	8,5	Wismut	9,9
Nickel	8,8	Zink	7,1
Platin	21,4	Zinn	7,3
Schwefel	2,0		

4. Spezifischer Widerstand und Temperaturkoeffizient (Kohlrausch).

Material	Spezifischer Widerstand $\times 10^6\ \Omega$	Temperaturkoeffizient $\times 10^3$
Aluminium	3,2	3,6
Antimon	45	4,1
Blei	21	4,0
Eisen	9—15	2—6
Gaskohle . . . . etwa	5000	— 0,02 bis — 0,8
Gold	2,3	3,5
Konstantan	49	— 0,03 bis + 0,05
Kupfer	1,7	4,0
Manganin	42	0,03
Messing	7—9	—
Neusilber	16—40	0,6 bis 0,23
Nickel	8—11	2—6
Nickelin	42	0,23
Patentnickel	33	0,2
20 % Platinsilber	20	0,33
10 % Rhodium Platin	20	1,7
Platin (rein)	10,8	3,6
Platin (käuflich)	14	2 bis 3
Quecksilber	95,8	0,92
Silber	1,6	3,7
Stahl	15—50	—
Wismut	120	4,2
Zink	6,1	3,7

Der Widerstand in Ω eines Drahtes von 1 m Länge und 1 mm² Querschnitt ist die Zahl der ersten Reihe mal 10^{-2}.

5. Elektrisches Leitvermögen wäßriger Lösungen bei 18° (Kohlrausch).

Die Prozente bedeuten Gewichtsteile des gelösten Körpers in 100 Gewichtsteilen der Lösung.

Die Salze sind wasserfrei gerechnet.

$\varkappa$ ist das Leitvermögen bei 18° in ℧ (bezogen auf cm-Würfel). $\Delta\varkappa$ bedeutet die Zunahme von $\varkappa$ auf $+1°$ in Prozenten von $\varkappa_{18}$.

Lösung %	KCl		NH_4Cl		NaCl		K_2SO_4		$MgSO_4$		$ZnSO_4$		$CdSO_4$	
	$10^3\varkappa$	$\Delta\varkappa$	$10^3\varkappa$	$\Delta\varkappa$	$10^3\varkappa$	$\Delta\varkappa$	$10^3\varkappa$	$\Delta\varkappa$	$10^3\varkappa$	$\Delta\varkappa$	$10^3\varkappa$	$\Delta\varkappa$	$10^3\varkappa$	$\Delta\varkappa$
5	69	2,0	92	2,0	67	2,2	46	2,2	26	2,3	19	2,2	15	2,1
10	136	1,9	178	1,9	121	2,1	86	2,0	41	2,4	32	2,2	25	2,1
15	202	1,8	259	1,7	164	2,1	—	—	48	2,5	42	2,3	33	2,1
20	268	1,7	337	1,6	196	2,2	—	—	48	2,7	47	2,4	39	2,1
25	—	—	403	1,5	214	2,3	—	—	42	2,9	48	2,6	43	2,2
30	—	—	—	—	—	—	—	—	—	—	44	2,7	44	2,4
35	—	—	—	—	—	—	—	—	—	—	—	—	42	2,5
Max. =									49,2		48,1		44	
bei									17,4 %		23,5 %		28 %	

Lösung %	$CuSO_4$		KJ		$AgNO_3$		KOH		HCl		HNO_3		H_2SO_4	
	$10^3\varkappa$	$\Delta\varkappa$	$10^3\varkappa$	$\Delta\varkappa$	$10^3\varkappa$	$\Delta\varkappa$	$10^3\varkappa$	$\Delta\varkappa$	$10^3\varkappa$	$\Delta\varkappa$	$10^3\varkappa$	$\Delta\varkappa$	$10^3\varkappa$	$\Delta\varkappa$
5	19	2,2	34	2,1	26	2,2	172	1,9	395	1,58	258	1,50	209	1,21
10	32	2,2	68	2,0	48	2,2	315	1,9	630	1,56	461	1,45	392	1,28
15	42	2,3	105	1,9	68	2,2	425	1,9	745	1,55	613	1,40	543	1,36
20	—	—	146	1,8	87	2,1	499	2,0	762	1,54	711	1,38	653	1,45
25	—	—	188	1,8	106	2,1	540	2,1	723	1,53	770	1,38	717	1,54
30	—	—	230	1,7	124	2,1	542	2,3	662	1,52	785	1,39	740	1,62
35	—	—	273	1,6	141	2,1	509	2,4	591	1,51	769	1,43	724	1,70
40	—	—	317	1,5	157	2,1	450	2,7	515	—	733	1,49	680	1,78
50	—	—	392	1,4	186	2,1	—	—	—	—	631	1,6	541	1,93
60	—	—	—	—	210	2,1	—	—	—	—	513	1,6	373	2,13
70	—	—	—	—	—	—	—	—	—	—	396	1,5	216	2,56
80	—	—	—	—	—	—	—	—	—	—	267	1,3	111	3,49
Max. =							544		767		785		740	
bei							28 %		18,3 %		29,7 %		30,0 %	

6. Elektrochemische Äquivalente (Kohlrausch).

Der Strom 1 Amp. = 0,1 [C-G-S] zersetzt oder scheidet aus

	mg Silber	mg Kupfer	mg Wasser	ccm Knallgas von 0° und 760 mm
in 1 Sek.	1,118	0,3294	0,0933	0,1740
in 1 Min.	67,08	19,76	5,60	10,44
in 1 Stunde	4025 ·	1186	335,9	626

7. Entmagnetisierungsfaktoren (Charles Riborg Mann).

m = Verhältnis der Achsenlängen.

m	Zylinder	Ovoïde	Drahtbündel (rund)
5	0,68000	0,7015	—
10	0,25500	0,2549	0,22750
15	0,14000	0,1350	0,12580
20	0,08975	0,0848	0,08225
25	0,06278	0,0579	0,05680
30	0,04604	0,0432	0,04213
40	0,02744	0,0266	0,02596
50	0,01825	0,0181	0,01760
60	0,01311	0,0132	0,01277
70	0,00988	0,0101	0,00951
80	0,00776	0,0080	0,00768
90	0,00628	0,0065	0,00623
100	0,00518	0,0054	0,00515
150	0,00251	0,0026	—
200	0,00152	0,0016	—
400	0,00075	—	—